献给人类和我的家人（*Zaman，Haleh* 和 *Hooman*）

水利部技术示范项目(SF-201706)
国家重点研发计划课题(2018YFC1508204)
南京水利科学研究院出版基金资助

城市雨洪管理
CHENGSHI YUHONG GUANLI
（第二版）
(DI-ER BAN)

霍尔木兹·帕茨沃什（Hormoz Pazwash） 著

龙玉桥　李　伟
崔婷婷　李海杰　主译

翻译团队：吴春勇　陈建东　王小红
　　　　　陈金杭　周彦章　徐芳芳

河海大学出版社
HOHAI UNIVERSITY PRESS
·南京·

Urban storm water management，Second Edition/by Hormoz Pazwash / ISBN：9781482298956

© 2016 by Taylor & Francis Group, LLC

Authorized translation from the English language edition published by CRC Press, a member of the Taylor & Francis Group, LLC. All Rights Reserved.

本书原版由 Taylor & Francis 出版集团旗下，CRC 出版社出版，并经其授权翻译出版。版权所有，侵权必究。

Hohai University Press is authorized to publish and distribute exclusively the Chinese(Simplified Characters) language edition. This edition is authorized for sale throughout Mainland of China. No part of the publication may be reproduced or distributed by any means，or stored in a database or retrieval system，without the prior written permission of the publisher.

本书中文简体翻译版授权由河海大学出版社独家出版并仅限在中国大陆地区销售，未经出版者书面许可，不得以任何方式复制或发行本书的任何部分。

图字：10-2020-109 号

图书在版编目(ＣＩＰ)数据

城市雨洪管理：第二版／（美）霍尔木兹·帕茨沃什（Hormoz Pazwash）著；龙玉桥等主译. -- 南京：河海大学出版社，2020.12
　　ISBN 978-7-5630-5905-8

　　Ⅰ. ①城… Ⅱ. ①霍… ②龙… Ⅲ. ①城市—暴雨洪水—雨水资源—水资源管理—研究 Ⅳ. ①TV213.4

　　中国版本图书馆 CIP 数据核字(2019)第 046027 号

书　　名	城市雨洪管理(第二版)
书　　号	ISBN 978-7-5630-5905-8
责任编辑	金　怡　代江滨
责任校对	曾雪梅
装帧设计	徐家骅
出版发行	河海大学出版社
地　　址	南京市西康路 1 号(邮编：210098)
电　　话	(025)83737852(总编室)　(025)83722833(营销部)
经　　销	江苏省新华发行集团有限公司
排　　版	南京布克文化发展有限公司
印　　刷	广东虎彩云印刷有限公司
开　　本	718 毫米×1000 毫米　1/16
印　　张	47.25
字　　数	865 千字
版 印 次	2020 年 12 月第 1 版　2020 年 12 月第 1 次印刷
定　　价	218.00 元

序

　　《中国水旱灾害统计公报》显示,2006—2017 年全国平均每年有 157 座县级以上城市发生洪涝灾害,一些超大城市接连被强暴雨袭击。如 2010 年 5 月 7 日广州发生暴雨洪涝,中心城区 118 处地段出现严重内涝水浸,造成城区大范围交通堵塞。2012 年北京"7·21"特大暴雨造成 79 人死亡,160 万人受灾,经济损失 116 亿元。在全球气候变化和日益加剧的人类活动影响下,城市洪涝已变成了一个非常突出的问题。

　　为提高城市抵御洪涝灾害的能力,需要从城市、区域、流域相结合的角度来系统剖析城市水问题,统筹规划和科学安排城市雨洪管理格局和修复措施,推动城市发展与水资源、水环境承载力相协调。

　　在城市、区域和流域相互交织、相互影响下,应从不同尺度分析城市雨洪问题成因,减少雨洪灾害发生,并在保证安全的前提下,最大限度地利用洪水资源。在城市尺度上,强化居民小区雨水源头下渗、就地滞蓄与净化措施,以及片区的雨水径流收集、处理与排放,统筹安排城市径流排蓄格局。同时,要加强流域、区域和城市之间的防洪排涝体系衔接措施,做好顶层设计,系统解决城市雨洪问题。面对严峻、复杂的城市雨洪问题挑战,在城市顶层设计布局中,要在水文学、水力学等相关理论科学分析的基础上,针对不同尺度问题,综合应用各类雨水径流管理工程措施,同时加强雨洪的科学调度和管理,保障城市的防洪安全和水资源需求。由于城市雨洪管理具有多专业协作、多学科交叉的特点,以及我国城市洪涝防治问题突出,亟需一本系统介绍城市雨洪计算、治理措施、政策分析、案例研究等方面的综合性著作。

　　Pazwash 博士于 2016 年出版的《城市雨洪管理》(第二版)对城市洪涝防治具有重要的参考价值。Pazwash 博士是美国土木工程师学会的终身会员和研究员,长期致力于水利工程设计和雨洪资源管理方面的研究与实践,在相关领域有着重要的影响。其《城市雨洪管理》一书系统地介绍了暴雨径流、管网水力学等相关领域的计算方法,介绍了暴雨处理装置、雨洪管理系统,梳理了美国部分地区的雨洪管理政策,分享了其在雨洪管理领域的经验与成果,并通过大量的算例阐述了雨洪管理相关计算与设计方法。相信对从事城市雨洪管理方面的研究和管理人员,《城市雨洪管理》是一本对其很有帮助的著作。

　　本专著的翻译团队由水文水资源、水利工程、给水排水、岩土工程、环境工程等多个专业的技术人员组成。在翻译的过程中,查证了大量文献与资料,逐一校核了原著中的计算结果,如实地反映了原著的内容。该译本可作为城市雨洪管理方面的入门教材,也可供相关专业的工程技术人员和科研人员参考。衷心希望通过该书的介绍和推广,能够增进相关研究工作者对城市雨洪管理的认识,提高我国城市雨洪问题的综合应对能力。

张建云

中国工程院院士、南京水利科学研究院名誉院长

2020 年 12 月

前　言

城市化已对暴雨径流的自然过程产生极大影响。它增加了径流峰值和径流量，减少了渗透，并且造成了水污染。通常径流经雨水沟直接排放至河川和湖泊中。为避免洪水增多，各个城镇及各州在其实施的管理条例中都规定了城市开发中产生的最大径流流量。然而，由于这一措施未能充分解决洪水问题，某些监管机构后来要求适当降低最大径流流量。

为应对非点污染源造成的重大污染问题，美国联邦环保署（EPA）颁布了第二阶段国家污染物排放削减许可证制度（NPDES），允许实施符合 1987 年水质法案规定的计划。该法案适用于所有的城市独立雨水沟渠系统（MS4s）以及占地面积超过 1 ac① 的施工现场。此后许多州实施了将 NPDES 的适用范围扩大到较小施工现场的管理条例。其中新泽西州也实施了包含地下水补给内容的管理条例。为应对管理条例的变化，过去 30 年雨洪管理实践不断发生变化，时至今日也仍然在变化之中。

我本人自 1970 年 2 月在现已故的 Ven Te Chow 博士指导下获得博士学位以来，除了从事水利工程学的不同领域的教学工作和其他实际工作外，自 1985 年起还广泛参与了雨洪管理领域的工作。这些工作包括设计数百个工程项目的排水管理系统和雨洪管理系统以及教授相关课程；包括在史蒂文斯理工学院讲授城市雨洪管理、路面排水设计、流域模拟以及高等水力学等课程。

另外，也参加了一些路面排水设计审查工作。就这方面的工作而言，我审查过咨询工程师们向市政当局（本人以市政工程师身份服务于此）提交的数以千计的计划和雨洪管理计算报告。以我本人的经验判断，大量的土木工程师都需要掌握更多知识，以便能够准确执行径流计算并正确设计包括滞洪池/贮水池在内的雨洪管理系统。因此急需一部实用、简明而全面的书籍，用于为从事雨洪管理要素设计的执业工程师和市政规划人员提供指导。本书的目的就是满足这一要求，它可看作城市雨洪管理——这一最具挑战性和最有活力的工程设计领域的"烹饪书"。

本书涉及指导专业人员高效设计排水管理系统和雨洪管理系统所需的所有主题。它包括该领域涉及的为数众多的水文计算和水力学计算的实例。本书也包含

---

① 1 ac＝4 046.86 m²

大量的案例研究,在这些案例研究中,举例说明了设计排水网络以及构造化和非构造化的雨洪管理系统(例如扩大的滞洪池、渗水池、地下滞留池/渗水池、雨水花园、透水性路面以及植生缓冲带)的方法和程序。

由于美国绝大多数执业工程师尚不熟悉国际单位制(SI)单位,在本书中自始至终使用英制单位。然而,在所有公式、许多实例以及案例研究中也同时使用国际单位制单位,因此本书可在国际范围内采用。

本书被分为 10 章。第 1 章介绍城市开发对暴雨径流的水质和水量的影响。第 2 章为管道流动方程和明渠流动方程的概述,以及能够简化径流输送系统的水力设计的图表和表格。

第 3 章介绍降雨-径流过程的要素,包括指导从业人员准确执行径流计算的若干实例。本章中包括本人建立的一个通用降雨-径流模型。第 4 章介绍落水口、雨水沟、涵洞、植生洼地以及侵蚀控制系统。本章中的实例证明,道路落水口拦截径流的能力远低于许多工程师的预估拦截能力。

第 5 章中包含对 EPA 以及各个样本州(包括新泽西州和马里兰州)的雨洪管理条例的概述,新泽西州和马里兰州的雨洪管理条例在美国最为严格。本章也将说明管理条例的缺点以及改进建议。第 6 章介绍对于各种不同类型的暴雨处理装置的描述,这类装置被越来越多地采用,以满足相关水质标准的要求。

第 7 章介绍不同类型构造化的雨洪管理系统,例如滞洪池/贮水池和渗水池。本章中提供指导从业人员有效设计构造化的雨洪管理系统的实例和案例研究。第 8 章介绍不同类型的从源头减少径流的非构造化措施,所述措施包括透水路面、雨水花园、绿色屋顶、蓝色屋顶和过滤带等,其中某些措施比构造化的系统更加有效并且更加经济。这些措施也被称为绿色基础设施,它们在近年来被日益广泛地采用,并且逐步成为雨洪管理的未来趋势。本章也将介绍各种不同非构造化的雨洪管理系统的成本比较分析。

第 9 章概述了排水设施和雨洪管理设施的安装方法,也介绍了针对雨洪管理要素的建议维护措施。尽管维护对于系统的正常运行至关重要,然而却一直以来被忽视。另外,适用管理条例所规定的维护系统的成本很可能将超过所有人的预期。

第 10 章说明了暴雨径流是一种资源,可以采用一种高效且成本效益高的方式对其进行保存和利用。这个将暴雨径流视为资源的观点与径流必须采用适当方式加以处置的普遍观点不同。本章还进一步讨论了利用屋顶雨水的问题,并且就收集雨水的雨水槽的尺寸估算提出了建议。这个雨水槽的概念最初是本人在 1994 年提出的,现在比较畅销的收集雨水容器是雨水桶,它的尺寸小于本人过去建议的雨水槽的尺寸。

本书面向广大的读者。从事城市开发、道路项目的排水管理系统和雨洪管理系统设计的所有专业人员,以及从事城市规划工作的人员(包括市政工程师和市政官员以及水资源规划人员)都会对本书的主题感兴趣。另外,也可将本书用作大学生和研究生的雨洪管理课程的教科书。由于本书中包含为数众多的实例和案例研究,并且收录了大约 220 个难题/问题以及解答手册,它是课堂教学的理想教科书。由于对暴雨水管理从业人员的需求不断增长,美国越来越多的大学正在开设雨洪管理的课程。

由于工作日程紧张,本人花费了许多个夜晚、周末和节假日编写本书的初版。另外还花费了数月时间更新本书,补充新内容,增添了更多的有解实例以及超过三倍的难题/问题。我感谢博斯韦尔工程设计公司的总裁 Stephen T. Boswell 博士的精神支持和对本人的出版工作以及工程咨询的理解。我也要感谢 Kathy Chwiej,她奉献了她的空闲时间,承担了本书原稿和本版的文字处理工作。

作 者

Hormoz Pazwash,博士,1963 年毕业于德黑兰大学,以当年毕业班的最高成绩取得了土木工程专业的理学学士学位。随后他在伊利诺伊大学厄巴纳-尚佩恩分校在现已故的 Ven Te Chow 博士的指导下继续他的研究生学业,获得了土木工程专业的理学硕士和博士学位。他于 1970 年加盟德黑兰大学工程学院,在此后 7 年中担任土木工程系的助理教授、副教授和系主任。他的其他学术任命包括加州大学伯克利分校和俄亥俄州的阿克伦大学的访问教授、波士顿的东北大学的副教授。他也一直担任位于新泽西州霍布肯市的史蒂文斯理工学院的兼职教授。Pazwash 博士获得过多个不同的学术奖励,包括德黑兰大学奖学金和加州大学伯克利分校的富布赖特奖学金。

他被收入了 1992 年至 1993 年的专业版马库斯科学与工程名人录和国际专业人士名人录。自 1985 年以来,Pazwash 博士一直担任咨询工程师。在迄今为止近 30 年的时间内,Pazwash 博士一直担任位于新泽西州南哈肯萨克的博斯韦尔工程设计公司的项目经理和水利工程设计的主管。他也在史蒂文斯理工学院教授水资源和雨洪管理专业的若干高级课程和研究生课程。

Pazwash 博士发表了近 60 篇论文,出版了 5 部著作,并撰写了 2014 年 9 月出版的《环境管理百科全书》的一整章。他的工作经历涉及水资源和水利工程领域中的许多专业。他参加过包括区域水资源评价,管道设计、沟渠和涵洞的设计,河流和河川的水文和水力分析,洪水控制项目,水库和大坝安全研究,以及排水管理系统和雨洪管理系统的设计等的项目工作。Pazwash 博士由于专业成就巨大,在工程学领域深受尊重。

Pazwash 博士拥有新泽西州和纽约州的专业工程设计许可证。他是美国土木工程师学会(ASCE)的终身会员和研究员,以及美国水资源工程师学会(AAWRE)的持证专业工程师(D. WRE)。他也是美国水资源协会(AWRA)的成员。

缩　写

AASHTO	美国州高速公路官员协会
AAWRE	美国水资源工程师学会
ac	1 英亩＝43 560 平方英尺①
ACIS	应用气候信息系统
ANSI	美国国家标准协会
ASCE	美国土木工程师学会
ASTM	美国材料和试验学会
AWRA	美国水资源协会
AWWA	美国给水工程协会
BDF	流域开发因子
BMP	最佳管理实践
℃	摄氏度,公制温度单位
CAFRA	沿海地区设施审查法案
CCF	自来水使用单位,1 个 CCF 等于 100 立方英尺②
Cd	坎德拉:发光强度单位
cf	立方英尺
cfs	立方英尺/秒
CGS	建设通用许可证
CLSM	可控低强度材料
cm	厘米
COD	化学需氧量
csm	立方英尺/(秒·平方英里)③(TR-55 方法中)
CSO	混合下水道溢流
CU	惯用单位(英制单位)

---

① 1 平方英尺(sf)＝0.092 903 m^2

② 1 立方英尺(cf)＝0.028 316 8 m^3

③ 1 平方英里(sm)＝2 589 988.11 m^2

CWA	清洁水法
DPW	公共工程部
D. WRE	持证水资源专业工程师
ECB	侵蚀控制覆盖层
ECOS	州环境委员会
EGL	能量梯度线
EISA	能源独立和安全法案
EPA	美国联邦环境保护署
ESD	场地环境设计
℉	华氏度①,英制温度单位
FEMA	联邦紧急事务管理署
FHWA	联邦公路管理局
ft	英尺②
gpcd	加仑/(人·日)
gpd	加仑/日
gpf	每次冲洗的加仑数
gpm	加仑/分
GSR-32	地质勘查报告-32(新泽西州专用)
h	时
ha	公顷
Hg	汞
HGL	水力坡降线
in.	英寸③
kg	千克
km	1千米=1 000米
kN	千牛顿
L	升
LEED	能源与环境设计领导
LOD	开发限度,扰动限值
Lpcd	升/(人·日)

---

① 1华氏度(℉)=−17.22 ℃

② 1英尺(ft)=0.304 8 m

③ 1英寸(in)=0.025 4 m

m	米
mgd	百万加仑/日
mi	1 英里①＝5 280 英尺
pm	微米(0.001 毫米)
mm	毫米
mol	摩尔
MOU	谅解备忘录
MS4s	城市独立雨水沟渠系统
MSGP	多段一般许可证
MTD	制造的处理装置
N	牛顿(国际单位)
NAHB	全美房屋建造协会
NAS	国家科学院
NGVD	国家大地高程基准面
NJAC	新泽西州行政法
NJCAT	新泽西州先进技术公司
NJDEP	新泽西州环境保护部
NJPDES	新泽西州污染物排放削减制度
NOAA	国家海洋和大气局
NPDES	国家污染物排放削减许可证制度
NPS	非点污染源
NRC	国家研究委员会
NRCS	自然资源保护局
NSF	国家科学基金会
NSPS	非构造化策略点系统
NURP	国家城市径流计划
OSHA	职业安全和健康署
Pa	帕斯卡(N/m^2)
RCP	钢筋混凝土管
RECP	轧制侵蚀控制产品
ROW	通行权
s	秒

---

① 1 英里(mi)＝1 609.344 m

SCS	土壤保护局(即现在的 NRCS)
SI	国际单位制＝公制单位
SRI	日光反射指数
SWMM	雨洪管理模式
SWPPP	雨洪污染防治计划
TARP	技术接受和互惠合作关系
TCLP	毒性特性溶出程序
TN	总氮
TP	总磷
TRM	草皮加筋垫
TSS	悬浮固体总量
USES	统一土壤分类法
USDA	美国农业部
USDOT	美国运输部
USGBC	美国绿色建筑委员会
USGS	美国地质勘探局
WEF	水环境联合会
WQE	水质事故
WS	水表面
ZLD	废水零排放

符 号

α	阿尔法:角度
γ	伽玛:比重
θ	西塔:角度,水分含量
μ	缪:动力黏度
ν	纽:运动黏度
π	派:3.141 5
ρ	肉:流体密度
$\sum$	西格马:和
Ψ	普西:土壤吸力
A	面积:管道或明渠中的流动横截面积
C	一个常数:径流系数
CN	SCS/NRCS 径流计算方法中的土壤曲线数目
d	沟渠中的流动深度
D	管道直径
g	重力加速度:9.81 m/s², 32.2 ft/s²
I	降雨强度(in/h,mm/h)
I_u	原始退流
K	开尔文:管道/沟渠的流量系数
n	曼氏粗糙度系数
P	湿周
q	单宽流量
Q	排量,最大排量(cf,m³/s)
R	径流深度(in,mm)
R,r	水力半径
S_c	临界坡度
S_g	比重
t	时间
V	速度

V_c	临界速度
y	流动深度
y_c	临界深度

目　录

1 城市化对径流的影响

城市开发改变了自然界的水文过程。它增大并加快了径流,减少了渗透,也恶化了水质。过去由于忽视这些影响已经加重了洪水泛滥,导致河流污染、地下水位下降。本章将讨论这些影响。此外,城市化形成的深色不透水面(例如屋顶和街道)导致了热污染。这一影响与全球变暖有关,超出了本书的研究范围。

1.1 对雨洪水量的影响

降落在森林、草地和湿地之类的未开发土地上的雨水中的一部分被植物截留,一部分被保留在凹陷地面和水洼中,还有一部分渗入地下。只有一小部分从地面上流走。城市化扰动了土地,自然植被为不透水面(例如道路、公路、停车场以及建筑物屋顶和紧实土)所取代。因此,城市化减少了截留,减少了地面蓄水,并减少了水的渗透。

城市开发从砍伐树木和平整场地开始。拦截雨水的树木被清除,能够临时蓄贮雨水的天然凹陷地和水洼变成了平整的地面。像海绵一样能吸收雨水的森林腐殖质层和有机物被铲除。雨水可以渗透的土壤也被夯实。土地不再能够阻止雨水迅速地汇集为径流。在实践中,城市建设开发造成的这些显著影响经常被忽视。

由于道路、停车场、公路、屋顶以及其他不透水面阻止了雨水渗入地下,城市开发对径流的不利影响在建设之后会更为严重。其结果便是洪水增多以及地下水补给显著减少。健康的土壤含 5% 至 6% 的有机物,能够保留高达 40%(体积)的雨水(Hudson, 1994)。由于重型施工设备压实了土壤,在土壤渗水性高或有机物含量高的地区,城市开发的影响会更加深远。

另外,由落水口、管道和排水渠道组成的排水系统收集和输送城市开发产生的径流,将地面径流转变为集中的径流。其结果便是汇流时间(即来自整个流域的径流到达其出口点的时间)缩短。这些变化,也就是降雨截留和汇流时间的缩短,造成了径流峰量和径流水量的显著增大以及地下水补给的减少。当暴雨水排水量超过了河川的容纳能力时,便形成了洪水。EPA 的数据表明,约 24% 的河川(其总长接近 458 000 km,即 271 000 mi)的植被覆盖率下降,导致土壤侵蚀和水污染加重(EPA,2013a,b)。

图 1.1 描绘了城市开发对径流和渗透的影响。图 1.2 显示了城市化所导致的径流水文曲线的变化。这些图形表明城市化增大了径流峰量和径流水量,缩短了汇流时间,减少了入渗。由于地下水位下降以及基流量减少,在干旱天气中已开发流域的水文曲线的尖峰更高,基流量更低。在土壤渗透率高的地区,这种影响更加显著。对于厚层沙质土,即便降雨强度很大,雨水都能渗入地下,径流很少。

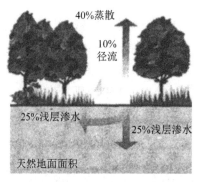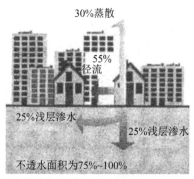

图 1.1　城市化对渗透和径流的影响

引自 US Environmental Protection Agency,Protecting water quality from urban runoff,EPA 841-F-03-003,National Research Council,October 2008,Urban Stormwater Management in the United States,National Academy Press,Washington,DC

在 18 世纪之前,世界上 95% 以上的人口居住在农村地区,在不使用机械的情况下进行耕作。1800 年美国人口大约为 400 万(相当于今天人口的 1.3%),其中 95% 的人口生活在农村地区。那时世界人口不到今天[①]的十分之一。人均食品和商品的生产和消费都低得多。因而环境(尤其是雨洪)受到的不利影响并不显著。1750 年至 1850 年间发生于英格兰并迅速传播至其他欧洲国家的工业革命造成了生活方式的改变,并且刺激了城市的发展。在整个欧洲,生活在城市的人口的比例 1801 年为

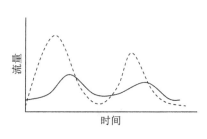

**图 1.2　城市化对径流
水文曲线的影响**

---

① 根据联合国 1999 年所做的估测,世界人口从 1800 年的 9.8 亿增加到 1950 年的 25.2 亿。这意味着在此期间人口增长率为 0.6%,这似乎太低了。而较为合理的估计是,这段时期内人口年增长率为 1%,因此推算 1800 年的世界人口约为 5.66 亿。请注意,从 1950 年到 2010 年,当世界人口增长到 70 亿时,人口年增长率约为 1.7%。

17%,1891 年增长到了 54%。

在美国,城市化是一个漫长且渐进的过程。马萨诸塞州和罗得岛州是美国东北部自 1850 年城市人口就已占多数的两个州,但是那时南方各州的大多数人口仍然生活在农村,这种情况直到 1918 年第一次世界大战结束后才改变。

传统上,在雨洪管理实践中将径流视为需要迅速地从开发地区中清除出去并加以处置的废水。因此通常利用排水系统收集和输送城市及郊区开发产生的以及来自城市的径流,并将其直接排入湖泊和河川中。这不仅将杂质带入接收水体中,而且还导致洪水发生的频率增大、洪水水位上升和易淹区面积的扩大,这些都对河川和湖泊沿岸和附近地区的房产物业(properties)造成了不利影响。

为了消除对径流水量的这些不利影响,各城市和各州实施了雨洪管理条例。早期的管理条例(以及实践)旨在保持所选暴雨发生频率(通常为每 10 年发生一次暴雨或每 25 年发生一次暴雨的频率)下的最大径流流量。然而已经发现,一个单独的标准根本无效,因为它不能充分降低径流流量,从而保持开发前在其他暴雨发生频率下的最大径流流量。随后管理条例被修订,以使其能够适用于更多不同的暴雨发生频率(例如 1 年一遇、2 年一遇、10 年一遇及 100 年一遇的暴雨)。为满足这些管理条例的要求,人们在实践中建造了滞洪池或滞洪塘。然而这些做法也被证明不能有效应对开发所造成的影响。由于径流量高于开发前的径流量,滞洪池/塘的出流过程曲线比开发前的出流过程曲线的持续时间长。因此,一个流域中的所有滞洪池/塘的总排水量超过了该流域的开发前径流量。如下一章中所讨论,某些州(包括新泽西州)为了消除这些影响,在实施的管理条例中要求适当降低径流峰量。

1.2　对暴雨水水质的影响

长期以来暴雨水一直被视为城市洪水的主要来源;同时在过去 30 年中人们也已关注到暴雨水造成河川、湖泊和河流功能退化的影响。许多人仍不相信落在铺路面上并经雨水沟流走的雨水污染严重,需要进行处理。

各种不同地表形态(例如森林、草地和湿地)的多孔隙的天然地面吸收了降雨,让雨水渗入地下。在城市化过程中,诸如屋顶、道路和公路之类的铺面取代了原土壤,这就消除了吸水过程和入渗过程。大多数纯净雨水和融化雪水与地面上人为产生的污染物或天然污染物混合,流入排水系统,并被迅速输送到河川和湖泊中。这种水流具有强大冲刷力,侵蚀了接收水体的底床和堤岸,造成更多的泥沙污染。它也破坏了无脊椎动物赖以生存的土壤基质中的孔隙空间。敏感的物种(例如石鱼和毛翅目昆虫)逐渐开始消失。

人们也应当注意到,采矿系统、化粪池系统、农业以及空气挟带的泥沙也造成了雨洪水污染。在美国,上述这些因素之中,农业是河川和湖泊污染的主要污染源。与建设高尔夫球场和环境美化不一样,美国清洁水法并不适用于农业,因此在农业受到相关水法管控之前,它将一直是一个主要的水污染源。

根据美国联邦环保署(EPA)的资料,暴雨径流是最普遍的水污染源(EPA,2000)。城市地区的污染物来自各种不同的扩散污染源或非点污染源。非点污染源污染物是对应于点污染源污染物而言的,所谓点污染源污染物指污染物在一个单独位置(例如化工厂或污水处理厂的排水口)被排进水体中。由于污染物来自许多不同污染源并在地面上扩散,与点污染源的污染(例如城市废水污染)相比,非点污染源(NPS)的污染更加难以控制或调节。另外由于土地利用和污染物数量之间存在非线性关系,故不能建立决定性的因果关系。

暴雨径流的特性使得污染更难控制。城市径流的组成和水量与时间高度相关。与连续排放、排放量每日变化不超过数倍的城市污水不同,雨洪的流量是间歇的。在发生暴雨期间,雨洪流量和污染物数量的变化都能达到好几个数量级。因此,常规的集中水质处理方式(也被称为管末处理方式)的有效性远低于污水处理厂。城市暴雨水中最常见的污染物来源于:

- 裸露地的土壤侵蚀——这是一个出现在建设期间的突出问题;
- 草坪化学品,例如化肥和农药;
- 道路除冰盐及其他除冰物质;
- 家居用品(油漆、稀释剂、溶剂、清洗剂等);
- 来自屋顶瓦和机动车排放的重金属;
- 漏油和非法处置;
- 尘埃——来自大气和汽车(轮胎和铺路面磨损);
- 发生故障的化粪池系统和污水管非法连接。

另外,来自已开发地区的径流能够升高河川的温度。表1.1中显示了各种不同土地利用中产生的城市径流中的污染物的对比。

表1.1 城市土地利用产生的污染物的平均浓度

污染物	单位	住宅		混合		商业		开阔地带/非城市	
		中值	COV	中值	COV	中值	COV	中值	COV
BOD	mg/L	10	0.41	7.8	0.52	9.3	0.31	—	—
COD	mg/L	73	0.55	65	0.58	57	0.39	40	0.78

污染物	单位	住宅		混合		商业		开阔地带/非城市	
		中值	COV	中值	COV	中值	COV	中值	COV
TSS	mg/L	101	0.96	67	1.14	69	0.85	70	2.92
总铅	μg/L	144	0.75	114	1.35	104	0.68	30	1.52
总铜	μg/L	33	0.99	27	1.32	29	0.81	—	—
总锌	μg/L	135	0.84	154	0.78	226	1.07	195	0.66
总凯氏氮	μg/L	1 900	0.73	1 288	0.50	1 179	0.43	965	1.00
硝酸盐+亚硝酸盐	μg/L	736	0.83	558	0.67	572	0.48	543	0.91
总磷	μg/L	383	0.69	263	0.75	201	0.67	121	1.66
可溶磷	μg/L	143	0.46	56	0.75	80	0.71	26	2.11

来源：US Environmental Protection Agency，Results of the Nationwide Urban Runoff Program；Vol. 1-Final Report，Water Planning Division，Washington，DC，December 1983，National Technical Information Service (NTIS) Publication No. 83-185552.

注释：COV 为变异系数。

城市污染的表现容易确认，它们包括：
- 水体变色；
- 河川和湖泊中植物过度生长；
- 湖岸附近有浮渣和藻类漂浮；
- 有难闻气味；
- 鱼类和野生动植物减少；
- 鱼群死亡；
- 雨水沟渠中有泥沙积聚。

1.3 NPS 污染物及其影响

如上所述，城市径流中存在许多污染物。许多机构（包括美国 EPA）都研究了污染物的来源和影响。EPA 与美国地质勘探局（USGS）合作，对 1979 年至 1983 年间美国的城市雨洪水污染开展了一次全面研究。这个被称为"国家城市径流计划"（NURP）的研究项目的结果被公布于《最终报告第 1 卷》（EPA，1983a）和《执行概要》（EPA，1983b）中。研究的结论包括：

•"到目前为止，重金属（尤其是铜、铅和锌）是城市径流中最普遍的优势污染物成分……铜被认为是三种金属中威胁最大的一种。"

- "城市径流中存在大量大肠杆菌。"
- "城市径流中通常存在营养素,但其浓度并不高于其他可能的排放物……"
- "城市径流中存在耗氧物质,其浓度接近二级处理厂排放水中的浓度。"
- "城市径流的物理作用,例如侵蚀和冲刷,是造成栖息地破坏的重要原因,能够影响现有渔业的类型。"
- "滞洪池……补给设施能够非常有效地清除城市径流中的污染物。"
- "长期有水的湿地能很好地清除城市径流中的污染物。"
- "湿地被视为控制城市径流水质的一项有前景的措施。"
- "城市径流中的有机污染物未表现出会对淡水水生生物造成广泛的威胁。"

1987 年,EPA 修正了 1972 年清洁水法[①],要求各州、各个地方政府以及工业界解决 1983 年报告中提出的污染源的问题。这个修正案规定对面积为 5 ac(± 2.0 hm^2)及更大的土地造成扰动的施工工作以及城市所有单独的暴雨排水沟系统(MS4s)都必须取得国家污染物排放削减制度(NPDES)的许可证。如第 5 章中所讨论,NPDES 许可证已被修改,以涵盖较小的施工现场。

城市暴雨径流产生的主要污染物为泥沙、草坪化肥和营养素、重金属、烃类和大肠杆菌群。表 1.2 列出了城市暴雨径流中的污染物来源,表 1.3 显示了暴雨水污染物的典型浓度。

表 1.2 城市暴雨径流中污染物的来源

污染物	来源
可漂浮物	购物中心、街道、停车场和休闲娱乐区
泥沙	施工现场、道路、草坪和花园
氮和磷	草坪化肥、洗涤剂、宠物粪便、汽车沉淀物(automobile deposition)
有机材料	草坪和花园、公园、高尔夫球场、树叶和动物粪便
农药和除草剂	草坪和花园、路边沟槽、公园、高尔夫球场
金属	大气沉淀物、汽车、工业场地、钢桥腐蚀
油脂	停车场、卡车休息站、道路、公路、洗车场和加油站、小汽车和卡车服务站以及非法倾倒
细菌,大肠杆菌群	草坪、道路、化粪池系统、泄漏的生活污水管、宠物粪便、加拿大雁的粪便

---

① 1972 年清洁水法的目的是管理排放进美国水体中的点源污染物的排放量。这个法案对单个房主没有影响;然而它要求向地表水中直接排水的市政部门、工业企业或其他设施向 EPA 申请获得 NPDES 许可证(Haugton, 1987)。

表 1.3　城市暴雨水中典型污染物的浓度

污染物	典型浓度	单位
总悬浮泥沙	80	mg/L
总磷[a]	0.30	mg/L
总氮[b]	2.0	mg/L
总有机碳	12.7	mg/L
粪便大肠杆菌	3 800	MPN/100 mL
埃希氏大肠杆菌	1 450	MPN/100 mL
油脂	3	mg/L
石油烃	3.5	mg/L
镉	2	μg/L
铜	10	μg/L
铅	30	μg/L
锌	140	μg/L
氯化物（仅在冬季）	200	mg/L
杀虫剂	0.1～2.0	μg/L
除草剂	1.0～5.0	μg/L

来源：New Jersey Department of Environmental Protection （NJDEP），Stormwater Best Management Practices Manual， February 2004， Table 1－1， Trenton， NJ；The State of New York Stormwater Management Design Manual，August 2010，Table 2－1；Article 63，Chapter 1 of the Maryland Department of Environmental Protection Manual，Table 1.

注释：MPN 为最可能数。

[a]据美国 EPA 报告（1983），住宅区和商业区中的平均总磷浓度分别为 0.38 mg/L 和 0.20 mg/L，见表 1.1；
[b]据美国 EPA 报告（1983），住宅区和商业区中的平均总氮分别为 2.6 mg/L 和 1.75 mg/L。

　　EPA 在其于 2000 年提交国会的一份报告中引证分散的（非点）污染源是致使国家航道污染太重，以至于不能游泳和垂钓的首要原因。EPA 的《全美水质清单：2002 年提交国会的报告》确认城市径流为导致地表水和地下水水质受损的主要原因（http://www.epa.gov/305b/2002report-catched）。

　　2013 年 3 月，EPA 发布了《全国河流和河川评估报告》。这份报告的依据是 2008 年和 2009 年开展的一次调查的结果，此次调查涉及 48 个相邻州中随机选择的总共 1924 个现场。其中半数为大型河川和河流。研究表明，119 万 mi（192 万 km）长的美国河流和河川的生物状态恶劣，23％的河流和河川的生物状态一般，只有 21％的河流和河川的生物状态良好。

　　生物状态是反映水体健康状态的最全面指标，它与总氮、总磷和酸化有关，到目前为止磷和氮的分布最为广泛。全国40%的河流和河川磷含量高,28%的河流和河川氮含量高。尽管只有不到1%的被调查河流和河川中存在酸化问题,但酸化仍然对生物状态造成显著影响;受到酸化影响的水体生物状态差的概率超过50%。

为减轻城市径流污染物对环境的不利影响,应当采取适当措施,从源头上减少和清除污染物。以下各节讨论城市径流中的主要污染物以及控制所述主要污染物的方法。同时可以从以下文献中查找关于径流质量的更加详细的资料:Schueler (1987,1997)、美国EPA (1983a,2008)、Walker (1987)、特雷尼研究院、Caltrans (2010)。

1.3.1　漂浮物

漂浮物包括金属罐、瓶子、玻璃罐、尼龙袋、纸张、硬纸板、叶片和树枝等等。地表水中包含这些材料,它们不会对地下水造成污染。塑料材料通常不可降解,可能存在数百年之久,因此它们会积聚在涵洞的后面,堵塞雨水沟,见图1.3。控制这些材料的最有效方法是对公众进行环保教育。如果每人都循环使用物品,没人乱丢物品,那么可漂浮废物会明显减少。

图1.3　涵洞中积聚的瓶子和漂浮物

(照片由作者提供)

1.3.2　泥沙

泥沙是城市径流中最常见的污染物之一,通常是在开发活动中产生的。开发项目的施工阶段产生的泥沙数量最多。因此,在施工期间必须使用适当的沉淀和侵蚀控制设施,以避免大量泥沙以泥浆形式被排至下游的排水系统、水路和湖泊中。

开发活动中排放的泥沙数量随着降雨强度的增大而显著增加(Pazwash,1982b)。发生一次大暴雨时沉淀在淤积池(siltation basin)中的泥沙数量可能会多于在施工期中剩余时间内累计沉淀的泥沙数量。对于湖泊和水库,也会发生相同现象。伊朗北部的赛非德鲁德大坝就是一个例证,这座大坝建造于1954年至1962年间。1954年至1976年间所做的泥沙测量结果表明,在1955水文年和1969水文年,每年的泥沙流入量为1 400万mt至21 830万mt。同一期间测量的河流流量,1955水文年为30亿m³(1 060亿cf),1969水文年为140亿m³(4 940亿cf)[①]。

---

① 一个水文年从10月1日开始,到次年9月30日结束。

1969 年 3 月 10 日发生的大洪水将 1 555 万 t 的泥沙携带进水库中,远多于整个 1955 水文年的泥沙流入量。数据也显示,1969 水文年(多水年)的泥沙数量与河川流量之比,比 1955 水文年(枯水年)高 3.3 倍以上(Pazwash,1982a)。

清除雨洪径流中的泥沙的一种可行方法是让径流流过滞洪池或滞洪塘(湿池)。滞洪池的功能类似于供水处理厂中的沉淀池。它减缓水的流动,让泥沙沉至底部。池塘或滞洪池的泥沙清除效率(也被称为沉沙效率)取决于池塘的长度和深度以及停留时间(即径流被从池塘中排放出去的时间)。更为重要的是,这种效率取决于沉淀物质的大小、形状和类型。颗粒的沉降速度随着其大小的变化按指数率变化,可用下式计算沉降速度:

$$C_D \left(\frac{\pi d^2}{4} \right) \left(\frac{\rho V_f^2}{2} \right) = \left(\frac{\pi d^3}{6} \right) (\gamma_s - \gamma_w) \tag{1.1}$$

式中:C_D——阻力系数,雷诺数的函数($R_e = Vd/\upsilon$);

   d——粒度,球状颗粒的直径;

   ρ——流体密度;

   V_f——沉降速度;

   γ_s——颗粒的单位重量;

   γ_w——水的单位重量。

公式左边项表示颗粒在水中沉降时所受的阻力,右边项表示颗粒在水中的净重。

根据沉降速度改写以上公式,获得以下公式:

$$V_f = 2 \left[\frac{g(S-1)}{3} \right]^{1/2} \left(\frac{d}{C_D} \right)^{1/2} \tag{1.2}$$

S 是颗粒的比重。对 S 进行近似处理,即取 $S=2.65$,以上公式被进一步简化为:

$$V_f = 0.147 \left(\frac{d}{C_D} \right)^{1/2} \qquad \text{SI 制单位(国际单位)} \tag{1.3}$$

$$V_f = 2.43 \left(\frac{d}{C_D} \right)^{1/2} \qquad \text{CU 单位(英制单位)} \tag{1.4}$$

在式(1.1)至式(1.4)中,d 的单位分别为 mm 和 in。对于 $R_e \leqslant 1$ 的很小颗粒,利用斯托克斯定律计算阻力系数:

$$C_D = \frac{24}{R_e}; \quad R_c = \frac{Vd}{\upsilon} \tag{1.5}$$

式中:ν——水的运动黏度。

将公式(1.2)和公式(1.5)合并,获得以下公式:

$$V_f = \frac{g(S-1)d^2}{18\upsilon} \tag{1.6}$$

式中:V_f——沉降速度,m/s(ft/s);d——粒度,m(ft)。

对于雷诺数较大的颗粒,研究人员提出了若干计算沉降速度的公式。以下简单公式是 Pazwash(2007,第 7 章)提出的:

$$C_D = \left(\frac{24}{R_e}\right)(1+R_e^{2/3}/6) \tag{1.7}$$

这个公式与 $1 < R_e < 1\,000$ 条件下的实验数据很吻合。对于 $R_e > 1\,000$ 的粗砂和砾石之类的大颗粒,在雷诺数达到 $R_e = 2 \times 10^5$ 前,阻力系数为 0.4 至 0.45,当雷诺数 $R_e = 2 \times 10^5$ 时,流动变得紊乱,阻力系数降至 0.2。表 1.4 显示了水中球状颗粒的沉降速度。

表 1.4　水中球状颗粒的沉降速度[a]

颗粒直径		沉降速度		粒度		沉降速度[b]	
mm	in	m/s	ft/h	mm	in	m/s	ft/h
0.001	4×10^{-5}	3.2×10^{-3}	1.05×10^{-2}	0.20	0.008	0.02	0.07
0.002	8×10^{-5}	1.3×10^{-2}	4.3×10^{-2}	0.30	0.012	0.04	0.13
0.005	2×10^{-4}	0.08	0.26	0.40	0.016	0.06	0.20
0.01	4×10^{-4}	0.32	1.05	0.50	0.020	0.08	0.26
0.02	8×10^{-4}	1.30	4.27	0.60	0.024	0.10	0.33
0.05	0.002	8.10	26.60	0.80	0.030	0.13	0.43
0.10	0.004	32.40	106.30	1.00	0.040	0.15	0.49

[a]温度 20℃(68℉);
[b]四舍五入至第二个小数位。

表 1.4 中的数据间接表明,在一个深度为 1.5 m(5 ft)的典型池塘中,砂粒会在几分钟内沉降,而淤泥会在几小时内沉降,黏土颗粒($d < 0.004$ mm)则需要数天时间才能沉降。因此,应根据径流中携带的泥沙的类型控制滞洪池/塘的悬浮泥沙清除率。这也意味着,与某些出版物中的说明不一样,滞洪池中的总悬浮固体量(TSS)的清除率不仅仅是停留时间的函数,更重要的是,它还取决于沉淀物质(细砂、淤泥或黏土)的大小和类型及其密度,因此上述清除率取决于特定现场的具体条件。

1.3.3 营养素和农药

美国地质调查局于 1992 年至 2004 年间对河川和地下水中的营养素进行了一次全面的综合研究。名为"1992 年至 2004 年美国水体质量——全国河川和地下水中的营养素"的 USGS(2010a)第 1350 号通告中公布了研究结果,USGS 资料单(2010-3078;USGS,2010b)对其进行了重点介绍。结果显示,过高的营养素浓度是造成生态退化的普遍原因,自 20 世纪 90 年代早期以来,尽管实施了联邦政府、州政府和地方政府控制点源污染源和非点污染源以及营养素输送的重大管理条例,全国许多河川和蓄水层中营养素的浓度仍然保持不变甚至有所上升。

USGS 的研究发现,2000 年至 2010 年间,伊利诺伊河中硝酸盐含量下降了 21%;然而密西西比河和密苏里河中的硝酸盐含量却继续上升。2000 年至 2010 年间,上密西西比河中硝酸盐含量增加了 29%,密苏里河中的硝酸盐含量增加了 43%。在密西西比河流入墨西哥湾的出口,同一时期中硝酸盐含量增加了 12%。来自密西西比河的过多的硝酸盐及其他营养素决定着每年夏季在墨西哥湾北部形成的缺氧区(被称为死区)的范围和严重程度。死区的特征是底水或近底水中氧含量极低、水质恶化以及海洋生物受到伤害。2013 年墨西哥湾的死区面积为 15 120 km²(5 840 sm),相当于康涅狄格州的面积。

磷和氮是植物的必需营养素,也是城市暴雨径流中的主要营养素。这些物质大多为无机物,包括磷酸盐、硝酸盐和氨。通常氮以有机氮或氨(NH_3)的形式存在于流域中,而且在被氧化为硝酸盐之前一直附着于土壤上。因此氮经常以硝酸盐(NO_3^-)的形式被水输送。在农村地区和住宅区,大量营养素来源于化肥、粪肥或乳品业。宠物粪便、加拿大雁粪便、洗涤剂和未处理的生活污水也是营养素的来源。据报道,城市流域每年每单位体积径流中产生的磷数量通常是特定地区中未开发流域的 5 至 20 倍(Walker,1987)。

环境中磷的来源、扩散、输送和最终去向非常复杂。在城市和郊外的暴雨径流中,磷的来源包括洗涤剂、化肥、润滑剂、家用清洁剂、油漆,当然也包括自然土壤。草坪是暴雨径流中营养素的重要来源——来源于草坪营养素的数量高于来源于土地利用(例如道路、公路和街道)数量的 4 倍。因此草坪和环境美化所用化肥是营养素的主要来源。新泽西州的土壤实验表明,大多数土壤都含有植物生长所需的大量磷。因此,新泽西州许多城市已经禁止使用含磷化肥(http://www.nj.gov/dep/watershedmgt)。

磷酸盐经常附着于土壤细颗粒上,直到它被植物利用或以悬浮泥沙的形式随土壤被带走。然而硝酸盐的可溶性要高得多,在深冬季节或在大雨之后可能渗入地下水中,从而污染地下水。氮和磷含量高能促进藻类生长,但也会危害水质、食物资源和栖息地,并能降低氧含量,这会对鱼类和其他水生生物造成不利影响。高浓度的硝酸盐也能对饮用水造成公共卫生风险。

根据 2013 年 EPA 的《全国河流和河川评估报告》,27％以上的河川和河流的氮含量过高,40％的河川和河流的磷含量过高。河流、湖泊或河口中的磷和氮的浓度能提高生物生产力,导致有害藻类的生长以及富营养化现象的出现。富营养化主要发生在水的滞留时间超过 2 周的小型半停滞农村池塘和城市湖泊中。在生长季节,这些水体会经历长期富营养化,其征兆为水体变色、出现难闻气味、出现藻类浮渣、氧含量低、毒素释放以及对鱼类造成危害。富营养化也是美国所有沿海地区的一个主要环境问题。

新泽西州的巴尼加特湾和马里兰州的切萨皮克湾是美国富养化程度最严重的两个海湾。巴尼加特湾的流域分界线几乎与作为新泽西州发展最快的开发地区之一的海洋县的管辖边界完全重合。该县自 2000 年以来的大规模开发是巴尼加特湾环境恶化的主要原因。根据 2010 年在罗格斯大学举行的一次峰会的资料,估计巴尼加特湾每年吸收了大约 140 万 lb(60 000 kg)的氮。其中超过三分之二来源于暴雨径流。该地区出现高渗透性土壤,加重了开发活动对径流的影响,因为不透水地面以及土壤压实都会减少水在受扰动土地中的渗透。已经发现尽管自然土壤的比重为 1.5,然而 20 世纪 70 年代的住宅开发中建造的草皮的测量比重却为 1.75 至 1.9。这些测量比重值表明土壤孔隙度减少了不到 30％,并且这个减少值逐步加剧至 40％以上。为恢复土壤渗水性,应当松动紧实土,并且应当向土层中加入石灰、有机物、石膏以及合适的化肥之类的土壤改良材料。

清除雨洪中的总氮(TN)和总磷(TP)成本高昂。据报道,利用若干雨洪管理系统清除 TN 和 TP 的平均成本大约分别为 530 美元/lb(1 175 美元/kg)和 2 750 美元/lb(6 100 美元/kg)(England et al. 2012)。

表 1.1 中显示的城市径流中的总磷和总氮的浓度显著小于处理过的废水中的总磷和总氮的浓度。然而应当注意,在潮湿天气条件下雨洪流量远多于生活污水量。

城市地区和农用土地上都习惯使用包括杀虫剂、除草剂、灭鼠剂和除霉剂在内的农药。这些物质能够污染土壤、水和空气,对生态系统和人有毒性效应。农药能通过损害食物链直接减少水生生物的数量,也能通过减少浮游植物的数量,从而降低水中氧含量而间接减少水生生物的数量。市场上已经停止销售高度致癌的农药(例如 DDT、狄氏剂和氯丹);2004 年和 2005 年 EPA 分别禁止城市使用地亚农和毒死稗。在城市地区已用其他农药(尤其是拟除虫菊酯农药)取代这些农药。然而这些农药中的若干种对鱼类和浮游动物的毒性比逐步淘汰的农药的毒性还要强。此外一些拟除虫菊酯农药往往会与土粒密切黏合,积聚在泥沙中(Lee et al.

2005)。在加利福尼亚州的城市水路中发现了因使用 EPA 当前登记的杀虫剂所导致的大范围水体毒性。其他常用农药（例如马拉松）被怀疑是直接接触时的致癌物。

在使用农药时,农药会通过溶解于暴雨径流中或黏合在径流中携带的悬浮泥沙上而随水流迁移。农药也会通过渗透污染地下水。农药的输送及其最终去向取决于其与土壤和水的物理和化学相互作用。化肥和农药对于环境的影响取决于我们的园艺和草坪护理习惯。自数十年前房主焚烧秋季树叶、在其草坪和园艺植物上使用有害农药以及过量化肥以来,我们的园艺习惯已经显著改善。但是我们仍然过度施肥,在最大限度减少对环境的不良影响方面,我们依然有很长的路要走。现在是时候认识到草坪除了需要反复施肥外,还要使用大量的水。因此我们应当考虑缩小草坪的面积,使用维护要求低的本地生植物进行绿化。

1.3.4 重金属

城市暴雨径流中的金属主要来源于汽车和工业。根据上述 NURP 研究结果,到目前为止铜、铅和锌是城市径流中发现的最普遍的重金属。在美国的某些地区,潮湿或干燥的大气沉淀物也是城市径流中重金属的一个重要来源。天然土壤中也有金属,从天然土壤溶入到水中的金属的数量随着水的 pH 的下降而上升。

锌是美国以及其他国家的暴雨径流中发现的最普遍的重金属。例如在新西兰,来源于电镀屋顶(Tveten et al. 2006)的锌是城市径流中的主要污染物之一。铜、锌和汞能够造成健康问题,但实际上铅才是造成中毒和公共健康问题的最主要因素。铅常常沉淀在水系统中,并积聚在土壤和泥沙中(Lee et al. 2006)。铅对神经系统具有累积的有害影响,对儿童尤甚。汽油中的四乙基铅曾是雨洪径流中铅的主要来源之一。然而,在使用无铅汽油之后,这个来源的污染已经减少。

有效控制重金属并不简单。尽管汽车油耗降低减少了重金属的产生,然而通过改变我们的生活方式能够更加显著地减少重金属的产生,这个问题将在本章的下文中讨论。

1.3.5 病原体、粪便大肠杆菌

病原体是危险微观病毒性或细菌类有机体,能够造成某些形式的疾病。宠物、鸟类和加拿大雁的粪便排泄物是城市雨洪径流中的病原体的主要来源。目前为止,从雨水系统和污水系统混合流入下水道并溢出的水是病原体的最大来源。美国许多历史久远和开发程度较高的城市和自治市都没有单独的雨洪水和生活污水下水道。实例包括新泽西州的李堡市、北卑尔根的某些地区、里奇菲尔德、纽约市的布鲁克林区和皇后区的一些自治市镇。尺寸或位置不合适的化粪池系统会污染

地下水,在土壤渗透性极高和地下水位高的地区,以及在破碎岩石和钻井套管造成渗流路径的地点情况尤其严重。

如果暴雨径流未与生活污水或粪便排泄物接触,则它对人体健康造成的威胁很小。然而,当未充分处理的混合污水被从下水道排放进海滩和湖泊时,就会造成由病原体污染导致的公共健康危机。同样,在径流与贝类养殖区接触的地点以及大群加拿大雁可能徜徉的泳池中,也存在这种危险。

被粪便污染的径流可以传播若干人类疾病。著名的菌种包括能导致伤寒和肠热病的沙门菌群和能导致细菌性痢疾的志贺氏杆菌属组。其他菌种包括大肠杆菌和霍乱弧菌,后者能造成霍乱。在美国由大肠杆菌造成的胃肠炎是一种主要的水传播人类传染病。

EPA(1983a,b)研究了156次暴雨中的17个地点的粪便大肠杆菌的浓度。研究发现,在每次暴雨期间以及暴雨过后的短时间内,城市径流中存在高浓度大肠杆菌,远超EPA水质标准规定的浓度。人们发现温暖月份中大肠杆菌数大约为较冷月份中大肠杆菌数的20倍。其部分原因可能是被径流冲入水体中的宠物和鸟类的粪便的数量不同,夏季被雨水冲入的粪便比冬季被雨雪冲入的粪便多得多。

大肠型细菌和大肠杆菌的浓度是病原菌的指标。加利福尼亚州文图拉县于2006年执行的细菌TMDL(总平均每日负载量)包括每100 mL 235 MPN(最可能数)的夏季干燥天气单日最大值和126 MPN的30日几何平均值。在加利福尼亚州千橡市的若干地点监测的细菌TMDL超过了当时夏季干燥天气下标准值的30%至40%(Carson et al. 2013)。

EPA在进行一项关于受损水体和最大总负载量的研究时发现,到目前为止,在美国病原体是303(d)①中所列水体受到损害的主要原因,而最常见的原因是粪便大肠菌或大肠杆菌(Kaspersen,2009)。2013年EPA的研究发现,大约9%的河川和河流细菌浓度偏高。人们已经采取若干措施,将加拿大雁从池塘周围驱离。然而没有一项措施被证实有效。作者建议取走鸟类新产的蛋,以减少加拿大雁的种群数量。

1.3.6 道路除冰盐

道路除冰盐(即食盐、氯化钠)容易取得并且价格低廉,它能有效地降低冰的凝固点,是许多州使用最广泛的除冰物质。新罕布什尔州是美国第一个利用盐融化道路上积雪的州,该州于1938年率先进行了利用盐融化道路积雪的实验

---

① 根据1972年《清洁水法》第303(d)条的规定,各州、地区和授权部落必须制定受损水域清单(即不符合水质标准的水域的清单)。

（Richardson，2012）。三年后，有将近5 000 t的盐被撒在美国的高速公路上。根据 EPA 的资料，每年有超过 1 300 万 t 的（11.8×10⁶ mt）[①]的盐被撒在美国的道路上（*Civil Engineering*，2005）。现在美国每年有超过 1 800 万 t 的盐被用于除冰。

过去 20 年间用于除冰的道路除冰盐的数量已经翻倍。马萨诸塞州、新罕布什尔州和纽约市道路除冰盐的用量高于平均用量；马萨诸塞州的用量最高，为 19.94 t/（车道·mi·a）[11.2 mt/（车道·km·a）]。纽约市的道路除冰盐用量平均为 50 万 t/a 或 16.6 t/（车道·mi·a）[9.4 mt/（车道·km·a）]。纽约州运输部要求小雪期间道路除冰盐用量为 225 lb/（车道·mi）[63 kg/（车道·km）]，大雪期间每次道路除冰盐用量为 270 lb/（车道·mi）[76 kg/（车道·km）]（Wegner et al. 2001）。由于每个冬季向道路撒盐不超过 10 到 20 次，这些数字表明所用除冰盐中的大部分都未被计入。

美国地质调查局以及诸如卡瑞研究所（位于纽约市米尔布鲁克的一家非营利环境研究和教育机构）之类的私人机构开展的研究表明，盐的扩散速度没有先前认识的那么快，当盐浓度为常见的 100 mg/L 至 200 mg/L 时，会对水生生物产生显著的有害影响。大量使用盐已经导致美国东北部出现大范围的污染。城市地区的氯化物浓度有时超过 5 g/L（0.5 ％质量浓度）。这接近海水中盐浓度的四分之一。

在道路、公路和停车场使用除冰盐，导致盐进入排水系统。径流中的盐渗入地下，污染地下水。由于停留时间长，盐常常积聚在地下水中，其浓度在夏季达到最大。如果淡水中盐浓度过高，由于密度梯度的缘故，需较长时间春季的融水才能混入原地下水中，还会降低氧含量，造成鱼类和水底生命体死亡率升高。也会改变河口和海湾中的天然含盐浓度，破坏贝类繁殖。盐浓度上升时，水会出现难闻的气味，可能需要对这种水进行成本高昂的处理，才能将其用作生活用水。

盐会影响用盐地点下游数英里处水的化学性质。根据缅因大学地球科学教授史蒂芬·诺顿博士的研究，盐会造成某些矿物从河川中的土壤中析出。高浓度的盐会提高水的酸度，具有类似于酸雨的效应（*Civil Engineering*，2005）。在对道路除冰盐进行的其他研究中发现了盐对生态的影响，包括对大型无脊椎动物的不利影响。饮用水中盐含量高能够造成高血压和肾功能异常以及林蛙和火蜥蜴的卵和胚胎的损伤。

氯化钠是城市径流中新出现的严重污染物之一。道路除冰盐的使用量经常过多，因此存在减少其使用量的可能性。可以采取以下措施减少道路除冰盐的使用量。

• 在撒盐之前将雪犁开。因为雪需要许多盐才会融化。

[①] 1 t＝2 000 lb＝907 kg；1 mt＝1 000 kg。

• 在冷冻发生之前使用湿盐。这能将盐的消耗从使用干盐时的 25% 降至仅 4%。

• 将沙子与盐混合，将这种混合物以平行条带的形式撒下。

• 缓慢移动卡车。当速度为 50 km/h(30 mi/h)时,30% 的盐会被撒到道路之外。

• 监测撒盐量与温度的关系。在 −1℃ (30°F) 的温度下,1 kg 的盐能融化 40 kg 的雪,但在 −12℃ (10°F)的温度下,只能融化 5 kg 的雪。

• 绝不能在降雪之前撒盐。天气预报并不总是可靠的。雪可能降下,也可能转化为雨。

人们已经实施了利用若干种除冰材料取代道路除冰盐的实验。在这些替代材料中,氯化钙(CaCl)、醋酸钙镁(CMA)和醋酸钾(KA)最值得注意。氯化钙需要特别处理,它比盐贵。然而在低于 −18℃ (0°F) 的温度下,氯化钙是非常有效的除冰材料,除冰速度很快。已经发现,当在降雪期间或降雪之后使用 CMA 时,CMA 的除冰速度低于盐的除冰速度。另外,当温度低于 −5℃(23°F)时,其有效性降低(WIDOT, 1987)。此外,CMA 的成本为 660 美元至 770 美元每公吨(600 美元至 700 美元每吨),而道路除冰盐的成本为 25 美元至 45 美元每吨(平均成本为 35 美元每吨)。醋酸钾(KA)经常被用作不含氯化物的液态除冰材料的主要成分。KA 的优点包括腐蚀性低、除冰性能良好,最重要的是它对环境的影响小。然而 KA 的成本是盐的许多倍,与 CMA 的成本相当。研究显示,在所有除冰材料中,氯化钠对混凝土路面的破坏作用最强,它比氯化钙的有害性高得多(Mishra, 2001)。

氯化钙也用于一种被称为路丽美(Verglimit)的铺路面中,作为防冰剂(Clines, 2003)。路丽美是一种含氯化钙颗粒的沥青混凝土路面,密封在亚麻子油和氢氧化钠中。它最适合应用于更容易结冰的桥面板、陡坡和遮蔽区域。欧洲、北美和日本分别于 1974 年、1976 年和 1978 年开始使用路丽美。新泽西州进行的实验表明,这种材料在 −4℃ (24°F) 的温度下有效。

在雨洪管理对于营运至关重要的机场中,以乙二醇为除冰剂。乙二醇液体因其在被排放至河川和河流中时需氧量高而对环境造成影响。鉴于 EPA 的法规限制乙二醇以及来自机场的其他污染物排放,常规的除冰过程正在改变。在某些机场(包括水牛城尼加拉国际机场),已经发生了变化。在这个机场中,已经设计了一个地下湿地系统,用于处理乙二醇。在实践中,需要根据现有排水基础设施和除冰作业情况设计每个机场的雨洪管理系统。

1.3.7 石油烃

石油烃包括油和脂、"BTEX"化合物(苯、甲苯、乙苯和二甲苯)以及多种多环芳烃(PAHs)。这些污染物从汽车修理厂、停车场、道路、泄漏的储罐或由于汽车排放以及不当或非法处置废油进入暴雨径流。令人难以相信的是,仍有人向城市雨水沟中倾倒他们用过的车油(以及防冻剂)。低密度的石油烃对人有急性毒性(Schueler,1987)。它们也会导致水不适合于指定用途。

一项对来自哥伦比亚特区和马里兰州郊区的若干不透水地面的城市径流中的石油烃浓度进行测量的研究显示,小汽车交通量影响径流中的烃浓度,中等浓度的范围为 0.6 mL/L 至 6.6 mL/L(Shepp,1996)。这些浓度超过了为保护饮用水源和渔业生产而建议的最大浓度——其数值为 0.01 mL/L 至 0.1 mL/L。

烃类对液态水源有害;然而,它们会被泥沙和固体颗粒所吸收和吸附,因此它们在水中主要以微粒的形式存在。只有大量的油(例如溢油)才会保持液态。在含氧环境中石油烃能够生物降解,尽管降解的速度极低。通过强制通风可以显著提高降解速度。

针对制造效率更高的小汽车而言,避免不必要的旅行,更加重要的是推行汽车合乘制度,能降低城市径流中的烃浓度。新泽西州于 20 世纪 90 年代中期设置了汽车合乘车道。然而,在近 3 年后放弃了这项计划,因为占用率高的小汽车车道未被有效利用。失败的部分原因在于汽油价格低,因此人们不必因为支出汽油费用而放弃拥有自己的小汽车所带来的便利。更为重要的是,该计划失败的原因在于,它要求至少三名乘客合乘一辆小汽车,对因通勤路线相同而合乘一辆车的人员的数目进行了限制。在为每辆车有两名或两名以上乘客的小汽车提供一个快车道的加利福尼亚州南部以及其他交通繁忙的地区,汽车合乘计划就相当成功。

近年来,人们特别关注如何清除机场和海港的烃类和燃料。奥尔巴尼国际机场已经安装了一个处理系统,用于保证燃料库扩建产生的并被排放至通向位于奥尔巴尼县的沙克河下游饮用水取水口的径流的水质。该处理系统包括加油区的排水沟,它们将径流输送至暴雨水提升站,径流被从这里泵送至有一组智能海绵吸收过滤器的拱顶室(vault)。已经发现,这些由洁水解决方案(Clear Water Solutions)公司提供的过滤器能够通过过滤产生高质量的出水,并且其投资成本也比常规活性炭过滤介质低得多。这些过滤器不会溶出污染物;而是能够将污染物转变为可处置的固体废物。据报道,过滤器容易维护和更换,并且可以以较低成本将其当作固体废物进行处置。

东北部的其他一些机场也使用类似的过滤器处理径流。这些机场包括新泽西州的纽瓦克国际机场和纽约州的维斯特切斯特郡机场。2002 年维斯特切斯特郡机场在机场的 54 个所选关键入口安装了 Ultra Urban 过滤器(由 AbTech Industries 公司制造)(Shane,2007a)。称为"智能海绵"的渗滤介质由聚合物混合物组成,这种渗滤介质能够有效地吸收水中的污染物。聚合物由非沥滤的分子组成,能将汽油、油和油脂聚合在一起,将它们转变为类似凝胶的材料,并使它们在相当于其干重的 2 倍至 5 倍的条件下饱和。过滤器有两种标准形状或模块单元,一种用于路缘雨水口,一种用于跌水进口的单元。根据该项目的经验,在无水溢出的条件下,过滤器在 2 年时间内运行良好,无须更换。同时对拆除的过滤器进行了测试,以保证它们不含有害物质,之后将其拖走,进行回收利用。

1.3.8　大气尘埃

大气尘埃被定义为无风条件下空气中被微小电流所悬浮并且缓慢沉降的微细颗粒。通常海洋上方的高海拔位置尘埃较少,城市上方的低海拔位置尘埃较多。尘埃是诸如过度放牧、砍伐森林以及不适当的农业措施和施工措施之类的活动造成的。然而,大多数大气尘埃是自然原因(即气候条件尤其是风力)所致。干旱和半干旱地区产生的尘埃多于地表面有植物保护的、降水多的地区。风蚀是最大的尘埃污染源,它侵蚀裸露的地面,分离出固体颗粒并将固体颗粒夹带在空气中。强风能够在天空中造成一层厚尘埃云。图 1.4 显示了一次强风导致空气中的阴云布满尘埃。

尘埃不仅是一种空气污染物,而且气载尘埃还能聚集在道路、公路、屋顶和水池之类的城市表面,被雨冲走,造成水污染。大尘粒会迅速沉淀到地面上,但大量细尘粒会长时间一直悬浮在空气中。1883 年 8 月印度尼西亚喀拉喀托火山喷发造成的影响在发生之后数年才被观察到。通常,大于 1 μm(0.001 mm)的尘粒由于其沉降速度较高,会以干沉淀的方式沉淀下来;较小的尘粒主要通过湿沉淀的方式被除去。具体来说,小尘粒需要黏附

图 1.4　风蚀造成的遮天蔽日的尘埃

(照片由作者提供)

在雨滴上,随着雨滴一起下落。在数日干燥天气之后,降雨会造成小汽车和铺路面上出现灰尘污点,这是尘粒随着雨滴一起下落的最佳例证。2013 年 EPA 的研究发现,略高于 1% 的河川和河流汞含量过高。煤灰的大气沉淀是河川中汞的主要来源。

最新研究估计,全球粉尘排放量为每年 1 000 至 3 000 Tg(10^{12} g＝10^6 mt)。大约 80% 的尘埃来自北半球的一个从北非延伸至中东、经中亚和南亚最后抵达中国的尘埃带。尘埃的最大来源是撒哈拉沙漠,估计其尘埃产生量为每年 160 至 760 Tg(*Encyclopedia of Earth*,2007)。值得注意的是,风除了携带尘埃外,还输

送植物种子、细菌、病毒、真菌以及各种不同物质,并非风所携带和输送的所有物质都是有害的,其中一些是地球上生物的食物来源。

1.4 暴雨径流管理

国家和州政府现行的雨洪管理条例规定,来自开发现场的径流的水量和水质不得超过相关限值。为实施这些管理条例,已经制定了许多措施。由于不同措施之间存在差异,在雨洪水管理领域中引进了最佳管理实践(BMPs)这个通用术语(EPA,1999)。BMPs指在特定条件下以成本效益最高的方式控制暴雨径流的水量并改善其水质的措施。可以将BMPs划分为旨在减少开发现场的径流和污染物产生的预防性措施以及减少已经产生的径流和污染物的数量的补救措施。这些措施也被分别称为非构造化BMPs和构造化(末端控制)BMPs。

构造化措施包括滞洪池/贮水池、池塘、渗水池等等。而非构造化措施是指能够减少径流数量和污染物产生量的那些措施。非构造化措施的实例包括降低地面不透水性、拆开不透水地面以及避免过多使用草坪化学品。近年来,许多种工业制造装置(manufactured devices)被引进了雨洪水质处理的市场中。在本书中的几章中将单独讨论构造化、非构造化和工业制造的水质处理装置。

为了消除开发活动对环境的不利影响,需要在将来采取具有挑战性的雨洪管理措施。有关暴雨径流的一个令人担忧的问题是,在暴雨径流经街道排水沟和排水系统流至处理设施时,它受到的污染加重了。常规的雨洪管理方法,即末端控制方法,要么不可行,要么成本效益低。

一个单独的BMP可能经常不能应对雨洪管理的所有问题。每个BMP都有其自身的局限性,所述局限性取决于BMP的预定目标和具体的现场条件。通常,控制污染的最佳解决方案是减少污染源头的污染物产生量。注意,预防是比补救更加有效的解决方案。

国家研究委员会(NRC)依据与EPA签订的一份合同,于2008年10月15日发布了一份名为《美国城市雨洪水管理》的报告。这份报告是15个成员委员会进行的一项历时26个月的研究成果,它包括对美国雨洪水管理历史的介绍以及对雨洪管理条例和联邦政府监管计划的概述。根据为EPA编制的一份500多页报告的结论,需要对EPA雨洪管理计划做出根本改变,以扭转淡水资源质量下降的趋势。这份报告的关键研究结果和一般建议包括:

• 将EPA现行的零碎的监管体系转变为一种重点对排放至河川和水体的所有排水进行监管的新的基于流域的许可制度。

• 更多关注水量的增加,较少关注化学污染物的含量。

• 受到城市土地利用扰动的地区的增加速度高于人口增长速度,在 EPA 的雨洪监管计划中必须考虑这个趋势的影响。

附录 1A 中包括由四张表单组成的 NRC 报告的概要。在 NRC 提供建议之后,EPA 挑选了若干项目进行试验性研究。EPA 也在 2012 年采用的现行的一般许可证中加入了该研究的某些研究结果和建议。

如上所述,管理水质的成本效益最高和环境最友好的解决方案是从源头上减少污染。以下为实现这个目标的某些措施的清单:

• 预防、减少污染/良好的家庭处置措施;

• 降低不透水性;

• 保留大部分雨水;

• 将径流从不透水面(屋顶和公路)引导至草坪/绿地;

• 开展公众教育;

• 检查并消除非法排放;

• 改进施工期间土壤侵蚀控制措施;

• 施工前径流和侵蚀控制;

• 避免乱丢并正确处置垃圾和可回收物;

• 减少草坪化学品(化肥和农药)的使用;

• 正确处置油漆和家用化学品。

在本书的下文中将讨论这些措施中的某些措施。然而必须注意,最为重要的是重新定义开发活动对环境造成的影响的标准。诸如低影响开发、绿色基础设施和可持续发展之类措施的目的是减少每块场地或每个现场的开发对于环境的影响。在每单位面积土地受到扰动的基础上评价开发活动对环境的影响是一个误导性的标准,因为土地受到扰动是为人们提供房屋和其他便利设施。因此,开发活动对环境的影响标准不应以一个项目造成了多大扰动为依据,而应以人均扰动的程度为依据(Pazwash,2011,2012)。因此诸如共管公寓、多户家庭住宅楼,尤其是城市生活之类的紧凑型开发对环境的不利影响远低于独栋住宅,在本书的以下部分将对此进行证明。

因此,为降低城市化对暴雨径流的影响,我们的城市规划应当立足于集约型混合使用项目的开发,建造围绕现有运输站场的建筑物,尤其是建设带有人行道和自行车道的城市。这将最大限度减少人均不透水面积,从而成比例地降低对雨洪水量和水质的影响。集约型开发(尤其是城市生活)即使不能消除,也能显著减少私家车的使用,而在我们这个社会中私家车是公众上下班以及旅行的一般交通工具,它们不仅导致交通拥堵,也造成空气和水的污染。集约型开发将显著减少空气污染和温室气体排放、路怒症以及数不清的非生产性日常生活的时间。另外,集约型开发也能降低能耗以及对环境总体不利的影响。当然城市生活要求我们改变我们的郊区化生活方式，许多人可能不能接受，但它却是降低暴雨径流对作为一个整体环境的不利影响的最佳解决方案。

如上文所述，城市化造成的土地扰动的增加速度高于人口增长速度。因此，城市化对于环境（尤其是雨洪水）的不利影响不会减少，而是将随着时间的推移而加剧。认为通过可持续发展将能避免损害未来几代人的利益并满足其需要是一种误解。我们能够期望的最佳结果就是最大限度地降低我们对环境的不良影响。

人对环境的不利影响不仅限于对暴雨径流的影响以及造成的水污染。人类生产活动会污染空气，污染大地，甚至改变自然过程。尽管技术进步已经降低了每辆车的单位排放量，但自 1970 年以来，车辆旅行距离增加了 250%。另外，预计在今后 20 年内小汽车的数目还将从 10 亿辆增加到 20 亿辆。

人的活动对自然界的不良影响巨大并且超乎想象。人们担忧众多昆虫类和微生物物种的灭绝将加快，这些物种对于维持地球上的生命循环至关重要。哈佛大学荣誉教授和普利策奖两次获奖者爱德华·威尔逊博士认为，到 21 世纪末，我们可能摧毁自然界的其余部分，连同地球上多达一半的植物和动物（Wilson，2006；Schulte，2006）。

问题

1.1 为什么城市化会影响雨洪水？

1.2 城市化对暴雨径流的主要影响是什么？

1.3 城市化对径流水量的影响是什么？

1.4 为什么城市化会增加雨洪水水量？

1.5 城市化是否会增大最大径流流量？如果答案是肯定的，那么其原因是什么？

1.6 城市化会影响暴雨水的水质吗？如果是，水质的变化是什么？

1.7 城市化增加还是减少了泥沙数量？解释答案。

1.8 为什么泥沙会对雨洪水造成污染？

1.9 泥沙是施工期间的问题吗？如果是，那么这个问题在施工期间比施工后更严重吗？解释答案。

1.10 颗粒在水中的沉降速度取决于哪些因素？沉降速度与粒度的关系是什么？

1.11 通常如何清除雨洪水中的泥沙？

1.12 城市化是否会增加径流中的营养素？

1.13 列举雨洪水中的主要营养素。

1.14　城市雨洪水中的营养素的来源是什么？

1.15　营养素对水体有不利影响吗？如果是,列出不利影响。

1.16　城市径流中有重金属吗？如果有,是哪些重金属？

1.17　城市径流中的重金属来源于何处？

1.18　病原体是细菌生物还是病毒生物？它们在暴雨径流中的来源是什么？

1.19　病原体能够造成人类疾病吗？列举与病原体细菌有关的传染性疾病。

1.20　城市径流中氯化钠(盐)的主要来源是什么？

1.21　饮用水中的盐会影响人的健康吗？

1.22　概述减少道路用盐的最有效措施。

1.23　城市径流中有石油烃吗？如果有,它们来源于何处？

1.24　独栋住宅和紧凑型开发哪个对径流的影响较轻？解释您的理由。

1.25　为了正确比较开发项目对于径流的影响,所述影响应当以什么为依据？

附录 1A:NRC 报告概要,2008 年 10 月 15 日

美国城市雨洪管理

由于土地被快速开发为城区和城郊区域,暴雨期间以及暴雨之后水的流动状况已经发生了极大变化,造成数量更多的水以及更多的污染物被排放进全国的河流、湖泊和河口中。这些变化造成了几乎所有城市河系水质的下降以及栖息地条件的恶化。清洁水法中针对污水和工业废水的监管架构并不十分适合于解决更加棘手的雨洪水排放问题。这份报告要求实施一种全新的许可制度,该许可制度将雨洪水排放管理的职权和责任置于城市一级。它还建议采取若干附加措施,例如保护自然区,减少硬表面(例如道路和停车场),以及对市区进行改造,建设能够保留和处理雨洪水的设施。

照片由罗杰·班纳曼
提供

暴雨一直被视为城市发生洪水的主要原因,但直到 30 年前决策者才意识到雨洪水在降低城市和郊区的河川、河流、湖泊及其他水体的水质方面的重要影响。大量迅速流动的雨洪水除了造成以上影响外,还会危害物种栖息地,污染敏感的饮用水源。估计城市雨洪水是 13％的被评估河流、18％的被评估湖泊以及 32％的被评估河口受到损害的主要原因——鉴于城市地区仅占美国大陆块面积的 3％,这些数字意义重大。

在美国,城市化(将森林和农用土地转变为城郊地区和城市地区)正以前所未有的速度向前推进。随着土地的城市化发展,雨洪水排放已经成为一个问题,因为

水的流动状况被显著改变。植物和表层土被清除,为建筑物、道路及其他基础设施的建设让路;并且人们还安装了排水网络。土壤和植物持水功能的丧失,造成暴雨水在几次短暂的集中奔涌后就能流至河川。另外,道路、停车场和其他"不透水面"能形成将水输送至河川的通道,并能加快水流至河川的速度。当来自草坪、机动车、驯养家畜、工业以及城市其他来源的污染物混入雨洪水中时,这些变化就造成了几乎所有城市河川水质的下降。

1987 年国会在清洁水法的国家污染物排放削减制度中增补了一个新章节,帮助应对雨洪水损害水质的问题。这个系统由美国联邦环保署(EPA)实施,它致力于减少工业过程废水和城市污水排放(即管理相对简单的"点源污染")中的污染物。根据新的"雨洪水监管计划",国家污染物排放削减制度中的许可证持有者的数目从大约 10 万猛增至 50 万以上,包括来自城市地区、工业企业以及面积等于或大于 1 ac 的施工现场的雨洪水排放许可证持有者。

不仅雨洪水排放许可证持有者的数目高于废水排放许可证持有者的数目,而且雨洪水的收集和处理也比废水困难得多。

面对这些挑战,EPA 要求国家研究委员会审查其雨洪水监管计划,考虑受该监管计划管理的所有实体(即市政部门、工业企业和施工现场)。报告发现,如果希望改进美国的水体水质,则要求对雨洪监管计划做出重大修改。幸运的是,可以采取若干措施。报告的结论是,最有可能遏止并扭转国家水路水质下降的行动方针是以流域分界线而非政治分界线作为所有雨洪水及其他废水排放的依据,这是一个对于现行制度的根本改变。

雨洪水排放管理的挑战

雨洪水排放管理的问题之一是在城市地区开发过程中,很晚才考虑这个问题。从历史上来看,雨洪水管理意味着洪水控制——尽快将水从建筑物和城市中排放出去。在理想情况下,通过对土地利用进行直接控制、严格限制流至地表水中的雨洪水径流的数量和质量、通过严格监测相邻水体以保证相邻水体的水质不因雨洪水排放而下降来进行管理。在将来,应当控制土地利用开发,以最大限度减少雨洪水的排放。应在国家层面由 EPA 对造成雨洪水污染的产品或污染物来源(例如除冰材料、化肥和汽车尾气)进行管

暴雨水排放量大,已经严重损害了靠近费城的这条正在遭受城市河川综合征之苦的河川。照片由费城水务部的克里斯·克罗克特提供。

理,以保证使用对环境最无害的材料。

现行监管方案缺乏有效性和针对性。EPA 的监管计划中包含监督要求,这些监督要求很宽松,大多数排放单位都没有执行测量要求。雨洪水排放许可证反而授予被管理社区以极大的酌情处理权,让他们自行设置其标准、编制其污染控制计划,并实施自我监督。有关各州的雨洪监管计划,符合雨洪水排放要求情况以及各州和 EPA 将污染限值纳入雨洪水排放许可证中的能力的现有统计数字无一例外都是令人沮丧的。

必须对现行监管计划进行重大改变,以便在将来能对雨洪水排放单位进行有意义的监管。

其中一个设想是,雨洪水监管计划应较少地针对化学污染物,较多地关注与水量增加有关的问题。某些州已经采用流量作为控制和减少雨洪水排放的指标;其他监管部门已经采用硬表面(不透水面积)的范围作为雨洪水污染物的替代指标。作为常规的着重于污染物排放管理措施的替代措施极有可能被用作雨洪管理工具,因为它们能够提供具体和可测量的目标。同时它们迫使监管部门致力于应对水量增加的问题,其中一个问题被称为"城市河川综合征"(见克里斯·克罗克提供的照片)。

另外,联邦政府应当向州政府及地方政府提供管理雨洪水排放所需的更多财政支持。今天,尽管雨洪水排放许可证持有者的数目比过去要高得多,但是用于雨洪水监管计划的资金依然少于用于废水监管计划的资金。

基于流域的许可制度的方案

报告得出如下结论,即遏止并扭转水体受损的最可能方法是对现状做出重大改变——即采用基于流域的许可制度,此许可制度以流域分界线而非行政分界线作为所有雨洪水及其他废水排放的依据。虽然流域的许可制度不是一个新概念,但只在几个社区中尝试采用过这种许可制度。

建议采用的基于流域的许可制度将把暴雨水排放的职权和责任置于城市一级。城市主要许可证持有者(例如一个城市)应以许可证共同持有者的方式与流域中的其他城市进行合作。许可证发放部门(指定的州或 EPA)应规定每个流域的最低目标,以避免有关流域水体的规定丧失作用或水质进一步下降;在某些情况下还应提出旨在恢复丧失的有益用途的附加目标。然后获得各州或 EPA 支持的许可证持有者应当实施全面的影响源头分析,以此作为目标解决方案的基础。

该方法赋予城市中许可证共同持有者更多职责以及与此相称的更大职权和更多资金,以便他们能够更好地监管和处理向流域中水体排水的所有排放源。报告也概述了一项新的监督计划,其目的在于评估实现预定目标方面的进展情况、分析进展缓慢的原因、确定排放单位是否合规。这份报告还包括在排放单位之间实行基于市场的污染额度交易制度，以便能够以最有效的方式实现全面合规的目标，以及在确定未能通过监督达到目标时应当采取更多措施的适应性管理。

作为在全国范围内落实计划的第一步，建议推行一个试点计划，这个试点计划将允许 EPA 消除在实行基于流域的许可制度时将面临的一些可预测的障碍，例如市政当局在更大流域中不可避免的行使职权的限制。

如果不采用基于流域的许可制度，也可以对 EPA 雨洪监管计划做出程度较小的修改。报告建议 EPA 整合不同许可类型，使得施工现场和工业场地都能接受其相关市政当局的管辖。

雨洪管理方法

即使不对监管制度进行变更，也可利用多种雨洪管理方法，防止、减少和处理雨洪水。EPA 雨洪监管计划的核心内容是要求许可证持有者编制包含雨洪控制措施在内的雨洪水污染预防计划。实践证明，正确设计、建造和维护雨洪控制措施能够减少径流量和最大径流量，并能清除污染物。一个经典实例就是汽油除铅，这导致雨洪水中铅浓度降低了至少 4%。

可将雨洪控制措施分为两类：非构造化的控制措施和构造化的控制措施。非构造化的雨洪控制措施包括能够减少新开发项目所造成的径流量和污染物数量的一些措施。实例包括使用含较少污染物的产品；改善城市新开发项目的设计，例如采用较少的硬表面；切断硬表面的落水管，采用硬表面与多孔表面相结合的渗水方式；保护自然区；改进流域和土地利用的规划等等。

有许多可在城市地区和郊区应用的雨洪管理的创新方法。例如，利用"绿色屋顶"改造、收集雨洪水的芝加哥市政厅（左）——照片由 CDF 公司提供。房屋（右）上的落水管向多孔表面排水，而不是向公路排水，照片由 William Wenk 提供。

构造化的雨洪控制措施的设计目标是，通过收集和重新利用雨洪水，将雨洪水渗入多孔表面或蒸发从而减少小型暴雨中产生的径流量和污染物数量。实例包括将屋顶的径流收集在雨水桶、雨水罐或雨水槽等雨水收集系统中；使用透水路面；建造暴雨水能够渗入或在其中用管道输送的"渗水沟"；在公共土地和私人土地上的雨水花园中种植花木,在沿路收集和处理雨洪水的"洼地"种植花木。

雨洪水排放数据

由于在城市单独的雨水系统和污水系统监测数据的收集和分析领域进行了为期10年的努力,人们现已掌握有关城市化地区雨洪水质量的许多知识。事实证明,住宅用地是许多污染物的次要来源,但这是大多数社区的主要用地方式,因此,住宅用地通常是雨洪水的最大污染物排放来源。高速公路、工业区和商业区是重金属的非常重要的来源,其在重金属排放方面的影响远非其占地面积所能反映。施工现场即使只占大多数社区中的极小面积,通常也是城市地区泥沙的最主要来源。这些研究结果是通过对成千上万的暴雨事件进行系统性的整理而获得的。利用这些数据,能够准确估计特定暴风雨事件中的多种污染物的浓度。

报告建议,在采用构造化的雨洪控制措施之前,应当首先考虑采用非构造化的雨洪控制措施,因为这能减少对构造化雨洪控制措施的依赖。报告讨论了近20种不同类别的雨洪控制措施的特性、适用性、目标、有效性和成本,按照这些雨洪控制措施从应用于屋顶到应用于河川的可能顺序对它们进行了组织。

建设雨洪控制措施提供了对城市地区进行改造的机会。促进这些地区的成长是件好事,因为这能消除城郊边缘地区受到的压力,从而防止不透水面的扩展,因为它能最大限度减少新的不透水面的产生。然而,因为现有基础设施的存在以及土地可利用性和负担能力受到限制,其改造成本较高。需要提供创新性区划和开发的激励措施以及仔细选择雨洪控制措施,以实现这些地区合理和有效的雨洪管理目标。

这个交通岛具有一个集水的"生物渗透"系统。照片由维拉诺瓦城市雨洪水合伙公司(**Villanova Urban Stormwater Partnership**)提供。

减少雨洪水排放对水污染之贡献委员会:克莱尔·韦尔蒂(主席),马里兰大学,巴尔的摩市;劳伦斯·E·班德,北卡罗来纳大学教堂山分校;罗杰·T·班纳曼,威斯康星州自然资源部;得里克·B·布斯,斯蒂尔沃特科学公司;理查德·R·霍纳,华盛顿大学,西雅图;查尔斯·R·奥米利亚,约翰霍普金斯大学;罗伯特·E·皮特,阿拉巴马大学;爱德华·T·兰金,中西部地区生物多样性研究所;托马斯·R·舒乐,切萨皮克暴雨水网络;库尔特·斯蒂芬森,弗吉尼亚理工学院和州立大学;泽维尔·斯瓦米卡洛,加利福尼亚州环境保护署,洛杉矶地区水务局;罗伯特·

G·拉弗,维拉诺瓦大学;温迪·E·瓦格纳;得克萨斯大学法学院;威廉·E·文克,文克事务所;劳拉·埃勒斯(专题负责人),国家研究委员会。

这份报告简报是国家研究委员会依据委员会报告编制的。如需获得更多信息或副本,请联系水科学和技术委员会,联系电话:(202) 334-3422;或访问以下网址:http://nationalacademies. org/wstb。可向美国国家科学院出版社购买《美国城市雨洪管理》的副本,该出版社地址:华盛顿特区西北第五街 500 号,20001,电话:(800) 624-6242,网址:www. nap. edu。

允许在没有增补或改动的情况下复制本报告简报的全部内容。

国家科学院 2008 年版权所有

参考文献

[1] Caltrans, 2010, Storm water quality handbooks project planning and design guide (PPDG), State of California, Dept. of Transportation, CTSW-RT-10-254. 03, July.

[2] Carson, R. A. and Sercu, B. , 2013, Efforts to achieve compliance with coliform plan objectives, Stormwater, July/August, 10-19.

[3] Civil Engineering, 2005, News brief: Salting road during winter dangers neighboring ecosystems, May, 36-37.

[4] Clines K. , 2003, Bid list materials for deicing and anti-icing, Better Roads Magazine, April.

[5] Encyclopedia of Earth, 2007, Global dust budget.

[6] England, G. and Listopad, C. , 2012, Use of TMDL credits for BMP comparisons, Stormwater, May, 38-43.

[7] EPA (US Environmental Protection Agency), 1983a, Results of the nationwide urban runoff program: Vol. 1—Final report. Water Planning Division, Washington, DC, National Technical Information Service (NTIS) publication no. 83-185552.

[8] ——1983b, Results of the nationwide urban runoff program, executive summary, Water Planning Division, Washington, DC, National Technical Information Service (NTIS), accession no. PB84-185545.

[9] ——1999, Preliminary data summary of urban stormwater best management practices, EP-821-R-99-012, August.

[10] ——2000, National water quality inventory, 1998 report to Congress, USEPA 841-R-00-001, Washington, DC.

[11] ——2008, Protecting water quality from urban runoff, EPA 841-F-03-003, National Research Council, October 2008, Urban stormwater management in the United States, National Academy Press, Washington, DC.

[12] ——2013a, National rivers and streams assessment 2008—2009, a collaborative survey, draft, February 28, EPA/841/D-13/001.

[13] ——2013b, March 26, Water headlines, http://water.epa.gov/about/owners/waterheadlines/2013.

[14] Haugton, M., 1987, The Clean Water Act of 1987, US Bureau of National Affairs, Arlington, VA.

[15] Hudson, B. E., 1994, Soil organic matter and available water capacity, Journal of Soil and Water Conservation, 49 (2): 189-194.

[16] Kaspersen, J., 2009, The great bug hunt, editor's comments, Stormwater, March/April, 6.

[17] Lee, G. F. and Jones-Lee, A., 2005, Urban storm water runoff quality issues, Water encyclopedia: Surface and agricultural water, Wiley, Hoboken, NJ, pp. 432-437.

[18] ——2006, Lead as a storm water runoff pollutant, Stormwater, September, 88-91.

[19] Mishra, S. K., 2001, A mixture for snow and ice, roads and bridges, December, pp. 18-21. http://www.roadsbridges.com.

[20] NJDEP (New Jersey Department of Environmental Protection), 2004, Storm water best management practices manual, Table 1-1, February, Trenton, NJ.

[21] Pazwash, H., 1982a, Sedimentation in reservoirs, case of Sefidrud Dam, in Proceedings of 3rd Congress of the Asian and Pacific Regional Division of the I. A. H. R. Aug. 24-26, 1982, Bandung, Indonesia, Vol. C, pp. 215-223.

[22] ——1982b, Erosion and sedimentations, Effect of reservoirs, in Proceedings of 1982 International Symposium on Surface Mining Hydrology, Sedimentology, and Reclamation, University of Kentucky, Lexington, Dec. 5-10, pp. 457-461.

[23] ——2007, Fluid mechanics and hydraulic engineer, Tehran University Press, Iran.

[24] ——2011, Urban storm water management, 1st ed., CRC Press, Boca Raton, FL.

[25] ——2012, Development sustainability, proper basis, presented at OIDA International Conference on Sustainable Development, Montclair State University, Montclair, NJ, August 1.

[26] Richardson, D. C., 2012, Ice school, melding the science and craft of winter road maintenance, Stormwater, January/February, 14-21.

[27] Schueler, T., 1987, Controlling urban runoff: A practical manual for planning and designing urban BMPs. Metropolitan Washington Council of Governments, Washington, DC.

[28] ——1997, Comparative removal capability of urban BMPs: A reanalysis. Watershed Protection Techniques, 1 (2): 515-520.

[29] Schulte, B., 2006, Q&A: Edward Wilson, U. S. News & World Report, September 4, http://www.usnews.com.

[30] Shane, J. I., 2007a, Westchester County Airport meets tough international standards, Stormwater, October, 72-82.

[31] ——2007b, Airport support Albany International protects local waterways from fuel facility expansion runoff using absorption filter media, Stormwater Solutions, November/December, 30-33.

[32] Shepp, D. L., 1996, Petroleum hydrocarbon concentrations observed in runoff form discrete, urbanized automotiveintensive land uses. Metropolitan Washington Council of Governments, Washington, DC.

[33] State of New York Stormwater Management Design Manual, 2010, Prepared by Center for Watershed Protection, Maryland, for New York State Department of Environmental Conservation, August.

[34] Terrene Institute, 1994, Urbanization and water quality, a guide to protecting the urban environment, in cooperation with EPA, Terrance Institute, Washington, DC, March.

[35] Tveten, R. and Williamson, B., 2006, Zinc found as one of the primary contaminants in New Zealand's urban storm water, ASCE EWRI (Environmental and Water Resources Institute), 8 (1), 2.

[36] USGS (US Geological Survey), 2010a, Circular 1350: Nutrients in the nation's streams and groundwater.

[37] ——2010b, Nutrients in the nation's streams and groundwater, national findings and implications, fact sheet, 2010-3078, http://pubs.usgs.gov/fs2010/3078/.

[38] ——2013，News release，October 30，http：//www. usgs. gov/newsroom/ article. asp？ ID＝3715.

[39] Walker，W. W. ，1987，Phosphorus removal by urban runoff detention basins，Lake and Reservoir Management，III：314-326.

[40] Wegner，W. and Yaggi，M. ，2001，Environmental impacts of road salt and alternatives in the New York City watershed，Stormwater，May/June.

[41] WIDOT（Wisconsin Department of Transportation），1987，Field deicing tests of high quality calcium magnesium acetate（CMA）.

[42] Wilson，E. O. ，2006，The creation：An appeal to save life on earth，W. W. Norton，New York.

2 管道和明渠水流

本章中将简要讨论包括能量方程、比能和临界流量在内的水压原理。本章还将介绍管道和明渠中的水流;另外还将讨论人孔和接头中的损失。

2.1 流动分类

由于管道和沟渠的设计方程是针对特定水流条件建立的,首先必须对水流类型进行分类。可以根据时间和空间的变化,将流动分为稳定流或不稳定流、均匀流或非均匀流、渐变流或急变流。在设计城市雨洪管理系统的管道和沟渠时,通常将流动视为稳定流或均匀流,即假设流速、流量和深度不随时间改变,或者在一段导管的长度范围内保持不变。均匀流的深度被称为正常深度。

均匀流可以以有压流(例如管道中的全流)或无压流(例如部分满的沟渠和管道中的流动)的形式发生。非均匀流指深度和速度沿着沟渠或导管发生变化的流动。如果深度和速度的变化是逐渐的并且发生在一段相当大的长度范围内,则这种类型的流动为渐变流;如果流量的变化突然并且发生在极短距离内,则这种类型的流动为急变流。铺砌表面上的表面径流、沿着道路的排水沟流以及天然河流中的水流是渐变流的实例。应急泄洪道上的水流、水跃和水闸下方的水流为急变流的实例。

可以将均匀流动方程应用于渐变流中的短距离区间;然而,这些方程不适用于急变流。

2.2 能量方程

流动的流体在任何特定点都具有势能、压力和动能。三者之间可相互转化,它们之和被称为总能量。根据能量守恒原理,对于没有外部能量源汇项的理想流体,尽管三个分量的贡献发生变化,总能量在流动过程中保持不变。对于实际流体,在能量方程中应当将包括摩擦损失和形状损失(也被称为局部或次要损失)在内的能量损耗考虑在内。在使用水泵的系统中,也应将水泵增加的水头计入方程中。在如图 2.1 所示的明渠流中,用下式计算能量水头:

$$H = z + d + \frac{p}{\gamma} + \frac{V^2}{2g} \tag{2.1}$$

式中:H——总能量水头;

z——河床在任意基准面或固定基准面[例如美国国家大地高程基准面 (NGVD, 29)]以上的高度;

d——河床上点到水面的距离;

p——该点的流体压力;

V——流速;

γ——流体容重。

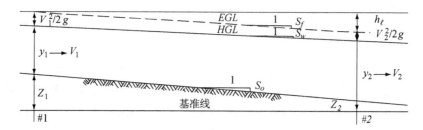

图 2.1 明渠水流中的有功分量

显而易见,代表每单位重量液体对应的能量 H 的单位是长度单位,因此这一项为能量水头或总水头。p/γ 这一项是每单位重量的压力,被称为压力水头,$V^2/2g$ 是每单位重量的动能,被称为速度水头。

$p/\gamma + d$ 之和代表河床处的压力水头,可以根据平缓的沟渠中的流动深度 y 进行近似计算。在这种情况下,可用以下简单公式表示在断面 1 和断面 2 之间采用的能量方程:

$$H_1 = H_2 + h_\ell \tag{2.2}$$

式中

$$H_1 = z_1 + y_1 + \frac{V_1^2}{2g}; \quad H_2 = z_2 + y_2 + \frac{V_2^2}{2g}$$

以及

$$h_l = \text{断面 1 和断面 2 之间的水头损失}$$

代表 $z+y$ 的线段被称为水力坡降线(HGL)。在明渠流中,水力坡降线与水面剖面线重合,HGL 上方等于速度水头的线段被称为能量梯度线或简称为能量线(EGL)。均匀沟渠中的 EGL 的坡度代表(摩擦造成的)每单位渠道长度的能量损耗。在诸如满流管道之类的封闭导管流中,水力坡降线通常不与管道的顶部重合。在这种情况下,作为 $p/\gamma+d$(d 是管道直径)之和的 HGL 可以在管道顶部的上方或下方,具体情况取决于管道中流动压力是高于还是低于大气压。在满流和有压流的暴雨排水管中,水力坡降线在管道顶部的上方。

2.3　比能和临界流

如果高程基准面取在渠道的河床或部分满流管道的底部,则可将式(2.2)简化为

$$E = y + \frac{V^2}{2g} \tag{2.3}$$

式中:E 被称为比能。随着流体深度的增大,速度水头 $V^2/2g$ 减小。水深和速度水头之和 E 在某一深度变为最小。图 2.2 说明这一关系,该图显示了 E 与 y 的函数关系曲线。下节将更加详细地讨论这种水流类型。

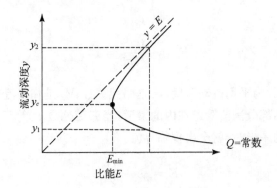

图 2.2　比能随深度的变化

2.3.1　临界深度

在任何几何形态的渠道中,比能方程都可表示为:

$$E = y + \frac{V^2}{2g} = y + \frac{Q^2}{2gA^2} \tag{2.4}$$

式中:A——过水断面面积,m^2(sf);

　　　Q——流量,m^3/s(cfs)。

最小比能下的临界深度满足以下方程：

$$\frac{\mathrm{d}E}{\mathrm{d}y} = 1 - \frac{Q^2 T}{g A^3} \times \frac{\mathrm{d}A}{\mathrm{d}y} = 0 \qquad (2.5)$$

由于 $\mathrm{d}A = T\mathrm{d}y$，其中 T 是顶部宽度，可将式(2.5)简化为

$$\frac{Q^2 T}{g A^3} = 1 \qquad (2.6)$$

或

$$Q = \left(\frac{g A^3}{T}\right)^{1/2} \qquad (2.7)$$

将 $Q = AV$ 和 $T = A/D$ 代入式(2.7)，得到

$$\frac{V_c^2}{gD} = 1 \qquad (2.8)$$

或

$$\frac{V_c^2}{2g} = \frac{D}{2} \qquad (2.9)$$

以及

$$F_r = \frac{V_c}{\sqrt{gD}} = 1 \qquad (2.10)$$

式中：$D = A/T$ 被称为平均流动深度，F_r 是弗劳德数，V_c 是临界流速。

因此对于包括部分满流管道在内的渠道，当弗劳德数 F_r 等于 1 或速度水头等于平均流动深度的一半时，就会出现临界流。

$$E = y_c + \frac{D}{2} \qquad (2.11)$$

可以利用式(2.6)迭代计算任一段的临界深度和临界流量。

2.3.2 矩形渠道中的临界流

在矩形渠道(以及部分满矩形涵洞)中，用下式计算面积与流动深度的关系

$$A = by \qquad (2.12)$$

式中：b——渠宽，y——流动深度。对于矩形沟渠，可将一般式(2.6)简化为

$$\frac{q^2}{g y_c^3} = 1 \qquad (2.13)$$

或

$$y_c = \left(\frac{q^2}{g}\right)^{1/3} \qquad (2.14)$$

式中:$q = Q/b$ 代表每单位渠宽的流量。

将 $q = Vy_c$ 代入式(2.14),整理后得到

$$y_c = \frac{V^2}{g} \qquad (2.15)$$

以及

$$V = \sqrt{gy_c} \qquad (2.16)$$

将式(2.3)和式(2.15)合并,获得

$$E = 1.5y_c \qquad (2.17)$$

或

$$y_c = \left(\frac{2}{3}\right)E \qquad (2.18)$$

由于箱形涵洞(矩形槽)中的具有自由水面的水流类似于明渠流,式(2.12)至式(2.18)都同样适用于箱形涵洞。

重新整理式(2.14),可以直接利用以下公式计算临界深度:

$$y_c = 0.467\left(\frac{Q}{b}\right)^{2/3} \qquad \text{SI} \qquad (2.19)$$

$$y_c = 0.314\left(\frac{Q}{b}\right)^{2/3} \qquad \text{CU} \qquad (2.20)$$

式中:Q——流量,m^3/s(cfs);

　　y_c——临界深度,m(ft);

　　b——底宽,m(ft)。

系数 0.467 和 0.314 精确到第三个小数位。

2.3.3　梯形渠道中的临界流

在梯形渠道中,用以下公式计算面积 A 和顶宽 T:

$$A = by + my^2 \qquad (2.21)$$

$$T = b + 2my \qquad (2.22)$$

式中:b、y 和 m 分别是梯形的底宽、深度和坡度。将式(2.7)、式(2.21)和式(2.22)合并,获得以下简化公式:

$$Q_c = \sqrt{g}K_c by^{3/2} \tag{2.23}$$

式中:

$$K_c = \left\{ \frac{\left[1 + m\left(\dfrac{y}{b}\right) \right]^3}{\left[1 + 2m\left(\dfrac{y}{b}\right) \right]} \right\}^{1/2} \tag{2.24}$$

是一个无量纲数。

作者编制的表 2.1 列出了各种不同的 y/b 比和坡度 m 下的 K_c 值。由于 K_c 无量纲,此表同样适用于国际单位制和英制单位制。

例 2.1 计算 4 ft 宽箱形涵洞中排放量为 120 cfs 时的临界深度。

求解 利用式(2.14),

$$q = \frac{120}{4} = 30$$

$$y_c = (30^2/32.2)^{1/3}$$

$$y_c = 3.035 \approx 3.04 \text{ ft}$$

表 2.1　梯形渠的 K_c 值[a]

y/b	m			
	1	1.5	2.0	3.0
0.1	1.053	1.082	1.111	1.172
0.2	1.111	1.172	1.235	1.364
0.3	1.172	1.267	1.364	1.565
0.4	1.235	1.364	1.498	1.770
0.5	1.299	1.464	1.633	1.976
0.6	1.364	1.565	1.770	2.185
0.7	1.431	1.667	1.907	2.394
0.8	1.498	1.770	2.046	2.603
0.9	1.565	1.873	2.185	2.813

y/b	m			
	1	1.5	2.0	3.0
1.0	1.633	1.976	2.324	3.024
1.2	1.770	2.185	2.603	3.445
1.4	1.907	2.394	2.883	3.868

ᵃ$K_c = \{[1+m(y/b)]^3 / [1+2m(y/b)]\}^{1/2}$。

或式(2.20)

$$y_c = 0.314(120/4)^{2/3} = 3.032 \text{ ft}$$

例 2.2 计算底宽为 1.5 m,深度为 1 m,坡度为 2:1 的梯形渠中的临界流量。

利用式(2.23)和式(2.24)以及表 2.1 求解。

利用式(2.24),

$$\frac{y}{b} = \frac{1}{1.5} = 0.667$$

$$K_c = [(1+2\times0.667)^3/(1+2\times2\times0.667)]^{1/2}$$

$$K_c = 1.861$$

$$Q = 1.861 \times \sqrt{9.81} \times 1.5 \times 1^{3/2} = 8.74 \text{ m}^3/\text{s}$$

利用表 2.1,在 m 值为表中第 2 栏中的数值的条件下,在 y/b=0.6 和 y/b=0.7 之间内插 K_c。

$$\text{对于} \frac{y}{b} = 0.6, K_c = 1.770$$

$$\text{对于} \frac{y}{b} = 0.7, K_c = 1.907$$

内插:

$$K = 1.77 + \frac{(1.907 - 1.770)}{(0.7 - 0.6)} \times (0.67 - 0.6) = 1.866$$

$$Q = \sqrt{9.81} \times 1.866 \times 1.5 \times 1^{1.5} = 8.766 \text{ m}^3/\text{s}$$

例 2.3 有雷诺护垫衬砌的梯形渠中的水流量为 2 m³/s。该梯形渠底宽为 1 m,坡度为 1:1。计算这个梯形渠的临界深度。

求解

$$A = y + y^2$$

$$T = 1 + 2y$$

$$f(y) = \frac{Q^2 T}{gA^3} = \frac{4(1 + 2y)}{9.81(y + y^2)^3} = 0.407\,75\,\frac{(1 + 2y)}{(y + y^2)^3}$$

可以通过求解方程 $f(y) = 1$,利用试错法计算临界深度。将计算结果列表如下:

y	1.000	0.500	0.600	0.610	0.602
$f(y)$	0.150	1.930	1.014	0.959	1.002

因此 $y_c = 0.602$ m

2.3.4 非满流圆管中的临界流

对于非满流圆形截面管道(见表2.2中的略图),用以下方程计算 A 和 T。

$$A = \left(\frac{D^2}{8}\right)(2\alpha - \sin 2\alpha) \tag{2.25}$$

$$T = D\sin\alpha \tag{2.26}$$

将这两个公式代入式(2.6),得到

$$\frac{(64Q^2 \sin\alpha)}{\left[gD^5\left(\alpha - \frac{1}{2}\sin 2\alpha\right)^3\right]} = 1 \tag{2.27}$$

可将这个方程简化为

$$Q = K_c g^{1/2} D^{5/2} \tag{2.28}$$

式中:

$$K_c = \frac{(\alpha - 0.5\sin 2\alpha)^{3/2}}{8(\sin\alpha)^{1/2}} \tag{2.29}$$

在以上公式中,角度 α 用弧度表示,它与流动深度的关系用下式表示

$$\frac{y_c}{D} = \frac{(1 - \cos\alpha)}{2} \tag{2.30}$$

表 2.2　非满流圆形管道中的临界流

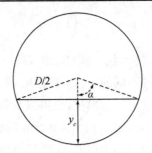

y_c/D	α^{a}	K_c
0.05	25.84	0.002 7
0.10	36.87	0.010 7
0.15	45.57	0.023 8
0.20	53.13	0.041 8
0.25	60.00	0.064 7
0.30	66.42	0.092 1
0.35	72.54	0.124 1
0.40	78.46	0.160 5
0.45	84.26	0.201 2
0.50	90.00	0.246 1
0.55	95.74	0.295 2
0.60	101.54	0.348 7
0.65	107.46	0.406 8
0.70	113.58	0.470 0
0.75	120.00	0.539 7
0.80	126.87	0.618 1
0.85	134.43	0.710 2
0.90	143.13	0.829 4
0.92	147.14	0.892 3
0.94	151.64	0.973 1
0.96	156.93	1.089 5
0.98	163.74	1.306 0

[a] $\alpha = \cos^{-1}(1 - 2y_c/D)$.

或

$$\alpha = \cos^{-1}\left(1 - \frac{2y_c}{D}\right) \tag{2.31}$$

利用式(2.31)计算角度,将其代入式(2.29),可以计算给定的 y_c/D 下的 K_c。作者编制的表2.2列出了各种不同的 y_c/D 下的 K_c 值。应当注意,K_c 无量纲;因此表2.2中各个数值的单位可以是国际单位,也可以是英制单位。

图2.3(a)显示了直径从 300 mm 到 4 500 mm 的圆形管道的临界流量和水流深度。图2.3(b)显示了直径从 1.0 ft(12 in)到 15 ft(180 in)的管道的临界流量与水流深度的关系曲线。虽然图2.3(a)和(b)的精确度低于表2.2中的数据,但可以利用它们直接估算不同尺寸管道的临界深度与流量的关系或流量与临界深度的关系。

例 2.4 计算当 $y_c=2.5$ ft 时,直径 48 in 的 RCP 管道的临界排水量。

求解

$$\frac{y_c}{D} = \frac{2.5}{4} = 0.625$$

利用式(2.31)计算角度 α。

$$\cos^{-1}(1 - 1.25) = \cos^{-1}(-0.25)$$

$$\alpha = 104.48° = 104.48 \times \frac{\pi}{180} = 1.824 \text{ 弧度}$$

然后利用式(2.29)计算 K_c:

$$\sin\alpha = 0.968$$

$$\sin 2\alpha = -0.484$$

$$K_c = 0.377$$

$$Q = K_c \times \sqrt{g}D^{5/2} = 0.377 \times (32.2)^{1/2}(4)^{5/2} = 68.5 \text{ cfs}$$

另外,也可以在表2.2中的 $y_c/D=0.6$ 和 $y_c/D=0.65$ 这两个数值之间内插 α 和 K_c:

$$\alpha = (101.54 + 107.46)/2 = 104.50°$$

$$K_c = (0.348\ 7 + 0.406\ 8)/2 = 0.377\ 8$$

$$Q = 68.6 \text{ cfs}$$

练习:计算当 $y_c=750$ mm 时直径 1 200 mm 管道中的临界流量。

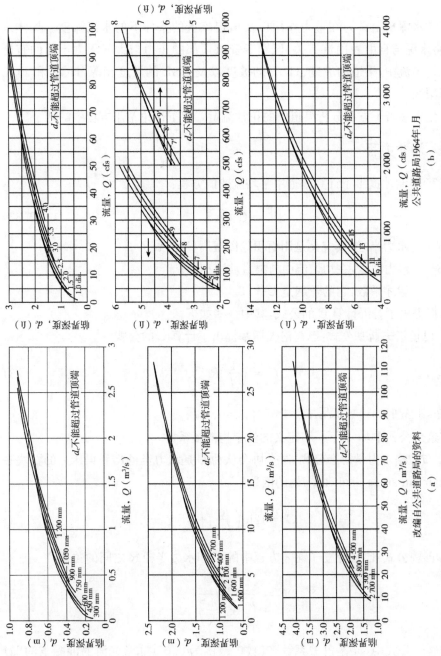

图 2.3 (a) 圆形管道的临界深度与流量的关系,国际单位;(b) 圆形管道的临界深度与流量的关系
英制单位(注:在此图中临界深度 y_c 被标记为 d_c)

2.4 正常水深

正常水深被定义为在重力作用以及恒定流量的条件下的水流深度。具体来说,正常水深与自由表面流有关,区别于管道顶部的压力与大气压力不同的有压流。在均匀流中,渠道的坡度、HGL 的坡度以及 EGL 的坡度相等,HGL 和 EGL 平行于渠底。

人们采用若干方程分析渠道中的正常流量。以下讨论常用方程中的两个。

2.4.1 谢才方程

1775 年谢才提出了计算渠道中平均流速的方程:

$$V = C \sqrt{RS} \tag{2.32}$$

式中:R——水力半径,其定义是用面积除以湿周($R = A/P$);

S——水力坡度,在均匀流中与渠道坡度相同;

C——谢才系数,它的量纲是 $L^{1/2}/T$。

人们提出了若干计算 C 的公式,其中一些如下。

a. 巴甫洛夫斯基公式:巴甫洛夫斯基提出了计算 C 的公式

$$C = \left(\frac{1}{n}\right) R^{\alpha} \tag{2.33}$$

式中:$R \leqslant 1$ m 时,$\alpha = 1.5 \sqrt{n}$;$R > 1$ m 时,$\alpha = 1.3 \sqrt{n}$。

在这个公式中,n 是下一节定义的曼宁粗糙度系数。

b. 布拉格水力学协会公式:这个协会认为 C 是水力半径 R 和渠床上的石块平均直径(mean stone diameter)d_{50} 的函数

$$C = 18 \lg \left(\frac{R}{d_{50}}\right) + 3 \tag{2.34}$$

c. 巴曾公式:巴曾建立了谢才方程中的 C 和水力半径 R 之间的关系

$$C = \frac{87}{\left(1 + \frac{m}{\sqrt{R}}\right)} \tag{2.35}$$

在这个公式中,m 是巴曾系数,其数值范围为 0.07(非常光滑的混凝土沟渠)到 1.90(有岩石衬砌的沟渠)。这两个系数值与数值分别为 0.010 和 0.04 的曼宁粗糙度系数 n 相对应。表 2.3 显示了衬砌沟渠和天然河川的曼宁粗糙度系数 n 与

巴曾系数 m 之间的关系(Pazwash,2007)。

2.4.2 曼宁公式

1889年,曼宁提出了采用英制单位计算渠道中正常流速的公式:

$$V = \left(\frac{1.486}{n}\right)R^{2/3}S^{1/2} \tag{2.36}$$

表 2.3　衬砌沟渠和天然河川的曼宁粗糙度系数 n 和巴曾系数 m 的典型数值(谢才方程)

覆盖材料的类型	曼宁粗糙度系数 n	巴曾系数 m
混凝土,非常光滑	0.010	0.07
混凝土,正常	0.015	0.25
砖头/灰泥石块衬砌	0.016	0.35
土渠,光滑	0.023	0.85
土渠,半光滑	0.027	1.30
岩石渠道	0.040	1.90
河川/河流,正常	0.030	1.65

采用国际单位的曼宁公式在欧洲也被称为高克勒-曼宁-斯特里克勒公式,该公式为

$$V = \left(\frac{1}{n}\right)R^{2/3}S^{1/2} \tag{2.37}$$

式中:V——流速,m/s(ft/s);

$\quad R$——水力半径,m(ft);

$\quad S$——水力坡度,m/m(ft/ft);

$\quad n$——曼宁粗糙度系数。

系数 n 随着沟渠表面粗糙度的变化而变化。斯特里克勒根据1923年瑞士砾石层河川的研究结果建立了将 n 与砾石尺寸关联的方程:

$$n = 0.0417d_{50}^{1/6} \tag{2.38}$$

式中:d 是渠床材料的中间尺寸(median size),单位为 m。在采用英制单位时,d 的单位为 ft,这个方程变为(Henderson,1966)

$$n = 0.034d_{50}^{1/6} \tag{2.39}$$

令式(2.32)等于式(2.39),可建立起把谢才系数 C 与曼宁粗糙度系数 n 关联

起来的公式：

$$C = \frac{1.49R^{1/6}}{n} \qquad (2.40)$$

采用英制单位时，曼宁公式中的常数 1.486 等于 m 与 ft 之比的 1/3 次幂。可将这个常数更加精确地表示为

$$(3.280\,8)^{1/3} = 1.485\,9$$

然而在实际应用中，通常将这个常数四舍五入为 1.49。

因此，似乎这个公式最初是采用国际单位建立的。有人提出，曼宁公式最初是由哈根于 1876 年采用国际单位建立的（Chow，1959）。

文献通常认为 n 的量纲为 $L^{1/6}$，1.49 的量纲为 $L^{1/3}/T$。然而在实际应用中，在采用英制单位和国际单位制单位的曼宁公式中都采用相同的 n 值。因此更加合适的做法是，将 n 当作一个无量纲数，认为 1.49 和 1.0 这两个系数的量纲都为 $L^{1/3}/T$。$(1\ \text{m/s})^{1/3} = (3.28\ \text{ft/s})^{1/3} = 1.486\,(\text{ft/s})^{1/3}$ 这个关系证明以上说法是正确的。

当用于计算排水量时，曼宁公式变为

$$Q = \left(\frac{1}{n}\right)AR^{2/3}S^{1/2} \qquad (2.41)$$

$$Q = \left(\frac{1.49}{n}\right)AR^{2/3}S^{1/2} \qquad (2.42)$$

以上两个公式分别采用国际单位和英制单位。

在水力坡度为 S 的均匀渠道流中，渠底（或部分满流的管道）的坡度 S_0 相等，可将曼宁公式表示为

$$Q = \left(\frac{1}{n}\right)AR^{2/3}S_0^{1/2} \qquad \text{SI} \qquad (2.43)$$

$$Q = \left(\frac{1.49}{n}\right)AR^{2/3}S_0^{1/2} \qquad \text{CU} \qquad (2.44)$$

式中：Q——流量，$\text{m}^3/\text{s(cfs)}$；

A——水流断面面积，$\text{m}^2(\text{sf})$；

S_0——渠道坡度，m/m(ft/ft)。

应当注意，曼宁公式也被用于计算管道中流量以及设计雨水排水沟。

表 2.4 中列出了实践中通常采用的计算不同几何形状管道和沟渠的面积和水力半径的公式。曼宁公式不仅被用于分析管道和明渠中的均匀流，还被用于分析

渐变流。表 2.5 中列出了采用不同构造的管道以及采用不同类型衬砌的人造或天然沟渠的典型 n 值。参考文献 Barnes (1987)、Brater et al. (1996)、Chow (1959)、Henderson (1966) 和 FHWA (2012，2013)中列出了 n 值的更加完整的列表。

图 2.4(a)和(b)显示了分别采用国际单位和英制单位的满流管道的曼宁公式之解的列线图。

附录 2A 中的表 2A.1 至表 2A.3 显示了圆形和椭圆形混凝土管的水力特性。利用这些表格，便于进行雨水排水沟的设计计算。

表 2.4　沟渠截面的几何性质

截面	面积 A	湿周 P	水力半径 R	顶宽 T
矩形 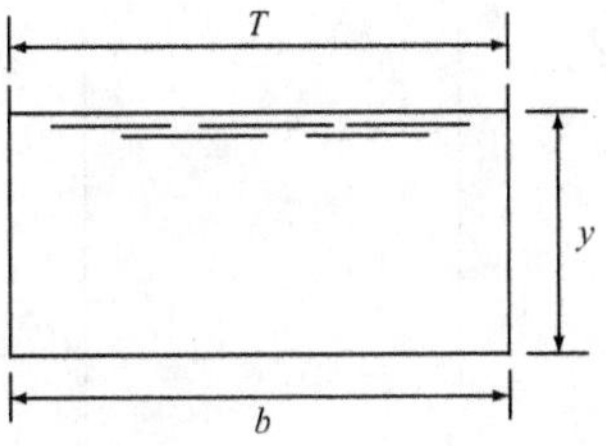	by	$b+2y$	$\dfrac{by}{b+2y}$	b
梯形 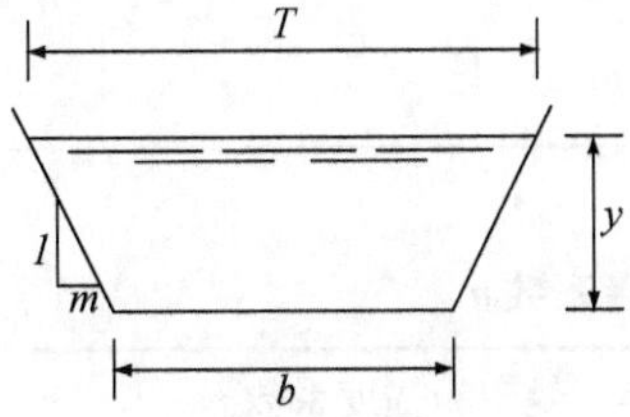	$(b+my)y$	$b+2y\sqrt{1+m^2}$	$\dfrac{(b+my)y}{b+2y\sqrt{1+m^2}}$	$b+2my$
三角形 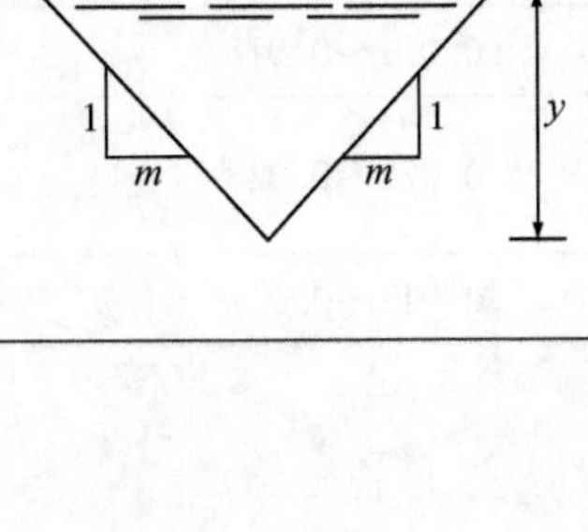	my^2	$2y\sqrt{1+m^2}$	$\dfrac{my}{2\sqrt{1+m^2}}$	$2my$

截面	面积 A	湿周 P	水力半径 R	顶宽 T
圆形	$\dfrac{\pi D^2}{4}$	πD	$\dfrac{D}{4}$	0
半圆形	$\dfrac{\pi D^2}{8}$	$\dfrac{\pi D}{2}$	$\dfrac{D}{4}$	D
抛物线	$\dfrac{2}{3}Ty$	$T+\dfrac{8}{3}\dfrac{y^2}{T}$	$\dfrac{2T^2 y}{3T^2+8y^2}$	$\dfrac{3}{2}\dfrac{A}{y}$

注：当 $T>4y$ 时。

表 2.5 管道和渠道的曼宁粗糙度系数 n

管道材料	曼宁粗糙度系数 n
混凝土管	$0.012\sim0.013$
球墨铸铁管	$0.011\sim0.015$
PVC 管	$0.010\sim0.011$
HDPE 管	$0.011\sim0.012$[a]
陶土管	$0.011\sim0.015$
波纹金属管[1/2 至 3 in（12.5 至 7.6 mm）波纹]	$0.022\sim0.028$
老式砖衬砌管道	$0.013\sim0.017$

管道材料	曼宁粗糙度系数 n
明渠(有衬砌)	
砖	0.012～0.018
混凝土	0.011～0.016
抛石	0.025～0.040
草	0.030～0.300[b]
疏浚渠道	
泥土,直流均匀渠	0.020～0.030
泥土,曲流渠	0.025～0.040
岩石,2 至 12 in(5 至 30 cm)	0.025～0.060
天然沟渠和河道	
相当均匀	0.030～0.050
不规则	0.040～0.080
漫滩	0.080～0.120

a. 美国 HDPE 管道的最大制造商 ADS 建议采用 $n=0.012$;
b. 随着青草高度、深度和流动速度的改变而变化(参见第 4 章)。

2.5 水流深度的计算

　　管道中的排水量取决于面积和水力半径,这两个变量中的每一个都不仅是深度的函数,而且还取决于管道的几何形状。因此,不能建立流量和流动深度之间的简单关系。实际上,通常采用迭代法计算水流深度。后续章节将推导出计算圆形管道(非满流)和梯形渠道中的水流深度的简化方法。

2.5.1 圆形截面

　　对于圆形截面(例如非满流排水管),可将曼宁公式表示为

$$Q = \left(\frac{1}{n}\right) K D^{8/3} S^{1/2} \qquad \text{SI} \qquad (2.45)$$

$$Q = \left(\frac{1.49}{n}\right) K D^{8/3} S^{1/2} \qquad \text{CU} \qquad (2.46)$$

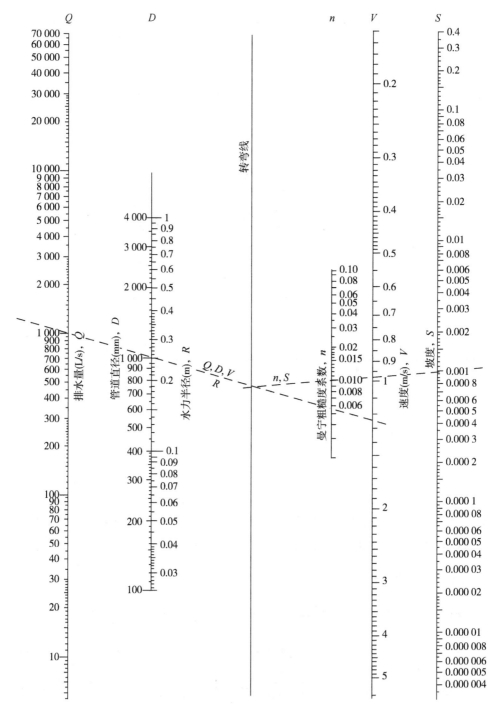

(a)曼宁公式列线图(SI)

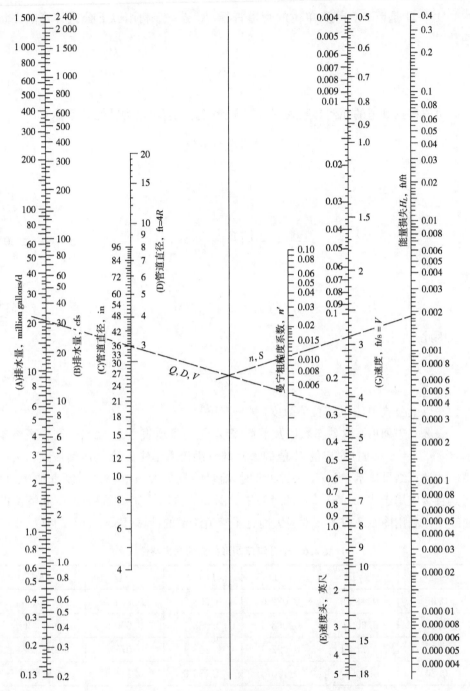

（b）曼宁公式列线图（CU）

图 2.4 曼宁公式的管道能量损失列线图

注：采用流量计算的列线图，$H_L = S$。

式中 D 是以 m(in) 为单位的管道直径，K 是一个利用以下公式计算的无量纲数：

$$K = \frac{AR^{2/3}}{D^{8/3}} \tag{2.47}$$

可以根据管道的几何参数采用以下无量纲公式表示水力特性 A 和 R：

$$\frac{A}{D^2} = \frac{(2\alpha - \sin 2\alpha)}{8} \tag{2.48}$$

$$\frac{P}{D} = \alpha \tag{2.49}$$

$$\frac{R}{D} = \frac{1}{4}\left[1 - \frac{(\sin 2\alpha)}{2\alpha}\right] \tag{2.50}$$

式中：

$$\alpha = \cos^{-1}(1 - 2y/D) \tag{2.51}$$

因此，

$$K = \frac{(2\alpha - \sin 2\alpha)^{5/3}}{32\alpha^{2/3}} \tag{2.52}$$

在以上公式中，α 的单位为弧度（度·π/180）。

表 2.6 中列出了这些参数以及平均深度 D_a 与管道直径 D 之比。这个表格显示，当 $y/D = 0.94$ 时（对应的 K 值最大），部分满流管道中的流量达到最大。更加精确的计算结果显示，当 $y/D = 0.938$ 时，流量达到最大。由于 K 为无量纲值，可将其直接应用于式(2.45)和式(2.46)中。图 2.5 显示了流动面积、速度和流量的曲线图。利用图 2.5 或表 2.6 极大简化了管道流量的计算(Pazwash，2007)。

表 2.6　部分满流圆形截面的水力特性

y/D	T/D	R/D	D_a/D	A/D^2	K
0.05	0.435 9	0.032 6	0.033 7	0.014 7	0.001 5
0.10	0.600 0	0.063 5	0.068 1	0.040 9	0.006 5
0.15	0.714 1	0.092 9	0.103 4	0.073 9	0.015 2
0.20	0.800 0	0.120 6	0.139 8	0.111 8	0.027 3
0.25	0.866 0	0.146 6	0.177 3	0.153 5	0.042 7
0.30	0.916 5	0.170 9	0.216 2	0.198 2	0.061 0

y/D	T/D	R/D	D_a/D	A/D^2	K
0.35	0.953 9	0.193 5	0.256 8	0.245 0	0.082 0
0.40	0.979 8	0.214 2	0.299 4	0.293 4	0.105 0
0.45	0.995 0	0.233 1	0.344 5	0.342 8	0.129 8
0.50	1.000 0	0.250 0	0.392 7	0.392 7	0.155 8
0.55	0.995 0	0.264 9	0.444 8	0.442 6	0.182 6
0.60	0.979 8	0.277 6	0.502 2	0.492 0	0.209 4
0.65	0.953 9	0.288 1	0.566 5	0.540 4	0.235 8
0.70	0.916 5	0.296 2	0.640 7	0.587 2	0.261 0
0.75	0.866 0	0.301 7	0.729 6	0.631 9	0.284 2
0.80	0.800 0	0.304 2	0.842 0	0.673 6	0.304 7
0.85	0.714 1	0.303 3	0.996 3	0.711 5	0.321 2
0.90	0.600 0	0.298 0	1.240 9	0.744 5	0.332 2
0.92	0.542 6	0.294 4	1.393 3	0.756 0	0.334 5
0.94	0.475 0	0.289 5	1.613 1	0.766 2	0.335 3
0.96	0.391 9	0.282 9	1.977 1	0.774 9	0.333 9
0.98	0.280 0	0.273 5	2.791 6	0.781 6	0.329 4
1.00	0.000 0	0.250 0	∞	0.785 4	0.311 7

$\alpha = \cos^{-1}(1 - 2y/D)$

$T = D\sin\alpha = 2(y(D-y))^{0.5}$，顶宽

$A/D^2 = \dfrac{(2\alpha - \sin 2\alpha)}{8}$

$P = \alpha D$

$R = A/P = \dfrac{D(2\alpha - \sin 2\alpha)}{8\alpha}$

$K = (AR^{2/3})/D^{8/3} = \dfrac{(2\alpha - \sin 2\alpha)^{5/3}}{32\alpha^{5/3}}$

$D_a = A/T = \dfrac{D(2\alpha - \sin 2\alpha)}{8\sin\alpha}$，平均深度

$D_a/D = \dfrac{(2\alpha - \sin 2\alpha)}{8\sin\alpha}$

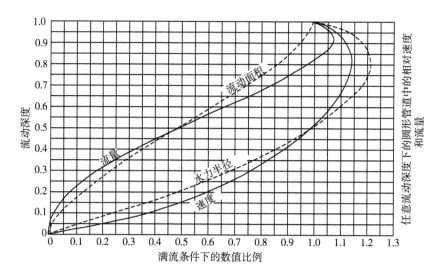

图 2.5　非满流圆形管道中相对速度和流量的变化

本章结尾处的图 2A.1 显示了部分满流椭圆形管道的流动参数。

2.5.2　梯形截面

在梯形截面的情况下,可将曼宁公式表示为

$$Q = \left(\frac{K}{n}\right)b^{8/3}S^{1/2} \qquad \text{SI} \tag{2.53}$$

$$Q = 1.49\left(\frac{K}{n}\right)b^{8/3}S^{1/2} \qquad \text{CU} \tag{2.54}$$

式中:

$$K = \frac{AR^{2/3}}{b^{8/3}} = \frac{\left[\left(\dfrac{y}{b}\right)+m\left(\dfrac{y}{b}\right)^2\right]^{5/3}}{\left[1+2\left(\dfrac{y}{b}\right)\sqrt{(1+m^2)}\right]^{2/3}} \tag{2.55}$$

b——底宽,m(ft);

y——水流深度,m(ft);

m——坡度(H/V),m/m(ft/ft)。

作者编制的表 2.7 中列出了许多不同的 y/b 比值和坡度 m 下的无量纲值 K。这个表格中的 $m=0$ 这一栏代表箱形涵洞之类的矩形截面。由于 K 为无量纲值,这个表格既可以采用国际单位制单位,也可以采用英制单位。图 2.6 所示为作为 y/b 和 m 的函数的 K 的曲线图。采用表 2.7 或图 2.6,不再需要迭代解,极大简化了明渠流量的计算。

表 2.7　矩形渠和梯形渠的水力参数 K

$$K = \frac{AR^{2/3}}{b^{8/3}} = \frac{\left[(y/b) + m(y/b)^2\right]^{5/3}}{\left[1 + 2(y/b)\ \sqrt{(1+m^2)}\right]^{2/3}}$$

y/b	$m=0$	$m=1/4$	$m=1/2$	$m=3/4$	$m=1.0$	$m=3/2$	$m=2.0$	$m=3.0$
0.00	0.000 0	0.000 0	0.000 0	0.000 0	0.000 0	0.000 0	0.000 0	0.000 0
0.01	0.000 5	0.000 5	0.000 5	0.000 5	0.000 5	0.000 5	0.000 5	0.000 5
0.02	0.001 4	0.001 4	0.001 5	0.001 5	0.001 5	0.001 5	0.001 5	0.001 5
0.03	0.002 8	0.002 8	0.002 8	0.002 9	0.002 9	0.002 9	0.002 9	0.002 9
0.04	0.004 4	0.004 5	0.004 6	0.004 6	0.004 7	0.004 7	0.004 8	0.004 9
0.05	0.006 4	0.006 5	0.006 6	0.006 7	0.006 7	0.006 9	0.007 0	0.007 1
0.06	0.008 5	0.008 7	0.008 9	0.009 0	0.009 1	0.009 3	0.009 5	0.009 8
0.07	0.010 9	0.011 2	0.011 4	0.011 6	0.011 8	0.012 1	0.012 3	0.012 8
0.08	0.013 5	0.013 9	0.014 2	0.014 5	0.014 7	0.015 2	0.015 5	0.016 2
0.09	0.016 2	0.016 7	0.017 2	0.017 6	0.017 9	0.018 5	0.019 0	0.019 9
0.10	0.019 1	0.019 8	0.020 4	0.020 9	0.021 4	0.022 1	0.022 8	0.024 1
0.15	0.035 6	0.037 6	0.039 4	0.040 4	0.042 2	0.044 5	0.046 6	0.050 4
0.20	0.054 7	0.058 9	0.062 7	0.065 9	0.068 7	0.073 7	0.078 3	0.086 8
0.25	0.075 7	0.083 2	0.089 8	0.095 6	0.100 7	0.109 9	0.118 2	0.134 0
0.30	0.098 3	0.110 0	0.120 5	0.129 8	0.138 2	0.153 2	0.166 9	0.192 8
0.35	0.122 0	0.139 2	0.154 7	0.168 6	0.181 2	0.203 8	0.224 6	0.264 1
0.40	0.146 8	0.016 7	0.192 2	0.211 8	0.229 7	0.262 1	0.291 9	0.348 6
0.45	0.172 3	0.019 8	0.233 0	0.259 6	0.284 0	0.328 3	0.369 3	0.447 2
0.50	0.198 4	0.239 0	0.277 0	0.311 9	0.344 0	0.402 7	0.457 1	0.560 6
0.55	0.225 1	0.276 1	0.324 3	0.368 8	0.410 0	0.485 6	0.555 8	0.689 6
0.60	0.252 3	0.315 0	0.374 5	0.430 4	0.482 2	0.577 3	0.666 0	0.835 0
0.65	0.279 9	0.355 7	0.428 6	0.496 8	0.560 5	0.678 1	0.788 0	0.997 4
0.70	0.307 9	0.398 0	0.485 6	0.568 1	0.645 3	0.788 4	0.922 2	1.177 7
0.75	0.336 1	0.442 1	0.546 0	0.644 2	0.736 7	0.908 3	1.069 2	1.376 6
0.80	0.364 6	0.487 9	0.609 6	0.725 4	0.834 7	1.038 3	1.229 3	1.594 6
0.85	0.393 4	0.535 4	0.676 7	0.811 8	0.929 7	1.178 5	1.403 0	1.832 5
0.90	0.422 3	0.584 6	0.747 1	0.903 3	1.051 6	1.329 2	1.590 7	2.091 1

续表

y/b	$m=0$	$m=1/4$	$m=1/2$	$m=3/4$	$m=1.0$	$m=3/2$	$m=2.0$	$m=3.0$
0.95	0.451 4	0.635 4	0.821 0	1.000 2	1.170 8	1.490 8	1.792 7	2.370 8
1.00	0.480 7	0.687 9	0.898 4	1.102 4	1.297 3	1.663 6	2.009 5	2.672 5

式中：

$$K = \frac{Q \cdot n}{b^{8/3} S^{1/2}} \qquad \text{SI}$$

$$K = \frac{Q \cdot n}{1.49 b^{8/3} S^{1/2}} \qquad \text{CU}$$

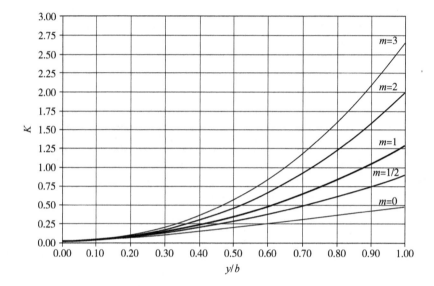

图 2.6　矩形渠道和梯形渠道的 K 值随着 y/b 的变化曲线

例 2.5　已知一条路边渠道的输水流量为 1 m³/s。该渠道用尺寸为 5 cm 的石头做衬砌，其底宽为 1 m，边坡坡度为 2∶1（2H∶1V），纵坡度为 0.75%。计算这个沟渠的正常水流深度。

求解　利用迭代法以及表 2.7 进行计算。

a. 迭代解

将曼宁公式表示为

$$AR^{2/3} = \frac{nQ}{S^{1/2}}$$

$$A = by + my^2 = y + 2y^2$$

$$P = b + 2y \sqrt{1+m^2} = 1 + 2\sqrt{5}y$$

$$R = \frac{A}{P} = \frac{(y + 2y^2)}{(1 + 2\sqrt{5}\,y)}$$

$$AR^{2/3} = \frac{(y + 2y^2)^{5/3}}{(1 + 2\sqrt{5}\,y)^{2/3}}$$

利用表 2.5 估算 0.025 这个数值下的 n 值

$$\frac{nQ}{\sqrt{S}} = \frac{0.025 \times 1}{(0.007\ 5)^{1/2}} = 0.288\ 7$$

然后

$$AR^{2/3} = \frac{[y(1 + 2y)]^{5/3}}{(1 + 2\sqrt{5}\,y)^{2/3}} = 0.288\ 7$$

将以上方程两侧的指数都提高到 3/2 次幂：

$$\frac{[y(1 + 2y)]^{5/2}}{(1 + 4.472y)} = (0.288\ 7)^{1.5} = 0.155\ 1$$

现在求解方程 $f(y) = 0.155\ 1$；

式中：

$$f(y) = \frac{[y(1 + 2y)]^{5/2}}{(1 + 4.472y)}$$

第一次尝试 $y = 0.5$ m

$$f(y) = 0.309\ 0 > 0.155\ 1$$

第二次尝试 $y = 0.4$ m

$$f(y) = 0.157\ 7 > 0.155\ 1$$

第三次尝试 $y = 0.39$ m

$$f(y) = 0.146\ 3 < 0.155\ 1$$

第四次尝试 $y = 0.395$ m

$$f(y) = 0.152\ 0 < 0.155\ 1$$

在 0.395 和 0.4 之间进行内插，获得 0.398 m。

b. 表 2.7 的利用

在 $m = 2$ 这一栏中查找 $K = 0.288\ 7$，y/b 在 0.35 和 0.4 之间：

$$\frac{y}{b} = 0.35 \quad K = 0.224\ 6;$$

$$\frac{y}{b} = 0.4 \quad K = 0.291\,9$$

如下式所示,通过在这些比值之间内插 y/b 而计算深度:

$$\frac{y}{b} = 0.35 + \frac{0.288\,7 - 0.224\,6}{0.291\,9 - 0.224\,6} \times (0.4 - 0.35) = 0.35 + 0.952 \times 0.05$$

$$\frac{y}{b} = 0.397\,6 \quad \text{即} \frac{y}{b} = 0.398$$

$$y = 0.398 \times 1 = 0.398 \text{ m}$$

例 2.6 为了以 15 cfs 的流量输送暴雨径流,需要使用 18 in 的钢筋混凝土管。计算管道在正常流量条件下能够输送这个流量所要求的最小坡度。如果以 3% 的坡度铺设管道,则水流深度是多少?

求解 对于光滑管道,采用 $n=0.012$

且

$$A = \frac{\pi D^2}{4} = 1.767 \text{ sf}$$

$R=\dfrac{D}{4}=0.375$ ft,见表 2.4。

满流:

$$Q = \frac{149}{0.012} \times 1.767 \times (0.375)^{2/3} \times S^{1/2}$$

$$Q = 114 \times S^{1/2}$$

注:另外也可以从表 2A.1 中查出 $K=114.0$。

$$S = \left(\frac{15}{114}\right)^2 = 0.017(1.7\%)$$

部分满流:

不进行迭代计算,而是利用表 2.6 进行求解。

计算 $K=AR^{2/3}/D^{8/3}$。

利用式(2.46)

$$K = \frac{Qn}{1.49(D)^{8/3}S^{1/2}}$$

$$K = \frac{15 \times 0.012}{1.49(1.5)^{8/3} \times (0.03)^{1/2}} = 0.236\,6$$

查表 2.6 可知,y/D 在 0.65 和 0.70 之间,同时它更接近于前一个数值。在以下条件下

$$\frac{y}{D} = 0.65 \quad K = 0.235\ 8$$

$$\frac{y}{D} = 0.7 \quad K = 0.261\ 0$$

通过内插得：

$$\frac{y}{D} = 0.65 + \frac{0.236\ 6 - 0.235\ 8}{0.261\ 0 - 0.235\ 8} \times (0.7 - 0.65)$$

$$\frac{y}{D} = 0.651\ 6$$

$$y = 0.651\ 6 \times 15 = 9.8\ \text{in}$$

另外，也可利用图 2.5 求解这个问题。

首先计算在坡度为 3‰时的满流容量：

$$Q_F = K\sqrt{S} = 114 \times (0.03)^{1/2} = 19.75\ \text{cfs}$$

然后计算 Q/Q_F 比：

$$\frac{Q}{Q_F} = \frac{15}{19.75} = 0.76$$

在这个流量比下，可从图 2.5 中查得

$$\frac{y}{D} = 0.65$$

$$y = 9.75\ \text{in,即}\ 9.8\ \text{in}$$

例 2.7　利用一条 38 in×60 in 的水平椭圆形钢筋混凝土管在 70‰最大深度的条件下输送 130 cfs 的设计流量。管道的坡度应当为多少？

求解　当 $y/d = 0.7$ 时，本章附录中的图 2A.1 显示 $Q/Q_F = 0.86$。

$$Q_F = 130/0.86 = 151.2\ \text{cfs}$$

当 $n = 0.012$ 时，可从表 2A.3 中查出 $K = 1\ 565$

$$Q_F = 1\ 565(S)^{1/2}$$

$$S = \frac{(151.2)^2}{1\ 565^2} = 0.009\ 3$$

$$S = 0.93\%$$

例 2.8　大暴雨期间，测得上例中管道中的水深为 31.5 in。计算其中的流量。

求解

$$\frac{y}{D} = \frac{31.5}{38} = 0.83$$

在图 2A.1 中输入相对深度=0.83,得到

$$\frac{Q}{Q_F} = 1.05$$

$$Q = 1.05 \times 145.3 = 152.6 \text{ cfs}$$

注:通常排水管的设计流量小于或等于其正常流量。然而,由于涵洞雨水口的控制条件,涵洞中的流量可能超过正常流量。

本章结尾处的附录 2A 中的图 2A.2(a)和图 2A.2(b)中显示了圆形管道的进水口控制流量。第 4 章提供关于这一问题的更多信息。

2.6 管道和涵洞的能量损失

在流动方向上的摩擦力以及横断面或流动方向的突变作用下水流会出现能量损失(也被称为"水头损失")。在设计排水系统时,必须计算这些损失,以确定沿着流动方向的水力坡降线或能量线。尽管摩擦损失是逐渐的并且较为均匀,但在连接处发生的损失是突然发生的并且是局部的。在实践中通常将这些损失称为"次要损失"。然而应当注意,在有许多接头、弯管和局部障碍物的一段管道或涵洞中,发生在这些接头、弯管和局部障碍物处的损失可能超过摩擦损失。因此在本书中将这些损失称为局部损失,而非次要损失。本节下文中的例 2.9 通过实例说明了这个问题。以下各节介绍估算排水系统中的水头损失的公式。

2.6.1 摩擦损失

用下式计算摩擦造成的水头损失:

$$h_f = S_f L \tag{2.56}$$

式中:h_f——摩擦损失,m(ft);

S_f——摩擦坡度,m/m(ft/ft);

L——管道长度,m(ft)。

这个公式中的摩擦坡度 S_f 与水力坡降线相同。如上文所述,在均匀流中,这个坡度也等于管道或沟渠的坡度。可以利用曼宁公式计算均匀流中的摩擦坡度,可将这个公式重新整理为:

$$S_f = c \frac{n^2 V^2}{R^{1.33}} \tag{2.57}$$

式中:R——水力半径;

　　c——1.0(国际单位)或 0.45(英制单位)。

利用速度水头表示摩擦坡度:

$$S_f = \frac{19.62n^2}{R^{1.33}} \frac{V^2}{2g} \qquad \text{SI} \tag{2.58}$$

$$S_f = \frac{29n^2}{R^{1.33}} \frac{V^2}{2g} \qquad \text{CU} \tag{2.59}$$

将式(2.56)和式(2.58)、式(2.59)合并,获得以下方程:

$$h_f = \frac{19.62n^2 L}{R^{1.33}} \frac{V^2}{2g} \tag{2.60}$$

$$h_f = \frac{29n^2 L}{R^{1.33}} \frac{V^2}{2g} \tag{2.61}[1]$$

2.6.2　局部损失

在实践中,通常用速度水头表示局部损失,如下式所示:

$$h_\ell = k \frac{V^2}{2g} \tag{2.62}$$

式中:h_ℓ——局部水头损失;

　　k——无量纲损失系数;

　　$V^2/2g$——速度水头。

在水管中,用产生相等损失量的等效管道长度表示局部损失。用以下公式计算这个长度:

$$L_\ell = \frac{h_\ell}{S_f} \tag{2.63}$$

也可以将相同方法应用于满流涵洞,但通常不这么应用。本章下文中的例2.9将介绍这个问题。

当横截面发生突然变化(例如突然收缩或扩大)时,可以用接头两侧速度水头之差表示式(2.62),如下式所示:

---

[1]　注:如果在曼宁公式中采用 1.486 而不是 1.49,系数值将从 29 变为 29.2。

$$h_\ell = k \frac{\Delta V^2}{2g} \qquad (2.64)$$

式中:$\Delta V^2/2g$ 表示速度水头的变化。

损失系数 k 的大小取决于流动类型(即明渠流还是有压流),而且在亚临界至超临界条件的范围内发生变化。关于这个问题的更多信息见以下参考文献:Chow (1959),Henderson (1966),French (1985),Brater et al. (1996) 和 FHWA (2013)。以下各节介绍某些常用排水构筑物的水头损失方程。

2.6.2.1 入口损失和出口损失

在管道或涵洞的雨水口面,流速增大,压力下降。如果忽略入口前最靠近入口的截面处的速度水头,可将式(2.64)简化为

$$h_\ell = k_e \frac{V^2}{2g} \qquad (2.65)$$

式中:V 是管道中的流速。管道的入口损失系数 k_e 的范围为 0.1 至 0.7,圆形入口的损失系数为 0.1,而斜接至倾斜接头的入口的损失系数为 0.7。表 2.8 列出了各种不同翼墙条件下管道和涵洞的入口损失系数。

在通向水体的管道或涵洞的出口截面处,流动范围会突然扩大。这个截面处的出口损失系数取决于接收水体的流动条件。对于停滞水体,整个速度水头都会在出水口处损失掉,因此

$$h_o = \frac{V_o^2}{2g} \qquad (2.66)$$

表 2.8　管道和涵洞的入口损失系数 k_e

构造物类型	k_e
混凝土管	
按与坡度相符的要求斜接	0.7
末端截面	0.5
凸出,垂直切割	0.5
凸出,坡口端	0.2
端墙处为直边	0.5
端墙处为弧形	0.2
坡口端	0.2
斜坡边	0.2

构造物类型	k_e
箱形涵洞	
平行翼墙(两侧延长)	0.7
与涵洞成 30°至 75°角的翼墙	0.5
沿着堤坝的端墙(无翼墙)	0.5
端墙处磨圆的入口	0.2
以锥形收缩至斜坡	0.2
塑料管	
末端截面	0.2
垂直切割	0.5

然而如果水体处于运动之中(例如在渠道或河川中),则出口损失为

$$h_o = \frac{V_o^2}{2g} - \frac{V_d^2}{2g} \qquad (2.67)$$

式中:V_o——出口速度;

V_d——管道流动方向的渠道内流速。

当出水口垂直于接收渠道时,$V_d = 0$,可将上式简化为:

$$h_o = V_o^2/2g \qquad (2.68)$$

这时出口损失系数 $k_o = 1$。

2.6.2.2 突然扩大或收缩

过流断面突然扩大后,水流在距翼墙一段距离的断面扩大区域内突然分散造成了水头损失。图 2.7 说明了这一点。在截面 1 和截面 2 之间应用动量方程和能量方程,得到以下水头损失的公式:

$$h_e = \frac{(V_1 - V_2)^2}{2g} \qquad (2.69)$$

当 V_2 很小可将这个公式表示为

$$h_e = \frac{kV_1^2}{2g} \qquad (2.70)$$

式中:

$$k = \left[1 - \left(\frac{D_1}{D_2} \right)^2 \right]^2 \qquad (2.71)$$

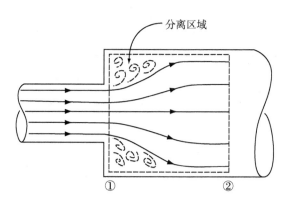

图 2.7　突然扩大

表 2.9　管道突然收缩时的 k_c 值

D_2/D_1	0.90	0.80	0.60	0.40	0.20	0.10
k_c	0.05	0.15	0.28	0.36	0.42	0.45

　　有一种特殊情况是管道末端与水库连通。在这种情况下,相比于 V_1,V_2 可以忽略不计,以上方程简化为 $h_e = V_1^2/2g$,与式(2.68)相同。

　　在突然收缩的情况下,可将水头损失的方程表示为

$$h_e = \frac{k_c V_2^2}{2g} \qquad (2.72)$$

式中:系数 k_c 取决于收缩截面之前和之后的面积比。表 2.9 列出了 k_c 的典型值。

2.6.2.3　弯曲损失

　　在管弯处,用以下公式表示水头损失:

$$h_b = k_b \frac{V^2}{2g} \qquad (2.73)$$

式中:

$$k_b = 0.003(\Delta\theta) \qquad (2.74)$$

　　$\Delta\theta$——曲率角(度)。

　　对于 $90°$ 的弯,水头损失系数大约为 0.5。可以采用下式计算弯曲因子,并利用式(2.73)估算满流涵洞中水头损失:

$$k_b = 0.5\left(\frac{\Delta\theta}{90}\right)^{1/2} \tag{2.75}$$

以上各式适用于急弯的情况。当半径相当于涵洞直径的 4 倍或更高时,可以忽略水头损失。

2.6.2.4 渐变段的水头损失

在逐渐扩大和收缩的渐变段,水头损失取决于扩大/收缩的角度,也取决于渐变段管道直径之比。通常用以下公式计算水头损失

$$h_1 = k_t\left(\frac{V_1^2}{2g} - \frac{V_2^2}{2g}\right) \tag{2.76}$$

式中:k_t 取决于图 2.8 中所示的扩大/收缩的角度以及管道直径。

表 2.10 列出了 5°至 60°的角度范围内的截面扩大损失系数。读者可从以下参考文献中查找更多信息:FHWA (2013),ASCE 以及 WEF (1992)。

在截面逐渐收缩的情况下,特定角度下的水头损失小于截面扩大的损失。可以认为这种情况下的水头损失系数接近表 2.10 中所列的截面扩大时的损失系数的一半。

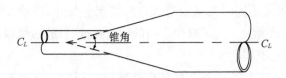

图 2.8 一个截面扩大渐变段的略图

表 2.10 5°至 60°的角度范围内的逐渐扩大损失系数

D_2/D_1	锥角						
	10°	20°	45°	60°	90°	120°	180°
1.5	0.17	0.40	1.06	1.21	1.14	1.07	1.00
3	0.17	0.40	0.86	1.02	1.06	1.04	1.00

2.6.2.5 接头损失

在图 2.9 中所示的管道接头处,可以利用以下动量方程计算水头损失:

$$h_j = \frac{[(Q_oV_o - Q_iV_i) - (Q_\ell V_\ell)\cos\theta_j]}{[0.5g(A_o + A_i)]} + h_i - h_o \tag{2.77}$$

式中:Q_o、Q_i 和 Q_ℓ——分别为出水口流量、进水口流量、侧向流量,m^3/s(cfs);

V_o、V_i 和 V_ℓ——分别为出水口流速、进水口流速和侧向流速,m/s(ft/s);

h_o、h_i——出水口速度水头和进水口速度水头,m(ft);

A_o、A_i——出水口截面面积和进水口截面面积,m^2(sf);

θ_j——干管和支管之间的角度。

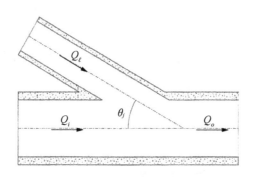

图 2.9   管道接头的定义

2.6.2.6 检查孔和进水口处的损失

在检查孔或连接孔(通常被称为人孔)处,存在速度变化造成的水头损失,当进水管和出水管的尺寸不同时尤其会造成这种情况。另外,流动方向改变时会发生损失,这种损失比前者大。为了减少弯曲的检查孔处的损失,可以在流动方向上安装一块弯曲叶片或偏转板。

可以利用图 2.10 估算检查孔处的弯曲造成的损失。根据流出速度水头计算该图中的水头损失。可以加入进水管道和出水管道的速度水头之差,以将速度的变化考虑在内。

进水口处的水头损失在很大程度上取决于进水管道和出水管道之间流动方向的变化。可以利用以下公式估算雨水口处的水头损失。

$$h_i = k_i \left(\frac{V_1^2}{2g} \right) \tag{2.78}$$

式中:V_1——进水速度;

k_i——水头损失系数。

以下列出了在采用若干普通雨水口布置时的水头损失系数:

• 直管-直角边缘,$k_i = 0.5$

• 当弯成 90°角时,$k_i = 1.5$

对于流动方向上的中间偏转角,可以在 0.5 和 1.5 之间对 k_i 进行内插。

例2.9 图 2.11 显示了由一系列箱形涵洞组成的排水系统。这个系统已经老

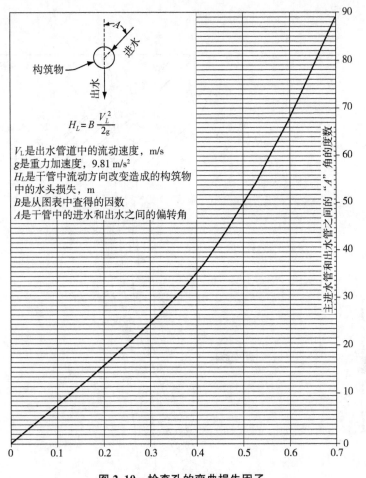

图 2.10 检查孔的弯曲损失因子

旧,它的一部分位于新泽西州北部一个城镇中的一座建筑物的下方。利用每段的等效长度表示每段中的局部损失。

求解 首先利用式(2.59)将每段中的摩擦损失与速度水头关联起来:

$$S_f = \left(\frac{29.0 \times n^2}{R^{1.33}}\right)\frac{V^2}{2g}$$

对于老涵洞,估计 $n=0.015$:

$$S_f = \left(\frac{6.53 \times 10^{-3}}{R^{1.33}}\right)\frac{V^2}{2g}$$

然后令局部损失等于摩擦损失:

$$h_\ell = \frac{KV^2}{2g} = S_f L_{eq}$$

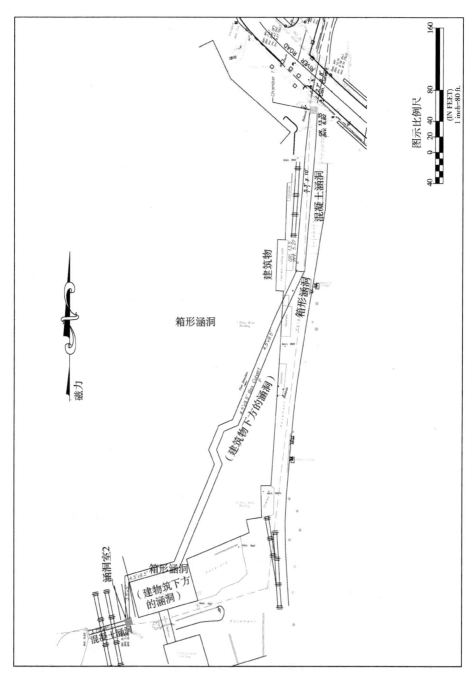

图 2.11　由一系列箱形涵洞组成的排水系统

式中：L_{eq}是摩擦损失与局部损失相同的涵洞的等效长度。将这两个方程合并，得到

$$L_{eq} = \frac{k}{\left(\dfrac{6.53 \times 10^{-3}}{R^{1.33}}\right)}$$

或

$$L_{eq} = 153.1 \times R^{1.33} \times k$$

现在估算每段的总局部水头损失系数，计算等效长度。

a. 5 ft×3.5 ft 箱形涵洞，L＝223 ft：这一段中的局部损失包括涵洞室处的出口损失以及弯曲损失。估计涵洞室处的出口损失系数为 0.5。

9.5 ft×4.5 ft 涵洞收缩至 5 ft×3.5 ft 时的收缩损失

$$A_1 = 5 \times 3.5 = 17.5 \text{ sf}$$
$$A_2 = 9.5 \times 4.5 = 42.75 \text{ sf}$$
$$\frac{A_1}{A_2} = 0.41$$

从表 2.9 中查得 k＝0.26

$$\sum k = 0.5 + 0.26 = 0.76$$
$$R = \frac{(5 \times 3.5)}{[2(5 + 3.5)]} = 1.03$$
$$L_{eq} = 153.1 \times (1.03)^{1.33} \times 0.76 = 121.0 \text{ ft}$$

总等效长度＝223＋121.0＝344.0 ft

b. 9.5 ft×4.5 ft 涵洞：这一段包括五个 45°弯以及一个 ±60°弯。利用式(2.75)：

$$\sum k_b = 5 \times 0.5 \times \left(\frac{45}{90}\right)^{1/2} + 0.5 \times \left(\frac{60}{90}\right)^{1/2} = 2.18$$

另外，存在一个从上游的 10 ft×5.3 ft 涵洞过渡到这个涵洞的收缩：

$$\frac{A_2}{A_1} = \frac{(9.5 \times 4.5)}{(10 \times 5.3)} = \frac{42.75}{53} = 0.8$$
$$D_2/D_1 = (0.8)^{1/2} = 0.9$$
$$k_c = 0.05，见表 2.9。$$
$$\sum K = 2.18 + 0.05 = 2.23$$

$$R = \frac{(42.75)}{[2(9.5+4.5)]} = 1.527 \text{ ft}$$

$$L_{eq} = 153.1 \times (1.527)^{1.33} \times 2.18 = 587 \text{ ft}$$

$$\text{总等效长度} = (70+140+20+30+20+210)+587 = 1\ 077 \text{ ft}$$

c. 10 ft×5.3 ft 涵洞:这一段中的局部损失是由这一段与下游段的连接处的 20°弯以及入口损失造成的。

$$k_b = 0.5\left(\frac{20}{90}\right)^{0.5} = 0.24$$

k_e=0.5(入口损失系数)

$$\sum k = 0.74$$

$$R = \frac{(10 \times 5.3)}{[2(10+5.3)]} = 1.73 \text{ ft}$$

$$L_{eq} = 153.1 \times 1.73^{1.33} \times 0.74 = 235 \text{ ft}$$

$$\text{总等效长度} = 223+235 = 458 \text{ ft}$$

问题

2.1 对于一条宽渠道,假设速度分布为:

$$\frac{v}{u^*} = 5.75\log\frac{d}{k}+8.5$$

式中:v 是距河床距离为 d 处的流动速度,k 是表面粗糙度,$u^* = \sqrt{\tau_o/\rho}$ 是剪切速度。证明距水面 0.6 相对深度处的速度近似等于一段中的平均速度。

另外还要证明,在水面向下的垂直线的相对深度为 0.2 和 0.8 的位置处,速度读数的平均值约等于该段中的平均速度。

2.2 利用一个纵坡度为 0.3%、底宽为 2 m、边坡坡度为 2:1(2H,1V) 的抛石梯形渠输送流量为 10 m³/s 的水。计算这个沟渠中水的正常深度。采用 $n=0.03$。

2.3 在沟渠宽度为 6 ft、排水量为 350 cfs 的条件下,求解问题 2.2。

2.4 计算直径分别为 15,18,24,30 和 36 in 的钢筋混凝土管(RCP)的正常容量和满流速度。管道的坡度为 2%。采用 $n=0.012$ 的曼宁粗糙度系数。

2.5 对于直径分别为 300,375,450,600,750 和 900 mm 的 RCP 管道,采用国际单位求解以上问题。

2.6 计算一根铺设坡度为 2% 的 24 in 管道在相当于其容量的 65% 的流量下的正常流动深度。

2.7　计算一根 600 mm 混凝土管在相当于其容量的 70% 的流量下的正常流动深度。管道的坡度为 1.5%。计算时采用 $n=0.013$。

2.8　一个 24 in RCP 的计算设计流量为 30 cfs。管道的坡度为 2%,管道从一个 3.5 ft 深的人孔接出。管内底被设置在人孔的底部。这个管道足以容纳设计流量吗?

2.9　利用一根 500 mm 混凝土管以 400 L/s 的流量输送暴雨水。管道的坡度为 2%,管道从一个 1.0 m 深的雨水口接出。管内底被设置在人孔的底部。通过计算确定这个管道是否适合于设计流量。计算时采用 $n=0.013$。

2.10　以 0.5% 的坡度铺设一个直径为 1.5 m 的半圆形沟渠。计算这个沟渠在装满水的条件下以 m^3/s 为单位的最大流量。取 $n=0.013$。

2.11　对于直径为 60 in 的半圆形沟渠,重新求解问题 2.10。

2.12　计算一个 120 cm 坡度为 0.5% 的混凝土涵洞在流量为 1 m^3/s 的条件下的正常流动深度。

2.13　对于一个流量为 35 cfs 的 48 in 涵洞,重新求解问题 2.12。

2.14　选择在不超过 65% 满流的条件下输送 10 m^3/s 的流量所需的管道尺寸。管道的坡度为 1%。采用 $n=0.013$。注意,大型管道的直径为 150 mm 的倍数。

2.15　利用一个坡度为 0.008 的圆形混凝土管涵洞,在不超过 60% 满流(按深度计)的条件下输送 450 cfs 的流量。混凝土管的内径是 6 in 的倍数。选择合适的涵洞直径。采用 $n=0.012$。

2.16　直径为 60 in 的雨水沟的临界深度为 2.2 ft。临界流量是多少?

2.17　对于一根直径为 150 cm 的管道,在临界深度为 66 cm 的条件下,重新求解问题 2.16。

2.18　利用表 2.2 计算本章中的例 2.4 中的临界深度。

2.19　一个 3 m 宽、0.5 m 深的矩形混凝土沟渠中的水流量为 3.0 m^3/s。

a.　计算 $n=0.012$ 时的坡度。

b.　如果在给定流量的条件下产生临界流量,则坡度应为多少? 另外,临界深度是多少?

2.20　对于一个 10 ft 宽、1.5 ft 深的矩形沟渠,在流量为 100 cfs 的条件下,重新求解问题 2.19。

2.21　一个底宽为 2 m、边坡坡度为 2:1 的梯形渠中的流量为 8 m^3/s。计算这个梯形渠的临界深度和临界速度。如果这个梯形渠有抛石衬砌($n=0.035$),则临界坡度是多少?

2.22　对于一个底宽为 6 ft 的梯形渠,在流量为 280 cfs 的条件下,求解问题

2.21。

2.23 计算在 1.5 m³/s 的设计流量下路边梯形渠中的正常流动深度。这个梯形渠的坡度为 1%,有 100 mm 的抛石衬层,其底宽和边坡坡度分别为 1.2 m 和 2 : 1。估计 $n=0.04$。

2.24 在以下流动参数的条件下求解问题 2.23:

a. $Q=50$ cfs;

b. $b=4$ ft;

c. 抛石石块尺寸 $=4$ in。

2.25 对于直径为 450 mm 的管道,在流量为 0.5 m³/s 的条件下,求解本章中的例 2.6 中的问题。

2.26 在一个类似于图 2.9 中所示接头的连接位置,流动参数为

a. $Q_0=0.8$ m³/s;

b. $O_\ell=0.2$ m³/s;

c. $D_i=0.6$ m, $D_0=0.675$ m, $D_\ell=0.3$ m;

d. $\theta_j=30°$。

计算这个连接位置的水头损失。

2.27 在以下情况下,求解问题 2.26:

a. $Q_0=30$ cfs;

b. $O_\ell=15$ m³/s;

c. $D_i=24$ in, $D_0=30$ in, $D_\ell=18$ in。

2.28 计算在流量为 250 cfs 的条件下例 2.9 中的排水系统中的水头损失。

2.29 在排水量为 7.5 m³/s 的条件下,求解问题 2.28。

附录 2A:圆形管道和椭圆形管道的水力特性

表 2A.1　满流圆形管道的水力特性,国际单位制单位

管道		水力半径 $R(m)$	$K=A\times R^{2/3}/n^a$			
直径 $D(mm)$	面积 $A(m^2)$		$n=0.010$	$n=0.011$	$n=0.012$	$n=0.013$
150	0.018	0.037 5	0.20	0.18	0.16	0.15
200	0.031	0.050 0	0.43	0.39	0.36	0.33
250	0.049	0.062 5	0.77	0.70	0.64	0.59
300	0.071	0.075 0	1.26	1.14	1.05	0.97
375	0.110	0.093 8	2.28	2.07	1.90	1.75
450	0.159	0.112 5	3.71	3.37	3.90	2.85
525	0.216	0.131 3	5.59	5.08	4.66	4.30
600	0.283	0.150 0	7.98	7.26	6.65	6.14
675	0.358	0.168 8	10.93	9.93	9.11	8.14
750	0.442	0.187 5	14.47	13.16	12.06	11.13
825	0.535	0.206 3	18.66	16.96	15.55	14.35
900	0.636	0.225 0	23.53	21.39	19.61	18.10
1 050	0.866	0.262 5	35.50	32.27	29.58	27.31
1 125	0.994	0.281 3	42.67	38.79	35.56	32.82
1 200	1.131	0.300 0	50.68	46.07	42.23	38.99
1 350	1.431	0.337 5	69.38	63.08	57.82	53.37
1 500	1.767	0.375 0	91.89	83.54	76.58	70.69
1 800	2.545	0.450 0	149.43	135.85	124.53	114.95

a $K=$ 输水因子;$Q=KS^{1/2}$。

表 2A.2　满流圆形管道的水力特性,英制单位

D 管道直径 (in)	A 面积 (sf)	R 水力半径(ft)	$K=\dfrac{149}{n}\times A\times R^{2/3\,a}$			
			$n=0.010$	$n=0.011$	$n=0.012$	$n=0.013$
8	0.349	0.167	15.8	14.3	13.1	12.1
10	0.545	0.208	28.4	25.8	23.6	21.8
12	0.785	0.250	46.4	42.1	38.6	35.7
15	1.227	0.312	84.1	76.5	70.1	64.7

D 管道直径 (in)	A 面积 (sf)	R 水力 半径(ft)	$K=\dfrac{149}{n}\times A\times R^{2/3\,a}$			
			$n=0.010$	$n=0.011$	$n=0.012$	$n=0.013$
18	1.767	0.375	137.0	124.0	114.0	105.0
21	2.405	0.437	206.0	187.0	172.0	158.0
24	3.142	0.500	294.0	267.0	245.0	226.0
27	3.976	0.562	402.0	366.0	335.0	310.0
30	4.909	0.625	533.0	485.0	444.0	410.0
33	5.940	0.688	686.0	624.0	574.0	530.0
36	7.069	0.750	867.0	788.0	722.0	666.0
42	9.621	0.875	1 308.0	1 189.0	1 090.0	1 006.0
48	12.566	1.000	1 867.0	1 698.0	1 556.0	1 436.0
54	15.904	1.125	2 557.0	2 325.0	2 131.0	1 967.0
60	19.635	1.250	3 385.0	3 077.0	2 821.0	2 604.0
66	23.758	1.375	4 364.0	3 967.0	3 636.0	3 357.0
72	28.274	1.500	5 504.0	5 004.0	4 587.0	4 234.0

来源：American Concrete Pipe Association，*Concrete Pipe Design Manual*，17th printing，2005.

a $K=$ 输水因子；$Q=KS^{1/2}$。

表 2A.3 满流椭圆形混凝土管水力参数，英制单位

管道尺寸				$C_1=\dfrac{1.486}{n}\times A\times R^{2/3}$			
$R\times S$(HE) $S\times R$(VEO) (in)	近似等效 圆形直径 (in)	A 面积 (sf)	R 水力半 径(ft)	$n=0.010$	$n=0.011$	$n=0.012$	$n=0.013$
14×23	18	1.8	0.367	138	125	116	108
19×30	24	3.3	0.490	301	274	252	232
22×34	27	4.1	0.546	405	368	339	313
24×38	30	5.1	0.613	547	497	456	421
27×42	33	6.3	0.686	728	662	607	560
29×45	36	7.4	0.736	891	810	746	686
32×49	39	8.8	0.812	1 140	1 036	948	875
34×53	42	10.2	0.875	1 386	1 260	1 156	1 067

管道尺寸				$C_1=\dfrac{1.486}{n}\times A\times R^{2/3}$			
$R\times S$(HE) $S\times R$(VEO) (in)	近似等效 圆形直径 (in)	A 面积 (sf)	R 水力半 径(ft)	$n=0.010$	$n=0.011$	$n=0.012$	$n=0.013$
38×60	48	12.9	0.969	1 878	1 707	1 565	1 445
43×68	54	16.6	1.106	2 635	2 395	2 196	2 027
48×76	60	20.5	1.229	3 491	3 174	2 910	2 686
53×83	66	24.8	1.352	4 503	4 094	3 753	3 464
58×91	72	29.5	1.475	5 680	5 164	4 734	4 370
63×98	78	34.6	1.598	7 027	6 388	5 856	5 406
68×106	84	40.1	1.721	8 560	7 790	7 140	6 590
72×113	90	46.1	1.845	10 300	9 365	8 584	7 925
77×121	96	52.4	1.967	12 220	11 110	10 190	9 403
82×128	102	59.2	2.091	14 380	13 070	11 980	11 060
87×136	108	66.4	2.215	16 770	15 240	13 970	12 900
92×143	114	74.0	2.340	19 380	17 620	16 150	14 910
97×151	120	82.0	2.461	22 190	20 180	18 490	17 070
106×166	132	99.2	2.707	28 630	26 020	23 860	22 020
116×180	144	118.6	2.968	36 400	33 100	30 340	28 000

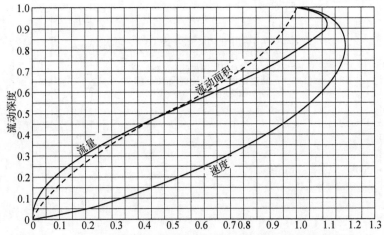

图 2A.1　水平的椭圆形混凝土管中的相对流动参数与流动深度的关系

(英制单位和国际单位制单位)

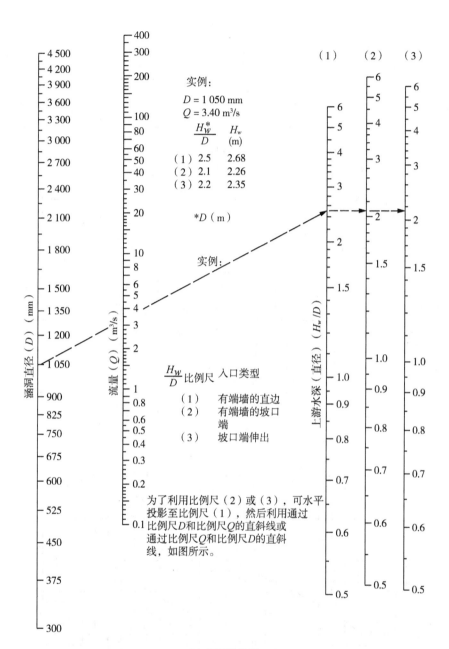

涵洞直径 (D) (mm)

流量 (Q) (m³/s)

上游水深 (直径) (H_w/D)

实例：

D = 1 050 mm

Q = 3.40 m³/s

$\dfrac{H_w^*}{D}$	H_w (m)
(1) 2.5	2.68
(2) 2.1	2.26
(3) 2.2	2.35

*D (m)

实例：

$\dfrac{H_w}{D}$ 比例尺　入口类型

(1)　有端墙的直边
(2)　有端墙的坡口端
(3)　坡口端伸出

为了利用比例尺（2）或（3），可水平投影至比例尺（1），然后利用通过比例尺 D 和比例尺 Q 的直斜线或通过比例尺 Q 和比例尺 D 的直斜线，如图所示。

（a）国际单位制

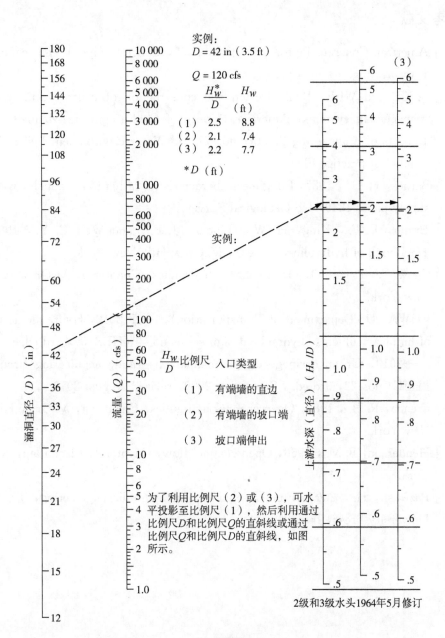

实例：
D = 42 in（3.5 ft）

Q = 120 cfs

$\dfrac{H_w^*}{D}$	H_w（ft）
（1） 2.5	8.8
（2） 2.1	7.4
（3） 2.2	7.7

*D（ft）

实例：

$\dfrac{H_W}{D}$ 比例尺　　入口类型

（1）　有端墙的直边

（2）　有端墙的坡口端

（3）　坡口端伸出

为了利用比例尺（2）或（3），可水平投影至比例尺（1），然后利用通过比例尺D和比例尺Q的直斜线或通过比例尺Q和比例尺D的直斜线，如图所示。

2级和3级水头1964年5月修订

涵洞直径（D）（in）

流量（Q）（cfs）

上游水深（直径）（H_w/D）

（b）英制单位

图 2A.2　圆形管道进水口控制源头深度

改编自公共道路局的资料，1963 年 1 月

参考文献

［1］American Concrete Pipe Association, 2005, Concrete pipe design manual, 17th printing.

［2］ASCE and WEF, 1992, Design and construction of urban storm water management systems, American Society of Civil Engineers Manuals and Reports of Engineering Practice no. 77 and Water Environment Federation manual of practice FD-20.

［3］Barnes, H. H., 1987, Roughness characteristics of natural channels, water supply paper 1849, US Geological Survey.

［4］Brater, E. F., King, H. W., Lindell, J. E., and Wei, C. Y., 1996, Handbook of hydraulics, 7th ed., McGraw-Hill, New York.

［5］Chow, V. T., 1959, Open channel hydraulics, Chapter 5, McGraw-Hill, New York.

［6］FHWA (US Department of Transportation), April 2012, Hydraulic design of highway culverts, hydraulic design series no. 5 (HDS-5), 3rd ed.

［7］——2013, Urban drainage design manual, hydraulic engineering circular (HEC) no. 22, 3rd ed., September 2009, revised August 2013.

［8］French, R. H., 1985, Open channel hydraulics, Chapter 4, McGraw-Hill, New York.

［9］Henderson, F. M., 1966, Open channel flow, Chapter 4, Macmillan, New York.

［10］Pazwash, H., 2007, Fluid mechanics and hydraulic engineering, Tehran University Press, Iran.

3 水文计算

本章介绍应用于雨洪管理的水文计算的原理。本章讨论影响降雨-径流关系的水文循环的要素。这些要素包括降雨过程、植被拦截、地面蓄水以及下渗。本章也讨论径流计算方法及其限制条件。本章还将介绍作者建立的一个基于物理基础的模型,以及如何正确应用水文方法的大量实例和案例研究。

3.1 降雨过程

降水是一个动态过程。降雨量在不同的空间和时间各不相同。不仅不同地点的降雨不同,而且同一地点的降雨模式也会发生变化。降雨量可能在暴雨开始时较大,也可能在暴雨中间或暴雨结束时较大。在一次暴雨期间,也可以有一个以上的最大或最小降雨量。随着时间变化的降雨量被称为"降雨强度"。

3.1.1 强度-持续时间-频率曲线

为简化降雨-径流关系,某些计算径流峰量的方法假设在暴雨期间降雨强度不变,等于其平均降雨强度。这个平均降雨强度代表降雨深度除以降雨持续时间,用 mm/h 或 in/h 为单位表示。

降雨强度取决于降雨持续时间。它也随着降雨事件的频率发生变化;暴雨的频率越低,其强度越大。人们已经利用美国若干州和若干大城市以及其他许多国家的雨量站的长期降雨数据,编制了代表降雨强度-持续时间-频率(IDF)关系的曲线。

图 3.1(a)和(b)显示了新泽西州的 IDF 曲线。例如,这两个图上显示了重现期为 10 年、持续时间为 60 分钟的暴雨的降雨强度大约为 50 mm/h(2 in/h)。可从美国运输部的排水手册或美国联邦环境保护/自然保护署的出版物中查找美国的地区性 IDF 曲线。根据雨量站的分析,NOAA(国家海洋和大气局)已经建立了整个美国的点降水量频率估计数据。这些频率估计数据公布于 NOAA 的第 14 号地

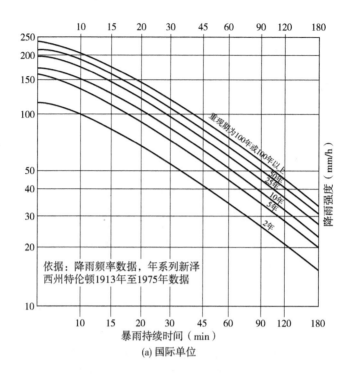

(a) 国际单位

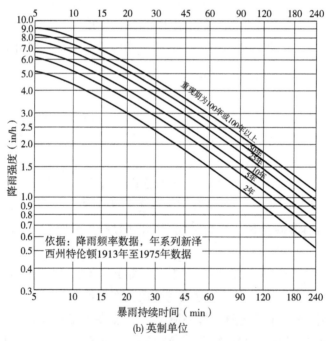

(b) 英制单位

图3.1 新泽西州降雨强度-持续时间-频率曲线

图册中,任何观测站都可以从 NOAA 的网址 http://hdsc. nws. noaa. gov 免费下载这些频率估计数据。这个网址允许用户打印美国任何雨量站的降雨强度(或降雨深度)-持续时间-频率估计数据的表格及彩图。这个网址也提供了采用英制单位或国际单位下载数据的选项。例如表 3.1 采用国际单位显示了加利福尼亚州旧金山市的降雨强度-持续时间-频率估计数据,而表 3.2 则显示了新泽西州亚特兰大市采用英制单位的降雨深度-持续时间-频率数据。

比较表 3.1 和表 3.2 发现,美国东海岸和西海岸地区的降雨格局存在显著差异。以重现期为 10 年、持续时间为 60 分钟的暴雨为例,以上两表显示亚特兰大市的降雨量为 55 mm(2.16 in),而旧金山市的降水量仅为 22 mm(0.866 in)。

3.1.2 降雨数据

美国国家海洋和大气局管理的水文测量站遍布美国,测量每日降水量。某些大学为了开展研究也收集降雨数据。例如在新泽西州,罗格斯大学收集并分析降雨和降雪数据。NOAA 先前的名称是美国气象局,它由美国商务部管理,负责美国 6 700 多个水文测量站的工作。表 3.3 利用实例说明了从 NOAA 获得的气候数据的类型。这个表格显示了新泽西州纽瓦克国际机场 2014 年 2 月的每日数据,可从以下网址下载这个表格:http://nowdata. rcc-acis. org/PHI/PubACIS_results。

NOAA 的应用气候信息系统(ACIS)网站包括遍布美国的 6 700 多个水文测量站。也可从康奈尔大学东北地区气候中心的网站(http://www. nrcc. cornell. edu/page_nowdata. html)下载美国东北部的当月和上月的降雨数据。

社区协作雨、冰雹和雪(CoCoRaHS)网络也收集每日降水数据。可从 CoCoRaHS 的网址(http://www. cocorahs. org/)下载由遍布美国的 CoCoRaHS 运行的任何水文测量站的数据。图 3.2 利用实例说明了可以利用这个网址访问的信息。

在美国的所选记录雨量站测量的每小时降雨深度、东北部各州的每小时降雨量记录保存在康奈尔大学的气候中心。

可以通过这所大学的东北地区气候的网址(http://www. nrcs. cornell. edu/page_nowdata. html)购买这些数据。

表 3.1 旧金山市的降雨 IDF 数据

基于 PDS 90%置信区间的点降水量频率估计数据(mm/h)

持续时间	平均重现期(a)									
	1	2	5	10	25	50	100	200	500	1 000
5 min	43 (39~49)	54 (48~61)	67 (60~77)	79 (69~91)	95 (80~114)	107 (88~132)	120 (96~152)	134 (103~176)	153 (112~210)	168 (118~241)
10 min	31 (28~35)	38 (34~44)	48 (43~55)	57 (50~65)	68 (57~81)	77 (63~95)	86 (69~109)	96 (74~126)	110 (80~151)	120 (85~173)
15 min	25 (22~28)	31 (28~35)	39 (35~44)	46 (40~52)	55 (46~66)	62 (51~76)	69 (55~88)	77 (60~101)	88 (65~122)	97 (68~139)
30 min	17 (15~19)	21 (19~24)	27 (24~30)	31 (27~36)	38 (32~45)	43 (35~52)	48 (38~60)	53 (41~70)	61 (44~83)	66 (47~95)
60 min	12 (11~14)	15 (13~17)	19 (17~21)	22 (19~25)	26 (22~32)	30 (25~37)	34 (27~43)	37 (29~49)	43 (31~59)	47 (33~67)
2 h	9 (8~10)	10 (9~12)	13 (12~15)	15 (13~17)	18 (15~22)	21 (17~25)	23 (18~29)	26 (20~34)	29 (22~40)	32 (23~46)
3 h	7 (6~8)	9 (8~10)	11 (10~12)	13 (11~14)	15 (13~18)	17 (14~21)	19 (15~24)	21 (16~28)	24 (18~34)	27 (19~38)
6 h	5 (4~5)	6 (5~7)	7 (7~8)	9 (8~10)	10 (9~12)	12 (10~14)	13 (11~17)	15 (11~19)	17 (12~23)	19 (13~27)
12 h	3 (3~4)	4 (3~4)	5 (4~6)	6 (5~7)	7 (6~8)	8 (7~10)	9 (7~12)	10 (8~13)	12 (9~16)	13 (9~19)
24 h	2 (2~2)	3 (2~3)	3 (3~4)	4 (3~4)	5 (4~6)	5 (5~6)	6 (5~8)	7 (6~9)	8 (6~11)	9 (7~12)

续表

持续时间	平均重现期(a)									
	1	2	5	10	25	50	100	200	500	1 000
2 d	1 (1~1)	2 (1~2)	2 (2~2)	2 (2~3)	3 (2~3)	3 (3~4)	4 (3~5)	4 (3~5)	5 (4~6)	5 (4~7)
3 d	1 (1~1)	1 (1~1)	1 (1~2)	2 (2~2)	2 (2~3)	2 (2~3)	3 (2~3)	3 (2~4)	4 (3~5)	4 (3~5)
4 d	1 (1~1)	1 (1~1)	1 (1~1)	1 (1~2)	2 (2~2)	2 (2~2)	2 (2~3)	3 (2~3)	3 (2~4)	3 (2~4)
7 d	1 (1~1)	1 (1~1)	1 (1~1)	1 (1~1)	1 (1~1)	1 (1~2)	2 (1~2)	2 (1~2)	2 (2~3)	2 (2~3)
10 d	0 (0~1)	1 (1~1)	1 (1~1)	1 (1~1)	1 (1~1)	1 (1~1)	1 (1~2)	1 (1~2)	1 (1~2)	2 (1~2)
20 d	0 (0~0)	0 (0~0)	0 (0~0)	0 (0~1)	0 (0~1)	1 (1~1)	1 (1~1)	1 (1~1)	1 (1~1)	1 (1~1)
30 d	0 (0~0)	0 (0~0)	0 (0~0)	0 (0~1)	0 (0~1)	0 (0~1)	1 (1~1)	1 (1~1)	1 (1~1)	1 (1~1)
45 d	0 (0~0)	0 (0~0)	0 (0~0)	0 (0~0)	0 (0~1)	0 (0~1)	1 (0~1)	1 (0~1)	1 (0~1)	1 (0~1)
60 d	0 (0~0)	0 (0~0)	0 (0~0)	0 (0~0)	0 (0~0)	0 (0~1)	0 (0~1)	1 (0~1)	1 (0~1)	1 (0~1)

来源:谷歌地图;NOAA National Weather Service, Silver Spring, Maryland, NOAA Atlas 14, volume 2, version 3,点降水量频率估计数据。

注:位置名称,加利福尼亚州旧金山市;纬度,7.769 4°;经度,-122.433 3°;海拔,55 m;PF 表格。

表 3.2　亚特兰大市的降雨 IDF 数据

基于 PDS 90%置信区间的点降水量频率估计数据 (in)

持续时间	平均重现期(a)									
	1	2	5	10	25	50	100	200	500	1 000
5 min	0.361 (0.324~0.401)	0.429 (0.385~0.475)	0.501 (0.448~0.554)	0.566 (0.506~0.627)	0.639 (0.568~0.709)	0.696 (0.617~0.774)	0.752 (0.663~0.837)	0.804 (0.703~0.899)	0.867 (0.750~0.977)	0.923 (0.789~1.05)
10 min	0.577 (0.518~0.641)	0.686 (0.615~0.759)	0.802 (0.718~0.888)	0.905 (0.809~1.00)	1.02 (0.906~1.13)	1.11 (0.983~1.23)	1.19 (1.05~1.33)	1.27 (1.11~1.43)	1.37 (1.19~1.55)	1.45 (1.24~1.65)
15 min	0.721 (0.647~0.801)	0.862 (0.773~0.954)	1.02 (0.908~1.12)	1.15 (1.02~1.27)	1.29 (1.15~1.43)	1.40 (1.25~1.56)	1.51 (1.33~1.68)	1.61 (1.41~1.80)	1.73 (1.49~1.95)	1.82 (1.56~2.07)
30 min	0.989 (0.887~1.10)	1.19 (1.07~1.32)	1.44 (1.29~1.60)	1.66 (1.48~1.84)	1.91 (1.70~2.12)	2.11 (1.88~2.35)	2.31 (2.04~2.58)	2.50 (2.19~2.80)	2.75 (2.38~3.10)	2.95 (2.53~3.35)
60 min	1.23 (1.11~1.37)	1.49 (1.34~1.65)	1.85 (1.65~2.05)	2.16 (1.93~2.40)	2.54 (2.26~2.82)	2.87 (2.54~3.19)	3.19 (2.81~3.55)	3.51 (3.07~3.93)	3.94 (3.41~4.44)	4.31 (3.69~4.90)
2 h	1.56 (1.38~1.78)	1.90 (1.68~2.15)	2.37 (2.08~2.68)	2.78 (2.45~3.16)	3.31 (2.89~3.76)	3.75 (3.27~4.28)	4.21 (3.63~4.82)	4.68 (4.01~5.39)	5.32 (4.49~6.17)	5.88 (4.92~6.88)
3 h	1.73 (1.52~1.97)	2.10 (1.85~2.39)	2.62 (2.29~2.99)	3.10 (2.70~3.54)	3.70 (3.21~4.25)	4.24 (3.64~4.86)	4.78 (4.08~5.51)	5.36 (4.52~6.19)	6.15 (5.12~7.17)	6.87 (5.63~8.05)
6 h	2.11 (1.87~2.44)	2.54 (2.25~2.95)	3.17 (2.79~3.66)	3.76 (3.29~4.35)	4.54 (3.95~5.26)	5.25 (4.52~6.08)	5.98 (5.11~6.95)	6.78 (5.72~7.91)	7.91 (6.55~9.28)	8.93 (7.28~10.6)
12 h	2.49 (2.21~2.86)	3.00 (2.66~3.44)	3.75 (3.32~4.29)	4.50 (3.96~5.14)	5.53 (4.83~6.33)	6.48 (5.60~7.43)	7.50 (6.40~8.64)	8.63 (7.25~10.0)	10.3 (8.44~12.0)	11.8 (9.51~13.9)
24 h	2.73 (2.48~3.05)	3.32 (3.01~3.71)	4.32 (3.91~4.82)	5.18 (4.67~5.78)	6.49 (5.81~7.21)	7.65 (6.79~8.45)	8.94 (7.87~9.85)	10.4 (9.08~11.4)	12.6 (10.8~13.8)	14.6 (12.4~15.9)
2 d	3.09 (2.79~3.46)	3.77 (3.40~4.22)	4.89 (4.41~5.48)	5.87 (5.27~6.55)	7.33 (6.53~8.16)	8.61 (7.64~9.57)	10.0 (8.84~11.1)	11.7 (10.2~12.9)	14.1 (12.1~15.6)	16.2 (13.8~18.0)

水文计算

持续时间	平均重现期(a)									
降水量频率估计数据	1	2	5	10	25	50	100	200	500	1 000
3 d	3.24 (2.93~3.61)	3.93 (3.56~4.38)	5.08 (4.60~5.66)	6.08 (5.47~6.74)	7.55 (6.76~8.36)	8.84 (7.88~9.77)	10.3 (9.08~11.3)	11.9 (10.4~13.1)	14.3 (12.3~15.7)	16.3 (14.0~18.0)
4 d	3.38 (3.07~3.75)	4.10 (3.73~4.54)	5.28 (4.79~5.84)	6.29 (5.68~6.94)	7.78 (6.99~8.55)	9.07 (8.11~9.96)	10.5 (9.32~11.5)	12.1 (10.6~13.2)	14.5 (12.6~15.8)	16.5 (14.2~18.1)
7 d	3.91 (3.58~4.29)	4.72 (4.31~5.18)	5.98 (5.46~6.58)	7.04 (6.42~7.73)	8.62 (7.81~9.44)	9.97 (8.99~10.9)	11.4 (10.3~12.5)	13.1 (11.6~14.3)	15.5 (13.6~16.9)	17.5 (15.2~19.1)
10 d	4.37 (4.02~4.76)	5.24 (4.83~5.71)	6.53 (6.00~7.12)	7.60 (6.98~8.30)	9.15 (8.36~9.96)	10.4 (9.51~11.3)	11.8 (10.7~12.8)	13.3 (12.0~14.5)	15.7 (13.9~17.0)	17.6 (15.6~19.2)
20 d	5.87 (5.48~6.30)	6.99 (6.53~7.50)	8.45 (7.88~9.07)	9.64 (8.98~10.3)	11.3 (10.5~12.1)	12.6 (11.7~13.5)	14.0 (12.9~15.0)	15.5 (14.2~16.5)	17.4 (15.9~18.7)	19.0 (17.2~20.4)
30 d	7.30 (6.83~7.83)	8.66 (8.09~9.28)	10.3 (9.64~11.0)	11.6 (10.9~12.4)	13.4 (12.5~14.4)	14.8 (13.8~15.9)	16.3 (15.0~17.4)	17.8 (16.3~19.0)	19.7 (18.1~21.1)	21.3 (19.4~22.8)
45 d	9.23 (8.70~9.81)	10.9 (10.3~11.6)	12.8 (12.0~13.6)	14.2 (13.4~15.1)	16.1 (15.1~17.1)	17.5 (16.4~18.6)	18.9 (17.7~20.1)	20.3 (18.9~21.5)	22.0 (20.5~23.4)	23.3 (21.6~24.8)
60 d	10.9 (10.3~11.5)	12.8 (12.2~13.5)	14.9 (14.0~15.7)	16.3 (15.4~17.3)	18.3 (17.2~19.3)	19.7 (18.5~20.8)	21.0 (19.7~22.2)	22.3 (20.9~23.5)	23.9 (22.3~25.2)	25.0 (23.2~26.4)

来源:谷歌地图;NOAA National Weather Service, Silver Spring, Maryland, NOAA Atlas 14, volume 2, version 3, Atlantic City Marina. Station ID: 28-0325,点

注:位置名称:新泽西州亚特兰大市;纬度:39.383 3°;经度:−74.433 3°;海拔(水文测量元数据),10 ft;PF 表格。

表 3.3　新泽西州纽瓦克国际机场气候记录，2014 年 2 月

NOWData—NOAA 在线气象数据

NEWARK INTL AP（286026）

每日观测数据

月份：2014 年 2 月

日期	最高温度	最低温度	平均温度	HDD	CDD	降雨	降雪	Snwg
1	44	28	36.0	29	0	0.00	0.0	T
2	55	28	41.5	23	0	0.01	0.0	T
3	42	24	33.0	32	0	0.90	7.7	1
4	35	18	26.5	38	0	0.00	0.0	7
5	34	29	31.5	33	0	1.44	4.6	10
6	31	21	26.0	39	0	0.00	0.0	9
7	22	22	27.0	38	0	0.00	0.0	8
8	29	19	24.0	41	0	0.00	0.0	8
9	29	17	23.0	42	0	0.09	1.2	7
10	29	20	24.5	40	0	0.00	0.0	9
11	26	16	21.0	44	0	0.00	0.0	9
12	25	7	16.0	49	0	0.00	0.0	8
13	35	22	28.5	36	0	1.35	9.4	10
14	40	28	34.0	31	0	0.22	2.5	18
15	37	26	31.5	33	0	0.37	2.8	15
16	30	19	24.5	40	0	0.00	0.0	16
17	33	15	24.0	41	0	0.00	0.0	16
18	40	27	33.5	31	0	0.16	1.8	16
19	43	25	34.0	31	0	0.24	0.0	15
20	49	33	41.0	24	0	0.02	0.0	13
21	45	35	40.0	25	0	0.11	0.0	to
22	52	31	41.5	23	0	0.00	0.0	9
23	54	33	43.5	21	0	T	0.0	4
24	42	27	34.5	30	0	T	0.0	1
25	35	24	29.5	35	0	T	T	T
26	34	17	25.5	39	0	0.03	0.3	T

日期	最高温度	最低温度	平均温度	HDD	CDD	降雨	降雪	Snwg
27	34	13	23.5	41	0	T	T	0
28	25	9	17.0	48	0	0.00	0.0	0
汇总	37.1	22.6	29.9	977	0	4.94	30.3	7.8

注:可从地区气候中心和美国国家气候数据中心获得官方数据以及更多地点和年份的数据。

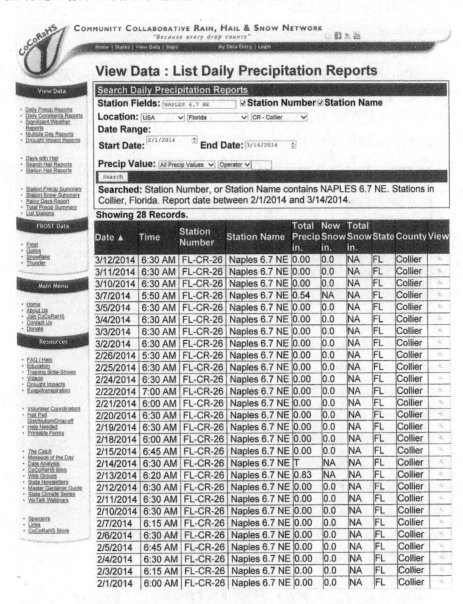

图3.2　佛罗里达州那不勒斯的每日降雨量记录,2014年2月1日至3月14日。

3.1.3 雨量图

在一场特定的暴雨中,瞬时降雨强度是相应时刻累计(累积)降雨深度的斜率。瞬时降雨强度随时间的变化被称为雨量图,它是一条连续曲线。为简化水文分析,将这条曲线分割成不连续的线段,每个线段代表一个时间增量中的平均降雨强度。图3.3显示了一个雨量图。在暴雨期间,雨量图比平均降雨强度准确,可利用雨量图计算径流过程线(径流流量随时间的变化)。那些测量每小时降雨深度或者拥有连续测量降雨量记录仪的雨量站可以编制实际的暴雨雨量图。

由于不同暴雨的雨量图各不相同,通常根据综合雨量分布编制径流过程线。SCS 24 h雨量分布图为美国最广泛采用的综合雨量图。这些雨量图是美国农业部和土壤保护局(SCS)所编制的,后者即为现在的国家资源保护局(NRCS)。SCS有四种类型的24 h单位雨量图,分别被标记为:I型、IA型、II型和III型单位雨量图。图3.4显示了这些降雨类型,图3.5显示了在美国可以采用降雨类型的地理位置。

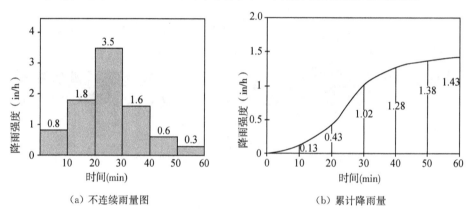

（a）不连续雨量图　　　　　　（b）累计降雨量

图 3.3　雨量图

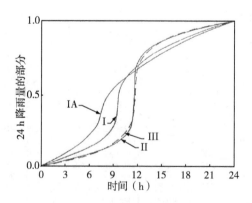

图 3.4　SCS 24 h 雨量分布图

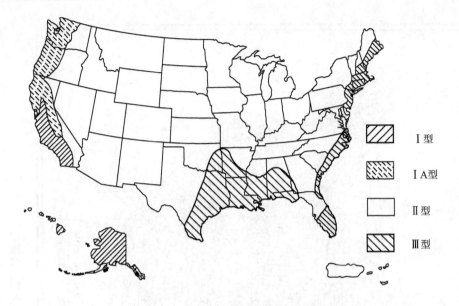

图 3.5　SCS 雨量分布地理位置示意图

I 型

I A 型

II 型

III 型

　　图 3.4 显示的 I A 型和 II 型雨量图分别是最弱暴雨和最强暴雨。通过查看此图也可以发现,对于 II 型和 III 型暴雨,将近 50% 的 24 h 降雨量发生在 24 h 暴雨期的中间 2 h 内。SCS 24 h 暴雨分布图适用于降雨总量各不相同的所有频率暴雨。这意味着 24 h 雨量图的形状与暴雨重现期无关。图 3.6 显示了美国不同地区的重现期为 10 年的暴雨的 24 h 降雨量。在 TR-55(1986)中可以查找频率分别为 2 年、25 年、50 年和 100 年的 24 h 暴雨事件的类似曲线图。在某些州,已按地区完善了 24 h 降雨量数据。例如,表 3.4 中列出了新泽西州的不同县的 24 h 降雨量数据。

3.2　初期损失

　　降落在透水地区的雨水有一部分被树冠、树叶以及植被拦截,有一部分注入洼地和小水坑中,还有一部分渗入地下。降雨开始时的这些滞留的水量被称为初期损失。如果在初期损失的容量被耗尽之前降雨结束,则没有多余的水在地面上流淌。然而,当降雨量超过初期损失时,水就会积聚在贮集表面上;在地面上流淌,注满其流动路径上的洼地;并且逐渐集中在冲沟或沼泽地中。当径流在其流动路径上流动时,它会继续渗入地下。一部分下渗水通过土壤向下渗透,成为基流量和地下水补给的一部分。图 3.7 是一次分布均匀的降雨中雨水的去向示意图。

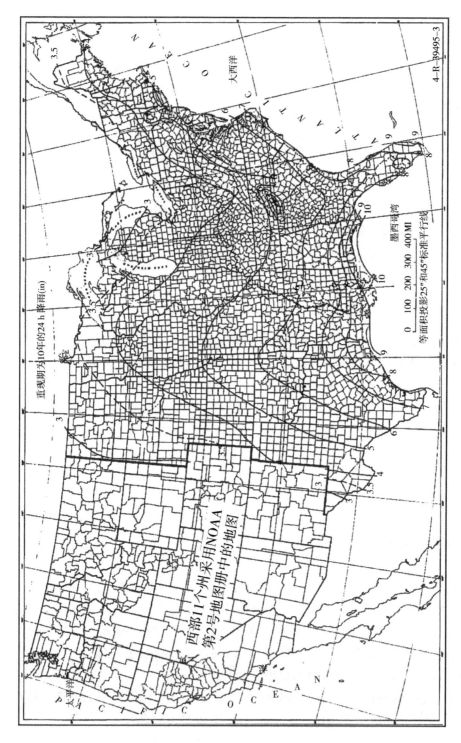

图 3.6　美国不同地区的重现期为 10 年 24 h 暴雨降雨量

表 3.4 新泽西州 24 h 降雨频率数据[a]

县	1 年	2 年	5 年	10 年	25 年	50 年	100 年
大西洋县	2.8	3.3	4.3	5.2	6.5	7.6	8.9
博根县	2.8	3.3	4.3	5.1	6.3	7.3	8.4
伯灵顿县	2.8	3.4	4.3	5.2	6.4	7.6	8.8
肯顿县	2.8	3.3	4.3	5.1	6.3	7.3	8.5
开普梅县	2.8	3.3	4.2	5.1	6.4	7.5	8.8
坎伯兰县	2.8	3.3	4.2	5.1	6.4	7.5	8.8
艾塞克斯县	2.8	3.4	4.4	5.2	6.4	7.5	8.7
格洛斯特县	2.8	3.3	4.2	5.0	6.2	7.3	8.5
哈德逊县	2.7	3.3	4.2	5.0	6.2	7.2	8.3
亨特敦县	2.9	3.4	4.3	5.0	6.1	7.0	8.0
默瑟县	2.8	3.3	4.2	5.0	6.2	7.2	8.3
密德萨克斯县	2.8	3.3	4.3	5.1	6.4	7.4	8.6
蒙茅斯县	2.9	3.4	4.4	5.2	6.5	7.7	8.9
摩里斯县	3.0	3.5	4.5	5.2	6.3	7.3	8.3
海洋县	3.0	3.4	4.5	5.4	6.7	7.9	9.2
巴赛克县	3.0	3.5	4.4	5.3	6.5	7.5	8.7
塞勒姆县	2.8	3.3	4.2	5.0	6.2	7.3	8.5
桑莫塞县	2.8	3.3	4.3	5.0	6.2	7.2	8.2
苏塞克斯县	2.7	3.2	4.0	4.7	5.7	6.6	7.6
联合县	2.8	3.4	4.4	5.2	6.4	7.5	8.7
沃伦县	2.8	3.3	4.2	4.9	5.9	6.8	7.8

来源:USDA 自然资源保护局新泽西州办事处,四舍五入到小数点后第一位。
[a] 降雨量(in)。

在短时小暴雨和中等暴雨的期间,植被造成的初期损失很显著。事实上,植被甚至可以截留住全部降雨。在短时间暴雨期间,草坪上不会出现径流,这一事实证明了上述说法。在一年中,大部分降雨都会渗入地下以及被植被拦截,被植被拦截的那部分降雨会被蒸发,因此不会成为径流的一部分。

植被持续造成雨水损失,直到植被饱

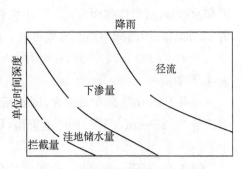

图 3.7 均匀降雨中雨水去向示意图

和。植被在饱和之后,其拦截雨水的作用就变得很小;然而,雨水的其他损失(即雨水被保留在小水坑或洼地中以及渗入地下)会继续发生。除上述的雨水损失外,蒸发作用也造成雨水损失,然而在短时间暴雨中,蒸发作用可以忽略。

3.2.1　截留

如上文所述,截留是雨水到达地面之前树冠、树叶以及植被所造成的雨水损失的一部分。这表现为植物表面被淋湿以及雨滴被保留在树叶上。发生在城市地区的截留小;但在被植被覆盖的地区以及森林地区截留很显著。开发项目(包括需要砍伐树木的住房项目和道路项目)削弱了截留作用,从而增加了径流。

人们已经提出了计算截留量的许多经验公式,其中许多都与霍顿最初于1919年提出的如下公式类似:

$$I = a + bP^n \tag{3.1}$$

式中:a,b 和 n 为常数,P 是降水深度。尽管此方程简单,但参数 a,b 和 n 都取决于土壤,并且不容易确定。这就严重限制了这个公式的实际应用。布鲁克斯等人提出了一个更加复杂的计算截留量的公式(1991):

$$I = S(1 - e^{-P/S}) + KEt \tag{3.2}$$

式中:I——截留深度,mm(in);

　　　S——每单位投影面积的植被的储水能力,mm(in);

　　　P——降雨深度,mm(in);

　　　E——蒸发速度,mm/h(in/h);

　　　t——暴雨持续时间,h;

　　　K——叶片指数面积,截留叶片的上表面积与植物(即树木)在地面上的投影面积之比。

储水能力 S 的范围通常为 1 mm(0.04 in)(光秃树木)至 7 mm(0.3 in)(常绿树和云杉)。对于作物而言,玉米、小粒谷类作物和棉花在持续时间为 1 h、降雨量为 25 mm(1 in)的降雨期间的截留量分别为 0.8 mm(0.03 in)、4.1 mm(0.15 in)和 8.4 mm(0.33 in)。因此,在短时小暴雨和中等暴雨期间,树木和植物能够拦截大部分雨水。

如果 P/S 比值为 3 或更大,则圆括号中的第二项变得越来越小。因此,对于降雨量 4～25 mm(0.16～1 in)的降雨,可以根据植被覆盖情况,取截留深度近似等于 S。

例 3.1　对于一个林区,式(3.2)中的参数估计值分别为 $S=5$ mm,$K=3$,$E=0.25$ mm/h。

计算持续时间为 30 min、降雨强度为 50 mm/h(2 in/h)的暴雨期间的截留深度。

求解

$$P = 50 \times 30/60 = 25 \text{ mm}$$

利用式(3.2),

$$I = 5(1 - e^{-25/5}) + 3 \times 0.25 \times 30/60 = 5.34 \text{ mm}(0.21 \text{ in})$$

本例证明,树木和植被拦截了大量雨水,暴雨持续时间越短,暴雨越小,拦截量与降雨量之比就越大。

3.2.2　洼地储水

洼地储水是指暴雨期间凹陷地面中保留的水。洼地像微型水库一样保留雨水,直到被雨水注满。在拦截容量被耗尽后,降落在地面的雨水开始注入地面上的洼地,并渗入地下。小洼地首先注满水,之后水溢流至较大的洼地;在较大的洼地也注满水后,水便开始在地面上泛滥。

洼地中保留的水不会成为径流的一部分;它会在暴雨之后渗入地下,或者被蒸发掉。洼地储水量取决于土壤覆盖层的类型、自然地形以及地面坡度;其储水量通常用流域以上的平均水深表示。据报道硬质铺装区域的洼地储水量的典型数值为 1～3.0 mm(0.04～0.12 in),而森林地区的洼地储水量的典型数值则可高达 7.5 mm(0.3 in)(ASCE, 1992)。然而,在总体平坦局部略有起伏,以及在有排水暗沟(即大型洼地)的地方,洼地储水量可能高得多。对于草坪,洼地储水量为 3.0～5.0 mm(0.12～0.2 in)。

可以用下式计算洼地储水量 V_s(Linsley et al., 1982):

$$V_s = S_d(1 - e^{-P_e/S_d}) \tag{3.3}$$

式中:V_s——单位面积洼地储水量,mm(in);

　　S_d——洼地储水容量,mm(in);

　　P_e——超过拦截和下渗能力的降水深度。

式(3.3)忽略了蒸发。在这个公式中,圆括号中的各项意味着,如果所有洼地都被注满,则 $P_e = 0$,洼地储水量等于其储水容量。当然,对于上述情况,必须假设在所有洼地注满水之前没有地面径流。然而,这个条件仅在下游有很大洼地时才存在。在正常情况下,采用洼地储水消减暴雨初期雨水量的假设,可以得到令人满意的结果。

实验表明,不透水地面的洼地储水取决于地面坡度,当地面坡度为 1%时,储水量为 3 mm(0.12 in)，当地面坡度为 3%时，储水量为 1.3 mm(0.05 in)。在天然贮水池中，S_d 的变化范围为 10~50 mm(0.4~2 in)。对于草坪和草皮，所述的洼地储水量大约为 5 mm(0.20 in)。

可以用下式计算降雨期间洼地储水的速度 V_s：

$$V_s = e^{-P_e/S_d}(I - f) \tag{3.4}$$

式中：I——降雨强度，mm/h(in/h)；

$\quad\quad f$——下渗强度，mm/h(in/h)。

例 3.2 新泽西州的一场重现期为 10 年、持续时间为 10 分钟的暴雨的平均降雨强度为 4.5 in/h(114 mm/h)。计算在一个有缓坡的半光滑铺路面区域中雨水转变为径流的比例。

求解 采用英制单位和国际单位制单位进行计算，估计洼地储水量为 2.5 mm(0.1 in)。

降雨深度为

$$\frac{4.5 \times 10}{60} = 0.75 \text{ in.}$$

$$\frac{114 \times 10}{60} = 19 \text{ mm}$$

成为径流的净降雨量为

$$0.75 - 0.1 = 0.65 \text{ in}$$

$$19 - 2.5 = 16.5 \text{ mm}$$

径流与降雨深度之比为

$$C = \frac{0.65}{0.75} = 0.87$$

$$C = \frac{16.5}{19} = 0.87$$

这个比值被称为径流系数，如下文所讨论。由于洼地储水量与降雨深度无关，径流系数不是常数，它随着降雨强度和持续时间的变化而变化。暴雨持续时间越短，暴雨越小，径流系数就越小。然而在实际应用中，都是采用不变的径流系数进行径流计算，而这是不切实际的。

例 3.3 一块 0.5 ac(2 025 m²)的细分地块，包含 5 000 sf(465 m²[①])的不透水

① 考虑到实用性，将地块面积以及不透水地面的面积四舍五入为采用国际单位的整数。

地面,其余部分为林地/景观。估算在一次持续时间为 10 min、降雨强度为 5.7 in/h (145 mm/h)的降雨期间转变为径流的雨水的百分数。假设雨水拦截量为 0.15 in (3.8 mm),透水区域和不透水区域的洼地储水量分别为 0.4 in(10 mm)和 0.1 in (2.5 mm)。另外,忽略水的蒸发和下渗。

求解 采用英制单位和国际单位制单位给出计算结果。

降雨深度为

$$\frac{5.7 \times 10}{60} = 0.95 \text{ in.}$$

$$\frac{145 \times 10}{60} = 24.1 \text{ mm}$$

损失和洼地储水量合计为

$$\frac{[(43\,560 \times 0.5 - 5\,000) \times (0.15 + 0.40) + 5\,000 \times 0.1]}{12} = 810.8 \text{ ft}^3$$

$$\frac{[(2\,025 - 465) \times (3.8 + 10) + 465 \times 2.5]}{1\,000} = 22.69 \text{ m}^3$$

损失深度为

$$\frac{810.8}{(43\,560 \times 0.5)} = 0.037 \text{ ft} = 0.45 \text{ in.}$$

$$\frac{22.69}{2\,025} = 0.011\,2 \text{ m} = 11.2 \text{ mm}$$

成为径流的净降雨量为

$$0.95 - 0.45 = 0.50 \text{ in}$$

$$24.1 - 11.2 = 12.9 \text{ mm}$$

径流与降雨量之比为

$$\frac{0.5}{0.95} = 53\%$$

$$\frac{12.9}{24.1} = 53\%$$

注:在求解这个问题时忽略了降雨期间的雨水下渗。如果计入雨水下渗,则径流与降雨量之比会比此处的计算值小,参见例 3.4。

3.3 下渗

下渗是水向下穿过土壤表层的过程。有许多因素影响下渗,包括自然因素和地面因素。自然因素与诸如降水、结冰、季节变化、温度、水分含量以及土壤质地有关。地面因素与土壤覆盖有关。裸露的土壤在雨滴的冲击下形成土壤表壳,而土壤表壳反过来又会减少水的下渗。生草覆盖能防止土壤形成表壳,从而提高下渗率。

下渗过程与渗透不同,渗透是水在重力作用下向下流过土壤。尽管两个过程不同,但它们密切相关,除非渗透除去了土壤表层上的下渗水,否则下渗便不能持续下去。渗透就是水通过非毛细管作用的流动过程。毛细水(即被土壤颗粒吸收的水)不会因为重力作用而向下流动。毛细吸力将渗透性土壤(例如沙子)与不渗透性土壤(如黏土)区分开来,而渗透性土壤的毛细吸力比不渗透性土壤小得多。沙子的毛细吸力小于 1 cm(0.4 in),而黏土的毛细吸力则超过 5 m(15 ft)。

下渗速度等于土壤饱和时地表面下方最靠近地表面处的渗透速度。水通过土壤的运动服从达西定律:

$$q = K \frac{\mathrm{d}h}{\mathrm{d}z} \tag{3.5}$$

式中:K——渗透系数或水力传导系数,它是土壤质地和水分含量的函数;

h——孔隙水的测压水头;

z——正坐标向下时的纵坐标值。

测压水头是孔隙水压力和深度 z 的总和,用下式计算:

$$h = \frac{p}{d} + z \tag{3.6}$$

孔隙水压力为负,表示存在张力或吸力。这种情况发生在不饱和土壤中,在不饱和土壤中,由于毛细管效应,土壤具有负孔隙压力。

由于毛细管(吸力)效应,当土壤干燥时,测压水头和渗透性都达到最大。水在一组给定条件下进入土壤的最大速度被称为下渗容量 f_p。实际下渗量 f 仅在有效降雨强度(即降雨强度减去拦截速度和洼地储水速度)不小于 f_p 时才等于 f_p。随着下渗的继续,土壤孔隙会注满水,毛细水吸力会减小,下渗会达到其仅受重力流支配的下限。在这个条件下,下渗速度等于渗透速度,渗透速度也被称为水力传导系数 K。如果土壤分层,则渗透性最低的土层会限制下渗。

可以利用若干方程或模型估算下渗量。霍顿方程、Green-Ampt 方法和 Philip 模型在工程实践中应用最为广泛。应当根据这些模型中每个模型与实际下渗过程的一致性确定其有效性。

3.3.1 Green-Ampt 模型

这个物理模型是 Green 和 Ampt 于 1911 年最早提出的,Philip 于 1954 年通过改进使该模型趋于完善。Green-Ampt 模型也被称为 δ 函数模型,它是最符合实际的下渗模型之一。这个模型被应用于美国联邦环保署(EPA)的 SWMM(雨洪管理模型)这样范围广大的连续模拟模型中。然而,如本节的下文所说明,该模型涉及隐式方程和枯燥乏味的迭代计算,如果应用不正确,模型就会出错。

设想水被拦蓄至地表面以上 H_0 的深度。当下渗开始时,地面以下土壤发生水饱和,但更下方的土壤未饱和。这就造成靠近湿土壤和干燥土壤的分界面处水分梯度很高,从而导致下渗速度快。图 3.8 显示了这种情况下的下渗过程。随着下渗的继续,被称为"湿润锋"的分界面向下移动。如果降雨持续,则湿润锋最终会到达地下水位。

利用直线近似代表地表和湿润锋之间的饱和土壤,并且忽略积水深度 H_0,达西方程[式(3.5)]变为

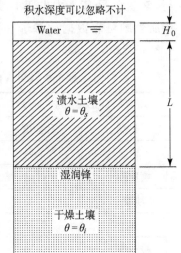

图 3.8 Green-Ampt 下渗模型示意图

$$q = f_p = \frac{K[0-(L+\Psi)]}{0-L}$$

或

$$f_p = K\left(1+\frac{\Psi}{L}\right) \tag{3.7}$$

式中:f_p——潜在下渗速度;

Ψ——湿润锋处的土壤吸力。

由于土壤吸力的方向向下,因此如果 z 的方向也向下,则土壤吸力为正。累计下渗量 F 等于至湿润锋的深度 L 与初始水分亏缺量的乘积,即

$$F = L(\alpha-\theta_i) = L\Delta\theta \tag{3.8}$$

式中:θ_i——干燥土壤中初始水分含量;

$\Delta\theta$——土壤水分亏缺量;

α——土壤孔隙度。

消去式(3.7)和式(3.8)中的 L,得到

$$f_p = K\left[1+(\Psi\Delta\theta/F)\right] \tag{3.9}$$

整理以上方程后得到

$$F = \frac{\Psi\Delta\theta}{(f_p/K-1)} \tag{3.10}$$

表 3.5 显示了美国农业部(USDA)的各类土壤质地的 Green-Ampt 参数的典型数值。以上各公式表明,初始下渗能力大于水力传导系数。然而,随着下渗的进行,Ψ 变小,下渗能力也变小,最终下渗能力接近水力传导系数。必须注意,表 3.5 中所列的可靠数据比渗透性数值大若干倍(Freeze et al. 1979; Linsley et al., 1982; Todd,1980)[①]。

表 3.5　USDA 的各类土壤质地的 Green-Ampt 下渗参数[a]

USDA 土壤		有效孔隙度	渗透性 mm/h(in/h)	湿润锋吸入水头 mm(in)
类别	孔隙度 θ			
砂土	0.44	0.42	117.8(4.64)	49.5(1.95)
壤质砂土	0.44	0.40	29.9(1.18)	61.3(2.41)
沙壤土	0.45	0.41	10.9(0.43)	110.1(4.33)
壤土	0.46	0.43	3.4(0.13)	88.9(3.50)
粉沙壤土	0.50	0.49	6.5(0.26)	166.8(6.57)
砂质黏壤土	0.40	0.33	1.5(0.06)	218.5(8.60)
黏壤土	0.46	0.31	1.0(0.04)	208.8(8.22)
粉砂黏壤土	0.47	0.43	1.0(0.04)	273.0(10.75)
砂质黏土	0.43	0.32	0.6(0.02)	239.0(9.41)
粉质黏土	0.48	0.42	0.5(0.02)	292.2(11.50)
黏土	0.48	0.39	0.3(0.01)	316.3(12.45)

来源:Rawls, W. J. et al., 1983, *Journal of Hydraulic Division*, ACSE, 109 (1): 62-70; 压缩并四舍五入至第二个小数位。

注:θ 和 $\Delta\theta$ 的实际值与此表中所列数值相差近 30%;Ψ 值与所列数值相差最高达 25 倍。

[a] 参见图 3.8。

以上计算 f 和 F 的各公式仅在水蓄集在地面上或降雨强度超过下渗能力时才有效。由于式(3.9)和式(3.10)都有两个变量,因此不能直接求解这两个公式。然而,请注意

$$f_p = \frac{\mathrm{d}F}{\mathrm{d}t} \tag{3.11}$$

合并式(3.8)和式(3.10),并且分离变量,得到

$$\left[\frac{F}{(F + \Psi\Delta\theta)}\right]\mathrm{d}F = K\mathrm{d}t \tag{3.12}$$

---

① 表 3.5 中的数值也远小于本书中表 3.6 和表 3.8 中的数值。

从 $t=0$ 积分至 $t=t$，得到以下公式：

$$Kt = F - \Delta\theta\Psi\ln\left(1 + \frac{F}{\Psi\Delta\theta}\right) \qquad (3.13)$$

可以通过一个迭代过程求解这个公式，从而计算暴雨期间降雨强度超过下渗能力的任何时间的 F 值。当 F（下渗深度）已知时，可以利用式(3.9)计算 f_p。

如果开始时降雨强度小于下渗能力，则所有雨水都会下渗，直到初始水分亏缺量消失。在这种情况下，在 $t=0$ 时不发生积水，但在 $t=t_p$ 时出现积水，此时有

$$t_p = F_p/I \qquad (3.14)$$

和

$$f = I，对于 \ t \leqslant t_p \qquad (3.15)$$

必须注意，不能利用式(3.10)计算发生积水之前的下渗深度 F_p。将 $f_p=I$ 代入以上公式时，如果 $K=I$，则获得负的下渗量，如果 $K=I$，则公式出错，以上两种情况都是不现实的。

在上例中，可以将下渗深度随时间的变化表示为

$$K(t - t_p + t_p') = F - \Psi\Delta\theta\ln\left[1 + \frac{F}{\Psi\Delta\theta}\right] \qquad (3.16)$$

如上文所述，式中 t_p 是在初始表面积水条件下发生积水的时刻，t_p' 是在上述条件下将数量为 F_p 的水下渗的等效时间。可以通过用 F_p 取代式(3.13)中的 F，计算时间 t_p'。

在这个条件下，应当通过一个迭代过程，同时采用式(3.14)和式(3.16)计算 F。为加快计算过程，通常通过以下方式采用 Green-Ampt 模型，即以递增方式增大式(3.16)中的 F 值并求出 t，然后采用式(3.9)计算 f_p。下例说明对于一个相对简单的雨量分布，计算过程是枯燥乏味的。

例 3.4 一种壤质砂土具有以下性质：

$$K = 40 \ \text{mm/h}$$
$$\theta = 0.45$$
$$\theta_i = 0.15$$
$$\Psi = 50 \ \text{mm 水头}$$

利用 Green-Ampt 方法，计算在一场持续时间为 60 min、具有如下降雨分布的降雨中，土表变为饱和的时间：

$$I = 30 \ \text{mm/h}；0 \sim 15 \ \text{min}$$

$$I = 60 \text{ mm/h}; 15 \sim 60 \text{ min}$$

求解

$$\Delta\theta = 0.45 - 0.15 = 0.3$$
$$\Psi\Delta\theta = 50 \times 0.3 = 15$$

在开始 15 min,降雨强度小于最小下渗能力(即 K),因此所有雨水都下渗:

$$F_{15} = \frac{30 \times 15}{60} = 7.5 \text{ mm}$$

在 $t=15$ 至 60 min 期间,由于降雨强度大于水力传导系数,可能发生积水。利用式(3.9)对 f_p 和 F 进行关联:

$$f_p = 40 + \frac{600}{F}$$

在以上方程中,通过令下渗能力等于降雨强度,计算地面出现积水的时间。

$$60 = 40 + \frac{600}{F_p}$$
$$F_p = 30 \text{ mm}$$

地面出现积水的时间为

$$t_p = \frac{F_p}{I} = \frac{30}{60} = 0.5 \text{ h} = 30 \text{ min}$$

因此,积水开始于

$$t_p = 30 + 15 = 45 \text{ min} = 0.75 \text{ h}$$

从降雨开始算起。

此时的累计下渗量为

$$F = 7.5 + 30 = 37.5 \text{ mm}$$

然后计算 f_p',即数量为 $F=37.5$ mm 的水从 $t=0$ 起以可能的速度下渗所需的时间,采用式(3.13):

$$40(1 - 0.75 + 0.468) = F - 15\ln\left(1 + \frac{F}{15}\right)$$

$$40 \times t_p' = 37.5 - 15\ln\left(1 + \frac{37.5}{15}\right)$$

$$t_p' = \frac{18.71}{40} = 0.468 \text{ h} = 28.1 \text{ min}.$$

将 F 当作时间的函数,利用式(3.16):

$$40(1-t_p+t_p') = F - 15\ln\left(1+\frac{F}{15}\right)$$

将先前计算的 t_p 和 t_p' 的数值输入这个方程,简化后得到:

$$F - 15\ln\left(1+\frac{F}{15}\right) = 28.72$$

利用迭代法求解:

$$F = 51 \text{ mm}$$

由于 $t=1$ h 的降雨量为

$$7.5 + \frac{60 \times 45}{60} = 52.5 \text{ mm}$$

暴雨结束($f=1$ h)时的积水深度为

$$52.5 - 51 = 1.5 \text{ mm}$$

3.3.2 霍顿方程

在 1939 年与 1940 年间,霍顿提出了计算特定时间的下渗能力的经验公式:

$$f_t = f_c + (f_o - f_c)\mathrm{e}^{-at} \tag{3.17}$$

式中:f_t——时间为 t 时的下渗能力;

f_o, f_c——初始下渗速度和最终(或平衡)下渗速度;

e——自然常数底数;

α——衰减常数,它取决于土壤;

t——从降雨开始的时间。

对式(3.17)积分,得到累计下渗深度:

$$F_t = f_c t + \left[\frac{(f_o - f_c)(1-\mathrm{e}^{-at})}{\alpha}\right] \tag{3.18}$$

利用式(3.17)和式(3.8)消去 t

$$F_t = \frac{f_c\ln(f_o - f_c)}{\alpha} - \frac{f_c\ln(f - f_c)}{K} + \frac{(f_o - f)}{\alpha} \tag{3.19}$$

为了求解以上方程,参数 f_o,f_c 和 α 需要已知。可以利用一长段时间内的实测下渗速度的图表确定这些参数。可以对图表的末端进行外推,以计算 f_c。可以从

曲线中查得 f 和 t 的两组数据,并将其输入式(3.19)中,以求出 f_0 和 α。尽管这个计算方法显然很简单,但计算程序枯燥乏味,并且计算结果并非完全确定。

同样,对于 Green-Ampt 方法,仅在净降雨强度超过下渗能力时,式(3.18)和式(3.19)才有效。尤其是:

$$f = f_p \quad I \geqslant f_p \tag{3.20}$$

如果降雨强度小于下渗能力($I < f_p$),则下渗以 $f = I$ 的速度发生。

经验证明,特定土壤的下渗能力因初始水分含量、土壤有机物、植被以及季节的不同而变化(Linsley et al.,1982)。这些影响导致土壤渗透性变化范围大。因此,技术文献中的 f_0,f_c 和 α 的报告值通常并不相同,不同研究人员的报告值相差极大。另外,某些数值似乎与现场观察结果不符。Butler 和 Davies 所得出的黏土的 f_0 和 f_c 数值(分别为 75 mm/h 和 3 mm/h)就是上述说明的实例(Chin,2006),这两个数值都被夸大了。相同研究人员也得出,中质土壤的 $f_c = 12$ mm/h 时,粗质土壤的 $f_c = 25$ mm/h。尽管前面的结果总的来说夸大了黏土的渗透性,后面的数字则低估了中质土壤和粗质土壤的渗透性。另外,Rawls 等人得出的 α 值[被包括 Chin(2006)在内的若干文献所引用]包括壤质砂土的一个 $\alpha = 0.64$ min^{-1} 的数值。这意味着在降雨之后的 1 min 内土壤就损失了其初始下渗容量的 25%,并在不到 10 min 内就到达了其极限,这两种情况都是不现实的。由于这些不一致,本文没有提供可靠的 f_0 和 α 的数值。对于表 3.6 中列出的各种 USDA 土壤质地,只提供了主要取决于土壤性质的典型 f_c 值。

如上所述,霍顿方程中的不确定性在于报告的 α 值夸大了下渗量随着时间的衰减。为消除这个缺陷,Viessman 等人(1989)提出将 f 当作累计下渗量的函数,而不是时间的函数。EPA 的 SWMM 中已经采用了这种形式的霍顿方程。图 3.9 显示了下渗量随时间的典型变化。

例 3.5 假设 $f_0 = 55$ mm/h,$f_c = 25$ mm/h,$\alpha = 1.2$ h^{-1},计算一场持续时间为 3 h、降雨强度大于下渗量的暴雨 1 h 末、2 h 末和 3 h 末的下渗速度。还要计算降雨期结束时的累计下渗量。

求解

$$f_p = f_c + (f_o - f_c)\, e^{-\alpha t}$$
$$f_c = 25 + 30 e^{-1.2t}$$

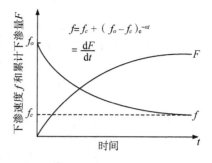

图 3.9 下渗曲线

每一小时的时间间隔结束时的 f_p 为

$$f_1 = 34.04 \text{ mm};\ f_2 = 27.72 \text{ mm};\ f_3 = 25.82 \text{ mm}$$

$$F(t) = f_c t + \left(\frac{f_o - f_c}{\alpha} \right)(1 - e^{-\alpha t})$$

$$= 25 \times 3 + \left(\frac{30}{1.2} \right)(1 - e^{-3.6}) = 99.3 \text{ mm}$$

注:在初始湿地表面条件下,下渗速度几乎等于水力传导系数 f_c,累计下渗量 $= 3 \times 25 = 75$ mm。

例 3.6 雨水以 1.5 in/h 的降雨强度降落在沙壤土的草坪上,降雨时间为 1 h。计算降雨期间的径流量。保守估计 $f = K$,利用表 3.6 中的数据。

表 3.6 USDA 的各种土壤质地的 $f_c = K$ 的典型值

土壤类型	f_c	
	mm/h	in/h
砂土	>500	>20.0
壤质砂土	250	10.0
沙壤土	100	4.0
壤土	40	1.6
砂质黏壤土	30	1.2
粉沙壤土	10	0.4
黏壤土	7.5	0.3
砂质黏土	5.0	0.2
粉砂土	2.5	0.1
粉砂黏壤土	2.0	0.08
粉质黏土	1.0	0.04
黏土	<0.5	<0.02

注:f_c 的数值是利用土壤渗透性/质地三角形推导出的。对于沙壤土至砂质黏土范围内的土壤,如果表面覆盖有草皮,f_c 的数值可能比此表中显示数值大两倍至三倍。

求解 从表 3.6 中查得 $K = 0.4$ in/h。

由于土壤被草坪覆盖,估计 $K = 1.0$ in/h(为裸露土壤的 2.5 倍以上)。

估计拦截量和洼地储水量分别为 0.1 in 和 0.25 in。

径流深度 = 净降雨量 = $1.5 - 1.0 - (0.1 + 0.25) = 0.15$ in

3.3.3 Philip 下渗模型

Philip 于 1958 年提出了以下模型:

$$f = \frac{1}{2}st^{-1/2} + K \tag{3.21}$$

式中：f——瞬时下渗速度；

s——一个与湿润区演化有关的经验参数；

K——地表水力传导系数；

t——时间。

在这个公式中，$t=0$ 时，$f=\infty$；然而 f 随着时间逐渐减小，直到 $t=\infty$ 时 $f=K$。对这个公式积分，得到

$$F = st^{1/2} + Kt \tag{3.22}$$

其中，F 是下渗的累计深度。这个公式中的参数"s"类似于霍顿方程中的指数 α，它取决于土壤性质和地面覆盖情况，变化范围很大。

例 3.7 一个 1 000 m^2 的住宅区包含 350 sf 的不透水地面，其余部分为草所覆盖。假设：

· 草坪拦水量=2 mm；

· 草地的洼地储水量=7 mm，铺路面的洼地储水量=1.5 mm；

· 初始下渗速度和平衡下渗速度分别为 75 mm/h 和 25 mm/h，霍顿衰减常数 $\alpha=1.0^{-1}$ h^{-1}。

利用霍顿方程计算在持续时间为 30 min、降雨强度为 100 mm/h 的一场降雨中转变为径流的那部分降雨量。另外，计算径流量与降雨量之比。

求解 用下式计算该地点的初始损失和洼地储水面积之和：

$$草坪面积 = 1\ 000 - 350 = 650\ m^2$$

初始损失和洼地储水的总深度为

$$[650 \times (2+7) + 350 \times 1.5]/1\ 000 = 6.4\ mm$$

下渗速度（即霍顿方程）为

$$f = 25 + (75-25)e^{-1} = 25 + 50e^{-1}$$

下渗量为

$$F(t) = f_c t + \left(\frac{f_o - f_c}{\alpha}\right)(1 - e^{-\alpha_1})$$

当 $t=30$ min=0.5 h 时，

$$F = 25 \times 0.5 + 50(1 - e^{-0.5}) = 12.5 + 50(1 - 0.607) = 32.2\ mm$$

整个住宅区的平均下渗量为

$$\frac{(650 \times 32.2 + 350 \times 0.0)}{1\ 000} = 20.9 \text{ mm}$$

总损失＝6.4+20.9＝37.3 mm

降雨深度＝100×30/60＝50 mm

径流深度＝降雨深度－总损失＝50−37.3＝12.7 mm

$$\frac{径流量}{降雨量} = \frac{12.7}{50} = 0.25$$

通过计算看出,降雨中的很大部分通过初始损失和下渗被消耗。渗透性较高的土壤的损失要高得多。

3.3.4 下渗指数

在实际应用中,通常采用下渗指数简化计算。在采用下渗指数时,通常假设在暴雨期间下渗速率是一个常数。因此,下渗指数低估了初始下渗速度,夸大了最终下渗速度。

对于发生在可以假设下渗速度基本不变的湿润土壤上的大暴雨,下渗指数的应用效果最好。

最常用的指数被称为 φ 指数。利用这个指数,估算暴雨期间雨水损失的总量,并且对其进行均匀分布(图 3.10)。因此指数线(index line)以上的降水深度代表地表径流。这个指数的一个变形是 W 指数,在采用 W 指数时,初始损失被从暴雨早期中扣除。

计算一个特定暴雨的 φ 指数的方法为,从总降水量中减去从暴雨过程线中查得的径流量,再将这个差值除以暴雨持续时间。然而必须注意,通过计算得到的一次单独暴雨的 φ 指数可能不适用于其他暴雨。

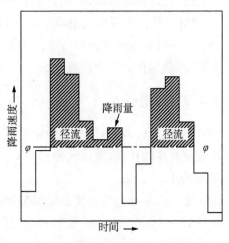

图 3.10 下渗指数 φ

3.4 下渗和渗透性的测量

可以通过在现场进行渗透试验,直接测量下渗和渗透性。也可以将土壤样品送至实验室测量渗透性。还可以通过土壤级配间接估计渗透性。本节将讨论这些方法。

3.4.1　渗水计

可以利用一台包括一根直径为 8～12 in(20～30 cm)金属管的环式渗水计测量水在土壤中的下渗速度。将这根金属管插入土壤中 18～24 in(45～60 cm)，使其伸出地面之上的部分的长度为 4 in(10 cm)左右。将水倒进管中，测量水位下降速度，并将其作为下渗速度的指标。随着水进入土壤，空气从金属管周围逸出；因此实测的水位下降速度夸大了下渗速度。为最大限度减小这种影响，使用双环渗水计，两个环中都注满水。在该装置中，进入内环的水会在横向扩散最小的情况下向下移动。考虑渗透性的空间变化，应当在整个相关面积上进行几次测量，以计算下渗速度的平均值。

图 3.11 显示了俄亥俄州哥伦布市的 Rickly Hydrological 公司制造的一种双环渗水计。这种仪器由两个同心环以及一个带内环手柄和外环手柄的驱动板组成。外环和内环的直径分别为 24 in

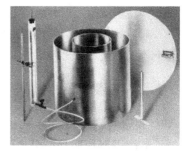

图 3.11　Rickly 双环渗水计

和 12 in。将两个环插入土壤中，并向其中注入部分水，利用一个马利奥特管测量为了在一段特定时间内保持水位而倒入内管中的水的体积。利用制造商提供的数据表，将数据换算为下渗速度。

3.4.2　渗透计

渗透计是一种测量水力传导系数的实验室装置。在该装置中，让水流过一小块土壤材料的样品，测量流量和水头。有两种类型的渗透计：定水头渗透计和降水头渗透计。

定水头渗透计可以测量低水头条件下的固结土壤和未固结土壤的水力传导系数［图 3.12(a)］。水向上流过样品，通过测量水的流量，可以利用如下达西定律的公式计算出水力传导系数：

$$K = \frac{Q/\pi R^2}{H/L} \tag{3.23}$$

式中：Q——流量（实测体积除以时间）；

　　　L——样品高度；

　　　H——定水头；

　　　R——渗透计中样品的半径。

在进行测量之前应当将土壤完全饱和。在实际应用中，必须进行几次测量，以获得可靠结果。

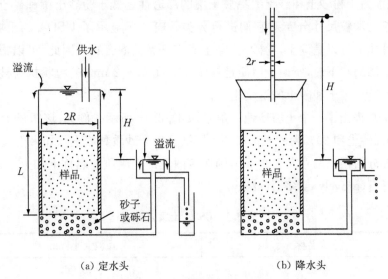

（a）定水头　　　　　　　　（b）降水头

图 3.12　测量 K 的渗透计

在降水头渗透计[图 3.12(b)]中,向一根细长管中注入水,测量这根细长管中的水位的下降速度。可以采用以下方法算出水力传导系数,即利用以下方程计算实测流量:

$$Q = \pi r^2 \frac{\mathrm{d}H}{\mathrm{d}t} \qquad (3.24)$$

以及利用达西定律计算流过样品的流量:

$$Q = \pi R^2 K \frac{H}{L} \qquad (3.25)$$

令上述各个公式相等,并且对其进行积分,可以获得计算 K 值的如下公式:

$$K = \left(\frac{r}{R}\right)^2 \left(\frac{L}{t}\right) \ln\left(\frac{H_1}{H_2}\right) \qquad (3.26)$$

式中:t——管中水位从 H_1 下降到 H_2 的时间间隔;

　　　r——细长管的半径;

　　　$\ln$——自然对数;

　　　R,L——如上文所定义。

渗透性的实验室指标比现场渗透试验的结果准确;然而,它有一个缺陷,即会干扰土壤结构和土壤层理。

3.4.3　土壤级配分析

渗透速度主要取决于土壤颗粒大小。土壤孔隙度对渗透速度影响很小。事实上,孔隙度高于粉砂土和砂土的黏质土壤的渗透性远低于粉砂土壤和砂土。通常根据土壤的颗粒尺寸分布对它们进行分类。表 3.7 显示了 USDA 的土壤分类。土壤在性质上可以是壤土、粉砂土、黏土或前三者的混合物。因此,可以根据土壤质地控制渗漏和下渗,所谓土壤质地被定义为在大于 2 mm 的粒状材料被清除后黏土、粉砂土、壤土和砂土的重量比例。

USDA 提出了一个土壤质地三角形,如图 3.13 所示。例如,该图显示由 30% 黏土、50%砂土和 20%粉砂土组成的土壤被分类为砂质黏壤土。如果土壤中 15% 的组成部分的颗粒尺寸大于 2 mm,则在该图上的土壤质地名称上加上一个前缀,例如多砾石(gravely)或多石(stony)。

表 3.7　USDA 土壤分类

土壤名称	颗粒大小(mm)
黏土	<0.002
粉砂土	0.002~0.05
砂土	0.05~2.0
砾石	>2.0

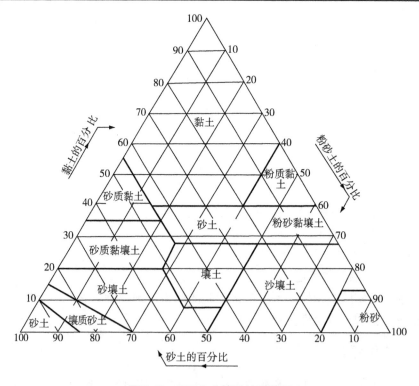

图 3.13　USDA 土壤质地三角形

在实验室中对土壤样品进行级配分析,是估计渗透性的间接方法。利用这种方法测量砂土、粉砂土和黏土的百分比。根据这个分析结果,利用 USDA 的土壤质地三角形确定土壤质地。然后利用图 3.14 中的土壤渗透性/质地三角形估算土壤渗透性,将土壤分为六个渗透性等级,分别记为 K_0 至 K_5。

K_0 的渗透性最低,K_5 的渗透性最高。表 3.8 列出了这些土壤类别的渗透性等级,K_0 土壤的渗透性小于 5 mm/h(0.2 in/h),而 K_5 土壤的渗透性则远高于 500 mm/h (20 in/h)。

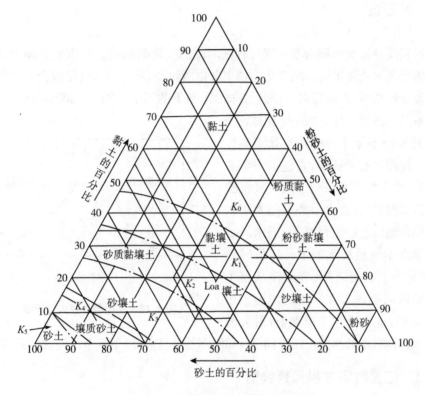

图 3.14　土壤渗透性/质地三角形

表 3.8　USDA 土壤质地三角形的渗透性

渗透性类别	渗透性	
	in/h	(mm/h)
K_5	＞20	(500)
K_4	6～20	(150～500)
K_3	2～6	(50～150)
K_2	0.6～2	(15～50)

续表

渗透性类别	渗透性	
	in/h	(mm/h)
K_1	0.2~0.6	(5~15)
K_0	<0.2	(5)

3.5 过程线

过程线是指显示流量或水流过程随时间的变化的曲线。在雨洪管理中,过程线代表径流量或流量的时间变化。如上节中所讨论,只有一部分降雨会成为径流;即未被植物拦截、未被保留在洼地或未渗入地下的那部分降雨。降雨和径流之间的关系是雨洪管理计算的一个组成部分。

图3.15显示了一个单次暴雨的过程线。过程线的特征是,它包括一个涨水段、一个尖峰以及一个退水段(也被称为退水曲线)。涨水段表示随着雨水被积存在地面上径流量增加;退水段表示在暴雨结束后积水消退。峰值时刻(也被称为汇流时间)代表径流从整个集水流域流至排水点所需的时间。根据图3.15,过程线有三个参数:最大流

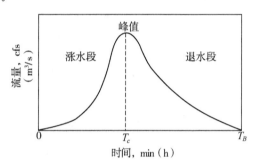

图3.15 典型暴雨径流过程线

量、峰值时刻(也被称为汇流时间 T_c)和时间基准 T_B。以下各节讨论这些参数。

3.5.1 汇流时间方程和列线图

汇流时间是指在稳定降雨条件下来自集水区的径流达到平衡的时间。它也表示径流到达一个流域的排水点所需的最长行程时间。行程时间是一个主要用于表征集水区对降雨量做出的响应的参数。这个参数是长度 L,平均流域坡度 S 以及流域表面条件的函数。汇流时间是在与流域出口相连的流动路线上,水在地面上的流动时间与在排水渠道中的行程时间之和。

人们已经提出若干计算汇流时间的经验方程和列线图,其中最常用的经验方程和列线图如下。

3.5.1.1 Kirpich 方程

Kirpich 于 1940 年提出了采用英制单位的以下方程(Chow et al.，1988)：

$$T_c = \frac{0.007\ 8L^{0.77}}{S^{0.385}}$$ (3.27)

当采用国际单位时，该方程变为

$$T_c = \frac{0.21L^{0.77}}{S^{0.385}}$$ (3.28)

式中：T_c——汇流时间，min；

L——流动长度，ft(m)；

S——流动路径的平均坡度，ft/ft(m/m)。

Kirpich 方程最初是利用土壤保护局(即现在的 NRCS)的有关田纳西州农村地区的七个滞洪池的数据建立的，这七个滞洪池都有作用明确的沟渠，它们的坡度为 3%至 10%。图 3.16 显示了 Kirpich 方程的一个图形解，该图形解在实践中被广泛采用。对于草坪上的地面径流，应将利用该图获得的 T_c 乘以 2。作者发现，利用 Kirpich 的列线图(图 3.16)获得的汇流时间短得不合理，因此建议不采用上述汇流时间。参见例 3.8。

3.5.1.2 Izzard 方程

Izzard 于 1946 年根据工务局的有关公路和草皮表面的实验室试验结果建立了采用英制单位的以下方程：

$$T_c = \frac{41.025(0.000\ 7I + C_r)L^{1/3}}{S^{1/3} \cdot I^{2/3}}$$ (3.29)

当采用国际单位时，该方程变为

$$T_c = \frac{527(2.8 \times 10^{-5} \times I \times C_r)L^{1/3}}{S^{1/3} \times I^{2/3}}$$ (3.30)

式中：T_c——汇流时间，min；

I——降雨强度，in/h(mm/h)；

L——流动路径的长度，ft(m)；

S——流动坡度，ft/ft(m/m)；

C_r——阻滞系数，其数值范围为 0.007(非常光滑的铺路面)至 0.06(茂密草皮)(见表 3.9)。

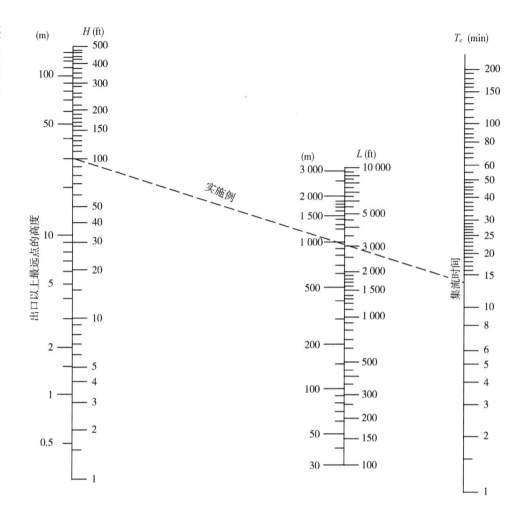

图 3.16　Kirpich 汇流时间列线图

注：对于裸露土壤地面以及路旁浅草洼地，采用具有作用明确的沟渠的天然集水区的列线图。对于草坪上的地面径流，将 T_c 乘以 2。对于铺路面上的地面径流，将 T_c 乘以 0.4。对于混凝土沟渠，将 T_c 乘以 0.2。

表 3.9　Izzard 方程中的 C_r 的数值

表面	C_r
非常光滑的沥青路面	0.007
柏油和砂子铺路面	0.008
混凝土路面	0.012
仔细修剪过的草地	0.016
柏油和砾石铺路面	0.017
茂密青草	0.060

3.5.1.3 Kirby 方程

Kirby 于 1959 年提出采用英制单位的以下方程：

$$T_c = 0.83 \left(\frac{Lr}{S^{1/2}} \right)^{0.467} \tag{3.31}$$

当采用国际单位时，这个方程变为

$$T_c = 1.45 \left(\frac{Lr}{S^{1/2}} \right)^{0.467} \tag{3.32}$$

式中：T_c——汇流时间，min；

L——流动长度，ft(m)；

r——阻滞粗糙度系数，其数值为 0.02～0.06（见表 3.10）；

S——集水区坡度，ft/ft(m/m)。

表 3.10   Kirby 方程中的阻滞粗糙度系数 r

表面	r
光滑铺路面	0.02
沥青/混凝土路面	0.05～0.15
光滑、裸露、夯实土，无石头	0.10
浅色草皮	0.20
粗糙度中等的地面上的劣质草地	0.20
一般草地	0.40
茂密草皮	0.17～0.80
茂密草地	0.17～0.30
百慕大草地	0.30～0.48
落叶林地	0.60
针叶材林地，茂密草地	0.60

来源：Westphal, J. A., 2001, in L. W. Mays, ed. *Storm water collection system design handbook*, McGraw-Hill, New York.

3.5.1.4   花园州公园大道列线图

1957 年，新泽西州高速公路管理局——花园州公园大道采用了如图 3.17 所示的汇流时间列线图。在该图中，T_c 被显示为流动长度、地表覆盖以及土地坡度的

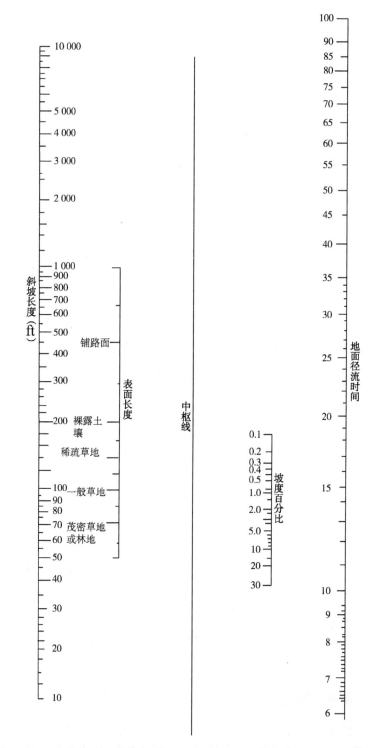

图 3.17　新泽西州高速公路管理局——花园州公园大道(1957)汇流时间列线图

函数。地表覆盖包括林地和铺路面以及介于以上两者之间的其他任何类型的地表覆盖。根据作者的经验,利用该图能够得到比利用 Kirpich 方程更加符合实际的结果。通过下例说明这个问题。

应当注意,图 3.16 中所示的数据以及利用 Kirpich 方程、Izzard 方程和 Kirby 方程计算获得的结果是与地面径流长度成比例的汇流时间。因此,与普遍做法相反,不应将流动范围划分为若干较小的流动范围,因为这会夸大汇流时间。

例 3.8 一个 5 ac(2.0 hm²)的流域被 15% 的铺路面和 85% 的茂密草地覆盖。流域主流动路径长 1 100 ft(335 m),其平均坡度为 3%。假设流动路径完全被植被覆盖,利用 Kirpich 方程、Izzard 方程和 Kirby 方程以及新泽西州花园州公园大道列线图计算汇流时间(图 3.17)。采用 4 in/h(100 mm/h)的降雨强度。

求解 a. Kirpich 方程

$$T_c = \frac{0.007\,8 \times 1\,100^{0.77}}{0.03^{0.385}} = 6.6 \text{ min}$$

将生草覆盖区域的 T_c 计算值乘以 2:

$$T_c = 2 \times 6.6 = 13.2 \text{ min}$$

b. Izzard 方程

对于茂密草地,$C_r = 0.06$(见表 3.9)

在式(3.29)中输入 $I = 4.0$ in/h 和 $C_r = 0.06$。

$$T_c = \frac{41.025(0.000\,7 \times 4 + 0.06) \times 1\,100^{1/3}}{(0.03^{1/3} \times 4^{2/3})} = 34 \text{ min}$$

c. Kirby 方程

从表 3.10 中查得,$r = 0.3$(茂密草地的最大值)。

$$T_c = 0.83 \left(\frac{1\,100 \times 0.3}{0.03^{1/3}} \right)^{0.467}$$

$$= 28.2 \text{ min},即 28 \text{ min}$$

d. 图 3.17

在长度比例尺上画一条直线,经过 1 100 ft 的距离连接至"地表类型"上的茂密草地,并且延伸至中枢线。然后,从交叉点起画另一条直线至 $S = 3\%$,并将其延伸至汇流时间线,读出 $T_c = 34$ min。

注意,利用 Izzard 方程和 Kirby 方程获得的汇流时间相当吻合,比利用 Kirpich 方程获得的汇流时间长近 2.5 倍(图 3.16)。

3.5.2 计算汇流时间的其他方法

3.5.2.1 SCS方法

美国土壤保护局于1975年提出了一种计算径流过程线的方法。土壤保护局的第55(1986)号技术公告中介绍了这种方法,该方法中包括如下所述的计算汇流时间的程序。流动路径被划分为三段:片流、浅槽流和渠道流。用以下公式计算片流的汇流时间

$$T_t = \frac{0.007(nL)^{0.8}}{(P^{0.5} \times S^{0.4})} \tag{3.33}$$

当采用国际单位时,该方程变为

$$T_t = \frac{0.091(nL)^{0.8}}{(P^{0.5} \times S^{0.4})} \tag{3.34}$$

式中:n——曼宁粗糙度系数,其数值范围从0.011(光滑铺路面)到0.4(林区)(见表3.11);

$\quad$ L——坡面流流长,ft(m),透水表面的坡面流流长150 ft(±50 m),路面的坡面流流长为100 ft(30 m);

$\quad$ P——2年一遇24小时降水,in(mm);

$\quad$ S——土地坡度,ft/ft(m/m);

$\quad$ T_t——坡面流流动时间,h。

浅槽流介于坡面流和渠道流(如果有)之间。从图3.18中查得这一段的平均流速,用以下公式计算浅槽流的集流时间

$$T_s = \frac{L}{60V} \tag{3.35}$$

式中:T_s——汇流时间,min;

$\quad$ L——这个流段的长度,ft(m);

$\quad$ V——浅槽流速度,ft/s(m/s)。

渠道流出现于流量汇集至洼地或管道中。利用曼宁公式计算这一段的流速,如第2章中所介绍,曼宁公式为

$$V = \frac{R^{2/3} S^{1/2}}{n} \qquad \text{SI} \tag{3.36}$$

和

$$V = \frac{1.49 R^{2/3} S^{1/2}}{n} \qquad \text{CU} \tag{3.37}$$

表 3.11　计算坡面流的曼宁粗糙度系数 n 的数值

表面描述	n
光滑沥青路面	0.011
休耕地(无残茬)	0.050
耕作土壤	0.06～0.17
草地	
短草地	0.150
茂密草地	0.240
百慕大草地(狗牙根草地)	0.400
牧场(天然)	0.130
林地	0.400

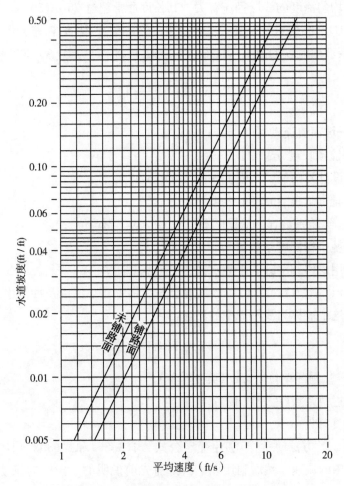

图 3.18　浅槽流速度(SCS, TR-55 方法)

式中：V——流速，ft/s(m/s)；

    R——水力半径，ft(m)；

    S——水力坡度（与均匀流中的沟渠坡度相同）；

    n——曼宁粗糙度系数，其数值从 0.025 至 0.04（砾石和岩石沟渠）到 0.10 以上（浅草洼地）（详见第 4 章）。

可以利用式(3.35)计算渠道流的汇流时间(min)，其中 L 是渠道流段的长度。

3.5.2.2　FHWA方法

美国联邦公路管理局和运输部在第 22(2013)号水利工程通告和第 4(2001)号水力设计系列中提出了一种计算汇流时间分量的方法。与采用 SCS 方法时类似，在采用这种方法时，将流动路径分为三段。汇流时间的坡面流分量与在整个倾斜地表上具有均匀深度的浅层径流有关。其长度通常超过 25 m(80 ft)，但很少超过 130 m(400 ft)。利用对曼宁公式求导获得的运动波模型，估算完全形成湍流平衡的时间（代表坡面流段的极限），获得以下公式[HDS-2(FHWA，2002)]：

$$T_t = \left(\frac{K_n}{I^{0.4}}\right)\left(\frac{nL}{S^{1/2}}\right)^{0.6} \tag{3.38}$$

式中：T_t——坡面流流动时间，min；

    L——流动长度，m(ft)；

    I——设计暴雨的降雨强度，mm/h(in/h)；

    S——地面坡度，m/m(ft/ft)；

    K_n——经验系数，6.92（国际单位），0.933（英制单位）；

    n——曼宁粗糙度系数。

可以利用式(3.38)计算小集水区的总汇流时间。

在 100 m(300 ft)的距离后，坡面流会先后集中在小溪以及冲沟中。可利用以下方程估算这个被称为浅槽流中的流速：

$$V_s = K_u k S^{0.5} \tag{3.39}$$

式中：K_u——1（国际单位）；3.28（英制单位）；

    k——拦截系数（见表 3.12）；

    S＝坡度，％。

像采用 SCS 方法时一样，利用曼宁公式[式(3.36)和式(3.37)]计算渠道/管道流动范围内的流速。然后利用以下公式将先前说明的三段中的流动时间相加，计算总集流时间：

$$T_c = T_t + \left(\frac{L_s}{60V_s}\right) + \left(\frac{L_c}{60V_c}\right) \qquad (3.40)$$

表 3.12   浅槽流速度[a]中的拦截系数 k

土地覆盖/流动状态	k
有大量枯枝落叶层的森林,干草草地(地面径流)	0.076
残茬休耕地或最少耕作栽培地、等高栽种或条植地、林地(地面径流)	0.152
短草牧场(地面径流)	0.213
直行耕作地(地面径流)	0.274
几乎裸露和未耕种的土地(地面径流)、西部山区的冲积扇	0.305
长草的排水沟(浅槽流)	0.457
未铺路面区域(浅槽流)	0.491
铺路面区域(浅槽流、山地小冲沟)	0.619

来源:FHWA Hydraulic Design Series no. 2, 2nd ed., 2002, publication no. FHWA-NHI02-001, Chapter 6;HEC-22, 3rd ed., 2009 (revised August 2013), publication no. FHWA-NHI-10-009, Chapter 3.

a 式(3.39)。

式(3.40)中 L_s 和 L_c 分别是浅槽流的长度和渠道/管道流动段的长度,其他参数的定义见上文。

应当注意,本方法中坡面流的汇流时间方程尽管似乎类似于 SCS 方法,但它与 SCS 方法不同。在 SCS 方法中,利用重现期为 2 年的暴雨的降雨深度计算所有暴雨频率下的坡面流流动时间。然而在利用 FHWA 方法时(像利用 Izzard 方程时一样),利用设计暴雨的暴雨强度计算 T_t,坡面流流动时间随着暴雨频率的不同而变化。

由于降雨强度 I 取决于 T_c,而 T_c 在开始时是未知的,因此需要通过一个迭代过程计算 T_t。具体来说,假设 T_c 的一个初始估计值,然后从当地的降雨强度-持续时间-频率(IDF)曲线查得 I 值。之后利用式(3.38)至式(3.40)将坡面流、浅槽流和渠道流的汇流时间分量相加;对照 T_c 的初始值对其进行检查。如果两个数值不一致,则重复上述过程,直到 T_c 的两个连续估计值变为相等为止。下例介绍了计算过程。

就像上一节介绍的其他方法一样,在 TR-55 方法和 FHWA 方法中,坡面流汇流时间不是流动长度的线性函数。因此,像通常的做法那样将坡面流范围分为若干小范围,将会过高估计坡面流的行程时间。本章下文中将举例说明在采用 TR-55 方法时出现的这个问题。

例 3.9   一个 4 hm² 集水区的流动路径特征如下:

流动段	长度(m)	坡度	流动段上的覆盖
坡面流	50	0.7%	短草地
浅槽流	85	1.2%	短草地
管道流	180	1.0%	450 mm(18 in)混凝土管

采用以下方法计算集流时间：

a. TR-55 方法

b. FHWA 方法(HEC-22)

当地重现期为 2 年、持续时间为 24 h 的暴雨的降雨量为 84 mm(3.3 in)时,设计暴雨的降雨强度-持续时间的关系如下表所示：

T_c(min)	20	30	45	60	80
I(mm/h)	110	82	63	50	42

求解

a. TR-55 方法

• 坡面流,利用式(3.34)并取 $n=0.24$ 进行计算(见表 3.11)：

$$T_t = \frac{0.091(0.24 \times 50)^{0.8}}{(84^{0.5} \times 0.007^{0.4})} = 0.527 \text{ h} = 31.7 \text{ min}$$

• 浅槽流

对于 $S=1.2\%$,从图 3.18 上读出未铺路面上的流速：

$$V = 1.8 \text{ ft/s(m/s)}$$
$$T_s = 85/(60 \times 0.559) = 2.6 \text{ min}$$

• 管道流

假设管道中的水流为满流。

$$V = \frac{R^{2/3}S^{1/2}}{n}$$

$$R = \frac{D}{4} = \frac{450}{4} = 112.5 \text{ mm} = 0.113 \text{ m}$$

$n = 0.012$;见第 2 章中的表 2.5

$$V = \frac{0.113^{2/3} \times (0.01)^{1/2}}{0.012} = 1.95 \text{ m/s}$$

$$T_{ch} = \frac{180}{60 \times 1.95} = 1.5 \text{ min}$$

- 汇流时间

$$T_c = 31.7 + 2.6 + 1.5 = 35.8 \text{ min}, 四舍五入为 36 \text{ min}$$

b. FFWA 方法

假设 $T_c = 30$ min(试验值),可根据需要提高准确度。

- 坡面流行程时间

从 IDF 表中查得 $I = 82$ mm/h

$$T_t = \left[\frac{6.92}{(82)^{0.4}}\right]\left[\frac{0.24 \times 50}{(0.007)^{0.5}}\right]^{0.6} = 23.4 \text{ min}$$

- 浅槽流

$$V = kS^{0.5}$$
$$k = 0.213, 短草牧场地面径流(见表 3.12)$$
$$S = 1 (1\%)$$
$$V = 0.213 \times (1)^{0.5} = 0.213 \text{ m/s}$$
$$T_s = 85/(60 \times 0.213) = 6.7 \text{ min}$$

- 管道流行程时间

与 TR-55 方法中相同

$$T_c = 1.5 \text{ min}$$

- 汇流时间

$$T_c = 23.4 + 6.7 + 1.5 = 31.6 \text{ min}, 四舍五入为 32 \text{ min}$$

T_c 的计算值与假设值相差不大,因此不需要进行更多尝试。

注:利用两种方法获得的结果并无显著不同;然而对于浅槽流,利用 FHWA 方法获得的结果比利用 SCS TR-55 方法获得的结果更合理。

例 3.10 利用 TR-55 方法计算一个具如下特点的 10 ac 流域的汇流时间:

林地中的 150 ft 的坡面流,其坡度为 2%;

草地中的 375 ft 的浅槽流,其坡度为 3%;

500 ft 渠道流曼宁粗糙度系数 $n = 0.06$,流动面积 10 cf,湿周 = 12 ft,坡度 = 1%;

重现期为 2 年、持续时间为 24 h 的暴雨的降雨量为 3.5 in。

求解

a. 坡面流,$n = 0.4$(林地)

$$T_t = \frac{0.007(n \times L)^{0.8}}{(P_2^{0.5} \times S^{0.4})} = \frac{0.007(0.4 \times 150)^{0.8}}{[3.5^{0.5} \times (0.02)^{0.4}]} = 0.47 \text{ h}$$

b. 浅槽流

在 $S=0.03$ 时,从图 3.17 上读出,对于浅槽流 $V=2.8$ ft/s

$$T_t = \frac{t}{3\,600V} = \frac{375}{3\,600 \times 2.8} = 0.04 \text{ h}(四舍五入至第二个小数位)$$

c. 渠道流

$$R = \frac{A}{P} = \frac{10}{12} = 0.83 \text{ ft}$$

$$V = \left(\frac{1.49}{n}\right) R^{2/3} S^{1/2}$$

$$V = \left(\frac{1.49}{0.06}\right) \times (0.83)^{2/3} \times (0.01)^{1/2} = 2.2 \text{ ft/s}$$

$$T_t = \frac{500}{(2.2 \times 3\,600)} = 0.06 \text{ h}$$

$T_c = 0.47 + 0.04 + 0.06 = 0.57$ h,四舍五入为 0.6 h

3.5.3 坡面流流长分析

雨水降落在一个表面上,以较浅的深度流动,流量和流速随着流动而增大。利用以下公式计算距起始点 L 处的流量和流速:

$$q \approx I \cdot L \qquad\qquad (3.41)$$

$$V \approx I \cdot L/d \qquad\qquad (3.42)$$

式中:q——单位宽度的流量,m^3/s;

　　L——从高点起的流动长度,m;

　　I——降雨强度,mm/h;

　　d——流动深度,mm。

符号"$\approx$"代表比例因子,这个比例因子取决于单位制(国际单位制,英制单位制)。这一点处的雷诺数为

$$R_e = Vd/v \qquad\qquad (3.43)$$

将式(3.42)和式(3.43)合并,获得以下公式:

$$R_c \approx I \cdot L/v \qquad\qquad (3.44)$$

最初用于计算集流时间的 Izzard 方程(1946)采用以下公式表示的降雨强度和

长度的乘积,对层状坡面流设置了一个限制条件:

$$I \cdot L < 500 \tag{3.45}$$

式中,I 是以 in/h 为单位的降雨强度,L 是以 ft 为单位的坡面流长度。根据这个方程,雷诺数大约为 1 100。据 Chow(1964)研究结论,对于流过极宽的机场停机坪的坡面流,Izzard 方程的计算结果与实际情况基本一致。当降雨强度为 1.5 in/h(接近新泽西州重现期为 2 a,持续时间为 60 min 的暴雨降雨强度)时,利用 Izzard 方程计算出的最大片流长度为 330 ft。当 I 和 L 分别采用国际单位 mm/h 和 m时,式(3.45)变为

$$I \cdot L \leqslant 3\ 870 \tag{3.46}$$

据 McCuen 和 Spiess (1995)研究,作为坡面流长度限制标准,$nL/\sqrt{s}$ 是一个比 L 或 IL 更好的参数。这个参数后来被应用于式(3.38)中,用于计算坡面流集流时间(McCuen et al. 2002)。本书中确认了影响坡面流的如下因素。

为将坡面流长度与地面坡度和粗糙度相关联,令式(3.42)中的流速等于曼宁公式中的速度,用宽坡面流中的流动深度取代曼宁公式中的水力半径:

$$I \cdot L/d = (1/n)d^{2/3}S^{1/2} \tag{3.47}$$

求出 L:

$$L \approx (d^{5/3}\sqrt{S})/(n \cdot I) \tag{3.48}$$

这个公式表明,坡面流长度被归并在参数$(nL/\sqrt{S}) \cdot (I/d^{5/3})$中。这个参数不仅包括 $nL/\sqrt{S}$,而且包括流动深度 d 和降雨强度 I。比例因子取决于单位制。采用国际单位,式(3.48)变为

$$L = 36(d^{5/3}\sqrt{s})/(n \cdot I) \tag{3.49}$$

利用流动深度改写这个方程:

$$d = 0.116(nI/\sqrt{S})^{0.6} \times L^{0.6} \tag{3.50}$$

式中:L——坡面流长度,ft(m);

$\quad\;\; d$——流动深度,mm;

$\quad\;\; I$——降雨强度,mm/h;

$\quad\;\; S$——地面坡度,m/m。

公式等号右侧圆括号中的那一项与计算坡面流集流时间的 FHWA 方程[式(3.38)]圆括号的第二项完全相同。这表明坡面流深度和集流时间都与降雨强度

的 0.6 次幂关联,与地面坡度的 0.3 次幂关联。

将基于 Izzard 实验的式(3.46)和式(3.50)合并,得到限制坡面流深度的以下公式:

$$d_{sf} = 16.5(n/\sqrt{S})^{0.6} \tag{3.51}$$

该公式显示,坡面流深度随着表面粗糙度的增加以及坡度的减小而增大。

当采用英制单位时,式(3.51)变为

$$d = 0.65(n/\sqrt{S})^{0.6} \tag{3.52}$$

式中:d 的单位是 in,I 的单位是 in/h。

对于坡度为 2% 的光滑地面($n=0.015$),利用式(3.51)和式(3.52)计算得到 $d=4.3$ mm 和 0.17 in,这两个数值似乎都是合理的。将这个深度值代入式(3.49),通过计算得到降雨强度为 75 mm/h(3 in/h)时的坡面流长度为 51.5 m(169 ft)。

3.6 径流计算方法

在雨洪管理实践中,通常采用两种方法计算径流:即推理计算方法和 TR-55 方法。Pazwash(1989)简要介绍和比较了推理计算方法和 SCS 方法。以下各节将深入讨论这两种方法。本书中也将介绍作者建立的一种通用方法。

3.6.1 推理计算方法

Emil Kuichling 于 1898 年提出了一种估算一个集水区的最大径流流量的简单关系式。这种被称为推理计算的方法如下式所示:

$$Q = CIA^{①},英制单位 \tag{3.53}$$

$$Q = CIA/360,国际单位制单位 \tag{3.54}$$

式中:C——径流系数,无量纲;

I——降雨强度,mm/h(in/h);

A——集水面积,hm^2(ac);

Q——排放量,m^3/s(cfc)。

推理计算方法依据关于线性度和比例性的如下假设:

————————

① 这个公式中采用了如下近似计算:43 560 sf/ac×1/(12×3 600) = 1.088。

a. 径流正比于降雨强度。

b. 退流和损失与降雨量呈线性变化关系,并被包括在径流系数中;

c. 暴雨持续时间必须等于或大于集水区的集流时间。

径流系数的变化范围为 0.1(缓坡林地)到 0.95(铺路面区域)。表 3.13 列出了各种不同的地面覆盖和开发条件下的径流系数的典型值。美国运输部建议,对于重现期小于 25 年的暴雨,采用此表中的系数,对于重现期更长的暴雨,采用一个如以下各式所示的调节因子 C_r:

$$T_r < 25 \text{ 年}, C_r = 1.0$$
$$T_r = 25 \text{ 年}, C_r = 1.1$$
$$T_r = 50 \text{ 年}, C_r = 1.20$$
$$T_r = 100 \text{ 年}, C_r = 1.25$$

如果土地用途超过一个,则计算加权径流系数,将获得的 C 值用于推理计算公式中。例 3.11 中介绍了计算过程。

表 3.13　径流系数 C^a 的典型值

区域说明	径流系数
商业区	
主城区	0.70~0.95
邻近区域	0.50~0.70
住宅区	
独栋住宅区	0.30~0.50
分离的公寓楼区	0.40~0.60
相连的公寓楼区	0.60~0.75
郊外住宅区	0.25~0.40
公寓居住区	0.50~0.70
工业区	
轻工业区	0.50~0.80
重工业区	0.60~0.90
停车场、墓地	0.10~0.25
铁路站场区	0.20~0.35
未被整治的区域	0.10~0.30
铺路面	

区域说明	径流系数
沥青或混凝土路面	0.70～0.95
铺砖路面	0.70～0.85
屋顶	0.75～0.95
草坪,沙质土	
平坦,坡度为 2%	0.05～0.10
坡度为 2%～7%	0.10～0.15
陡坡,坡度为 7%或更高	0.15～0.20
草坪,黏重土	
平坦,坡度为 2%	0.13～0.17
坡度为 2%～7%	0.18～0.22
陡坡,坡度为 7%或更高	0.25～0.35

来源：ASCE and WEF, 1992, Design and construction of urban storm water management systems, ASCE *Manuals and Reports of Engineering Practice*, no. 77, and WEF Manual of Practice FD-20.

a 对于重现期最长为 10 年的暴雨。对于更大的设计暴雨,可以采用稍高的 C 值。

推理计算公式中的降雨强度是持续时间等于集水区的集流时间的条件下的平均降雨强度。这个暴雨的降雨强度大于持续时间更长的暴雨的降雨强度,它产生的径流是那个降雨强度下的最大径流。如上所述,降雨强度取决于暴雨频率。在一个给定频率下,利用 IDF 曲线计算当地的最大流量。

如果一个排水子区域中主要为表面硬化区域,并且其集流时间比整个区域的集流时间短得多,则利用推理计算公式计算出的该排水子区域的最大径流可能比整个区域的最大径流大。因此在采用推理计算公式时,应当检查整个区域或一个高度开发并且与一个排水系统连通的下游子区域的排水量是否偏高。

如果上游管段接收主要来自表面硬化的区域的径流,而下游管段的排水面积较大且大多能渗水,并且其集流时间比上游管段的集流时间长,则在管道设计中可能出现上述情况。

对于暴雨持续时间等于集流时间的情况,径流过程线在集流时间 T_c 达到其峰值,在时间基准 T_b 减弱为零。通常将推理计算方法的过程线绘制为三角形过程线,其时间基准等于 2.67,它长于集流时间。图 3.19 显示了典型的推理计

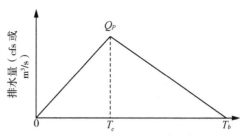

图 3.19　推理计算方法的过程线

算方法过程线。显而易见,在暴雨持续时间短于集流时间的情况中,来自整个集水区的径流不能到达出水口点。

应当注意,对于诸如停车场和建筑物屋顶之类的完全铺面区域,采用以上所示的过程线会造成径流量大于降雨量,而这实际上是不可能出现的。Pazwash(1992)提出根据不透水面积或只根据径流系数选择时间基准。表3.14显示了对这种关系的修正。

表3.14　推理计算方法中的时间基准

C	T_b/T_c
0.75～1.0	2.00
0.5～0.75	2.33
0.30～0.5	2.50
<0.3	2.67

3.6.2　推理计算方法的局限

推理计算方法假设径流与降雨速度直接相关并且正比于降雨速度,C为比例因子。如上文所讨论,这种假设是不切实际的。因此,许多司法管辖区将推理计算方法的应用限制于小区域。例如 ASCE(1992)建议应当将推理计算方法的应用限制在面积小于 80 hm²(200 ac)的区域。然而,新泽西州环境保护部将这种方法的应用限制在 20 ac(8 hm²)的区域。作者建议将这种方法的应用限制在不超过100 hm²(250 ac)的区域。推理计算方法最适用于没有拦截、下渗可以忽略不计、地面蓄水量小的主要为铺路面的区域,并且在这种区域中应用其准确性最高。

为了将降雨强度对径流损失的影响包括在计算之中,某些管理机构规定根据暴雨频率调节径流系数。例如新泽西州土壤侵蚀和泥沙控制标准(1999)建议,对于重现期为 2 年和 10 年的暴雨采用相同的径流系数,用因子 1.20 和因子 1.25 分别乘以重现期为 2 年的暴雨的径流系数,从而得到重现期分别为 50 年和 100 年的暴雨的径流系数。然而,如下文所讨论,不光降雨强度,暴雨持续时间也会影响初始损失,从而影响径流-雨水比。因此,将一个近似因子(adjacent factor)应用于径流系数,不能完全消除计算最大径流量方法的缺陷。表3.15证明了这一点,该表列出了科罗拉多州丹佛市的一些建议采用的径流系数（Maidment,1993）。尽管这些系数可能不适用于所有现场,然而较小降雨深度下的 C 值与肉眼观测值相当吻合,这表明径流系数随降雨深度的变化而变化。

表 3.15　科罗拉多州丹佛地区建议采用的径流系数

土地利用/地表覆盖	2 h 降雨深度,in(mm)			
	1.2(30)	1.7(38)	2.0(51)	3.1(79)
草坪,沙质土	0	0.05	0.10	0.20
草坪,黏质土	0.05	0.15	0.25	0.50
铺路面区域	0.87	0.88	0.90	0.93
砾石铺面	0.15	0.25	0.35	0.65
屋顶	0.80	0.85	0.90	0.93

注:可将此表中的数值应用于一般区域;对于面积超过 200 ac 的区域,这些系数可能无效。

例 3.11　对于例 3.10 中的集水区,利用推理计算公式计算重现期分别为 50 年和 100 年的暴雨的最大径流量。这个集水区 90% 的面积被草覆盖,10% 的面积为铺路面。利用新泽西州的 IDF 曲线和例 3.9 中的 FHWA 方法得到的 T_c 的计算值进行计算。

求解　对于这个场地,对植被覆盖的土地,选择 $C=0.15$,对铺路面,选择 $C=0.95$(见表 3.13)。用下式计算 C 的复合值:

$$C = 0.15 \times (90/100) + 0.95(10/100) = 0.23$$

将例 3.9 中的 T_c 四舍五入为 32 min。对于图 3.1(b)中的持续时间为 32 min 的暴雨,对降雨强度进行内插。

$$I_2 = 2.2 \text{ in/h}$$
$$I_{10} = 3.0 \text{ in/h}$$

将这些参数输入推理计算公式:

$$Q = 0.23 \times 10 \times I = 2.3I$$
$$Q_2 = 5.1 \text{ cfs(四舍五入至第一个小数位)}$$
$$Q_{10} = 6.9 \text{ cfs}$$

3.6.3　修正的推理计算方法

推理计算方法被广泛用于估算小型排水区域、城市开发和道路排水系统的最大流量。利用这种方法计算降雨持续时间长于集流时间的特定频率暴雨的最大径流。持续时间长于集流时间的暴雨的降雨强度较小,其峰值流量比三角形过程线小;然而,它们产生的径流量较大。因此,当将这样的暴雨水输入滞洪池时,它可能造成较大的排水量。因此,应当针对不同的暴雨持续时间,对滞洪池进行经由路径计算,以确定临界暴雨,即产生最大排水量的暴雨。在例 3.12 中将说明这一问题。

用一个梯形代表修正的推理计算方法过程线,这个梯形在集流时间 T_c 达到峰值,在延长至暴雨持续时间 T_d 的这段时间内具有均匀的排水量,在 $T_d + T_c$ 这个时间排水量降至零。图 3.20 显示了修正的推理计算方法过程线。利用推理计算公式,并采用与暴雨持续时间有关的降雨强度,计算修正的推理计算方法过程线中的最大排水量。利用以下公式计算修正的推理计算方法过程线的径流量:

$$V = \frac{1}{2} T_c Q + (T_d - T_c) Q + \frac{1}{2} T_c Q$$

可将这个公式简化为

$$V = T_d Q \tag{3.55}$$

这个方程显示,径流量与集流时间无关,只取决于暴雨持续时间。当暴雨持续时间等于 T_c 时,径流过程线变为三角形,如图 3.19 所示。

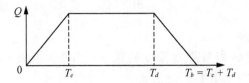

图 3.20 修正的推理计算方法过程线

例 3.12 计算在发生重现期为 10 年的暴雨时一个 45 200 sf 的平屋顶上的径流量,暴雨的持续时间如下所示:

a. 10 min 的暴雨持续时间,这代表屋顶径流的集流时间;

b. 30 min 的持续时间;

c. 60 min 的持续时间。

利用图 3.1(b)中的 IDF 曲线。

求解

1. 推理计算公式

采用:

$$C = 0.95(屋顶区域)(表 3.13)$$
$$A = 45\ 200/43\ 560 = 1.038\ ac$$
$$Q = CIA = 0.95 \times 1.038 \times I = 0.986\ I$$

a. 10 min 的暴雨

$$I = 5.8 \text{ in/h}$$
$$Q = 0.986 \times 5.8 = 5.72 \text{ cfs}$$

利用一个等腰三角形过程线计算径流量：

$$V = 2 \times T_c \times Q/2 = 10 \times 60 \times 5.72 = 3\,432 \text{ cf}$$

b. 30 min 的暴雨

$$I = 3.2 \text{ in/h}$$
$$Q = 0.986 \times 3.2 = 3.15 \text{ cfs}$$
$$V = Q \times T_d = 3.15 \times 30 \times 60 = 5\,670 \text{ cf}$$

c. 60 min 的暴雨

$$I = 2.0 \text{ in/h}$$
$$Q = 0.986 \times 2.0 = 1.97 \text{ cfs}$$
$$V = 1.97 \times 60 \times 60 = 7\,092 \text{ cf}$$

2. 直接数量计算

另外,可以利用面积与降雨深度的乘积(这代表损失),计算径流量。对于 30 min 的暴雨,利用下例说明计算方法。

$$降雨深度 = 3.2 \text{ in/h} \times 30/60 = 1.6 \text{ in}$$
$$有效降雨深度 = 1.6 \times 0.95 = 1.52 \text{ in}$$

其中 0.06 in(1.14~1.2)代表初始损失,即洼地储水量(地面蓄水量)。

$$径流量 = 45\,200 \times 1.52/12 = 5\,725 \text{ cf}$$

这个结果比前一个结果更准确;差异是推理计算公式的内在近似性造成的。

练习 在以下降雨事件中,对于一座商业建筑面积为 4 200 m² 的屋顶,求解上例中的问题:

a. 持续时间为 10 min、降雨强度为 145 mm/h 的暴雨;

b. 持续时间为 30 min、降雨强度为 80 mm/h 的暴雨;

c. 持续时间为 60 min、降雨强度为 50 mm/h 的暴雨。

3.6.4 SCS TR-55 方法

美国土壤保护局(即现在的 NRCS)根据小块农田的试验结果,建立了确定降雨-径流关系的一种方法。在一份名为《第 55 号技术公告(TR-55)》的报告中介绍了这种方法,该报告最初于 1975 年发布,1986 年被修订。这种基于 24 h 暴雨事

件和集流时间 T_c 建立的方法被应用于面积不超过 5 mi^2（13 km^2）的小型和中型集水区。SCS 方法将降雨分为三个组成部分:初始损失 I_a,滞留储水量 F,以及径流深度 R（在 TR-55 方法中被标记为 Q）。

图 3.21 介绍了这三个组成部分。初始损失包括拦截、初始下渗和洼地储水。如果降雨量小于初始损失,则不会出现径流。滞留储水量 F 代表初始损失发生之后的持续损失,这主要是水下渗至地表面以下造成的损失。

SCS 方法基于以下假设,即实际滞留储水量 F 与潜在（最大）滞留储水量 S 之比等于径流 R 与潜在径流（$P-I_a$）之比。用以下公式表示该假设:

$$\frac{F}{S} = \frac{R}{P-I_a} \qquad (3.56)$$

潜在滞留储水量 S 不包括 I_a。根据图 3.21,

$$F = P - R - I_a \qquad (3.57)$$

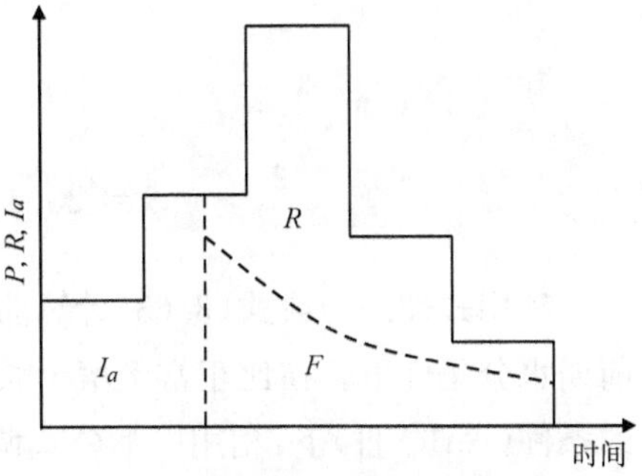

图 3.21 SCS 模型的组成部分

将式(3.56)和式(3.57)合并,得到

$$R = \frac{(P-I_a)^2}{(P-I_a)+S} \qquad (3.58)$$

通过利用现场数据,SCS 方法进一步假设初始损失 I_a 等于最大滞留储水量 S 的 2/10 (0.2),即:

$$I_a = 0.2S \qquad (3.59)$$

研究证明,上述假设夸大了最大径流量,对于中小规模的暴雨尤其如此 (Pazwash,1989; Schneider et al. 2005)。

消去式(3.58)和式(3.59)中的 L,得到

$$R = \frac{(P-0.2S)^2}{(P+0.8S)} \qquad (3.60)$$

由于这个公式量纲一致,因此可同等地使用国际单位制单位和英制单位。

这个公式将 R 与 P 关联起来,前提是 S 已知。为建立有关 S 的关系,SCS 利用下式引入了土壤曲线数 CN:

$$CN = \frac{1\,000}{(10+S)} \qquad (3.61)$$

式中：CN值随着土壤组别（见下文的定义）和土壤覆盖的改变而变化。

整理式（3.61）后得到：

$$S = \frac{1\,000}{CN} - 10, \text{in} \tag{3.62}$$

当采用国际单位制单位时，公式变为

$$CN = \frac{1\,000}{(10 + 0.039\,4S)} \tag{3.63}$$

和

$$S = 25.4\left(\frac{1\,000}{CN} - 10\right), \text{mm} \tag{3.64}$$

利用式（3.61）或式（3.63）计算曲线数CN，将其应用于被称为 AMC Ⅱ 的正常前期水分条件下。在比正常土壤干燥的条件（AMC Ⅰ）下以及在比正常土壤潮湿的条件（AMC Ⅲ）下，利用以下公式调整曲线数（Chow et al. 1988）：

$$CN(\text{Ⅰ}) = \frac{CN}{(2.38 - 0.014CN)} \tag{3.65}$$

$$CN(\text{Ⅲ}) = \frac{CN}{(0.43 + 0.005\,7CN)} \tag{3.66}$$

表 3.16 列出了在特定的暴雨事件中以及 CN 值下，AMC Ⅰ 和 AMC Ⅲ 的相对于 AMC Ⅱ 的径流深度。

为了计算径流量，SCS 将土壤分为四个水文组：A 组至 D 组，其中 A 组是渗透性最高的组，D 组是渗透性最低的组。表 3.17 为对这些土壤及其渗透性的说明。

如上所述，SCS 将土壤曲线数与土壤覆盖和水文土壤组进行了关联。表 3.18 列出了住宅开发中的土壤曲线数，表 3.19 列出了未开发土地的土壤曲线数。可从 TR-55 手册（1986）中查找农用土地和林地的 CN 值。

表 3.16　不同 AMC 下的相对径流量[a]

AMC 类型	CN	径流量，in(mm)	径流量/降雨量	相对于 AMC Ⅱ 的百分数
Ⅱ	72	2.2（55.9）	44%	100%
Ⅰ	52	0.8（20.3）	16%	36%
Ⅲ	86	3.47（88.1）	69%	158%

a 适用于降雨量为 5 in(127 mm)、持续时间为 24 h 的暴雨。

表 3.17　SCS 土壤组别说明

组别	土壤类型	最小下渗流量 in/h (mm/h)
A	深厚砂土;深厚黄土;聚合粉砂土	0.30(7.6)
B	浅黄土;沙壤土	0.15～0.30(3.8～7.6)
C	黏壤土、浅沙壤土;有机土壤;高黏土含量土壤	0.05～0.15(1.3～3.8)
D	潮湿时显著变厚的土壤;重质塑性黏土、某些盐碱土	0～0.05(0～1.3)

表 3.18　城市地区 SCS 曲线数

覆盖物说明		水文土壤组的曲线数			
覆盖物类型和水文条件	不透水区域的平均百分数	A	B	C	D
充分开发的城市地区(已有植被)					
空地(草坪、公园、高尔夫球场、墓地等)					
状况差(生草覆盖率<50%)		68	79	86	89
状况中等(生草覆盖率 50%至 75%)		49	69	79	84
状况好(生草覆盖率>75%)		39	61	74	80
不透水区域					
铺路面的停车场、屋顶、机动车道等(不包括道路用地)		98	98	98	98
街道和道路					
铺路面:路缘和暴雨排水沟(不包括道路用地)		98	98	98	98
铺路面:明沟(包括道路用地)		83	89	92	93
砾石(包括道路用地)		76	85	89	91
污泥(包括道路用地)		72	82	87	89
西部沙漠城市地区					
天然沙漠地貌(仅透水地区)		63	77	85	88
人造沙漠景观[不透水的杂草障碍物、有 1～2 in 的砂子或砾石遮护料的荒漠灌木以及流域边界(basin borders)]		96	96	96	96
城市地区					
商业和商务区	85	89	92	94	95
工业区	72	81	88	91	93

续表

覆盖物说明		水文土壤组的曲线数			
覆盖物类型和水文条件	不透水区域的平均百分数	A	B	C	D
平均地块大小的居住区					
1/8 ac 或更小(城镇住房)	65	77	85	90	92
1/4 ac	38	61	75	83	87
1/3 ac	30	57	72	81	86
1/2 ac	25	54	70	80	84
1 ac	20	51	68	79	84
2 ac	12	46	65	77	82
开发中的城市地区					
新近定坡降线的区域(仅透水地区,无植被) 闲置土地(根据与表 3.19 中的覆盖物类型类似的覆盖物类型确定 CN)	77	86	91	94	

注:平均径流条件以及 $I_a = 0.2S$。利用所示的不透水面积的平均百分数确定了复合 CN 值。其他假设为:不透水地面与排水系统直接连通,不透水地面的 CN 为 98,将透水地面等同于水文条件良好的空地。可以利用图 3.22(a)或(b)计算其他组合条件下的 CN。所示的 CN 值等同于牧场的 CN 值。也可以计算其他空地覆盖类型组合的复合 CN 值。应当根据不透水地面的百分数(CN=98)以及透水地面的 CN 值,利用图 3.22(a)或(b)计算天然沙漠景观的复合 CN 值。假设透水地面的 CN 值等同于不良水文条件下的荒漠灌木。应当根据开发程度(不透水地面的百分数)以及新近定坡降线的透水地面的 CN 值,利用图 3.22(a)或(b)计算在定坡降线和施工期间用于临时措施设计的复合 CN 值。

表 3.19　未开发土地的径流曲线数[a]

覆盖物类型	水文土壤组的曲线数			
	A	B	C	D
以灌木为主的灌木—灌木-杂草-青草的混合	30	48	65	73
树木—青草的组合	32	58	72	79
树木	30	55	70	77

a 所列的 CN 值为良好条件下的土壤覆盖层的 CN 值。如果保守地处理,则在开发前的条件下进行径流计算时应当采用这一假设。

　　如果不透水区域并未全部连通,则径流会通过损失而消散在透水地区。在这种情况下,复合 CN 值稍小于完全连通的不透水面的复合 CN 值,可以利用图 3.22 计算这种情况下的复合 CN 值。该图适用于集水区中不透水总面积小于或等于30%的情况。

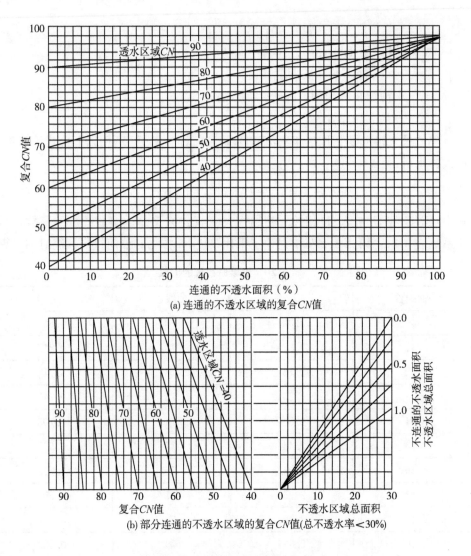

(a) 连通的不透水区域的复合CN值

(b) 部分连通的不透水区域的复合CN值(总不透水率＜30%)

图 3.22　不同区域的复合 CN 数

3.6.5　SCS 最大排水量计算

在 TR-55 方法中,可以利用两种不同方法计算最大径流 Q_p:图示法和表格式过程线法。

3.6.5.1　图示法

在图示法中,利用以下公式计算最大径流:

$$Q_p = q_u \times A \times R \times F_p \tag{3.67}$$

式中:q_u——单位最大排水量,csm;

  A——集水区面积,mi^2;

  R——24 h暴雨的径流深度,in;

  F_p——池塘和沼泽调节因子,无量纲;

  Q_p——最大径流,cfs。

单位最大排水量 q_u 取决于集流时间 T_c 和行程时间 T_t,利用以下公式计算单位最大排水量:

$$\log(q_u) = C_0 + C_1 \log T_t + C_2 \log T_c - C_3 \qquad (3.68)$$

式中:C_0、C_1 和 C_2 与 I_a/P 相关。初始损失 I_a 反过来又是土壤曲线数的函数,两者关系见表3.20。第3.5.2节中讨论了采用TR-55方法时如何执行集流时间计算。

表 3.20 土壤曲线数的 I_a 值

曲线数	I_a(in)	曲线数	I_a(in)
40	3.000	70	0.857
41	2.878	71	0.817
42	2.762	72	0.778
43	2.651	73	0.740
44	2.545	74	0.703
45	2.444	75	0.667
46	2.348	76	0.632
47	2.255	77	0.597
48	2.167	78	0.564
49	2.082	79	0.532
50	2.000	80	0.500
51	1.922	81	0.469
52	1.846	82	0.439
53	1.774	83	0.410
54	1.704	84	0.381
55	1.636	85	0.353
56	1.571	86	0.326
57	1.509	87	0.299

曲线数	I_a(in)	曲线数	I_a(in)
58	1.448	88	0.273
59	1.390	89	0.247
60	1.333	90	0.222
61	1.279	91	0.198
62	1.226	92	0.174
63	1.175	93	0.151
64	1.125	94	0.128
65	1.077	95	0.105
66	1.030	96	0.083
67	0.985	97	0.062
68	0.941	98	0.041
69	0.899		

为简化计算,TR-55 手册中包括了Ⅰ型、ⅠA 型、Ⅱ型和Ⅲ型降雨分布下式 (3.68)的图形表示。上节介绍了这些暴雨雨量图以及一张所述暴雨雨量地点的地理图。图 3.23 显示了美国东海岸(包括新英格兰地区、新泽西州、特拉华州以及北卡罗来纳州和南卡罗来纳州的东部)典型的Ⅲ型暴雨的 q_u 与 T_c 和 I_a/P 的关系的曲线图。读者可以参考 TR-55 手册,了解其他暴雨分布下的 q_u 曲线图。第 3.5 节中介绍了计算集流时间的 SCS 方法,下一节将进一步讨论这个问题。表 3.21 列出了 F_p 值与被池塘和沼泽覆盖的集水区的面积的百分数的关系。

3.6.5.2 表格式方法

表格式过程线法正如其名称所显示,可以计算径流排放量随时间的变化。TR-55 方法中包括若干表格,这些表格列出了在 I_a/P 的数值范围为 0.1 至 1.0、T_c 的数值范围为 0.1 至 2.0 h 以及行程时间为 0 至 3 h 的条件下,以 csm/in 为单位的单位排水量与集流时间和行程时间的关系。用利用这些表格获得的单位过程线乘以以 mi^2 为单位的流域面积和以 in 为单位的径流深度 R,得到径流过程线。可以通过商业渠道获得若干计算机辅助计算程序。其中一个较早的程序称为 Quick TR-55,它在 MS DOS 系统中运行,是沃特伯里的海思德工程*(Haestad

---

* 2009 年,Bently 获得了海思德工程。

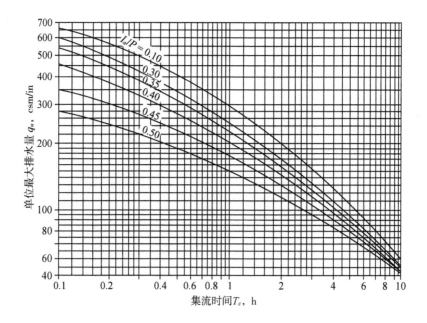

图 3.23　SCS Ⅲ 型降雨的单位最大排水量(q_u)

Methods)开发的。可在 Bently 购买能在 Windows 系统中运行的该程序的一个新版软件。StormCad 是可以执行 TR-55 计算的另一个软件包。

表 3.21　池塘和沼泽调节因子,F_p

池塘和沼泽面积的百分数	F_p
0.0%	1.00
0.2%	0.97
1.0%	0.87
3.0%	0.75
5.0%[a]	0.72

a 如果池塘和沼泽面积的百分数超过 5%,则建议将径流输送至有池塘的区域。

3.6.6　SCS 单位过程线法

SCS 建立了一种已被广泛应用的综合过程线。这种过程线类似于推理计算方法过程线,具如图 3.24 所示的三角形分布。在该图中,D 为多余雨量期(与暴雨持续时间一样);L_a 为集水区的滞后时间或从多余降雨中心到达峰时间所需的时间;T_p 为达峰时间,公式为 $0.5D + 0.6T_c$(T_c 为集流时间);Q_p 为最大径流量(cfs)。利用以下公式计算最大径流量 Q_p:

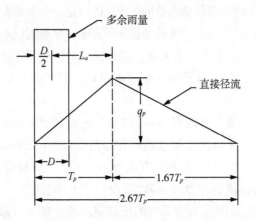

图 3.24 SCS 综合三角形过程线

$$Q_p = 0.208 \frac{A \times R}{T_p} \qquad \text{SI}^* \qquad (3.69)$$

$$Q_p = 484 \frac{A \times R}{T_p} \qquad \text{CU} \qquad (3.70)$$

式中：Q_p——最大流量，$\mathrm{m^3/s(cfs)}$；

A——集水区面积，$\mathrm{km^2(mi^2)}$；

R——直接径流深度（对于单位过程线为 1），$\mathrm{mm(in)}$；

T_P——达峰时间，h。

常数 0.208(484) 是研究中获得的平均值。在采用该方法时，需要计算 T_p。在实际应用中，确定 T_p 近似于 $T_p = (2/3)T_c$。

在沙质土占优势的马里兰州、特拉华州、弗吉尼亚州和新泽西州的平坦沿海地区，以上各公式均夸大了最大径流量。在这些地区，将 SCS 单位过程线修正为 Delmarva 单位过程线，用 284 这个系数取代式(3.70)中的 484。在采用国际单位 [式(3.69)]时，用 0.122 取代 0.208 这个系数。

3.6.7 TR-55 方法的局限

用于径流计算的 TR-55 方法以若干假设为依据，其中最重要的如下。

a. 用式(3.55)表示滞留储水量和径流深度的比例。这个假设与滞留储水量越大、径流越小的实际过程相矛盾。

---

  * ［HECC-22 (2013), pp. 3-33］中注明，对于 1 mm 的单位过程线，采用数值为 2.08 的系数。这个系数的数值应为 0.208。

b. 初始损失等于潜在滞留储水量的 2/10 (0.2) 是一个非常保守的假设,即这个假设意味着在暴雨事件发生之前,土壤已经丧失了自上一次暴雨以来的 80% 的贮水能力。

c. 下渗速度远小于实际下渗速度。具体来说,作为下渗速度的最小值的实际水力传导系数比表 3.17 中的下渗速度高很多倍。对于高渗透性和中等渗透性的土壤,情况尤其如此。

d. SCS 将自然土壤分为四组,每一组与下一组相比,下渗量都发生一个小变化。而在实际中,不同土壤的土壤渗透性相差范围极大(见图 3.14)。

e. 许多已开发地区被归类为城市土地,该土壤类别没有确定的水文组。因此,在对这些地区进行径流计算时,必须假设一个土壤组别。

f. 并没有坡面流长度应当为多少的依据,在 2004 年 6 月最新的集流时间工作表中,坡面流长度被限制在 100 ft。

g. 将运动波方程[式(3.38)]与 TR-5 方法中的式(3.33)对比,可以发现以下差异:

• TR-55 方法中的指数$(nL/\sqrt{s})$与运动波方程偏离。

• 在 TR-55 方法中,集流时间只是运动波方程中重现期为 2 年的暴雨、降雨深度 P_2 的降雨强度 I 的函数。这些方程中的指数 I 和 P 也不一致。

• 重现期为 2 年的暴雨是假设的,不能确定它与坡面流长度的关系。

h. 在 TR-55 方法中,相同的集流时间被应用于任意暴雨频率。这与运动波方程以及如下观察结果相矛盾,即随着降雨强度的增大,流量(以及坡面流速度)增大,而集流时间缩短。

i. 利用 TR-55 方法中的第 3 工作表,可以将坡面流范围分为两段。由于在式(3.33)和式(3.34)中,坡面流集流时间是坡面流长度的非线性函数,这种分段导致过高估计坡面流集流时间。附录 3A 中的第 1 工作表和第 2 工作表举例说明了这种情况。前一张表格显示了总长为 100 ft 的坡面流集流时间的计算结果,该坡面流被划分为坡度为 2%、60 ft 长的一段和坡度为 1%、40 ft 长的一段,而后一张表格则显示了坡度均为 2%、100 ft 长的坡面流集流时间的计算结果。如表格中所示,后一张表格中的较陡地面的坡面流集流时间的计算结果比坡度较小的分段坡面流的集流时间短了 0.16 h,这是不切实际的。采用数值等于 0.016% 的复合坡度,得到数值为 0.65 的集流时间,这更加符合实际(见附录 3A 中的第 3 张工作表)。

j. 在 1986 年修订过的 TR-55 手册中,坡面流长度被限制在 300 ft。通过几份建议书,将透水表面上的这个长度改变为 150 ft,将铺路面上的这个长度改变为 100 ft。可以在线填写的当前第 3 工作表不接受长于 100 ft 的坡面流长度。

由于上述局限性,利用 TR-55 方法计算的最大径流与实际观察结果并不严格相关。作者在对若干项目进行水文分析时发现,TR-55 方法夸大了最大流量。为了举例说明,作者利用 TR-55 方法对新泽西州霍霍库斯的一条河川进行了一次溃坝分析。通过分析发现,计算的 100 年一遇的洪水量几乎等于泄洪道的最大容量。然而在 1999 年 9 月发生的热带风暴弗洛伊德期间,没有关于水从泄洪道中漫溢出来的报道,而当时暴雨的降雨量超过重现期为 100 年、持续时间为 24 h 的暴雨的降雨量大约 50%。

也应当注意,土壤图的比例通常为 1 in∶2 000 ft,或 1∶20 000(1 in=1 767 ft),因此不能准确确定小型集水区的土壤类型。考虑到这个限制条件,作者建议对于面积小于 10 ac(4 hm²)的区域,不采用 TR-55 方法。在没有土壤图的地点,也不能采用该方法。另外,作者建议对于土壤在过去已被扰动并且被归入城市用地类别的城市化地区,以相邻地区的土壤类型为计算依据。最近,NRCS 已在某些州(包括新泽西州)建立了一个有关水文土壤组别和土壤名称的网站。利用这个网站的软件,可以为美国的任何通信地址,编制用户选择的土壤图以及土壤报告。在可以利用 NRCS 的在线土壤图的地方,利用这个软件,可以消除人们对于土壤图比例尺的担心(见案例研究 3.1)。

例 3.13 一个天然流域,由 40% 的属于水文土壤组(HSC)C 的林地和 60% 的同样属于水文土壤组 C 的灌草丛组成。计算以下情况下的径流深度:

a. 3.5 in 的降雨量;

b. 90 mm 的降雨量。

采用通常做法,假设土壤覆盖物状况良好。

求解 利用表 3.19:

$CN=70$(林地),HSG C

$CN=65$(灌草丛),HSG C

计算复合 CN 值:

$$CN = 70 \times 0.4 + 65 \times 0.6 = 67$$

潜在损失:

$$S = 1\,000/CN - 10 = 4.93 \text{ in} = 125.1 \text{ mm}$$

$$\text{a. } R = \frac{(P-0.2S)^2}{(P+0.8S)} = \frac{(3.5-0.2 \times 4.93)^2}{(3.5+0.8 \times 4.93)} = 0.85 \text{ in.}$$

$$\text{b. } R = \frac{(90-0.2 \times 125.1)^2}{(90+0.8 \times 125.1)} = 22.2 \text{ mm}$$

注意,对于 24 h 的暴雨,降雨量的近 25% 转变为径流。

例 3.14 上例中的集水面积是 20 ac。计算该例中的给定暴雨的最大径流。暴雨分布为 Ⅲ 型,计算的集流时间是 0.6 h。

求解 对于 $CN=67$,$I_a=0.985$ in(见表 3.20);$A=20$ ac$=0.031$ mi²

a. $P = 3.5$ in

$$I_a/P = 0.28$$
$$T_c = 0.6 \text{ h}$$

对于 $T_c = 0.6$ h 以及 $I_a/P = 0.28$,利用图 3.23 对 q_u 进行内插:

$$q_u = 325 \text{ cms/in}$$

利用式(3.67),注意 $F_p = 1$:

$$Q = q_u \times A \times R$$
$$= 325 \times 0.031 \times 0.85$$
$$Q = 8.6 \text{ cfs}$$

b. $P = 90$ mm 的降雨

$$I_a = 0.985 \times 25.4 = 25.0 \text{ mm}$$
$$I_a/P = 25/90 = 0.28$$

从图 3.23 中查得,$q_u = 325 \text{ cfs/mi}^2$

$$R = 22.2 \text{ mm} = 0.87 \text{ in}$$
$$Q = 325 \times 0.031 \times 0.87 = 8.8 \text{ cfs}$$
$$Q = 8.8/35.3 = 0.25 \text{ m}^3/\text{s}$$

3.6.8　WinTR-55 方法

有大量文献介绍了对 1986 年 6 月修订的 TR-55 方法的评论和讨论。为了对这些评论意见做出响应,美国自然资源保护局于 1998 年组成了一个委员会,对 TR-55 方法进行修订和更新。WinTR-55 方法是新版本的 TR-55 方法,它是这个委员会的工作结晶。2009 年 1 月发布的 WinTR-55 用户指南中介绍了这个新方法。NRCS 也已修订并完全重新编写了 TR-55 方法的计算机模型。修订版软件是一种基于 Windows 系统的程序,与基于 DOS 系统的程序相比具有显著优势。新的 TR-55 方法以 WinTR-20 程序作为对小流域进行水文分析的驱动工具。可以从 NRCS 网站免费下载最终版本的 WinTR-55 方法软件,也可简单地搜索 WinTR-55 方法。该软件被标记为 WinTR-55.exe;该软件上一次更新日期是 2009 年 8 月 5 日,在这个更新版中对 TR-55 方法进行了若干改进。重要的改进要素如下。

a. 可以采用英制单位,也可以采用国际单位进行计算。

b. 利用 WinTR-55 方法,可以对由 1 至 10 个子区域/范围组成的、面积不超过 25 mi²(65 km²)的流域进行水文计算。

c. WinTR-55 计算机模型(类似于 TR-55 方法)可以计算一个部分或全部向一个透水区域排水的铺路面子区域的有效 *CN* 值。在采用 WinTR-55 方法时,也可以采用适用于不连通的不透水面的自定义 *CN* 值(0%~100%)。

d. 在采用该方法时,可以使用默认的降雨深度或用户定义的降雨深度[0~50 in(0~1 270 mm)]。

e. 该软件接受 NRCS Ⅰ/ⅠA/Ⅱ/Ⅲ型雨量分布图或用户定义的雨量分布图(雨量图)。

f. 利用 WinTR-55 方法,可以采用自定义的无量纲过程线(例如 Delmarva 过程线)[①]。

g. 该软件采用了两个平均前期径流条件。

h. 该软件加入了内置的 WinTR-20 计算机模型,可以采用 Muskingum-Cunge 方法,对沟渠和储水洼地进行经由路径计算。另外,该软件可以利用 WinTR-20 计算机模型,采用储水指示(水位池)方法,对构筑物进行经由路径计算。管道和堰是利用这个软件建模的仅有的两种类型构筑物。

WinTR-55 计算机软件将坡面流长度限制在 100 ft(±30 m);然而,利用该软件,可以采用 $n=0.8$ 计算林木茂密的矮树丛土壤覆盖区域中的坡面流的集流时间。与 TR-55 方法类似,这个软件允许集流时间为 $0.1 \leqslant T_c \leqslant 10$ h。利用以下简单实例说明该方法的应用。

案例研究 3.1 图 3.25 显示了新泽西州孟莫斯县的一个 26.0 ac 的流域的排水区域图。这个区域被标记为第 2 区域,一条高于这个区域中的洼地 2 ft 以上的道路造成它与下游流域水力分离。图 3.26 介绍了道路后面的洼地。根据新泽西州孟莫斯县的土壤调查图,这个流域中的土壤为莱克赫斯特砂土,属于水文土壤组(HSG)A。图 3.27 显示了土壤调查图的一个复印件。

利用 WinTR-55 计算机模型(WinTR-55.exe)对流域进行径流计算。计算中排除了一个面积为 0.6 ac 的流域,这个流域向位于流域东北侧的一个洼地排水并且所有排水都被该洼地保留。表 3.22 列出了径流曲线数的计算结果。这个流域中的铺路面区域完全向林区排水,因此所述铺路面区域被作为 100%不连通区域输入一个子表中,该子表未出现在 WinTR-55 的打印资料中。

---

① 新泽西州农业部编制了 Delmarva 单位过程线,用于估计地势平坦(坡度<5%)的海岸地区中的农用土地上的径流量。该方法的特点是式(3.70)中采用的最大流量因数是 284,而不是 484。该州土壤保护委员会于 2004 年 7 月 12 日在技术公报 2004-2.0 (http://www.state.nj.us/agriculture//pdf/delmarvabulletin.pdf)文件 Hydrograph 2004-2.0 doc 中采用了该过程线。马里兰州已将该过程线收入其《雨洪设计手册》第 Ⅱ 卷的附录 D 中。

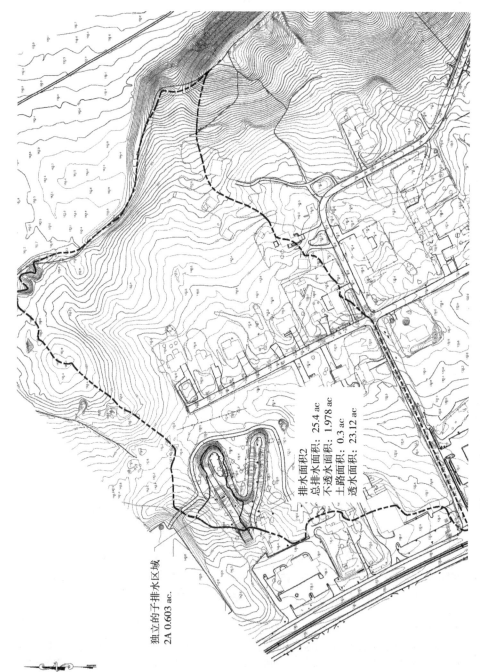

独立的子排水区域
2A 0.603 ac.

排水面积2
总排水面积: 25.4 ac
不透水面积: 1.978 ac
土路面积: 0.3 ac
透水面积: 23.12 ac

图 3.25　新泽西州孟莫斯县的一个 26.0 ac 的流域的排水区域图

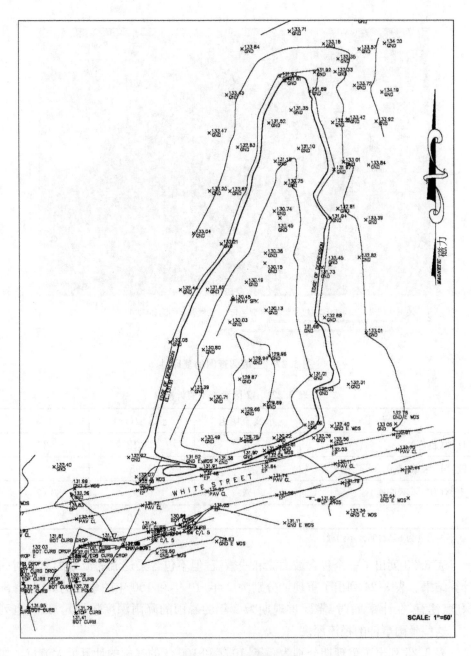

图 3.26　洼地地形图

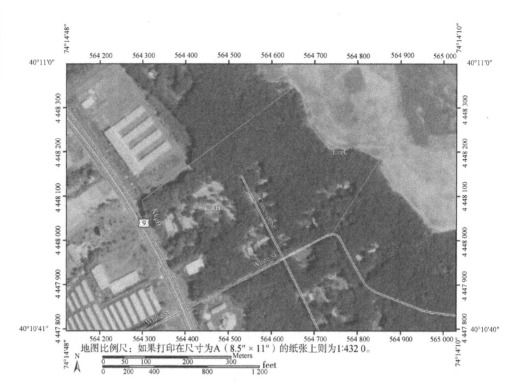

图 3.27　土壤调查图的复印件

表 3.22　A2 区域 CN 值计算

土地利用	水文土壤组	子区域(ac)	CN
林地(良好)	A	23.12	30
铺路面区域(100%不连通)	A	1.98	33[a]
土路(100%不连通)	A	0.30	30 (72)
		25.40	

a 不渗透性为 8%;100%不连通。

表 3.23 列出了一个包含坡面流和浅槽流,但不包含渠道流的流域的集流时间计算结果。表 3.24 列出了重现期分别为 2 年、10 年和 100 年的暴雨的 24 h 降雨深度(注意,在计算 T_c 时,需要重现期为 2 年的暴雨的降雨深度数据)。该表也列出了这些暴雨事件的径流深度。

表 3.25 列出了重现期分别为 2 年、10 年和 100 年的暴雨的计算最大流量。如表格中所示,重现期为 2 年的暴雨不产生径流,而在重现期为 10 年的暴雨期间,最大径流很小。

为了虑及洼地的滞洪/贮水的作用及下渗损失,应当进行经由路径计算。应当注意,WinTR-55.exe 不能计算通过多级出水口构筑物的下渗量或路径。

表 3.23 集流时间计算

流动类型	流动长度 (ft)	坡度 (ft/ft)	曼宁粗糙度系数 n	流速 (ft/s)	行程时间 (h)
坡面流	100	0.026 0	0.40		0.313
浅槽流(未铺路面区域)	1 450	0.018 6	0.05(N/A)	2.8	0.183
					0.496

表 3.24 24 h 降雨深度和径流深度

暴雨重现期(a)	降雨深度(in)	径流深度
2	3.4	0
10	5.2	0.005
100	8.9	0.65

表 3.25 计算的最大流量

暴雨重现期(a)	最大径流(cfs)
2	0
10	0.05
100	4.79

表 3.26 列出了洼地的水位-储水量-排水量的关系。根据图 3.26 中所示的地形数据计算了储水量,采用估计下渗速度 8 in/h 计算出列出的排水量。注意,对于沙质土(例如现场存在的那种沙质土),估计的下渗速度值为保守值,实际下渗速度可能大于 20 in/h。事实上,在洼地区域附近进行的渗漏试验显示下渗速度为 19 in/h。

$$Q = 面积 \times 8 \text{ in}/(12 \times 3\ 600) = 1.852 \times 10^{-4} \times 面积$$

表 3.26 水位-储水-排水的下渗关系

高度	面积 (sf)	平均面积 (sf)	储水量变化 (cf)	储水量 (cf)	Q (cfs)
129.75	0	765	191[a]	0	0
130.00	1 530	5 370	5 370	191	0.28
131.00	9 210	13 445	12 235	5 561	1.71
131.57	17 680			17 796	3.27

a 四舍五入为整数。

通过表 3.26 所表示的洼地径流过程线(采用 WinTR-55 方法计算的),计算洼地中的淹没深度和保留容量。为了简明起见,以下只列出了重现期为 100 年的暴雨的计算结果:

水面最大高度=131.32 ft

最大滞留储水量=9 839 cf<17 796 cf

最大排水(下渗)=2.26 cfs<3.27 cfs

以上数值表明重现期为 100 年的暴雨不会造成水漫过道路。注意,以上列出的排水量代表通过淹没区域的最大下渗量,它小于已经装满水的洼地的下渗容量。

3.7　通用径流方法

以上各节讨论了推理计算方法和 SCS 方法的缺点。如上说明,推理计算方法依据线性度和比例性的假设,而这些假设都未考虑初始损失,并且与实际观察结果(例如表 3.15 中的观察结果)相矛盾。SCS 方法也是依据若干假设和近似建立的,其中许多都与实际的降雨-径流过程不一致。作者于 2009 年提出并在本书第一版(2011 年)中对通用方法做出了进一步改进,使其[Pazwash(2013)也对其做出了进一步改进]能够实际表示降雨-径流的关系。该方法是一种直接考虑初始损失和下渗的物理模型。它要求根据土壤覆盖条件估计初始损失,并实施土壤级配分析或渗透性试验,以确定下渗速度。

3.7.1　降雨和径流之间的滞后时间

图 3.28 显示了均匀分布的降雨以及初始损失的雨量图,初始损失包括拦截、洼地储水和透水地区的下渗。对于铺面区域,可以通过除去拦截线和下渗线,并调节洼地储水,对该图进行修改。在该图中,降雨强度和下渗速度以 mm/h(in/h)为单位,而包括拦截和洼地储水在内的初始损失有一个长度比例尺,它以 mm(in)为单位。该图上所示的下渗曲线为保守估计的下渗曲线,其不变的下渗速度等于水力传导系数,这是发生在表面饱和条件下的最小下渗流量。为简单计,在图中用矩形方块显示拦截量和洼地储水量。

当考虑初始损失时,净多余雨量将在一段滞后时间后被均匀分布,如图 3.29 所示。该图显示,在初始损失的容量被耗尽之前,没有径流出现。用以下公式计算从降雨开始到径流开始之间的滞后时间

$$IT_e = (X_t + S_d) + KT_e \tag{3.71}$$

或

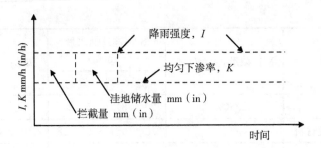

图 3.28　通用降雨-径流关系的表示

$$T_c = \frac{L}{(I-K)} \tag{3.72}$$

式中：I——降雨强度，mm/h(in/h)；

　　　X_t——树木和植物的拦截量，mm(in)；

　　　S_d——洼地储水量，mm(in)；

　　　L——X_t 和 S_d 之和，初始损失（不包括下渗），mm(in)；

　　　K——渗透性，mm/h(in/h)；

　　　T_e——径流开始的时间（降雨开始到径流开始之间的滞后时间），h；

　　　T_d——暴雨持续时间，h。

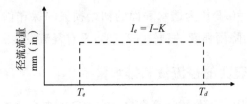

图 3.29　来自透水地区的多余雨量

　　表 3.27 列出了拦截量和洼地储水量的典型值。该表中的 L 这一项代表作为拦截量和洼地储水量之和的初始损失。该表中的数值是根据第 3.2.1 节和第 3.2.2 节中的观察结果和报告确定的。

表 3.27　拦截量和洼地储水量（初始损失）的典型值

地表覆盖	X_t拦截量，[mm(in)]	S_d＝洼地储水量 [mm(in)]		初始损失 $L＝X_t＋S_d$
		陡坡	缓坡	
林地	2.5～7.5(0.1～03)	7.5(030)	20(0.5)	10～25(0.4～1.0)
草坪	2.0～5.0(0.08～0.2)	5(0.20)	10(0.4)	7.0～15(03～0.6)

地表覆盖	X_t拦截量,[mm(in)]	S_d=洼地储水量 [mm(in)]		初始损失 $L=X_t+S_d$
		陡坡	缓坡	
景观	2.5(0.1)	20(0.8)	50(2)	25～50(1～2)
多孔路面,铺设材料[a]	0	2.0(0.08)	3.0(0.12)	2.0～3.0(0.08～0.12)
铺路面	0	1.0(0.04)	2.0(0.08)	1.0～2.0(0.04～0.08)

[a]可将开孔面积占比超过20%的铺设材料视为下渗速度与高渗透性土壤中的生草的下渗速度相同的透水表面。然而,在渗透性低的土壤中,铺设材料的下渗速度高于草坪。

作者建议根据渗透性试验的结果或表 3.8 中的 USDA 土壤质地渗透性等级 K_0 至 K_5 的数值确定渗透性。可以在考虑前期水分条件的情况下,调节透水地区的初始损失,将一个小于 1 的因子应用在表 3.27 中所列的可能的初始损失数值上。因此,式(3.72)就变为

$$T_e = M_c \frac{L}{(I-K)} \qquad (3.73)$$

式中:M_c 为前期水分因子,是在上一次暴雨之后,初始损失(拦截量和洼地储水容量)中仍可利用的那一部分。

作者建议以 $M_c=0.5$ 作为透水表面的初始损失的保守估计值。当 $I \leqslant K$ 时,渗透速度就被限制为降雨强度,根据式(3.73),没有径流发生。

3.7.2　来自透水表面的径流量和排水量

根据图 3.29,利用以下公式计算来自透水地区的多余雨量的深度(即径流)

$$R = (T_d - T_e) \cdot (I-K) \qquad (3.74)$$

或

$$R = I(T_d - T_e) - K(T_d - T_e) \qquad (3.75)$$

式中:R——径流深度,mm(in)。

在式(3.75)中,等号右边第一项代表初始损失的容量被耗尽之后的总降雨深度,第二项考虑了径流开始之后透水表面的下渗损失。对于 $I \leqslant K$,下渗就被限制为降雨强度,式(3.74)表明 $R=0$。

径流量是径流深度与透水表面积的乘积,用以下公式计算:

$$V_p = 0.001AR = 0.001A \cdot (I-K) \cdot (T_d - T_e) \qquad \text{SI} \qquad (3.76)$$

$$V_p = AR/12 = 0.083A \cdot (I - K) \cdot (T_d - T_e) \qquad \text{CU} \qquad (3.77)$$

式中：V——径流量，$\text{m}^3(\text{cf})$；

　　A——透水表面积，$\text{m}^2(\text{sf})$。

考虑多余雨量的均匀变化，可以利用图 3.30 中的梯形几何形状近似计算最大排水量。在该图中，T_c 是集水区的集流时间，梯形下方的面积等于利用式(3.76)和式(3.77)计算出的径流量。按照该图，集流时间 T_c 等于 $T_e + T_t$，其中 T_t 是通过集水区的行程时间，用以下公式计算最大径流流量

$$Q = \frac{V}{3\ 600(T_d - T_e)} \qquad (3.78)$$

式中：因子 3 600 代表每小时的秒数。将式(3.76)和式(3.78)合并，获得以下方程：

$$Q = 0.278 \times 10^{-6} \times A(I - K), \text{SI} \qquad (3.79)$$

$$Q = 2.31 \times 10^{-5} \times A(I - K), \text{CU} \qquad (3.80)$$

式中：Q——最大排水流量，$\text{m}^3/\text{s}(\text{cfs})$，其他参数的定义见上文。

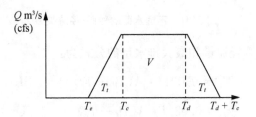

图 3.30　最大径流分布

对于由不同类型透水表面(例如草坪、林地和景观)组成的集水区，可以将式(3.76)至式(3.78)修改为：

$$T_e = M_c \sum A \cdot L / \sum A(I - K) \qquad (3.81)$$

$$V = 0.001 \left[\sum A \cdot (I - K) \right] \cdot (T_d - T_e) \qquad \text{SI} \qquad (3.82)$$

$$V = 0.083 \left[\sum A \cdot (I - K) \right] \cdot (T_d - T_e) \qquad \text{CU} \qquad (3.83)$$

$$Q_p = V / \left[3\ 600(T_d - T_e) \right] \qquad (3.84)$$

式中：$\sum A$——所有透水表面积总和；

　　K——与每个 A 值有关的土壤渗透性；

其他参数的定义见上文。

3.7.3 不透水面的滞后时间和径流数学关系式

图 3.31 显示了不透水面的降雨-径流关系。

在这种情况下,利用以下公式计算滞后时间:

$$T_e = L/I \qquad\qquad (3.85)$$

式中:$L = S_d$;

$\quad$ I——降雨强度,mm/h(in/h)。

参考图 3.31,利用以下公式计算径流深度:

$$R = I(T_d - T_e) \qquad\qquad (3.86)$$

式中:T_d——降雨持续时间,h;

$\quad$ T_e——利用式(3.85)计算的滞后时间,h。

图 3.31 不透水面的降雨-径流关系

这种情况下计算径流量和最大排水量的公式为:

$$V_i = 0.001I \cdot A(T_d - T_e) \qquad \text{SI} \qquad (3.87)$$

$$V_i = 0.083I \cdot A(T_d - T_e) \qquad \text{CU} \qquad (3.88)$$

$$Q_i = V/[3\,600(T_d - T_e)] \qquad \text{SI/CU} \qquad (3.89)$$

3.7.4 适用于复合表面的计算公式

对于包含透水表面和硬化路面的集水区,滞后时间和径流量取决于透水表面和不透水面是否连通。当不同表面不连通时,利用式(3.73)至式(3.89)分别计算每个表面的滞后时间、径流量和最大排水量。然后利用以下公式,将透水表面和不透水面的径流量和排水量分别相加,得到整个区域的复合径流量和最大排水量。

$$V = V_p + V_i \qquad\qquad (3.90)$$

$$Q = Q_P + Q_i \qquad\qquad (3.91)$$

利用本节下文中的一个实例说明计算过程。

如果一个不透水面的径流被排至一个透水表面,则径流会被透水表面部分或

全部地保留,并随着时间的推移而下渗。在这种情况下,可以利用一个类似于图 3.25 的图表,得到计算滞后时间的如下方程:

$$T_e = \frac{\sum M_c L \cdot A}{\sum A(I-K)} \tag{3.92}$$

在这个方程中,对于不透水面,$K=0$。与以上情况类似,可以将一个前期水分因子 M_c 应用于透水表面。

利用以下各公式计算径流量和最大排水量:

$$V = 0.001[\sum A(I-K)] \cdot (T_d - T_e) \qquad \text{SI} \tag{3.93}$$

$$V = 0.083[\sum A(I-K)] \cdot (T_d - T_e) \qquad \text{CU} \tag{3.94}$$

$$Q = V/[3\ 600(T_d - T_e)] \tag{3.95}$$

或

$$Q = c_x[\sum A(I-K)]/3\ 600 \qquad \text{SI/CU} \tag{3.96}$$

式中

$$c_x = 0.001 \qquad \text{SI}; \ c_x = 0.083 \qquad \text{CU}$$

其中所有参数的定义均如上文所述。对于铺路面,M_c 的数值可以取 1.0。

计算由不同类型的透水表面和不透水面组成的集水区的滞后时间、径流量和最大排水量的各个公式将在第 3.7.4.1 节中列出。

3.7.4.1 复合表面的通用径流计算方程

1. 不连通的透水区域和不透水区域

a. 透水区域

$$T_e = \frac{\sum M_c L \cdot A}{\sum A(I-K)}$$

$$V_p = c_x[\sum A(I-K)] \cdot (T_d - T_e) \qquad \text{SI}$$

$$Q_p = V_p/3\ 600(T_d - T_p) \qquad \text{SI,CU}$$

或

$$Q_p = c_x[\sum A(I-K)]/3\ 600$$

b. 不透水区域

$$T_e = \frac{\sum L \cdot A}{I \sum A}$$

$$V = c_x I (\sum A) \cdot (T_d - T_e) \qquad \text{SI,CU}$$

$$Q_i = V_p / 3\,600 (T_d - T_p) \qquad \text{SI,CU}$$

$$V = V_p + V_i$$

$$Q = Q_p + Q_i$$

2. 向透水地区排水的不透水区域

$$T_e = \frac{\sum M_c L \cdot A}{\sum A (I - K)}$$

$$V = c_x \left[\sum A (I - K) \right] \cdot (T_d - T_e) \qquad \text{SI,CU}$$

$$Q_i = V / 3\,600 (T_d - T_e) \qquad \text{SI,CU}$$

$$R = V / \sum A \qquad \text{SI,CU}$$

定义: A——面积, $\text{m}^2(\text{sf})$;

$\quad I$——降雨强度, $\text{mm/h}(\text{in/h})$;

$\quad K$——渗透性, $\text{mm/h}(\text{in/h})$;

$\quad S_d$——地面蓄水量, $\text{mm}(\text{in})$;

$\quad X_i$——植物拦截量, $\text{mm}(\text{in})$;

$\quad L_i$—— $X_i + S_d$, 植物造成的初始损失, $\text{mm}(\text{in})$;

$\quad L_i$—— S_d, 铺路面的地面蓄水量, $\text{mm}(\text{in})$;

$\quad R$——径流深度, $\text{mm}(\text{in})$;

$\quad V$——径流量, $\text{m}^3(\text{cf})$;

$\quad Q$——排放量, $\text{m}^3/\text{s}(\text{cfs})$;

$\quad M_c$——前期水分条件因子, $M_c = 1.0$(不透水), $M_c = 0.5$(透水);

$\quad T_e$——径流滞后时间, h;

$\quad T_d$——降雨持续时间, h;

$\quad c_x = 0.001$(国际单位制单位), $1/12 = 0.083$(英制单位)。

例 3.15 一个 $1\,500\ \text{m}^2$ 的住宅区前种植了树林。根据土壤级配分析,现场的土壤是砂质黏壤土。计算以下降雨量下的径流量和最大径流:

a. 重现期为 10 a、持续时间为 10 min、降雨强度为 150 mm/h 的暴雨;

b. 重现期为 10 a、持续时间为 60 min、降雨强度为 50 mm/h 的暴雨。

求解 利用表 3.22,估计初始损失 L_p 为 20 mm。根据图 3.14,砂质黏壤土渗透性等级为 K_2;$K=15\sim50$ mm/h(见表 3.8)。

估计 $K=30$ mm/h。

a. 持续时间为 10 min、降雨强度为 150 mm/h 的暴雨

利用式(3.73)至式(3.76),分别计算滞后时间、径流深度和径流量:

$$T_e = \frac{0.5 \times 20}{(150-30)} = 0.083\ 3\ \text{h}$$

$$R = (0.166\ 7 - 0.083\ 3) \times (150-30)$$
$$= 10.008\ \text{mm}$$

$$V = 0.001R \cdot A = 15.07\ \text{m}^3$$

利用式(3.79)计算的最大径流为

$$Q = 0.278 \times 10^{-6} \times (150-30) \times 1\ 500 = 0.05\ \text{m}^3/\text{s}$$

另外利用式(3.78):

$$Q = \frac{V}{3\ 600(T_d - T_e)} = \frac{15.07}{[3\ 600(0.166\ 7 - 0.083\ 3)]}$$
$$= 0.05\ \text{m}^3/\text{s}$$

b. 持续时间为 60 min、降雨强度为 50 mm/h 的降雨

$$T_e = 0.5 \times 20/(50-30) = 0.5\ \text{h} = 30\ \text{min}$$

在降雨开始 30 min 后出现径流。径流深度是

$$R = (1-0.5) \times (50-30) = 10.0\ \text{mm}$$

径流量是

$$V = 0.001R \cdot A = 0.001 \times 10 \times 1\ 500 = 15.0\ \text{m}^3$$

最大径流流量是

$$Q = 0.278 \times 10^{-6} \times (50-30) \times 1\ 500 = 0.008\ 34\ \text{m}^3/\text{s}$$

注:这个实例证明,与推理计算方法和 TR-55 方法的结果不同,径流量不一定随着暴雨持续时间的延长而增加。该例还证明,最大径流量不随着降雨强度的增大而成比例地增大。

例 3.16 计算在持续时间为 30 min、降雨强度为 3.25 in/h(83 mm/h)的暴雨期间,一座独栋住宅的最大径流量和径流量。针对以下情况进行计算:

a. 铺路面直接排水;

b. 屋顶和机动车道向草坪和景观排水。

给定条件：

$L_i = 0.5$ in(12.5 mm)，草坪

$L_i = 1.5$ in(38 mm)，景观

$S_d = 0.12$ in(3 mm)，机动车道

$S_d = 0.04$ in(1 mm)，屋顶

景观：

$A = 1\ 500$ ft^2(139 m^2)

$K = 6$ in/h(150 mm/h)

求解 利用第 3.7.4.1 节中的公式进行计算。分别制作案例 a 和案例 b 的电子表格。

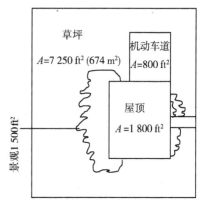

案例 a：不连通的透水区域和不透水区域

透水区域

A	L	K	I	M_c	M_cLA	$A(I-K)$
7 250	0.5	3	3.25	0.5	1 812.5	1 812.5
1 500	1.5	6	3.25	0.5	1 125	−4 125
总计					2 937.5	−2 312.5

$\sum A(I-K) < 0$

没有来自草坪和景观的径流

不透水区域

A	L	I	M_c	M_cLA	AI
1 800	0.04	3.25	1.00	72	5 850
800	0.08	3.25	1.00	64	2 600
总计				136	8 450

$T_i = \dfrac{136}{8\ 450} = 0.02$ h
$V = 338$ cf
$Q = 0.196$ cfs

$V = 3.25 \times 2\ 600 \times (0.5 - 0.02)/12$

$Q = V/[3\ 600 \times (0.5 - 0.02)]$

案例 b：连通

A	L	K	I	M_c	M_cLA	$A(I-K)$
7 250	0.5	3.0	3.25	0.5	1 812.5	1 812.5
1 500	1.5	6	3.25	0.5	1 125	−4 125
1 800	0.04	0	3.25	1.0	72	5 850
800	0.08	0	3.25	1.0	64	2 600
总计					3 073.5	6 137.5

$T_e=\dfrac{3\,073.5}{6\,137.5}=0.50 \text{ h}=30 \text{ min}$	
$V=0$ cf	没有来自房屋的径流
$Q=0$ cfs	

* 利用 $c_x=1/12$ (0.083)进行了计算。

3.7.5 通用方法在非均匀降雨计算中的应用

对于非均匀分布的暴雨，可以将降雨划分为若干不连续段，其中每段的降雨强度均匀。然后将通用径流方程应用于每一段。如果在第一段中，排水区域的全部初始损失的容量被耗尽，则其他各段中的那一部分的径流计算中将不包括除下渗以外的其他损失。下例介绍了应用该方法对一场被划分为两段的降雨进行计算的情况。

例 3.17 计算一场持续时间为 30 min 的暴雨的径流量和最大径流，这场暴雨前 15 min 的降雨强度为 4.0 in/h，后 15 min 的降雨强度为 2.5 in/h。对于案例 b（透水地区和铺路面水力连通），进行上述计算。

求解 a. 前 15 min 中的降雨深度是 4 in×15/60＝1.0 in。因此，在降雨的前半部分中，草坪和铺路面的初始损失的容量被完全耗尽。另外，如果取前期水分因子 $M_c=0.5$，则景观的所有可利用初始损失容量都被耗尽。（注：1.5×0.5＝0.75 in）

A (ft²)	L (in)	K (in/h)	I (in/h)	M_c	M_cLA (ft²·in)	$A(I-K)$ (ft²·in/h)
7 250	0.50	3.0	4	0.5	1 812.5	7 250
1 500	1.50	6.0	4	0.5	1 125.0	−3 000

A (ft²)	L (in)	K (in/h)	I (in/h)	M_c	M_cLA (ft² · in)	$A(I-K)$ (ft² · in/h)
1 800	0.04	0	4	1.0	72.0	7 200
800	0.08	0	4	1.0	64.0	3 200
总计					3 073.5	14 650

$$T_e = \frac{\sum M_cLA}{\sum A(I-K)} = \frac{3\,073.5}{14\,650} = 0.21 \text{ h}$$

$$V = 0.083 \times \sum A(I-K) \cdot (T_d - T_e)$$

$$= 0.083 \times 14\,650 \times (0.25 - 0.21) = 48.6 \text{ ft}^3$$

$$Q = \frac{V}{3\,600} \cdot (T_d - T_e) = \frac{48.6}{3\,600(0.25 - 0.21)} = 0.34 \text{ ft}^3/\text{s}$$

b. 在后 15 min 中，$I = 2.5$ in/h。

在此期间，损失全是下渗造成的。这期间的电子数据表计算结果被排列在下表中：

A (ft²)	L (in)	K (in/h)	I (in/h)	M_c	M_cLA (ft² · in)	$A(I-K)$ (ft² · in/h)
7 250	0	3.0	2.5	0.5	0	−3 625
1 500	0	6.0	2.5	0.5	0	−5 250
1 800	0	0	2.5	1.0	0	4 500
800	0	0	2.5	1.0	0	2 000
总计					0	−2 375

由于 $\sum A(I-K) < 0$，在第二个 15 min 期间没有径流。

注：这场暴雨的降雨深度等于 1.625 in，与上例中的降雨深度相同。然而与上例中的均匀降雨相比，这场非均匀暴雨的最大径流流量较大，而其径流数量较小。显而易见，推理计算方法和 TR-55 方法都不能执行这种计算。

3.8 雨洪管理模型

可将雨洪管理模型分为两类：流量模型和流量-水质模型。前一种模型不能提供关于暴雨水质的信息，它包括推理计算方法、SCS 方法、通用方法（即本书介绍的方法)以及 HEC-1 和 HEC-HMS 计算机软件。这种模型也包括若干经验性的综合过程线法和回归方程,例如 Snyder 单位过程线法和 USGS 单位过程线法。后一种模型通常包括不仅能够计算流量,还能估算径流夹带的污染物的数量的整体计算机模型。美国最广泛应用的整体模型为 EPA 于 20 世纪 80 年代开发的雨洪管理模型(SWMM)、EPA 于 2007 年开发的 WinSLAMM(源加载和管理模型)以及美国农业部研究服务中心和得克萨斯州农工大学 AgriLife 研究所开发的 SWAT。

Snyder 综合单位过程线法和美国地质勘探局(USGS)单位过程线都是实践中广泛采用的单位过程线之一。附录 3B 和附录 3C 分别介绍了这两种单位过程线。以上各节介绍了推理计算方法和 TR-55 方法。美国陆军工兵部队(COE)开发的 HEC-1 软件及其 Windows 版 HEC-HMS 被广泛应用于流域水文分析。也可将 HEC-1 模型用于滞洪池经由路径计算。还可以利用诸如本特利的海思德工程的 Pond Pack 和 HydroCAD 之类的更加用户友好的软件进行水文计算和经由路径计算,上述软件被普遍应用于雨洪管理实践中。USGS 已经开发并建立了估算美国重现期为 2 年至 500 年的暴雨的最大流量的回归方程。USGS 的回归方程适用于农村地区以及城市地区。

农村地区的回归方程是依据每个州特定区域的流域和气候特征建立的。回归方程的一般形式如下:

$$Q_T = kA^aB^bC^c \tag{3.97}$$

式中:Q_T——农村地区重现期为 T 年的暴雨时的最大流量;

k——回归常数;

a,b 和 c——回归系数;

A,B 和 C——流域特征。

城市地区的最大流量方程包括七个参数,其中之一是利用式(3.97)计算的那个地区农村的最大流量。城市排水设计手册(HEC-22,2013)中介绍了这些公式,本章结尾处的附录 3D 收纳了相关内容。

USGS 也开发了一个被称为 StreamStats 的计算机程序,这个计算机程序不仅能计算最大排水量,还能提供有关流域特征的信息,例如排水面积、长度和河川流域的坡度。该程序已被若干州完全采用。另外,目前有关方面正在努力工作,以实现将该程序应用于整个美国的长期目标。新泽西州是已经完全采用该程序的州之一。可从下列 USGS 网址下载该程序:http://water.usgs.gov/osw/streamstat。

输入一个流域中一个相关点的纬度和经度,或者浏览界面图上的位置,可以容易地查看关于流域的信息。附录 3E 介绍了这个程序应用于新泽西州一条河川的情况。如附录 3E 中所示,StreamStats 程序的输出包括一个河川的排水区域图以及诸如河川长度和坡度、城市用地面积的百分数以及重现期为 2 年至 500 年的暴雨的最大流量之类的流域信息。

EPA 的 SWMM 是一个降雨-径流模拟模型。该模型可对城市地区单一暴雨事件中的径流数量和质量进行模拟,以及对城市地区径流数量和质量进行长期(连续)模拟。SWMM 最初于 1971 年被开发,并历经若干次重要升级。基于 Windows 系统的该软件的最新版(第 5 版)即 EPA SWMM 5 是美国联邦环保署国家风险管理实验室供水和水资源分部在 CDM 咨询公司的帮助下开发的。用户利用 SWMM 5,可以进行水质模拟,并能查看以多种格式表示的结果。这些格式包括彩色编码的排水区域图、时间序列表格和图形、轮廓图以及统计频率分析。SWMM 的径流分量能生成由若干支流集水区,组成一个整体区域的降雨-径流关系,并能通过管道和沟渠输送系统、雨水储存/处理装置、泵及调节器输送径流。SWMM 能计算每个管道和沟渠中的流量、水流深度和径流数量以及在模拟期间或在多个时间段中每个子流域中的径流的数量和水质。

WinSLAMM 最初于 20 世纪 70 年代被开发用于调查城市径流中的污染物来源与径流质量之间的关系。自那时起,该软件被连续改进升级。现在它包括各种各样的水源条件和排水口控制措施,例如渗水池、湿池、多孔路面、清洁街道和浅草洼地等。WinSLAMM 与其他许多模型不同,它适用于频繁发生的较小流量条件。因此,这个模型最适用于水质分析。它能预测水质分析所涉及的降雨中的径流污染物的来源以及流量。

WinSLAMM 与 SWMM 一起被应用于调查城市径流对接收水体的影响。目前研究人员正在尝试在这两个模型之间建立一种更加完善的关系。一旦这两个模型被合并,应用将更加便利。

SWAT(土壤和水评估工具)是一个河流盆地比例模型,它能量化大型和复杂的流域中的土地开发活动对洪水、侵蚀和水质(泥沙、营养素和农药的含量)的影响。该模型 2012 年最新修订版获得了位于格拉斯兰的 USDA 农业研究服务处和位于得克萨斯州坦普尔的土壤和水研究实验室的支持。该模型与利用设计暴雨的常规方法不同,用户可以利用它预测连续的流量影响。这个模型要求使用气候(降雨和温度)数据、地形信息以及过去和将来的土地利用模式。得克萨斯州奥斯汀市已在奥斯汀的核桃溪与科罗拉多河的汇合处,利用该模型研究核桃溪流域(Lopez et al.,2012)。

问题

3.1 一块未受扰动的岩石样品的烘干重量为 425.30 g。在用煤油饱和后,其重量变为 476.19 g。然后将其浸入煤油中,置换了 196.07 g 的煤油。样品的孔隙度是多少?

3.2 一个未受扰动的缓坡集水区被大约 50% 的林地和 50% 的草地所覆盖。对于一场持续时间为 60 min、降雨强度为 50 mm/h 的暴雨：

a. 利用布鲁克斯等人的方法计算拦截量，估计 $S=4$ mm，忽略暴雨期间的蒸发；

b. 在 $S_d=20$ mm 的条件下利用式（3.3）计算洼地储水。

3.3 采用以下条件：$I=2$ in/h、$S=0.15$ in 以及 $S_d=0.8$ in，求解问题 3.2。

3.4 假设 $f_0=2.5$ in/h，$f_c=K=1$ in/h，计算在一场持续时间为 2 h、降雨强度为 1.6 in/h 的暴雨中砂质黏壤土的下渗量。采用：

a. $\alpha=1$ h^{-1} 时的霍顿方程；

b. 霍顿方程和表 3.6。

3.5 在以下参数条件下重新求解问题 3.4：$f_0=62.5$ mm/h，$f_c=25$ mm/h，$I=40$ mm/h。

3.6 在一场持续时间为 6 h 的暴雨开始时，一个小区域中的水的下渗速度为 100 mm/h，之后下渗速度降低至 20 mm/h（均匀下渗）。在这场暴雨期间总共有 250 mm 的水渗入地下。计算霍顿方程中的 α 值。

3.7 一个 100 hm^2 的流域中发生了一场持续时间为 4 h 的暴雨，这场暴雨期间的每一小时中的平均降雨强度分别为 30，50，25 和 15 mm/h。如果暴雨的下渗指数 φ 是 20 mm/h，计算来自流域的直接径流量。

3.8 降落在一个 10 ac 流域的一场持续时间为 60 min 的暴雨的降雨强度为：

时间(min)	15	30	45	60
降雨强度(in/h)	3.0	2.5	4.0	1.5

a. 计算以 in 为单位的总降雨深度。

b. 如果测得来自流域的净降雨量（地面径流）为 1.5 in，计算指数 φ。

c. 计算来自流域的径流量。

3.9 雨水以 30 mm/h 的降雨强度均匀降落在一块沙壤土上，降雨持续时间为 2 h。利用 Green-Ampt 方法计算：

a. 土壤表面达到饱和的时间。

b. 暴雨期结束时的下渗数量。

假设初始水分含量为 0.25，$f_p=50$ mm/h。

3.10 对于一场持续时间为 2 h、降雨强度为 1 in/h 的暴雨，求解问题 3.9；$f_p=2.0$ in/h。

3.11 在问题 3.9 中，第一个小时的降雨强度为 15 mm/h，第二个小时的降雨强度为 40 mm/h。计算地面达到饱和的时间以及下渗数量。

3.12　利用一台与图 3.12 中所示的渗透计类似的降水头渗透计测量土壤样品的渗透性。测得水头 H 在 90 s 内从 400 mm 降至 150 mm。计算土壤渗透性。渗透计的尺寸为：样品长度 $L=120$ mm；$r=10$ mm；$R=100$ mm。

3.13　对于在 90 s 内从 14 in 降至 6 in 的水头降，计算问题 3.12 中的土壤渗透性。贯穿器（permeater）的尺寸为：$L=5$ in；$r=0.4$ in；$R=4$ in。

3.14　一块 25 ac 的林区在 1 h 内均匀地接收 2 in 的雨水。如果集流时间是 30 min，则流域出水口处的最大流量是多少？采用推理计算方法进行计算。

3.15　对于 10 hm² 的林区和 50 mm 的降雨量，重新求解问题 3.14。

3.16　降雨强度为 2 in/h 的雨水在 1 h 内均匀地降落在一个 100 ac 的流域上，这个流域的组成部分为：25 ac，$C=0.3$；20 ac，$C=0.4$；40 ac，$C=0.6$；15 ac，$C=0.90$。计算最大径流流量，假设集流时间为 1 h。

如果集流时间是 45 min，则最大排水量是多少？

3.17　雨水在 1 h 内以 500 mm/h 的降雨强度均匀降落在一块 40 hm² 的流域，这个流域的组成部分为：10 hm² 的面积，$C=0.3$；10 hm² 的面积，$C=0.4$；20 hm² 的面积，$C=0.6$。计算最大径流流量，假设集流时间为 1 h。

如果集流时间是 45 min，则最大排水量是多少？绘制这场暴雨的过程线。

3.18　一个流域包括两个子区域，这两个子区域的水文特性为：

a. 子区域 1：$A=80$ ac，$C=0.50$，$T_c=30$ min。

b. 子区域 2：$A=100$ ac，$C=0.35$，$T_c=40$ min。

重现期为 25 a、持续期间为 30 min 和 40 min 的两场暴雨的降雨强度分别为 3.6 in/h 和 3.0 in/h。计算来自每个子区域的最大径流流量以及流域的总排水量。

3.19　在问题 3.18 中，子区域 1 和子区域 2 的面积分别为 32 hm² 和 40 hm²。计算在重现期为 25 年的暴雨中来自以下区域的最大径流：

a. 每个子区域；

b. 流域。

重现期为 25 a、持续期间为 30 min 和 40 min 的两场暴雨的降雨强度分别为 90 mm/h 和 75 in/h。

3.20　一个 150 ac 的流域包括两个子区域：子区域 A，占流域面积的 30%，集流时间为 20 min；具有缓坡的子区域 B，占流域面积的 70%，集流时间为 60 min。可以假设损失为 1 in/h。计算重现期为 25 年的暴雨中的最大流量。采用以下 IDF 关系：

$$I = (30 \times T^{0.22})/(t_d + 18)^{0.75}$$

式中：I——降雨强度，in/h；T——重现期，a；t_d——降雨持续时间，min。假设流域出水口的排水量呈线性关系。请说明采用的其他假设。

3.21 说出确定 TR-55 方法中的土壤曲线数 CN 值所依据的各个因子。

3.22 排水区域的复合土壤曲线数为 55。依据 SCS 方法的计算结果，在出现径流之前必须有多少雨水落下？

3.23 一个天然流域具有以下特性：

a. 状况良好的林地，土壤组别为 B，占流域面积的 40%。

b. 状况良好的灌草丛，土壤组别为 C，占流域面积的 60%。

计算在一场持续时间为 24 h、降雨量为 11.5 cm 的降雨中以 cm 为单位的径流深度。采用 SCS Ⅲ型暴雨分布。

3.24 计算问题 3.23 中的持续时间为 24 h、降雨量为 5 in 的降雨中的径流深度。

3.25 采用 TR-55 方法，计算一个具有以下特性的排水区域的集流时间：

a. 片流；茂密草地，长度 $L=100$ ft；坡度 $S=2.0\%$，重现期为 2 a、持续时间为 24 h 的降雨 $P_2=3.5$ in。

b. 浅槽流；未铺路面，长度 $L=250$ ft，坡度 $S=1\%$。

c. 河川流；曼宁粗糙度系数 $n=0.06$，流动面积 $A=9$ ft²，湿周 $P=11$ ft，坡度 $S=0.7\%$，长度 $L=700$ ft。

流域面积是 10 ac。

3.26 利用 FHWA 方法计算问题 3.25 中的排水区域的集流时间。利用图 3.1(b) 中的重现期为 10 年的暴雨的降雨强度进行计算。

3.27 问题 3.25 中介绍的排水区域由 40% 的林地、30% 的草地和 30% 的铺路面组成。对于这个排水区域，计算重现期为 2 年、10 年和 100 年，持续时间为 24 h 的暴雨的径流深度和最大流量。对于这个排水区域中的 24 h 暴雨，$P_2=3.5$ in，$P_{10}=5.3$ in，$P_{100}=8.7$ in。暴雨是Ⅲ型分布的降雨，土壤为 C 组土壤。

3.28 采用推理计算方法计算问题 3.27 中重现期分别为 2 年、10 年和 100 年的暴雨的排水区域的最大流量。采用如图 3.1(b) 所示的新泽西州这一区域的降雨强度-持续时间-频率(IDF)曲线。采用以下径流系数进行计算。

a. $C=0.95$（铺路面）；

b. $C=0.30$（草坪）；

c. $C=0.25$（林区）。

3.29 一个由 60% 林地、20% 草坪和 20% 铺路面组成的面积为 10 hm² 的流域，土壤全是水文组 B 土壤，计算持续时间为 24 h、降雨量为 150 mm 的Ⅲ型暴雨的径流深度、径流量和最大径流流量。假设集流时间为 45 min。

3.30 问题 3.27 中的排水区域由壤质砂土和铺路面组成,向草坪和林区排水。采用通用方法计算重现期分别为 2 年、10 年和 100 年,持续时间为 45 min 的暴雨的径流量和最大径流流量。利用图 3.1(b)中的 IDF 曲线。

3.31 如果铺路面未向草坪和林地排水,计算以上问题中的径流峰值和径流流量。

3.32 一个具有缓坡的 10 hm² 流域由 4 hm² 林地、3.5 hm² 草坪和 2.5 hm² 铺路面组成,土壤为沙壤土。采用通用方法计算以下情况下的持续时间为 45 min、降雨强度为 75 mm/h 的暴雨的径流量和最大径流流量:

a. 铺路面与透水地区水力分离;

b. 铺路面向草坪和林地排水。

3.33 一座独栋住宅包括 130 m² 的居住面积、80 m² 的车道和铺面庭院、275 m² 的草坪以及 150 m² 的景观。草坪和景观的初始损失和水力传导系数如下:

a. $L=10$ mm, $K=50$ mm/h——草坪;

b. $L=30$ mm, $K=75$ mm/h——景观。

计算以下情况下,降雨强度为 60 mm/h、持续时间为 1 h 的暴雨的滞后时间、径流量和最大径流流量:

a. 屋顶和机动车道直接向街道排水;

b. 屋顶落水管末端连接至景观;

c. 屋顶和机动车道向草坪和景观排水。

3.34 在雨量强度为 40 mm/h 的条件下,求解问题 3.33。

3.35 雨水先以 50 mm/h 降落 30 min,后以 40 mm/h 的降雨速度再降落 30 min。计算在 a,b 和 c 三种情况中来自问题 3.33 中所述的居住面积的径流的滞后时间、径流量以及最大径流流量。

3.36 计算在一场持续时间为 30 min、降雨强度为 3.2 in/h 的暴雨期间来自下图所示的一座独栋住宅的最大径流流量和径流数量。针对以下情况进行计算:

a. 铺路面的直接排水;

b. 屋顶和机动车道向草坪和景观排水。

给定条件:

$L_i=0.4$ in(草坪);

$L_i=1.2$ in(景观);

$S_d=0.08$ in(机动车道);

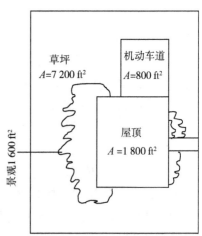

$S_d=0.04$ in(屋顶)。

景观：

$A=1\ 600\ \text{ft}^2$；

$K=5$ in/h。

附录 3A:TR-55 方法中的坡面流集流时间评述

以下三张工作表显示了采用 TR-55 第三工作表进行坡面流集流时间计算的结果。这些工作表证明，被普遍采用并为 TR-55 方法所允许的对坡面流范围进行分段的做法是不恰当的。采用该做法总会导致过高估计集流时间，因此不应采取该做法。应当修订 TR-55 手册中的第三工作表，将这个错误排除。以如下情况为例进行说明，在该情况中，将一个 100 ft 的坡面流范围分为坡度为 2% 的 60 ft 长的一段和坡度为 1% 的 40 ft 长的一段(见第一张工作表)。第二张和第三张工作表分别显示了一个坡度为 2% 的 100 ft 长的坡面流范围和一个复式坡度为 1.6% 的 100 ft 长的坡面流范围的集流时间计算结果。这些工作表显示，分段的坡面流范围计算的集流时间不仅比复式坡度的坡面流范围的集流时间长，也比那个具有较陡坡度的 100 ft 的坡面流范围的集流时间长。出现这种异常的原因在于集流时间方程不是距离的线性函数，而是正比于长度的 0.8 次幂。[注意(例如)，$100^{0.8}=39.8$，而 $2\times50^{0.8}=45.7$。]

美国农业部   FL-ENG-21B

自然资源保护局   06/04

TR 55 第 3 工作表:集流时间(T_c)或行程时间(T_t)

项目:＿＿＿＿＿＿＿ 设计:＿＿＿＿＿＿＿ 日期:＿＿＿＿＿＿＿

地点:＿＿＿＿＿＿＿ 审查:＿＿＿＿＿＿＿ 日期:＿＿＿＿＿＿＿

第一次检查: 当前   已开发

第一次检查: T_c T_t 通过子区域   ＿＿＿＿＿＿＿＿

注:每个流动类型多达两段空间可以使用一张工作表。包括一张地图、示意图或流动段的说明。

坡面流(仅适用于 T_c)   区段识别号

1. 地面描述(表 3-1) ·············

2. 曼宁粗糙度系数 n(表 3-1) ·············

3. 流动长度,L(总 $L \leqslant 100$ ft) ·········· ft | 0.80 | 0.80 |

4. 重现期 2 年、持续时间 24 小时的降雨量,P_2 ··· | 60 | 40 |

              ·········· in | 3.5 | 3.5 |

5. 土地坡度,S ·········· ft/ft | 0.020 | 0.010 |

6. $T_t = \dfrac{0.000\,7(nL)^{0.8}}{P_2^{0.5}S^{0.4}}$,计算 T_t ·········· h | 0.40 | + | 0.38 | = | 0.78 |

浅槽流   区段识别号

7. 表面描述(铺面或未铺面) ·············

8. 流动长度,L ·········· ft

9. 水道坡度,S ·········· ft/ft

10. 平均速度,V ·········· ft/s

11. $T_t = \dfrac{L}{3\,600V}$,计算 T_t ·········· h | | + | | = | |

渠道流   区段识别号

12. 截面流动面积,a ·········· ft²

13. 湿周,P_w ·········· ft

14. 水力半径,$r = \dfrac{a}{P_w}$,计算 r ·········· ft

15. 沟渠坡度,S ·········· ft/ft

16. 曼氏粗糙度系数 n

17. $V = \dfrac{1.49r^{2/3}s^{1/2}}{n}$,计算 V ·········· ft/s

18. 流动长度,L ·········· ft

19. $T_t = \dfrac{L}{3\,600V}$,计算 T_t ·········· h | | + | | = | |

20. 流域或子区域 T_c 或 T_t(在步骤 6、11 和 19 中加入 T_t) ·············· h | 0.78 |

TR 55 第 3 工作表：集流时间(T_c)或行程时间(T_t)

项目：＿＿＿＿＿＿＿　　　　设计：＿＿＿＿＿＿＿　　　　日期：＿＿＿＿＿＿＿

地点：＿＿＿＿＿＿＿　　　　审查：＿＿＿＿＿＿＿　　　　日期：＿＿＿＿＿＿＿

第一次检查：　　　　　当前　　　　　已开发

第一次检查：　　　　　T_c T_t　　　　　通过子区域　　＿＿＿＿＿＿＿＿＿＿＿＿

注：每个流动类型多达两段空间可以使用一张工作表。包括一张地图、示意图或流动段的说明。

坡面流(仅适用于 T_c)　　　　　　　区段识别号

1. 地面描述(表 3-1) ·················

2. 曼宁粗糙度系数 n(表 3-1) ·············

3. 流动长度，L(总 $L \leqslant 100$ ft) ·········· ft　　| 0.80 |

4. 重现期 2 年、持续时间 24 小时的降雨量，P_2 ··· 　　| 100 |

　　·································· in　　| 3.5 |

5. 土地坡度，S ················ ft/ft　　| 0.020 |

6. $T_t = \dfrac{0.000\,7\,(nL)^{0.8}}{P_2^{0.5}\,S^{0.4}}$，计算 T_t ·········· h　　| 0.60 | + | | = | 0.60 |

浅槽流　　　　　　　　　　　　　　区段识别号

7. 表面描述(铺面或未铺面) ·············

8. 流动长度，L ················ ft

9. 水道坡度，S ················ ft/ft

10. 平均速度，V ················ ft/s

11. $T_t = \dfrac{L}{3\,600V}$，计算 T_t ············ h　　| | + | | = | |

渠道流　　　　　　　　　　　　　　区段识别号

12. 截面流动面积，a ·············· ft²

13. 湿周，P_w ···················· ft

14. 水力半径，$r = \dfrac{a}{P_w}$，计算 r ······ ft

15. 沟渠坡度，S ················ ft/ft

16. 曼氏粗糙度系数 n ·············

17. $V = \dfrac{1.49r^{2/3}s^{1/2}}{n}$，计算 V ······ ft/s

18. 流动长度，L ················ ft

19. $T_t = \dfrac{L}{3\,600V}$，计算 T_t ············ h　　| | + | | = | |

20. 流域或子区域 T_c 或 T_t(在步骤 6、11 和 19 中加入 T_t) ············ h　　| 0.60 |

TR 55 第 3 工作表：集流时间(T_c)或行程时间(T_t)

项目：_____　　　设计：_____　　　日期：_____

地点：_____　　　审查：_____　　　日期：_____

第一次检查：　　　当前　　　　已开发

第一次检查：　　　T_c T_t　　　通过子区域　　_____

注：每个流动类型多达两段空间可以使用一张工作表。包括一张地图、示意图或流动段的说明。

坡面流(仅适用于 T_c)　　　　　　区段识别号　　☐

1. 地面描述(表 3-1) ························

2. 曼宁粗糙度系数 n(表 3-1) ···········　　0.80

3. 流动长度，L(总 $L \leqslant 100$ ft) ··········　ft　　100

4. 重现期 2 年、持续时间 24 小时的降雨量，P_2 ···
　　··························· in　　3.5

5. 土地坡度，S ························· ft/ft　　0.016

6. $T_t = \dfrac{0.000\ 7(nL)^{0.8}}{P_2^{0.5} S^{0.4}}$，计算 T_t ····· h　　0.65 ☐ + ☐ = 0.65

浅槽流　　　　　　　　　　　　区段识别号

7. 表面描述(铺面或未铺面) ················

8. 流动长度，L ·························· ft

9. 水道坡度，S ························· ft/ft

10. 平均速度，V ······················· ft/s

11. $T_t = \dfrac{L}{3\ 600V}$，计算 T_t ··············· h　　☐ + ☐ = ☐

渠道流　　　　　　　　　　　　区段识别号

12. 截面流动面积，a ···················· ft²

13. 湿周，P_w ·························· ft

14. 水力半径，$r = \dfrac{a}{P_w}$，计算 r ·········· ft

15. 沟渠坡度，S ······················ ft/ft

16. 曼氏粗糙度系数 n ··················

17. $V = \dfrac{1.49 r^{2/3} s^{1/2}}{n}$，计算 V ········· ft/s

18. 流动长度，L ························ ft

19. $T_t = \dfrac{L}{3\ 600V}$，计算 T_t ·············· h　　☐ + ☐ = ☐

20. 流域或子区域 T_c 或 T_t(在步骤 6、11 和 19 中加入 T_t) ····················· h　　0.65

附录 3B:SNYDER 单位过程线

Snyder 综合单位过程线是在 1938 年为阿巴拉契亚高原的流域而提出的。然而通过修改经验常数,该过程线已被成功地应用于美国面积从 25 km² 到 25 000 km² 的流域。该过程线也被应用于 HEC-1 模型中,其特征是具有如图 3B.1 中所介绍的五个参数。

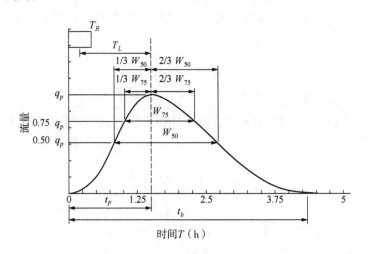

图 3B.1   Snyder 综合单位过程线

这些参数是单位流域面积的最大流量 q_p、降雨历时 T_R、流域滞时 T_L、达峰时间 t_p 和基准时间 t_b。另外,在这个综合过程线中定义了 50% 最大流量和 75% 最大流量下的单位过程线的宽度。在标准单位过程线中,利用以下公式计算这些参数:

$$T_r = t_p/5.5 \tag{3B.1}$$

$$T_L = C_1 C_t (LL_c)^{0.3} \tag{3B.2}$$

$$q_p = C_2 C_p A/T_L \tag{3B.3}$$

$$t_p = T_R/2 + T_L \tag{3B.4}$$

$$W_{50} = C_{u50} (q_p/A)^{-1.08} \tag{3B.5}$$

$$W_{75} = C_{u75} (q_p/A)^{-1.08} \tag{3B.6}$$

$$C_{u50} = 2.14 \qquad \text{SI(770 CU)} \tag{3B.7}$$

$$C_{u75} = 1.22 \qquad \text{SI(440 CU)} \tag{3B.8}$$

式中:A——排水面积,km²(mi²);

q_p——流量,m³/s(cfs);

  L——干流长度，km(m)；

  L_c——从出水口至河川上最靠近流域面积的几何中心的那一点的距离；

  C_2——2.75 SI (640 CU)。

以上各公式中的 C_1 和 C_p 是从应用 Snyder 过程线的同一区域流域中测量获得的。宽度 W_{50} 和 W_{75} 分别位于峰前三分之一处和峰后三分之二处。

  假设单位过程线的形状为三角形，以过程线下方的面积代表 1 cm 的直接径流，则可以利用以下公式估算基准时间：

$$t_p = C_3 A / q_R \tag{3B.9}$$

式中：C_3——5.56 SI(1290 CU)。

  在不同于 $t_b/5.5$ 的降雨持续时间中，用以下公式调节单位过程线的滞时和峰值流量：

$$T_{LR} = T_L - \frac{T_R - T'_R}{4} \tag{3B.10}$$

$$q_R = \frac{q T_L}{T_{LR}} \tag{3B.11}$$

式中：T'_R——降雨持续时间，h；

  T_{LR}——暴雨持续时间的滞时，h；

  T_L——利用方程 3B.2 算出。

附录 3C：USGS 全国城市过程线

  USGS 全国城市过程线采用由 USGS 对过程线的形状和特征进行近似计算而获得的信息。这种过程线的主要参数为：(1)无量纲的过程线纵坐标；(2)时滞；(3)最大流量。

  这个附录中包括 HEC-22 (2013)中表 3C.1 的一个复印页面，该表中列出了无量纲过程线纵坐标的默认值。该表中的数值通过对全国城市过程线研究获得。这些数值决定了过程线的形状，而滞后时间则用以下公式计算：

$$T_L = k_L L_M^{0.62} SL^{-0.32} (13 - BDF)^{0.47} \tag{3C.1}$$

式中：T_L——滞后时间，h；

  k_L——0.38 SI(0.85 CU)；

  L_M——干渠长度，km(mi)；

  SL——干渠坡度，m/km(ft/mi)；

  BDF——流域开发因子(见附录 3D.1"USGS 全国城市最大排水量方程"中的讨论)。

可以利用本章介绍的推理计算方法、SCS 方法和其他方法（除通用方法外）计算最大流量。在采用这种方法时，将表 3C.1 中的横坐标乘以降雨的几何中心与利用方程 3C.1 计算的径流的几何中心之间的时滞。然后将表中的纵坐标乘以计算的最大流量。

表 3C.1　USGS 无量纲过程线坐标

横坐标	纵坐标	横坐标	纵坐标
0.0	0.00	1.3	0.65
0.1	0.04	1.4	0.54
0.2	0.08	1.5	0.44
0.3	0.14	1.6	0.36
0.4	0.21	1.7	0.30
0.5	0.37	1.8	0.25
0.6	0.56	1.9	0.21
0.7	0.76	2.0	0.17
0.8	0.92	2.1	0.13
0.9	1.00	2.2	0.10
1.0	0.98	2.3	0.06
1.1	0.90	2.4	0.03
1.2	0.78	2.5	0.00

附录 3D：USGS 全国城市最大排水量的回归方程

本章的第 3.8 节中介绍了计算城市最大排水量的回归方程。本附录中包括 HEC-22（FHWA，2013）中表 3.4（在本书中为表 3D.1）的一个复印页面。这些方程中包括七个因子，其中 BDF（流域开发因子）最为重要。下表显示了影响 BDF 的参数。这些方程适用于计算重现期为 2 年至 500 年的暴雨的最大排水量。这些方程尽管已经经过验证，与现场测量值之间仍有大约 35% 至 50% 的偏差。

流域开发因子（BDF）是城市最大排水量方程中的一个非常重要的参数，它是排水区域效率和城市化程度的一个测度指标。可以利用排水图以及通过对流域进行现场检查而确定流域开发因子。首先将流域分为流域上游、流域中游和流域下游三个部分。在流域的每个三分之一部分，必须评估四个特性并且对其赋以 0 或 1 的数值：沟渠整治、沟渠衬砌（主要为不透水面衬砌）、雨水管或雨水沟以及有路缘和排水沟的街道。就路缘和排水沟这个特征而言，对于一个赋值为 1 的单独特征，局部流域至少 50% 的部分必须被城市化或整治。对于流域的每个三分之一部分评估四个特征,在完全开发的条件下,BDF 值为 12。

表 3D.1　USGS 建立的全国城市最大排水量方程

$$UQ_2 = 2.35A_s^{41}SL^{17}(R12+3)^{2.04}(ST+8)^{-65}(13-BDF)^{-32}IA_s^{15}RQ_2^{47}$$

$$(3-8)$$

$$UQ_5 = 2.70A_s^{35}SL^{16}(R12+3)^{1.86}(ST+8)^{-59}(13-BDF)^{-31}IA_s^{11}RQ_5^{54}$$

$$(3-9)$$

$$UQ_{10} = 2.99A_s^{32}SL^{15}(R12+3)^{1.75}(ST+8)^{-57}(13-BDF)^{-30}IA_s^{09}RQ_{10}^{58}$$

$$(3-10)$$

$$UQ_{25} = 2.78A_s^{31}SL^{15}(R12+3)^{1.76}(ST+8)^{-55}(13-BDF)^{-29}IA_s^{07}RQ_{25}^{60}$$

$$(3-11)$$

$$UQ_{50} = 2.67A_s^{29}SL^{15}(R12+3)^{1.74}(ST+8)^{-53}(13-BDF)^{-28}IA_s^{06}RQ_{50}^{62}$$

$$(3-12)$$

$$UQ_{100} = 2.50A_s^{29}SL^{15}(R12+3)^{1.76}(ST+8)^{-52}(13-BDF)^{-28}IA_s^{06}RQ_{100}^{63}$$

$$(3-13)$$

$$UQ_{500} = 2.27A_s^{29}SL^{16}(R12+3)^{1.86}(ST+8)^{-54}(13-BDF)^{-27}IA_s^{05}RQ_{500}^{63}$$

$$(3-14)$$

其中:

UQ_T——重现期为 T 年的暴雨中的城市最大排水量,cfs;

A_s——相关的排水区域,mi²;

SL——干渠坡度,ft/mi;

$R12$——持续时间为 2 h、重现期为 2 a 的降雨的降雨量,in;

ST——流域蓄水量(被湖泊、水库、沼泽和湿地所占据的流域的百分比),%;

BDF——流域开发因子(它是流域的水力效率的测度指标,见 BDF HEC-22 [FHWA,2013]中的说明);

IA_s——流域中不透水面的百分数;

RQ_T——在重现期为 T 年的暴雨中农村地区的最大流量。

附录 3E：USGS 的 STREAMSTATS 程序案例研究

本研究涉及新泽西州波哥大的榆树大道旁的一条未命名河川（见图 3E.1）。图 3E.2 显示了利用 StreamStats 软件计算的河川的流域参数。

图 3E.1　河川的 StreamStats 排水区域图

≥USGS New Jersey StreamStats

StreamStats ungaged site report

Date: Wed Apr 2 2014 12:04:46 Mountain daylight time
Site location: New_Jersey
NAD27 latitude: 40.8703 (40 52 13)
NAD27 longitude: −74.0331 (−74 01 59)
NAD83 latitude: 40.8704 (40 52 14)
NAD83 longitude: −74.0327 (−74 01 58)
Drainage area: 0.54 mi2

Peak flows region basin characteristics

100% peak glaciated piedmont region 2009 5167 (0.54 mi2)

Parameter	Value	Regression equation valid range	
		Min	Max
Drainage area (square miles)	0.54 (below min value 1.27)	1.27	56.4
Percent storage (percent)	0 (below min value 0.62)	0.62	11.6
Stream slope 10 and 85 method (feet per mi)	36	9.37	176
Basin population density (persons per square mile)	8640	645	13492

Warning: Some parameters are outside the suggested range. Estimates will be extrapolations with unknown errors.

Peak flows region streamflow statistics

Statistic	Flow (ft³/s)	Prediction error (percent)	Equivalent years of record	90-Percent prediction interval	
				Minimum	Maximum
PK2	101		1		
PK5	162		2		
PK10	209		3		
PK25	275		4		
PK50	329		5		
PK100	385		5		
PK500	524		6		

图 3E.2　StreamStats 未量测地区报告

参考文献

[1] ASCE, 2006，Standard guidelines for the design of urban storm water systems, ASCE/EWRI 45-05，Standard guidelines for installation of urban storm water

systems, ASCE/EWRI 46 – 05, Standard guidelines for the operations and maintenance of urban storm water systems, ASCE/EWRI 47-05.

[2] ASCE and WEF, 1992, Design and construction of urban storm water management systems, American Society of Civil Engineers Manuals and Reports of Engineering Practice no. 77 and Water Environment Federation Manual of Practice FD-20.

[3] Brooks, K. N., Elliott, P. R., Gregersen, H. M., and Thames, J. L., 1991, Hydrology and the management of watershed, Iowa State University Press, Ames, IA.

[4] Chin, D. A., 2006, Water resources engineering, 2nd ed., Chapter 5, Pearson Prentice Hall, Upper Saddle River, NJ.

[5] Chow, V. T., 1964, Handbook of applied hydrology, McGraw-Hill, New York.

[6] Chow, V. T., Maiment, D. R., and Mays, L. W., 1988, Applied hydrology, Chapter 15, McGraw-Hill, New York.

[7] FHWA (US Department of Transportation), October 1984, Hydrology, hydraulic engineering circular no. 19.

[8] ——October 2002, highway hydrology, hydraulic design series no. 2, 2nd ed., publication no. FHWANHI02-001, Chapter 6.

[9] ——September 2009 (revised August 2013), Urban drainage design manual, Hydraulic engineering circular no. 22, 3rd ed., publication no. FHWA-NHI-01-021, section 3.

[10] ——August 2012, Introduction to highway hydraulics, hydraulic design series no. 4 (HDS ♯4).

[11] Freeze, R. A. and Cherry, J. A., 1979, Groundwater, Chapter 2, Prentice Hall, Upper Saddle River, NJ.

[12] Izzard, C. F., 1946, Hydraulics of runoff from developed surfaces, report 26, Hwy Res. Board, Washington, DC, pp. 129-146.

[13] Linsley, R. K., Jr., Kohler, M. A., and Paulhus, J. L. H., 1982, Hydrology for engineers, 3rd ed., Chapters 3 and 4, McGraw-Hill, New York.

[14] Lopez, J. M., Glick, R., and Gosselink, L., 2012, Taking a SWAT at changing urban cycles, a combined approach to evaluate changes in flooding, erosion and aquatic life, Stormwater, January/February, pp. 39-46.

[15] Maidment, D. R. , editor in chief, 1993, Handbook of hydrology, Chapter 28, McGraw-Hill Inc. , New York.

[16] Mays, L. W. , editor in chief, 1996, Water resources handbook, Chapter 26, Urban storm water management, McGraw-Hill, New York.

[17] McCuen, R. H. , Johnson, P. A. , and Regan, R. M. , 2002, US Dept. of Transportation, FHWA, Highway hydrology, hydraulic design series no. 2, 2nd ed. , publication no. FHWA-NHI02-001.

[18] McCuen, R. H. and Spiess, J. M. , 1995, Assessment of kinematic wave time of concentration, ASCE Journal ofHydraulic Engineering, 121 (3): 256-266.

[19] New Jersey Department of Environmental Protection, Trenton, NJ, February 2004, New Jersey storm water best management practices manual, partly revised April 2009, http://www. state. nj. us/dep/watershedmgt/ bmpmanualfeb2004. htm.

[20] Pazwash, H. , 1989, Comparison of rational and SCS-TR55 methods for urban storm water management, Channel Flow and Catchment Runoff, Proceedings of the International Conference for Centennial of Manning's Formula and Kuichling's Rational Formula, University of Virginia, Charlottesville, May 22-26, pp. 156-165.

[21] ——1992, Simplified Design of Multi-Stage Outfalls for Urban Detention Basins, Proceedings of Water Resources Sessions at Water Forum 92, August 2-6, Baltimore, MD, pp. 861-866.

[22] ——2009, Universal runoff model, paper R13, StormCon, Anaheim, CA, August 16-20, 2009.

[23] ——2013, Universal Runoff Model, Comparison with Rational and SCS Methods. World Environmental and Water Resources, Congress 2013, Cincinnati, OH, May 20-22, 2013.

[24] Rawls, W. J. , Brakensiek, D. L. , and Miller, N. , 1983, Green-Ampt infiltration parameters from soil data, Journal of Hydraulic Division, ACSE, 109 (1): 62-70.

[25] Residential Site Improvement Standards, 2009, New Jersey Administrative Code, Title 5, Chapter 21 (http://www . nj. gov/dca/codes/nj-rsis), adopted 1/16/1997, last revised 6/15/2009.

[26] Rickly Hydrological Company, 1700 Joyce Avenue, Columbus, OH 43219,

1-800-561-9677 (http://www. rickly. com /MI/Infiltrometer. htm).

[27] Schneider, L. E. and McCuen, R. H., 2005, Statistical guidelines for curve number generation, Journal of Irrigation and Drainage Engineering, ASCE, 1311 (3): 282-290.

[28] Schuller, T. R., July 1987, Controlling urban runoff: A practical manual for planning and designing urban BMPs, Metropolitan Washington Council for Governments, Washington, DC.

[29] Standards for soil erosion and sediment control in New Jersey, July 1999, Adopted by the New Jersey State Soil Conservation Committee.

[30] Todd, D. K., 1980, Groundwater hydrology, 2nd ed., Chapter 3, John Wiley & Sons, New York.

[31] Urban Drainage and Flood Control District, revised 1991, Urban storm drainage criteria manual, Denver,Colorado.

[32] USDA (US Department of Agriculture, NRCS), Soil Conservation Service, June 1986, Urban hydrology for small watersheds, technical release 55 (TR 55).

[33] USDA (US Department of Agriculture, NRCS), January 2009, Small watershed hydrology WinTR-55 user guide.

[34] ——WinTR-55 Small watershed hydrology, Windows 7, last updated 2/7/ 2013.

[35] Viessman, W., Jr., Lewis, G. L., and Knapp, J. W., 1989, Introduction to hydrology, 3rd ed., Harper & Row, New York.

[36] Westphal, J. A., 2001, Hydrology for drainage system design and analysis, in L. W. Mays, ed. Storm water collection system design handbook, McGraw-Hill, New York.

4 暴雨排水系统设计

本章介绍暴雨排水单元设计的程序,所述暴雨排水单元包括雨水口、雨水沟、暗渠以及导管出水口和衬砌洼地。设计雨水口、暗渠和洼地的主要目的在于提供承载设计流量所需的足够的排水能力。

4.1 道路排水分析介绍

雨洪管理是每个城市发展和道路建设的重要内容。交通安全取决于地面排水。正确的排水设计可以消除(或者至少最大限度降低)路面湿滑引起的危险现象。

可以采用不同方式管理道路径流,具体管理方式取决于街道和道路是否砌有路缘。本章讨论如何输送来自砌有路缘的街道和道路的径流。本章也将介绍设计路边洼地输送径流的问题。对于有路缘和排水沟的街道,利用具有雨水口和管道的排水系统收集并输送径流。提供数目足够多的雨水口是有效清除来自铺路面的雨洪水的关键。由于雨水口不够多,成本高昂的排水系统中的流量经常低于其容量。

设计任何排水系统都是从径流计算开始的。上一章讨论了这些计算。对于砌有路缘的街道和道路,在设计之后应当实施排水沟流量分析、雨水口计算以及排水管尺寸估计。以下各节讨论排水沟中的漫流、计算雨水口效率的程序以及雨水沟的设计。其中一节也将介绍作者建立的零纵向剖面道路的水流流动方程。

4.1.1 排水沟内的水流

排水沟的水流容量取决于其几何形状和纵向坡度。将曼宁公式应用于三角形排水沟(这是一种典型的砌有路缘的排水沟),得到

$$Q = \frac{K}{n} S_x^{5/3} S^{1/2} T^{8/3} \text{①} \tag{4.1}$$

式中：$K = 0.375$，国际单位；

$\qquad K = 0.56$，英制单位；

$\qquad S_x$——道路的横向坡度，m/m(ft/ft)；

$\qquad S$——排水沟的纵向坡度，m/m(ft/ft)；

$\qquad T$——漫流宽度，m(ft)；

$\qquad Q$——排水沟流量，m³/s(cfs)。

用路缘处的流动深度 d 表示 Q，得到

$$Q = \left(\frac{K}{n}\right)\left(\frac{S^{1/2}}{S_x}\right) d^{8/3} \tag{4.2}$$

式中：

$$d = TS_x, \text{m(ft)} \tag{4.3}$$

K 的定义与式(4.1)中相同。

可以利用各种不同形式的列线图，依据流动深度估算三角形排水沟中的流量。一种采用国际单位的列线图如图 4.1(a)所示，一种采用英制单位的列线图如图 4.1(b)所示。然而，为了提高准确性，应当利用式(4.1)或式(4.2)直接进行排水沟流量计算。

根据 T 改写式(4.1)，得到

$$T = \left[\frac{(n/K)^{0.375}}{S_x^{0.625}}\right] \times \left(\frac{Q}{S^{0.5}}\right)^{0.375} \tag{4.4}$$

这个公式量纲一致，因此既可以采用国际单位，也可以采用英制单位。对于一个特定项目，等号右边第一项通常为常数。因此，将那个常数代入以上公式的第一项，可以简化沿道路排水沟流动的漫流的数据表格。应当注意，对于坡度为零的道路，以上公式无效。本章的第 4.5 节和附录 4B 介绍了如何计算这种情况下的漫流。

表 4.1 中列出了各种不同表面结构的 n 值。

表 4.2 以 m 和 ft 为单位汇总了排水沟的流量和纵向坡度的范围内的漫流计算结果。依据以下假设进行计算，即横向坡度为 4%（这是排水沟常见的坡度），以及 $n = 0.013$（这代表排水沟表面铺面光滑）。该表中着重显示的是漫流宽度超过

---

① 这个方程的推导见附录 4A。

2 m的那些条件。

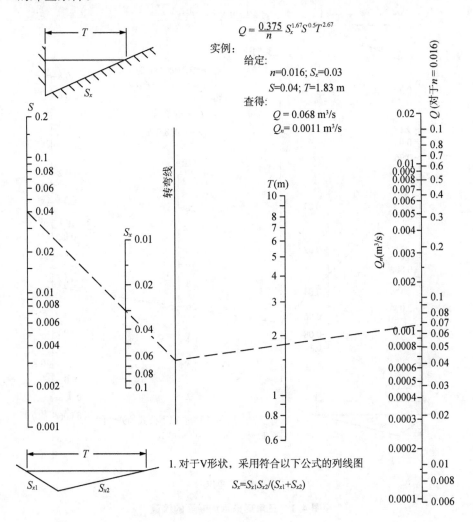

$$Q = \frac{0.375}{n} S_x^{1.67} S^{0.5} T^{2.67}$$

实例:

给定:

n=0.016; S_x=0.03

S=0.04; T=1.83 m

查得:

Q = 0.068 m³/s

Q_n = 0.0011 m³/s

1. 对于V形状,采用符合以下公式的列线图

$$S_x = S_{x1} S_{x2}/(S_{x1}+S_{x2})$$

(a) 国际单位

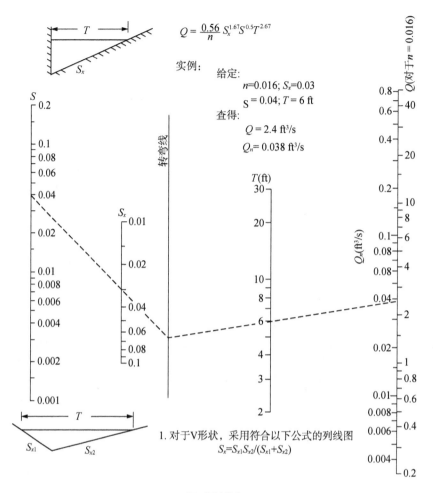

$$Q = \frac{0.56}{n} S_x^{1.67} S^{0.5} T^{2.67}$$

实例：

给定：

$n=0.016$; $S_x=0.03$

$S = 0.04$; $T = 6$ ft

查得：

$Q = 2.4$ ft³/s

$Q_n = 0.038$ ft³/s

1. 对于V形状，采用符合以下公式的列线图
$S_x=S_{x1}S_{x2}/(S_{x1}+S_{x2})$

（b）英制单位

图 4.1 三角形排水沟断面的流量

表 4.1 街道和铺面的排水沟的典型曼宁粗糙度系数 n 的数值

排水沟或铺面的类型	曼宁粗糙度系数 n
混凝土排水沟,压光面	0.012
沥青铺面	
光滑表面结构	0.013
粗糙表面结构	0.016
混凝土铺面	
镘抹面	0.014
面扫处理	0.016

表 4.2 排水沟中漫流

Q [L/s(m^3/s)]	纵向坡度,S(%)					
	1	2	3	4	5	7
m						
30 (0.03)	1.35	1.18	1.10	1.04	1.0	0.93
60 (0.06)	1.75	1.53	1.42	1.35	1.29	1.21
90 (0.09)	2.03	1.79	1.65	1.57	1.50	1.48
120 (0.12)	2.26	1.99	1.84	1.75	1.67	1.65
150 (0.15)	2.46	2.16	2.00	1.90	1.82	1.79
Q (cfs)	纵向坡度,S(%)					
	1	2	3	4	5	7
ft						
1	4.32	3.80	3.52	3.33	3.20	3.00
2	5.61	4.92	4.56	4.32	4.15	3.89
3	6.53	5.73	5.31	5.03	4.83	4.53
4	7.27	6.38	5.92	5.61	5.38	5.05
5	7.91	6.94	6.43	6.10	5.85	5.49

注:$n = 0.013$,$S_x = 4\%$。

这些表格显示,纵向坡度越小,漫流宽度越宽。有趣的是,当纵向坡度为 2% 或更小时,如果排水量大于 120 L/s,则漫流超过 2 m(如果排水量大于 3.5 cfs,则漫流超过 6 ft)。因此,在一条有 2 m(6 ft)宽路肩的道路上,漫流可以延伸至小坡度道路上的行车道上。为了减小漫流的长度,有时沿着道路修建复合排水沟。图 4.2 显示了复合排水沟的不同段,其中一段的尺寸为 0.6 m(2 ft),它有 50 mm (2 in)的凹陷。在本章的下文中将进一步讨论漫流问题。

例 4.1 一条光滑沥青道路包括 4 个 12 ft 宽的车道、2 个 4 ft 宽的中间路肩和 2 个 6 ft 宽的侧路肩(每侧各一个)。道路高架,不接收外的径流。道路的纵向坡度为 1.5%,行车道和侧路肩的横向坡度分别为 2% 和 4%。在道路的中心设置一个新泽西护栏。第一组雨水口被设置在距道路高点 350 ft 的侧路肩处。

a. 计算在重现期为 25 年的暴雨中流至每个路肩的第一个雨水口的最大径流量。依据如下条件进行计算:$T_c = 10$ min,$I = 6.7$ in/h。

b. 计算当 $n = 0.013$ 时雨水口处路肩上的漫流。

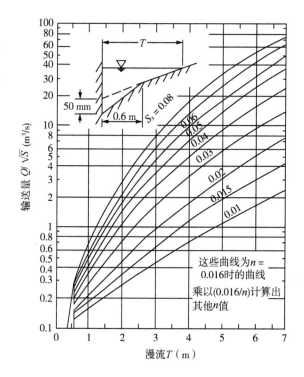

图 4.2 一个复合排水沟的一段排水量与漫流的关系,国际单位

求解

a. $\sum w = 2 \times 12 + 4 + 6 = 34$ ft

  $A = 34 \times 350 = 11\ 900$ sf $= 0.273$ acres

  $Q = ACI = 0.273 \times 0.95 \times 6.7 = 1.74$ cfs

b. $T = \left[\dfrac{Qn}{(0.56 \times S_x^{5/3} S^{1/2})}\right]^{3/8}$

  $T = \left(\dfrac{1.74 \times 0.013}{0.56 \times 0.04^{5/3} \times 0.015^{1/2}}\right)^{0.375} = 70.50^{0.375} = 4.93$ ft

例 4.2 在以下条件下重新求解例 4.1 中的问题:车道宽 3.75 m,有 1.3 m 的中央路肩和 1.8 m 的侧路肩,$I = 170$ mm/h。第一组雨水口被设置在距高点100 m处。

求解

a. $\sum w = 2 \times 3.75 + 1.3 + 1.8 = 10.6$ m

  $A = 10.6 \times 100 = 1\ 060$ m^2 $= 0.106$ hm^2

  $Q = 2.78 \times 10^{-3} ACI = 2.78 \times 10^{-3} \times 0.95 \times 0.106 \times 170 = 0.047\ 6$ m^3/s

  $= 47.6$ L/s

b. $T = \left(\dfrac{Qn}{0.375 \times 0.04^{5/3} \times 0.015^{1/2}} \right)^{0.375}$

$T = \left(\dfrac{0.047\ 6 \times 0.013}{0.375 \times 0.004\ 68 \times 0.122\ 5} \right)^{0.375} = 1.49\ \text{m}$

4.2 雨水口类型

图 4.3 显示了四种常用的雨水口类型,即栅式雨水口、路缘孔雨水口、组合雨水口和有槽排水管雨水口。应当注意,路缘孔雨水口和组合雨水口在某些国家不常用。图 4.4 和图 4.5 分别显示了匈牙利布达佩斯的一个沿着路缘设置的雨水口和奥地利一个路边服务区的停车场中间的一个雨水口。后一张照片还显示了一块雨水口栅板下方的用于拦截漂浮物和碎片的一个滤网。

为避免瓶子和罐头盒进入路缘孔,一种被称为生态路缘块的新型路缘块正被应用于新泽西州中的新雨水口上。新泽西州环境保护部(NJDEP)也已规定必须用孔口宽度小于 2 in 的新路缘块取代所有现有的路缘块。图 4.6 显示了这些路缘块的略图。

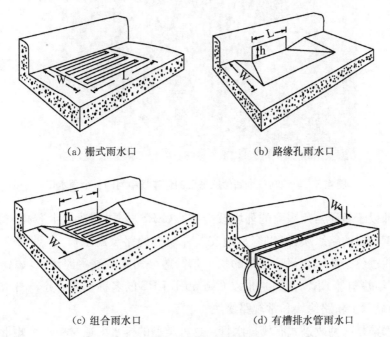

(a) 栅式雨水口 　　　　　　　　(b) 路缘孔雨水口

(c) 组合雨水口 　　　　　　　　(d) 有槽排水管雨水口

图 4.3　雨水口类型

图 4.4　匈牙利布达佩斯的一个沿着路缘设置的雨水口

图 4.5　奥地利一个路边服务区的停车场中间的一个雨水口

　　总部设于新泽西州霍桑的环境改造方案(ERS)公司制造由十芯高强度/低合金耐候钢构成的路缘块,可以容易地安装在现有的路缘雨水口上(见图 4.7)。现在可以通过位于新泽西州哈里森的坎贝尔铸造公司购买这些路缘块,该铸造公司于 2009 年并购了 ERS,现在它也以 Campbell-ERS 的名称开展业务。图 4.8(a)和(b)分别显示了新路缘块和常规路缘块。

　　排水渠是一种改进式有槽排水管。这种类型的排水渠通常由一个矩形水槽和一块连续栅板组成。市面上有多种排水渠销售。ACO 排水渠是其中的一种,其每一段的长度分别为 0.5 m 或 1 m[见图 4.9(a)]。ACO 近来已经开始制造高速公路排水渠。这些排水渠用聚合物混凝土制造,其每一段的长度为 4 ft、内部宽度为

8 in、内部纵向坡度为 1/16 in/ft(0.16％)［参见图 4.9(b)］。现行的 ACO 高速公路排水渠的容量比最初的 ACO 排水渠大得多。ACO 高速公路排水渠的成本也比老旧的排水渠低将 1/4，因此它是纵向坡度小的道路的最合适和成本效益最高的排水渠。按照作者的建议，这些排水渠已在新泽西州的 DOT 道路改造项目期间被安装在卡姆登县 Magnolia 的第 30 号州级公路上。

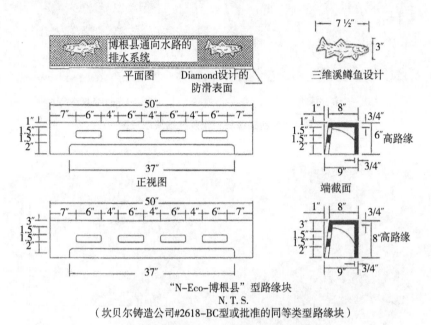

图 4.6　新泽西州博根县采用的生态路缘块

注：1. 承包商应当向工程师提供雨水口铸件的制造图，以便实施审查和批准。

2. 材料应为 ASTM A48-83 标准规定的 30B 等级灰铸铁。

3. 在进行改造时，这种路缘块(顶端)将被安装在现有的由坎贝尔铸造公司制造的 NJDOT B、B-1、B-2、D、D-1 和 D-2 型路缘雨水口上。

4. 提供的铸件没有表面涂层。

图 4.7　位于新泽西州哈里森的 Campbell-ERS 制造的路缘块

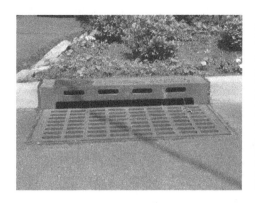

（a）一个新路缘块

（b）一个常规路缘块

图 4.8　新路缘块和常规路缘块示意图

（a）ACO 排水渠

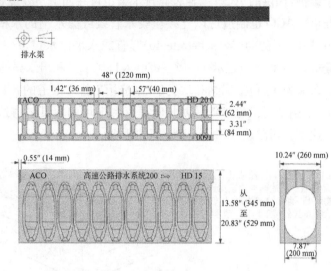

（b）ACO 提供的高速公路排水渠

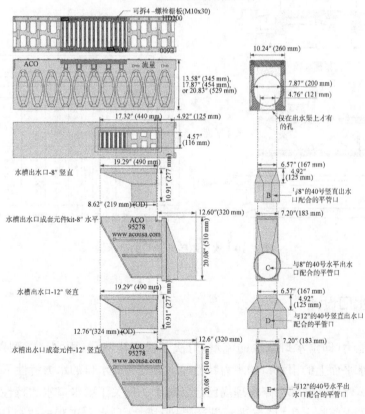

（c）ACO 入口排水管和出水渠的配套元件

图 4.9　ACO 排水渠示意图

为便于维护,提供的 ACO 高速公路排水渠也可在四个角处配备用螺栓连接的球墨铸铁栅板。ACO 也制造可以连接至集水管线或集水槽的水槽出水口。这些水槽有 8 in 或 12 in 的 40 号(schedule 40)竖直或水平出水口,这些出水口都配备铁质入口栅板。图 4.9(c)显示了一个 ACO 入口排水渠和出水渠的配套元件。

有若干铸造公司(包括尼纳和坎贝尔)制造用于排水渠上的各种不同尺寸的栅板。图 4.10 举例说明了位于新泽西州哈里森和卡尼的坎贝尔铸造公司制造的栅板(2012)。这家公司制造 6 in 至 48 in 宽的栅板。

对于A.A.S.H.T.O. HS20-44道路荷载,设计采用标准重型沟盖板/栅板,所述标准重型沟盖板/栅板适用于大多数货物装卸区域。关于标准卡车交通之外的其他应用,请联系我公司工程部,获得有关设计和材料的建议。

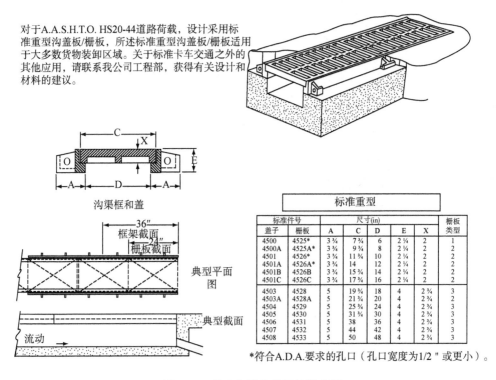

沟渠框和盖

典型平面图

典型截面

流动

标准件号		尺寸(in)					栅板类型
盖子	栅板	A	C	D	E	X	
4500	4525*	3¾	7¾	6	2¼	2	1
4500A	4525A*	3¾	9¾	8	2¼	2	2
4501	4526*	3¾	11¾	10	2¼	2	2
4501A	4526A*	3¾	14	12	2¼	2	2
4501B	4526B	3¾	15¾	14	2¼	2	2
4501C	4526C	3¾	17¾	16	2¼	2	2
4503	4528	5	19¾	18	4	2¾	3
4503A	4528A	5	21¾	20	4	2¾	3
4504	4529	5	25¾	24	4	2¾	3
4505	4530	5	31¾	30	4	2¾	3
4506	4531	5	38	36	4	2¾	3
4507	4532	5	44	42	4	2¾	3
4508	4533	5	50	48	4	2¾	3

*符合A.D.A.要求的孔口(孔口宽度为1/2 "或更小)。

图 4.10　坎贝尔铸造公司的排水渠

4.3　雨水口设计

过水能力(即雨水口截取的流量)取决于排水沟流量、雨水口类型以及位置。处于不同水平面上的雨水口的水力特性与低点处的雨水口的水力特性不同。

美国运输部和联邦公路管理局已经编制了一份关于雨水口水力特性的综合出版物。这份出版物名为“城市排水设计手册,第 22 号水利工程通告(HEC-22)”,介绍了估算不同类型雨水口的能力和效率的详细程序(FHWA,2013)。以下各节简要介绍其中的一些程序。

4.3.1 同一平面上的栅式雨水口

栅板是排放道路和停车场铺路面上的雨水的有效手段。雨水口栅板有多种不同的尺寸和几何形状。依据以下三个基本因素选择栅板:水力效率、交通安全(机动车辆、自行车和行人)以及碎片堵塞情况。应当考虑的其他因素包括结构强度、成本、耐久性以及防止故意毁坏的能力。栅板的编号为 P-1-7/8 等等;字母 P 代表平行条杆栅板,数字代表以英寸为单位的条杆间距。还有 CV(弯曲叶片)栅板以及网状栅板或蜂窝状栅板。图 4.11 和图 4.12 分别显示了 P-1-7/8 栅板和网状栅板。

在碎片不会造成堵塞问题的地方,栅板是有效的铺路面排水元件。栅式雨水口能够部分地拦截从其前缘流过的排水沟流量,部分地拦截从其侧面流过的排水沟流量。如果排水沟足够长,并且水流速度足够低,就能够避免溅泼,从栅板的上游边缘以上流过的所有水(被称为前沿流量)都将被拦截。溅洒的速度取决于栅板的类型。用以下公式计算在排水沟坡度均匀的条件下前沿流量与排水沟总流量之比 E_0:

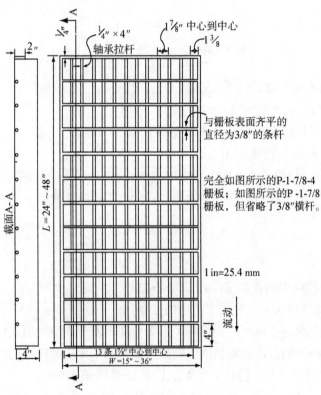

图 4.11 P-1-7/8 和 P-1-7/8 四种栅板

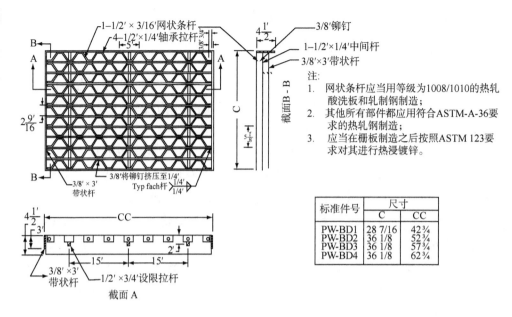

图 4.12 一个网状栅板(由新泽西州的坎贝尔铸造公司制造)

$$E_0 = \frac{Q_w}{Q} = 1 - \left(1 - \frac{w}{T}\right)^{2.67} \tag{4.5}$$

式中:Q——排水沟总流量,m^3/s(cfs);

　　w——栅板(或下凹的排水沟)的宽度,m(ft);

　　Q_w——前沿流量,w 宽度中的流量,m^3/s(cfs);

　　T——排水沟中总漫流,m(in)。

图 4.13 以无量纲形式给出了适用于直横坡和下凹排水沟的图形解。

用以下公式计算前沿流量与雨水口拦截的排水沟流量之比

$$R_f = 1 - 0.295(V - V_o) \qquad \text{SI} \tag{4.6}$$

$$R_f = 1 - 0.09(V - V_o) \qquad \text{CU} \tag{4.7}$$

式中:V——排水沟中的流动速度,m/s(ft/s);

　　V_0——溅洒最初发生时排水沟中的速度,m/s(ft/s)。

溅洒的速度取决于雨水口栅板的类型和长度。表 4.3 中列出了以国际单位和英制单位表示的溅洒流速的典型值。例如该表显示 4 ft 长的栅板的溅洒速度的范围为从 7 ft/s(网状雨水口)到 11 ft/s 以上(P-1-7/8 雨水口)。

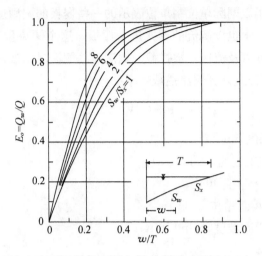

图 4.13 前沿流量与排水沟流量之比

表 4.3 普通雨水口栅板的溅洒速度 V_0

栅板类型	长度,ft(m)	溅洒速度,ft/s(m/s)
网状栅板	2(0.6)	4.2(1.25)
	4(1.2)	7.0(2.10)
弯曲叶片	2(0.6)	5.9(1.75)
	4(1.2)	9.0(2.70)
P-1-1/8	2(0.6)	6.3(1.90)
(P-30)	4(1.2)	9.1(2.75)
P-1-7/8	2(0.6)	8.1(2.40)
(P-50)	4(1.2)	11.5(3.45)

注:P-30 和 P-50 分别代表中心间距为 30 mm 和 50 mm 的平行条杆。

因此如果排水沟流速小于这些数字,则式(4.6)和式(4.7)中的第二项消失,R_f 变为 1.0。可以利用以下公式计算排水沟流速:

$$V = \frac{Q}{(S_x T^2 / 2)} \tag{4.8}$$

另外,也可以利用以下各公式计算排水沟流速:

$$V = \frac{0.75 S^{0.5}}{n S_x^{0.67} T^{0.67}} \qquad \text{SI} \tag{4.9}$$

$$V = \frac{1.12 S^{0.5}}{n S_x^{0.67} T^{0.67}} \qquad \text{CU} \tag{4.10}$$

图 4.14 显示了以国际单位制单位表示的一些栅板的溅洒速度。

除前沿流量外，水也以侧流的形式进入栅板。这个侧流量取决于排水沟的横向坡度、栅板的长度以及流速。被拦截的侧流与总侧流之比被称为侧流拦截效率，通常可以利用以下公式计算侧流拦截效率：

$$R_s = [1 + (KV^{1.8}/S_x L^{2.3})]^{-1} \tag{4.11}$$

式中：L——栅板长度，m(ft)；

V——排水沟中流速，m/s(ft/s)；

K——0.082 8，国际单位；

K——0.15，英制单位；

S_x——路肩横向坡度，m/m(ft/ft)。

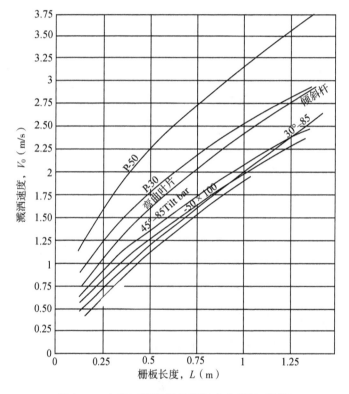

图 4.14　各种不同栅板的溅洒速度(国际单位)

因此，用以下两个公式分别表示栅板的总效率和拦截的流量：

$$E = R_f E_o + R_s(l - E_o) \tag{4.12}$$

以及

$$Q_i = EQ \tag{4.13}$$

应当注意,对于坡度为 4% 或更大的道路以及长度有限的栅板,侧流可以忽略不计。同样,对于陡坡道路,组合雨水口中的路缘孔的拦截流量也可以忽略不计。在这些情况下,以上公式可以简化为

$$E = R_f E_o \tag{4.14}$$

本章的附录 4C 中的图 4C.1 和图 4C.2 显示了在一个适用于大范围排水阀水流和纵坡的 4% 横坡条件下,0.6 m×0.6 m (2 ft×2 ft) 和 0.6 m×1.2 m (2 ft× 4 ft) 的栅板的总效率。这些数字显示,0.6 m×0.6 m (2 ft×2 ft) 栅式雨水口在任何道路纵向坡度的条件下都不能拦截 75% 的 0.09 m³/s (3 cfs) 的排水沟流量。以上数字也证明,总的来说,雨水口可能不像许多工程师认为的那样有效。因此,必须将雨水口设置为彼此足够靠近,以有效地清除来自街道和道路的径流。

例 4.3 假设 $T = 6$ ft,$S_x = 0.04$,$S = 0.03$,$n = 0.016$,没有自行车交通,计算以下各栅板的拦截能力:

a. 2 ft×2 ft P-1-1/8 栅板;

b. 2 ft×4 ft(长)P-1-1/8 栅板;

c. 2 ft×2 ft 网状栅板。

假设漫流不超过路肩。

求解 首先计算排水沟容量:

$$Q = \left(\frac{0.56}{n}\right) S_x^{1.667} S^{1/2} T^{8/3}$$

$$Q = \left(\frac{0.56}{0.016}\right) \times 0.04^{1.667} \times (0.03)^{1/2} \times 6^{2.667} = 3.37 \text{ cfs}$$

计算排水沟流速

$$V = Q/A = 3.37/(1/2 \times 6^2 \times 0.04) = 4.68 \text{ ft/s}$$

之后,计算前沿流量与排水沟流量之比:

$$\frac{w}{T} = \frac{2}{6} = 0.33$$

$$E_o = \frac{Q_w}{Q} = 1 - \left(1 - \frac{w}{T}\right)^{2.67} = 1 - (1 - 0.33)^{2.67} = 0.66$$

另外,利用 $T = 0.33$ 和 $S_x/S = 1.33$ 的条件查图 4.13,得到 $E_o = 0.66$。

可以利用式(4.6)以及表 4.3 计算栅板的前沿流量拦截效率。

a. 对于 P-1-1/8 栅板,$V_0 = 6.3$ ft/s$>V$ $R_f = 1.0$

b. 对于 4 ft 长 P-1-1/8 栅板，$V_o=9.1$ ft/s$>V$　$R_f=1.0$

c. 对于 2 ft 蜂窝状长栅板，$V_o=4.2<V$

$$R_f = 1-0.09(4.67-4.2) = 0.96$$

之后计算侧流拦截效率。

当 $L=2$ ft 时，对于 a 和 c 中的栅板，可以利用式(4.11)计算侧流拦截量：

$$R_s = \left(1+\frac{0.15 \times 4.67^{1.8}}{0.04 \times 2^{2.3}}\right)^{-1} = 0.076$$

同样，当 $L=4.0$ ft 时，对于 b 中的栅板，

$$R_s = 0.288$$

利用式(4.12)获得：

a. $E=1 \times 0.66+0.076(1-0.66)=0.66+0.026=0.686$

　$Q_i=3.37 \times 0.686=2.31$ cfs

b. $E=1 \times 0.66+0.288(1-0.66)=0.758$

　$Q_i=2.55$ cfs

c. $E=0.96 \times 0.66+0.076(1-0.66)=0.66$

　$Q_i=2.22$ cfs

以上计算结果意味着 2 ft 长的平行栅板和网状雨水口的总效率不到 4% 是侧面拦截造成的，对于 4 ft 长的平行栅板，这个效率值大约为 13%。也可以看出，2 ft 长的平行栅板的容量比网状栅板的容量大近 5%，将栅板的长度从 2 ft 提高到 4 ft，只能将栅板的集水容量提高 10%。

注意，可从本章附录 4C 中的图 4C.1(b)和图 4C.2(b)上直接查得关于 2 ft × 2 ft 和 2 ft × 4 ft 的栅板的以上结果。

4.3.2　路缘孔雨水口

路缘孔雨水口不妨碍交通，在没有路缘块的情况下，它也比栅式雨水口更不易被堵塞。在过去，通常在没有路缘块的情况下使用这些雨水口。然而，如上文所述，为满足当前的雨洪管理条例的要求，必须安装路缘块，以防止漂浮物体进入排水管，参见图 4.7 和图 4.8。同样如上文所述，路缘雨水口如果未被凹陷下去，则其拦截陡坡上的径流的能力很小。

在路缘孔雨水口的孔口被完全淹没之前，通过路缘孔雨水口的水流表现为堰流，当孔口被浸没后，水流表现为孔流。对于平坡度（无凹陷）的路缘雨水口，可以用以下公式计算堰流排水量

$$Q = C_w L d^{1.5}$$
$$C_w = 1.66 \qquad \text{SI} \qquad\qquad (4.15)$$
$$C_w = 3.0 \qquad \text{CU}$$

式中：L——路缘孔长度，m(ft)；

$\quad$ d——路缘孔处的水深，m(ft)。

$\quad$ 在浸没条件下，流动方程变为

$$Q = C_o L h (2gh_o)^{1/2} \qquad\qquad (4.16)$$

式中：C_0——孔口系数，0.67(国际单位和英制单位)；

$\quad$ h——孔口高度，m(ft)；

$\quad$ $h_0 = (d - h/2)$——至孔口中心的水深，m(ft)；

$\quad$ $g = 9.81 \text{ m/s}^2 (32.2 \text{ ft/s}^2)$。

$\quad$ 对于凹陷的雨水口，孔流的计算方程保持不变，而堰流方程变为

$$Q = C_w (L + 1.8 W_o) d^{1.5} \qquad\qquad (4.17)$$

式中：W_o——排水沟降低部分的宽度，m(ft)；

$\quad$ $C_w = 1.25$(国际单位)；

$\quad$ $C_w = 2.3$(英制单位)。

$\quad$ 按照 HEC-22 (FHWA, 2013)，完全拦截直横坡上的排水沟流量所需的路缘孔雨水口的长度的计算公式为

$$L_{100} = K Q^{0.42} S^{0.3} (n S_x)^{-0.6} \qquad\qquad (4.18)$$

式中：L_{100}——拦截 100% 的排水沟流量所要求的路缘孔的长度，m(ft)；

$\quad$ $K = 0.82$(国际单位)[①]；

$\quad$ $K = 0.60$(英制单位)；

$\quad$ $Q =$ 排水沟流量，m^3/s(cfs)。

$\quad$ 同一出版物还提出了计算长度为 L 的路缘孔雨水口的拦截效率的以下公式：

$$E = 1 - \left(1 - \frac{L}{L_{100}}\right)^{1.8} \qquad\qquad (4.19)$$

$\quad$ 利用这个公式，达到 75% 的拦截效率所要求的路缘孔雨水口的长度为 $L = 0.54 L_{100}$。

---

① 在 HEC-22 (2013)中，这个因数被错印为 0.076。

4.3.3　有槽雨水口

有槽雨水口对交通的影响很小,可以应用于有路缘或无路缘的路段。有槽雨水口当被应用于机场跑道、停车场、下坡机动车道处的车库入口、码头、港口以及纵向坡度小的道路上时特别有效,径流会冲到排水沟上。对于凹陷位置的有槽雨水口,可以利用适用于不超过 6 cm(0.2 ft)深度的堰流方程以及适用于大于 0.12 m(0.4 ft)深度的孔流方程计算雨水口能力。在这些深度范围内,流量处于瞬变条件下。可以利用适用于路缘孔的相同方程[式(4.15)]计算堰流条件下的雨水口能力。在那个公式中,用从正常横坡开始测量的路缘处的深度取代水深 d,堰流系数 C_w 随着流动深度和槽长的变化而变化,其典型值为

$$C_w = 1.4 \text{ 国际单位}$$
$$C_w = 2.5 \text{ 英制单位}$$

孔流条件满足以下公式:

$$Q = 0.8LW(2gd)^{0.5} \tag{4.20}$$

式中:L——槽长,m(ft);

　　W——槽度,m(ft);

　　g——重力加速度,9.81 m/s²(32.2 ft/s²);

　　d——有槽雨水口处水深,m(ft)。

当水深高于孔口时(这将导致槽被淹没),这个公式有效。对于较小的流动深度,应当采用堰流方程。

如上文所述,可从市面上购得若干排水渠。其中一种排水渠为 ACO 排水渠,其不同部分的长度可为 0.5 m 或 1 m,宽度可为 95 mm(3.74 in)或更大,深度可为各种不同数值。另一种排水渠是 ACO 高速公路排水渠,上文已经介绍了这种排水渠。可以从制造商说明书中获得有关这种排水渠以及其他排水渠的能力和技术数据。

4.3.4　组合雨水口

组合雨水口主要被用于接收碎片,以避免栅板堵塞。组合雨水口的拦截能力是栅板和路缘孔的能力之和。然而,这个能力显著大于坡度为 4% 或更大的道路上一个单独栅板的能力。对于孔口小的新路缘片,情况尤其如此。因此,在实践中通常在忽略路缘块的条件下计算组合雨水口的拦截能力。

4.3.5　新泽西州的雨水口

许多州都使用专门的雨水口栅板。例如在新泽西州,街道、道路和停车场通常

使用四种类型的雨水口。有"A"型和"E"型雨水口,其尺寸分别为 2 ft×2 ft 和 2 ft ×4 ft,还有由 2 ft×4 ft 栅板和路缘块组成的"B"型和"D"型组合雨水口。"B"型和 "D"型雨水口之间的唯一差别在于前者的内部尺寸大于后者。图 4.15 介绍了这些 雨水口。在草坪和花园中也可以使用 2 ft×2 ft 及更小的雨水口。

新泽西州运输部(NJDOT)已经建立了计算栅式雨水口的拦截能力的以下方 程(NJDOT,2013):

$$Q_I = \frac{Kd^{1.54}S^{0.233}}{S_x^{0.276}}$$

$$K = 2.98 \qquad \text{SI}$$
$$K = 16.88 \qquad \text{CU}$$

(4.21)

式中:d——排水沟中水深,m(ft);

S——纵向坡度,m/m(ft/ft);

S_x——横向坡度,m/m(ft/ft);

Q_I——栅板拦截的流量,m^3/s(cfs)。

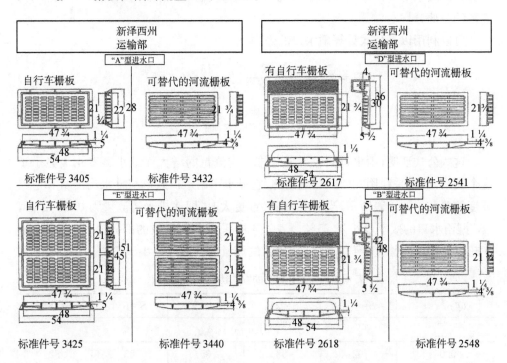

图 4.15 新泽西州的"A""B""D"和"E"型雨水口

"A"型雨水口类似于 FHA 型 P-1-7/8 的 2 ft×4 ft 雨水口栅板。对于 2 ft× 4 ft 栅板,利用式(4.21)可以计算出与图 4C.2(b)(见附录 4C)给出的结果合理接近但却稍小的结果。NJDOT 建议在不做改变的情况下,利用式(4.21)计算"A"型、"B"型和"D"型栅板的拦截流量。然而在小纵坡上,组合雨水口(例如"D"型和"B"型雨水口)的拦截容量比"A"型雨水口的拦截容量稍大。作者建议在采用这些雨水口时,仅在 S≤2% 时,才对式(4.21)中的 K 值应用一个 1.05 的调节因子。

利用式(4.21)和式(4.2)消去流动深度 d,得到

$$Q_I = 5.23 \frac{S_x^{0.302}}{S^{0.056}} (nQ)^{0.5775} \qquad \text{SI} \qquad (4.22)$$

$$Q_I = 23.59 \frac{S_x^{0.302}}{S^{0.056}} (nQ)^{0.5775} \qquad \text{CU} \qquad (4.23)$$

式中:Q——排水沟流量,$\text{m}^3/\text{s}(\text{cfs})$。

这些公式表明,雨水口的流量拦截能力随着排水沟流量和排水沟的横向坡度的增大而增大,但随着排水沟的纵向坡度的增大而减小。雨水口流量与排水沟排水量之比被称为雨水口效率。这个比值代表排水沟中的流量中被雨水口截住的那一部分。其余部分是未进入雨水口的流量,它是流至下游下一个雨水口的排水沟流量的一部分。

可以利用以下公式计算雨水口的效率

$$E = \frac{Q_I}{Q} = 5.23 \frac{S_x^{0.302}}{S^{0.056}} \frac{n^{0.5775}}{Q^{0.4225}} \qquad \text{SI} \qquad (4.24)$$

$$E = \frac{Q_I}{Q} = 23.6 \frac{S_x^{0.302}}{S^{0.056}} \frac{n^{0.5775}}{Q^{0.4225}} \qquad \text{CU} \qquad (4.25)$$

这些公式证明,雨水口的效率随着排水沟流量的增大而减小。表 4.4 显示了这个关系,该表是利用式(4.24)编制的,它显示了雨水口效率与排水沟流量和道路坡度的关系。如该表所示,当坡度为 2% 或更大时,即使排水沟流量为 0.06 m^3/s,"A"型雨水口的效率也小于 75%。表 4.4 中采用英制单位的部分显示,设置的坡度超过 2% 的雨水口对于 2 m^3/s 或更大的流量的截取效率小于 75%。

表 4.4 同一平面上的"A"型雨水口的效率[a]

$Q(\text{m}^3/\text{s})$	S=1%	S=2%	S=4%	S=6%	S=8%
$S_o=4\%$, $n=0.016$					
0.04	92	88	85	83	82
0.06	77	74	71	70	69
0.09	65	63	60	59	58
0.120	58	55	53	52	51

$Q(\mathrm{m^3/s})$	$S=1\%$	$S=2\%$	$S=4\%$	$S=6\%$	$S=8\%$	
$S_o=4\%$, $n=0.016$						
0.150	52	50	48	47	47	
$Q(\mathrm{cfs})$	$S=1\%$	$S=2\%$	$S=4\%$	$S=6\%$	$S=8\%$	$S=10\%$
$S_x=4\%$, $n=0.016$						
2	79	76	73	72	70	70
3	67	64	62	62	59	59
4	59	57	55	53	53	52
5	54	52	50	49	48	47
6	50	48	46	45	44	44

a 对于"B"型和"D"型雨水口,当 $S \leqslant 2\%$ 时,可以利用 1.05 的因子调节该表中所列的效率。

4.3.6 凹陷栅板

在水积聚至一个确定深度之前,低点雨水口处的流量表现为堰流。在没有达到那个深度时,雨水口起孔板的作用。据 NJDOT 报告,对于可以保障自行车安全的栅板,当流动深度小于 9 in(230 mm)时,雨水口起堰的作用,当深度更大时,起孔板的作用。作者建议,保守设计中以 15 cm(5.9 in)的深度为区分这些流量类型的标准。可以用以下公式计算每种类型的流量。

a. 堰流:

$$Q_i = C_w P d^{1.5}$$
$$C_w = (1.66 \text{ SI}) \quad 3.0 \text{ CU} \quad d \leqslant 15 \text{ cm}(0.5 \text{ ft}) \tag{4.26}$$

式中:C_w——堰流系数;

P——栅板的开孔区域的周长,m(ft);

d——迎面水流的深度,m(ft)。

可以利用以下公式分别计算路缘处和路缘外的雨水口的周长:

$$p = 2w + \ell$$
$$P = 2(w + \ell)$$

式中:w 是宽度,ℓ 是雨水口栅板的长度,m(ft)。

b. 孔流:

$$Q_i = C_o A_o (2gd)^{0.5} \quad d \geqslant 15 \text{ cm}(0.5 \text{ ft}) \tag{4.27}$$

式中:C_o——孔口系数；

　　A_0——雨水口栅板的净孔面积,m^2(sf)；

　　d——迎面流的深度,m(ft)。

这个公式可以采用国际单位和英制单位,其中 $C_0=0.6$,$g=9.81$ m/s^2(32.2 ft/s^2)。

"B"型和"D"型雨水口有路缘块,当碎片部分地堵塞栅板时,这些路缘块能让水进入雨水口。对于没有路缘块的雨水口,应当将以上公式中的面积 A_0 减小50％,以将部分堵塞的情况考虑在内。将排水沟在雨水口处凹陷下去,可以显著提高路缘雨水口的截水效率。另外,建议使用路缘孔雨水口,最好使用凹陷的组合雨水口。

4.4 雨水口间距

根据排水沟中的流速、雨水口的能力以及允许漫流可以确定有路缘的排水沟上的雨水口的间距。前两个参数已经讨论过。允许漫流根据交通安全系数选择。NJDOT (2013)采用了以下标准:

- 州际高速公路和高速公路:全路肩；
- 地方道路:路肩＋车道的三分之一宽度；
- 匝道:所有道路均为匝道的三分之一宽度；
- 加速车道/减速车道:所有道路均为车道的三分之一宽度。

这里介绍一种确定雨水口间距的合适程序。

a. 计算排水沟中的流量,将流至道路的地面径流的支流包括在内。

b. 计算排水沟中的漫流。将第一个雨水口设置在接近漫流允许极限的位置。

c. 计算雨水口的能力和效率。根据需要调节雨水口位置,以达到要求的效率,并计算旁通流量。

d. 将旁通流量加至流至下一个雨水口的支流径流上。

e. 重复步骤"b"至"d",直到达到系统的末端为止。

可以将计算结果列于表格中。图 4.16 显示了作者编制的一张电子表格。在该表中,计算结果被整理为三个部分。第 1 部分在六个栏中显示排水沟流量计算结果。前五栏列出了雨水口编号、支流流至雨水口的区域、径流系数、集流时间以及降雨强度。后一个参数取决于集流时间和暴雨频率,可以利用现场降雨强度-持续时间-频率(IDF)曲线确定。然后将推理计算公式($Q=CAI$)应用于第 2,3,5 栏中所列的数字,以计算排水沟中的流量。

该表的下一个部分包括排水沟中的漫流计算结果。在第 7 栏和第 8 栏中分别输入未进入上一个雨水口(对于第一个雨水口不存在)的流量以及排水沟中的总流量。以下两栏列出了排水沟的纵向坡度和横向坡度。第11栏显示了根据前两栏中所列坡度并利用式(4.4)计算的漫流宽度。然后将计算的漫流宽度与允许漫流 T_a 进行比较。如果 T 大于 T_a，则将雨水口重新设置在更靠近上一个雨水口处，并重新计算第2栏至第11栏中的 Q 和 T。

允许漫流：T_a = ft(m)，曼宁粗糙度系数 n =

雨水口编号	排水沟流量					排水沟漫流						雨水口效率			
	A	C	T_c	I	Q	Q_B	Q_T	S	S_x	T	$T < T_a$	Q_I	$E = Q_I/Q$	$E < E_A$	$Q_B = Q - Q_I$

图 4.16　雨水口间距计算(空白表格)

该表的最后一个部分显示雨水口效率与效率允许值的比较。在第13栏中,利用附录4C中的相关图纸确定雨水口能力(即拦截的流量)。另外,也可以采用地方政府运输部或州运输部适用的方程[例如 NJDOT 的式(4.21)]计算拦截的流量。将拦截的雨水口流量与排水沟流量之比输入第14栏,并将这个比值与允许效率进行比较。如果效率可以接受,则从排水沟流量中减去拦截的雨水口流量,从而计算出未进入雨水口的流量,然后将未进入雨水口的流量输入第16栏以及下一个雨水口的表格的第7栏。然而,如果雨水口效率不符合要求,则应减小雨水口间距,重复第2栏至第15栏的计算。通过从表4.2中查找漫流数据、从附录4C中的有关图纸上查找雨水口能力数据或从表4.4中查找雨水口效率数据,可以显著简化甚至消除迭代过程。

NJDOT《排水设计手册》(NJDOT,2013)规定雨水口之间的最大间距为400 ft (122 m)。这个手册还规定雨水口的效率至少应为75%。新泽西州于1997年颁布的《住宅用地改进标准(2009)》也规定开发项目中的雨水口的最大间距为400 ft。同一标准还规定"B"型雨水口的最大能力为6 cfs。如上一节中所述,这个数字远高于在同一平面上的雨水口的拦截能力。

例 4.4　在例 4.1 中，采用 NJDOT 的雨水口能力计算公式求解：

a. 每个路肩上第一个雨水口截取的流量；

b. 雨水口的效率；

c. 至第二组雨水口的最大间距，将来自第一组雨水口的旁通流量考虑在内。

求解　在例 4.1 中，$Q=1.74$ cfs，$S=1.5\%$，$S_x=4\%$，$T=4.93$ ft。

a. $d=TS_x=4.93\times0.04=0.197$ ft

$$Q_I=\frac{16.88d^{1.54}S^{0.233}}{S_x^{0.276}}=16.88\times0.197^{1.54}\times\frac{0.015^{0.233}}{0.04^{0.276}}=1.26 \text{ cfs}$$

计入路缘块的拦截量 $Q_I=1.32$ cfs，因此增加 5%。

b. $E=\dfrac{Q_I}{Q}=\dfrac{1.32}{1.74}=76\%$　　旁通流量 $=1.74-1.32=0.42$ cfs

c. 利用迭代方法计算雨水口效率为 75% 时的排水沟流量。

首先尝试　$T=5.0$ ft

$$Q=\frac{0.56}{0.013}\times0.04^{1.667}\times0.015^{0.5}\times5^{2.667}=0.024\,66\times5^{2.667}=1.80 \text{ cfs}$$

$$d=S_xT=0.04\times5=0.2 \text{ ft}$$

计算第二组雨水口拦截的流量：

$$Q_I=\frac{16.88\times0.20^{1.54}\times0.015^{0.233}}{0.04^{0.276}}=15.425\times0.2^{1.54}=1.29 \text{ cfs}$$

计入侧面拦截量，因此增加 5%。

$$Q_I=1.05\times1.29=1.35 \text{ cfs}$$

$$E=\frac{Q_I}{Q}=\frac{1.35}{1.80}=0.75 \quad \text{OK}$$

允许道路径流：

$$Q=1.80-0.42=1.38 \text{ cfs}$$

最大支流面积：

$$A=\frac{Q}{CI}=\frac{1.38}{0.95\times6.7}=0.217 \text{ acres}=9\,453 \text{ sf}$$

$$L=\frac{9\,453}{34}=278 \text{ ft}$$

将第二组雨水口设置在距第一组雨水口 275 ft 远的地方。

练习　证明对于一条 $n=0.016$ 的道路，可将上例中第二组雨水口的间距提高到 360 ft。

例 4.5 在使用 2 ft×4 ft 的 P-1-1/8 FHA 栅板的情况下,利用图 4C.2(b) ($n=0.016$),求解上例中的问题。

求解 根据 $Q=1.74$ cfs 和 $S=1.5\%$,从图 4C.2(b)上查得:

$$Q_I = 1.5 \text{ cfs}$$

$$E = \frac{Q_I}{Q} = \frac{1.5}{1.74} = 0.86 = 86\%$$

$$旁通径流 = 1.74 - 1.5 = 0.24 \text{ cfs}$$

注:由于粗糙度系数较高,漫流较宽,因此雨水口的效率高于上例中的效率。另外,FHA PI-1-1/8 栅板的孔口面积大于 NJ "B"型保障自行车安全的栅板的孔口面积。因此,可将第二组雨水口的间距进一步增加到高于上例中计算的间距的程度。

首先尝试 $T=6$ ft(整个侧面路肩)

$$Q = \frac{0.56}{0.016} \times 0.04^{1.667} \times 0.015^{0.5} \times 6^{2.667} = 2.38 \text{ cfs}$$

根据 $Q=2.38$ 和 $S_o=0.015$,从同一图纸上查得:

$$Q_I = 1.97 \text{ cfs}$$

$$E = \frac{1.97}{2.38} = 82.8\%$$

对道路径流的贡献 $Q=2.38-0.24=2.14$ cfs
面积 $=2.14/(0.95\times6.7)=0.336$ ac $=14\,636$ sf

$$L = \frac{14\,636}{34} = 430 \text{ ft}$$

将第二组雨水口至第一组雨水口的间距设置为最大允许间距 400 ft。

例 4.6 利用例 4.2 中计算的排水量计算:

a. 每个路肩上第一个雨水口截取的流量;

b. 雨水口的效率;

c. 效率为 75% 时至第二雨水口的最大间距。

在采用 0.6 m×1.2 m 的 FHA P-30 栅板($n=0.016$)的条件下进行计算。

求解 假设:

$$Q = 0.047\,6 \text{ m}^3/\text{s},即 0.048 \text{ m}^3/\text{s}$$

$$S_x = 4\%, \ S = 1.5\%, \ \sum W = 10.6 \text{ m}$$

根据 $Q=0.048$ m³/s 和 $S=1.5\%$，查图 4C.2(a)并在 $Q=0.03$ 和 $Q=0.05$ 之间内插得到：

$$Q = 0.041 \text{ 和 } E = 86\%$$

核对效率：

$$E = 0.041/0.048 = 85.4\% \quad 符合要求$$

旁通流量：

$$Q_b = 0.048 - 0.041 = 0.007 \text{ m}^3/\text{s}$$

对于第二组雨水口，尝试 $T=2$ m
利用式(4.1)计算 Q：

$$Q = (0.375/0.016) \times 0.04^{5/3} \times 0.015^{1/2} \times 2^{8/3}$$
$$= 0.085 \text{ m}^3/\text{s}$$

根据 $Q=0.085$ 和 $S=0.015$，从同一图纸上查得：

$$E = 81\% > 75\% \quad 符合要求$$

相关的道路径流：

$Q = 0.085 - 0.007 = 0.078$ m³/s
面积 $= Q/(2.78 \times 10^{-3} \times CI)$
$\quad = 0.078/(2.78 \times 10^{-3} \times 0.95 \times 170) = 0.173\ 7$ hm² $= 1\ 737$ m²
$L = 1\ 737/10.6 = 163.9$ m

将第二组雨水口的间距设置为 120 m（<400 ft）。
注意，当图 4C.1 和图 4C.2 被用于计算效率时，其精确度不足够高。

4.5 坡度为0%的道路上的雨水口

穿过平地的道路的纵向坡度可以为零或接近于零。新泽西州的一段穿过牧草地的收费高速公路就是道路纵向坡度为零或接近于零的一个实例。不能用式(4.1)计算这种道路上的排水沟流量，因为纵向坡度为零。如图 4.17 所示，水会聚集在路肩上，靠重力作用流向雨水口。该图显示了一条由总宽度为 W 的机动车道、宽度为 W' 的路肩、间距为 L 的雨水口所组成的道路的流动参数。假设没有路外的径流进入路肩，流量从行车道沿侧向进入路肩。因此，在水流向雨水口时流量以线性方式增大，而流动深度随着距雨水口的距离的增大而增大，并在两个相邻的雨水口的中间位置达到一个最大值 y_{max}。

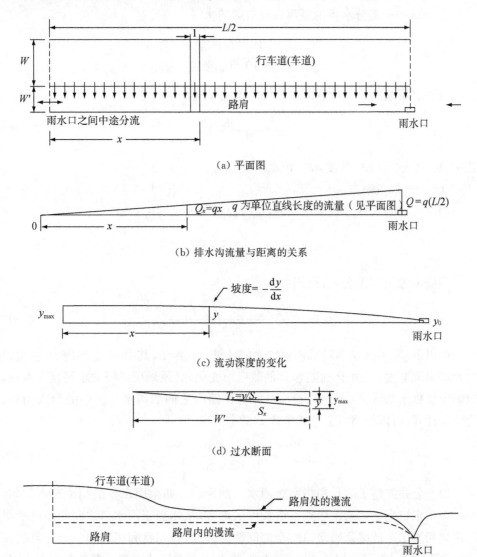

（a）平面图

（b）排水沟流量与距离的关系

（c）流动深度的变化

（d）过水断面

（e）漫流

图 4.17 水平剖面上的道路排水沟流量

作者（Pazwash et al. 2003）将路肩上的流量近似地当作一维流量，建立了计算漫流（flow spread）的方程。附录 4B 介绍了具有如下最终结果的水面方程的偏差：

$$y^{19/3} = y_0^{19/3} + Kn^2 S_x^2 q^2 \left[\left(\frac{L}{2} \right)^3 - x^3 \right] \tag{4.28}$$

式中：q——单位道路长度的排水沟流量；

y_o——雨水口处的流动深度；

x 和 y——距分水界的距离以及对应的水深。

$$K = 21.3 \text{ 国际单位}$$
$$K = 10 \text{ 英制单位}$$

可以利用堰流公式计算雨水口处的流动深度：

$$y_0 = \left(\frac{qL}{C_w P}\right)^{2/3} \tag{4.29}$$

式中：$P=L+2w$（$L=$长度，$w=$雨水口宽度）；

C_w——堰流系数。

当 $x=0$ 时，水深达到其最大值，这时公式变为

$$y_{\max}^{19/3} = y_0^{19/3} + KS_x^2 n^2 q^2 \left(\frac{L}{2}\right)^3 \tag{4.30}$$

根据 L 改写以上公式，得到：

$$L = 2\left\{\frac{\left[(y_{\max}^{19/3} - (y_o)^{19/3}\right]}{KS_x^2 n^2 q^2}\right\}^{1/3} \tag{4.31}$$

可以令 $y_{\max}=S_x W'$，计算雨水口之间的最大间距 L，其中 W' 是路肩宽度（假设为允许漫流宽度）。由于 y_0 随着 L 的改变而变化，必须采用试错法求解这个方程，以确定能将水的漫流（water spread）保持在路肩之内的雨水口之间的最大间距。为便于计算，可以忽略以上公式中含 v_0 的那一项，得到

$$L_{\max} = 2\left[\frac{(S_x W')^{19/3}}{KS_x^2 n^2 q^2}\right]^{1/3} \tag{4.32}$$

以上公式忽略了碎片和堵塞对雨水口的影响。如果雨水口的间距布置均匀，则一个雨水口完全堵塞将导致漫流长度的增大，从相当于雨水口之间间距的一半增加到相当于至被堵塞雨水口的全部间距。因此，应当将利用式（4.32）计算的雨水口之间的最大间距缩小一半。此外，为将各个雨水口处的流动深度考虑在内，作者建议将雨水口之间的最大间距再缩小 20%。因此，

$$L_{\max} = 0.8\left[\frac{(S_x W')^{19/3}}{KS_x^2 n^2 q^2}\right]^{1/3} \tag{4.33}$$

例 4.7 计算一条具有以下参数的平坦道路的最大间距：

$$S_x = 3\%$$
$$W = 22 \text{ ft}(6.7 \text{ m}); \ W' = 8 \text{ ft}(2.4 \text{ m})$$
$$n = 0.016$$

$I = 6.7$ in/h(170 mm/h)(新泽西州重现期为 25 年、持续时间为 10 min 的暴雨)

求解 采用英制单位和国际单位计算这种情况下的雨水口之间的最大间距：

$$\sum W = 22 + 8 = 30 \text{ ft}; 6.7 + 2.4 = 9.1 \text{ m}$$

$$q = 30 \times 6.7/43\,560 = 4.61 \times 10^{-3} \text{ cfs/ft}$$

$$q = 2.78 \times 10^{-3} \times 9.1 \times 170/10^4 = 4.30 \times 10^{-4} \text{ m}^3/\text{m}$$

$$y_{max} = S_x W' = 0.03 \times 8 = 0.24 \text{ ft}; 0.03 \times 2.4 = 0.072 \text{ m}$$

$$L_{max} = 107 \text{ ft}(33 \text{ m})$$

这个结果显示，即使没有场地外的径流，也必须将雨水口布置得彼此靠近。当存在路外的径流并且路外的径流很大时，在平坦道路和铺路面上使用诸如 ACO 高速公路排水渠或有槽排水管之类的排水渠比使用栅式雨水口更加可行。

4.6 雨水沟设计

雨水沟管道应能够提供输送最大设计径流流量所需的足够过水能力。通常，根据雨水口位置平面图设计管道，但从逻辑上来说，应当在计算雨水口间距之后编制雨水口位置平面图。然而在许多开发项目中，在计算雨水口效率之前就已编制了雨水口位置平面图。通常利用推理计算公式计算流至每个雨水口的最大径流流量：

$$Q = 2.78 \times 10^{-3} CAI \qquad \text{SI} \qquad (4.34)$$

$$Q = CAI \qquad \text{CU} \qquad (4.35)$$

式中：A——面积，$\text{hm}^2(\text{ac})$；

C——径流系数；

I——降雨强度，mm/h(in/h)；

Q——最大径流量，$\text{m}^3/\text{s}(\text{cfs})$。

对于管道的第一段，假设管道接收从最上游开始的所有雨水口的径流支流。鉴于雨水口并未完全截取排水沟流量，这是一个保守的假设。同样，通过将从支流区域流至第二雨水口的径流与上述管道中的排水量相加，计算第二雨水口下游的管道的设计流量。继续计算，直到末端通至一个河川、一个滞洪池、一个排水系统或一个水体的最下游管道为止。

可以采用表格方式组织计算结果。美国运输部以及许多州的高速公路管理机构(包括 NJDOT)都拥有用于管道尺寸计算的表格。图 4.18 是作者编制的一份电

管道类型:＿＿＿＿＿＿　　曼宁粗糙度系数 n:＿＿＿＿＿＿

管段			雨水口计算					雨水沟计算										标高和覆盖			
编号	从	至	面积 A (ac)	径流系数 C	集流时间 (min)	降雨强度 (in/h)	雨水口 Q (cfs)	总和 A×C	总时间 (min)	降雨强度 (in/h)	管道排水量 Q (cfs)	坡度 (%)	直径 (in)	满流容量 (cfs)	正常深度 (in)	正常速度 (ft/s)	行程时间 (min)	上端地面标高 (ft)	上端处管内底标高 (ft)	下端处管内底标高 (ft)	上端标高处覆盖 (ft)
	长度 (ft)																				

图 4.18　雨水沟设计计算表(电子表格由作者编制)

子表格。在这个表格中,计算过程被分为四个部分,分别显示雨水口和管段描述、流量计算结果、管道尺寸选择以及管道上方的覆盖深度。

在雨水口和管道描述部分之后的雨水口计算部分中,采用推理方法计算径流结果。这一部分显示每个雨水口处的排水沟流量,它类似于图4.16中介绍的计算结果。第三部分汇总每个管道的设计流量的计算结果,并将这个流量与利用曼宁公式计算的管道的过水能力进行对比。可以从第2章中的表2.2中查找不同类型管道的曼宁粗糙度系数 n 的数值。这一部分中也包括假设每个管道中的水流均为满流时的流动速度的计算结果。

第2章一个附录的表格中列出了圆形和椭圆形混凝土管道以及某些其他构造的管道的过水能力因子。实际流速取决于设计排水量与管道过水能力之比。利用第2章中的表2.6和图2.5,可以方便地计算圆形管道中的部分满流量。第2章的一个附录中也包括了一个椭圆形管道的部分满流动参数图。

该表中的最后一部分列出了在将管道壁厚考虑在内的情况下,管道的上游端和下游端处的管内底标高以及管道上的覆盖深度。然后将在管道特定负荷条件下计算得到的覆盖厚度与管道制造商规定的最小所需覆盖厚度进行对比,以保证管道具有足够的覆盖。以下案例研究说明了计算过程。

应当注意,图4.18中的计算结果就是排水管道的初步设计。在最终设计中,也要进行水力坡降线(HGL)的计算,以确认没有发生超载。这些计算不仅包括摩擦损失的计算,而且还包括入口、出口损失的计算以及构筑物和弯管处的局部损失的计算。当考虑这些损失时,根据初步计算的结果(图4.18),许多管道中的水流为部分满流,因此可能受到回水效应造成的压力。下文通过一个案例研究说明计算过程(见案例研究4.2)。

案例研究 4.1 该研究涉及新泽西州新米尔福德自治镇的一个排水改进项目。图4.19显示了项目区中的现有排水系统。由于排水管道排水能力不足以及穿过人孔(MH2)的生活污水管造成阻塞,湖街与新米尔福德交叉区域东侧旁边的现有人孔有时会被水淹没。为了改善该人孔处的被淹状况,设计了一个新的排水系统。拟建的排水系统如图4.20所示,拟用30 in 的管道取代现有的24 in 管道。另外,在人孔(MH2)处将这个管道下降2 ft 以上,以避开横穿人孔的生活污水管。

通往拟建系统的排水区域是根据 USGS 哈肯萨克办事处的审查结果以及现场考察结果划定的。图4.21显示了通向新雨水口的支流的排水区域。通过审查税务地图、谷歌航测图以及现场考察,估计径流系数为 $C=0.46$。图4.22显示了在假设暴雨重现期为25年的基础上设计的暴雨排水管的计算结果。

案例研究 4.2 计算案例研究4.1中的建议采用的30 in 管道中的水力坡降线(HGL)。

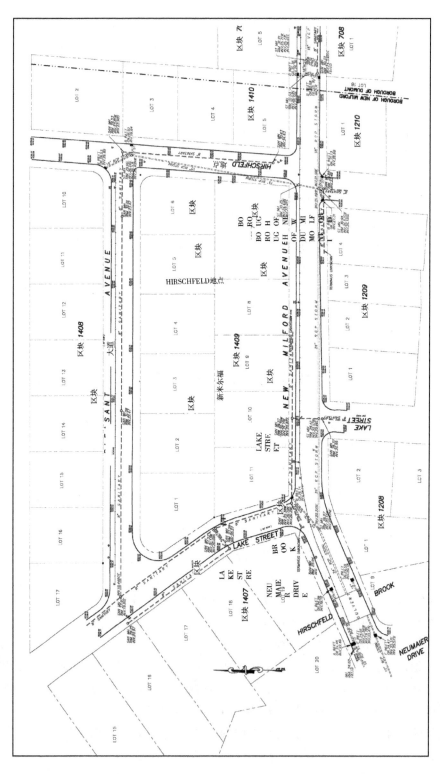

图 4.19 新米尔福德大道现状图

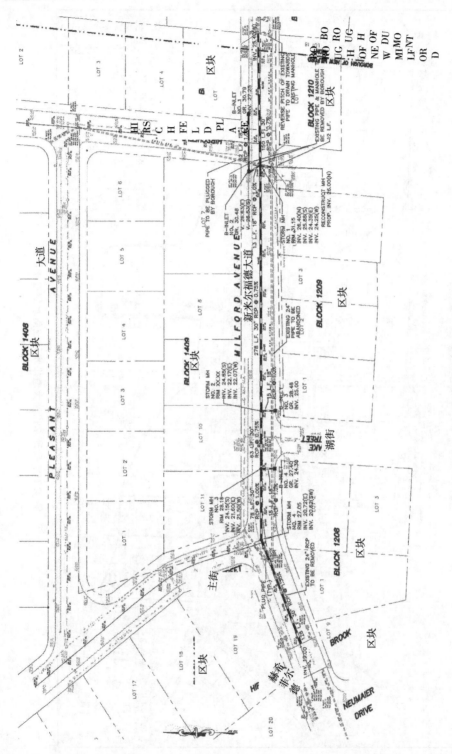

图 4.20 新米尔福德大道拟建排水系统

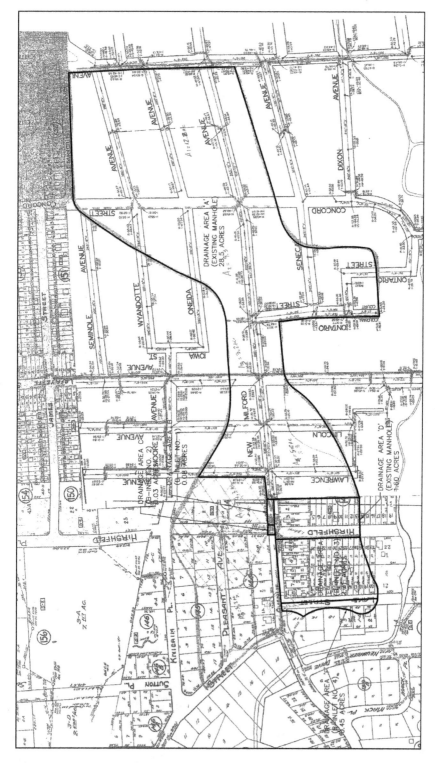

图 4.21 新米尔福德大道排水系统雨水口排水区域

管段				面积 A (ac)	径流系数 C	雨水口计算			总和 A×C	总时间 (min)	降雨强度 (in/h)	管道排水量 Q (cfs)	雨水沟计算						标高和覆盖			
编号	从	至	长度 (ft)			集流时间 (min)	降雨强度 (in/h)	雨水口 Q (cfs)					坡度 (%)	直径 (in)	满流容量 (cfs)	正常深度 (in)	正常速度 (ft/s)	行程时间 (min)	上端地面标高 (ft)	上端处管内底标高 (ft)	下端处管内底标高 (ft)	上端标高处覆盖厚度 (ft)
1	EXMH	MH1	150	28.50	0.46	60	2.4	31.46	13,110	60.00	2.4	31.46	0.70	30	37.17	20.83	6.51	0.38	31.03	25.40	24.35	3.1
2	CB1	CB2	40	0.08	0.9	10	6.7	0.48	0.072	10.00	6.7	0.48	1.00	18	11.38	2.61	3.19	0.21	30.57	27.25	26.85	1.8
3	CB2	MH1	16	0.03	0.9	10	6.7	0.18	0.099	10.21	6.7	0.66	1.00	18	11.38	3.11	3.48	0.08	30.48	26.75	26.59	2.2
4	EXMH	MH1	12	1.60	0.46	20	4.6	3.39	0.736	20.00	4.6	3.39	1.00	18	11.38	6.66	5.54	0.04	30.94	26.00	25.88	3.4
5	MH1	MH2	334					0.00	13,945	60.38	2.4	33.47	0.75	30	38.48	21.60	6.74	0.83	31.15	24.25	21.74	4.4
6	CB3	CB4	38	2.71	0.46	30	3.6	4.49	1.247	30.00	3.6	4.49	2.00	18	16.09	6.39	7.70	0.08	28.45	25.00	24.24	2.0
7	CB4	MH2	16	0.45	0.46	10	6.7	1.39	1.454	30.08	3.6	5.23	1.00	18	11.38	8.64	5.54	0.05	27.54	24.14	23.98	1.9
8	MH2	MH3	88					0.00	15,399	61.21	2.4	36.96	1.00	30	44.43	20.66	7.78	0.19	28.18	21.64	20.76	4.0
9	CB5	MH3	22	根据自治镇改造项目计算结果，来自湖街的流量为10.43 cfs。								10.43	2.00	18	16.09	10.53	7.83	0.05	26.14	21.80	21.36	2.8
10	MH3	CULV	128						15,399	61.40	2.4	47.39	1.30	30	50.66	25.80	8.88	0.24	27.05	20.66	19.00	3.9

图 4.22　雨水沟设计（设计暴雨＝重现期为 25 年的暴雨；曼宁粗糙度系数 n＝0.012）

| 管段 | | L (ft) | D (ft) | Q (cfs) | V (ft/s) | V²/2g (ft) | R | 水头损失 | | | | | | | |
从	至							h_f	K_s	h_s (ft)	K_b	h_b (ft)	h_e (ft)	h_{xt} (ft)	H_t (ft)
MH3	CUL	128.0	2.5	47.4	9.7	1.46	0.625	1.46	0.0	0.0	0.0	0.0	0.7	1.46	3.62
MH2	MH3	88.0	2.5	37.0	7.5	0.9	0.6	0.7	0.3	0.3	0.0	0.0	0.5	0.0	1.5
MH1	MH2	334.0	2.5	33.5	6.8	0.7	0.6	1.9	0.3	0.2	0.0	0.0	0.4	0.0	2.5
EX MH	MH1	150.0	2.5	31.5	6.4	0.6	0.6	0.7	0.3	0.2	0.0	0.0	0.3	0.0	1.2

注释:1. $h_f = (29n^2L/R^{1.33})V^2/2g$ 摩擦损失

2. $h_s = K_s V^2/2g$ 结构损失($K_s=0.3$,有压流,$K_s=0$,明渠流)

3. $h_b = K_b V^2/2g$ K_b—弯管因子$=0$,无弯管

4. $h_e = KV^2/2g$ 入口损失($K=0.5$,直角边缘)

5. $h_{xt} = V^2/2g$ 出口损失

6. $H_t = h_f + h_s + h_b + h_e + h_{xt}$ 总损失

图4.23 水头损失计算(电子表格;新泽西州新米尔福德的新米尔福德大道,$n=0.012$)

求解 首先计算管道和构筑物(人孔和雨水口)中的摩擦损失和结构损失。构筑物中的损失是构筑物中水流速度的变化以及弯管处流动方向的改变造成的。图4.23汇总了建议采用的30 in管道及其人孔的水头损失计算结果。

利用曼宁公式计算管道中的摩擦损失,如第2章中介绍,可将曼宁公式写为

$$h_f = (29n^2 L/R^{1.33})V^2/2g \tag{4.36}$$

式中:n是曼宁粗糙度系数,L和R分别是每个管段的长度和水力半径。将一个系数应用于速度头,计算构筑物和弯管中的损失。损失也包括入口、出口损失。前一个损失发生在每个构筑物,它取决于连接类型($K_e = 0.5$,这是一个典型的直角边缘系数,此处采用的是保守数值)。然而,出口损失仅发生在管道末端通至一个河川、一个湖泊或一个水体的地方,$K_{ex} = 1.0$。

图4.24显示了建议沿新米尔福德大道使用的30 in管道的水力坡降线的计算结果。根据人孔处的雨水口控制条件以及第一段管道中的损失造成的出水口控制条件,计算30 in管道在MH-3处的水面高程(参见图4.23)。在下一节的实例中将详细说明管道的雨水口-出水口控制的计算(见例4.9)。

图4.24显示每个管段中的水流受到下游管道的回水的作用,所有管道中的水流都是全满的。该表也显示,在现有人孔处,HGL上升了接近0.1 ft。然而,这个人孔处实际上没有发生超载,因为管道的过水能力比该人孔前面的24 in管道的过水能力大得多,因此它接收的流量将小于上例中计算的47.4 cfs的流量。

管段		Q (cfs)	H_t 总水头损失 (ft)	T_w 尾水标高 (ft)	$T_w + H_t$ (ft)	H_w 进水口控制源头 (ft)	Inv. el. 上游管内底标高 (ft)	I. C. elev. 进水口控制标高 (ft)	HGL 源头标高 (ft)	T. O. S. 构筑物顶部标高 (ft)	CL 间隙
从	至										
MH3	CUL	47.4	3.6	21.4	25.0	5.1	20.7	26.5	26.5	27.1	0.60
MH2	MH3	37.0	1.3	26.5	27.8	3.7	21.6	25.3	27.3	28.2	0.9
MH1	MH2	33.5	2.5	27.3	29.8	3.3	24.3	27.6	29.8	31.2	1.4
EX MH	MH1	31.5	1.3	29.8	31.1	3.0	25.4	28.4	31.1	31.0	−0.1

注释:1. H_t=总损失(见图4.23);
2. T_w=尾水或($D + d_c/2$)(第一根管子以数大者为准);
3. I. C. elev. = H_w + Inv. el.;
4. HGL = $T_w + H_t$ 或 I. C. elev. (取较大者);
5. 利用孔流方程计算 H_w。

图4.24 水力坡降线计算

4.7 涵洞水力设计

涵洞是一种长度较短的管道,被用于在道路或铁路下方输送河川、排水渠道或洼地的水流。水流可以在涵洞的雨水口面和出水口面完全浸没或部分敞开的情况下流至涵洞。另外,进水口面或出水口面也可以一个部分敞开一个被淹没。

涵洞的过水能力取决于涵洞的雨水口面能够接收的流量以及涵洞能够在重力作用下输送的流量。根据不同因素对排水量的限制作用,确定涵洞流量的性质。具体来说,如果进水口过水能力小于重力作用输送的流量,则涵洞流量被进水口控制。另一方面,如果进水口过水能力不是限制因素,则出水口控制条件占主导地位。图 4.25 显示了当进水口过水能力小于重力作用输送的流量,流动在进水口控制的条件下发生。图 4.26 显示了水能够以高于涵洞可以输送的流量进入涵洞时的出水口控制方案。

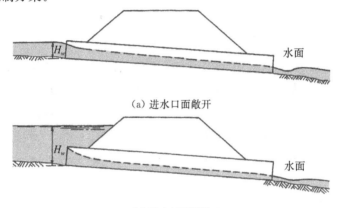

（a）进水口面敞开

（b）进水口面浸没

图 4.25　进水口控制方案

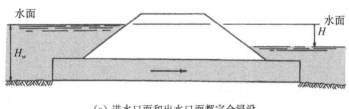

（a）进水口面和出水口面都完全浸没

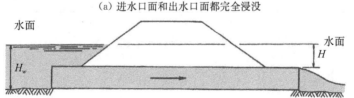

（b）进水口浸没,出水口满流

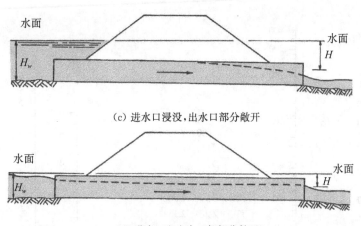

（c）进水口浸没，出水口部分敞开

（d）进水口和出水口都部分敞开

图 4.26　出水口控制方案

不管涵洞的进水口面或出水口面是否浸没，都应当计算进水口控制流量和出水口控制流量，并将较小者用于设计中。雨水口控制流量基本上就是敞开面的流量，在部分满流的条件下，这个敞开面起堰流的作用，在被完全淹没时，起孔口的作用。这些方案的流动方程为

$$Q = C_w L H^{1.5} \tag{4.37}$$

$$Q = C_0 A (2gh)^{0.5} \tag{4.38}$$

式中：L——涵洞间距，m(ft)；

$\quad H$——涵洞内底以上的水头，m(ft)；

$\quad h$——孔口中心以上的水头，m(ft)；

$\quad A$——洞身的面积，m²(sf)；

$\quad C_w$——堰流系数；

$\quad C_0$——孔口系数。

堰流系数 C_w 和孔口系数 C_0 随着涵洞类型、涵洞几何形状以及入口面的配置的改变而变化。美国运输部、联邦公路管理局第 5 号 HDS(FHWA，2012)中包括适用于各种不同涵洞构造及其雨水口面配置的严格的参数方程。

同一出版物以及《混凝土管设计手册》(美国混凝土管协会，2005)中都包括能极大地简化圆形、椭圆形、拱形、箱形（矩形）涵洞的雨水口控制流量计算方法的列线图。图 4.27(a)、4.28(a) 和 4.29(a) 采用国际单位分别显示了圆形涵洞、椭圆形涵洞和箱形涵洞的进水口控制流量计算列线图。图 4.27(b)、4.28(b) 和 4.29(b) 采用英制单位分别显示了以上各类涵洞的类似的列线图。

可以在考虑入口、出口损失的情况下，利用计算摩擦损失的曼宁公式计算出水口控制流量。可以将这种情况下的能量方程表示为

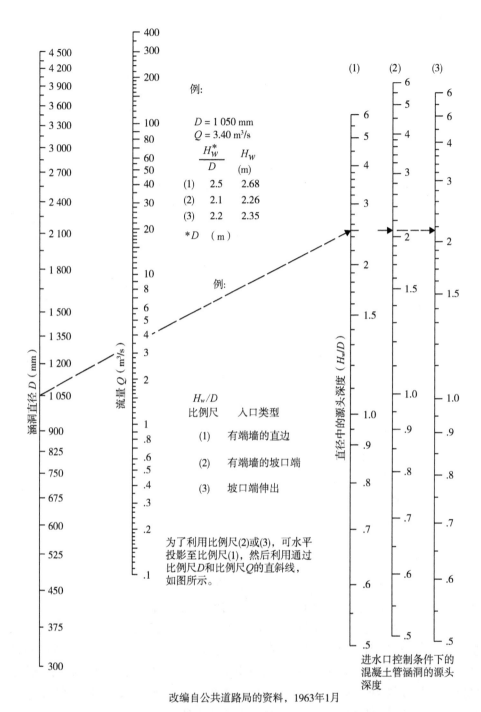

例:

$D = 1\,050$ mm
$Q = 3.40$ m³/s

	$\dfrac{H_w^*}{D}$	H_w (m)
(1)	2.5	2.68
(2)	2.1	2.26
(3)	2.2	2.35

*D （m）

例:

H_w/D
比例尺　　入口类型

(1)　　有端墙的直边

(2)　　有端墙的坡口端

(3)　　坡口端伸出

为了利用比例尺(2)或(3)，可水平投影至比例尺(1)，然后利用通过比例尺D和比例尺Q的直斜线，如图所示。

涵洞直径 D（mm）

流量 Q（m³/s）

直径中的源头深度（H_w/D）

进水口控制条件下的混凝土管涵洞的源头深度

改编自公共道路局的资料，1963年1月

(a) 圆形涵洞进水口控制列线图（国际单位）

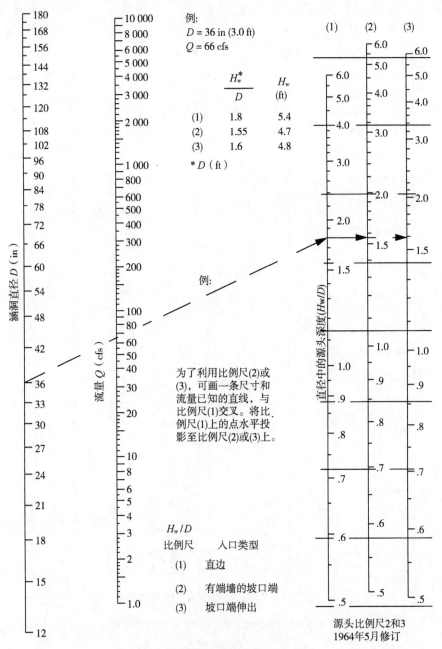

涵洞直径 D（in）

流量 Q（cfs）

例:

D = 36 in (3.0 ft)
Q = 66 cfs

	$\dfrac{H_w^*}{D}$	H_w (ft)
(1)	1.8	5.4
(2)	1.55	4.7
(3)	1.6	4.8

* D（ft）

例:

为了利用比例尺(2)或(3)，可画一条尺寸和流量已知的直线，与比例尺(1)交叉。将比例尺(1)上的点水平投影至比例尺(2)或(3)上。

H_w/D

比例尺	入口类型
(1)	直边
(2)	有端墙的坡口端
(3)	坡口端伸出

直径中的源头深度（H_w/D）

源头比例尺2和3
1964年5月修订

改编自公共道路局的资料，1963年1月

（b）圆形涵洞的进水口控制列线图（英制单位）

图 4.27　圆形涵洞的进水口控制列线图

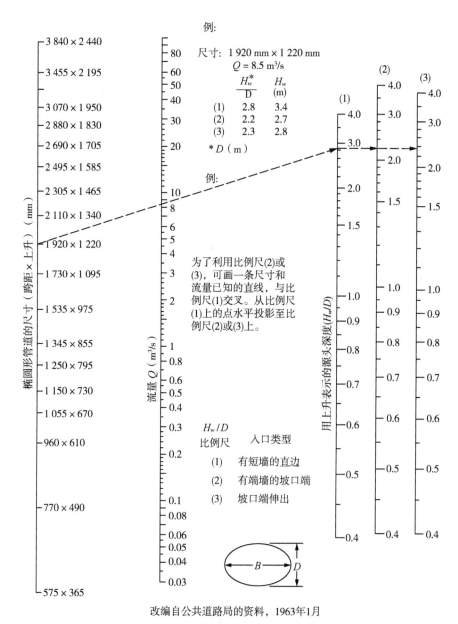

例:

尺寸: 1 920 mm × 1 220 mm
$Q = 8.5 \text{ m}^3/\text{s}$

	$\dfrac{H_w^*}{D}$	H_w (m)
(1)	2.8	3.4
(2)	2.2	2.7
(3)	2.3	2.8

$*D$（m）

例:

为了利用比例尺(2)或(3)，可画一条尺寸和流量已知的直线，与比例尺(1)交叉。从比例尺(1)上的点水平投影至比例尺(2)或(3)上。

H_w/D
比例尺　　入口类型

(1)　　有短墙的直边

(2)　　有端墙的坡口端

(3)　　坡口端伸出

椭圆形管道的尺寸（跨距 × 上升）（mm）

流量 Q（m³/s）

用上升表示的源头深度(H_w/D)

改编自公共道路局的资料，1963年1月

（a）水平椭圆形混凝土管的进水口控制（国际单位）

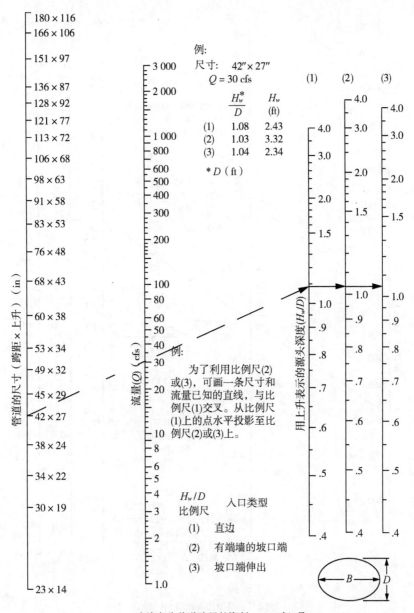

改编自公共道路局的资料，1963年1月

（b）椭圆形管道的进水口控制（英制单位）

图 4.28　椭圆形管道进水口控制列线图

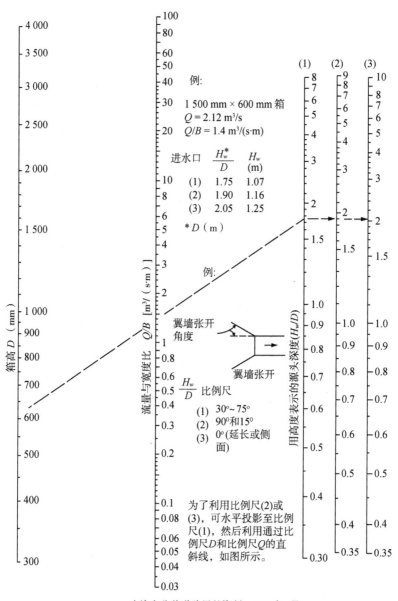

改编自公共道路局的资料，1963年1月

（a）箱形涵洞进水口控制（国际单位）

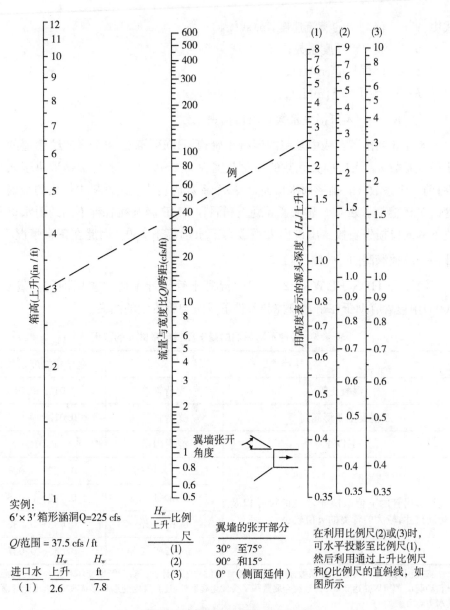

实例：
6′×3′箱形涵洞Q=225 cfs

Q/范围 = 37.5 cfs / ft

进口水	H_w 上升	H_w ft
（1）	2.6	7.8

$\dfrac{H_w}{上升}$ 比例

尺

| （1） |
| （2） |
| （3） |

翼墙的张开部分

30°	至75°
90°	和15°
0°	（侧面延伸）

在利用比例尺(2)或(3)时，可水平投影至比例尺(1)，然后利用通过上升比例尺和Q比例尺的直斜线，如图所示

改编自公共道路局的资料，1963年1月

（b）混凝土箱形涵洞的进水口控制（英制单位）

图 4.29 箱形涵洞进水口控制列线图

$$H = \left(\sum K_\ell + \frac{19.62n^2L}{R^{4/3}} \right)\left(\frac{V^2}{2g} \right) \qquad \text{SI} \qquad (4.39)$$

$$H = \left(\sum K_\ell + \frac{29n^2L}{R^{4/3}} \right)\left(\frac{V^2}{2g} \right) \qquad \text{CU} \qquad (4.40)$$

式中：V——涵洞中的满流速度，$m/s(ft/s)$；

n——曼宁粗糙度系数；

L——涵洞长度，$m(ft)$；

R——水力半径，$m(ft)$；

$\sum K_\ell$——入口损失系数和出口损失系数。

表 4.5 列出了实践中常用的混凝土管道、HDPE 管道和金属波纹管道的曼宁粗糙度系数 n。入口损失系数的变化范围为 $0.2\sim0.9$，其具体数值取决于入口条件；前一个系数代表锥形雨水口面，后一个系数代表从填充材料中伸出的金属波纹管（CMP）涵洞。表 4.6 显示了混凝土涵洞和 CMP 涵洞在各种不同的雨水口面配置下的入口损失系数。出口损失系数几乎永远等于 1.0。因此在正常情况下，估计一个单独涵洞的 $\sum K_\ell$ 为 1.5。

第 5 号 HDS（FHWA，2012）和《混凝土管设计手册》（美国混凝土管协会，2005）中包含有助于在出水口控制条件下求解导管流量的图表。

表 4.5　各种不同涵洞的曼宁粗糙度系数 n 的数值

导管类型		曼宁粗糙度系数 n
混凝土管	光滑管壁	$0.012\sim0.013$
混凝土箱形涵洞	光滑管壁	$0.012\sim0.015$
HDPE	光滑内壁	0.012
波纹金属管的 n 值取决于波纹的尺寸以及管筒尺寸；较大的管筒的 n 值较小	2-2/3×1/2 in	$0.022\sim0.027$
	6 in×1 in	$0.023\sim0.028$
	6 in×2 in	$0.033\sim0.035$
	9 in×2-1/2 in	$0.033\sim0.037$

注：该表中所列的曼宁粗糙度系数 n 的数值为新涵洞的建议设计值。对于管壁变坏和接合不良的混凝土管和涵洞，n 值可以高达 0.018。波纹金属管除了会发生腐蚀外，还会发生变形和形状改变，这可能显著降低其水力能力。

表 4.6　入口损失系数

构筑物类型和入口设计	系数，K_e
混凝土管	
从路堤中伸出，坡口端	0.2
从路堤中伸出，垂直切割端	0.5

构筑物类型和入口设计	系数，Ke
端墙或端墙和翼墙	
管道坡口端	0.2
直边	0.5
按填坡要求斜接	0.7
与填坡相符的管道末段[a]	0.5
斜坡边 33.7°或 45°坡口	0.2
波纹金属管和拱形涵洞	
从路堤中伸出（无端墙）	0.9
端墙或端墙和翼墙	
直边	0.5
按填坡要求斜接	0.7
与填坡相符的管道末段[a]	0.5
混凝土箱形涵洞	
端墙平行于堤（无翼墙）	
三个边为直边	0.5
将三个边做圆至半径相当于 1/12 洞身尺寸	0.2
翼墙与洞身呈 30°~75°角	
拱顶处为直边	0.4
拱顶边缘做圆至半径相当于 1/12 洞身尺寸	0.2
翼墙与洞身呈 10°~30°角	
拱顶处为直边	0.5
翼墙平行（两侧延伸）	
拱顶处为直边	0.7

来源：FHWA, Hydraulic design of highway culverts, Hydraulic Design Series No. 5 (HDS5), 3rd ed., Washington, DC, 2012.

a 用金属或混凝土制造的"与填坡相符的管道末段"是通常可向制造商购得的管段。

　　图 4.30 是圆形管图表的一个样本。为提高准确性，应当利用式（4.39）和式（4.40）进行水头损失计算。

　　通常采用迭代方法对在道路或堤坝下方输送流量的涵洞进行设计计算。在采用该方法时，先确定涵洞尺寸和类型，然后通过计算确定在雨水口控制和出水口控制的流动条件下的所需水头;将两者中的较大者用于设计。通常,根据雨水口控制图(例如图 4.27 至图 4.29)估计雨水口控制的所需源头深度;利用式(4.39)至式(4.40)计算出水口控制的水头损失。可以采用表格方式组织计算结果(见图 4.31)。

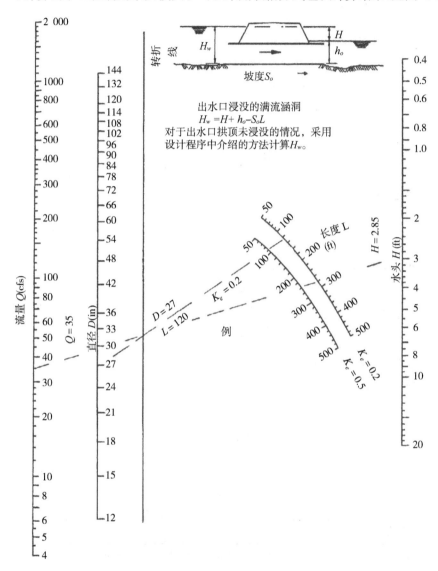

图 4.30　满流的圆形混凝土管涵洞在出水口控制条件下的流量-水头关系,n＝0.012(英制单位)

改编自公共道路局的资料,1963 年 1 月

　　例 4.8　建议采用的沿新米尔福德大道铺设的 30 in 管道(案例研究 4.1)终止于赫希菲尔德河(Hirschfeld Brook)上的新米尔福德桥(图 4.19)。查看该州和

FEMA(联邦紧急情况管理署)的洪水图可以发现,在新米尔福德大道桥梁处,赫希菲尔德河在10年—遇洪水中的水位大约为海拔17.7 ft。计算30 in管道的雨水口控制流量。

略图

水文站：_____

EL._____

AH_w

EL._____ $S_o=$_____ $L=$_____ EL._____ T_w—

水文和沟渠信息

$Q_1=$_____ $T_{w1}=$_____
$Q_2=$_____ $T_{w1}=$_____
($Q_1=$设计流量,即Q_{25}
$Q_2=$校核的流量,Q_{50}或Q_{100})

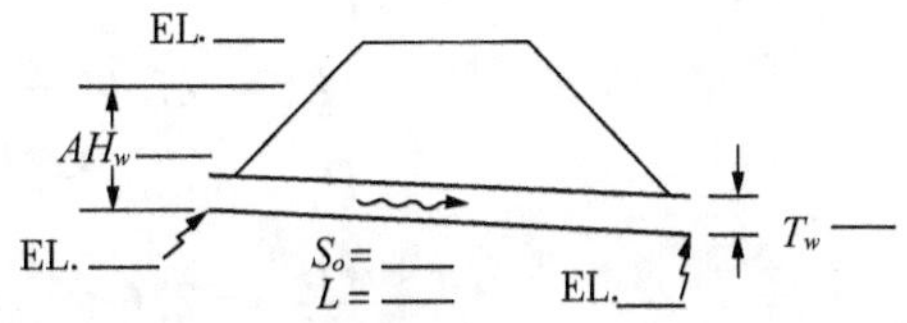

河川平均速度=_____
河川最大速度=_____

涵洞描述(入口类型)	Q	尺寸	源头计算										控制 H_w	出水口速度	成本	备注
			进水口控制		出水口控制 $H_w=H+h_o-LS_o$											
			$\dfrac{H_w}{D}$	H_w	K_e	H	d_c	$\dfrac{d_c+D}{2}$	T_w	h_o	LS_o	H_w				

总结和建议：

图4.31 涵洞水力计算表格

参数来源：H_w/D,进水口控制列线图；K_e,表4.6；H,式(4.39)和式(4.40)；d_c,临界深度,附录4D中的图4D.1和图4D.2或第2章中的表2.2(对于圆形涵洞)；h_o、T_w或$(d_c+D)/2$,取较大者；S_o和L的定义见略图。

求解 根据暴雨重现期为25年这个假设设计30 in管道。鉴于赫希菲尔德河中的洪水在降雨之后数小时内发生,可以保守地假设这条小河中的10年—遇的洪水位是管道出水口处的回水高度。然而,由于管内底远高于10年—遇洪水的水位,建议采用的管道不会受到小河中的回水的作用。因此,可以根据 MH♯3 的边缘和内底的标高计算源头深度。根据图 4.20,这些标高分别为

$$边缘标高 = 27.05 \text{ ft}$$
$$内底标高 = 20.66 \text{ ft}$$

因此,源头深度是

$$H_w = 27.05 - 20.66 = 6.39 \text{ ft}$$
$$D = 30 \text{ in.} = 2.5 \text{ ft}$$
$$\frac{H_w}{D} = 2.6$$

在图 4.27(b)上画一条将管道直径值和 H_w/D 值连接起来的直线,得到 $Q=55$ cfs 的进水口控制流量。

例 4.9 利用孔流方程计算上例中的 30 in 管道中的进水口流量。

求解 将孔流方程应用于 MH♯3,得到

$$Q = 0.6 \times (\pi \times 2.5^2/4) \times (2gH)^{0.5} \tag{4.41}$$

式中:H 是 30 in 管道中心的有效水头,用下式表示

$$H = 27.05 - (20.66 + 1.25) = 5.14 \text{ ft}$$

式中:27.05 和 20.66 分别是 MH♯3 的边缘标高和 30 in 管道的管内底标高(见图 4.22)。

$$Q = 0.6 \times 4.91 \times (2 \times 32.2 \times 5.14)^{1/2} = 53.6 \text{ cfs}$$

这个结果非常接近于上例中利用图 4.27(b)获得的结果。

例 4.10 在 25 年一遇的暴雨中,向上例中的 30 in 管道排水的 38.85 ac 区域计算出的最大径流流量为 47.4 cfs。计算 MH♯3 人孔处的水面高度。管道长度为 128 ft,这条管道没有受到赫希菲尔德河的回水作用。

求解 分别利用图 4.27(b)和式(4.40)计算进水口控制条件和出水口控制条件下的源头深度。

a. 进水口控制条件

画一条连接管道直径和流量的给定数据的直线,并将该直线延长到直角边缘线的 H_w/D 线,得到一个 $H_w/D=2.15$ 的保守值。因此:

$$H_w = 2.15 \times 2.5 = 5.38 \text{ ft}[①]$$

---

① 注:利用孔流方程计算 H_w(采用 $C=0.6$),得到 $H_w = 5.3$ ft。

水面高度 = 20.66(管内底标高) + 5.38 = 26.04 ≈ 26 ft

b. 出水口控制条件

这个管道的有端墙的直角边缘的入口损失系数为 $K_e = 0.5$(见表 4.6)。

$$A = \left(\frac{\pi}{4}\right)D^2 = 4.91 \text{ ft}^2$$

$$V = \frac{47.4}{4.91} = 9.65 \text{ ft/s}$$

$$\frac{V^2}{2g} = \frac{9.65^2}{2 \times 32.2} = 1.45$$

$$R = \frac{D}{4} = 0.625 \text{ ft}$$

采用 $n = 0.012$(第 4.9.1 节中的表 4.9)。

$$H = \left(1.5 + \frac{29 \times 0.012^2 \times 128}{0.625^{4/3}}\right) \times 1.45$$

$$= (1.5 + 1.0) \times 1.45 = 3.62 \text{ ft}$$

将以上计算结果列于图 4.32 的表中。在这个表格中,回水作用的公式为

$$T_w = \frac{(d_c + D)}{2}$$

可从表 2.2(圆形管道临界深度)中导出上式中的 d_c(表中用 y_c 表示),如以下公式所示:

$$K_c = \frac{Q}{\sqrt{g}d^{2.5}}$$

$$K_c = \frac{47.4}{\left[(32.2)^{1/2} \times 2.5^{2.5}\right]} = 0.845$$

$$\frac{d_c}{D} = 0.905 \quad (见表 2.2)$$

$$d_c = 2.26 \text{ ft}$$

另外,利用附录 4D 中的图 4D.1(b)可以得到

$$d_c = 2.26 \text{ ft}$$

$$h_o = (2.26 + 2.5)/2 = 2.38$$

$$LS_o = 128 \times 1.3\% = 1.66 \text{ ft}$$

$$H_w = H + h_o - LS_o = 3.62 + 2.38 - 1.66 = 4.34 \text{ ft}$$

由于进水口控制的 H_w 大于出水口控制的 H_w,30 in 管道处于进水口控制条件

下。根据图 4.22,管道内底比 MH♯3 的边缘低 6.39 ft;因此,有效水头足够大,水不会从人孔中溢出。计算结果被列于图 4.32 中。

项目:＿＿＿＿＿＿＿＿＿＿＿＿＿　　　设计员:＿＿＿＿＿＿＿＿＿＿＿＿＿

日期:＿＿＿＿＿＿＿＿＿＿＿＿＿

略图

水文站:＿＿＿＿＿＿

水文和沟渠信息

$Q_1 = $ ＿＿＿＿＿＿　　$T_{w1} = $ ＿＿＿＿＿＿

$Q_2 = $ ＿＿＿＿＿＿　　$T_{w1} = $ ＿＿＿＿＿＿

($Q_1 = $设计流量,即 Q_{25}

$Q_2 = $校核流量,$Q_{50}$ 或 Q_{100})

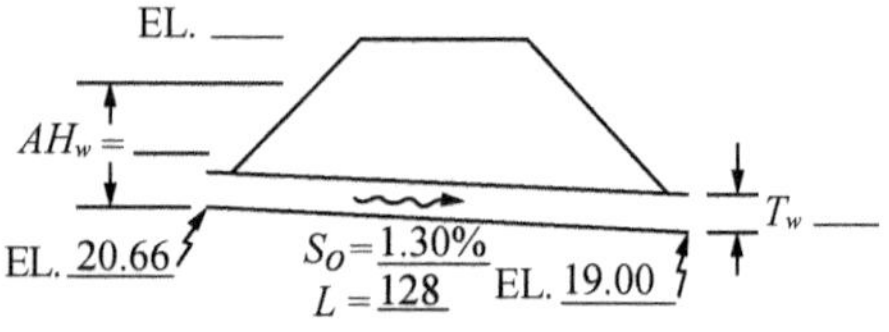

EL.＿＿＿

$AH_w = $＿

EL. 20.66　　$S_o = \underline{1.30\%}$　　T_w＿

$L = \underline{128}$　EL. 19.00

河川平均速度＝＿＿＿＿＿＿

河川最大速度＝＿＿＿＿＿＿

涵洞描述(入口类型)	Q	尺寸	源头计算										控制 H_w	出水口速度	成本	备注
			进水口控制		出水口控制 $H_w = H + h_0 - LS_0$											
			$\dfrac{H_w}{D}$	H_w	K_e	H	d_c	$\dfrac{d_c + D}{2}$	T_w	h_0	LS_0	H_w				
RCP 直边	47.4	30″	2.15	5.38	0.50	3.62	2.26	2.38	—	2.38	1.66	4.34	5.38	9.65		

总结和建议:

　　$H_o = T_w$ 或 $(d_c + D)/2$,取较大者;进水口控制;进水口面有效水头＝6.39 ft＞ 5.50 ft。

图 4.32　源头计算结果表(例 4.10)

4.8　排水口侵蚀控制

在河川或沟渠中的管道的出水口处可能出现侵蚀流。可以根据环境土壤的允许速度或者允许剪应力确定发生侵蚀的可能性。下文首先讨论允许速度这个概念,这个概念常被用于出水口管道保护中,需要对其进行简单分析。表 4.7 中包括不同土壤的允许速度。为确定土壤稳定性,将这些速度与管道中的设计速度进行对比。设计速度是侵蚀控制设计暴雨期间出现的速度,所述侵蚀控制设计暴雨通常为重现期为 25 年的暴雨。当设计速度超过允许速度时,必须保护管道出水口,以避免发生侵蚀和冲刷。

保护措施通常包括建造一个抛石段,此抛石段从涵洞的出水口延伸至沟渠流稳定下来的位置或流速被降低至低于沟渠中允许流速范围的位置。按照美国国家科学院 1970 年提供的建议,必须根据发生频率至少为 25 年一次的洪水设计抛石护坦。也可以利用冲刷坑实施侵蚀控制。以下各节介绍抛石护坦和冲刷坑的设计计算。

表 4.7　各种不同土壤的允许速度

土壤质地	允许速度	
	m/s	ft/s
砂土	0.5[a]	1.75
沙壤土	0.8	2.50
粉沙壤土	0.9	3.00
砂质黏壤土	1.1	3.50
黏壤土	1.2	4.00
黏土,细砾	1.5	5.00
鹅卵石	1.7	5.50
页岩(未风化)	1.8	6.00

来源:NJ State Soil Conservation Committee, Standards for soil erosion and sediment control in New Jersey, 1999.

a 四舍五入至小数点后一位。

4.8.1　抛石护坦

如果出水口终止于一个确定的沟渠或一个平坦区域(例如滞洪池的底床),则可采用抛石护坦防止土壤受到侵蚀。利用美国联邦环境保护署建立的经验公式(EPA,1976)计算护坦长度 L_a。采用国际单位的长度 L_a 和石块尺寸 d_w 的计算公式如下:

$$L_a = \frac{3.26q}{D_o^{1/2}} + 7D_a \quad \text{for } T_w < \frac{D_o}{2} \tag{4.42}$$

$$L_a = \frac{5.43q}{D_o^{1/2}} \quad \text{for } T_w \geqslant \frac{D_o}{2} \tag{4.43}$$

$$d_{so} = \frac{3.5}{T_w}q^{1.33} \tag{4.44}$$

当采用英制单位时,这些方程变为

$$L_a = \frac{1.8q}{D_o^{1/2}} + 7D_o \quad \text{for } T_w < \frac{D_o}{2} \tag{4.45}$$

$$L_a = \frac{3q}{D_o^{1/2}} \quad \text{for } T_w \geqslant \frac{D_o}{2} \tag{4.46}$$

$$d_{so} = \frac{0.2}{T_w}q^{1.33} \tag{4.47}$$

式中:d_{so}——石块直径中间值,cm(in);

D_o——涵洞高度,m(ft);

q——Q/W_o;

Q——涵洞排水量,m³/s(cfs);

W_o——涵洞最大宽度;

T_w——涵洞底部以上的尾水深度,m(ft)。

由于不能估算 T_w,因此采用 $T_w = 0.2D_o$。

在确定的沟渠中,护坦的底宽至少应当等于沟渠的底宽;衬砌应当延伸至尾水标高以上至少 1 ft,并且不小于涵洞仰拱上方垂直管道尺寸的三分之二。另外,沟渠的抛石部分应当满足以下条件:

• 侧坡的坡度应为 2∶1(2 H,1 V)或更小;

• 底部应当水平(坡度为 0%);

• 护坦末端或涵洞末端的高度不应下降。

当采用雷诺护垫或侵蚀控制毯而不是采用抛石时,可将侧坡坡度提高到 1∶1。

如果护坦下游没有明确的沟渠,则护坦末端的宽度 W 为

$$W = 3D_o + L_a \quad \text{for } T_w < \frac{D_o}{2} \tag{4.48}$$

$$W = 3D_o + 0.4L_a \quad \text{for } T_w > \frac{D_o}{2} \tag{4.49}$$

在采用国际单位和英制单位时,以上各公式都有效。涵洞出水口处的护坦的宽度至少应为涵洞宽度的三倍。图 4.33 显示了这些情况下的抛石护坦的几何形状。利用式(4.44)和式(4.47)计算两种情况下的石块尺寸。

对于间距小的复合涵洞,可以依据一个涵洞确定抛石护坦的长度,但抛石宽度应当涵盖所有涵洞。当涵洞间距等于或大于宽度尺寸的四分之一时,将一个涵洞

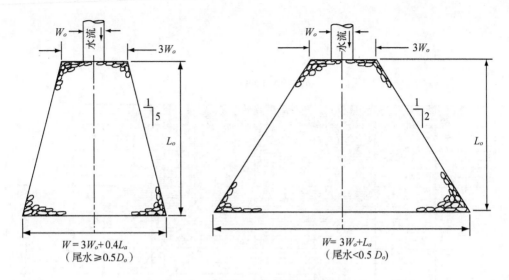

图 4.33　出水口处抛石护坦配置

计算的抛石护坦的长度和石块尺寸提高 25%。

美国土壤保护局（SCS）［即现在的国家资源保护局（NRCS）］已经编制了用于管道出水口保护设计的两种图表：一种图表适用于管道中心以下的尾水深度 $T_w <$ $0.5D_o$，另一种图表适用于 $T_w \geqslant 0.5D_o$。图 4.34 显示了适用于 $T_w < 0.5D$ 的图表。利用该图可以确定石块尺寸 d_{50} 和抛石护坦的长度 L_a。应当将护坦的底部构筑为平底。包括纽约州在内的若干土壤保护区已经采用了图 4.34（纽约州环境保护部,2005）。

4.8.2　预成型冲刷坑

如果不能建造平护坦或者平护坦太大,可以通过改进现有冲刷坑控制侵蚀。可以在新排水口设置冲刷坑,以达到相同的目的。图 4.35 显示了一种冲刷坑的布置图和剖视图。冲刷坑的深度 y 通常为 $D_o/2$ 至 D_o,此处 D_o 是管道/涵洞的垂直直径。

可以利用以下公式计算石块直径中间值 d_{50}：

$$d_{50} = \frac{2.8}{T_w} q^{4/3} \quad 当 \ y = \frac{D_o}{2} \tag{4.50}$$

$$d_{50} = \frac{1.8}{T_w} q^{4/3} \quad 当 \ y = D_o \tag{4.51}$$

当采用英制单位时,这些公式分别变为

$$d_{50} = \frac{0.15}{T_w} q^{4/3} \quad 当 \ y = \frac{D_o}{2} \tag{4.52}$$

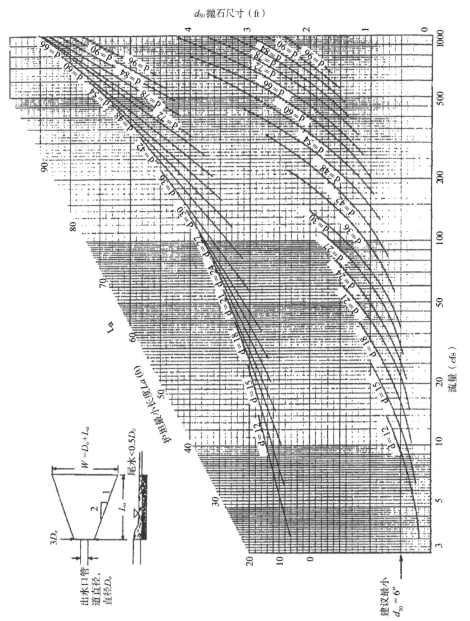

图 4.34 圆形管道和最少尾水（$T_w \leqslant 0.5\,D_0$）管道出水口保护设计（SCS 方法）

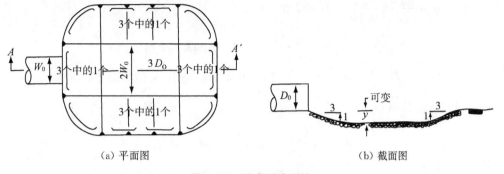

(a) 平面图 (b) 截面图

图 4.35 预成型冲刷坑

$$d_{\scriptscriptstyle{50}} = \frac{0.1}{T_w} q^{4/3} \quad \text{当} \ y = D_o \tag{4.53}$$

这些公式中的参数和单位与适用于抛石护坦的公式中的参数和单位相同。

抛石用的石块应当为散石或粗糙和未切削的毛石。石块应当有角、坚硬并且不会由于风化作用或浸泡于流水而崩解。抛石应由最小尺寸为 25 mm(1 in)的级配良好的混合石料组成,使得 50%(重)的混合石料的尺寸大于计算的 $d_{\scriptscriptstyle{50}}$ 尺寸,并且上述石料被放置在土工布或石滤器上或土工布和石滤器的组合材料上。新泽西州土壤侵蚀和泥沙控制标准(1999)采用 EPA 的抛石尺寸计算公式,规定当没有过滤布时,抛石厚度应当等于 $d_{\scriptscriptstyle{50}}$ 的三倍,当抛石下面放置过滤布时,抛石厚度应当等于 $d_{\scriptscriptstyle{50}}$ 的两倍。密歇根等州建议最小抛石厚度应为 1.5 $d_{\scriptscriptstyle{50}}$ 或 6 in,取两者中的较大者。纽约州的标准(2005,Section 5B)以及许多其他州的标准都要求抛石厚度应为石块最大尺寸的 1.5 倍加上过滤布或床层的厚度。

例 4.11 用一根 750 mm 管道将住宅开发产生的径流输送进渗水池-滞洪池。通过计算得到,25 年一遇的降雨的流量为 0.5 m^3/s。利用新泽西州土壤侵蚀和泥沙控制标准(1999)计算要求的抛石护坦的尺寸,以保护渗水池-滞洪池中的砂床免受侵蚀的影响。在新泽西州,规定设计的尾水深度应为 2 年一遇的暴雨中滞洪池处的最大水位,经过计算得到这个设计的尾水深度为 0.6 m。

求解

$$A = \pi \times 0.75^2/4 = 0.442 \ m^2$$

$$V = \frac{Q}{A} = \frac{0.5}{0.442} = 1.13 \ m/s$$

由于设计速度大于砂子的允许速度,需要采用抛石护坦。

$$T_w = 0.6 \ m > \frac{D_o}{2}$$

$$q = \frac{Q}{D_o} = \frac{0.5}{0.75} = 0.667 \ \text{m}^3/\text{s}$$

$$L_a = \frac{5.43q}{D_o^{1/2}} = \frac{5.43 \times 0.667}{(0.75)^{0.5}} = 4.18 \ \text{m}, \ \text{取} \ 4.2 \ \text{m}$$

$$W = 3D_o + 0.4L_a = 3 \times 0.75 + 0.4 \times 4.18 = 3.92 \ \text{m}, \text{取} \ 4.0 \ \text{m}$$

利用式(4.34)

$$d_{50} = \left(\frac{3.5}{0.6}\right) \times 0.667^{1.33} = 3.40 \ \text{cm}$$

采用 7.5 cm(3 in)的最小尺寸。抛石护坦的厚度为 $3 \times 7.5 = 22.5$ cm,无过滤布。

例 4.12 一根 36 in 管道终止于一条没有衬砌的排水渠。通过计算得到,25 年一遇的降雨的流量为 49 cfs。设计抛石,以使排水渠免受侵蚀的影响。利用 EPA 方法和 SCS 方法(图 4.34)进行计算。在采用前一种方法时,假设尾水高于管道中心。

求解 假设 $Q = 49$ cfs,$D_o = 36$ in。

a. 利用式(4.42)和式(4.34)

$$q = \frac{Q}{D_o} = \frac{49}{3} = 16.33$$

$$L_a = 3 \times \frac{16.33}{3^{0.5}} = 28.3 \ \text{ft} \ (\text{取} \ 28 \ \text{ft})$$

保守地假设 $T_w = D_o/2 = 1.5$ ft。

$$d_{50} = \frac{0.2 \times 16.33^{1.33}}{1.5} = 5.47 \ \text{in} \ (\text{取} \ 6 \ \text{in}.)$$

以 2:1 的坡度建造排水渠堤岸,抛石置于河床以上 2 ft 的高程,这等于管道垂直直径的三分之二。

b. 利用图 4.34,

将 $d = 36$ in 线外推至 $Q = 49$ cfs,得到

$$d_{50} = 6 \ \text{in}.$$

同样,将上部 $d = 36$ in 线外推至与 $Q = 49$ cfs 交叉,并且将一条水平线延长至左侧,得到 $L_a = 16$ ft。

这个长度比利用 EPA 方法得到的长度短得多。采用该方法计算的排水口处的抛石护坦的宽度与利用上一个方法计算出的结果相同。

例 4.13 一个渗水池-滞洪池的排水管终止于一条河川。管道的直径为

450 mm,通过计算得到,在 100 年一遇的降雨中渗水池-滞洪池的流量为 0.55 m³/s。为减少河川处的受扰动面积,在排水口点设置了一个冲刷坑。冲刷坑的深度为 22.5 cm;河川处尾水的深度可以取作 2 年一遇的洪水的标高,这个尾水深度为 0.9 m。确定冲刷坑的尺寸。

求解 冲刷坑的顶长,$L=3D+\left(3\dfrac{D}{2}\right)\times 2=6D=6\times 0.450=2.7$ m

冲刷坑的顶宽,$W=5D=2.25$ m

冲刷坑的底长,$L'=3D=1.35$ m

冲刷坑的底宽,$W'=2D=0.9$ m

石块尺寸为

$$q=\frac{Q}{D}=\frac{0.55}{0.45}=1.222 \text{ m}^2/\text{s}$$

$$d_{so}=\left(\frac{2.8}{T_w}\right)q^{1.33}$$

$$d_{so}=\left(\frac{2.8}{0.9}\right)\times 1.222^{1.33}=4.06 \text{ cm}$$

采用由 7.5 cm(3 in)(这是许多州规定的最小尺寸)的石块组成的三个衬层。

4.9 排水渠

像管道一样,排水渠被用于输送开发中产生以及来自道路的径流。排水渠也包括植草沟,它也被应用于斜坡的坡脚。为避免侵蚀,可能需要利用衬砌保护排水渠。衬砌可以是刚性或柔性的。刚性衬砌包括就地浇注的混凝土砌石以及浆砌抛石。石笼墙可以归入半刚性衬砌。刚性衬砌在过去应用广泛,但当前的新趋势是使用柔性衬砌。因此,本书中不讨论刚性衬砌。

柔性衬砌包括抛石用石块、砾石遮护料、草衬、合成垫、玻璃纤维粗纱以及类似材料。在潮湿地区(例如美国东北部),草衬是保护缓坡地带中的洼地的最有效方法。浅草洼地除了经济外,还容易维护,并且美观。浅草洼地也能除去径流中的淤泥和悬浮泥沙,从而改善水质。沿流动方向铺设草皮,并且用大头针或 U 形钉固定草皮,这是建造草衬的最佳方法。如果能够在青草生长期中或在青草被保护期间经其他路径输送径流,直到植被建立为止,则也可通过播种建造草衬。在干旱气候中,如果没有灌溉,在可能出现很高水流速度的陡峭地形中,可以考虑采用诸如砾石、抛石或石笼护垫之类的其他衬砌。

通常根据地面覆盖的抗侵蚀性能设计用抛石或青草之类的柔性衬砌或衬护覆

盖洼地,不管原土壤的性质如何。HEC-15(FHWA,2005)中介绍了这种设计程序的一个例外情况,下文将讨论这个例外情况。在设计以青草为衬护的洼地时,设备割草的能力是必须考虑的一个重要因素。随着时间推移,梯形或V形部分会变为抛物线形,因此建造抛物线形的浅草洼地比建造其他几何形状的浅草洼地更加实际。

根据两个不同的概念设计有衬砌或没有衬砌的排水渠。一个与排水口侵蚀控制概念类似的概念是最大允许速度。另一个概念是允许剪应力,对应的设计方法也被称为驱动力方法。前一个方法实际上是经验方法,该方法认为只要实际流速小于一个被称为最大允许速度的临界流速,排水渠就能保持稳定。当采用驱动力方法时,剪应力是稳定性标准的依据。以下两节讨论这些概念。

4.9.1　允许速度的概念

在以上一节中,介绍了土壤的允许速度这个概念,作为确定是否需要在管道排水口建造抛石护坦的标准,而不是作为设计管道排水口处的抛石护坦的标准。对于特定土壤,采用确定的允许速度过于简单化,因为非黏性土壤的允许速度不仅随着土壤颗粒尺寸的改变而改变,而且随着土壤紧实度的改变而改变。黏性土壤的允许速度取决于塑性指数和土壤紧实度。图4.36显示了关于颗粒大小(mm),美国标准筛目尺寸和允许速度的函数关系(Chow,1959)。

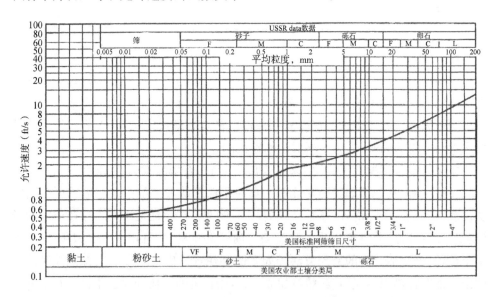

C—粗质土;F—细土;L—大颗粒土壤;M—中等土壤;VF—极细土壤

图4.36　USSR非黏性土壤允许速度数据

图 4.37 中显示了 USSR 的黏性土壤允许速度数据(Chow,1959)。图 4.36 和图 4.37 中的速度为大约 1 m 深处的流速。对于其他流动深度,应当将一个修正因子应用于速度上,如图 4.36 和图 4.37 中所示。表 4.8 中列出了采用 USSR 数据的流动深度调节因子。

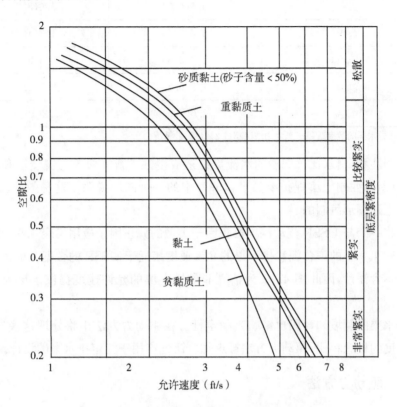

图 4.37　USSR 黏性土壤允许速度数据的曲线

表 4.8　依据深度对黏性土壤和非黏性土壤的允许速度所做的修正

流动深度,m(ft)	调节因子
0.3(1)	0.8
0.6(2)	0.92
1(3.3)	1.0
1.5(4.9)	1.09
2(6.6)	1.16
3(9.8)	1.25

表 4.9　不含泥沙排水渠和含泥沙排水渠的非黏性颗粒的允许速度

颗粒大小,mm	允许速度,m/s(ft/s)	
	不含泥沙	含泥沙[a]
2.0	0.6(2.0)	1.0(3.2)
5.0	0.8(2.5)	1.3(4.2)
10.0	1.0(3.3)	1.6(5.2)
50.0	1.9(6.2)	2.6(8.5)
100.0	2.6(8.5)	3.2(10.5)

a 含泥沙排水渠的数字适用于悬浮物浓度超过 2%(重)的情况。

应当注意,清水比含泥沙的水流更易造成侵蚀。新泽西州土壤侵蚀和泥沙控制标准(新泽西州土壤保护委员会,1999)中的一个图形说明了这种效应。表 4.9 是根据上述图形编制的。

可将一个与 USSR 流动深度修正因子类似的修正因子应用于表 4.9 中的允许流速。表 4.9 中的不含泥沙排水渠的允许速度接近于 USSR 的数据。由于稳定的排水渠不含泥沙,因此图 4.36 为估算非黏性土壤的允许速度提供了更为保守的依据。

排水渠的侧坡和弯段也影响其稳定性。在驱动力方法中将处理这些参数,与允许速度的概念相比,驱动力方法被更加广泛地应用于稳定排水渠的设计。

4.9.2　驱动力方法

这种方法将排水渠渠床处的流动剪应力与环境土壤或柔性衬砌材料的允许剪应力进行对比。流动剪应力反映排水渠中流水的流体动力,它被称为驱动力。利用柔性衬砌设计稳定排水渠的基础是,驱动力不应超过衬砌材料的临界剪应力。在均匀流中,用以下公式计算排水渠周长上的平均剪应力

$$\tau = \gamma RS \tag{4.54}$$

式中:γ——水的单位重量,N/m³(lb/ft³);

　　R——水力半径,m(ft);

　　S——渠床平均坡度,m/m(ft/ft);

　　τ——剪应力,lb/ft²(英制单位);在国际单位制中,1 Pa=1 N/m²。

应当注意,允许剪应力与允许速度相关。利用式(4.54)和曼宁公式消去坡度 S,得到

$$V_p = \frac{0.01R^{1/6}\tau_p^{1/2}}{n} \qquad \text{SI} \qquad (4.55)$$

$$V_p = \frac{0.189R^{1/6}\tau_p^{1/2}}{n} \qquad \text{CU} \qquad (4.56)$$

式中:τ_p 和 V_p 分别是允许剪应力和允许速度。这些公式表明,对于特定的排水渠衬砌,V_p 不是常数;它随着水力半径的改变而变化。因此,在选择衬砌材料时,采用取决于水力条件的允许剪应力标准比采用允许速度标准更加合适。由于这个原因,在工程实践中,允许速度的概念正被弃用。事实上许多管理机构都建议,在设计非黏性土壤以及低塑性黏性土壤中的稳定排水渠时,应当采用驱动力方法,而不是采用允许速度这个概念。参见新泽西州土壤侵蚀标准(新泽西州土壤保护委员会,1999)。

剪应力沿排水渠的湿周不均匀分布。梯形渠的拐角处的剪应力趋向于零,而其中心渠床处的剪应力通常最大。侧面的最大剪应力出现在靠近斜坡下部的三分之一处。图 4.38 显示了排水渠截面中的剪应力的变化。

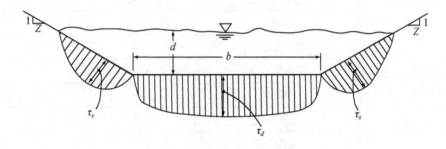

图 4.38 梯形渠中剪应力的变化

用以下公式计算直排水渠的最大剪应力

$$\tau_d = \gamma dS \qquad (4.57)$$

式中:d 是最大流动深度。注意,在第 2 章中用"y"代表矩形渠和梯形渠中的流动深度。在洼地中,流动深度通常不均匀,因此这里用"d"代表最大流动深度,以区别于"y"。

在设计稳定排水渠时,将安全因子应用于排水渠底部的剪应力,满足以下公式:

$$\tau_p \geqslant SF\tau_d \qquad (4.58)$$

式中:SF——安全因子,通常为 1.0 至 1.5;

τ_p——排水渠盖的允许剪应力。

4.9.3 裸露土壤和石块衬砌

裸露土壤和石块衬砌的允许剪应力列于表 4.10 中。图 4.39 和图 4.40 分别显示了非黏性土壤和黏性土壤的容许剪应力与颗粒大小和塑性指数的函数关系[①]。表 4.10 列出了非黏性土壤的允许剪应力。根据此表,d_{75} 小于 1.3 mm (0.05 in)的细粒土壤的允许剪应力相对不变,可以将其保守地估计为 1.0 N/m² (0.02 lb/ft²)。对于 1.3 mm<d_{75}<15 mm(0.05~0.6 in)的非黏性土壤,可以利用以下方程计算允许剪应力:

表 4.10 衬砌材料的允许剪应力

衬砌材料类别	衬砌类型	允许剪应力	
		N/m²	lb/ft²
黏性裸露土壤 ($PI=10$)	黏土质砂层	1.8~4.5	0.037~0.095
	无机粉砂土	1.1~4.0	0.027~0.110
	粉砂	1.1~3.4	0.024~0.072
黏性裸露土壤 ($PI\geqslant20$)	黏土质砂层	4.5	0.094
	无机粉砂土	4.0	0.083
	粉砂	3.5	0.072
	无机黏土	6.6	0.140
非黏性裸露土壤 ($PI<10$)	比粗砂细	1.0	0.02
	$D_{75}<1.3$ mm(0.05 in)细砾	5.6	0.12
	$D_{75}=7.5$ mm(0.3 in)砾石	11.0	0.24
砾石遮护料	$D_{75}=15$ mm(0.6 in)粗砾	19.0	0.40
	$D_{50}=25$ mm(1 in) 极粗砾石 $D_{50}=50$ mm(2 in)	38.0	0.80
抛石	$D_{50}=0.15$ m(0.5 ft)	113.0	2.40
	$D_{50}=0.30$ m(1.0 ft)	227.0	4.80

来源:FHWA, Design of roadside channels with flexible linings, Hydraulic Engineering Circular No. 15 (HEC-15), 3rd ed. , September 2005.

---

① 图 4.39 和图 4.40 已被从 HEC-22(2013)删除。应当利用式(4.60)和式(4.61)以及表 4.10 计算或查找非黏性土壤和黏性土壤的剪应力。

$$\tau_p = Kd_{75} \tag{4.59}$$

式中：τ_p——允许剪应力，N/m^2（lb/ft^2）；

K——0.75（国际单位），0.4（英制单位）；

d_{75}——75%细石的平均粒径，mm（in）。

可以将同一方程应用于粗糙和极粗糙的砾石和抛石石块，但要用d_{50}取代公式中的d_{75}。

$$\tau_p = Kd_{50} \quad d_{50} > 15 \ m \tag{4.60}$$

如图 4.40 所示，对于黏性土壤，允许剪应力的大小取决于土壤的塑性指数及其紧实度（即空隙度或空隙比）。HEC-15（FHWA，2005）的最新版中介绍了计算黏性土壤的允许剪应力的公式：

$$\tau_p = (C_1 PI^2 + C_2 PI + C_3)(C_4 + C_5 e)^2 C_6 \tag{4.61}$$

式中：PI——塑性指数；

e——空隙比（空隙体积与固体体积之比）；

C_1—C_6——取决于土壤类型的系数［附录 4E 中包括了列于 HEC - 15（FHWA，2005）图 4.18 中的这些系数的一个复印页面］。

在使用式（4.61）时，除了需要测量塑性和土壤类型外，还需要测量空隙比。

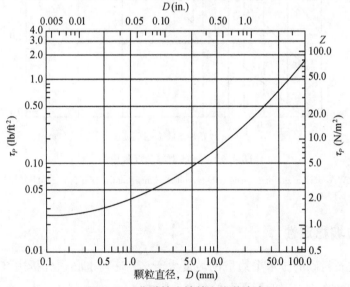

图 4.39　非黏性土壤的允许剪应力

来源：FHWA，Urban drainage design，Hydraulic Engineering Circular No. 22 ［HEC-22］，2nd ed.，August 2001.

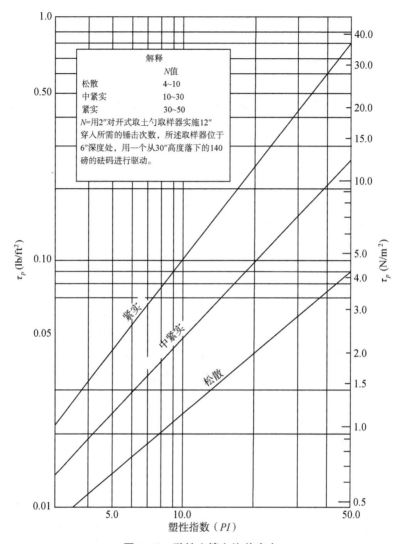

图 4.40 黏性土壤允许剪应力

来源：FHWA，Urban drainage design，Hydraulic Engineering Circular No. 22［HEC-22］，2nd ed.，August 2001.

4.9.4　边坡稳定性

如果抛石衬砌的排水渠边坡的坡度大于 3：1，则也必须分析边坡的稳定性。用以下公式计算排水渠的侧面上的允许剪应力：

$$\tau_s = K_1\tau_d \tag{4.62}$$

式中：τ_s——侧面剪应力，$\mathrm{N/m^2(lb/ft^2)}$；

$\quad\tau_d$——底部剪应力，$\mathrm{N/m^2(lb/ft^2)}$；

$\quad K_1$——排水渠侧面应力与底部应力之比。

抛物线形和三角形的圆底排水渠没有沿着周长的明显间断，因此，可以假设侧面的剪应力等于用式(4.57)计算的底部剪应力，即 $K_1=1$。对于梯形排水渠，因子 K_1 取决于排水渠的边坡度 m 以及底宽与深度之比(b/d)。图 4.41 显示了 τ_s/τ_d 与这些参数的关系，可以用以下公式近似计算 K_1：

$$K_1 = 0.77 \quad m < 1.5$$
$$K_1 = 0.67 + 0.066m \quad 1.5 < m < 5 \qquad (4.63)$$
$$K_1 = 1 \quad m > 5$$

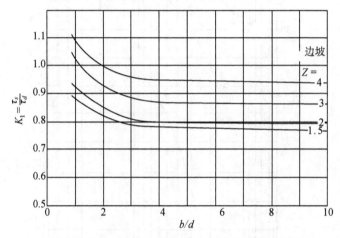

图 4.41　排水渠侧面剪应力与底部剪应力之比

来源：FHWA，Urban drainage design manual，Hydraulic Engineering Circular No. 22（HEC-22），3rd ed.，August 2013.

也可以将式(4.63)应用于有锐角的三角形排水渠。

对于有石块衬砌的排水渠，其侧面稳定性也受到石块的休止角的影响。具体来说，侧面驱动力和底部驱动力(即允许剪应力)之比取决于抛石石块的侧坡度和休止角，用以下公式计算这个比值

$$K_2 = \left(1 - \frac{\sin^2\Psi}{\sin^2\theta}\right)^{1/2} \qquad (4.64)$$

式中：θ 和 Ψ 分别是休止角度和侧坡角度。休止角取决于石块的大小与形状，与石块的大小与形状的关系曲线如图 4.42 所示。以上公式表明，侧坡角应当小于休止角。利用以下公式计算侧坡的石块中值尺寸：

$$(d_{50})\text{sides} = \frac{K_1}{K_2}(d_{50})\text{bottom} \tag{4.65}$$

式中：(d_{50}) bottom 是从图 4.39 中查得的；

  K_1——侧坡剪应力与渠床剪应力之比[图 4.41 或式(4.63)]；

  K_2——侧面的驱动力与底部的驱动力之比[式(4.64)]。

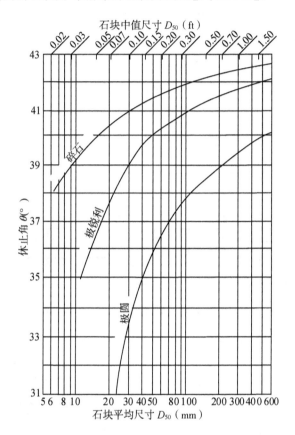

图 4.42　抛石石块的休止角

来源：FHWA，Design of roadside channels with flexible linings，Hydraulic Engineering Circular No. 15（HEC-15），3rd ed.，September 2005.

4.9.5　青草衬护

青草衬护的允许剪应力取决于青草的稠密度和高度，也被称为阻滞程度或阻滞类别。植被被分为 A 至 E 五个阻滞类别，A 类植被阻滞性最高，E 类植被阻滞性最低。表 4.11 是确定植被的阻滞性的指南，而表 4.12 则提供了关于不同的青草覆盖的阻滞性分类的具体信息。

表 4.11　植被阻滞性选择指南

青草 平均高度,cm(in)	阻滞性类别	
	青草稠密度:良好	青草稠密度:较好
75(30)	A	B
27.5~60(11~24)	B	C
15~25(6~10)	C	D
5~15(2~6)	D	D
5(<2)	E	E

表 4.12　植被阻滞性分类

阻滞性类别		
	覆盖[a]	条件
A	知风草	草丛极好而且高大,平均高度 760 mm(30 in)
	鸭嘴草属黄色须芒草	草丛极好而且高大,平均高度 910 mm(36 in)
B	野葛	生长非常茂密,未修剪
	百慕大草(爬根草、狗牙根)	草丛优良而且高大,平均高度 300 mm(12 in)
	本地草的混合草类(小须芒草、须芒草、蓝伽玛草以及中西部的其他长、短禾草)	草丛优良,未修剪
	知风草	草丛优良而且高大,平均高度 610 mm(24 in)
	胡枝子绢毛蔷薇(Lespedeza sericea)	草丛优良,非木质,高大,平均高度 480 mm(19 in)
	苜蓿	草丛优良,未修剪,平均高度 280 mm(11 in)
	知风草	草丛优良,未修剪,平均高度 330 mm(13 in)
	野葛	生长茂密,未修剪
	蓝伽玛草	草丛优良,未修剪,平均高度 280 mm(11 in)
C	马唐草	草丛较好,未修剪,高度 250 至 1 200 mm(10 至 47 in)
	百慕大草地(爬根草)	草丛优良,修剪,平均高度 50 mm(2 in)
	鸡眼草	草丛优良,未修剪,平均高度 280 mm(11 in)
	青草和豆类的混合草类——秋季和春季(鸭茅、小糠草、意大利黑麦草和鸡眼草)	草丛优良,未修剪,高度 150 至 200 mm(6 至 8 in)

阻滞性类别		
	覆盖[a]	条件
C	假俭草	覆盖非常茂密,平均高度 150 mm(6 in)
	肯塔基蓝草	草丛优良,未修剪,高度 150 至 300 mm(6 至 12 in)
D	百慕大草(爬根草)	草丛优良,修剪至 60 mm(2.4 in)的高度
	鸡眼草	草丛极好,未修剪,平均高度 110 mm(4.3 in)
	野牛草	草丛优良,未修剪,高度 80 至 150 mm(3 至 6 in)
	青草和豆类的混合草类——秋季和春季(鸭茅、小糠草、意大利黑麦草和鸡眼草)	草丛优良,未修剪,高度 100 至 130 mm(4 至 5 in)
	胡枝子绢毛蔷薇	修剪至 50 mm(2 in)高度,修剪之前草丛很好
E	百慕大草	草丛优良,修剪至 40 mm(1.6 in)的高度

来源:US Soil Conservation Service, Handbook of channel design for soil and water conservation, SCS-61, Stillwater Outdoor Hyrdaulic Laboratory, Oklahoma, June 1954.

[a]已在实验排水渠中对分类的植被进行了试验。植被为绿色,通常分布均匀。

植被的允许剪应力列于表 4.13 中。如该表中所示,从 A 类到 E 类,青草覆盖的允许剪应力相差超过 10 倍。

如下文中的实例所示,与利用其他方法获得的结果相比,表 4.13 中的允许剪应力太过保守。

HEC-15（FHWA,2005)介绍了计算采用青草衬护的排水渠稳定性计算方法。该方法与其他方法不同,它以土壤的剪应力和植被衬护的有效剪应力的组合效应为依据,采用以下公式进行计算：

$$\tau_p = \left[\frac{\tau_{p,\text{soil}}}{(1-C_r)} \right] \left(\frac{n}{n_s} \right)^2 \qquad (4.66)$$

表 4.13　植被的允许剪应力

植被阻滞性类别	允许剪应力	
	N/m²	lb/ft²
A	177.2	3.70
B	100.6	2.10
C	47.9	1.00

植被阻滞性类别	允许剪应力	
	N/m²	lb/ft²
D	28.7	0.60
E	16.8	0.35

来源：FHWA，Urban drainage design，Hydraulic Engineering Circular No. 22（HEC-22），2nd ed.，August 2001.

式中：τ_p——植被衬护上的允许剪应力，N/m²（lb/ft²）；

$\tau_{p,\text{soil}}$——土壤允许剪应力，N/m²（lb/ft²）；

C_r——青草覆盖因子（见表 4.14）；

n_s——土壤颗粒粗糙度系数；

n——总衬护粗糙度系数。

适用于本方法的黏性土壤和非黏性土壤的允许剪应力与表 4.10 中所列的允许剪应力相同。另外如上节中所示，可以利用式（4.59）和式（4.61）分别计算非黏性土壤和黏性土壤的剪应力。可以将土壤粗糙度系数表示为

$$n_s = 0.016，当 d_{75} \leqslant 1.3 \text{ mm}(0.05 \text{ in})$$

对于更大的颗粒尺寸，采用以下方程：

$$n_s = \alpha_1 (d_{75})^{1/6} \tag{4.67}$$

式中：n_s——土壤颗粒粗糙度；

$\alpha_1 = 0.015$（国际单位）；0.026（英制单位）；

$d_{75} = 75\%$细石的平均粒径，mm（in）。

表 4.14　青草覆盖因子 C_f

生长形式	极好	很好	好	较好	差
草皮	0.98	0.95	0.90	0.84	0.75
丛青草	0.55	0.53	0.50	0.47	0.41
以上两者的混合草类	0.82	0.79	0.75	0.70	0.62

来源：FHWA，Design of roadside channels with flexible linings，Hydraulic Engineering Circular No. 15（HEC-15），3rd ed.，September 2005.

青草衬护的总粗糙度系数 n 随着植被阻滞性类别和流动剪应力的改变而变化。流动剪应力通过弯曲草茎而影响粗糙度系数，这反过来又会降低相对于流动深度的草茎高度。

HEC-15（FHWA，2005）中的系数 n 用以下公式计算

$$n = \alpha_2 C_a \tau_o^{-0.4} \qquad (4.68)$$

式中：τ_o——平均边界剪应力（$\tau_o = \gamma RS$）；

C_n——青草粗糙度系数，无量纲，在国际单位制和英制单位中数值相同；

α_2——单位换算常数，1.0（国际单位）[0.213（英制单位）]。

青草粗糙度系数取决于青草的稠密度-刚度以及青草覆盖条件，用以下公式计算

$$C_n = \beta C_s^{0.1} h^{0.528} \qquad (4.69)$$

式中：C_s——稠密度-刚度系数；

h——草茎高度，m(ft)；

β——单位转换因子，0.35（国际单位），0.237（英制单位）。

表 4.15 显示了各种不同青草覆盖条件下的稠密度-刚度系数。

表 4.15　稠密度-刚度系数 C_s

草衬条件	极好	很好	好	较好	差
C_s（国际单位）	580	290	106	24	8.60
C_s（英制单位）	49	25	90	2.0	0.73

路边草衬排水渠的 C_n 的数值为 0.1～0.3，0.2 为其平均值，具体数值取决于青草高度[7.5～22.5 cm(3～9 in)]以及青草覆盖条件。对于通常作为浅草洼地设计依据的 C 类、D 类和 O 类植被阻滞性类别，可以利用以下各式估算系数 C_n：

$$C_n = 0.22 \text{（C类）}$$
$$C_n = 0.147 \text{（D类）}$$
$$C_n = 0.1 \text{（E类）}$$

4.9.6　曼宁粗糙度系数随着不同衬砌的改变

曼宁粗糙度系数取决于排水渠粗糙度及相对流动深度的高度。对于给定的衬砌，排水渠粗糙度随着流动深度的降低而增大。对于城市开发产生的径流以及路边排水渠中的径流，流动深度通常为 0.15～1 m(0.5～3.3 ft)。

Blodgett(1986)提出了一个计算抛石、圆石和砾石衬砌的 n 值的公式，这个公式被包括在 HEC-15(FHWA，2005)中，其表达形式可以为

$$n = \frac{\alpha D_a^{1/6}}{7.05 + 16.4 \lg\left(\dfrac{D_a}{d_{50}}\right)} \qquad (4.70)$$

式中：D_a——排水渠中的平均流动深度，m(ft)；

　　d_{50}——抛石、砾石的平均尺寸，m(ft)；

　　α——单位转换因子，1(国际单位)，0.82(英制单位)。

平均流动深度是指水路横截面积与顶宽之比(A/T)。利用以上公式计算出的 n 值是非常保守的数值。例如当平均深度为 0.5 m(1.6 ft)以及石块大小为 100 mm(4 in)时，利用以上公式算出的 $n=0.048$，远大于文献[例如(HEC-22, 2013)中的表 5.1]中所列的数值。

新泽西州土壤侵蚀和泥沙控制标准(新泽西州土壤保护委员会，1999)中包括了利用以下公式表示的 n 值和石块尺寸之间的图形关系：

$$n = 0.039\ 5(d_{50})^{1/6} \tag{4.71}$$

式中：d_{50}——50%细粒的平均粒径，ft。

当 d_{50} 以 mm 和 in 为单位时，以上公式变为

$$n = 0.015(d_{50})^{1/6} \qquad \text{SI} \tag{4.72}$$

$$n = 0.026(d_{50})^{1/6} \qquad \text{CU} \tag{4.73}$$

这些公式与式(4.67)完全相同，只是用 d_{50} 取代了 d_{75}，它们忽略了流动深度，并且低估了浅排水渠的 n 值。例如，对于 150 mm(6 in)的抛石衬砌，利用式(4.73)算出 $n=0.035$，这个数值对于浅流动深度是不切实际的。作者建议仅在流动深度比石块尺寸 d_{50} 大至少 5 倍时才采用式(4.71)、式(4.72)和式(4.73)。

USDA-NRCS (1992)提供了计算砾石和石块衬砌的排水渠的曼宁粗糙度系数 n 的公式：

$$n = \frac{\alpha y^{1/6}}{[14 + 21.6\lg(y/d_{50})]} \tag{4.74}$$

式中：y——流动深度，m(ft)；

　　d_{50}——50%细石的平均粒径，m(ft)；

　　α——1.22(国际单位)，1(英制单位)。

式(4.70)和式(4.74)除系数不同之外，后一个公式依据于平均流动深度，前一个公式依据于流动深度。由于平均流动深度(横截面积除以顶宽)总是小于梯形或抛物线形排水渠的流动深度，因此不能直接比较这两个公式。参见例4.20。

利用式(4.70)和式(4.74)计算的 n 值都比利用式(4.71)计算的 n 值更加切合实际。纽约州环境保护部(2005)以及其他一些机构已经采用 USDA-NRCS (1992)的公式进行抛石尺寸估算。表4.16是依据式(4.74)编制的，可以利用该表设计砌石排水渠。

NRCS 的保护惯例(2010)介绍了新泽西州标准中的式(4.71)的一种变化公式。可将这个公式表示为

$$n = \alpha(d_{50}S)^{0.147} \qquad\qquad (4.75)$$

式中:S——排水渠坡度,m/m(ft/ft);

$\quad$ d_{50}——砾石/抛石中值尺寸,mm(in);

$\quad$ α——单位换算常数,0.029(国际单位),0.047(英制单位)。

表 4.16　石块衬砌的曼宁粗糙度系数 n 的数值

衬砌材料类别	石块尺寸,mm(in)	流动深度,m(ft)		
		0.15/(0.5)	0.5/0.5)	1.0/(3.3)
砾石	25 (1)	0.029/0.029	0.026/0.026	0.025/0.025
	50 (2)	0.037/0.037	0.031/0.031	0.029/0.029
鹅卵石	100(4)	0.050/0.050	0.037/0.038	0.034/0.035
抛石	150 (6)	—	0.043/0.044	0.038/0.039
	200 (8)	—	0.048/0.050	0.042/0.043
	300(12)	—	—	0.048/0.049

如上所述,对于植被,曼宁粗糙度系数 n 随着青草的稠密度和高度(即阻滞性类别)的改变而变化。上文中的一节讨论了计算 n 值的 HEC-15 (FHWA,2005)方法。这里介绍其他两种方法。

图 4.43 中以英制单位显示了各种不同植被阻滞性类别的曼宁粗糙度系数 n 与流速 V 和水力半径 R 的乘积之间的关系。由于曼宁公式将流速和水力半径与粗糙度系数相关联,在利用该图设计草衬排水渠时,需要进行迭代计算。具体来说,对于试验值 n,利用曼宁公式计算速度或水力半径;通过迭代完善 n 值,直到它与该图上的相关阻滞性曲线吻合(见例 4.15)。

《新泽西州土壤侵蚀和泥沙控制手册》(新泽西州土壤保护委员会,1999)中包含设计图表,这些设计图表剔除了 n 和 S 给定时的迭代计算结果。这些图表显示了每个植被阻滞性类别的作为水力半径 R 和排水渠坡度 S 的函数的流速和曼宁粗糙度系数 n。例如,D 类阻滞性图表如图 4.44 所示。D 类阻滞性是计算新泽西州草衬排水渠的排水流量的一个设计标准。

在实践中,通过假设阻滞性类别为 D 或 E(这分别对应于休眠季节的草类或刚刚修剪过的青草),对维护良好的人造浅草洼地进行保守的设计计算。为保证抗侵蚀的稳定性,利用上述方法中的一种方法计算流动速度或剪应力,即将式(4.66)(HEC-15;FHWA,2005)或图 4.43 与植被的允许速度或剪应力进行比较。美国

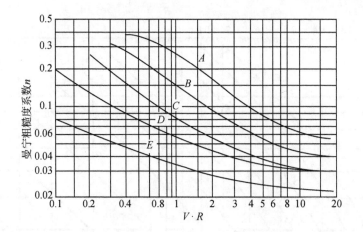

曲线 A 至 E 为阻滞性曲线：A 表示植被阻滞性极高，B 表示高，C 表示中等，D 表示低，E 表示极低。

图 4.43 曼宁粗糙度系数与速度 V 和水力半径 R 的乘积 V·R 之间的关系

（摘自：Chow, V. T., *Handbook of applied hydrology*, McGraw-Hill, New York, 1964.）

土壤保护局(1954)介绍了允许流动速度，许多州的土壤侵蚀标准中也规定了允许流动速度。

本章结尾处列出的若干参考文献中包括一个 USSCS 允许流动速度的表格[参见(Chow, 1959)中的表 7.6 以及(ASCE manual 77, 1992)中的表 9.3]。通常，应当将普通青草覆盖的浅草洼地中的速度限制在 1 m/s(3 ft/s)，将非常苗壮的青草覆盖的浅草洼地中的速度限制在 1.5 m/s(5 ft/s)。另外，应当将普通青草(例如蟋蟀草)覆盖的浅草洼地的坡度限制在 5%，将极其苗壮的混合草类覆盖的浅草洼地的坡度限制在不超过 10%。本章的表 4.13 中列出了草衬的允许剪应力，而式(4.66)则是计算允许剪应力的公式。如上所述，利用图 4.44，可以不进行允许速度的迭代计算，就可以利用该图计算以青草为衬护的排水渠的排水流量。

通常规定以 10 年或 25 年一遇的暴雨频率作为柔性衬护排水渠的设计标准。为将青草的生长考虑在内，在浅草洼地的设计深度之上保留一个出水高度。ASCE手册(1992)建议采用 15 cm(6 in)加上速度水头 $V^2/2g$ 的出水高度。然而，由于以青草为衬护的排水渠的速度水头通常都很小，因此在实践中可以将其忽略。

例 4.14 设置在黏土质砂层(SC)上的路边梯形渠的流动参数如下：

$S_o=0.012$；$b=1.0$ m；$m=3$；$PI=15$；$e=0.5$(对于土壤)。

排水渠以 75 mm 高的优良的混合草类为衬护，这个草衬的维护状况很好。对于 1 m³/s 的设计排水量，计算流动深度和排水渠底的最大剪应力，并且确定草衬是否稳定。采用(FHWA, 2005)方法进行计算。

求解 采用以下步骤进行计算：

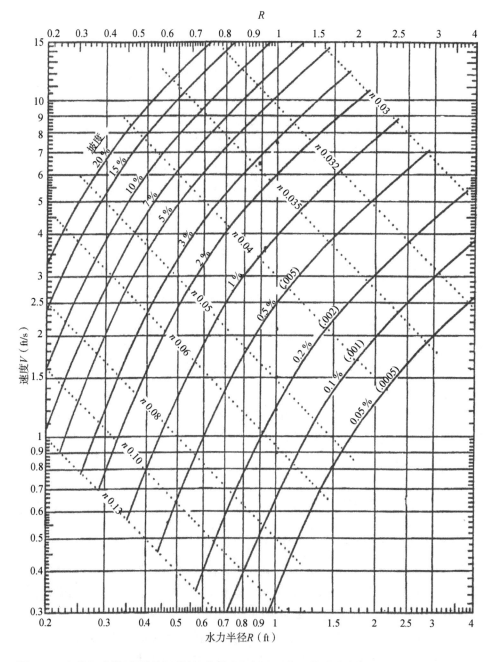

图 4.44 D 类阻滞性(低植被阻滞性)的曼宁粗糙度系数 n 与流动参数 R, S 和 V 之间的关系

(改编自新泽西州土壤保护委员会,新泽西州土壤侵蚀和泥沙控制标准,1999 年 7 月。)

步骤 1. 估算流动深度,利用式(4.68)计算曼宁粗糙度系数 n;

步骤 2. 计算排水量,将其与所需流量进行对比,如果相差大于 5%,则进入步骤 3;

步骤 3.估算一个新的流动深度,重复步骤 1 和步骤 2 中的计算;

步骤 4.将计算的允许剪应力与排水渠床上的剪应力(排水渠中的最大剪应力)进行对比。

估计 $y=0.40$ m

$$A = by + my^2 = 0.40 + 3 \times 0.4^2 = 0.880 \text{ m}^2$$

$$P = b + 2y\sqrt{(1+m^2)} = 1.0 + 2 \times 0.4\sqrt{10} = 3.530 \text{ m}$$

$$R = \frac{0.88}{3.53} = 0.249 \text{ m}$$

$$\tau_o = \gamma RS = 9.81 \times 10^3 \times 0.249 \times 0.012 = 29.3 \text{ N/m}^2$$

以上述次序,利用式(4.69)和式(4.68)计算曼宁粗糙度系数 n:

$$C_n = \beta C_s^{0.1} h^{5.28}$$

$$\beta = 0.35$$

$C_s = 290$,状况很好

$$h = 0.075 \text{ m}$$

$$C_n = 0.35 \times 290^{0.1} \times 0.075^{0.528} = 0.157$$

$$n = \alpha C_n \tau_o^{-0.4} = 1 \times 0.157 \times 29.4^{-0.4} = 0.0406 = 0.041$$

$$Q = \frac{1}{n}AR^{2/3}S^{1/2} = \frac{1}{0.041} \times 0.88 \times 0.249^{2/3} \times 0.012^{1/2}$$

$$= 0.931 \text{ m}^3/\text{s}$$

外推 $y=0.41$ m。

计算渠床上的最大剪应力:

$$\tau_d = \gamma yS = 9.81 \times 10^3 \times 0.41 \times 0.012 = 48.3 \text{ N/m}^2$$

利用式(4.61)计算土壤的允许剪应力:

$$\tau_p = (C_1 PI^2 + C_2 PI + C_3)(C_4 + C_5 e)^2 \times C_6$$

可以从附录 4E 的表 4E.1 中查得 SC 土壤的系数 C_1 至 C_6:

$C_1 = 1.07, C_2 = 14.3, C_3 = 47.7, C_4 = 1.42, C_5 = -0.61, C_6 = 4.8 \times 10^{-2}$

$\tau_{p',\text{soil}} = (1.07 \times 15^2 + 14.3 \times 15 + 47.7)(1.42 - 0.61 \times 0.5) \times 4.8 \times 10^{-3}$

$\tau_{p',\text{soil}} = 2.69 \text{ N/m}^2$

之后利用式(4.66)计算草衬的允许剪应力:

$$\tau_p = \left[\frac{\tau_{p',\text{soil}}}{(1-C_i)}\right]\left(\frac{n}{n_s}\right)^2$$

$$n = 0.041$$

$$n_s = 0.016$$

$$d_{so} < 1.3 \text{ mm}$$

$$C_f = 0.79 \quad （见表 4.14）$$

$$\tau_p = \left(\frac{2.69}{1-0.79}\right) \times \left(\frac{0.041}{0.016}\right)^2 = 84.1 \text{ N/m}^2$$

$$\tau_p > \tau_d = 48.3$$

草衬稳定,这种情况下的安全因子是 84.1/48.3＝1.74。

例 4.15 用坡度为 2% 的浅草洼地输送 35 cfs 的排水。根据图 4.43 设计一个稳定排水渠的水力参数 R 和 A。

求解 阻滞性类别为 D,对应于休眠季节,保守地假设允许流动速度为 4 ft/s。采用以下程序确定设计参数 R。

1. 假设一个 n 值,利用图 4.43 中的曲线 D 确定对应的 VR 值。

2. 根据所选的最大允许速度计算 R($R = VR/V_p$)。

3. 利用曼宁公式计算 VR 的数值:

$$VR = \frac{1.49R^{5/3}S^{1/2}}{n} \qquad \text{CU}$$

并且将这个数值与在步骤 1 中获得的 VR 值进行对比。

4. 完善假设的 n 值,重复步骤 1 至步骤 3,直到计算的 VR 值等于从图 4.43 中的 n 与 VR 的关系曲线上查得的 VR 值。

5. 计算水路横截面积:$A = Q/V$。

将采用英制单位的计算结果汇总于下表中:

试验编号	n	VR	$R = VR/4$	$1.49R^{5/3}S^{1/2}/n$
1	0.050	1.4	0.35	0.73
2	0.040	2.8	0.70	2.91
3	0.047	2.7	0.68	2.36

选择排水渠横截面积的设计值是 $R = 0.68$ ft 和 $A = Q/V = 35/4 = 8.75 \text{ ft}^2$。

例 4.16 利用新泽西州标准(图 4.44),根据以下条件,确定一个输送 35 cfs 排水量的草衬排水渠的水力参数:

a. 允许速度为 4 ft/s;

b. 根据上例中确定的水力半径为 0.68 ft。

求解 a. 在图 4.44 中查找 $V = 4.0$ ft/s 和 $S = 0.02$,无需试验,直接获得用以

下各式表示的 n 值和 R 值：

$$n = 0.041$$
$$R = 0.69 \text{ ft}$$

排水渠横截面积 $A = Q/V = 8.75 \text{ ft}^2$。

注：利用新泽西州标准中的方法，无需迭代，就可以得到与利用图 4.43 得到的结果几乎完全相同的结果。

b. 在图 4.44 中输入 $R = 0.68$ 和 $S = 0.02$，得到：

$$V = 3.9 \text{ ft/s}$$
$$n = 0.042$$

例 4.17 设计一个用 10 cm 石块做抛石衬砌的排水渠，该排水渠以 1.5 cfs 的流量输送排水，其坡度为 1%。利用 NRCS 的计算曼宁粗糙度系数 n 的式（4.74）进行设计。对以下排水渠几何形状进行设计：

a. 侧坡度为 3：1 的梯形截面；

b. 抛物线形截面。

求解 假设 $Q = 1.5 \text{ m}^3/\text{s}, S = 1\%$。

首先利用式（4.60）并依据 $d_{50} = 0.1$ m 时的允许剪应力计算排水渠的水力参数：

$$\tau_p = 0.75 \times 100 = 75 \text{ N/m}^2$$

最大剪应力出现在渠床上，根据式（4.57），其计算方程为

$$\tau = \gamma y S$$

采用一个数值为 1.5 的保守的安全因子：

$$\tau_p = K\tau \quad \tau = 75/1.5 = 50 \text{ N/m}^2$$

排水渠的最大深度是

$$y = 50/(9.81 \times 10^3 \times 0.01) = 0.5 \text{ m}$$

应当根据这个深度设计所有截面。

利用式（4.74）获得：

$$n = 1.22 y^{1/6}/[14 + 21.6 \lg(y/d_{50})]$$
$$= 1.22 \times 0.5^{1/6}/(14 + 21.6 \lg 5) = 0.037$$
$$Q = A R^{2/3} S^{1/2}/n$$

当 $Q=1.5$ m³/s、$S=0.01$ 以及 $n=0.037$ 时,简化曼宁公式,得到:

$$AR^{2/3} = 1.50 \times 0.037/(0.01)^{1/2} = 0.555$$

a. 梯形截面,侧坡度为 3∶1

用流动深度 y 和底宽 b 表示面积 A 和水力半径 R。

$$A = by + my^2 = 0.5b + 0.75$$
$$R = A/P = (0.5b + 0.75)/(b + 2 \times 0.5\sqrt{10})$$
$$= (0.5b + 0.75)/(b + 3.16)$$

求解前面的 $AR^{2/3}$ 方程,获得 b 的一个试验值,通过迭代过程对其进行完善。下表汇总了计算结果。

试验编号	b(m)	A(m²)	R(m)	$AR^{2/3}$
1	1.00	1.25	0.300	0.560
2	0.90	1.20	0.296	0.533
3	0.98	1.24	0.300	0.556

因此:

$$A = 1.24 \text{ m}^2$$
$$V = Q/A = 1.50/1.24 = 1.21 \text{ m/s}$$

加上 0.15 m 的出水高度。

$$顶宽 B = 0.98 + 2 \times 3 \times 0.65 = 4.88 \text{ m}$$

b. 抛物线形截面(参见第 2 章中的表 2.4)

对于这种截面:

$$A = (2/3)Ty = 0.333T,\text{式中 } T = 顶宽$$
$$P = T + 8y^2/3T = T + 0.667/T$$
$$R = A/P = 0.333T/(T + 0.667/T)$$

利用试错法求出 T(见下表):

试验编号	T(m)	A(m²)	R(m)	$AR^{2/3}$
1	6.0	1.998	0.327	0.948
2	4.0	1.332	0.320	0.623
3	3.0	0.999	0.310	0.458
4	3.6	1.199	0.317	0.557

水下截面 3.6 m 宽,0.5 m 深。

$$V = 1.5/1.199 = 1.25 \text{ m/s}$$

加上 0.15 m 的出水高度,中心深度将为

$$y = 0.5 + 0.15 = 0.65 \text{ m}$$

考虑到抛物线形截面的顶宽正比于深度的平方根,截面的顶宽为

$$T = 3.6 \times (0.65/0.5)^{1/2} = 4.1 \text{ m}$$

尽管两个截面都是切合实际的,抛物线形截面更加有效。其顶宽比梯形截面的顶宽窄大约 0.8 m。

例 4.18　利用式(4.70),计算上一个问题中的排水渠的曼宁粗糙度系数 n 的数值。

求解

a. 梯形截面

当流动深度为 0.5 时,顶宽和平均水深为

$$T = b + 2my = 0.98 + 2 \times 3 \times 0.5 = 3.98 \text{ m}$$
$$D = A/T = 1.24/3.98 = 0.312 \text{ m}$$
$$d_{50} = 0.1 \text{ m}$$

利用式(4.75)可以获得:

$$n = \frac{0.319 \times 0.312^{1/6}}{2.25 + 5.23\lg\left(\dfrac{0.312}{0.1}\right)} = 0.054$$

b. 抛物线形截面

利用这种排水渠计算的顶宽和截面积,可以得到平均水深以及 n 的计算方程:

$$D = A/T = 1.199/3.6 = 0.333 \text{ m}$$
$$n = \frac{0.319 \times 0.333^{1/6}}{2.25 + 5.23\lg\left(\dfrac{0.333}{0.1}\right)} = 0.053$$

利用式(4.70)计算的 n 值与利用式(4.74)计算的 $n=0.037$ 相差超过 40%。

例 4.19　依据新泽西州标准手册(图 4.44)设计例 4.14 中的以青草为衬护的梯形渠。

求解　假设 $S=1.2\%$,$Q=1 \text{ m}^3/\text{s}=35.3 \text{ cfs}$,$b=1 \text{ m}=3.28 \text{ ft}$。

由于速度和水力半径都未知,需要采用试错法求解这个问题。

首先尝试假设 $R=1.0$ ft。

步骤 1. 在图中输入 $R=1.0$ 和 $S=0.012$,得到

$$V = 4.3 \text{ ft/s}$$
$$n = 0.037$$

步骤 2. 计算面积:

$$A = Q/V = 35.3/4.3 = 8.20 \text{ ft}^2$$

计算以上面积的流动深度

$$3.28y + 3y^2 = 8.20$$
$$y = 1.20 \text{ ft(四舍五入至第二个小数位)}$$
$$P = 3.28 + 2\sqrt{10} \times 1.20 = 10.87 \text{ ft}$$
$$R = A/P = 8.20/10.87 = 0.75 \text{ ft}$$

第二次尝试 $R=0.85$ ft

利用图 4.44 获得 $V=3.5$ ft/s,$n=0.040$。

计算 $A=Q/V=35.3/3.5=10.09$ ft^2

计算流动深度:

$$A = 3.28y + 3y^2 = 10.09$$
$$y = 1.37 \text{ ft}$$
$$P = 3.28 + 2\sqrt{10} \times 1.37 = 11.94 \text{ ft}$$
$$R = A/P = 0.845 \text{ ft} \approx 0.85 \text{ ft}$$

因此:

$$R = 0.85 \text{ ft} = 0.26 \text{ m}$$
$$V = 3.5 \text{ ft/s} = 1.07 \text{ m/s}$$
$$n = 0.040$$
$$A = 10.09 \text{ ft}^2 = 0.94 \text{ m}^2$$
$$y = 1.37 \text{ ft} = 0.418 \text{ m}$$

注:利用本方法计算的排水渠深度与利用更加麻烦的 HEC-15(FHWA,2005)方法计算的深度相差近 1.9%。

4.9.7 排水渠弯段

由于流动方向的改变,水流导致排水渠的弯段中产生离心力。结果使外部弯

段处水面上升以及内部弯段处水面下降。可以利用以下方程估算外部弯段处的这种被称为超高的水面上升：

$$\Delta y = \frac{V^2 T}{g R_c} \qquad (4.76)$$

式中：V——平均速度，m/s(ft/s)；

T——排水渠水面宽度，m(ft)；

g——重力加速度，9.81 m/s²(32.2 ft/s²)；

R_c——弯段的平均半径，m(ft)。

为将超高包括在内，必须在排水渠弯段中加上一个额外的出水高度。另外，由于离心力的作用，外部弯段会受到一个较大的剪应力。为虑及剪应力的增大，应当将一个大于1的因子应用于排水渠直段的剪应力上，如以下公式所示：

$$\tau_b = K_b \tau_d \qquad (4.77)$$

式中：K_b 是弯曲因子，τ_b 和 τ_d 分别是弯段和直段的剪应力。弯曲因子取决于弯曲半径 R_c 与水面顶宽 T 的比值。当 R_c/T 比值为 2~10 时，利用以下公式计算 K_b。

$$K_b = 2.38 - 0.206\left(\frac{R_c}{T}\right) + 0.007\,3\left(\frac{R_c}{T}\right)^2$$

$$K_b = 2.0 \quad 对于 \frac{R_c}{T} \leqslant 2.0 \qquad (4.78)$$

$$K_b = 1.05 \quad 对于 \frac{R_c}{T} \geqslant 10$$

表 4.17 中列出了 R_c/T 比值 2 和 10 之间的所对应的 K_b 值。

增大的剪应力一直存在，直到弯段下游的一段距离处为止。可以利用以下公式计算这个距离 L_b：

$$L_b = \frac{K_u R^{7/16}}{n_b} \qquad (4.79)$$

式中：n_b——排水渠弯段中的曼宁粗糙度系数；

R——排水渠的水力半径，m(ft)；

K_u——一个常数，0.74(国际单位)，0.60(英制单位)。

与直觉不同，以上公式中的长度 L_b 并不取决于弯段曲率。

表 4.17 排水渠弯曲因子

R_c/T	10	9	8	7	6	5	4	3	2
K_b	1.05	1.13	1.20	1.30	1.41	1.53	1.670	1.83	2.0

例 4.20 一个底宽为 1 m、侧坡度为 3∶1 的梯形渠,用 15 cm(6 in)的抛石做衬砌。该排水渠的坡度为 1‰,它包括一个直段和一个中心线半径为 18 m(59 ft)的弯段。当排水量为 1.0 m³/s 时:

a. 计算直段和弯段中的最大剪应力;

b. 确定衬砌是否稳定;

c. 计算超过排水渠保护设施必须延长的那个弯段的最小距离。

求解 采用国际单位制单位进行求解,采用英制单位的求解留给感兴趣读者自行练习。

步骤 1,估算 n 值。

从表 4.16 中查得 $n=0.043$(假设 $y \approx 0.5$ m)

利用曼宁公式:

$$AR^{2/3} = \frac{Qn}{S^{1/2}} = \frac{1 \times 0.043}{(0.01)^{1/2}} = 0.43$$

$$b = 1 \text{ m}$$

$$A = y + 3y^2 ; R = \frac{(y + 3y^2)}{1 + 2\sqrt{10}y}$$

将 A 和 R 代入曼宁公式:

$$\frac{(y + 3y^2)^{5/3}}{(1 + 2\sqrt{10}y)^{2/3}} = 0.43$$

简化:

$$f(y) = \frac{(y + 3y^2)^{5/2}}{(1 + 2\sqrt{10}y)} = (0.43)^{1.5} = 0.282$$

采用试错法求出 y。下表汇总了计算结果:

试验编号	y	$f(y)$
1	0.500	0.419 7
2	0.450[a]	0.299
3	0.445[a]	0.289

a 利用式(4.74)算出,$n=0.044$,$\dfrac{(y+3y)^{5/2}}{1+2\sqrt{10}y}=0.292$

在 $y=0.450$ 和 0.445 之间内插,得到 $y=0.446$ m。

利用式(4.74)检查 n。

$$n = [1.22 \times (0.446)^{1/6}]/[14 + 21.6 \lg(0.446/0.15)] = 0.044$$

因此:

$$y = 0.446 \text{ m}$$

$$R = \frac{(0.446 + 3 \times 0.446^2)}{(1 + 2 \times 0.446 \times 10^{1/2})} = 0.273 \text{ m}$$

a. 直段中的渠床上的剪应力:

$$\tau_d = \gamma y S = 9.81 \times 0.446 \times 0.01 = 0.044 \text{ kPa} = 44 \text{ Pa}$$

弯段中的剪应力:

$$T = 1 + 2 \times 3 \times 0.446 = 3.68 \text{ m}$$

$$R_c/T = 18/3.68 = 4.9$$

从表 4.18 中查找数据并进行内插[或利用式(4.78)计算]:

$$K_b = 1.55$$

$$\tau_b = K_b \tau_d = 1.55 \times 44 = 68 \text{ Pa}$$

b. 利用式(4.58)估算允许剪应力:

$$d_{50} = 150 \text{ mm}$$

$$\tau_p = 0.75 \times 150 = 112.5 \text{ Pa}$$

$d_{50} = 15 \text{ cm}(6 \text{ in})$石块稳定。

c. 利用式(4.79)计算弯段的影响距离:

$$L_b = \frac{K_u R^{7/6}}{n}$$

$$L_b = \frac{0.74 \times 0.273^{7/6}}{0.044} = 3.7 \text{ m}(12.1 \text{ ft})$$

4.9.8 复合材料衬砌

在实践中,有时在一个排水渠中采用两种不同的衬砌。例如,对于水流量低的排水渠,在其底部采用混凝土、抛石或砾石衬砌,而在其上部则采用成本效益更高的衬护(例如草衬)。图 4.45 显示了加拿大圣索沃尔的一个以青草为衬护的洼地,该洼地的底部采用了砾石衬砌。

在对复合排水渠进行流量计算时,需要在排水渠的全部周长上采用等效的曼宁粗糙度系数 n。利用以下公式计算等效粗糙度系数(也被称为有效粗糙度

图 4.45　加拿大圣索沃尔的一个以青草为衬护、底部采用砾石衬砌的洼地

(照片由作者提供,摄于 2014 年)

系数 n_e):

$$n_e = \left[\frac{P_L}{P} + \left(1 - \frac{P_L}{P}\right)\left(\frac{n_s}{n_L}\right)^{3/2}\right]^{2/3} n_L \tag{4.80}$$

式中:P_L——低流量衬护的周长;

　　P——总流量周长;

　　n_s——侧坡衬护的曼宁粗糙度系数;

　　n_L——低流量衬砌的曼宁粗糙度系数。

当在侧坡上以植被为衬护时,应当在靠近低流量排水渠的地方采用能够避免侵蚀的过渡衬砌,直到植被衬护建立为止。

复合排水渠的稳定性计算类似于上文介绍的青草衬护的稳定性计算,但需要执行以下更多步骤:

a. 利用式(4.80)计算 n (n_e);

b. 计算最大深度下的剪应力 τ_d 以及侧坡上的剪应力[式(4.57)和式(4.62)];

c. 将每种衬护的剪应力 τ_d 和 τ_s 与允许剪应力 τ_p 进行对比,如果每种衬护的 τ_d 或 τ_s 大于 τ_p,则应当研究采用另一种不同类型衬护的可能性。

4.10　其他衬护

本节讨论石笼网和雷诺护垫(它们是最老的沟渠保护方法中的两种),以及最新的沟渠保护方法(例如草皮加筋垫和侵蚀控制毯)。

4.10.1　石笼网和护垫

石笼是用钢丝笼围起的抛石。钢丝笼是用镀锌或 PVC 涂层的钢丝编织的长方形容器,其各个角都用更粗的钢丝增强(见图 4.46)。石笼网被连接在一起,沿着排水渠的两个侧面放置,其中装入了级配良好的耐久石块。图 4.47 显示了一个在正安装的石笼网,图 4.48 显示了一个采用雷诺护垫保护的排水渠。石笼网既包括 15 cm(6 in)厚的护垫,也包括 1 m(3 ft)厚的箱形石笼。金属丝网将石块捆绑在一起,防止它们移动。

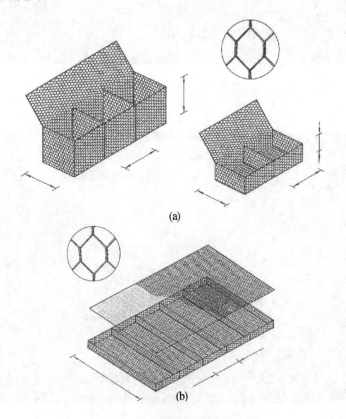

(a)

(b)

图 4.46　石笼网(a)和护垫(b)

石笼网抗流水侵蚀的能力要比抛石强得多。图 4.49 显示了排水口处的石笼墙。排水口(由作者设计)配备了 Tideflex 挡潮闸,以防止高潮期间潮道中的水向上回流进排水系统中。

为简化计算,通常根据允许速度而不是允许剪应力设计石笼网和石笼护垫。表 4.18 中显示了石笼网和护垫的最大允许速度。

图 4.47　正在设置的石笼墙

（照片由作者提供）

图 4.48　覆盖河岸的雷诺护垫

（照片由作者提供）

在过去 30 年中,预制混凝土砌块和连锁混凝土垫已被引入市场。这些预制混凝土砌块和连锁混凝土垫除了容易安装外,其外观也比石笼美观。Keystone 是美国第一家制造混凝土砌块的公司。

图 4.49　潮道排水口处的石笼墙

（照片由作者提供）

表 4.18　石笼护垫的最大流速

石笼网/护垫的厚度[cm(in)]	允许速度[m/s(ft/s)]
15(6)	2.0(6.6)
23(9)	3.5(11)
30(12)	4.3(14)

来源：新泽西州土壤保护委员会，新泽西州土壤侵蚀和泥沙控制标准，1999 年 7 月。

现在许多公司都在制造不同类型的混凝土砌块和混凝土垫。ArmorLoc，ArmorFlex，PetraFlex，Allan Block，Versa-Lok，Verdura 和 Drivable Grass 是一些市场上在售的混凝土砌块和混凝土垫品牌。

图 4.50 显示了新泽西州米尔本受到侵蚀的格伦伍德河的典型视图。为了恢复河道，沿着河岸安装了 Keystone 石笼墙。图 4.51 显示了 1990 年在建的 Keystone 石笼墙。这个河岸稳定项目是由作者设计的，它是新泽西州同类项目中规模最大的。这些年来，只对石笼墙做过小修（主要是沿河床进行的修理），目前它仍然高高耸立。

4.10.2　草皮加筋垫(TRM)

草皮加筋指在土壤/植被基质中增加一种构筑物，此构筑物有助于建立植被，并能支撑已经建立的植被。也可以利用砾石遮护料加强草皮。在采用后一种方法

图 4.50 新泽西州米尔本受到侵蚀的格伦伍德河的典型视图

（照片由作者提供）

图 4.51 1990 年在建的 Keystone 石笼墙

（照片由作者提供）

时,需要向土壤中加入粗砾或极粗砾,然后向土壤-砾石层中撒种。砾石-土壤混合物提供了一种不可降解的衬护。可根据砾石遮护料的允许剪应力设计砾石遮护料（见表 4.10）。砾石的密度、大小和级配是影响砾石遮护料的侵蚀控制性能的主要指标。应当以土壤混合物中最终包含 25％ 的砾石的标准向土壤中加入砾石。细级配土壤混合物的厚度应为95～100 mm,应当以 6 kg/m² 每厘米深度的密度加入砾石。

　　草皮加筋垫(TRM)由厚度足够的耐久合成纤维、纤维丝或网组成。草皮加筋垫可以保留土壤以及具有让青草在这种基质中生根所需的强度和空隙空间。沿着流动方向放置草皮加筋垫,每隔一段制造商规定的距离,用大头针将其固定。可以首先设置草皮加筋垫并用表土将其覆盖,然后撒种。另外,也可以先用表土覆盖将要设置草皮加筋垫的那个区域并向其中撒种,然后再设置草皮加筋垫。在采用前一种方法时,植物根部在草皮加筋垫之内生长;在采用后一种方法时,草茎从草皮加筋垫中长出。为了立即实施保护,可以向 TRM 中加入生长介质,以使 TRM 基质、种子和土壤紧密黏结在一起。

　　有许多公司制造 TRM。市场上在售的一种 TRM 为 Profile 公司制造的牌号为 Green Armor 的 TRM。这种 TRM 由一个三维基质组成,所述基质中包含热融尼龙丝。Enkamat 草皮加筋垫是一种广泛使用的 TRM,它也是 Profile 公司制造的,现在可通过 Coldbond 网站(http://www.coldbond-geosynthesics.com)购买。利用液压方法将被称为 Flexterra 的黏结介质注入 TRM 中。由于发芽和生长均发生在多孔的基质之内,因此这样能够最大限度提高植物根部的缠结,有助于提高其长期性能。卷筒状的 Enkamat TRM 草皮加筋垫分为三种:Enkamat,Enkamat J 和 Enkamat Flatback,可以根据应用要求选择。Enkamat 草皮加筋垫有 Enkamat 7010 和 Enkamat 7020 两个型号。后一个型号的 Enkamat 草皮加筋垫厚度为17 mm,垫子每平方米面积的根部结构人造丝的长度最长可达 1 800 m。Enkamat J 的厚度为 10 mm,Enkamat Flatback 有 Enkamat 7210,7220 和 7225 三个型号,其最大厚度为 19 mm,每平方米面积的丝长最长可达 2 700 m。Enkamat 产品尤其适用于干燥斜坡上。Futerra 是 Profile 公司制造的另一种 TRM。这种 TRM 是 1972 年开发的,它是最常用的 TRM 中的一种。Futerra R45 是一种高性能 TRM (E1P-TRM),它适用于陡坡,有助于排水渠稳定,这种 TRM 也是 Profile 公司制造的。

　　Propex 公司制造的 Landlok 草皮加筋垫是用土工合成材料制造的另一种品牌的 TRM。这种 TRM 包括牌号为 Landlok 300 的第二代 TRM 以及牌号为 Landloks 435,450 和 1051 的第一代产品。卷筒状的 Landlok 300 产品的宽度为 8.5 ft、长度为 106 ft(2.6 m×32.3 m)。Landlok 公司制造缝编型 TRM 和编织型 TRM,这两种产品的使用寿命分别长达 10 年和 25 年。Propex 公司也制造 Pyramat 草皮加筋垫,这是一种高性能的草皮加筋垫(HP-TRM),适用于高速水流的条件,其使用寿命可长达 50 年。

　　ArmorMax 是 Propex 公司制造的另一种 HP-TRM,其预期寿命为 50 年甚至更长。美国陆军工兵部队在其位于密西西比州维克斯堡的溃堤快速维修实验室(Rapid Repair Levee Break Laboratory)利用这种产品控制侵蚀。到 2012 年 1 月，已有超过 4 500 m² 的 ArmorMax 草皮加筋垫被设置在这里；在其后不到 2 个月的时间内，又用厚实的草本植物覆盖了整个受侵蚀的区域。附录 4F 为 Propex 公司制造的 Landlok TRM 的图片，并对其进行了简要介绍。这个附录中还包括 Propex 公司制造的牌号为 ArmorMax 的 HP-TRM 的物理性质。

4.10.3　侵蚀控制毯(ECB)

侵蚀控制毯(ECB)是一种由天然纤维或聚合物纤维组成的可降解产物，所述天然纤维或聚合物纤维通过物理或化学作用黏结在一起，形成一种均匀、连续的垫层。ECB 的刚度、厚度和密度都高于过去通常使用的黄麻纤维网、编织纸网和稻草网之类的稀松编织物衬护。像设置 TRM 一样，也以平行于流动方向的方式将 ECB 放置在排水渠堤岸上，并按规定的间距用 U 形钉将其固定。保留 30～60 cm (1 至 2 ft)的重叠部分，以保证全部覆盖。ECB 的降解时间为 1 年至 3 年，具体时间取决于其类型；但长期保护是依赖已经建立的植被。皱纹材垫、增强聚丙烯纤维以及椰子纤维是侵蚀控制毯中的几种。Propex 公司制造了商标名称为 Landlok 的若干ECB。在这些 ECB 中，Landlok 407 的使用寿命为 1 年，Landlok C2 的使用寿命为 3 年。这些 ECB 中包括 Landlok SuperGro，这是一种利用轻型土工复合材料制造的 ECB，它包含一种可快速降解的聚丙烯膜以及一种用绿色的土层加固聚丙烯纤维纺织的薄网。SuperGro 是尺寸为 8 ft×1 125 ft(2.44 m×342.9 m)的卷筒状产品，每个卷筒可覆盖 1 000 yd²(836 m²)的面积。这种 ECB 的降解时间为 1.5 年，其重量为 24 g/m²，其比重为 0.9。附录 4G 中包括关于 Propex 的所有 ECB，特别是有关 SuperGro 的资料。

4.10.4　ECB 和 TRM 的性质

TRM 和 ECB 被统称为卷筒状侵蚀控制产品(RECP)。RECP 的与侵蚀控制性能有关的主要指标为密度、刚度和厚度。可利用一系列被称为指标试验的标准试验测量这些物理性质(见表 4.19)。

不同的 RECP 产品的曼宁粗糙度系数 n 的数值各不相同，它也是剪应力的函数。通常利用满标实验室试验测量每种产品的粗糙度因子，并包含在制造商的说明书中。制造商也规定了 RECP 的剪应力。

表 4.20 举例说明了 Propex 公司制造的 Landlok ECB 规定的侵蚀控制性质。该表中所列的 Landlok ECB 的允许剪应力为无植被生长条件下的允许剪应力。该表中还列出了 Landlok ECB 的使用寿命、曼宁粗糙度系数 n 的数值以及土壤损失

因子 C。

表 4.19 RECP(ECB 和 TRM)的指标试验

性质	指标试验	说明
密度	ASTM D 6475	侵蚀控制毯单位面积质量之标准试验方法
	ASTM D 6566	测量草皮加筋垫单位面积质量之标准试验方法
	ASTM D 6567	测量草皮加筋垫透光度之标准试验方法
刚度	ASTM D 4595	宽带法测量土工布抗张性质之试验方法
厚度	ASTM D 6525	测量侵蚀控制产品公称厚度之标准试验方法

表 4.20 Propex 公司的 Landlok 侵蚀控制毯的性能值(英制单位和国际单位)

型号	有效寿命	最大短期剪应力和速度(无植被)[a]		曼宁粗糙度系数 n	
		剪应力	速度	0.6 in (0~150 mm)	C 因子
Landlok® 407	降解期短 (1 年)	—	—	—	—
Landlok S1	降解期短 (1 年)	2.0 lb/ft² 96 N/m²	n/r	n/r	0.14
Landlok S2	降解期短 (1 年)	2.0 lb/ft² 96 N/m²	5.0~6.0 ft/s 1.5~1.8 m/s	0.027	0.21
Landlok SuperGro®	降解期较长 (1.5 年)	2.0 lb/ft² 96 N/m²	—	—	—
Landlok CS2	降解期较长 (2 年)	2.0 lb/ft² 96 N/m²	5.0~6.0 ft/s 1.5~1.8 m/s	0.021	0.09
Landlok C2	降解期长 (3 年)	2.0 lb/ft² 96 N/m²	5.0~6.0 ft/s 1.5~1.8 m/s	0.018	0.06

注:"n/r"意为不建议在洼地和低流量排水渠中使用。
[a] 自然植被的典型设计极限为,最大剪应力 2.0 lb/ft²(96 N/m²),最大速度 5.0~6.0 ft/s(1.5~1.8 m/s)。

在流水到达底层土壤之前,ECB 和 TRM 能降低其牵引力。因此,为了控制侵蚀,土壤表面上受到的剪应力应当小于土壤的允许剪应力。随着侵蚀控制垫或毯上的剪应力增大到超过其极限,衬护与土壤会被分离,水流就会直接接触土壤表面。这个极限值被定义为能够导致 12.5 mm(0.5 in)土壤流失的剪应力。为了避免这种情况,按照制造商的规定,将一个安全因子应用于 TRM 和 ECB 的允许剪应力上。当利用这个安全因子降低规定的剪应力时,其数值范围应为 1.5 至 2,具体数值取决于应用条件。

4.10.5 以 RECP 为衬护的排水渠的设计

增强的侵蚀控制产品(TRM 和 ECB)的曼宁粗糙度系数 n 和允许剪应力各不相同。因此,不能建立适用于所有这些产品的一个单一公式。为了设计以 RECP 为衬护的排水渠,应当向制造商索取 n 值与外加剪应力的关系的表格。这个表格中通常包括一个剪应力上限值、一个剪应力中间值和一个剪应力下限值,以及与以上三个数值分别对应的 n 值。应力值的上限值和下限值必须分别等于剪应力中间值的 2.5 倍。

利用制造商的资料并采用以下公式计算 n 值:

$$n = a\tau_o^b \tag{4.81}$$

式中:τ_0——边界平均剪应力,$N/m^2(lb/ft^2)$;

系数"a"和指数"b"取决于外加剪应力中间范围处的 n 值以及分别对应于剪应力的范围的各个 n 值。

利用以下各个公式计算这些系数:

$$a = n_m/\tau_m^b \tag{4.82}$$

$$b = -[\ln(n_m/n_\ell)\ln(n_u/n_m)]/0.693 \tag{4.83}$$

式中:τ_m——剪应力中间值;

　　n_m——对应于 τ_m 的 n 值;

　　n_ℓ——对应于下限值 $\tau(\tau_e)$ 的 n 值;

　　n_u——对应于上限值 $\tau(\tau_u)$ 的 n 值。

针对底层土壤和 RECP 计算 RECP 衬护上的允许剪应力。当使用 TRM 时,植被的存在也会影响抗侵蚀性质。

RECP 能在剪应力传递到土壤表面之前将其耗散。为了控制侵蚀,土壤表面上的剪应力应当小于土壤的允许剪切应力。随着 RECP 表面上的剪应力的增大,衬护被从土壤中分离出来,水流可能侵蚀土壤。利用以下公式将土壤表面上的有效剪应力与 RECP 的剪应力和排水渠中的设计剪应力相关联:

$$\tau_e = (\tau_d - \tau_\lambda/4.3)(\alpha/\tau_\lambda) \tag{4.84}$$

式中:τ_e——土壤上的有效剪应力,$N/m^2(lb/ft^2)$;

　　τ_λ——RECP 上的导致 12.5 m(0.5 in)土壤侵蚀的剪应力;

　　τ_d——设计剪应力,$N/m^2(lb/ft^2)$;

　　α——换算常数,6.5(国际单位),0.14(英制单位)。

考虑到稳定性,RECP 的允许剪应力应当至少等于设计剪应力,即渠床上的剪应力。同样,有效剪应力不应大于土壤上的有效剪应力 τ_e。在以上公式中,用 τ_λ 取代 τ_d,用 τ_p 取代 τ_e,得到计算 RECP 的允许剪应力的以下公式:

$$\tau_p = (\tau_\lambda/\alpha)(\tau_{p,\text{soil}} + \alpha/4.3) \tag{4.85}$$

下例介绍了一个以 RECP 为衬护的排水渠的设计程序。

例 4.21　为了控制一个梯形土渠中的侵蚀,选择具有如下性能数据的 RECP:

粗糙度等级	
外加剪应力(N/m²)	n 值
45	0.039
90	0.035
180	0.030

$\tau_\lambda = 80$ N/mm(土壤损失为 12.5 mm 时衬护上的剪应力)

排水渠的坡度为 2.0%;底宽和侧坡度分别为 1.0 m 和 3∶1,土壤为 $PI=16$ 和 $e=0.45$ 的黏土质砂层(SC)。确定当流量为 0.70 m³/s 时,RECP 衬护是否可以用作临时衬护。

求解　估计深度为 0.35 m。

利用以下各式计算水力半径、剪应力和曼宁粗糙度系数 n:

$$A = by + my^2 = 1 \times 0.35 + 3 \times 0.35^2 = 0.717\ 5\ \text{m}^2$$

$$P = b + 2y\sqrt{(m^2+1)} = 1 + 2 \times 0.35\sqrt{10} = 3.21$$

$$R = 0.223\ \text{m}$$

$$\tau_o = \gamma RS = 9.81 \times 10^3 \times 0.223 \times 0.020 = 43.8\ \text{N/m}^2$$

$$b = -[\ln(0.035/0.039)\ln(0.030/0.035)]/0.693$$

$$b = -0.024$$

$$a = n_m/\tau_m^b = 0.035/(90)^{-0.024} = 0.039$$

$$n = a\tau_o^b = 0.039 \times 43.8^{-0.024} = 0.036$$

计算流量:

$$Q = 1/0.036 \times 0.717\ 5 \times (0.223)^{2/3} \times (0.020)^{1/2} = 1.036\ 5\ \text{m}^3/\text{s}$$

计算的流量比设计流量高接近 50%。尝试一个较小的流动深度。

$$y = 0.285\ \text{m}$$

$$A = 0.285 + 3 \times 0.285^2 = 0.529\ \text{m}^2$$

$$P = 1 + 2 \times 0.285\sqrt{10} = 2.802\ \text{m}$$

$$R = 0.189 \text{ m}$$

$$\tau_o = \gamma RS = 9.81 \times 10^3 \times 0.189 \times 0.02 = 37.0 \text{ N/m}^2$$

$$n = 0.039 \times 37.0^{-0.024} = 0.036$$

$$Q = 1/0.036 \times 0.529 \times 0.189^{2/3} \times (0.02)^{1/2} = 0.684 \text{ m}^3/\text{s}$$

计算的流量与设计流量相差小于 5%。分别利用式(4.61)和式(4.85)继续计算土壤和 RECP 的允许剪应力。

$$\tau_{p,\text{soil}} = (C_1 PI^2 + C_2 PI + C_3)(C_4 + C_5 e)^2 C_6$$

从附录 4E 中查找 C 的数值。

$$\tau_{p,\text{soil}} = (1.07 \times 16^2 + 14.3 \times 16 + 47.7)(1.42 - 0.61 \times 0.45)^2 \times 0.004\ 8$$
$$= 3.47 \text{ N/m}^2$$

$$\tau_p = (\tau_\lambda/\alpha)(\tau_{p,\text{soil}} + \alpha/4.3) = (80/6.5)(3.47 + 6.5/4.3) = 61.3 \text{ N/m}^2$$

计算排水渠底部的最大剪应力。

$$\tau_d = \gamma y S = 9.81 \times 10^3 \times 0.285 \times 0.02 = 55.9 \text{ N/m}^2$$

所选 RECP 可以用作植被建立之前的临时衬护。注意,必须单独评估已经建立草衬的排水渠的持久稳定性。

问题

4.1 计算当流量为 0.08 m³/s 时一个 2 m 宽的沥青铺面排水沟中的漫流。排水沟纵向坡度和横向坡度分别为 2% 和 4%。

4.2 计算当流量为 2.5 cfs 时一个 6 m 宽的沥青铺面排水沟中的漫流。排水沟的纵向坡度为 1.5%,横向坡度为 4%。

4.3 一个 2 m 宽的光滑沥青路肩的横向坡度为 4%,纵向坡度为 0.5%。当流量为 0.09 m³/s 时,漫流会溢出路肩之外吗?

4.4 一个 6 ft 宽的光滑沥青路肩的横向坡度为 4%。如果纵向坡度为 0.5%,当流量为 2.5 cfs 时,漫流会溢出路肩之外吗?

4.5 计算排水沟流量分别为 0.03 m³/s、0.06 m³/s 和 0.09 m³/s 时一个宽度为 2 m、横向坡度为 4% 的路肩上的漫流。道路和路肩上均有沥青覆盖($n = 0.016$)。在纵向坡度为 3% 的条件下进行计算。

4.6 当排水量分别为 1 cfs、2 cfs 和 4 cfs 时,对于一个 6 ft 宽的路肩,重新求解问题 4.5。

4.7 在问题 4.6 中,利用 NJDOT 方法计算"B"雨水口的截取流量和效率。

4.8　利用 HEC-22 图表重新计算问题 4.7 中的截取流量和效率。

4.9　一个栅式雨水口被设置于一条道路的凹陷位置,它与一个 15 cm 的路缘齐平,被用于截取排水沟的流量,这个流量的计算值为 0.15 m³/s。计算 60 cm 宽栅板要求的最小长度。对于设置于凹陷位置的栅板,假设栅板敞开 50%,栅板周长的 25% 被碎片堵塞。

4.10　在问题 4.9 中,当流量为 6 cfs 以及栅板宽度为 2 ft 时,计算要求的栅板敞开面积。路缘高度为 6 ft。在这种情况下,认为堰流流过栅板。

4.11　在本章的例 4.2 中,计算在效率为 75% 的条件下第一组雨水口离高点的最大间距。

4.12　一个池塘通过一个 1.2 m×1.2 m 的正方形截面箱形涵洞以 2.5 m³/s 的流量排水。涵洞极长,其曼宁粗糙度系数 n 为 0.014,$S=0.005$。计算涵洞雨水口面处池塘中的水位高度。可以忽略池塘的出口损失以及入口损失。假设出水口未被浸没。

4.13　对于采用一个直径 1 200 mm 的圆形涵洞而不是箱形涵洞的情况,重新求解问题 4.12。采用 $n=0.013$。

4.14　对于一个边长为 48 in 的正方形截面箱形涵洞,在流量为 85 m³/s 的条件下,求解问题 4.12。

4.15　如果涵洞长度为 300 ft,其出水口被淹没至其拱顶处,在这种情况下求解问题 4.12。在这种情况下,要考虑进水口、出水口损失。

4.16　用一个 60 in 的 RCP 涵洞输送一条道路下方的一条河川中的流水。该涵洞长度为 100 ft,坡度为 2%,其上游管内底比公路的边缘低 10 ft。计算涵洞在以下条件下的流量:

a. 涵洞出水口未被浸没;

b. 出水口被浸没至其拱顶以上 2 ft。

4.17　用一个箱形涵洞输送 10 m³/s 的流量。涵洞的长度为 20 m,坡度为 0.4%。涵洞上游面处的水深不会上升到超过其拱顶 1 m 以上。选择一个尺寸合适的涵洞。涵洞的下游面未被浸没。

4.18　对于冲积粉土中的排水渠,曼宁粗糙度系数 n 值和最大允许速度分别为 0.02 和 2 ft/s。计算排水渠坡度为 0.9% 时的对应的允许牵引力。

4.19　计算一条在非黏性土壤中挖掘的排水渠的流量和横截面积,所述非黏性土壤的允许剪应力为 5 Pa,休止角为 32°,$n=0.025$。排水渠坡度为 0.4%。

4.20　设计一个用百慕大草(爬根草)做衬护的抛物线形洼地,该洼地以 35 m³/s 的流量输送排水,其坡度为 2%。依据阻滞性类别 D 并且采用新泽西州土壤侵蚀标准进行设计。

4.21 在流量为 1 m³/s 的条件下,采用图 4.43(n 与 VR 的关系图),设计问题 4.20 中的浅草洼地。

4.22 设计一个用 $d_{50}=15$ cm 的抛石做衬砌的洼地,输送 1.5 m³/s 的流量。排水渠的平均坡度为 1.5%。采用允许剪应力方法和计算 n 值的式(4.70)并且依据具有以下几何形状的排水渠进行设计:

侧坡度为 3∶1 的梯形渠。

4.23 在 $d_{50}=6$ in 以及流量为 50 cfs 的条件下,利用以下公式重新求解问题 4.22:

a. 式(4.70);

b. NRCS 方程式(4.74)。

4.24 利用一个以青草为衬护的坡度为 1.5% 的梯形洼地输送 1.5 m³/s 的流量。土壤为 $PI=20$ 和 $e=0.5$ 的黏土质砂层。洼地的底宽为 1.25 m,其侧坡度为 3∶1。对于采用 75 mm 厚的状况很好的混合草类衬护的情况,采用 HEC-15 (FHWA,2005)方法设计该洼地。

4.25 一个底宽为 2 m、侧坡度为 2∶1 的梯形渠有一个半径为 15 m 的弯段。在流量为 8 m³/s 时,弯段内壁处的水深为 1.0 m。计算这个弯段周围的外堤处的水深。这个排水渠的坡度不大。

4.26 计算一个梯形渠的外堤处的水深,该梯形渠的侧坡度为 2∶1,其半径为 50 ft,弯段处的底宽为 6 ft。该梯形渠的流量为 250 cfs,内部弯段处的水深为 3 ft。

4.27 计算问题 4.26 中梯形渠需要保护的超过弯段的那部分长度。采用数值为 $n=0.040$ 的曼宁粗糙度系数进行计算。

4.28 利用 $d_{50}=15$ cm 的石块对问题 4.25 中的梯形渠做衬砌,该梯形渠的坡度为 1.3%。确定石块是否稳定。采用表 4.10 中所列的允许剪应力进行分析。

4.29 如果问题 4.24 中的梯形渠的底部以混凝土为衬砌,其侧面以 75 mm 的草为衬护,计算该梯形渠的有效曼宁粗糙度系数 n。假设青草覆盖状况良好。假设混凝土的 $n=0.016$。

4.30 在问题 4.24 中,如果排水渠的坡度为 3%,则草衬稳定吗?

4.31 利用具有以下所列的粗糙度等级的 RECP 控制侧坡度为 3∶1 的梯形土渠中的侵蚀:

粗糙度等级	
外加剪应力(N/m²)	n 值
40	0.042

粗糙度等级	
外加剪应力(N/m²)	n 值
80	0.039
160	0.035

$$\tau_e = 75 \text{ N/m}^2$$

该排水渠的底宽和坡度分别为 0.9 m 和 1.5%。土壤为 $PI=16$ 和 $e=0.5$ 的黏土质砂层(SC)。确定当流量为 0.5 m³/s 时,RECP 衬护是否符合要求。

附录 4A：排水沟流动方程的推导

一个排水沟的横截面，顶宽超过路缘处的流动深度数倍（当横向坡度为 4%时，为 25 倍）。因此，将曼宁公式直接应用于排水沟横截面上不能准确反映排水沟中的流量。为了准确，应当依据通过横截面的基元流量之和计算流量。

图 4A.1 显示了三角形路缘排水沟中的流量。可以利用以下公式计算通过一个宽度单元 dx 的部分流量：

$$dQ = Vy\,dx \qquad (4A.1)$$

式中：V 是平均流速，y 是流动段的流动深度。利用采用国际单位制单位的曼宁公式，可以用下式计算一段中的平均流速

$$V = \frac{y^{2/3}S^{1/2}}{n} \qquad (4A.2)$$

式中：n 是排水沟截面的曼氏粗糙度系数，S 是排水沟的纵向坡度。根据图 4A.1 获得：

$$dx = \frac{dy}{S_x} \qquad (4A.3)$$

将式（4A.2）和式（4A.3）中的 V 和 dx 代入式（4A.1）中，得到

$$dQ = \left(\frac{1}{n}\right)\left(\frac{S^{1/2}}{S_x}\right)y^{5/3}\,dy \qquad (4A.4)$$

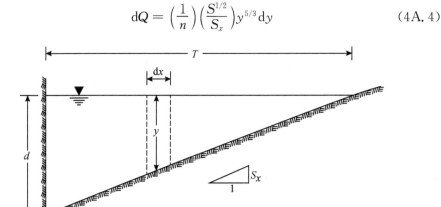

图 4A.1　三角形排水沟中流量

在排水沟中从 0 到 d 的流动深度的范围内，对以上公式进行积分，得到总流量的计算公式

$$Q = \int_0^d \frac{1}{n}y^{5/3}\frac{S^{1/2}}{S_x}\,dy$$

$$Q = 0.375 \left(\frac{S^{1/2}}{S_x} \right) \frac{d^{8/3}}{n} \qquad (4A.5)$$

在以上公式中代入 $d = TS_x$，得到

$$Q = 0.375 S^{1/2} S_x^{5/3} \frac{T^{8/3}}{n} \qquad (4A.6)$$

当采用英制单位时，通过简单地将一个数值为 1.49 而不是 1 的因子应用于式 (4A.2)中，可以导出排水沟流量的计算公式

$$Q = 0.56 \left(\frac{S^{1/2}}{S_x} \right) \frac{d^{8/3}}{n} \qquad (4A.7)$$

和

$$Q = 0.56 S^{1/2} S_x^{5/3} \frac{T^{8/3}}{n} \qquad (4A.8)$$

附录 4B:坡度为 0%的道路上的雨水口的流动方程的推导

可以利用以下公式计算距两个雨水口的中间点距离为 x 处的流量:

$$Q_x = qx \qquad\qquad (4B.1)$$

式中:q 是道路的单位直线长度的流量(参见图 4B.1)。采用推理计算方法,利用以下各公式将单位流量与降雨强度 $I[\text{in/h(mm/h)}]$ 进行关联:

$$q = \frac{2.78 \times 10^{-3}(W + W')}{10\,000} \times I \qquad \text{SI} \qquad (4B.2)$$

$$q = \frac{W + W'}{43\,200} \times I \qquad \text{CU} \qquad (4B.3)$$

式中:W 和 W' 分别是道路和排水沟的宽度。

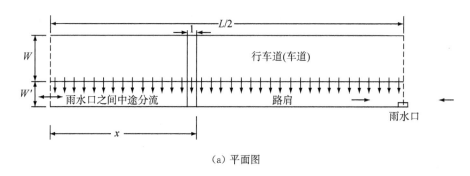

(a) 平面图

(b) 排水沟流量与距离的关系

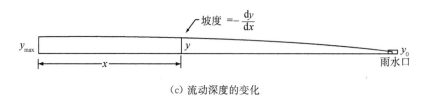

(c) 流动深度的变化

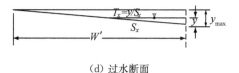

(d) 过水断面

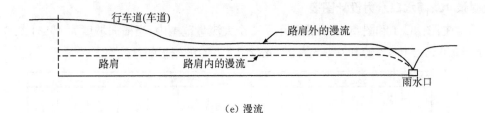

（e）漫流

图 4B.1 水平剖面上道路的排水沟流量

对于铺面道路，在这些公式中采用 1.0 的径流系数。可以利用曼宁公式将 Q_x 与图 4B.1 中所示的排水沟流动参数相关联：

$$A = \frac{y^2}{2S_x}; \quad R = \frac{y}{2}（指过水断面）$$

$$Q = AR^{2/3}\frac{S^{1/2}}{n} = 0.315y^{8/3}\frac{S^{1/2}}{S_x n} \qquad \text{SI} \tag{4B.4}$$

式中：S 是坡度。

令式（4B.1）等于式（4B.4），并且提高到二次幂，得到

$$q^2 x^2 = 0.1 y^{16/3}\frac{S}{S_x^2 n^2}$$

利用以上公式的 $-\mathrm{d}y/\mathrm{d}x$，近似计算 S

$$y^{16/3}\mathrm{d}y = -10.08 S_x^2 n^2 q^2 x^2 \mathrm{d}x$$

积分：

$$y^{19/3} = -21.3 S_x^2 n^2 q^2 x^3 + C \tag{4B.5}$$

可以在 $x = L/2$ 时 $y = y_0$ 的条件下计算积分常数 C，其中 y_0 是雨水口处水深，L 是两个相邻的雨水口之间的间距。获得的公式是

$$y^{19/3} = y_o^{19/3} + 21.3 S_x^2 n^2 q^2 \left[\left(\frac{L}{2}\right)^3 - x^3\right] \tag{4B.6}$$

当采用英制单位时，以上公式变为

$$y^{19/3} = y_o^{19/3} + 10.0 S_x^2 n^2 q^2 \left[\left(\frac{L}{2}\right)^3 - x^3\right] \tag{4B.7}$$

附录 4C:雨水口水力设计图表

注:图 4C.1 和图 4C.2 分别显示了一个大流量范围内,当横向坡度为 4‰时,0.6 m×0.6 m(2 ft×2 ft)和 0.6 m×1.2 m(2 ft×4 ft)的栅板的总效率。

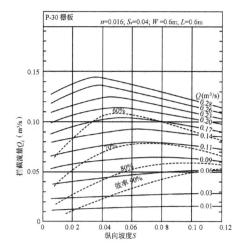
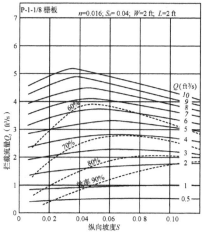

(a) 一个 0.6 m×0.6 m 的 P-30 栅板的拦截流量（国际单位制单位）

(b) 一个 2 ft×2 ft 的 P1-1/8 栅板的拦截流量(英制单位)

图 4C.1 雨水口水力设计图表 1

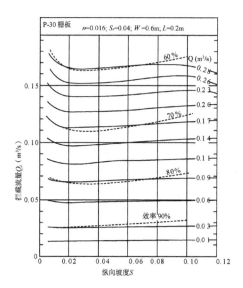
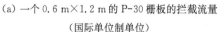
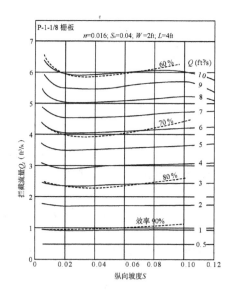

(a) 一个 0.6 m×1.2 m 的 P-30 栅板的拦截流量（国际单位制单位）

(b) 一个 2 ft×4 ft 的 P1-1/8 栅板的拦截流量(英制单位)

图 4C.2 雨水口水力设计图表 2

附录 4D：圆形管道和椭圆形管道的临界流量图表

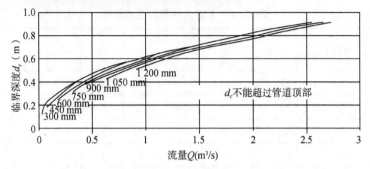

（a）圆形管道临界深度（国际单位）

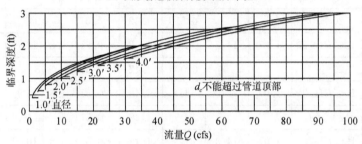

（b）圆形管道临界深度（英制单位）

图 4D. 1　圆形管道的临界流量图表

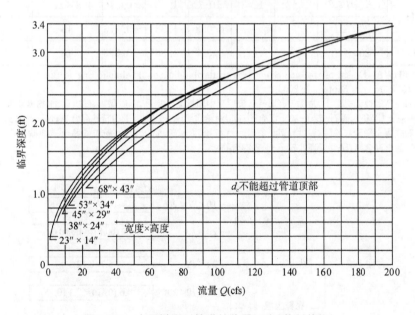

图 4D. 2　水平椭圆形管道的临界深度（英制单位）

附录 4E:HEC-15 中的黏性土壤的允许剪应力

表 4E.1 土壤允许剪应力的系数

ASTM 土壤类别	适用范围	C1	C2	C3	C4	C5	C6（国际单位）	C6（英制单位）
GM	10≤PI≤20	1.07	1.43	47.7	1.42	−0.61	$4.8×10^{-3}$	10^{-4}
	20≤PI			0.076	1.42	−0.61	48	1.0
GC	10≤PI≤20	0.047 7	2.86	42.9	1.42	−0.61	$4.8×10^{-3}$	10^{-3}
	20≤PI			0.119	1.42	−0.61	48	1.0
SM	10≤PI≤20	1.07	7.15	11.9	1.42	−0.61	$4.8×10^{-3}$	10^{-4}
	20≤PI			0.058	1.42	−0.61	48	1.0
SC	10≤PI≤20	1.07	14.3	47.7	1.42	−0.61	$4.8×10^{-3}$	10^{-4}
	20≤PI			0.076	1.42	−0.61	48	1.0
ML	10≤PI≤20	1.07	7.15	11.9	1.48	−0.57	$4.8×10^{-3}$	10^{-4}
	20≤PI			0.058	1.48	−0.57	48	1.0
CL	10≤PI≤20	1.07	14.3	47.7	1.48	−0.57	$4.8×10^{-3}$	10^{-4}
	20≤PI			0.076	1.48	−0.57	48	1.0
MH	10≤PI≤20	0.047 7	1.43	10.7	1.38	−0.373	$4.8×10^{-3}$	10^{-3}
	20≤PI			0.058	1.38	−0.373	48	1.0
CH	20≤PI			0.097	1.38	−0.373	48	1.0

来源:FHWA, Design of roadside channels with flexible linings,Hydraulic Engineering Circular No. 15 (HEC-15), 3rd ed., September 2005.

注:CH=高塑性无机黏土、富黏土;CL=低塑性至中塑性无机黏土、砾质黏土、砂质黏土、粉砂质黏土、瘦黏土;GC=黏土质砾石、砾石-砂子-黏土混合物;GM=粉质土砾、砾石-砂子的粉砂混合物;MH=无机粉砂土、云母土和硅藻土细砂或粉砂、弹性粉砂土;ML=无机粉砂土、极细砂、岩粉、粉质或黏土质细砂;SC=黏土质砂、砂子-黏土混合物;SM=粉砂、砂子-粉砂混合物。

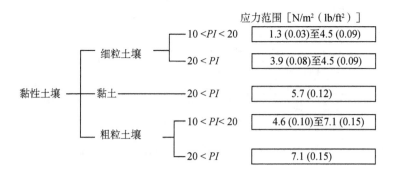

图 4E.1 黏性土壤允许剪应力

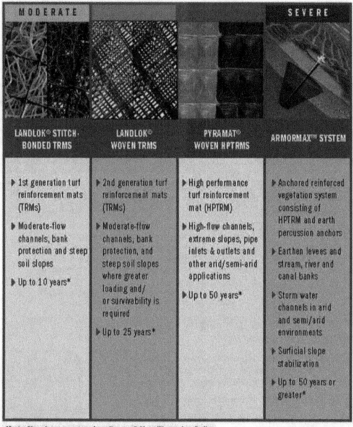

PROPEX EROSION CONTROL PRODUCT GUIDE
PERMANENT SOLUTIONS

MODERATE — **SEVERE**

LANDLOK® STITCH-BONDED TRMS	LANDLOK® WOVEN TRMS	PYRAMAT® WOVEN HPTRMS	ARMORMAX™ SYSTEM
▶ 1st generation turf reinforcement mats (TRMs) ▶ Moderate-flow channels, bank protection and steep soil slopes ▶ Up to 10 years*	▶ 2nd generation turf reinforcement mats (TRMs) ▶ Moderate-flow channels, bank protection, and steep soil slopes where greater loading and/or survivability is required ▶ Up to 25 years*	▶ High performance turf reinforcement mat (HPTRM) ▶ High-flow channels, extreme slopes, pipe inlets & outlets and other arid/semi-arid applications ▶ Up to 50 years*	▶ Anchored reinforced vegetation system consisting of HPTRM and earth percussion anchors ▶ Earthen levees and stream, river and canal banks ▶ Storm water channels in arid and semi/arid environments ▶ Surficial slope stabilization ▶ Up to 50 years or greater*

*Design life performance may vary depending upon field conditions and applications.

For downloadable documents like construction specifications, installation guidelines, case studies and other technical information, please visit our web site at **geotextile.com**. These documents are available in easy-to-use Microsoft® Word format.

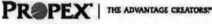

PROPEX® | THE ADVANTAGE CREATORS℠

GEOSYNTHETICS

Propex Inc.
6025 Lee Highway, Suite 425
PO Box 22788
Chattanooga, TN 37422

PH: 423 899 0444
PH: 800 621 1273
FAX: 423 899 7619
www.geotextile.com

ARMORMAX™
Anchored Reinforced Vegetation System

ArmorMax™ Anchored Reinforced Vegetation System is the most advanced flexible armoring technology available for severe erosion challenges. The ArmorMax system can be used in **non-structural applications** where additional factors of safety are required, including protecting earthen levees from storm surge and wave overtopping and stream, river and canal banks from scour and erosion. In addition, this system is ideally suited to protect storm water channels in arid and semi-arid environments where vegetation densities of less than 30% coverage are anticipated. For **structural applications**, the system can be engineered to provide surficial slope stabilization to resist shallow plane failures. Consisting of our woven three-dimensional High Performance Turf Reinforcement Mat (HPTRM) with X3® fiber technology and earth percussion anchors, you can count on the ArmorMax system to hold its ground.

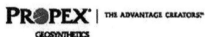

DURABLE FLEXIBLE ARMORING SYSTEM	WITHSTANDS EXTREME HYDRAULIC STRESSES	RESISTS NON-HYDRAULIC EVENT DAMAGE	SECURES NON-STRUCTURAL APPLICATIONS	STABILIZES STRUCTURAL APPLICATIONS
Lightweight protection layer securely anchored to the subgrade for long-term design life	The HPTRM component of ArmorMax has been tested at CSU comparable to traditional armoring methods	High strength survivability woven monolithic surface resists non-hydraulic stresses like debris flows and maintenance operations	In non-structural applications, the earth percussion anchors act as a tie-down mechanism securing the HPTRM firmly to the ground for additional factors of safety	Engineered to provide surficial slope stabilization to resist shallow plane failures

OTHER FEATURES & BENEFITS

▶ Supports the EPA's Green Infrastructure initiative and is a recognized storm water Best Management Practice (BMP) and is proven to reduce erosion and reinforce vegetation for low-impact, sustainable design

▶ Easy to handle, lightweight components for rapid installation

▶ Use of lightweight equipment and unskilled labor facilitates installation with limited site access

▶ Aesthetically pleasing and more cost effective than conventional methods such as rock riprap and concrete paving

Outperforms and is more cost effective than conventional methods, including:

▶ Rock riprap
▶ Rock slope protection
▶ Gabions
▶ Concrete blocks or paving
▶ Fabric formed revetments

PROPEX® | THE ADVANTAGE CREATORS®
GEOSYNTHETICS

ARMORMAX™
Anchored Reinforced Vegetation System

WOVEN THREE-DIMENSIONAL HPTRM PROTECTION LAYER FEATURING X3® FIBER TECHNOLOGY

▶ Unique X3 fiber shape provides over 40% more surface area than conventional fibers to capture the moisture, soil and water required for rapid vegetation growth

▶ Exhibits extremely high tensile strength as well as superior interlock and reinforcement capacity with both soil and root systems

▶ Maximum ultraviolet protection for long-term design life

▶ Netless, rugged material construction stands up to the toughest erosion applications where high loading and/or high survivability conditions are required

EARTH PERCUSSION ANCHORS TO SECURE THE MAT TO THE GROUND

▶ Made of corrosion resistant aluminum alloy, gravity die cast and heat treated to give considerable increase in mechanical strength and curability both during installation and in service

▶ Connected to a threaded rod or stainless tendon to fully enhance corrosion resistance particularly at the soil/air interface

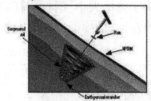

▶ As the load exerted on the soil by the ArmorMax system increases, a body of soil above the anchor is compressed and provides resistance to any further anchor movement – permanently securing the mat to the ground

ARMORMAX NON-STRUCTURAL APPLICATIONS

The figures below illustrate the ArmorMax system for non-structural applications. The system is comprised of the HPTRM and typically Type 2 earth percussion anchors.

LEVEE ARMORING

ARID/SEMI-ARID STORM WATER CHANNELS

CANAL, STREAM AND RIVER BANK PROTECTION

ARMORMAX STRUCTURAL APPLICATION

The figures below illustrate the use of ArmorMax in a structural application for surficial slope stabilization. The system is comprised of the HPTRM and Type 1A or 1B earth percussion anchors as specified by the project engineer.

SHALLOW PLANE FAILURE

APPLY ARMORMAX SYSTEM

VEGETATION GROWTH

ARMORMAX 的关键物理性能

▶材料成分:专利紫外线防护包,采用 HPTRM 不锈钢钢丝束和镀锌螺杆,提供长距离设计保证。

▶抗拉强度:HPTRM 的抗拉强度达到 4 000×3 000 lb/ft(58.4×43.8 kN/m),超过了美国 EPA 规定的高性能草皮加筋垫的抗拉强度。

▶出苗:HPTRM 采用 X3 纤维技术,这种纤维的表面积比常规纤维高 40% 以上,因此它能截取促进种子在前 21 天内发芽所需的关键泥沙和水分。

▶灵活性:采用 ARMORMAX,系统可以适应夯实地基,并保持与夯实地基的紧密接触。

▶保持强度:锚栓地脚具有 500~5 000 lb/每个冲击型锚栓的最终拔出阻力,具体数值取决于锚栓大小、钢丝束杆的长度以及现场土壤的参数。实际的保持强度取决于土壤特性、锚栓类型以及安装技术。

ARMORMAX 性能表

	性能	试验方法	数值	HPTRM
物理	质量/单位面积	ASTM D 6566	MARV	$13.5oz/yd^2$ 455 g/m^2
	厚度	ASTM D 6525	MARV	0.4 in 10.2 mm
	透光度(%透过)	ASTMD-6567	典型	10%
	颜色	目视检验	—	绿色,茶色
机械	抗拉强度(抓取)	ASTMD-6818	MARV	4 000×3 000 lb/ft (58.4×43.8 kN/m)
	拉伸伸长	ASTMD-6818	MARV	25%
	弹性	ASTMD-6524	MARV	80%
	柔性/刚度	ASTMD-6575	典型	0.534 in·lbs 615 000 mg·cm
耐久性	6 000 小时抗紫外辐射性能	ASTM D-4355	最小	90%
	每卷尺寸	实测	典型	8.5 ft×90 ft 2.6 m×27.4 m

	性能	锚栓长度(ft)(最小安装深度)	最大拔出力
非构造化设施		泥土冲击型锚栓	
	2 型	2.0 ft 0.6 m	500 lbs 226.8 kg
构造化	1A 型	3.5 ft 1.1 m	2 000 lbs 907.2 kg
	1B 型	3.5 ft 1.1 m	5 000 lbs 2 268 kg

注:1. 所列的性能自 2000 年 12 月起生效;可以在不发出通知的情况下对其进行修改。

LANDLOK® EROSION CONTROL BLANKETS

Landlok® Erosion Control Blankets (ECBs) are comprised of either straw and/or coconut fibers or polypropylene yarns and fibers, and most are reinforced on one or both sides by a polypropylene netting. Designed to hold seed and soil in place, protect emerging seedlings and accelerate vegetation growth in low to moderate erosion applications, ECBs are engineered to degrade over a period of one to three years as vegetation becomes robust enough to maintain long-term erosion protection by itself.

FEATURES & BENEFITS

▸ Recognized as a Best Management Practice (BMP) by the U.S. EPA*

▸ Can be handled and installed easily

▸ Protects seed and soil; provides erosion control until vegetation is strong enough to take over

▸ Available through nationwide distribution network

> Outperforms and is more cost-effective than conventional erosion control methods, including:
>
> ▸ Blown straw and hydraulic mulch
> ▸ Bonded fiber matrix

LANDLOK® EROSION CONTROL BLANKETS PRODUCT FAMILY TABLE

PRODUCT	FUNCTIONAL LONGEVITY	COLOR	FIBER TYPE	# OF NETS	FHWA FP-03, SECTION 713 COMPLIANCE
LANDLOK® 407	SHORT-TERM DEGRADABLE (1 YEAR)	WHITE (NATURAL)	POLYPROPYLENE	0 (WOVEN)	—
LANDLOK S1	SHORT-TERM DEGRADABLE (1 YEAR)	TAN	STRAW	1	TYPE 2C
LANDLOK S2	SHORT-TERM DEGRADABLE (1 YEAR)	TAN	STRAW	2	TYPE 2C
LANDLOK SUPERGRO®	EXTENDED-TERM DEGRADABLE (1.5 YEARS)	GREEN	POLYPROPYLENE	1	—
LANDLOK CS2	EXTENDED-TERM DEGRADABLE (2 YEARS)	BROWN & TAN	70% STRAW 30% COCONUT	2	TYPE 3A, 3B
LANDLOK C2	LONG-TERM DEGRADABLE (3 YEARS)	BROWN	COCONUT	2	TYPE 4

*U.S. EPA: United States Environmental Protection Agency

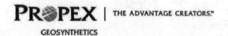

PROPEX | THE ADVANTAGE CREATORS.™

GEOSYNTHETICS

LANDLOK® EROSION CONTROL BLANKETS PROPERTY TABLE[1] ENGLISH & METRIC UNITS

PROPERTY	TEST METHOD	VALUE	LANDLOK® 407	LANDLOK S1	LANDLOK S2	LANDLOK SUPERGRO®	LANDLOK CS2	LANDLOK C2
MECHANICAL								
TENSILE STRENGTH	ASTM D-6818	TYPICAL	460 x 250 lb/ft 6.7 x 3.7 kN/m	50 x 65 lb/ft 0.73 x 0.95 kN/m	75 x 75 lb/ft 1.1 x 1.1 kN/m	N/A	100 x 100 lb/ft 1.5 x 1.5 kN/m	150 x 150 lb/ft 2.2 x 2.2 kN/m
TENSILE ELONGATION	ASTM D-6818	TYPICAL	30% x 40	20%	25%	N/A	30%	25%
PHYSICAL								
MASS PER UNIT AREA	ASTM D-6475	TYPICAL	2.2 oz/yd² 75 g/m²	8.5 oz/yd² 288 g/m²	8.8 oz/yd² 298 g/m²	0.70 oz/yd² 23.7 g/m²	8.8 oz/yd² 298 g/m²	8.8 oz/yd² 298 g/m²
THICKNESS	ASTM D-6525	TYPICAL	–	0.11 in 2.8 mm	0.25 in 6.35 mm	–	0.40 in 10.2 mm	0.30 in 7.6 mm
ENDURANCE								
FUNCTIONAL LONGEVITY	OBSERVED	TYPICAL	SHORT-TERM DEGRADABLE (1 YEAR)	SHORT-TERM DEGRADABLE (1 YEAR)	SHORT-TERM DEGRADABLE (1 YEAR)	EXTENDED-TERM DEGRADABLE (1.5 YEARS)	EXTENDED-TERM DEGRADABLE (2 YEARS)	LONG-TERM DEGRADABLE (3 YEARS)
PACKAGING								
ROLL WIDTH	MEASURED	TYPICAL	12.5 ft 3.81 m	8 ft 2.45 m	8 ft 2.45 m	7.5 ft 2.3 m	8 ft 2.45 m	8 ft 2.45 m
ROLL LENGTH	MEASURED	TYPICAL	432 ft 131.7 m	112.5 ft 34.3 m	112.5 ft 34.3 m	1200 ft 365.8 m	112.5 ft 34.3 m	112.5 ft 34.3 m
ROLL WEIGHT	CALCULATED	TYPICAL	98 lb 44 kg	53 lb 24 kg	53 lb 24 kg	44 lb 20 kg	55 lb 25 kg	55 lb 25 kg
ROLL AREA	MEASURED	TYPICAL	600 yd² 502 m²	100 yd² 84 m²	100 yd² 84 m²	1000 yd² 836 m²	100 yd² 84 m²	100 yd² 84 m²

NOTES: 1. The property values listed are effective 08/2006 and are subject to change without notice.

LANDLOK® EROSION CONTROL BLANKET PERFORMANCE VALUES ENGLISH & METRIC UNITS

MATERIAL	FUNCTIONAL LONGEVITY	MAXIMUM SHORT-TERM SHEAR STRESS AND VELOCITY (UNVEGETATED)[2]		MANNING'S "n"	C-FACTOR
		SHEAR STRESS	VELOCITY	0-6 in (0-150 mm)	
LANDLOK® 407	SHORT-TERM DEGRADABLE (1 YEAR)	–	–	–	–
LANDLOK S1	SHORT-TERM DEGRADABLE (1 YEAR)	2.0 lb/ft² 96 N/m²	n/r	n/r	0.14
LANDLOK S2	SHORT-TERM DEGRADABLE (1 YEAR)	2.0 lb/ft² 96 N/m²	5.0 - 6.0 ft/sec 1.5 - 1.8 m/sec	0.027	0.21
LANDLOK SUPERGRO®	EXTENDED-TERM DEGRADABLE (1.5 YEARS)	2.0 lb/ft² 96 N/m²	–	–	–
LANDLOK CS2	EXTENDED-TERM DEGRADABLE (2 YEARS)	2.0 lb/ft² 96 N/m²	5.0 - 6.0 ft/sec 1.5 - 1.8 m/sec	0.021	0.09
LANDLOK C2	LONG-TERM DEGRADABLE (3 YEARS)	2.0 lb/ft² 96 N/m²	5.0 - 6.0 ft/sec 1.5 - 1.8 m/sec	0.018	0.06

NOTES: 1. "n/r" not recommended for use in swales and low-flow channels.
2. Typical design limits for natural vegetation are a maximum shear stress of 2.0 lb/ft² (96 N/m²) and a velocity limit of 5.0 to 6.0 ft/sec (1.5 to 1.8 m/sec).

LANDLOK® EROSION CONTROL BLANKETS

APPLICATION RECOMMENDATIONS FOR LANDLOK® EROSION CONTROL BLANKETS

	APPLICATION	FUNCTIONAL LONGEVITY	PRODUCT STYLE	INSTALLED COST[1]	ANCHOR RECOMMENDATIONS
SLOPES[2]	1.5H:1V	LONG-TERM DEGRADABLE (3 YEARS)	LANDLOK® C2	$2.00 - 2.75/yd² $2.39 - 3.29/m²	2 ANCHORS/yd² 2.5 ANCHORS/m²
	2H:1V	EXTENDED-TERM DEGRADABLE (2 YEARS)	LANDLOK CS2	$1.75 - 2.25/yd² $2.09 - 2.69/m²	2 ANCHORS/yd² 2.5 ANCHORS/m²
	3H:1V	SHORT-TERM DEGRADABLE (1 YEAR)	LANDLOK S2	$1.25 - 1.75/yd² $1.50 - 2.09/m²	1.5 ANCHORS/yd² 1.8 ANCHORS/m²
	3H:1V	SHORT-TERM DEGRADABLE (1.5 YEARS)	LANDLOK SUPERGRO®	–	1.5 ANCHORS/yd² 1.8 ANCHORS/m²
	4H:1V OR FLATTER	SHORT-TERM DEGRADABLE (1 YEAR)	LANDLOK S1	$1.00 - 1.50/yd² $1.20 - 1.79/m²	1 ANCHOR/yd² 1.2 ANCHORS/m²
	4H:1V OR FLATTER	SHORT-TERM DEGRADABLE (1 YEAR)	LANDLOK 407	$1.00 - 1.50/yd² $1.20 - 1.79/m²	1 ANCHOR/yd² 1.2 ANCHORS/m²
SWALES & LOW-FLOW CHANNELS[3]	SHEAR STRESS UP TO 2.0 lbs/ft² (96 N/m²)	SHORT-TERM DEGRADABLE (1 YEAR)	LANDLOK S2	$1.25 - 1.75/yd² $1.50 - 2.09/m²	2.5 ANCHORS/yd² 3 ANCHORS/m²
		EXTENDED-TERM DEGRADABLE (1.5 YEARS)	LANDLOK SUPERGRO®	–	1.5 ANCHORS/yd² 1.8 ANCHORS/m²
	VELOCITY UP TO 5.0 to 6.0 ft/sec (1.5 to 1.8 m/sec)	EXTENDED-TERM DEGRADABLE (2 YEARS)	LANDLOK CS2	$1.75 - 2.25/yd² $2.09 - 2.69/m²	2.5 ANCHORS/yd² 3 ANCHORS/m²
		LONG-TERM DEGRADABLE (3 YEARS)	LANDLOK C2	$2.00 - 2.75/yd² $2.39 - 3.29/m²	2.5 ANCHORS/yd² 3 ANCHORS/m²

NOTES: 1. Installed cost estimates range from large to small projects according to material quantity. The estimates include material, seed, labor and equipment. Costs vary greatly in different regions of the country. 2. For slopes steeper than 1.5 H:1V, please see our Landlok® TRM and Pyramat® HPTRM product brochure. 3. For channels with shear stress greater than 2.0 lbs/ft² (96 N/m²) and a velocity greater than 5.0 to 6.0 ft/sec (1.5 to 1.8 m/sec), please see our Landlok TRM and Pyramat® HPTRM product brochure.

KEY PROPERTIES OF LANDLOK® EROSION CONTROL BLANKETS

▷ Mass Per Unit Area: Ensures a consistent distribution of fibers within the matrix, which leads to improved erosion protection.

▷ Functional Longevity: Product range allows selection of the best product for the application.

SUGGESTED SPECIFICATION FOR LANDLOK® SUPERGRO®

DESCRIPTION

Project shall consist of ground surface preparation, seeding, fertilizing, and furnishing and installing Landlok® SuperGro® erosion control fabric or approved equal.

MATERIAL DESCRIPTION

SuperGro is a flexible composite of a uniform blanket of polypropylene fibers reinforced with polypropylene netting, green in color. Specifically designed to prevent surface erosion of freshly landscaped areas.

MATERIAL SPECIFICATIONS

Weight: 0.7 ounce per square yard
Specific gravity: 0.9
Ultraviolet degradable
Fire retardant (meets flammability test CS191-53)
Chemically inert
Roll size: 8.0 ft x 1,125 ft (2.4 m x 342.9 m)
        1,000 sy per roll

MATERIAL INSTALLATION

Material shall be installed in accordance with the following procedure:

1. Prepare the ground surface by mechanical means and/or rake.

2. Seed and fertilize the area.

3. Unroll SuperGro mat with netting side up.

   NOTE: Do not stretch. Make sure net is relaxed on the surface to allow conformance with ground surface.

4. Anchor the mat by placing the pins at 4-ft. ± 1-ft. intervals in adjacent panel overlap areas.

   NOTE: Be sure the pins are well secured in the ground. Size of the pins should be 4- to 6-inch U-shaped type, depending on the ground condition. Wood pegs may be used if preferred.

5. Overlap end of the rolls and adjacent panel sides from 2 to 6 inches.

6. Anchor the top, bottom and any end of roll overlaps.

7. Water lightly after installation if possible; this will enhance grass growth and interlock the fibers into the soil.

MAINTENANCE

The contractor shall be required to perform all maintenance necessary to keep the treated area in a satisfactory condition until the work is finally accepted.

If any staples become loosened or raised or if any fabric comes loose, torn or undermined, satisfactory repairs shall be made immediately without additional compensation. If seed is washed out before germination, the area shall be fertilized, reseeded or restored without additional compensation.

METHOD OF MEASUREMENT

Erosion control fabric shall be measured by the square yard complete-in-place in accordance with plan dimensions, not including additional SuperGro for overlaps.

Landlok® SuperGro® easily conforms to the ground on uneven surfaces.

For downloadable documents like construction specifications, installation guidelines, case studies and other technical information, please visit our web site at **geotextile.com**. These documents are available in easy-to-use Microsoft® Word format.

PROPEX | THE ADVANTAGE CREATORS.℠

GEOSYNTHETICS

Propex Inc.
6025 Lee Highway, Suite 425
PO Box 22788
Chattanooga, TN 37422

PH: 423 899 0444
PH: 800 621 1273
FAX: 423 899 7619
www.geotextile.com

参考文献

［ 1 ］American Concrete Pipe Association，2005，Concrete pipe design manual，17th printing. ASCE and WEF，1992，Design and construction of urban storm water management systems.

［ 2 ］American Society of Civil Engineers Manuals and Reports of Engineering Practice no. 77 and Water Environment Federation manual of practice FD-20.

［ 3 ］Blodgett，J. C.，1986，Rock riprap design for protection of stream channels near highway structures，vol. 1—Hydraulic characteristics of open channels，USGS Water Resources Investigation Report 86-4127.

［ 4 ］Campbell Foundry Company Catalogue，2012，22nd ed.，Harrison，Kearny，New Jersey，http://www.campbell.com.

［ 5 ］Chow，V. T.，1959，Open channel hydraulics，McGraw-Hill，New York.

［ 6 ］——1964，Handbook of applied hydrology，McGraw-Hill，New York.

［ 7 ］EPA（US Environmental Protection Agency），1976，Erosion and sediment control，surface mining in the easternU. S.，EPA - 62515 - 76 - 006，Washington，DC.

［ 8 ］FHWA（US Dept. of Transportation），1967，Use of riprap for bank protection，Washington，DC，June.

［ 9 ］——1984，Drainage of highway pavements，Hydraulic Engineering Circular No. 12，March.

［10］——1995，Best management practices for erosion and sediment control，Report No. FHWA-FLP-94-005，June.

［11］——2001a，Introduction to highway hydraulics，Hydraulic Design Series （HDS） No. 4，Washington，DC.

［12］——2001b，Urban drainage design manual，Hydraulic Engineering Circular No. 22，2nd ed.

［13］——2005，Design of roadside channels with flexible linings，Hydraulic Engineering Circular No. 15（HEC-15），3rd ed.，September.

［14］——2012，Hydraulic design of highway culverts，Hydraulic Design Series （HDS），No. 5，Washington，DC，3rd ed.，April.

［15］——2013，Urban drainage design manual，Hydraulic Engineering Circular No. 22，3rd ed.，August.

［16］Futerra Blankets，Profile Products LLC，750 Lake Look Road，Suite 440，Buffalo Grove，IL 60089，Ph. 866-325-6262（http://www.netlessblanket.com）.

[17] Green Armor Systems Enkamat TRM by Profile Products LLC, 750 Lake Road, Suite 440, Buffalo Grove, IL60089, Ph. 800 - 508 - 8680 (http://www. profileproducts. com).

[18] LandLok, Erosion Control Blankets and TRMs, Propex Inc. , 6025 Lee Highway, Suite 425, P. O. Box 22788,Chattanooga, TN 37422, Ph. 423 - 899 - 0444/800 - 621 - 1273 (http://www. geotextile. com).

[19] Maccaferri Inc. , 10303 Governor Lane Boulevard, Williamsport, MD 21795 -3116, Ph. 301 - 223 - 6910, (hdqtrs@maccaferri-usa. com; http://www. maccaferri-usa. com).

[20] Mays, L. W. , ed. , 1996, Water resources handbook, Chapter 10, Storm water management, McGraw-Hill, New York.

[21] Neenah Foundry Catalog "R," 14th ed. , Box 729, Neenah, WI (http://www. neenahfoundry. com).

[22] NJDOT (New Jersey Department of Transportation), 2013, Drainage design, section 10, in Roadway design manual, April.

[23] NJ State Soil Conservation Committee, 1999, Standards for soil erosion and sediment control in New Jersey,July.

[24] NRCS, Conservation Practices Standards, 2010, Lined waterway or outlet, code 468, September.

[25] NY State Department of Environmental Conservation, 2005, New York State standards and specifications for erosion and sediment control, August 2005, Albany, NY.

[26] NY State Soil Erosion and Sediment Control Committee, 1997, Guidelines for urban erosion and sedimentcontrol, April 1997.

[27] Pazwash, H. and Boswell, S. T. , 2003, Proper design of inlets and drains for roadways and urban developments, ASCE EWRI Conference, World Water and Environmental Resources Congress, June 22-26,Philadelphia, PA.

[28] Residential Site Improvements Standards, 2009, New Jersey administrative code, title 5, Chapter 21, adopted January 6, 1977, last revised June 15, 2009.

[29] USDA, Natural Resources Conservation Service, 1992, Engineering field handbook, Washington, DC.

[30] US Soil Conservation Service, 1954, Handbook of channel design for soil and water conservation, March 1947,revised June 1954, Stillwater Outdoor Hydraulic Laboratory, Oklahoma.

5 雨洪管理条例

5.1 前言，联邦政府管理条例

在《清洁水法（CWA）》颁布之前，生活污水、混合污水以及工业废水都未经处理被直接排放至开放水体。为了恢复并保持美国水体的化学和生物完整性，美国联邦环境保护署（EPA）于 1972 年通过了《清洁水法》。这个法案的颁布改变了将点源污染物排放至河流、湖泊、河口和湿地的传统做法。CWA 禁止在未取得国家污染物削减系统（NPDES）许可证的情况下，将来自城市和工厂的疏浚弃土或填土材料以及未处理的废水排放进美国的河川、湖泊、湿地以及其他水体。NPDES 许可证是按照 CWA 第 404 节的规定签发的。

5.1.1 NPDES，第一阶段管理计划

CWA 的实施使美国水体质量有一定程度的改善。然而，这个法案未能解决暴雨径流携带的非点源污染物的问题。美国 EPA 在 1979 年至 1983 年间进行了一次广泛研究后，修订了 1972 年的《清洁水法》。这个修订版被称为《1987 年水质法》（出版号 L 100-4），也被称为污染预防法，它是美国 EPA 雨洪管理计划的第一阶段。为了加快各方符合《1987 年水质法》要求的过程，EPA 于 1990 年开始颁布水质数值标准，所述水质数值标准适用于尚未采用足够严格的有毒污染物浓度的水质标准控制的那些州（http://www.epa.gov/waterscience/standards/about/history.html）。如第 1 章中所说明，第一阶段管理计划规定，非点污染源管理计划必须适用于那些对 5 ac 及更大的土地造成扰动的施工工作。这个于 1992 年实施的管理计划也影响那些通常服务于 100 000 人口或更多人口的大中型城市独立雨水沟渠系统（MS4s）。另外，NPDES 第一阶段管理计划的许可证发放范围也包括了 10 类工业活动。

自 1990 年以来，对于湿地，各个不同的管理机构（包括陆军工兵部队、EPA、美国渔业及野生动物局和国家海洋渔业局）均规定了要求采取补偿减缓措施的规章

指南。由于补偿湿地普遍缺乏模仿天然湿地的能力，美国 EPA 和陆军工兵部队于 2006 年 3 月 2 日建议对补偿减缓条例进行修订。2008 年 4 月 10 日，美国 EPA 和陆军工兵部队公布了一份最终规则，该规则改进和合并了现有条例，并建立了适用于 CWA 第 404 节规定的所有类型的减缓措施的同等标准。该规则于 2008 年 6 月 9 日生效，其目的在于使减缓项目具有更高的一致性和生态效率。该规则对什么地方需要补偿减缓以及如何实施补偿减缓做出了改变。

尽管实施了 NPDES 第一阶段管理计划，水体质量下降的情况仍然存在。根据 1998 年全美水质储备（这是两年一次的各州水质调查数据的汇总）中的资料，美国近 40％的被调查水体仍然受到污染，并未达到水质标准（EPA，2000a）。污染的径流是导致水体受到损害的一个主要原因。根据全美水质储备的资料，近 35％的被评估河流（按长度计）、45％的湖泊以及 44％的河口已经受到城市/郊区暴雨径流的污染（EPA，2000b）。如第 1 章中所述，全国河流和河川评估报告（EPA，2013a）显示，在全美国 1.92×10^6 km 的被调查河流和河川中，46％生物状态差，23％生物状态一般，只有 21％生物状态良好。据估计，在美国高达 60％的现有水污染问题是暴雨水非点污染源造成的。

2000 年各州、各领地和各个州际委员会的水质储备报告的结论则更加严峻。这份全国水质储备报告所评估的水体、河川、湖泊和河口中，有 33％水体、40％的河川、45％的湖泊以及 50％的河口不够干净，因此不能捕鱼和游泳（EPA，2000b）。截至 2007 年，EPA 监督之下的大约一半的河流、湖泊和海湾对于捕鱼和游泳仍然不够安全。鉴于城市/郊区只覆盖美国土地的很小部分，这些数字的意义非常重要。接近一半的湖泊和河流受损都是施工活动的暴雨径流造成的。

5.1.2 NPDES，第二阶段管理计划

为了减轻对水质的不利影响，EPA 于 1999 年 12 月 8 日在联邦公报中公布了第二阶段雨洪管理计划（第 64 卷，第 235 号，NPDES），这个按照 CWA 第 402 节（第 6 页）的规定实施的计划于 2003 年 3 月 10 日生效，它将第一阶段管理计划的适用范围扩大到全国范围内，包括以下两类额外的雨洪水排放。

1. "城市化地区"中的小型城市独立雨水沟渠系统（MS4s）的营运单位。"小型"MS4s 指尚未被包括在 NPDES 第一阶段管理计划中的 MS4s。第二阶段管理计划中的 MS4s 包括人口数量为 50 000 或更多且人口密度至少为每平方英里 1 000 人的地区中的那些 MS4s。

2. 扰动土地的面积为 1 ac 或更大的小型施工现场的营运单位。

以上营运单位需要分别取得第二阶段 MS4s 许可证和施工一般许可证（CGP）。CGP 规定了施工现场的暴雨径流排放。在新的管理计划实施后，NPDES

系统中的持证人的数目从 100 000 增加到了超过 500 000。MS4s 也适用于向美国的 MS4s 或水体排水的 11 个工业类别。以上 11 个类别中,任何一个类别(施工除外)都可得到无曝露认证,前提是其工业材料和操作都未曝露于雨洪水。这种工业企业可以不必取得雨洪水一般许可证。第二阶段管理计划中的 MS4s 必须取得一般许可证。所有受到管控的 MS4s 都必须:

• 编制或实施雨洪管理计划(SWMP)或暴雨水污染预防计划(SWPPP),以降低暴雨径流受到的污染并且阻止非法排放;

• 提供长期运行维护措施;

• 针对在维护 MS4s 基础设施时以及在执行城市日常工作(例如停车场和空地维护、土地扰动以及开始新的施工和暴雨水系统维护)时应当如何保护雨水,对工作人员进行培训。

为了满足第二阶段 MS4s 的要求,某些城市编制了数据收集和报告的计划,其他一些城市则聘请顾问从事数据收集和报告的工作。例如在缅因州,受到第二阶段管理计划管控的 28 个小城市全部都在整理细节之后实施了标准化的计划。这种合作关系简化了每个城市的工作,并降低了工作的成本(Brzozowski,2005)。可以通过以下 EPA 网址获得关于 MS4s 的更多资料:http://cfpub.epa.gov/npdes/storm water/munic.cfs。

NPDES 第二阶段管理计划要求(受扰动的土地面积至少为 1 ac 的)施工现场的营运方编制 SWPPP。可从 EPA 网址下载一份名为《暴雨水污染预防计划编制:对施工现场的指导》的 EPA 出版物(www.epa.gov/npdes/swpppguide)。

EPA 也已编制了一个用户友好的模板,可用于帮助用户编写有效的 SWPPP。这个模板采用 Word 格式,可从以下网址下载:http://cfpub.epa.gov/npdes/storm water/swppp.cfm。这个注明日期为 2007 年 10 月 2 日的模板可供五个未经授权的州(包括阿拉斯加州、爱达荷州、马萨诸塞州、新罕布什尔州、新墨西哥州)以及以 EPA 作为 NPDES 许可机构的哥伦比亚特区和印第安乡土地上的施工现场的营运方使用。获得 EPA 授权的其他州也可以利用 SWPPP 模板,实施其暴雨水 NPDES 许可计划。另外,EPA 于 2007 年 10 月 2 日发布了一个采用 Word 格式的样品检验报告模板(可定制的非 PDF 版本文件)。

全国范围内也开设了编制 SWPPP 相关的短期课程和培训课程。大体上来说,一个 SWPPP 分为两个部分:叙述图和泥沙与侵蚀控制图,以说明以下 8 个因素:

• 现场评估、评价和规划;

• 侵蚀和泥沙控制最佳管理实践(BMP);

• 良好整理工作的 BMP;

- 施工后 BMP；
- 检验；
- 记录保管和培训；
- 最终稳定；
- 认证和通知。

Brzozowski（2008a，b）编制的一个由两部分组成的报告介绍了关于 SWPPP 的更多信息。

2003 年生效的 EPA 的施工一般许可证(CGP)于 2008 年 7 月 1 日到期。EPA 重新发布了一个最终的 2008 年施工一般许可证(CGP)，该许可证在 2 年内有效，它只适用于扰动面积为 1 ac 或更大的新施工现场或者作为更大的开发计划的一部分的较小施工现场。

EPA 编制了一个被称为《施工和开发行业排水限制指南》的国家规范。这个被称为 C&D 规则的指南于 2009 年 12 月发布。C&D 规则对浊度和污染物含量做出了数值限制。

2012 年 2 月 16 日，EPA 重新发布了先前提及的已于 2011 到期的 CGP。这个 CGP 在某些州的生效日期晚了 2 至 3 个月：在爱达荷州于 4 月 9 日生效，在华盛顿州于 4 月 13 日生效，在明尼苏达州和威斯康星州的一些区域于 5 月 9 日生效。在编制当前 CGP 的过程中，监管机构之间的讨论集中在 C&D 规则中概述的那些数值限制。2012 年的 CGP 草案中包含关于排水浊度限制的说明。然而，由于一系列诉讼的影响，EPA 删除了最终 CGP 中有关浊度的所有数值限制。EPA 在收集用于将来评估并支持数值限制的数据的同时已经表明，不会在 2017 年 2 月 16 日午夜前在 CGP 中启用数值限制。EPA 的代表在一次演示中介绍了一个关于将来的规则应当包含什么内容的相当好的概念(EPA，2013b)。

有效 CGP 中的最重要的变化为：

- 审查期从 7 天延长到了 14 天；
- 应急施工的资格除非获得 EPA 的专门授权，否则这种资格不适用于使用阳离子处理剂的情况；
- 给向敏感水体（例如受损害的水体或水质好的水体）排水的施工现场提供有条件的应急施工资格(EPA 的 2 级、2.5 级或 3 级)；
- 施工现场与相邻的地表水之间必须保持 50 ft 的缓冲区，如果不能保持 50 ft 的缓冲区，则必须计算 50 ft 的天然缓冲区的排沙清淤效率并且采取效率至少与之相同的泥沙控制措施；
- 必须在降雨量为 0.25 in 或更大的暴雨事件之后实施暴雨后检验；
- 应当及时开展维护与修理工作，小型维修应在两日内完成，当发现进水口出

现泥沙淤积时,应尽量在当天将其清除,最迟应在次日将其清除;

 • 如果土方工程停滞的时间超过 14 天,应当对施工现场的裸露地面采取防护措施。在 50 ft 的缓冲区内,如果接收水体被确认已经受到损害[表现为泥沙含量参数或与泥沙含量有关的参数(例如营养素含量)恶化],则适合于陡坡(坡度为 15% 或更大)的上述时间期限为 7 天。

 在 NPDES 第二阶段管理计划颁布之后,获得授权的各州(在 EPA 不是 NPDES 许可机构的 45 个州)编制了与 NPDES 第二阶段管理计划的要求同样严格甚至比其更加严格的条例。例如,新泽西州环境保护部(NJDEP)编制了自己的城市雨洪条例计划。该计划针对从联邦政府、州、县以及当地的管理机构所拥有的或运营的 MS4s 系统中进入该州的水体中的污染物问题做出了规定。按照该计划,向该州内的城市、高速公路系统、大型公立学院和医院以及公园等综合性公共建筑发放了新泽西州污染物削减系统(NJPDES)许可证。截至 2004 年 3 月 3 日,新泽西州几乎所有市和县、该州和州际的运输企业以及大型综合性公共建筑都被要求申请 NJDEPS 许可证。

 2004 年 2 月 2 日,NJDEP 采用了暴雨水规则(N. J. A. C. 7 和 8),并发布了如下四种最终一般许可证:一级暴雨水许可证;二级暴雨水许可证;综合性公共建筑暴雨水许可证;高速公路暴雨水许可证(NJDEP,2004b)。一级许可证和二级许可证通常分别签发给位于该州中人口密度较高的地区或沿着、靠近海岸的地区的持证人以及位于农村地区和非沿海地区的持证人。这些许可证要求通过编制雨洪管理计划并满足被称为"全州基本要求"(SBRs)的许可证专门要求,解决新开发项目、现有开发项目以及重新开发项目的暴雨水水质问题。SBRs 也可以要求持证人实施相关的 BMPs。一级许可证和二级许可证、综合性公共建筑许可证和高速公路许可证可以要求持证人采取附加措施。

 为了改进该州的露天水源的水质,NJDEP 也要求不得扰动河川和湖泊沿岸的缓冲区内的现有植被。这个缓冲区的大小取决于河川类别,对于不产鳟鱼的河川为 50 ft(15 m),对于产鳟鱼的 C 类河川和湖泊为 150 ft(46 m)。植被过滤淤泥和污染物,从而改进进入露天水源的径流的水质。以下各节中将介绍美国当前雨洪管理条例的概况。之后将简要讨论作者居住的新泽西州以及马里兰州和纽约州的具体条例。马里兰州拥有全美国最严格和合理的雨洪管理条例,而纽约州的雨洪管理条例是严格参照马里兰州的条例制定的。

5.2 当前雨洪管理条例概况

 美国不同的州的当前雨洪管理条例中都包括有关径流水量和水质的标准。通常,径流水量条例的目的是避免沟渠侵蚀并防止扰动土地面积为 1 ac 或更大的项目下游处的洪水增大。这些条例要求保持特定暴雨事件中的现有的最大径流流量。各州的暴雨事件各不相同,通常包括对沟渠进行保护时应当考虑的 1 至 2 年一遇的暴雨、控制洪水漫滩时应当考虑的 10 至 25 年一遇的暴雨以及导致特大洪水的 100 年一遇的暴雨。某些州(包括马里兰州和新泽西州)也制定了有关地下水补给的条例,以抵消开发项目对降水下渗的影响。

径流水量控制的当前发展趋势是保持径流量。为此,亚特兰大市于 2013 年 2 月通过了一个适用于住宅和商用地产的雨洪水法令。该法令适用于对超过 1 ac 的土地造成扰动的新商业项目以及新增或保持 500 ft² 以上的不透水面积的商业重新开发项目。法令要求,此类项目必须利用基础设施将径流中第一个 in 的水渗入地下。另外,法令要求住宅项目的业主或开发商将径流中的第一个 in 的水渗入地下。然而该法令忽视了土壤类型。1 in 的雨水可以很容易地透过砂质土壤渗入地下,但在多岩石的地区这并不实际。2013 年,华盛顿特区的能源和环境部修改了其雨洪管理条例。这个规则于 2015 年 7 月 14 日生效,它要求主要的重大改造项目(指占地面积超过 5 000 ft 的新建筑物或占地面积超过项目前评估的 50% 的重新施工项目)必须留存 0.8 in 的雨洪径流。

马里兰州的《暴雨水设计手册(2009)》要求最大限度地采用场地环境设计(ESD),以将 1 年一遇的设计暴雨中的径流量降至等同于状况良好的林地中的径流量。这个要求也将解决地下水补给、水质以及沟渠保护容量的问题,本章以下部分将介绍这些问题。

就水质问题而言,设计标准指频繁发生的暴雨,通常为重现期小于 1 年的暴雨。其原理是,在暴雨开始时暴雨冲走了地面上(尤其是铺砌地面上)的大量污染物,当降雨持续进行时,地面上的污染物数量减少。

在早期的实践中,基于以下概念,即截取和处理污染物浓度和污染物质量较大的早期径流比以后处理后期径流更加有效,将暴雨的前 0.5 in 降水量作为用于评价水质的降水量。可将初始冲刷这个概念与降雨季节相关联。在美国的部分地区以及世界上的许多其他地区,降雨都是季节性的。在加利福尼亚州南部,大量降雨都发生在大约从 11 月到次年 3 月这段时间内,其中 1 月和 2 月的降雨量最大。该季节中的头一场大暴雨或前几场暴雨输运的污染物的量比该季节中后期的降雨输运的污染物的量要多。为了量化这个影响,已经定义了浓度初始冲刷和质量初始冲刷的概念(Kayhanian et al. 2008)。可以将质量初始冲刷定义为 80% 的污染物量都在径流的前 30% 中被排放出去的那个初始冲刷。全年降雨量大体均匀的美国东北部不适用质量初始冲刷的概念。

初始冲刷的概念已经失去意义,取而代之的是水质暴雨(water quality storm)的概念。例如在新泽西州,水质暴雨被定义为 2 小时内降雨量达到 1.25 in 的降雨。这个暴雨相当于 1 年中的降雨量的 90％。在纽约州,水质暴雨也相当于年降雨量的 90％。NPDES 第二阶段管理计划以及某些州将水质暴雨定义为年降雨量的 85％。

不同的州选择的污染物脱除标准通常都与接收水体的质量问题相关联。许多州以悬浮颗粒总量(TSS)作为污染物含量参数。这是基于以下假设,即有效地脱除 TSS(通常脱除效率为 70％至 80％),就能容易地控制其他污染物(例如总磷和重金属)。在一些州(包括新泽西州和华盛顿州),处理目标是清除新铺路面上 80％的悬浮颗粒物。一些其他州(例如加利福尼亚州、马里兰州、佐治亚州和纽约州)以水质径流数量的一个百分数作为处理目标。为达到预定目标,许多州规定必须在 1 小时或 2 小时的时间内截取一定百分数(通常为 85％至 90％)的暴雨水深度,这相当于 1 in 或更多的降雨量。

新泽西州将 TSS 脱除率与扩展型滞洪池中的滞留时间相关联。在某些州(包括加利福尼亚州、新泽西州、纽约州),湿池的标准是湿池储水量与水质暴雨产生的径流数量之比。然而,处理策略正在迅速变化。近来,有些州开始用其他污染物(特别是总磷、总氮和溶解金属)的脱除率取代悬浮固体总量(TSS)的脱除率,作为污染物脱除率的参数。

例如,华盛顿州生态部对多个污染物含量参数进行监管。该监管机构要求 TSS 的脱除率达到 80％;如果开发项目向有鱼类生存的河川排水,则还要求脱除可溶锌。在马里兰州和北卡罗来纳州,由于氮对河流系统有影响,通常总氮(TN)是一个必须监测的污染物含量参数。在其他一些州或城市(例如俄勒冈州的希尔斯伯勒市),总磷(TP)是规定必须脱除的污染物,在弗吉尼亚州也是如此。自 2008 年 4 月起纽约州也将脱磷要求纳入了其水质标准中。在华盛顿州,磷和溶解金属都是规定必须脱除的污染物。明尼苏达州的卡弗县已经制定了如下所示的 TSS 和 TP 脱除标准:

$$TSS\ 脱除率＝90\%(对于\ 1.25\ in\ 的暴雨)$$
$$总磷(TP)\ 脱除率＝50\%(对于\ 2.5\ in\ 的暴雨)$$

这些规定是 2002 年规则的补充部分,该规则要求对来自不透水地面的暴雨径流中的最初 1/3 in 进行处理,以保证水质。可以采用的水质处理方法为渗透、过滤和生物渗透。卡弗县也要求在重现期分别为 2 年、10 年和 100 年的暴雨中,保持开发前的最大径流流量。

应当注意,脱除率百分数这个标准不是衡量 BMP 性能良好的指标,它具有误导性。另外,暴雨水中的污染物是各种不同的化学和物理物质结合在一起的混合物。化学品被吸收进固体颗粒中,而固体颗粒又粘在更大的物体上。因此,监管机构规定的80%或其他数值的TSS脱除率可能不能反映BMP的实际性能。为了确定实际的TSS脱除百分率,必须测量进入以及离开BMP的物质的数量。这看起来简单,其实不然。例如湿池的TSS脱除率不仅在不同场地有所不相同,而且它还取决于降雨持续时间和降雨强度。

对环境的影响不只取决于特定污染物的脱除百分率(污染物输出量),它还是污染物输入量的函数。图5.1中的一个简化实例显示,一种浓度较低(20 mg/L)污染物的脱除率为50%,另一种浓度较高(100 mg/L)污染物的脱除率为80%,前者的污染物脱除效果是后者的两倍。这个实例尽管过于简化,但它表明降低污染物的产生(数量)至少与BMP的效率同样重要。尽管不同地点、不同降雨情况以及不同土地利用的BMP的绩效各不相同,可以采用平均流出浓度比较不同类型的BMP。

同样重要的还包括径流数量。降低径流数量,对于降低污染物总浓度非常重要。建造透水性路面,拦截屋顶和铺路面上的径流,建造能够收集一部分径流并将其渗入土壤的渗水池、生物滞留设施以及其他类似设施,可以降低流入水体中的污染物总浓度。

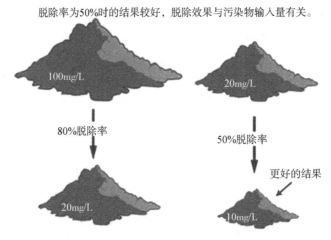

图5.1 污染物输入浓度-污染物输出浓度关系

(EPA 提供)

因此,进水中的污染物浓度、径流中的污染物浓度和出水中的污染物浓度都是污染物脱除标准中的关键要素。

5.2.1 EISA 的第 438 节

为了处理联邦政府设施排放的暴雨径流,美国国会颁布了2007年能源独立和安全法案(EISA)的第438节。第438节涉及联邦政府开发项目的暴雨径流要求,其文本如下。

与联邦政府设施有关的占地面积超过 5 000 ft²(465 m²)的开发项目或重新开发项目的主办人应当采用场地规划、设计、施工和维护的策略,以便不动产的管理人能够在技术上可行的最大程度上保持或恢复项目设施开发前的水文条件,即径流温度、径流流量、径流数量以及径流流动持续时间。

EISA 第 438 节旨在在施工或重建期间保护或恢复联邦政府拥有设施的水文条件。更具体地说,第 438 节的目的是确保接收水体的水生生物、河川沟渠稳定性以及天然含水层补给都不会受到联邦政府项目排放的径流的温度、数量、持续时间和流量的不利影响(EWRI Currents,2009)。

在 EISA 第 438 节实施之后,时任总统奥巴马签署了有关《联邦政府对环境、能源和经济业绩之领导》的第 13514 号行政命令,要求联邦政府机构在解决各种不同的环境问题(包括暴雨径流问题)方面"以身作则"。按照这个行政命令,美国联邦环境保护署编制了一个联邦政府设施技术指导,以满足 EISA(2009)第 438 节的要求。EISA 第 438 节采用了一个雨洪管理的新标准,并且实施了一个比适用于美国任一州的私人项目的要求严格得多的联邦政府设施雨洪管理要求。

5.3 NJDEP 雨洪管理条例

新泽西州当前的雨洪管理条例于 2004 年 2 月 2 日开始实施(NJDEP,2004b)。该条例于 2009 年 2 月到期,之后其有效期被延长 1 年至 2010 年 2 月。NJDEP 于 2010 年 4 月 19 日发布了修正的雨洪管理规则(NJDEP,2010)。修正的规则中基本上保留了 2004 年雨洪管理标准,并且添加了新的章节和修订内容。修正的规则也重新定义了雨洪管理的目标,并且包括旨在实现以下目标的措施。

(1)降低开发或建设项目造成的土壤侵蚀。

(2)尽最大努力防止非点源污染的扩大。

(3)最大限度减少暴雨径流中来自新开发项目和现有开发项目的污染物含量。

(4)通过正确设计和运行暴雨水储水池以保护公共安全。

它也规定以下实体为雨洪管理规划机构:

• 城市;

• 县;

• 县水资源管理机构或协会;

• 符合 N. J. A. C. 7:15(NJGS,2008)要求的规划机构;

• 按照州土壤保护委员会的规定建立的土壤保护区;

• 特拉华河流域委员会；

表 5.1　新泽西州雨洪管理条例

雨洪管理(SWM)标准	要求
水质	2 小时内降雨量为 1.25 in； 新铺路面上 TSS 脱除率为 80%； 重建项目 TSS 脱除率为 50%； 屋顶和透水地面上的 TSS 脱除率为 0%
最大流量	对于重现期为 2 年、10 年和 100 年的暴雨,将最大流量降至开发前的数值以下； 对于重现期为 2 年的暴雨,降低 50%； 对于重现期为 10 年的暴雨,降低 25%； 对于重现期为 100 年的暴雨,降低 20%
地下水补给	对于重现期为 2 年的暴雨,保持开发前的年补给量或将增加的径流数量渗入地下

• 松林地委员会；

• 特拉华州和拉瑞丹运河委员会；

• 新泽西州牧草地委员会；

• NJDEP；

• 地方、州或州际的其他机构。

NJDEP 的雨洪管理条例〔也被称为新泽西州污染物削减系统(NJPDES)〕适用于那些被定义为扰动 1 ac 或更大土地或者造成至少 0.25 ac 的"新"不透水面积的重大开发项目。土地扰动被定义为浇筑不透水地面、使土壤或基岩外露或移动以及砍伐或清除植被。新的不透水地面指：

• 现场净增加的不透水面面积；

• 用容量更大的排水系统取代现有排水系统；

• 拟建的收集来自一个现有不透水区域的径流并将其排放进一个监管区域的项目,而来自所述不透水区域的径流当前是以片流方式流进植被中的。

新泽西州的监管区域是排水面积为 50 ac 或更大的任何水道。尽管 1 ac 的土地扰动标准符合 EPA 第二阶段雨洪管理计划,但上文规定的 0.25 ac 的新增超过了联邦政府条例的规定。

就对于水质的影响而言,NJDEP 条例未将充填不密实的砾石和多孔路面视为不透水面。同样,敞开面积为 25% 或更多的铺地砖路面也被视为透水地面。新泽西州雨洪管理条例要求采取措施,保证径流数量、暴雨水质以及地下水补给。这些要求汇总于表 5.1 中,在以下几节中将更加详细地对其加以介绍。

5.3.1　径流数量要求

由于新泽西州每年都大范围遭受洪水灾害,该州的径流数量条例比美国的许多其他州都更加严格。条例要求实施水文分析和水力分析,以证明径流流量和径流数量都没有出现异常增大,条例还要求采取措施,降低最大径流流量,如下所述。

(1)证明在重现期为 2 年、10 年和 100 年的暴雨中,在施工以后,任何地点和时间的径流过程线都不超过施工前径流的相关过程线。

(2)证明在重现期为 2 年、10 年和 100 年的暴雨中,施工后的最大径流流量不大于施工前的最大径流流量。另外,径流数量增大或最大径流流量的出现时间发生变化将不造成场地或场地下游洪水灾害的增大。

(3)正确设计雨洪管理设施,使得在重现期为 2 年、10 年和 100 年的暴雨事件中,开发后的径流流量分别为施工前的相关的最大径流流量的 50%、75% 和 80%。这些降低最大径流流量的要求只适用于场地中的被项目工作扰动的部分。具体来说,进入场地以及进入场地中那些保持完好状态的部分的场地外径流不受上文所说的降低最大径流流量要求的影响。

在实践中,由重大开发项目建设方采取针对以上第 3 点中情况的措施。潮滩区域不受第 1 个、第 2 个或第 3 个径流数量要求的影响,除非暴雨水数量的增多会加重排水点下游的洪灾。

符合 N. J. A. C. 7:8-1. 2 中重大开发项目的定义的农业项目需要向土壤保护区提交一份申请,以便于开展审查和批准。

5.3.2　暴雨水质标准

水质标准仅在项目造成了如上文所定义的 0.25 ac 或更大的"新的"不透水面积的情况下才适用。水质标准要求采取措施,降低水质暴雨造成的施工后暴雨径流中的 TSS 含量,如下所述:

- 对于新的不透水地面,将 TSS 浓度降低 80%[①];
- 对于待重建的不透水面,将 TSS 浓度降低 50%。

建筑物屋顶、砾石表面、多孔路面、敞开面积为 25% 或更高的铺路面、草坪和景观不受 TSS 脱除要求的影响。另外,不造成土地扰动的重铺路面工作(例如碾磨和加铺工作)被视为维护,无需满足 TSS 脱除的要求。新泽西州的水质设计暴雨是持续时间为 2 小时的分布不均匀的 1.25 in 降雨。这个降雨量相当于年平均

[①]　如果径流被排放至一个特别的水资源保护区域,则要求的 TSS 脱除率是 95%。这种区域包括 C1 类河川及其 300 ft 宽的缓冲区。

降雨量的 90%。图 5.2 显示了降雨强度曲线，表 5.2 列出了水质暴雨的累计降雨深度和降雨强度。

表 5.3 列出了按照新泽西州《暴雨水最佳管理实践手册》(NJDEP，2004a)设计的某些 BMP 假设的 TSS 脱除率。附录 5A 中包括 NJDEP（2004a）批准的水文土壤组（HSG）A 至 D 的植被覆盖过滤带的 TSS 脱除率的曲线图。如果超过一个 BMP 串联使用时，则用以下公式计算 TSS 的总脱除率

$$R = A + B - (A \times B)/100 \tag{5.1}$$

式中:R——两个系统的 TSS 总脱除率；

A 和 B——每个 BMP 的 TSS 脱除率。

如果现场包含两个或更多个排水区域，则应当每个排水区域都满足 TSS 脱除要求。然而，如果所述排水区域中的某一些汇集于一个共用的排放点，则采用加权方法计算 TSS 脱除率。NJDEP 不允许串联使用两个以类似方法制造的处理装置。

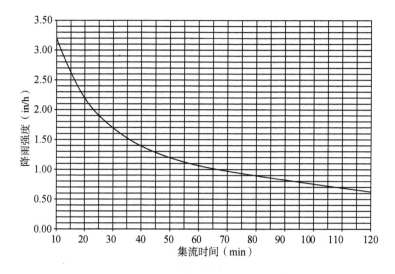

图 5.2　NJDEP 的 1.25 in/2 h 水质暴雨的降雨强度曲线

表 5.2　NJDEP 的水质暴雨时间分布

时间(min)	累计降雨量(in)	递增降雨量(in)	强度(in/h)
0	0.000 0	0.000 0	0.00
5	0.008 3	0.008 3	0.10
10	0.016 6	0.008 3	0.10
15	0.025 0	0.008 4	0.10

时间(min)	累计降雨量(in)	递增降雨量(in)	强度(in/h)
20	0.050 0	0.025 0	0.30
25	0.075 0	0.025 0	0.30
30	0.100 0	0.025 0	0.30
35	0.133 0	0.033 0	0.40
40	0.166 0	0.033 0	0.40
45	0.200 0	0.034 0	0.41
50	0.258 3	0.058 3	0.70
55	0.358 3	0.100 0	1.20
60	0.625 0	0.266 7	3.20
65	0.891 7	0.266 7	3.20
70	0.991 7	0.100 0	1.20
75	1.050 0	0.058 3	0.70
80	1.084 0	0.034 0	0.41
85	1.117 0	0.033 0	0.40
90	1.150 0	0.033 0	0.40
95	1.175 0	0.025 0	0.30
100	1.200 0	0.025 0	0.30
105	1.225 0	0.025 0	0.30
110	1.233 4	0.008 4	0.10
115	1.241 7	0.008 3	0.10
120	1.250 0	0.008 3	0.10

注:强度=(递增降雨量/5 min)×60 min/h。

表 5.3 BMP 的 TSS 脱除率

BMP	TSS 脱除率(%)
生物滞留系统	90
人工湿地	90
渗水池	80
湿池	50～60
延长滞留型滞洪池	40～60
植生过滤带	60～80

BMP	TSS 脱除率(%)
填砂	80
制造的处理装置	50 或 80[a]

a 新泽西州先进技术公司(NJCAT)核实、NJDEP 认证的 TSS 脱除率。

另外,当采用渗水池时,NJDEP 要求在渗水池前面放置 MTD。条例也要求在采用非构造化措施时应尽量少用营养素,并且最大限度地降低磷污染物浓度。

5.3.3　地下水补给标准

所有重大开发项目都必须满足如下地下水补给要求:

(1) 通过现场水的下渗以及雨洪管理措施保持开发前的年平均地下水补给量;

(2) 在发生重现期为 2 年的暴雨的情况下,利用雨洪管理措施将相当于施工后径流数量与施工前径流数量之差的那部分水渗入地下。[①]

新泽西州地质调查局已经建立了一种计算施工前和施工后的每年地下水补给量的方法。"第 32 (1993)号地质调查报告,一种评估新泽西州地下水补给区域的方法"中介绍了该方法,它被称为 GSR-32 方法。GSR-32 是一种电子表格,它根据土壤覆盖系统和暴雨水下渗系统计算新泽西州的任何城市施工前和施工后的地下水补给深度和水量。可以从新泽西州地质勘探局网址(http://www.state.nj.us/dep/njgs/)上免费下载这种电子表格。图 5.3 举例说明了这种电子表格在新泽西州的一个公园大道改造项目中的应用。表单 1 和表单 2 显示,拟建的不透水地面造成地下水补给量减少(亏空)36 900 ft³。表单 2 显示了由填石沟中的腔室组成的储水系统的信息,并且显示地下水补给数量为 91 254 ft³。

土壤被污染的场地无需满足地下水补给的要求。另外,该州劝阻那些在具有石灰岩底层的场地中设置地下水补给系统的行为。地下水补给要求也不适用于城市重新开发地区以及场地上先前已经开发的部分,即已经定坡降线或填土或被构筑物占据的区域。解决地下水补给问题的最可行方法是将被认为干净的屋顶径流渗入地下。然而,需要对来自建有车库的屋顶(污染物会沉淀在屋顶)以及来自工业建筑物的径流进行预处理。

地上暴雨水下渗系统是解决地下水补给问题以及满足水质要求的有效和可行的方法。如果地上暴雨水下渗系统被设计为滞留入渗池,则滞留入渗池也能调节最大径流流量,满足径流量要求。

---

① 第二种要求的计算方法未被明确定义。具体来说,未规定采用推理计算方法还是 SCS TR-55 方法。

项目名:GSP INTERCHANGE 88/89

说明:这是一次试应用

分析日期:09/01/03

新泽西州地下水补给电子表格,2.0版,2003年11月

每年地下水补给分析(依据 GSR-32)

选择镇区	P 的年平均值(in)	气候因子
MIDDLESEX 公司·和斯安博伊市	47.8	1.53

开发前的条件

地段	面积(ac)	TR-65 土地覆盖	土壤	每年地下水补给量(in)	每年地下水补给量(ft³)
1	0.64	空地	唐纳土壤	15.9	36 902
2	0.13	林地	伍德斯敦土壤	12.9	6 080
3					
4					
5					
6					
7					
8					
9					
10					
11					
12					
13					
14					
15					
合计=0.8					

每年地下水补给量(in)	每年地下水补给总量(ft³)
15.4	42 982

开发后的条件

地段	面积(ac)	TR-55 土地覆盖	土壤	每年地下水补给量(in)	每年地下水补给量(ft³)
1	0.64	不透水区域		0.0	
2	0.13	空地	伍德斯敦土壤	12.9	6 082
3					
4					
5					
6					
7					
8					
9					
10					
11					
12					
13					
14					
15					
合计=0.8					

每年地下水补给量要求计算

每年地下水补给量(in)	每年地下水补给总量(ft³)
2.2	6 082

	不透水地面总面积 (ft²)	27 878

填写开发前条件和开发后条件表格的程序

对于每个地段,首先输入面积,然后选择 TR-55 土地覆盖,之后选择土壤。从表格的顶端开始,向下填写。对于标准地块之外的不透水地面,选择"不透水地面"作为土地覆盖。如果将在这些区域下建造下渗设施,则只需要填写不透水地面面的土壤类型。

需要保持的开发前年地下水补给量的 % = 100%		
开发后每年地下水补给量亏空 = 36 900		(ft³)
地下水补给效率参数计算(面积平均值)		
RWC = 2.75 (in)	DRWC = 0.00 (in)	
ERWC = 0.65 (in)	EDRWC = 0.00 (in)	

图 5.3　地下水补给计算:两张表单中的第 1 张

GSP INTERCHANGE 88/89　说明：这是一次试应用　分析日期分析数据：09/01/03

地下水补给 BMP 输入参数

参数	符号	数值	单位
BMP 面积	ABMP	2 112.0	sf
BMP 有效深度，这是设计变量	dBMP	8.4	in
BMP 表面的上层高度（如果高于地面，则为负值）	dBMPu	48.0	in
BMP 下表面的深度，必须≥dBMPu	dEXC	56.4	in
BMP 的开发后地段位置，若场地分散或未确定，则填其0	SegBMP	2	无单位

根区水容量计算参数

参数	符号	数值	单位
开发后天然地下水补给下的 RWC 的空的部分	ERWC	1.08	in
对 ERWC 进行了修改，以虑及 dEXC	ED RWC	0.00	in
开发后地下水自然补给条件下 RWC 的空的部分	RE RWC	0.00	in

BMP 或 LID 类型 — 补给参数

参数	符号	数值	单位
截取的径流的英寸数	Ouestgm	0.26	in
截取的降雨量的英寸数	Pocsion	0.34	in
不透水地面上的平均地下水补给量		16.0	in
不透水地面上的平均截取径流		16.0	in

每年地下水补给量工作表的参数

参数	符号	数值	单位
开发后地下水补给亏空（或期望的地下水补给量）	Vdef	36 900	cf
开发后不透水面积（或目标不透水面积）	Aimp	68 607	sf

BMP 计算尺寸参数

参数	符号	数值	单位
ABMP/Aimp	Aratio	0.03	无单位
BMP 数量	VBMP	1 478	cf

系统性能计算参数

参数	数值	单位	备注
BMP 每年地下水补给量	91 254	cf	不透水地面上的平均地下水补给量
BMP 平均地下水补给效率	100.0		代表地下水补给中的下渗部分（%）

计算及检查信息

备注：
- dBMP 检查→OK
- dEXC 检查→OK
- BMP 位置→OK

根区水容量	RWC	4.61	in	成为径流的雨水(%)	78.3	%
修改了 RWC,以虑及 dEXC	DRWC	0.00	in	渗入地下水的径流(%)	42.7	%
气候因子	C因子	1.53	无单位	补给地下水的径流(%)	105.0	%
P 的年平均值	Pavg	47.8	in	补给地下水的降雨量(%)	82.2	%
不透水地面上的地下水补给要求	dr	15.9	in			

如何求出不同的地下水补给量:在默认情况下,电子表格将"每年地下水补给量"表单中的地下水补给总亏空"Vdef"和建议采用的不透水总面积"Aimp"的数值赋于这个页面上的"Vdef"和"Aimp"。

因此如果假设来自整个不透水区域的径流都流进一个单一的 BMP,则可以利用这个地下水补给 BMP 的解面满足全部地下水补给要求。

为了求出仅满足地下水补给要求一个较小的 BMP 或 LID-IMP,可以将 Vdef 设置为目标值,将 Aimp 设置为与渗水设施直接连通的不透水面积,然后求出 ABMP 或 dBMP。按"Default Vdef & Aimp"按钮返回默认配置。

图 5.3 (续)地下水补给计算:两张表单中的第 2 张

5.3.4　径流计算方法

新泽西州雨洪管理条例规定采用以下方法计算径流数量、水质和地下水补给量。

(1) 推理计算方法/改进的推理计算方法：采用推理计算方法计算最大径流流量，采用改进的推理计算方法计算径流数量并执行经由路径计算。这种方法适用于不超过 20 ac 的面积。

(2) TR-55 方法：这种方法适用于 SCS 24 小时 III 型暴雨。

(3)《全国工程设计手册(NEH-4)》第 4 节中介绍的 USDA 自然资源保护局(NRCS)的方法。[①]

新泽西州雨洪管理条例第 3 章中的表 3.5 中包括新泽西州不同的县中的 SCS 24 小时降雨深度数据。图 3.1(a)和(b)中分别以国际单位和英制单位显示了持续时间较短的暴雨的 IDF 曲线。

在计算径流系数(包括土壤曲线数)以及地下水补给量时，应当假设场地的透水部分和林地部分覆盖状况良好。在计算中可以将现有改进措施包括在内，前提是所述的现有改进措施已经不间断地存在了至少 5 年。另外，在计算施工前暴雨径流时，应当考虑对径流有意义的地貌特征，例如可能形成积水的池塘、洼地、湿地和涵洞等。

5.3.5　雨洪管理构筑物的标准

应当将构造化的雨洪管理设施设计如下。

• 最大限度减少维护。

• 将场地的现有条件(例如湿地、泛滥平原、斜坡、至季节性高地下水位的深度、排水形式以及石灰岩的存在)考虑在内。

• 容易接近进行维护与修理。应当在进水口和出水口的构筑物处设置拦污栅。拦污栅应为中心间距不大于孔口直径的三分之一或堰宽(无论如何都不小于 1 in,不大于 6 in)的平行条杆。

• 出水口构筑物的进口处有直径不小于 2.5 in 的孔口。

• 渗水池底部与地下水位之间至少间隔 2 ft(61 cm)。

5.3.6　非构造化雨洪管理设施

新泽西州雨洪管理条例强调应当最大限度地使用非构造化雨洪管理设施，以

---

① 注：第 4 节指经过更新的《全国工程设计手册》的第 630 部分"水文学",至 2010 年 11 月,该《全国工程设计手册》已被部分修订。

满足土壤侵蚀、地下水补给、径流数量以及径流质量的标准要求。为了保证满足这个要求,该州编制了一个被称为"非构造化策略点分制(NSPS)"的表格。该表格于 2006 年使用,对于每个重大项目,都要填写该表格;然而由于诉讼案件的缘故,该表格已被放弃使用。雨洪管理规则 N. J. A. C. 7:8-5.3(c)要求以契据的形式或采用其他方法保留非构造化雨洪管理设施所占的土地。

5.3.7　城市雨洪管理审查

为了协助各个城市编制有关开发活动和场地计划审查的城市管制条例,NJDEP 于 2004 年 4 月编制了一个示范条例。该条例名为《城市雨洪管制示范条例》,条例在《新泽西州最佳管理实践手册》的附录 D 中。所有城市都被要求在获得城市一级和二级暴雨水一般许可证的日期起的 12 个月内采用城市雨洪管理计划(MSWMP),上述两类一般许可证都由 NJDEP 签发,其目的在于满足美国 EPA 规定的城市雨洪管理要求。[①]

另外,在采用 MSWMP 之后的 12 个月内,各个城市都被要求采用雨洪管制条例,并向其各自的县郡提交 MSWMP 和条例,以供审查。各个县郡被要求在接收后的 60 天内批准、有条件批准或不批准提交的 MSWMP 和条例。为了帮助各城市和各县实施审查,NJDEP 于 2005 年 5 月编制了一份名为《城市条例核对清单和城市雨洪管理计划及雨洪管制条例》的核对清单;也编制了名为《城市雨洪管理计划样本》和《城市雨洪管制示范条例》的样本条例。这些文件都包括在《新泽西州最佳管理实践手册(2004)》中。

5.3.8　改善 NJDEP 条例之建议

关于 TSS 脱除的条例为一般性条例,它们忽视了污染物产生的速度。一个场地的污染物产生数量可能是另一个场地污染物产生数量的两倍。因此,清除一个场地中 50% 的 TSS 比清除前一个场地中 80% 的 TSS 改善水质的效果更好。一个卡车休息站产生的污染物(尤其是油和脂)比一个大社区中的机动车道和街道产生的污染物高许多倍。因此,应当根据污染物产生速度确定处理目标。条例也假设草坪和景观区域是未被扰动的处女地,因此没有污染物。如第 1 章中所述,化肥、杀虫剂和其他化学品对水质的损害比铺面区域(例如机动车道)更加严重。

维护的可行性被忽视。条例暗示,地下滞洪池可以采用尺寸为 2.5 in 的孔口,但采用尺寸为 2.5 in 甚至 3 in 的孔口,极易造成孔口被淤泥、树叶、小碎片甚至网

---

① 一级城市一般位于人口较稠密的地区或沿着、靠近海岸的地区。二级城市位于农村地区以及非沿海地区。

球堵塞。在敞开的滞洪池中,能够看到堵塞;在地下出水口结构隐蔽的地下滞洪池中,堵塞不会被发现,造成滞洪池在发生暴雨事件之前就已装入了一部分水。考虑到现实条件和维护要求,作者建议地下滞洪池的最小孔口不小于 6 in。新泽西州采用了作者的这个建议,建造了数百个地下滞洪池和渗水池。

就保证水质问题而言,使用价格便宜并且容易维护的装置比使用质量优越、但维护困难,并且由于隐藏而肉眼不能观察的装置更加明智。作者已经观察到,由于缺乏维护,NJDEP 批准使用的许多地下砂滤器完全无效。在有些情况下,砂滤器竟然在安装数年之后被忘记。一旦砂滤器被堵塞,则径流便会进入系统,未经处理就从溢流堰排放出去。图 5.4 显示了一台安装 5 年后一直没有维护的砂滤器,这台砂滤器已被完全堵塞。

图 5.4　砂滤器上的栅板,未维护

(照片由作者提供)

安装容易维护的进水口过滤器(例如 Flo-Gard＋Plus 过滤器或类似过滤器),远比安装闲置不用的先进水处理装置有价值。为了改善暴雨径流的水质,这些条例应当像某些其他州的条例一样,将包含在某些情况下脱除总磷和总氮以及溶解金属的要求。

对于地势极其平坦的场地,100 ft 的片流长度极限值太小。在计算 T_c 时,对于透水地面,可以采用 250 ft 的片流长度,对于(开发后的)不透水地面,可以采用 150 ft 的片流长度。

条例完全排除了独栋住宅对水质以及(更加重要的是)径流量控制的影响。新泽西州富人区的独栋住宅可以扰动 40 000 sf 的处女地并造成 10 000 sf 的铺路面,然而却没有任何适用的雨洪管理条例。应当注意,郊区社区中的大多数住宅单元都是独栋住宅。尽管每栋住宅对暴雨径流的影响似乎很小,但所有住宅的总体影响就会造成最大径流流量和径流量剧增以及暴雨水质下降。条例不仅要针对项目的规模,而且要考虑项目的人均影响,现在是实施这种条例的时候了。不能只重视大型项目,还应考虑城市生活的整体,这样的雨洪管理才更为有效。

马里兰州是一个例外的州,其雨洪管理的司法处理标准是扰动面积为 5 000 sf。因此,条例适用于多得多的土地扰动情况(包括大型和中型独栋住宅)。

作者在其职业生涯中曾经有机会审查若干城市(大多为新泽西州的城市)的数百个开发项目,并且担任这些开发项目的顾问。为了控制径流,作者一直要求不受 NJDEP 条例监管的单一家庭住宅的径流流量净增加量必须为零。作者提出的防止径流增加的建议包括根据场地和土壤条件,采用旱井或地下滞洪室/渗水室收集屋顶径流,采用景观洼地和雨水花园收集来自机动车道和建筑物顶部的径流。作者也建议在机动车道上使用混凝土铺面块,以减少径流量并改善水质。

5.4 马里兰州雨洪管理条例

马里兰州环境部于 2000 年 4 月编制了一份两卷本手册,其名称为《2000 年马里兰州暴雨水设计手册》。第Ⅰ卷中包含 5 章和 4 个附录。另外,马里兰州环境部还于 2005 年 7 月编制了一份《雨洪管理示范条例》,并于 2007 年对其进行了增补。该州于 2009 年 5 月 4 日修订了《暴雨水设计手册》,新的条例于 2010 年 5 月生效。2009 年手册的第Ⅰ卷中介绍了该州的雨洪管理标准。它包括 5 章内容和 5 个附录,介绍雨洪设计标准、雨洪管理系统以及 NPDES 许可要求。新手册和 2010 年条例对雨洪管理设计和实施做出了重大修改。

表 5.4 马里兰州统一暴雨水量标准

尺寸标准	暴雨水量分级标准说明
水质水量(WQ_v) (ac · ft)或(cf)	$WQ_v = P \cdot R_v \cdot A/12$
	P 为降雨深度(in),在东部降雨区等于 1.0 in,在西部降雨区等于 0.9 in(手册中的图 2.1)
	R_v 为体积径流系数
	A 为面积,m^2(或 ft^2)
地下水补给数量 (ac · ft)	WQ_v 的一部分,取决于开发前的土壤水文组别
	$Re_v = S \cdot R_v \cdot A/12$
	S 为特定土壤的地下水补给因子(in)

尺寸标准	暴雨水量分级标准说明
沟渠保护储水容量 （Cp_v）	Cp_v 为项目开发后在重现期为 1 年、持续时间为 24 小时的暴雨事件中雨水的 24 小时延长滞留时间（对于 USE III 和 IV 流域为 12 小时）
	不需要直接排水至有潮水域和马里兰州东部海岸（见图 5.5）
漫滩防洪容量 （Q_p）	可以选择将重现期为 10 年的暴雨事件中的最大流量控制开发前的最大流量（Q_{p10}）；向相关审查机构咨询
	对于东部海岸地区：采取控制重现期为 2 年的暴雨事件中的最大流量（Q_{p2}）的措施
	不需要控制重现期为 10 年的暴雨事件中的最大流量（Q_{p10}）
特大洪水容量 （Q_r）	向相关审查机构咨询。通常，如果开发项目并不位于 100 年一遇洪水的泛滥平原上，并且下游径流输送设施容量足够，则无需实施控制

来源：2009 年马里兰州《暴雨水设计手册》中的表 2.1。

在马里兰州，雨洪管理规则适用于扰动土地面积为 5 000 ft² 或更大的任何施工工作。手册的第 1 章为前言部分，介绍雨洪管理实践的绩效标准（总共 14 个）。这些标准的内容主要包括最大限度减少暴雨水的产生、实施预处理、满足地下水补给要求、脱除 80% 的 TSS 以及开发后每年脱除 40% 的总磷、控制最大流量、编制某些工业地区的暴雨水污染计划（SPP）以及提供危险地带和重新开发地区的暴雨水排放设施。手册中的新要求之一是最大限度地实施场地环境设计（ESD），以模拟开发前的条件。第 I 卷中的第 2 章包含名为"暴雨水量统一标准"的雨洪管理规则。这些规则适用于径流数量控制、水质控制和地下水补给，它们被汇总于表 5.4 中，本节将对其进行简要讨论。

5.4.1　水质水量 WQ_v

水质水量 WQ_v 是截取并处理对应于 90% 年平均降雨量的径流所需的储水容量。在东部地区这个 90% 的降雨量是 1 in，在西部地区这个 90% 的降雨量是 0.9 in。东部地区包括该州东半部的三分之二以上的县。用以下公式计算水质水量

$$WQ_v = P \cdot R_v \cdot A/12 \qquad (5.2)$$

式中：$R_v = 0.05 + 0.009 I$；

　　　A——面积，ac；

　　　P——年平均降雨量的 90%（0.9 in 或 1 in）；

I——现场不透水面积的百分数；

WQ_v——水质水量，ac·ft。

当采用国际单位制单位时，以上公式变为

$$WQ_v = 10P \cdot R_v \cdot A \tag{5.3}$$

式中：P——22.9 mm 或 25.4 mm；

A——面积，hm²；

WQ_v——水质水量，m³。

在不透水面积小于 15% 的场地或排水区域，水质水量至少应为 $WQ_v = 0.2$ in/ac。对于延长滞留型滞洪池中的 WQ_v，提供 24 小时的水位下降时间，对于 WQ_v 的一部分连通暴雨水池塘或湿地系统，也提供 24 小时的水位降深，可以满足水质要求（参见手册的第 3 章）。

5.4.2 地下水补给量标准 Re_v

地下水补给量的标准是保持现场水文土壤开发前年平均地下水补给量。利用以下公式计算地下水补给量 Re_v：

$$Re_v = S \cdot R_v \cdot A/12 \tag{5.4}$$

式中：S——特定土壤的地下水补给因子（见表 5.5）；

R_v 和 A 是为水质标准而定义的（表 5.4）。

当采用国际单位时，以上公式变为

$$Re_v = 10S \cdot R_v \cdot A \tag{5.5}$$

式中：A——面积，hm²；

R_v——地下水补给量，m³。

表 5.5　特定土壤的地下水补给因数 S

水文土壤组	in	（mm）
A	0.38	(9.65)
B	0.26	(6.60)
C	0.13	(3.30)
D	0.07	(1.78)

小于 WQ_v 的地下水补给量包括在其中。具体来说，通过采用构造化的暴雨水控制设施（例如渗水池、生物滞留池）或非构造化的暴雨水控制设施（例如植生缓冲

带、阻断屋顶径流或以上两种措施的组合)能够满足 WQ_v 要求,也能满足地下水补给的要求。然而,当采取单独的措施解决水质和地下水补给问题时,在确定水质 BMP 的容量时,可以从 WQ_v 中减去 Re_v。

如果现场存在一个水文土壤组(HSG),则根据每个 HSG 之内的场地总面积的比例计算复合 S 值。当采用构造化的暴雨水控制措施时,将复合 S 的计算结果应用于径流数量的体积百分数,当采用非构造化的暴雨水控制措施时,将复合 S 的计算结果应用于不透水面积的百分数。可以采用的非构造化的暴雨水控制措施包括利用过滤带处理停车场和屋顶的径流、将片流排放至河川缓冲带以及利用草衬沟渠处理道路径流。

地下水补给要求不适用于重新开发项目或被规定为危险地带的场地。另外,如果场地位于不合适的土壤(例如海相黏土、岩溶)上或位于一个城市重新开发地区,当地的审查机构可以降低地下水补给量的要求。在这种情况下,对于场地的一部分应当尽量采用非构造化措施(面积百分数法)。下例介绍了体积百分数和面积百分数方法的应用。

例 5.1 一个 30 ac 的住宅开发场地由 60% 的水文组 B 土壤、40% 的水文组 C 土壤以及 35% 的不透水面积组成。

利用体积百分数方法和面积百分数方法计算要求的地下水补给量 Re_v。

求解 首先根据表 5.5 计算复合 S 值:

$$S = 0.26 \times 0.60 + 0.13 \times 0.4 = 0.208$$

a. 体积百分数方法

$$R_v = 0.05 + 0.09I = 0.05 + 0.009 \times 35 = 0.365$$
$$Re_v = S \cdot R_v \cdot A/12$$
$$Re_v = 0.208 \times 0.365 \times 30/12 = 0.19 \text{ ac} \cdot \text{ft}$$

b. 面积百分数方法

$$Re_v = A_i \times 不透水面积百分数$$
$$A_i = 30 \times 0.35 = 10.5 \text{ ac}$$
$$Re_v = 0.208 \times 10.5 = 2.18 \text{ ac}$$

可以利用构造化的设施保留 0.19 ac·ft 的水量或阻断 2.18 ac 的不透水面积并将径流排放至非构造化的设施(例如植生缓冲带),来满足地下水补给要求。[①]

---

① 手册中将地下水补给要求称为"处理",这个术语的含义不清楚。

表 5.6 马里兰州重现期分别为 1 年、2 年、10 年和 100 年，
持续时间为 24 小时的暴雨的降雨深度

县	降雨深度			
	1 年,24 小时 (in)	2 年,24 小时 (in)	10 年,24 小时 (in)	100 年,24 小时 (in)
阿勒格尼	2.4	2.9	4.5	6.2
安娜兰多	2.7	3.3	5.2	7.4
巴尔的摩	2.6	3.2	5.1	7.1
卡尔弗特	2.8	3.4	5.3	7.6
卡洛琳	2.8	3.4	5.3	7.6
卡罗尔	2.5	3.1	5.0	7.1
塞西尔	2.7	3.3	5.1	7.3
查尔斯	2.7	3.3	5.3	7.5
多切斯特	2.8	3.4	5.4	7.8
弗雷德里克	2.5	3.1	5.0	7.0
加勒特	2.4	2.8	4.3	5.9
哈福德	2.6	3.2	5.1	7.2
霍华德	2.6	3.2	5.1	7.2
肯特	2.7	3.3	5.2	7.4
蒙哥马利	2.6	3.2	5.1	7.2
乔治王子	2.7	3.3	5.3	7.4
安妮女王	2.7	3.3	5.3	7.5
圣玛丽	2.8	3.4	5.4	7.7
桑莫塞	2.9	3.5	5.6	8.1
塔尔博特	2.8	3.4	5.3	7.6
华盛顿	2.5	3.0	4.8	6.7
威科米科	2.9	3.5	5.6	7.9
伍斯特	3.0	3.6	5.6	8.1

来源:《马里兰州暴雨设计手册》,2009 年。

5.4.3 沟渠保护储水容量 Cp_v

为了防止下游沟渠受到侵蚀,在重现期为 1 年、持续时间为 24 小时的暴雨事件中,应当提供 24 小时的雨水延长滞留时间。东部海岸地区为一个例外地区,在这个地区不需要采用 Cp_v。另外,在 USE Ⅲ 和 Ⅳ 流域中,只要求提供 12 小时的延长滞留时间。表 5.6 列出了马里兰州所有县的重现期分别为 1 年、2 年、10 年和100 年的暴雨的 24 小时降雨深度。[①] 各县地图见图 5.5。为了满足 Cp_v 要求,通常使用滞洪池和拱顶地下室。这个要求的依据在于,径流将被逐渐地容纳和排放,因此下游沟渠中就不会出现侵蚀速度。由于需要的储水容量大,不建议通过下渗满足 Cp_v 要求。Cp_v 要求不适用于直接向马里兰州的有潮水域和东部海岸排水的情况。如果在重现期为 1 年的暴雨期间,开发后最大排水流量小于 2 cfs,则这一要求也不适用。该手册中包括一个解决要求的滞留时间问题的简化方案。

在计算 Cp_v 时,应当将场地外区域当作当前土地利用情况良好而建立模型。如果一个场地由多个排水区域组成,则可以将 Cp_v 按比例分配至每个排水区域,计算整个排水区域的 Cp_v。

5.4.4 漫滩防洪容量标准 Q_p

漫滩防洪容量标准是重现期为 10 年、持续时间为 24 小时的暴雨事件中的 Q_{p10},但东部海岸地区除外。在东部海岸地区,该标准是重现期为 2 年、持续时间为24 小时的暴雨事件中的 Q_{p2}。利用 TR-55 或 TR-20 方法并采用表 5.6 中的降雨深度数据计算 Q_{p2} 和 Q_{p10}。在计算开发前径流时,应当假设土地为覆盖状况良好的草地。也应假设场地外区域处于具有良好植被的"当前土地利用条件"下。对于开发前的条件,计算 T_c 时采用的片流长度被限制在 150 ft,对于开发后的条件,上述片流长度被限制在 100 ft。

通常利用滞洪池/塘以及地下室/拱顶室满足 Q_{p2} 和 Q_{p10} 要求。与处理 Cp_v 要求时的情况类似,漫滩防洪要求不适用于向有潮水域直接排水的情况。

5.4.5 特大洪水容量标准 Q_f

设置特大洪水标准旨在:

a. 防止大暴雨事件造成洪水灾害;

b. 避免扩大开发前 100 年一遇洪水的应急管理机构(FEMA)的边界;

---

① 东部海岸地区包括肯特、安妮女王、卡洛琳、塔尔博特、多切斯特、威科米科、伍斯特和桑莫塞等县(见图 5.5)。

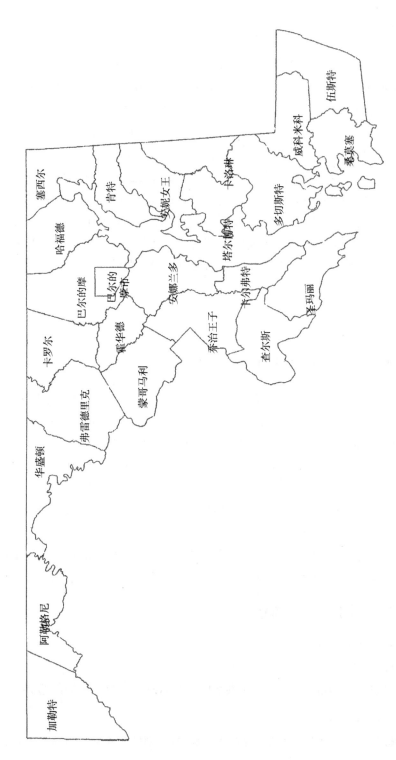

图 5.5　马里兰州各县地图

c. 保护 BMP 控制结构。

特大洪水 Q_f 的标准是重现期为 100 年或 10 年的暴雨事件,具体取决于场地下游的区域是位于重现期为 100 年的暴雨的泛滥平原之内还是之外。在后一种情况下,可能需要实施水力/水文分析,以证明没有对下游构筑物造成不利影响。分析范围通常要扩大到排水面积不小于开发面积的第一个下游支流或下游的大坝、桥梁、高速公路涵洞或河川流受限的地点。在对 100 年一遇的洪水实施分析时,应当将场地外条件作为最终(全面开发)条件。

5.4.6 BMP 设计

手册的第 3 章中包含了城市 BMP 设计的性能标准,例如一般可行性、输送、预处理、处理、环境和维护。引言部分说明了在小流域中,开发造成的温度上升对接收水体的水质产生了重要影响。为最大限度降低这种影响,这种流域中的 BMP 设计必须:

- 最大限度地减少永久水池;
- 将 Cp_v 的延长滞留时间限制在 12 小时;
- 保持现有的森林缓冲带;
- 绕过有效基流。

《马里兰州雨洪管理手册》介绍了以下 BMP。

a. 5 种类型的池塘,P-1 至 P-5。P-1 是微型延长滞留型滞洪水池,P-2 是湿池,P-3 是延长滞留型湿滞洪池,P-4 是多池塘系统,P-5 是口袋池塘。通过描述性说明定义了每种类型的池塘,并详细说明了其特征(例如立管、阀门、排水管、缓冲装置、后移、景观、维护)。

b. 4 种类型的暴雨水湿地 W-1 至 W-4。这些暴雨水湿地分别为浅湿地、延长滞留型滞洪浅湿地、池塘/湿地系统和口袋湿地。利用一张图介绍了每种类型湿地,并且介绍了每种类型湿地的应用。手册也要求将全部 WQ_v 中的 25% 保留在深度至少为 4 ft(1.2 m)的深水层,至少 35% 的湿地表面积的深度小于 6 in(15 cm),全部表面积中的 65% 浅于 18 in(46 cm)。

c. 渗水沟/渗水池。需要利用渗水系统将全部 WQ_v 减去预处理数量经系统的床层渗出部分。在设计渗水设施的填石沟(水库)时,可以采用数值为 0.40 的空隙度($n=V_v/V_t$)。

d. 过滤系统。该手册将过滤系统分为 6 组:F-1 至 F-6。这些过滤系统分别为地面砂滤器、地下砂滤器、边界砂滤器、有机物过滤器、袋式砂滤器和生物滞留池。并非为了满足 Cp_v 和 Q_p 要求而设计这些系统。通常是将过滤系统与一个单独的设施组合在一起,以实施那些控制。

根据下列渗透性系数 K 的数值并采用以下公式设计过滤表面积：

$$A = WQ_v/KT \tag{5.6}$$

式中：K（砂子）＝3.5 ft/d(1.1 m/d)；

K（泥炭）＝2.0 ft/d(0.6 m/d)；

K（树叶堆肥）＝8.7 ft/d(2.65 m/d)；

K（生物滞留土壤）＝0.5 ft/d(0.15 m/d)；

WQ_v——水质水量，ft³(m³)；

T——排放时间，d。

砂层的最大渗透时间为 40 小时，生物滞留土壤为 2 天。需要在过滤系统之前设置一个干法或湿法预处理装置，其处理能力至少相当于计算的 WQ_v 的 25％。典型的预处理系统包括一个沉淀池，这个沉淀池长宽比为 2∶1，其最小表面积用以下公式计算

$$A_s = E'(Q_0/V_f) \tag{5.7}$$

式中：A_s——沉淀池面积，ft²(m²)；

Q_0——流域的排水量＝$WQ_v/24$，ft³/d(m³/d)；

V_f——颗粒沉降速度，ft/s(m/s)，

在 $I < 75\%$ 时，采用：

当颗粒大小＝20 μm 时，V_f＝0.000 4 ft/s(0.000 12 m/s)

在 $I > 75\%$ 时，采用：

当颗粒大小＝40 μm 时，V_f＝0.033 ft/s(0.01 m/s)

I——不透水面积的百分数；

E'——拦沙效率常数。

当 $I > 75\%$ 时采用较大沉降速度的原因是，不透水面积大于 75％ 的场地的粗颗粒泥沙的百分含量较高。

利用以下公式将拦沙效率常数 E' 与拦沙效率 E 关联起来：

$$E' = -\ln(1-E) \tag{5.8}$$

$E＝90\%$ 时，$E'＝2.30$。

在式(5.7)中代入 E' 和 V_f，得到

$$I \leqslant 75\%$$
$$A_s = 0.067WQ_v，\text{ft}^2 \tag{5.9}$$

$$A_s = 0.222\ 2WQ_v，\text{m}^2 \tag{5.10}$$

$$I > 75\%$$

$$A_s = 0.000\ 8\ 1WQ_v, \text{ft}^2 \tag{5.11}$$

$$A_s = 0.002\ 7WQ_v, \text{m}^2 \tag{5.12}$$

过滤系统的标准是,在水下渗之前整个处理系统(包括预处理系统)保持至少75%的WQ_v。渗水池的滤床最小厚度通常为 18 in(45.7 cm),砂滤器的滤床最小厚度通常为 12 in(30.5 cm)。

e. 洼地。洼地被设计用于处理全部WQ_v,它可以是被标记为 O-1 的干洼地或被标记为 O-2 湿洼地。干洼地大多是有植物生长的明渠,湿洼地则为一个有湿地植物生长并且其出水口受限的扩大的水池。图 5.6 显示了湿洼地的平面示意图。

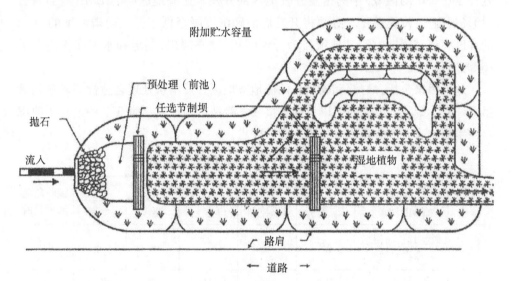

图 5.6　湿洼地的平面示意图

洼地(明渠)的设计标准为:

(1) 应当针对 10 年一遇的暴雨设计洼地;

(2) 在 10 年一遇的暴雨中,最大水流速度应不造成侵蚀;

(3) 沟渠的侧坡度应当适中(坡度小于 3∶1)——在任何情况下坡度都不应大于 2∶1;

(4) 建议在处理WQ_v时,采用 30 分钟的最短积水时间,最长允许积水时间应当小于 48 小时,应当在干洼地中设置一个暗沟系统,以满足最长积水时间要求。

要求每英亩不透水面积的预处理储水容量相当于 0.1 in(2.5 mm)的径流。通常通过在管道进水口或机动车道的交叉口安装节制坝而提供这个储水容量。为处理侧面的进水,应当沿着沟渠顶部铺设侧坡平缓的豆状砾石隔膜,并防止槽流的直接排放。

手册的第 4 章讨论了如何选择一个场地的 BMP。应根据以下因素进行选择：

- 流域因素
- 地形因素
- 暴雨水处理的合适性
- 实际可行性因素
- 社区和环境因素
- 地点和许可因素

流域因素之一是马里兰州关键区域（指从平均高潮面和潮间湿地的近陆边缘延伸 1 000 ft 的区域）中的密集开发地区的开发。这些地区中的 BMP 应当符合"10％规则"。该规则要求必须将开发后的磷浓度降至低于开发前磷浓度的 10％的程度。流域因素中的其他项目为低温河川、敏感河川、湿地和水库保护以及贝类/海滩。

地形因素包括含岩溶和碳质岩的低地势地区。暴雨水处理合适性要求包括满足 Re_v，C_{pv}，Q_{p2} 和 Q_{p10} 要求，以及能够接收危险地带的径流。表 5.7 中汇总了改编自该手册中表 4.3 的暴雨水处理合适性要求。

表 5.7 根据暴雨水处理合适性要求选择 BMP

编号	BMP 清单	附加安全					接收危险地带径流
		Re_v 能力	C_{pv} 控制	Q_p 控制	要求	空间	
P-1	微型延长滞留型滞洪水池	否[a]	是	是	否	是	是[c]
P-2	湿池	否[a]	是	是	是	可变	是[c]
P-3	湿扩展型滞洪池	否[a]	是	是	是	是	是[c]
P-4	复合池塘	否[a]	是	是	是	否	是[c]
P-5	口袋池塘	否[a]	是	是	可变	是	是[c]
W-1	浅湿地	可变[b]	是	是	否	否	是[c]
W-2	扩展型滞洪湿地	可变[b]	是	是	可变	可变	是[c]
W-3	池塘/湿地	可变[b]	是	是	是	否	是[c]
W-4	口袋湿地	否	可变	可变	否	可变	是[c]
1-1	渗水沟	是	可变	可变	否	是	否[c]
1-2	渗水池	是	可变	可变	否	可变	否[c]

编号	BMP 清单	附加安全					接收危险地带径流
		Re_v能力	C_{pv}控制	Q_p控制	要求	空间	
F-1	地面砂滤器	可变[b]	可变	可变	否	是	是[d]
F-2	地下砂滤器	否	否	否	可变	是	是
F-3	边界砂滤器	否	否	否	否	是	是
F-4	有机物过滤器	可变[b]	可变	可变	否	是	是[d]
F-5	袋式砂滤器	可变[b]	可变	可变	否	是	是[d]
F-6	生物滞留池	是	可变	可变	否	可变	是[d]
O-1	干洼地	是	No	否	否	可变	是[d]
O-2	湿洼地	否	否	否	否	可变	否

来源:《马里兰州暴雨设计手册》(第Ⅰ卷和第Ⅱ卷)中的表 4.3,该手册更新至 2009 年 5 月 4 日,由马里兰州巴尔的摩市的马里兰州环境部和埃利科特市的流域保护中心编制。

a 不得将要求采用不渗漏层或可以拦截地下水的构筑物用于地下水补给。

b 可以通过渗漏提供 Re_v(见手册的第 3.4 节)。

c 除非提供清除烃类、微量金属元素和有毒物质的预处理装置,否则不允许。

d 是,但仅在设施的底部衬有能够防止渗透的不透水过滤布时。

实际可行性因素包括土壤、地下水位、排水面积、坡度限制以及超大的城市场地。社区和环境因素包括易于维护、社区接纳程度、施工成本、生境质量以及其他因素。该手册中包括若干表格,其中每个表格都适用于利用实际可行性因素、社区和环境因素以及地点和许可因素核对清单选择每个相关的 BMP 的情况。

5.4.7 场地环境设计(ESD)

该州的《2007 年雨洪管理法案》公布之后,当前手册(2009 年 5 月 4 日采用)第 5 章的内容得以显著扩充。该法案要求制定全面的雨洪管理审批计划,最大限度地(MEP)实施场地环境设计(ESD)以及保证仅在绝对必要时才采用构造化的暴雨水控制措施(如该手册第 3 章中所讨论)。有许多意在重现自然水文条件的雨洪管理策略被称为更优场地设计,包括低影响开发、绿色基础设施或可持续场地设计。为保证满足一致性要求,马里兰州采用 ESD 作为更加一般的分类。该法案将 ESD 定义为"采用小规模的雨洪管理实践、非构造化技术或更好场地规划模拟自然水文条件和径流特性,并最大限度降低土地开发对自然资源的影响"。根据这个定义,ESD 包括:

- 自然地貌(例如排水形式、土壤、植被)的保护;
- 最大限度减少不透水面积(例如铺路面、混凝土沟渠、屋顶);

- 降低径流的流速，以保持排水的进度并提高水的下渗和蒸散；
- 采用 MDE 批准的其他非构造化措施或革新技术。

研究表明，通常当不透水面积超过 10% 时，河川质量和流域健康便会下降，当不透水面积超过 25% 时，河川质量和流域健康便会严重恶化。因此，遵守规划过程中的 ESD 基本原则，有助于最大限度降低不透水地面的不利影响。表 5.8 为场地开发策略的汇总。

该手册中也包括场地开发阶段、场地开发计划审查以及最终计划的设计及审查程序。为了达到保持开发前径流特性的目标，该法案规定必须满足以下性能标准：

- 新开发项目的开发前径流特征的标准应为水文条件良好的林地；
- 应当最大限度地实施 ESD，以模拟开发前的条件；
- 至少应当利用 ESD 满足 Re_v 和 WQ_v 要求；
- 当采用第 5.4.8 节中介绍的减小的径流曲线数方法设计 ESD 时，能够满足沟渠保护的要求。

利用以下公式计算要求的 ESD 径流深度和储水量：

$$R_E = P_E \cdot R_v \tag{5.13}$$

$$ESD_v = P_E \cdot R_v \cdot A/12 \tag{5.14}$$

式中：R_E——要求的径流深度；

P_E——减小的径流曲线数的目标降雨量（对水文土壤组 A 至 D 的数据制表），in，附录 5B 中包括减小的曲线数的表格；

R_v——$0.05+0.009I$，无量纲径流系数；

ESD_v——要求的储水量，ft^3；

I——不透水面积的百分数；

A——排水面积，ft^2。

表 5.8　场地开发策略汇总

更优场地设计技术	建议
街道、道路用地和人行道应当较窄和较短	低交通量道路旁的街道的宽度可以只有 22 ft；通过空地设计和聚类，能缩短街道的长度；通过最大限度降低人行道宽度、在一侧提供人行道以及降低街道和人行道之间的交界宽度，可以减少道路用地
断头路	允许采用小至 33 ft 的转弯半径；在断头路的中心设置景观岛，并将这些区域设计为可以处理暴雨径流
植被覆盖的明渠	利用草衬沟渠或生物滤池进行居住区街道排水及暴雨水处理

更优场地设计技术	建议
停车率、停车法规、停车场以及结构化的停车	应当将停车率解释为停车空间的最大数目；采取共享停车措施；停车泊位宽度应当小于 9 ft,泊位长度应当小于 18 ft;鼓励采用地下停车库,而不是地面停车场
停车场径流	要求对停车场做景观美化,并且放宽后移要求,以便可以在景观美化的区域中建设生物滞留岛或其他暴雨水处理设施
空地	应当向希望采用集群式开发和空地设计的开发商提供灵活的设计标准
后移带和临街面	放宽后移要求并且采用较窄的临街面,以缩短道路总长度;取消长机动车道
机动车道	允许采用共享机动车道替代不透水路面
屋顶径流	将其导向透水地面
缓冲系统	规定一个最小缓冲宽度,建立长效保护机制
土地清理和定坡降线	应当将土地清理、定坡降线和土体扰动限制在开发地块所需的程度
树木保护	对邻近的大片林区提供长期保护;加强本土植物的种植
自然区保护激励措施	通过密度补偿、降低财产税以及利用设计过程中的灵活性,对保护自然区的行为提供激励

来源:流域保护中心(1998)。

采用国际单位制单位时,以上公式变为

$$R_E = P_E R_v \qquad (5.15)$$

$$ESD_v = 0.001 P_E \cdot R_v \cdot A = 0.001 R_E \cdot A \qquad (5.16)$$

式中:R_E——要求的径流深度,mm;

P_E——目标降雨量,mm;

A——排水面积,m^2;

R_v——无量纲径流系数;

ESD_v——要求的储水量,m^3。

5.4.7.1　ESD 雨洪管理要求

2009 年手册中的暴雨水处理要求如下。

处理:在要求实施雨洪管理的所有新开发项目中,都应当采用 ESD 方法处理 1 in 降雨量(P_E=1 in,25 mm)所产生的径流。

• Cp_v:对于最大排水量 q_i 大于 2 cfs 的所有场地,都应当最大限度地采用 ESD 方法满足 Cp_v 要求。

• 应当基于重现期为 1 年、持续时间为 24 小时的设计暴雨采用减小的 RCN(见附录 5B 中的表格)计算 Cp_v。如果一个排水区域的 RCN 反映出该排水区域"林木状况良好",则这个区域的 Cp_v 要求得到了满足。

如果未满足目标降雨量的要求,则应当采取该手册第 3 章(本章的第 5.4.6 节)中的构造化雨洪管理措施满足 Cp_v 的其余要求。

可以从漫滩防洪容量和特大洪水容量(Q_{p2}, Q_{p10}, Q_f)中减去容纳在 ESD 设施中的径流。

下例详细说明了为满足 ESD 要求而需要执行的 Cp_v 计算。

例 5.2 计算一个具有以下特征的住宅开发项目的 ESD 暴雨设计标准:

场地面积＝35 ac;

排水面积＝35 ac;

土壤:50% B,50% C;

不透水面积比例＝33%,均匀分布;

重现期为 1 年、持续时间为 24 小时的暴雨＝2.6 in 降雨量(巴尔的摩县)。

求解 步骤 1,确定开发前条件。

a. 假设林木状况良好,确定开发前的复合土壤曲线数:

$$B = 55, 17.5 \text{ acres}$$
$$C = 70, 17.5 \text{ acres}$$
$$\text{RCN} = (55 \times 17.5 + 70 \times 17.5)/35 = 62.5$$

目标 RCN＝62.5。

b. 利用 5B.1(见附录 5B)表确定目标 P_E:

$$f = 33\%; 检查 I = 30\% 与 I = 35\% 对应的 RCN$$
$$I = 30\%, P_E = 1.6 \text{ in}, 见表 5.9B 组$$
$$I = 30\%, P_E = 1.6 \text{ in}, 见表 5.9C 组$$
$$I = 35\%, P_E = 1.8 \text{ in}, 见表 5.9B 组$$
$$I = 35\%, P_E = 1.6 \text{ in}, 见表 5.9C 组$$

表5.9 (例5.2中)B组土壤和C组土壤的目标降雨量

%I	RCN	P_E＝1 in	1.2 in	1.4 in	1.6 in	1.8 in
水文土壤组 B						
15%	67	55				

%I	RCN	P_E＝1 in	1.2 in	1.4 in	1.6 in	1.8 in
20％	68	60	55	55		
25％	70	64	61	58		
30％	72	65	62	59	55	
35％	74	66	63	60	56	
水文土壤组 C						
15％	78					
20％	79	70				
25％	80	72	70	70		
30％	81	73	72	71		
35％	82	74	73	72	70	
40％	84	77	75	73	71	

由于 33％比 30％更接近于 35％,对于 B 组土壤,采用 P_E＝1.8 in 的保守值;对于 C 组土壤,采用 P_E＝1.6 in。

复合 P_E＝(1.8×17.5＋1.6×17.5)/35＝1.7 in

c. 计算径流深度:

$$R_v = 0.05 + 0.009 \times I = 0.35$$
$$R_E = P_E \cdot R_v = 1.7 \times 0.35 = 0.595 \text{ in}$$

该项目的 ESD 目标为

$$P_E = 1.7 \text{ in}$$
$$R_E = 0.595 \text{ in}$$
$$\text{ESD}_v = R_E \cdot A/12$$
$$\text{ESD}_v = 0.595 \times 35/12 = 1.74 \text{ ac} \cdot \text{ft} = 75\ 794 \text{ ft}^3$$

步骤 2,在采取 ESD 措施之后,确定雨洪管理要求。

a. 假设利用 ESD 方法处理整个项目范围内的 1.4 in 的降雨量(P_E＝1.4 in)。计算减小的 RCN,进入表 5.9,并且读取

- B 组土壤:I＝30％,CN＝59;I＝35％,CN＝60
- C 组土壤:I＝30％,CN＝71;I＝35％,CN＝72

利用较大的 CN 值计算 RCN:

$$RCN = \frac{60 \times 17.5 + 72 \times 17.5}{35} = 66$$

b. 计算 Cp_v 要求。

由于 RCN＝66 大于目标 RCN（62.5，林木状况良好），因此必须满足 Cp_v 要求。

另外，由于 $P_E \geqslant 1$ in，Cp_v 是重现期为 1 年、持续时间为 24 小时的暴雨（$P=$ 2.6 in）的径流量。

计算 CN＝66 以及 $P=2.6$ in 时的径流深度 R。

$$S = 1\,000/66 - 10 = 5.15$$
$$R = (2.6 - 0.2 \times 5.15)^2/(2.6 + 0.8 \times 5.15) = 0.37 \text{ in}$$
$$Cp_v = 0.37 \times 35 = 1.29 \text{ ac} \cdot \text{ft} = 56\,190 \text{ ft}^3$$

因此，必须采用能够提供 56 190 ft^3 的额外 Cp_v 的构造化的暴雨水控制措施（例如滞洪池或浅湿地）。

5.4.8 满足 ESD 要求

可以采取以下措施，满足要求的径流深度 R_E、储水量以及 ESD：

- 采用其他类型的表面；
- 建造非构造化的雨洪管理设施；
- 建造微尺度的雨洪管理设施。

5.4.8.1 其他类型的表面

其他类型的表面包括：

- 绿色屋顶；
- 透水路面；
- 加筋草皮。

5.4.8.1.1 绿色屋顶

根据表 5.10 中所列的减小的曲线数（RCNs），计算绿色屋顶在 ESD 尺寸选择标准中所占的比重。该手册详细介绍了绿色屋顶的安装、景观美化、检验和维护。

表 5.10　绿色屋顶的有效 RCNs

屋顶厚度，in(mm)	有效 RCNs[a]
2(50.8)	94
3(76.2)	92

屋顶厚度,in(mm)	有效 RCNs[a]
4(101.6)	88
6(152.4)	85
8 (203.2)	77

a 绿色屋顶没有渗漏作用,其功能类似于小储水池,在装满接收的雨水后,便将其全部排放出去。参见作者在第8章中关于绿色屋顶的讨论。表5.10中的RCNs反映了初始损失(储水深度)的大小,其变化范围从2 in绿色屋顶的0.13 in(3.3 mm)到8 in绿色屋顶的0.6 in(15.2 mm)。

5.4.8.1.2 透水路面

透水路面与绿色屋顶类似,能够根据底基的厚度减小土壤曲线数。表5.11中列出了透水性路面的有效RCNs。透水性路面的设计要求和土壤条件如下。

表 5.11　透水路面的有效 RCNs

底基	水文土壤组			
	A	B	C	D
6 in(15 cm)	76[a]	84[a]	93[b]	—
9 in(23 cm)	62[c]	65[c]	77	—
12 in(30 cm)	40	55	70	—

a 在设计中,对于每个750 ft² 的铺面面积,应当提供一根尺寸至少为1~2 in 的上部排水管(overdrain)(其内底比路面基层低2 in)。
b 在设计中,对于每个600 ft² 的铺面面积,应当提供一根尺寸至少为1~2 in 的上部排水管(overdrain)(其内底比路面基层低2 in)。
c 设计中应当包括一根尺寸至少为1~3 in 的上部排水管(其内底比路面基层低2 in)以及底基层内底部的一根尺寸为0.50 in 的下部排水管(underdrain)。

所有透水路面系统都应当满足以下条件。

• 应当采用渗水沟的设计方法,将面积超过10 000 ft²(929 m²)的路面设计为渗水路面。应当采用30%的空隙度(η)以及等于路面表面积30%的沟渠有效面积(A_r)。

• 应当在路面表面的下方使用空隙度(η)为30%的干净、开级配、冲洗骨料(最好使用1.5~3 in 的石块)的底基层。底基层的厚度可以为6,9 或 12 in(15,23 或 30 cm)。

• 不应在底基和土路基之间使用滤布。如果需要,可以采用一层厚度为12 in(30 cm)的冲洗混凝土砂或豆状石砾(1/8 in~3/8 in 的石块),作为底基层与亚表土之间的桥接层。

土壤应当满足以下条件。

• 不应在水文土壤组(HSG)D 中或在填土压实的区域中设置透水路面。应当在最终设计之前在现场验证底层土壤的类型和条件。

• 对于超过 10 000 ft²(929 m²)的场地,底层土壤中的下渗速度(f)不低于 0.50 in/h。开始时可以利用 NRCS 土壤组织分类方法确定这个下渗速度,之后可以通过在现场进行土工技术试验对其进行确认。

• 底基层贮水池的内底应当比季节性高地下水位至少高 4 ft(1.2 m)(在较低的东部海岸为 2 ft)。

5.4.8.1.3 加筋草皮

加筋草皮由连锁模块单元组成,所述连锁模块单元之间的空隙面积用于放置砾石或种草。这些系统适用于轻交通地区,可以被设置在所有土壤组别中,但设置在砂质土中时其效果最好。不应将加筋草皮应用于产生较高浓度烃类、微量金属元素或有毒物质的危险地带。

5.4.8.2 非构造化措施

实施 ESD 的下一个步骤是阻断不透水区域并处理靠近源头处的径流。这些非构造化的措施包括:

• N-1——阻断屋顶径流;

• N-2——阻断非屋顶径流;

• N-3——片流流至保护区。

本节简要介绍这些非构造化措施的设计参数。

5.4.8.2.1 阻断屋顶径流

屋顶径流阻断的 ESD 尺寸选择因子取决于落水管下游的透水区域的长度,如表 5.12 中所规定。

表 5.12 屋顶阻断的 ESD 尺寸选择标准

阻断流动路径长度,ft(m)		P_E
东部海岸	西部海岸	in(mmª)
15(4.6)	12(3.7)	0.2(5)
30(9.1)	24(7.3)	0.4(10)
45(13.7)	36(11.0)	0.6(15)
60(18.3)	48(14.6)	0.8(20)
75(22.9)	60(18.3)	1.0(25)

a 四舍五入至整数。

5.4.8.2.2 非屋顶径流阻断

通过植被区域的流动路径的最小长度应为 10 ft,最大有效不透水流动路径的长度应为 75 ft。非屋顶径流阻断的 ESD 尺寸选择因子取决于不透水流动路径和透水流动路径与植被覆盖的缓冲地区的面积的比值,其数值变化范围为 $0.2\sim$ 1.0 in($5\sim25$ mm)。

5.4.8.2.3　排放至保护区的片流

保护区(包括新泽西州在内的许多司法管辖区称之为植生缓冲区)是处理暴雨径流的有效方法。ESD 的 P_E 取决于保护区的宽度,其数值范围为 0.6 in(50 ft 的缓冲区)至 1.0 in(100 ft 的缓冲区)。保护区的面积应不低于 $20\,000$ ft²,其最小有效宽度应为 50 ft。

5.4.8.3　微尺度设施

微尺度设施是截取来自不连续的不透水区域的径流的小型水质处理或流量控制设施。微尺度设施包括如下几个:

- M-1——雨水收集设施;
- M-2——水下砾石湿地;
- M-3——景观渗水设施;
- M-4——渗水护堤;
- M-5——旱井;
- M-6——微生物滞留池;
- M-7——雨水花园;
- M-8——洼地;
- M-9——增强型过滤器。

微尺度设施应当达到以下性能标准。

- 新开发项目中采用的微尺度设施应能采用下渗、过滤、蒸散、雨水收集技术或以上技术的组合减少径流量并且改善水质。
- 应当将新开发项目中采用的微尺度过滤器设计成能够促进地下水补给(例如采用增强型过滤器),并且应当将其作为景观设计计划的一部分进行设置。

5.4.8.3.1　雨水收集(蓄水池和雨水桶)

雨水收集系统应当满足以下条件。

- 应当利用滤网和过滤器清除径流中的泥沙、树叶以及其他杂物,以便实施预处理,可以将滤网和过滤器安装在蓄水池和雨水桶之前的引水槽或落水管中。
- 应当将雨水桶和蓄水池设计为能够截取来自相关屋顶区域的至少 0.2 in(5 mm)的降雨量。根据被截取并处理的 ESD_V 计算的 P_E 值应用于相关的屋顶区域。
- 在雨水收集系统与室内卫生管道系统连通的地方,应当采取单独的措施,满足 Re_v。
- 在设计中应当编制向植被覆盖区域排水的计划。

• 应当根据供水量和需水量的计算结果设计大型商业和工业储水系统。雨洪管理的计算中应当包括对排水流量分布的计算，并且证明截取的雨水将在下一场暴雨之前被使用。

• 大容量系统将造成出水口下方出现无效储水量以及在水槽顶部出现气隙。重力输水系统将造成至少 6 in 的无效储水量。在采用水泵的系统中，无效储水量的深度取决于水泵的规格。

5.4.8.3.2 水下砾石湿地

水下砾石湿地是一种利用在岩石介质中生长的湿地植物进行过滤的小规模过滤器。在整个系统中以及在地面排水点，都在最低位置设置了一直延伸至湿地的径流排水管。水下砾石湿地利用在过滤介质中生长的藻类和细菌的生物摄取作用清除污染物。湿地植物也具有养分摄取的作用，有机物在物理和化学处理过程中被过滤和吸收。道路中间是设置水下砾石湿地的合适位置。

水下砾石湿地应当满足以下要求。

• 应能对总 ESD_V 中的 10% 进行预处理。可以采用地上前池或地下预处理室。

• 应当对向湿地排水的整个排水区域提供能够容纳 75% 的 ESD_V 所需的储水容量。应当将根据被截取并处理的 ESD_V 计算的 P_E 值应用于相关的排水区域。临时积水深度不应大于湿地植物能够忍受的深度。可以在砾石层以上提供临时容纳 ESD_V 的设施。

• 在计算储水量时应当考虑砾石介质的空隙度。

• 砾石底床的深度应不大于 4 ft(1.2 m)。

5.4.8.3.3 景观渗水设施

景观渗水设施利用现场植物种植区截取、容纳并处理暴雨径流。开始时容纳雨水，然后让水流过下方的种植土和砾石介质进行过滤，最后让水下渗进原土壤中。可以利用多种景观特征将这些措施纳入场地的总体设计中，以容纳并处理暴雨径流。可以利用由石块、砖头或混凝土构筑的花槽或利用石块和表层土回填的自然区域进行储水。

在住宅用地和商业用地上实施景观渗水的效果最佳。房屋紧凑的住宅区（例如丛簇式房屋和连排房屋）可以利用小块绿地进行景观渗水。因为在这些情况下空间限制了构造化的预处理设施的应用，所以将向构造化的预处理设施排水的排水区域面积限制在小于 10 000 ft²(929 m²)。在实施了土壤试验并且可以采用预处理前池的地点，允许更大的排水面积。其成功应用取决于土壤类型和地下水高度。建议不要在 HSG C 和 D 组土壤中采用景观渗水设施。

如果按照手册中的指导设计景观渗水系统，则可利用以下公式计算其 ESD 尺寸选择标准。

$$P_E = (20 \text{ in})(A_f)/DA(\text{in}) \qquad\qquad (5.17)$$

$$P_E = (50 \text{ cm})(A_f)/DA(\text{mm}) \qquad\qquad (5.18)$$

式中：A_f 和 DA 是景观渗水设施的表面积和排水区域支流的长度。渗水面积应当至少为相关排水面积的 2%。景观渗水的设计标准如下。

- 向任何单独设施排水的排水面积应不超过 10 000 ft^2。
- 位于 HSG B 组土壤（即亚黏土、粉沙壤土）中的景观渗水设施的深度应不超过 5 ft(1.5 m)。位于 HSG A 组土壤（即砂土、壤质砂土、沙壤土）中的景观渗水设施的深度应不超过 12 ft(3.7 m)。
- 应当将景观渗水设施设计为能够在 48 小时内将全部 ESD$_V$ 都排放出去。可以在景观渗水设施以上提供临时容纳 ESD$_V$ 的设施。
- 应当在景观渗水设施顶部铺设一层 12～18 in(30～46 cm)厚的作为过滤介质的种植土。
- 在种植土下方需要铺设一层最小厚度为 12 in(30 cm)的砾石层。
- 应当在底部铺设一层 12 in(30 cm)厚的净砂层，作为现有土壤和床层内石块之间的桥接介质。
- 应当确定整个系统（包括临时积水区、土壤层、景观渗水设施底部的砂砾石层）的 ESD$_V$ 储水量。在计算储水量时应当考虑到砾石和土壤介质的空隙度（$n = 0.40$）。
- 如果可行，应当沿着暴雨径流主收集系统设置预处理设施。这些预处理措施包括安装排水沟滤网、在屋顶落水管上安装一个可拆卸过滤网、在入口处设置一个砂层或豆状石砾隔膜或设置一个 2～3 in 的地面遮护层。

图 5.7 为一个被作者称为"景观洼地"的景观渗水设施的平面图。

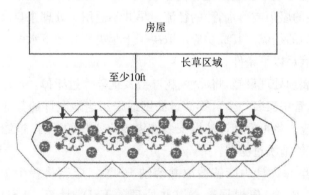

图 5.7 景观渗水设施(洼地)的平面图

5.4.8.3.4　渗水护堤

渗水护堤是一种沿着比较平缓斜坡周线设置的由土壤和石块组成的土丘。通过在护堤或土堤上方挖掘上坡材料而造出一个洼地和储水区域,构造渗水护堤。沿下坡流至凹陷区的暴雨径流再流经护堤肩,从而被过滤,并保持片流状态。在使用渗水护堤时,应当同时使用那些让水流成为片流(例如流至缓冲区的片流)的设施或一系列较陡的斜坡,以防止集流。

渗水护堤应当采用以下设计标准。

•应当沿着周线以不变高度设置渗水护堤,并且渗水护堤应当水平。

•当沿着一个斜坡连续设置渗水护堤时,每个护堤的堤趾处的高度应与下一个护堤下坡的顶部高度相同。

•护堤的形状应当为非对称。其顶部的宽度应为 2 ft。

•应当减小护堤坡度,使得上坡道护堤趾处具有内凹形状。

•在设计中,应当考虑土壤是否适合于抵抗滑坡和坍塌。侧坡应当极缓,建议对于草被割掉的护堤采用 3：1 的比值。

•滩肩应当由一层 6 in 厚的内部有砾石或骨料的压实表层土组成。

可以利用护堤后面和顶部之前的储水容量满足预处理或 Re_v 要求,或满足 ESD_v 要求。

5.4.8.3.5　旱井

旱井是一种填满砾石或石块的凹坑或构造室,用于临时容纳来自屋顶的暴雨径流。可以将储水区建造为一个浅沟或一个深井。在下一场暴雨发生之前将屋顶径流输送至这些储水区,并将其渗入周围的土壤中。旱井的污染物脱除能力直接正比于被容纳并渗入土壤中的径流的数量。

可以将旱井应用于住宅场地和商业场地,旱井最适用于处理来自小排水区域(例如一个单独的屋顶或落水管)的径流。旱井不适用于处理来自大面积不透水区域(例如停车场)的径流。其成功应用取决于土壤类型和地下水位。

旱井应当满足以下条件。

•应当安装预处理设施,将泥沙、树叶或其他碎片过滤掉。可以通过安装排水沟滤网、在落水管中安装一个可拆卸过滤网或采用当地允许的其他方法达到上述预处理目的。应当将可拆卸过滤网安装在溢流出水口的下方,过滤网应当容易拆除,使得房主能够清洗过滤器。

•应当将旱井设计为能够截取并容纳 ESD_v。应当将一个 P_E 值应用于相关的排水区域,该 P_E 值根据被截取并处理的 ESD_v 计算。ESD_v 的储水区包括设施底部的砂层和砾石层。在计算储水量时应当考虑砾石和砂子介质的空隙度。

• 向每个旱井排水的排水区域面积不应超过 1 000 ft²(93 m²)。排水区域应当足够小(例如对于每个落水管的排水区域为 500 ft²),以保证水能够在 48 小时内渗入地下。可以利用渗水沟处理来自较大的排水区域的径流(见手册的第 3.3 节)。

• 位于 HSG B 组土壤(即亚黏土、粉沙壤土)中的旱井的深度应不超过 5 ft(1.5 m)。位于 HSG A 组土壤(即砂土、壤质砂土、沙壤土)中的旱井的深度应不超过 12 ft(3.7 m)。

• 旱井的长度应当大于宽度,以保证水的适当分布并且最大限度提高水的下渗。

• 应当在底部铺设一层 1 ft(30 cm)厚的净砂层,以便可以在现有土壤和沟中砾石之间进行桥接。

应当将旱井设置在 HSG A 或 B 水文土壤组中。旱井底部至季节性高地下水位、基岩、硬土层或其他不透水层的深度应当不低于 4 ft(在地势较低的东部海岸地区为 2 ft)。

5.4.8.3.6 微生物滞留池

微生物滞留池能够截取来自不连续的不透水区域的径流,并让其流过一个由砂子、土壤和有机物组成的过滤层,从而对其进行处理。将过滤过的暴雨水返回输送系统或将其一部分渗入土壤中。微生物滞留池为多用途设施,适用于采用景观美化的任何地区。

微生物滞留池是一种多功能设施,可以容易地将其应用于新的商业项目和工业项目以及重新开发的商业项目和工业项目中。暴雨径流被临时容纳,并在设计为能够接收来自不同面积的不透水区域的径流的景观设施中被过滤。微生物滞留池能够进行水质处理,并且具有审美价值,它可以是内凹的停车场岛、线状道路或中值过滤器、呈台地状的斜坡设施、住宅断头路岛以及超级城市的种植箱。

当按照以下方法设计微生物滞留池系统时,可以将利用式(5.19)计算的 P_E 值应用于 ESD 尺寸选择标准。当 P_E 达到或超过特定土壤的地下水补给因子(见表 5.5)时,也满足了 Re_v 要求。

$$P_E = 15 \text{ in}(A_f/DA) \tag{5.19}$$

$$P_E = 38 \text{ cm}(A_f/DA) \tag{5.20}$$

微生物滞留池应当满足以下条件。

• 向任何单独设施排水的排水面积应不超过 20 000 ft²(1 858 m²)。

• 微生物滞留池应能截取并容纳至少 75% 的 ESD_V。

• 微生物滞留池的表面积(A_f)至少应为相关排水面积的 2%。应当将利用式(5.19)计算的 P_E 值应用于相关的排水区域。可以在设施上方设置临时容纳 ESD$_V$ 的设施，表面积水深度不超过 12 in(30 cm)。

• 过滤层深度应为 24~48 in(61 cm 至 1 m)。

• 过滤层不应拦截地下水。如果过滤层被设计为渗水设施，则过滤层的内底与季节性高地下水位在垂直方向上至少应当隔开 4 ft(在地势较低的东部海岸地区为 2 ft)。

• 应当提供一个地面遮护层(最大厚度为 2~3 in)，以改善植物生存环境并阻止杂草生长。

• 过滤介质或种植土、遮护物以及暗沟系统应当符合手册的附件 B.4 中的规范要求。

隔离间距应满足以下条件。

• 微生物滞留池应当位于下坡处，并从构筑物后移至少 10 ft(3 m)。必须设置在靠近构筑物处的不同形式的微生物滞留池(例如种植箱)都应当包括一个不渗漏层。

• 微生物滞留池应当位于离水源井至少 30 ft(9 m)处以及离化粪池系统至少 25 ft(7.6 m)处。如果微生物滞留池被设计为能够渗水，则应当将其设置在距被管制的水源井至少 50 ft 处以及离未被管制的水源井至少 100 ft 处。

• 微生物滞留池的尺寸和位置应当合理，以满足当地政府规定的微型生物滞留池至地下管网的最小距离的要求。

• 树木在微生物滞留池中的栽种位置应当正确，以避免将来出现树木与电线或远程通信线路接触的问题。

图 5.8 显示了设置在停车场中间的一种形式的微生物滞留池。

5.4.8.3.7　雨水花园

雨水花园是一种挖掘出的浅景观设施或一种碟形洼地，它能在短时间内临时容纳径流。雨水花园通常由一种放置吸收剂的土壤床、一个遮护层以及栽种的植物(例如灌木、草和花)组成。其中包括一个溢流输送系统，用于输送更多的暴雨水。来自落水管、屋顶排水管、管道、洼地或路缘孔的被截取径流暂时积聚起来，并在 24 小时至 48 小时内缓慢地流经过滤器进入土壤中。

雨水花园的 ECS 尺寸选择标准是用以下公式计算的 P_E：

$$P_E = (10 \text{ in})(A_f/DA), \text{in} \tag{5.21}$$

$$P_E = (25 \text{ cm})(A_f/DA), \text{cm} \tag{5.22}$$

雨水花园的设计条件如下。

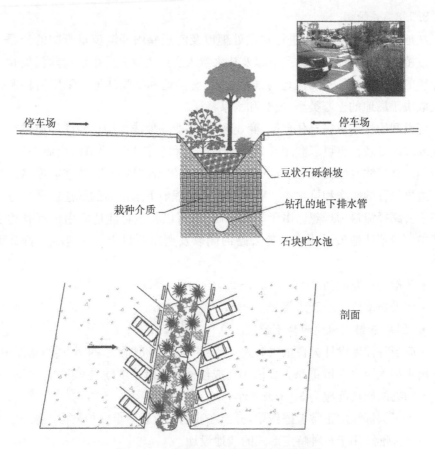

停车场 →　　　　　　　　　　　　　　　← 停车场

豆状石砾斜坡

栽种介质　　　　　　　　　　　钻孔的地下排水管

石块贮水池

剖面

图 5.8　一个停车场中间的微生物滞留池

• 向一个居民区中的单一地块的雨水花园排水的排水区域面积不应超过 2 000 ft²(186 m²)。在其他所有情况下向雨水花园排水的最大排水面积为 10 000 ft²(929 m²)。当排水面积超过上述这些要求时,应当考虑采用微生物滞留池或生物滞留池。

• 雨水花园的表面积(A_f)至少应为相关排水面积的 2%。应当将利用式 (5.21)计算的 P_E 值应用于相关的排水区域。可以在地面积水深度为 6 in 或更小的雨水花园设施上方安装临时容纳 ESD_V 的设施。

• 在土壤主要为 HSG A 和 B 组的地点,使用挖掘的雨水花园设施效果最佳。在 HSG C 和 D 组土壤区域,应当考虑将雨水花园设置在同一水平面上或实施土壤改良。

• 应当提供厚度至少为 6～12 in(15～30 cm)的种植土层。

• 应当在种植土上提供一层 2～3 in(5～7.6 cm)深的遮护层,以保持土壤水分,并防止发生过早堵塞。

• 种植土和遮护层应当符合手册的附件 B.4 中的规范要求。

5.4.8.3.8　洼地

洼地是输送暴雨径流、进行水质处理以及实现暴雨径流流量衰减的沟渠。洼地通过植物过滤、沉淀、生物摄取以及让水渗入底层土壤介质中而清除污染物。本节介绍的三种设计形式的洼地为浅草洼地、湿洼地和生物洼地。采用何种形式的洼地取决于场地的土壤类型、地势和水系特征。

可以利用洼地对来自住宅区、商业场地、工业场地或机构用地的径流进行一次处理或二次处理。也可以利用洼地对来自改造和重新开发项目的径流进行处理。由于洼地具有线性结构,因此可以利用洼地取代沿着高速公路、住宅区道路以及不动产边界设置的路缘和排水沟。利用湿洼地处理地下水位高的低洼或平坦地带上的高速公路径流最为理想。由于采用了暗沟,可以将生物洼地应用于所有类型的土壤中。浅草洼地最适用于高速公路两侧以及道路项目中。洼地应当符合下列标准:

- 洼地的底宽应为 2~8 ft(0.6~2.4 m);
- 沟渠坡度应当小于或等于 4.0%;
- ESD_V 的最大流速应当不超过 1.0 ft/s(0.3 m/s);
- 应当将洼地设计为在重现期为 10 年、降雨持续时间为 24 小时的暴雨中,能够在出水高度至少 6 in 的条件下以不造成侵蚀的水流速度输送暴雨水;
- 沟渠的侧坡度应为 3:1 或更小;
- 为了保证洼地正常发挥作用,应当在洼地中设置一个厚植被覆盖层。

以下标准适用于每种特定形式的洼地设计。

- 浅草洼地:只能将浅草洼地应用于直线状的构筑物(例如道路)的两旁,浅草洼地应当与处理的表面一样长。浅草洼地底部的表面积(A_f)至少应为相关排水面积的 2%。处理 ESD_V 时的最大流动深度应为 4 in(10 cm),沟渠的粗糙度系数(曼宁粗糙度系数 n)的数值应为 0.15。将植被高度保持在等于流动深度的程度,或者利用能量耗散设施(例如节制坝、渗水护堤或浅滩/水池的组合设施),可以满足以上粗糙度系数要求。利用计算雨水花园 P_E 值的式(5.21)($P_E=10\ \text{in}\times A_f/DA$)作为浅草洼地的 ESD 尺寸选择标准。

- 生物洼地:生物洼地底部的表面积(A_f)不低于相关不透水面积的 2%,应当将利用式(5.19)($P_E=15\ \text{in}\times A_f/DA$)计算的 P_E 值应用于相关的排水区域。应当将生物洼地设计为能够临时容纳至少 75% 的 ESD_V。应当在生物洼地底部提供一层 2~4 ft(0.6~1.2 m)深的过滤介质。建议在所有应用生物洼地的场合中都采用暗沟,在 HGS C 或 D 组土壤中尤应如此(参见手册的附录 B.4)。图 5.9 是一个生物洼地的横截面示意图。

- 湿洼地:应当将湿洼地设计为能够容纳至少 75% 的 ESD_V。应当将对基于

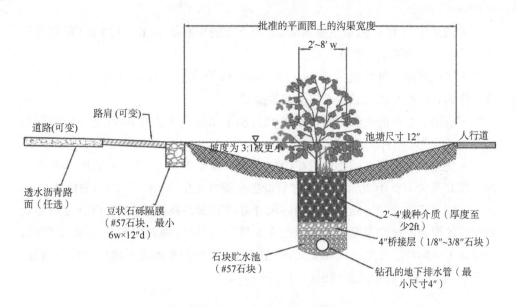

图 5.9　生物洼地的剖视图

被截取并处理的径流数量的 P_E 值应用于相关的排水区域。应当将湿洼地设置在地下水位高的区域,可以利用节制坝或堰提高储水量。

5.4.8.3.9　增强型过滤器

增强型过滤器是一种应用于特定设施(例如微生物滞留池)的改进型设施,可用于一个单独设施中进行水质处理和地下水补给。在这种设计形式的过滤器中,一个用石块填充的贮水池被设置在常规的过滤器下方,用于收集径流,清除营养素,并让水下渗至周围的土壤中。

构造化的暴雨水过滤系统或微型过滤构筑物非常易于改造,并在改造后应用于大多数开发项目中。可以根据土壤条件适当地选择石块贮水池的尺寸,以提供排水区域向系统排水的 Re_v。增强型过滤器必须与常规过滤器和微尺度过滤器满足相同的约束条件和设计要求。

增强型过滤器应当满足以下条件。

• 增强型过滤器应当配备正确设计的过滤器,以同时满足 ESD 要求和 Re_v 要求。

• 应当将增强型过滤器的贮水池设计为至少能够容纳 Re_v。石块贮水池的容积等于表面积乘以深度再乘以石块的空隙度(n)[容积＝表面积(ft²)×深度(ft)×

0.4]。①

• 当采用 A 型增强型过滤器时,暗沟下方的用石块填充的贮水池(最好采用♯57 号石块)的深度至少应为 12 in。

• 可以利用一层厚度为 12 in(30 cm)的砂子或豆状石砾(1/8～3/8 in 的石块),作为石块贮水池与亚表土之间的桥接层。

• 石块贮水池的内底应当比季节性高地下水位高至少 4 ft(在地势较低的东部海岸地区为 2 ft)。

• 应当将增强型过滤器设置在距化粪池系统至少 25 ft(7.6 m)、距未被管制的水源井至少 100 ft(30.5 m)、距被管制的水源井至少 50 ft(15.2 m)的位置。

• 应当正确选择增强型过滤器的尺寸并将其安装在正确位置,以满足当地政府规定的增强型过滤器至化粪池系统和水管线的最小(垂直和水平)距离的要求。如果地下管网与增强型过滤器交叉,则在设计中可能需要考虑采取特别保护措施。图 5.10 显示了一种形式的增强型过滤器。

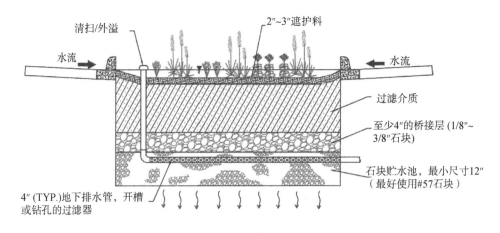

图 5.10　一种增强型过滤器

5.4.9　重新开发

5.4.9.1　引言

重新开发被定义为在场地上实施的施工、改动或改进,所述场地的现有土地利用性质为住宅用地、商业用地、工业用地、机构用地或多户住宅用地,并且现有场地

---

① 在采用国际单位时,采用以下方法计算以 m³ 为单位的石块体积:体积＝表面积(m²)×深度(m)×0.4。

的不透水区域的面积超过 40%。"场地"这个术语被定义为单独一片、一份或一块土地,或为一个所有人所拥有或相互邻近并且为多个所有人所拥有的若干片、若干份或若干块土地的组合,在所述土地或土地组合上将实施作为一个单元、一块地皮或一个项目的一部分的开发活动。在计算场地的不透水性时,当地审批机关可能允许通过森林保护、保护地役权或不包括在场地总面积中的其他机制对土地加以保护。这将激励在重新开发项目中保存和保护自然资源。

5.4.9.2 重新开发政策

一个项目是被当作新开发项目还是重新开发项目进行监管,决定于 40% 的场地不透水面积阈值。当重新开发的要求适用时,则要求对项目扰动范围(LOD)内现有的所有不透水区域进行管理。由于重新开发项目面临广泛的约束和限制,因此以下政策允许结合更多的流域目标和当地政府的行动计划进行变通以及评估选择:

(1) 应当按照以下标准实施重新开发项目中的雨洪管理。

a. 将 LOD 内的现有不透水面积降低至少 50%;

b. 最大限度地实施 ESD,以对 LOD 内的现有不透水面积中的至少 50% 进行水质处理;

c. 对于现有不透水区域,降低不透水的面积,同时实施 ESD。

(2) 也可以采取其他雨洪管理措施,前提是开发商以令人信服的方式向审批机关证明,已经最大限度地降低不透水面积并实施 ESD。其他暴雨水管理措施包括但不仅限于:

a. 采用现场构造化的 BMP;

b. 利用场地外构造化的 BMP,对面积不低于现有不透水面积的 50% 的区域进行水质处理;

c. 对于 LOD 内的面积不低于现有不透水面积的 50% 的区域,同时采取降低不透水面积、实施 ESD 以及采用场地外构造化 BMP 的措施。

(3) 当不能满足上述要求时,审批机关可以制定单独的针对重新开发项目水质处理的规划政策。马里兰州环境部(MDE)将审查和批准这些政策,这些政策可以包括但不仅限于以下内容:

a. 改造现有的构造化的 BMP;

b. 河川恢复;

c. 涉及其他污染控制计划的贸易政策;

d. 流域管理计划,包括应当按照新开发项目对于不透水面积净增加的要求考虑雨洪管理问题及其他标准。

5.4.10　特别标准

5.4.10.1　敏感水体

手册的第 5 章中也包括针对敏感水体(例如无潮汐冷水水体和有鳟鱼生长的休憩水体)的"特别标准"。这一章还讨论了"在源头减轻热影响的技术"。颜色较浅的材料(例如白色或灰色混凝土)会反射太阳辐射,从而造成水体温升较小。利用材料的日光反射指数即"SRI"表示材料反射太阳能的能力,日光反射指数的数值范围为 0(黑色表面)至 100(白色表面)甚至更高。在热敏感的流域中,设计人员应当考虑在陡坡(≥2∶12)的铺面屋面上使用 SRI 值大于 29 的材料,在小坡度(≤2∶12)屋面上使用 SRI 值大于 78 的材料。下表中列出了所选铺面和屋面材料的 SRI 值。

材料	SRI 值
沥青	0
灰色混凝土(新)	35
白色混凝土(新)	86
灰色沥青瓦	22

除了选择覆盖物的类型外,还应采用以下技术降低雨洪管理设施的热影响。

• 最大限度提高每个雨洪管理设施的下渗容量。通过提高水的下渗,减少地表径流的数量并且减少进入冷水河川中的热能。

• 正确设计过滤设施(例如微生物滞留池),使得可以将暗沟设置在地面以下至少 4 ft 深的地方。这个深度处土壤温度较低,当地面气候条件发生变化时,温度的波动小。随着径流的流过,热能被耗散,出水的温度被降低。

• 在景观美化设施中种植能够产生树荫的植物。可以利用树木、灌木和棚架上的非侵害性藤蔓遮蔽投向不透水区域的阳光。

5.4.10.2　湿地、水路和关键区域

在 100 年一遇的暴雨泛滥的平原湿地及其缓冲地带以及潮间带湿地中建造雨洪管理设施需要获得州政府和联邦政府的许可。除了这些限制条件外,将来自新开发项目和重新开发项目的径流直接排放至该州司法管辖区中的湿地和水体之前还必须对其进行处理。

马里兰州的关键区域法已经将有潮水域及其相邻的潮间湿地的 1 000 ft 范围

内的所有土地规定为"关键区域"。关键区域中的所有开发活动都必须符合附加标准的要求。这些标准包括统一应用于关键区域的栖息地保护要求以及与水质和不透水性要求有关的那些标准,它们是适用于以下特定土地类别的标准。

根据当地政府的计划被采纳之时已经存在的土地使用情况,关键区域中的土地被规定视为开发程度高的地区、限制开发地区或资源保护区(分别为 IDA、LDA 和 RCA)。IDA 是自然栖息地很少的集中开发区域。IDA 中的新开发项目和重新开发项目都必须包括至少能将开发后水中的磷浓度降至开发前水中的磷浓度的 10%(通常被称为"10%规则")的雨洪管理设施。

LDA 是低开发密度至中等开发密度的地区,其中的野生动植物栖息地未被农业、湿地、森林或其他自然区域所支配。类似地,RCA 是农业或受保护资源(例如森林或湿地)占支配地位的区域。在这些区域中,新开发项目或重新开发项目都必须满足标准水质要求,保护自然区域,并且提供将野生动物和植物栖息地连接起来的走廊。为了达到这些目标,通常将不透水面积、其他类型地面或"建筑覆盖率"限制在不动产或项目占地面积的 15%。也包括关于清理现有林地或森林的严格限制要求。在清理这些区域中的林地或森林时,要求按照至少 1:1 的比例进行补种。

为了保护栖息地,要求全部三类关键区域中的所有新开发项目都提供森林缓冲带。这个森林缓冲带从有潮水域的平均高潮线或潮间湿地和支流的近陆边缘延伸至少 100 ft(30 m),它能发挥水质过滤器的作用,并能保护关键区域中的重要河岸栖息地。可以将这个距离提高到将邻近的敏感区域(例如湿潮土壤或极易受侵蚀土壤或陡坡)包括在内。如果 RCA 中一块土地上存在敏感区域,则缓冲带的最小宽度应为 200 ft。通常禁止新开发项目在缓冲带内造成扰动,因此不能将雨洪管理设施(例如微尺度设施、构造化的设施)设置在缓冲带内。

5.5 纽约州雨洪管理条例

5.5.1 前言

一份日期为 2010 年 8 月的《雨洪管理设计手册》中包括《纽约州雨洪管理条例》。该手册是位于马里兰州艾略特市的流域保护中心在严格参考 2009 年的《马里兰州暴雨设计手册》的基础上编制的。该手册取代了先前的日期为 2003 年的手册。

表 5.13　纽约州雨洪等级标准

	标准
水质(WQ_v)	90%规则： $WQ_v = P \cdot R_v \cdot A/12$ $R_v = 0.05 + 0.009I$ I——不透水面积(%)； 最小 $R_v = 0.2$； P——90%降雨量； A——场地面积(ac)
径流减少数量（RR_v）	RR_v(ac·ft)——利用绿色基础设施技术和 SWPs 重现开发前的水文条件所造成的 WQ_v 总减少量。最小 RR_v 被定义为规定的较快减少量，前提是已经确定了目标技术理由
沟渠保护(Cp_v)	默认标准： Cp_v——项目开发后在重现期为 1 年、持续时间为 24 小时的暴雨事件中，径流减少之后剩余雨水的 24 小时延长滞留时间。如果条件允许，鼓励采取减少总 Cp_v 的措施。 适用于面积大于 50 ac 的场地的选项： 分布式径流控制——通过地貌评估，确定满水沟渠特性、沟渠稳定性和碎石运动的阈值
漫滩防洪容量(Q_p)	将重现期为 10 年的暴雨中的最大流量控制在开发前的重现期为 10 年的暴雨中的最大径流流量之内
特大洪水量 （Q_f）	将重现期为 100 年的暴雨中的最大排水量控制在开发前重现期为 100 年的暴雨中的最大径流流量之内； 安全地渡过重现期为 100 年的暴雨事件

注：在某些情况下，如果符合本章中规定的条件，则可以不必满足沟渠保护要求、漫滩防洪要求以及特大洪水量的要求。

已在 2009 年的手册中增补了两章新内容。这两章为第 9 章和第 10 章，下文将对其进行讨论。表 5.13 中汇总了《纽约州雨洪管理条例》，本节将更加详细地讨论这些雨洪管理条例。

5.5.2　水质水量

水质水量的缩写为 WQ_v，它代表年平均暴雨径流的 90%，是选择雨洪管理系统的规模从而改善水质的设计标准。WQ_v 与不透水面积的大小直接相关，用以下公式计算 WQ_v：

$$WQ_v = P \cdot R_v \cdot A/12 \qquad \text{CU} \qquad (5.23)$$

$$WQ_v = 10PR_vA \qquad \text{SI} \qquad (5.24)$$

式中：WQ_v——水质水量，ac·ft(m^3)；

P——90%降雨量,in(mm);

$R_v=0.05+0.009I$,I是不透水面积的百分数;

A——场地面积(排放径流的面积),ac(hm^2)。

将一个数值为 0.2 的最小 R_v 应用于受到管控的场地。图 5.11 显示了该州的 90%降雨事件等高线。

以上公式中的不透水面积包括:铺面道路和砾石道路、停车场、机动车道和人行道、建筑物以及诸如水池、庭院和棚子之类的其他不透水表面。

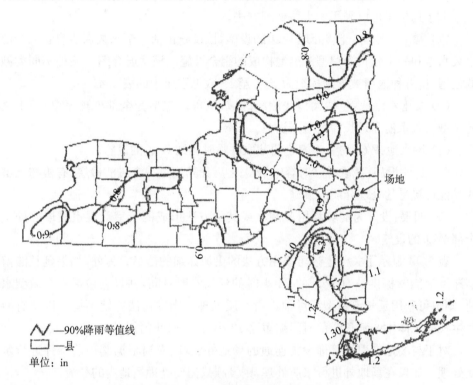

图 5.11 纽约州的 90%降雨事件

多孔路面和模块化铺设材料被视为不透水率为 50%的表面($C=0.5$)。如果不能直接测量不透水面积,则可以利用手册中的表 4.2 确定土地利用与不透水面积之间的关系。在该表中,城市开发的不透水面积的比例变化较大:城市空地(例如高尔夫球场和公园)的不透水面积为 9%,1 ac 住宅区的不透水面积为 14%,城镇住房的不透水面积为 41%,商业区的平均不透水面积为 72%。

应当通过对开发前的 100%水质水量进行下渗、地下水补给、重新利用以及蒸散以减少径流。

5.5.3 WQ_v 处理方法

应采用符合下列标准的可接受方法处理 WQ_v。

(1) 能够截取并处理全部水质水量(WQ_v)。

(2) 能够脱除 80% 的 TSS 和 40% 的 TP。

(3) 现场使用寿命符合要求。

(4) 具有预处理功能。

以下列出了可以采用的水质处理方法。

(1) 暴雨水池塘:能够处理 WQ_v 的设施,该设施包括一个永久水池或者一个由永久水池和一个延长滞留型滞洪池构成的组合设施。该手册介绍了五种不同类型的池塘,这五种池塘被分别标记为 P-1 至 P-5(见手册中的表 5.4)。

(2) 暴雨水湿地:包括大型浅沼泽区域,也可以包括为全部处理 WQ_v 而采用的小型永久水池和延长滞留型滞洪池。

(3) 渗水池:WQ_v 渗入土壤之前截取并临时容纳 WQ_v 的设施。

(4) 过滤设施:截取并临时容纳 WQ_v 之后让其流过一个过滤砂层、有机物土壤或其他可接受的处理介质的设施。

(5) 明渠:设计为能够利用节制坝或其他方法形成的干室或湿室截取并处理全部 WQ_v 的设施。

表 5.14 显示了关于上述可采用方法的更加详细的信息。另外,如果延长滞留型滞洪池能够提供针对 WQ_v 的 24 小时的延长滞留时间,并且它包括一个微型水池,则也可利用延长滞留型滞洪池进行水质处理。当地司法管辖当局可以将有鳟鱼生长的水体中的延长滞留时间缩短至 12 小时,以防止河川升温。

对于与场地内雨洪管理设施连通的场地外区域,应当根据其当前条件进行水质处理。如果在场地外进行水质处理,则设施只需要处理场地内的径流。

5.5.4 河川沟渠保护容量要求(Cp_v)

河川沟渠保护容量要求(Cp_v)旨在防止河川沟渠受到侵蚀。对于重现期为 1 年、持续时间为 24 小时的暴雨事件提供 24 小时的雨水延长滞留时间,可以实现这个目标。对于向有鳟鱼生长的水体排水的场地,只需要提供 12 小时的延长滞留时间,便能符合这一标准。图 5.12 显示了纽约州的重现期为 1 年、持续时间为 24 小时的暴雨事件。

对于占地面积大于 50 ac 并且不透水面积大于 25% 的开发项目,建议实施详细的地貌评估,以决定合适的控制水平。该手册的附录 J 中提供了关于如何实施该评估的指导。

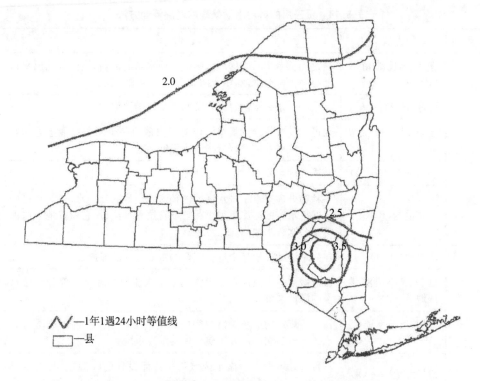

图例：
∿—1年1遇24小时等值线
□—县

图 5.12　重现期为 1 年、持续时间为 24 小时的设计暴雨

Cp_v不适用于以下条件。

- 在一个场地中将全部 Cp_v 容量都用于地下水补给。
- 场地向有潮水域或四级或更高级河川直接排水。

在纽约州,采用以下文件对河川进行分类:《纽约州规范规则和条例》(NYCRR),B-F 卷,第 800-941 部分,西方出版公司,明尼苏达州伊根市。

然而,这个分类系统未提供河川的编号。本手册中介绍的方法与 Strahler-Horton 方法一致。具体来说,将一个小支流规定为一级河川。两条支流合并时,这两条支流汇合点的下游便形成一个二级河川。三级河川指在二级河川的汇合点下游形成的河川,其他更高级河川以此类推。

可以利用滞洪池和地下拱顶室满足 Cp_v 要求(以及其后的 Qp_{10} 和 Q_f 标准的要求)。注意,尽管利用这些方法可以满足水量目标要求,但由于它们的污染物脱除率不高,只采用这些方法不能满足水质要求,需要同时采用表 5.14 中所列的方法。也可以要求在湿池或暴雨水湿地中的水质储水(WQ_v)设施的上方设置满足 Cp_v 要求的设施。

表 5.14　可采用的针对水质处理的雨洪管理方法

组别	方法	描述
池塘	微型延长滞留塘(P-1)	通过延长滞留时间处理大多数水质水量的池塘,该池塘的出水口处有一个微型水池,用于防止泥沙重新悬浮起来
	湿池(P-2)	利用一个永久水池容纳全部水质水量的池塘
	湿塘型延长滞留塘(P-3)	通过在一段规定的最小滞留时间内截留一个永久水池上方的暴雨水流量而处理一部分水质水量的池塘
	多池塘系统(P-4)	共同处理水质水量的一组池塘
	口袋池塘(P-5)	一种为处理来自小排水区域的径流而设计的暴雨水湿地,其可用于保持水位的基流量很小或者没有这种基流量,它依赖地下水保持一个永久水池
湿地	浅湿地(W-1)	在一个湿的浅沼泽中进行完全的水质处理的湿地
	延长滞留型滞洪湿地(W-2)	通过截留一个沼泽表面上方的暴雨水流而处理某一部分水质水量的湿地系统
	池塘/湿地系统(W-3)	在一段规定的最小滞留时间内利用一个位于沼泽前面的湿池的永久水池容纳一部分水质水量的湿地系统
	口袋湿地(W-4)	一种为处理来自小排水区域的径流而设计的浅湿地,其水位可变,依赖地下水保持其永久水池
下渗	渗水沟(I-1)	在水质水量被渗入地下之前在砾石沟渠的空隙空间中将其容纳的一种渗水设施
	渗水池(1-2)	在水质水量被渗入地下之前在一个浅洼地中将其容纳的一种渗水设施
	旱井(1-3)	在设计上类似于渗水沟的一种渗水设施,最适合于处理屋顶径流
过滤设施	地面砂滤器	在泥沙室中将较大的颗粒沉淀下来,然后利用一个砂子基质过滤暴雨水的一种过滤设施
	地下砂滤器(F-2)	在暴雨水流过地下沉淀室和过滤室时对其进行处理的一种过滤设施
	边界砂滤器(F-3)	由作为并联拱顶室的一个泥沙室和一个滤床组成的靠近停车场的过滤器
	有机物过滤器(F-4)	一种利用过滤器中的有机介质(例如堆肥)取代砂子的过滤设施
	生物滞留池(F-5)	一种在暴雨水流过土壤基质时对其进行处理,然后将其返回至暴雨排水系统的浅洼地

组别	方法	描述
明渠	干洼地(0-1)	一种设计用于截留暴雨径流并利用土壤介质对其进行过滤的敞开式排水渠或洼地
	湿洼地(0-2)	一种设计用于蓄水或拦截地下水以进行水质处理的敞开式排水渠或洼地

来源：Table 3.3，New York State storm water management manual prepared by Center for Watershed Protection，Ellicot City，MD，for New York State Department of Environmental Conservation，Albany，NY，August，2010.

确定沟渠保护储水容量的依据如下。

• 应当利用 TR-55 方法和 TR-20 方法（或批准的等效方法）计算重现期为 1 年、持续时间为 24 小时的暴雨事件中的最大排水流量。

• 对于重现期为 1 年、持续时间为 24 小时的暴雨事件，应当将场地外区域的条件当作"当前条件"。

• 对于开发后的条件，将计算集流时间(T_c)时采用的地面径流的长度限制在 100 ft 之内。

• 在延长滞留型滞洪池孔口的直径太小的场地，不要求满足 Cp_v 的 24 小时滞留时间的要求。建议利用孔口直径至少为 3 in 并且带拦污栅的孔板（如果用一个立管保护孔板，则利用孔口直径至少为 1 in 的孔板）防止堵塞。

• 用于沟渠保护的延长滞留型滞洪池(Cp_v-ED)可以不满足 WQ_v 要求。然而，可以利用同一 BMP 同时满足水质要求和沟渠保护储水容量的要求。

• 重现期为 1 年的暴雨的 Cp_v 滞留时间是指（进入 BMP 的）进水过程线的质量中心与（离开 BMP 的）出水过程线的质量中心之间的时间差。

5.5.5 漫滩流量控制标准(Q_p)

漫滩防洪设计标准旨在控制城市开发所产生的漫滩洪水的发生频率和程度。漫滩防洪设施需要具备一定的储水容量，以将开发后的重现期为 10 年、持续时间为 24 小时的暴雨的最大排水流量(Q_p)降至开发前的水平。漫滩防洪要求(Q_p)在某些条件下不适用，例如当场地直接向有潮水域或四级及以上河川直接排水时。

在以下条件基础上进行漫滩防洪设计计算。

• 利用 TR-55 方法和 TR-20 方法（或批准的等效方法）计算最大排水流量。

• 当开发前土地利用的性质是农业用地时，开发前条件下的曲线数应为"作为草地"的曲线数。

• 对于重现期为 10 年的暴雨事件，应当将场地外区域的条件当作"当前条件"。

- 图 5.13 显示了整个纽约州的重现期为 10 年的暴雨的降雨深度（24 小时）。

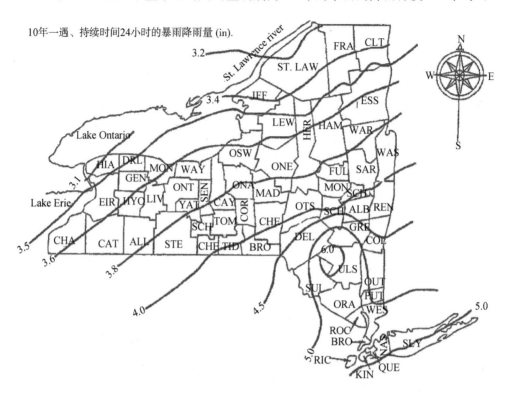

图 5.13　重现期为 10 年、持续时间为 24 小时的设计暴雨

- 对于开发前的条件，计算 T_c 时采用的片流长度被限制在 150 ft 以内，对于开发后的条件，则被限制在 100 ft 以内。在极端平坦地带（平均坡度＜1%）的区域，对于开发前条件，将这个最大距离提高到 250 ft，对于开发后条件，将这个最大距离提高到 150 ft。

5.5.6　特大洪水控制标准(Q_f)

特大洪水标准的作用在于：(a)防止大暴雨事件造成洪水灾害危险增大；(b)维持开发前的 100 年一遇暴雨的泛滥平原的边界线；(c)保护雨洪管理设施的实际完整性。针对 100 年一遇暴雨的防洪设施需要具备一定的储水容量，以将开发后的重现期为 100 年、持续时间为 24 小时的暴雨的最大排水流量（Q_f）降至开发前的水平。

在以下情况下，可以不满足针对 100 年一遇暴雨的防洪要求：

- 场地向有潮水域或四级及以上河川直接排水；

- 在重现期为 100 年的暴雨的最终泛滥平原上开发活动被禁止；

• 对下游的分析结果显示无需针对 100 年一遇的暴雨采取防洪措施。

采用水坝的滞洪构筑物必须具备将设计洪水安全溢出的能力。不应将此处提及的流量和泛滥平原范围与 FEMA 编制的用于全国洪水保险计划（NFIP）中的那些流量和泛滥平原范围相混淆。

特大洪水排水设计标准是整个纽约州的重现期为 100 年、持续时间为 24 小时的暴雨事件。图 5.14 中显示了这种暴雨事件中的降雨深度。这种暴雨事件的设计标准如下：

• 利用和计算漫滩防洪容量 Q_p 的相同方法计算 Q_f；

• 在计算降低重现期为 100 年的暴雨中的最大洪水流量所需的储水容量时，将场地外区域的条件当作当前条件；

• 在计算安全渡过 100 年一遇的洪水所需的储水容量时，将场地外区域的条件当作完全开发的条件。

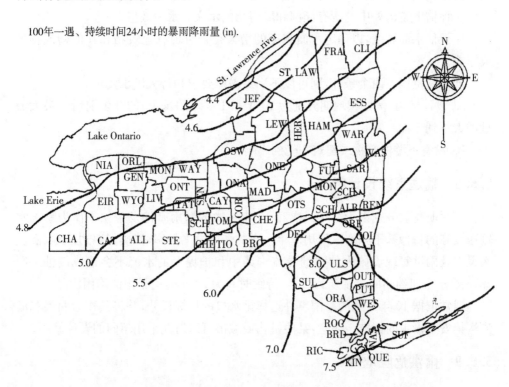

100年一遇、持续时间24小时的暴雨降雨量 (in).

图 5.14　用于计算 Q_f 的重现期为 100 年、持续时间为 24 小时的设计暴雨

5.5.7　下游分析

建议对于大于 50 ac 的场地，实施漫滩和特大洪水控制所需的下游分析，以确

定用于更大的流域范围内的设施规模。这种分析有助于确保当一个场地的排水与上游和下游的流量汇合时,该场地的储水容量足够大。例如,在某些情况下一个场地的滞洪设施可能加重流域中的洪水问题。本节提供对于实施这种分析的简要指导,包括有关被评估下游沟渠两侧的特定点以及分析中应包括的最少要素的指导。

可以采用10%规则实施下游分析。也就是说应当将分析范围从排水点向下游扩大到河川上的一个地点,位于这个地点的场地代表了总排水面积的10%。例如,一个50 ac场地的分析范围应当将河川上排水点至一个排水面积为500 ac的最近下游点之间的各点包括在内。以下介绍下游分析所需的要素。

• 计算在一级或更高级河川的所有下游汇合点处设计暴雨(例如重现期分别为10年和100年的暴雨)的开发前和开发后的最大流量,所述一级或更高级河川与满足10%规则要求的那一点连通并将那一点包括在内。如果可能,这些分析应当考虑采取暴雨水质控制措施和不采取暴雨水质控制措施的两种方案。

• 评估下游沟渠中的所有涵洞和障碍物的水文和水力效应。

• 评估水面高度,以确定水面高度的增大是否对现有建筑物和其他构筑物造成影响。

如果满足以下两个条件,则可以不满足漫滩要求和特大洪水要求。

a. 设计暴雨(例如重现期分别为10年和100年的暴雨)的开发前后的最大流量增大不到5%。

b. 没有下游构筑物或建筑物受到影响。

5.5.8 输送系统设计标准

该手册建议分别以为2年一次和10年一次的暴雨事件发生频率作为暴雨水输送设施的目标暴雨频率。采用2年一次的暴雨发生频率,以确保路边洼地、溢流沟渠以及雨洪管理设施内的池塘导流沟渠中和护堤上的水流不会造成侵蚀。图5.15显示了纽约州的重现期为2年、持续时间为24小时的暴雨的降雨深度。

通常依据10年一遇的暴雨事件选择排水口的目标尺寸,并将其作为明渠和溢流沟渠安全输水的标准。注意,某些机构或城市可以对此采用不同的设计暴雨。

5.5.9 雨洪危险地带

雨洪危险地带是指通过监测研究发现的产生烃类、微量金属元素或有毒物质的浓度高于典型暴雨径流中上述物质的浓度的土地利用及活动区域。如果一个场地被标记为危险地带,则这对暴雨水的处理方式具有重要影响。首先,不能让来自危险地带的暴雨径流渗入地下水中,因为这可能污染供水水源。其次,处于危险地带的场地,要求暴雨水处理的程度更高,以防止在施工之后污染物被冲走。这种处

2年一遇、持续时间24小时的暴雨降雨量 (in).

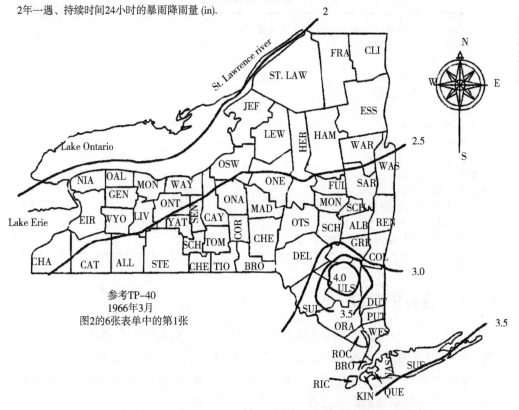

图 5.15　重现期为 2 年、持续时间为 24 小时的暴雨的降雨深度(in)

理计划中通常包括编制并实施如下 SWPPP 的内容,所述 SWPPP 涉及场地上的一系列操作设施,这些操作设施能够降低场地上污染物的产生或者防止雨水与污染物接触。表 5.15 为纽约州规定的危险地带清单。

　　以下土地利用及活动区域通常不被视为危险地带:

- 居住区街道和农村高速公路;
- 住宅开发区域;
- 机构设施建设区域;
- 办公楼修建区域;
- 非工业建筑物屋顶;
- 透水地区,但高尔夫球场和托儿所除外,因为高尔夫球场和托儿所可能需要采用病虫害综合治理(IPM)计划。

　　大型高速公路[日平均交通量(ADT)大于 30 000]未被规定为暴雨水危险地带,但重点是,必须保证高速公路雨洪管理计划能够充分地保护地下水。

表 5.15　暴雨水危险地带的清单

以下土地利用及活动区域被视为暴雨水危险地带：
- 汽车修理厂和汽车回收设施[a]
- 汽车加油站
- 汽车保养和维护设施
- 汽车和设备清洗设施[a]
- 车队储存区域(公共汽车、卡车等)[a]
- 工业活动的排放点
- 游船码头(保养和维护)[a]
- 室外液体容器存放地点
- 室外装/卸设施
- 公共工程材料储存区域
- 产生或容纳危险材料的设施[a]
- 商业容器育苗圃
- 相关审查机构规定的其他土地利用及活动区域

a. 土地利用或活动区域必须按照国家污染物排放系统(NPDES)的要求，编制暴雨水污染预防计划。

5.5.10　重新开发项目

2010 年《纽约州雨洪管理手册》的第 9 章中涉及重新开发项目。先前注明日期为 2003 年 8 月的《雨洪管理手册》中不包括这一章以及名称为"升级的脱磷标准"的第 10 章的内容。这两章的内容于 2008 年 4 月发布并被收入 2010 年的手册中。以下简要介绍这两章的内容。

重新开发项目与新建项目一样，都必须符合四个标准的要求：水质处理、沟渠保护、漫滩防洪以及特大暴雨控制。如果一个项目的标书中未提出增大不透水面积，或者该项目未改变水文条件(如果改变水文条件，将造成排水流量增大)，则无需满足漫滩防洪和极端流量控制(即重现期分别为 10 年和 100 年的暴雨的标准)的要求。可以采取以下措施中的任一措施满足水质标准要求。

1. 项目将现有不透水面积降低至少 25%。

2. 如果未满足将现有不透水面积降低至少 25%的要求，则项目应当利用标准设施截取至少 25%来自重新开发区域的水质水量(WQ_v)并对其进行处理。计划应当针对产生污染物可能性最大的区域，例如停车场和服务站。

3. 项目的计划中提出利用其他设施处理 75%来自受扰动区域的 WQ_v 以及来自受扰动区域之外的更多径流(如果有)。

4. 计划中提出采取降低不透水面积的方法并且同时采用标准设施或其他替代设施组合的措施，所述组合措施的加权平均值不低于以上第 2 个或第 3 个措施的加权平均值。当水质处理的水平必须与重新开发的要求相适应时，可以采用的专有设施包括湿拱顶室、地下渗水系统以及其他水质处理装置(水动力重力分离器或水分离器以及介质过滤器)。

5.5.11　升级的脱磷标准

2010 年手册中的第 10 章详细介绍了磷的来源、输送过程以及处理过程。该章讨论了以下内容。

a. 以阻止或减少径流作为降低产生的总磷浓度以及降低下游处理系统成本的高度有效的方法。

b. 采用各种不同的雨洪管理系统控制磷浓度。

c. 雨洪管理设施减少排水流量,以及其脱磷的有效性和能力。

在本章中的计算水质水量 WQ_v 的另一种方法中,规定采用 TR-55 方法以及以重现期为 1 年、持续时间为 24 小时的暴雨为标准进行脱磷处理。纽约州的重现期为 1 年、持续时间为 24 小时的暴雨的降雨量为 1.8~3.2 in(45.7~81.3 mm)。

问题

5.1　哪个机构通过了 1972 年的《清洁水法》(CWA)？该法案的适用范围是什么？

5.2　什么是 MS4s？它们要求何种类型的许可证？

5.3　什么是施工一般许可证(CGP)？当前的 CGP 是何时开始生效的？

5.4　NPDES 代表什么？第二阶段 NSPES 是何时开始生效的？它的要求是什么？

5.5　TSS 代表什么？新泽西州要求的 TSS 脱除率是多少？您所在州的要求是什么？

5.6　EISA 第 438 节的适用范围是什么？

5.7　暴雨水数量控制的新趋势是什么？

5.8　新泽西州重大开发项目的定义是什么？

5.9　新泽西州的重大开发项目必须降低最大流量吗？降低最大流量的具体内容是什么？

5.10　新泽西州的水质要求是什么？所有开发项目都必须实施暴雨水处理吗？

5.11　计算新泽西州一块 10 ac 的开发用地的水质暴雨的雨量。一块 4.0 hm² 的场地的水质暴雨的雨量是多少？不透水面积是 30％。请说明所做出的假设。

5.12　计算一块具有以下不透水面积/透水面积的百分比的 10 ac 开发场地的水质径流量:

a. 15％建筑物;

b. 25％停车场;

c. 60%草坪/景观。

必须对径流中的多大部分进行水质处理？提示：在水质暴雨期间草坪和景观产生的径流很少。

5.13 利用一个 TSS 脱除率为 40%的延长滞留型滞洪池输送来自问题 5.12 中的建筑物和停车场的径流。这个 TSS 脱除率能够满足《新泽西州雨洪管理条例》的要求吗？如果不能，则要求的 TSS 脱除率低了多少？可以采取什么措施满足这个场地的 TSS 脱除率要求？

5.14 利用 NJDEP 条例中的第 2 个选项，计算问题 5.12 中要求的地下水补给量。场地的土壤为水文组 B 土壤，重现期为 2 年、持续时间为 24 小时的暴雨的降雨量为 3.4 in。

5.15 马里兰州的水质水量规模选择标准是什么？计算东部地区的一块 8 ac 住宅用地的要求的水质水量。场地上的不透水面积为 2.4 ac。

5.16 对于一块不透水面积为 30%的 2 hm² 场地，重新求解问题 5.15。

5.17 对于纽约州的一块场地，计算问题 5.15 中的住宅项目的水质水量 WQ_v。该场地是图 5.11 中标注的"场地"。

5.18 计算问题 5.15 中的住宅用地的地下水补给量。场地的土壤是水文组 B 土壤。

5.19 计算问题 5.18 中的场地的沟渠保护容量 Cp_v。该场地位于弗雷德里克县。依据开发前条件下的 30 分钟的集流时间以及开发后条件下的 15 分钟的集流时间进行计算。

5.20 计算问题 5.15 中的漫滩防洪容量 Q_p。该场地位于弗雷德里克县。

5.21 采用国际单位计算本章例 5.2 中的要求的 ESD 径流深度和储水量。为简单计，将场地的面积四舍五入至 14 hm²。

附录 5A：NJDEP 批准的植被覆盖的过滤带的 TSS 脱除率

5A.1 要求的过滤带长度

表 5A.1 中显示了过滤带采用的达到 TSS 脱除率的最大坡度。可以依据过滤带的坡度、植被覆盖的面积及其排水区域中的土壤类型，利用图 5A.1 至图5A.5 确定要求的过滤带长度。如各图中所示，所有植被覆盖的过滤带的最小长度都为 25 ft。

表 5A.1 过滤带最大坡度

过滤带土壤类型	水文土壤组	过滤带最大坡度（%）	
		草皮草、本地草的草地	种植树林和原生树林
砂土	A	7	5
沙壤土	B	8	7
壤土、粉砂壤土	B	8	8
砂质黏壤土	C	8	8
黏壤土、粉砂黏土、黏土	D	8	8

来源：《NJDEP 的雨洪最佳管理实践手册》，2004 年 2 月 2 日起使用。

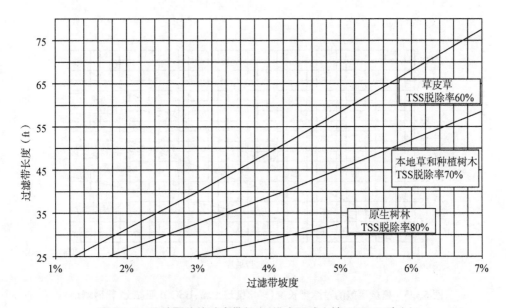

图 5A.1 植被覆盖的过滤带长度（排水区域土壤：HSG A 砂土）

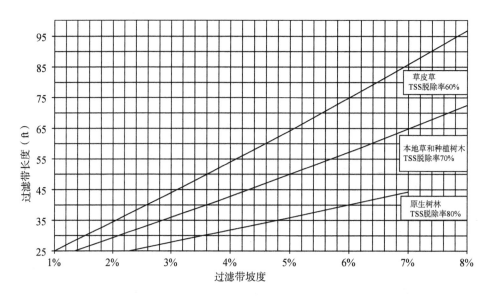

图 5A.2　植被覆盖的过滤带长度(排水区域土壤:HSG B 沙壤土)

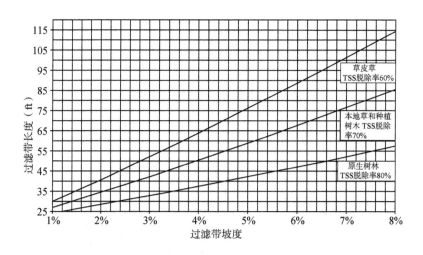

图 5A.3　植被覆盖的过滤带长度(排水区域土壤:HSG B 亚黏土、粉砂壤土)

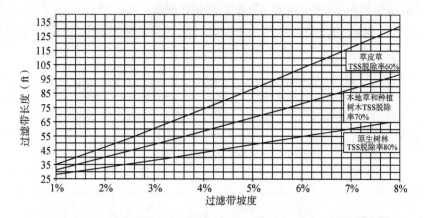

图 5A.4　植被覆盖的过滤带长度(排水区域土壤:HSG C 砂质黏壤土)

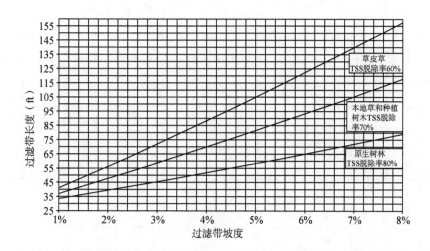

图 5A.5　植被覆盖的过滤带长度(排水区域土壤:HSG D 黏壤土、粉砂黏土、黏土)

附录 5B:马里兰州 ESD 尺寸选择要求的简化曲线数

表 5B.1 显示了 ESD 中所用的不同水文土壤组的降雨量目标/径流曲线数的降低。

表 5B.1 ESD 中所用的降雨量目标/径流曲线数的降低

%I	RCN[a]	1 in	1.2 in	1.4 in	1.6 in	1.8 in	2.0 in	2.2 in	2.4 in	2.6 in
					$P_E=$					
水文土壤组 A										
0%	40									
5%	43									
10%	46									
15%	48	**38**					满足了 Cp_v 要求			
20%	51	40	**38**	**38**						
25%	54	41	40	39						
30%	57	42	41	39	**38**					
35%	60	44	42	40	39					
40%	61	44	42	40	39					
45%	66	48	46	41	40					
50%	69	51	48	42	41	**38**				
55%	72	54	50	42	41	39				
60%	74	57	52	44	42	40	**38**			
65%	77	61	55	47	44	42	40			
70%	80	66	61	55	50	45	40			
75%	84	71	67	62	56	48	40	**38**		
80%	86	73	70	65	60	52	44	40		
85%	89	77	74	70	65	58	49	42	**38**	
90%	92	81	78	74	70	65	58	48	42	**38**
95%	95	85	82	78	75	70	65	57	50	39
100%	98	89	86	83	80	76	72	66	59	40
水文土壤组 B										
0%	61									

%I	RCN[a]	1 in	1.2 in	1.4 in	1.6 in	1.8 in	2.0 in	2.2 in	2.4 in	2.6 in
						$P_E=$				
5%	63									
10%	65									
15%	67	**55**								
20%	68	60	**55**	**55**			满足了 Cp_v 要求			
25%	70	64	61	58						
30%	72	65	62	59	**55**					
35%	74	66	63	60	56					
40%	75	66	63	60	56					
45%	78	68	66	62	58					
50%	80	70	67	64	60					
55%	81	71	68	65	61	**55**				
60%	83	73	70	67	63	58				
65%	85	75	72	69	65	60	**55**			
70%	87	77	74	71	67	62	57			
75%	89	79	76	73	69	65	59			
80%	91	81	78	75	71	66	61			
85%	92	82	79	76	72	67	62	**55**		
90%	94	84	81	78	74	70	65	59	**55**	
95%	96	87	84	81	77	73	69	63	57	
100%	98	89	86	83	80	76	72	66	59	**55**
水文土壤组 C										
0%	74									
5%	75									
10%	76									
15%	78									
20%	79	**70**								
25%	80	72	**70**	**70**						

		$P_E=$								
%I	RCN[a]	1 in	1.2 in	1.4 in	1.6 in	1.8 in	2.0 in	2.2 in	2.4 in	2.6 in
30%	81	73	72	71	满足了 Cp_v要求					
35%	82	74	73	72	**70**					
40%	84	77	75	73	71					
45%	85	78	76	74	71					
50%	86	78	76	74	71					
55%	86	78	76	74	71	**70**				
60%	88	80	78	76	73	71				
65%	90	82	80	77	75	72				
70%	91	82	80	78	75	72				
75%	92	83	81	79	75	72				
80%	93	84	82	79	76	72				
85%	94	85	82	79	76	72				
90%	95	86	83	80	77	73 70	**70**			
95%	97	88	85	82	79	75 71	71			
100%	98	89	86	83	80	76 72	72	**70**		
水文土壤组 D										
0%	80									
5%	81									
10%	82									
15%	83									
20%	84	**77**								
25%	85	78			满足了 Cp_v要求					
30%	85	78	**77**	**77**						
35%	86	79	78	78						
40%	87	82	81	79	**77**					
45%	88	82	81	79	78					
50%	89	83	82	80	78					

%I	RCNᵃ	$P_E=$								
		1 in	1.2 in	1.4 in	1.6 in	1.8 in	2.0 in	2.2 in	2.4 in	2.6 in
55%	90	84	82	80	78					
60%	91	85	83	84	78					
65%	92	85	83	84	78					
70%	93	86	84	84	78					
75%	94	86	84	84	78					
80%	94	86	84	82	79					
85%	95	86	84	82	79					
90%	96	87	84	82	79	**77**				
95%	97	88	85	82	80	78				
100%	98	89	86	83	80	78	**77**			

来源：Maryland Storm Water Design Manual，updated through May 4，2009，vol I. and II，prepared by Center for Watershed Protection，Ellicott City，and the Maryland Department of the Environment，MD (http://www. mde. state. md. us).

注：满足了 Cp_v 要求（RCN＝状况良好的林地）用粗体字母标记。ᵃ用于 Cp_v 计算的 RCN。

参考文献

[1] Brzozowski，C.，2005，NPDES reporting requirements storm water managers share how they cope with thetremendous amount of data a storm water program generates，Storm Water，May/June，52-59.

[2] ——2008a，Getting to know the SWPPP，Storm Water，July/August，20-39.

[3] ——2008b，Getting to know the SWPPP，part 2 Adventures in erosion and sediment control，Storm Water，September，72-81.

[4] EPA（Environmental Protection Agency），2000a，The quality of our nation's waters，a summary of the nationalwater quality inventory：1998 Report to Congress，EPA-841-S-00-001，Office of Water，Washington，DC,June.

[5] ——2000b，National water quality inventory report，EPA-841-R-02-001 (http://www. epa. gov/305b).

[6] ——2009，Technical Guidance on Implementing the Stormwater Runoff Requirements for Federal Projectsunder Section 438 of the Energy Independence and Security Act，http://www. epa. gov/owow/nps/lid/

section438.

[7] ——2012, Construction general permit, February (http://cfpub. epa. gov/npdes/storm water/cgp. cfm).

[8] ——2013a, National rivers and streams assessment 2008—2009, a collaborative survey, draft, EPA/841/D-13/001,February 28.

[9] ——2013b, http://www. epa. gov/npdes/sw _ rule _ presentation _ July2013. pdf.

[10] EWRI Currents, 2009, Federal facilities face a new storm water hurdle, Newsletter of the Environmental andWater Resources Institute of the ASCE, 11 (1): 1-2.

[11] Kayhanian, M. and Stenstrom, M. K. , 2008, First flush characterization for storm water treatment, Storm Water,March/April, 32-45.

[12] Maryland Model Storm Water Management Ordinance, July 2005, and supplement, Jan. 2007, MarylandDepartment of the Environment, Baltimore, MD (http://www. mde. state. md. us).

[13] Maryland Storm Water Design Manual, Updated through May 4, 2009, vol. I and II, prepared by Center forWatershed Protection, Ellicott City, and the Maryland Department of the Environment, MD (http://www. mde. state. md. us).

[14] New York State storm water management design manual, 2010, prepared by Center for Watershed Protection,Ellicott City, MD, for New York State Department of Environmental Conservation, Albany, NY, August.

[15] NJDEP (New Jersey Department of Environmental Protection), 2004a, New Jersey Storm Water BestManagement Practices Manual, NJDEP, Trenton, NJ, February, partly revised and amended September2014.

[16] ——2004b, DEP storm water management rules, N. J. A. C. 7:8-5 and 7:8-6, February 2.

[17] ——2010, Amended storm water management rules, N. JA. C. 7: 8, April 19.

[18] NJGS (New Jersey Geological Survey), 1993, GSR-32 (geological survey report No. 32) (http://www. state. nj. us/dep/njgs/N. J. A. C. 7:15).

[19] US Dept. of Agriculture, Natural Resources Conservation Service, 2007, National engineering handbook(NEH), part 630 hydrology, Sept. 2007, revised through November 2010, Chapter 16, hydrographs, datedMarch 2007.

6　人工水处理装置

6.1　概述

在实践中,我们采用各种结构性雨洪管理系统来改善水质。这些系统部分包括植被洼地、延时的滞洪池、湿池、渗滤池、生物滞洪池、人工湿地和砂滤器。此外,还存在各种非结构性雨洪管理措施,如透水路面、雨水花园和植物缓冲区。近年来,针对联邦和州的水质法规,研究人员已经制造了多种水质装置。本章讨论了人工水质装置(也称为水处理装置),并简要比较了这些装置与结构性水质系统。结构和非结构性雨洪管理系统将在本书后面讨论。

在结构性雨洪管理系统中,如果设计得当,滞洪池和池塘可以作为径流量控制的有效措施;它们也可以改善水质,但不如控制流量那么有效。渗滤池和生物滞洪池最适于水质管理。虽然据报道一些结构的 BMP 可以去除多达 95% 的悬浮物总量,但它们的实际效果取决于场地,也可能因暴雨大小而异。

结构 BMP 在去除总磷和硝酸盐方面的有效性远小于其去除悬浮固体总量(TSS)的能力。某些化学物质,如来自道路除冰盐的氯,不能通过任何结构的BMP 去除。此外,土壤吸收一些污染物(如金属)可能会导致土壤毒性,在几十年的时间内将渗滤池转变为受污染区。除了效力不足外,结构 BMP 也很昂贵。费用不仅包括建造,还包括滞洪/贮水/渗滤池(露天情况)的用地以及维护。

人工装置是预制或现浇雨水处理结构,利用涡流分离或过滤工艺、吸收/吸附材料、植物介质或其他技术从径流中去除污染物。人工处理装置旨在截留雨水径流中的沉积物、浮游物、碳氢化合物和其他污染物,雨水径流之后被排放到排水输送系统或另一个雨洪管理设施。人工处理装置适用于较小的排水区域,特别是小型路面区域,例如停车场或加油站。对于较大的场地,人工水质装置可用于径流的预处理,然后将径流排放到其他较大容量的水质结构,例如滞洪池和池塘。这些装置特别适用于地下滞洪和贮水/渗滤池之前的预处理。

通常,基于峰值流量设计水质装置。但是,如果装置放置在滞洪系统之外,则可以根据系统减小的流量调整装置的规格。这种减小装置规格、降低成本的应用仅适用于过滤介质装置。

人工装置通常用其商品名称来表示,并且通常需要比结构 BMP 更多的维护。一些人工水质装置配有过滤介质来改善水质。与其他装置和许多结构系统相比,这些装置需要更频繁的维护并且维护成本更高。从相应的维护方面而言,介质过滤器需要的维护更多,植草洼地需要的维护最少。维护费用因实际做法而异;植被洼地需要的预算最少;而介质过滤器的成本更高,但维护成本低于砂滤器。

人们认为砂和介质过滤器是水质 BMP,并且包括新泽西州 DEP 在内的一些管辖机构已批准其用于去除 80%TSS。砂滤料由其下是滤布的水平砂床、粒料和开孔排水管构成。淤泥沉积物最终会堵塞砂子之间的间隙,从而抑制渗透。为了维护该过滤器,必须利用真空装置抽走砂子上面的水;清除顶层(如果不是整个砂床)并用干净的砂子代替。另一方面,介质过滤器的维护很简单,只需在发现其正在丧失排水能力时更换介质过滤器就可以了。此外,维护砂滤器的成本几乎是维护介质过滤器的两倍。根据弗吉尼亚州规划委员会报告的数据,维护砂滤器的年平均成本估计为每英亩不透水面积 2 000 美元,而介质过滤器的维护成本则为 1 000美元(Doerfer,2008)。Weiss 等人的一项研究(2005)提供了有关延时滞洪池、池塘、砂滤器、人工湿地、生物滞洪池和渗透渠去除悬浮固体总量和磷的有效性和成本的宝贵信息。

单一的 BMP 可能无法去除关注的所有污染物。因此,在选择一套满足雨洪管理要求的 BMP 时,应评估各种处理方案,而不是采用单一的 BMP(WERF,2005)。首先,应考虑 BMP 减少径流量的程度。还应考虑储存径流以便再利用。接下来,选择时应仔细考虑 BMP 可以处理的径流流量。许多人工装置配有旁路系统来转移高于其容量的流量。

在选择人工装置(和任何 BMP)时,一个重要的考虑因素是与其他装置相比的总成本。在分析总成本时,不仅要对项目的初装成本进行评估,还要对项目的长期维护成本进行评估;请记住,指定的 BMP 在不同场地上的成本并不相同。还应注意,雨洪处理技术变化迅速。今天的领先技术,在几年后可能就不是最佳方法了。

关于雨洪管理 BMP 效益方面的国家级和州级出版物有很多。关于这一主题的优秀出版物是《国家控制城市地区非点源污染管理办法》,由环境保护署(EPA)于 2005 年 11 月出版,出版物编号为 EPA-841-B-05-004,518 页。该出版物包括流域评估和保护、场地开发、控制施工现场侵蚀和沉积物、污染预防、运行维护以及计划有效性评估等主题。以下参考文献只是其他一些优秀的国家级和州级出版物的范例。

• 《管理雨水径流防止饮用水污染》,EPA,《水源保护实践手册》,2008 年

•《雨水处理控制和选择问题的批判性评估》，WERF，2005 年

•《最佳雨洪管理实践手册入门：建造》，加州雨水质量协会出版，2009 年 11 月

•《最佳雨洪管理实践手册》，新泽西州环境保护部门，2004 年 2 月出版，2009年部分修订（第 6 章："处理装置的制造标准"）

•《建筑工地监管计划指导手册》，加州交通局环境分析司出版，CTSW-RT-11-255-20.1，2013 年 8 月

另一个主要资源是国际雨水 BMP 数据库，该数据库提供很多有关雨洪管理实践方面的有用信息。该数据库网站由美国环境保护署和美国土木工程师协会（ASCE）于 1996 年建立，此后不断扩大；还加入了其他合作伙伴，如水环境研究基金会（WERF）、联邦公路管理局（FHWA）、美国公共工程协会、ASCE 环境和水资源研究所（EWRI）以及提供绩效益数据和 BMP 评估的服务机构。可以在线访问该数据库（http://www.bmpdatabase.org）。2010 年，WERF，FHWA 和 EWRI共同发起了一项收集全面的雨水 BMP 效益分析技术论文系列的活动，这些论文的依据是国际雨水 BMP 数据库中的数据。可下载这些技术论文（http://www.bmpdatabase.org/BMPperformance.htm）。2010 年和 2011 年发表的论文系列包含约 400 项研究；截至 2012 年 12 月，BMP 数据库增加了 100 多项 BMP 效益方面的新研究。截至 2013 年，对 800 多份与 BMP 相关的文献资料进行了编目和审查。

6.2　水质装置的认证

根据 EPA 第二阶段雨洪管理规则，现已将大量人工水质装置引入市场。Stormceptor，CDS®（连续偏转分离）和 Vortechemics 是 20 世纪 90 年代中期首批人工水质装置。例如，CDS 水质装置于 1996 年被引入美国。目前人工水质装置数量已经增长到三十多个，并且仍在增长。人工水质装置最初面临的是机构的反对意见。在 21 世纪初，诸如 ASCE 和 EPA 这样的机构在其第三方独立评估中考虑使用这些设备。许多管辖机构仅接受人工水质装置作为结构或非结构 BMP 的补充，并作为最后一招。使用人工设备进行实验并证明其有效性和效率之后，这种态度正在逐渐改变。

在为项目选择水质装置（和任何水质 BMP）时，从业者需要获得有关其性能、维护要求和生命周期的可靠信息。此外，由于雨洪管理实践在具体场地表现出不同的特性，所以必须根据特定场地量身定制 BMP。在理想情况下，应根据在相同州或类似水文性质的区域内收集的试验数据进行选择。然而，对于人工水处理装置而言，具体地点的可靠数据并不总是可获取的。

此外，制造商报告的数据通常基于一些试验协议，这些协议可能会因制造商而

异。对于人工水质装置,声称去除的悬移质总量可能没有指明所测试的沉积物的类型和大小。

粒径在去除污染物的过程中很重要。如第一章所述,大颗粒的沉淀速度比细颗粒快得多;因此,在利用沙子的试验中,表现出的 TSS 去除率会远超过利用淤泥进行的试验。然而,输送诸如金属等污染物的细颗粒构成了相关沉积物,这些颗粒需要很长时间才能沉淀。此外,由于各种变化,自然环境不适合进行去除污垢方面的标准化试验。地质条件不同的区域会在径流中产生不同尺寸的颗粒。沉积物的大小可能因暴雨而异。强降雨可以产生和输送较大的颗粒,并且沉积物负荷也明显大于毛毛雨。

评估试验数据的另一个问题是这项研究是在实验室还是在现场进行。实验室试验表明了设备在一组严格控制的试验条件下表现得如何。因此,可以在此基础上仔细比较不同设备的有效性。然而,由于进入人工处理装置(MTD)的颗粒的尺寸、类型和浓度因地而异,实验室试验的结果可能反映、也可能不反映装置在实际现场的性能。

现场试验的好处是代表了装置在实际情况下的性能。然而,为了准确,应在大范围的暴雨条件下和不同地点进行现场试验。但只有少数几个州执行了,并编制了当地雨水从业者可以使用的某种文件。新泽西州是为人工水质装置制定了严格的试验和认证程序的州之一。以下章节简要介绍了该程序。

6.2.1 NJCAT 认证

在新泽西州,NJDEP 科学、研究和技术部门(DSRT)曾负责对所有人工处理装置的最终污染物去除率进行认证。该认证基于以下情况之一发布。

(1) 新泽西州先进技术公司(NJCAT)根据新泽西州能源和环境技术验证计划(N. J. S. A. 13;D—134et seq)对装置污染物去除率进行验证。

(2) 根据新泽西州通过正式互惠协议认可的另一个州或政府机构的技术评估协议验证生态(TAPE)计划装置的污染物去除率,此类验证按照《最佳雨洪管理实践示范二级洲际互惠协议》执行。

(3) 由其他第三方试验组织(如 NSF)验证装置的污染物去除率,此类验证按照先前指定的协议执行。如果 NJDEP 确定它们等同于 Ⅱ 级协议,则可以考虑其他试验协议。附录 6A 举例说明了 EPA 和 NSF 对 Terre Kleen™(宾夕法尼亚州的 Terre Hill 混凝土制品公司的人工水处理装置)的验证。

2013 年 1 月 25 日,新泽西州环境保护部(NJDEP)发布了一项新的 MTD 验证流程。在获得 NJDEP 批准之前,MTD 必须获得新泽西州先进技术公司(NJCAT)的验证。NJCAT 验证程序包含在一本名为"根据雨洪管理规则 N. J. A. C. 7;8,从新泽西州先进技术公司获得人工雨水处理装置的验证程序"的手册中。可以在以下网站获取该程序:http://www.njcat.org。

根据 2013 年程序,任何先前已通过 NJCAT 验证的 MTD 必须在 NJDEP 认证到期之前根据新程序重新验证,从而保持其通过验证的状态。2013 年协议指出,MTD 的验证应基于严格按照本文件进行的一系列实验室和分析试验的结果。目前不要求进行现场试验。

实验室试验必须满足以下试验协议之一:

• 2013 年 1 月 25 日,《新泽西州环境保护部门评估水动力沉积式人工处理装置去除悬浮固体总量的实验室协议》;

• 2013 年 1 月 25 日,《新泽西州环境保护部门评估过滤式人工处理装置去除悬浮固体总量的实验室协议》。

实验室试验将评估 MTD 的处理工艺,确定性能并评估预期寿命。这些试验应由独立的试验设施或制造商执行。制造商进行的实验室试验必须在独立的第三方观察员的直接监督下执行。

分析试验定义为根据 ASTM D3977-97 评估悬浮固体总量。该试验应由制造商或独立分析实验室或独立试验机构执行。制造商进行的分析试验必须在独立的第三方观察员的直接监督下执行。

如果制造商使用自己的实验室进行实验室试验或分析试验,必须由第三方观察员观察该试验:

(1) 观察员应验证是否符合实验室试验计划;

(2) 观察员应在试验的整个过程中观察试验;

(3) 对于试验结果而言,观察者与之没有任何个人利益冲突;

(4) 实验室和独立观察员的资格必须得到 NJCAT 的批准。

独立实验室、独立试验设施和第三方观察员的资格必须在试验前得到 NJCAT 的批准。附录 6B 描述了试验过程。完成试验后,将文件交给 NJCAT 进行审查和验证。用于审查的文件包括:技术说明、实验室设置、性能声明、支持文件、设计限制和维护计划。性能声明提供有关 MTD 的规格和容量的信息,如下所述。

(1) 对于水动力分离式 MTD,被 NJCAT 称为水动力沉淀(HDS)MTD,性能数据包括以下各项:

a. 已验证的 TSS 去除率;

b. 最大处理流量(MTFR);

c. 沉积物储存最大深度和体积;

d. 有效处理面积;

e. 滞洪时间和体积;

f. 有效沉积面积；

g. 在线或离线安装；

h. 确定上述所有内容的依据，包括所有相关计算。

注意：TSS 去除效率将由 NJCAT 确定；如果 HDS MTD 的 TSS 去除效率大于 50％，那么 TSS 去除效率应向下舍入到 50％。对于 TSS 去除效率低于 50％的 HDS MTD，NJCAT 不会授予验证。

（2）对于过滤式 MTD，必须提供以下信息：

a. 已验证的 TSS 去除率；

b. MTFR 和排水筒最大流量（如果适用）；

c. 沉积物储存最大深度和体积；

d. 有效处理面积；

e. 滞洪时间和滞蓄水量；

f. 有效沉积面积；

g. 有效过滤面积；

h. 沉积物质量负载能力；

i. 排水区允许的最大流入量；

j. 在线或离线安装，最大在线流量（如果适用）；

k. 确定上述所有内容的依据，包括所有相关计算。

注意：TSS 去除效率将由 NJCAT 确定；如果过滤式 MTD 的 TSS 去除效率大于 80％，那么 TSS 去除效率应向下舍入到 80％。对于 TSS 去除效率低于 80％的过滤式 MTD，NJCAT 不会授予验证。

在审查之后，NJCAT 编制了一份验证报告，证实受测的 MTD 符合技术和监管标准。然后，NJCAT 将其电子版报告在网站（http://www.njcat.org）上更新，并向 NJDEP 的雨洪管理单位提供该链接。MTD 的正式认证在 NJDEP Stormwater 网站（http://www.njstormwater.org）上确立。该网站会随着新 MTD 的批准不时更新。

NJDEP，没有延长测试截止日期，测试截止日期于 2015 年 1 月 25 日到期。表 6.1 列出了 MTD 的名称、TSS 去除率（80％或 50％）以及实验室和现场试验认证情况。附录 6C 包括 Filterra®生物滞洪系统的认证，该系统是 Americast 的一个部门（现在是 Contech Stormwater Solutions 的一部分）研发，这是第一个经 NJDEP 认证其 TSS 去除率达到 80％的生物滞洪单元。

值得注意的是，NJDEP 没有关于集水池嵌件的认证，而集水池嵌件对于小区域来说是实用且性价比较高的。但是，其他一些管辖机构也认可使用入口过滤器进行水处理。例如,南卡罗来纳州的格林维尔将 MTD 分为以下 3 种类型。

第 1 类 MTD 分离装置(标准暴雨水 MTD),包含用于沉积物沉淀的贮槽,其设有一系列处理室、挡板或围堰来拦住垃圾、油、油脂和其他污染物。

第 2 类 MTD 过滤装置(受损水体,每日最大总负荷要求),包含沉淀室和过滤室。第 2 类 MTD 包含过滤材料或植被来去除特定污染物,如氮、磷、铜、铅、锌和细菌。

第 3 类 MTD 集水池嵌件(有限的空间),可包含过滤介质,如聚丙烯、多孔聚合物、经处理的纤维素和活性炭,用于吸收特定污染物(油、油脂、碳氢化合物和重金属)。第 3 类 MTD 必须提供溢流功能,不降低集水池的原水流容量。

MTD 适用于最大 3.0 ac 的排水区域。调整所有 MTD 的规格,使其至少处理整个水质事件,无需旁路。格林维尔标准中的水质暴雨规定为 24 小时 1.8 in 的 Ⅱ类暴雨,或降雨强度从 2.16 in/h(5 分钟暴雨)至 1.34 in/h(30 分钟暴雨)的暴雨。在新泽西州,第 5 章所示的水质暴雨为 2 小时、1.25 in 暴雨,这是一场比格林维尔的水质暴雨更猛烈和更大的暴雨。例如,对于 10 分钟的暴雨,新泽西州的水质暴雨强度为 3.2 in/h。

格林维尔县的技术规范也正确地指出,90% 或以上 TSS 去除率的装置可能只能去除 2% 的黏土颗粒,但它可以去除 100% 的淤泥、沙子以及小型和大型颗粒。

表 6.1　NJDEP 认证的水处理装置

通过 NJDEP 认证的暴雨水处理装置	MTD 实验室试验认证	现场试验认证	取代认证	经认证的 TSS 去除率	维护计划
AquaFilter 过滤室,AquaShield 公司制造		认证	取代	80%	计划
旋流式集中器,AquaShield 公司制造		认证	取代	50%	计划
连续偏转分离器(CDS)装置,CONTECH 暴雨水方案公司制造	认证	认证	取代	50%	计划
下游防护装置,Hydro 国际公司制造	认证		取代	50%	计划
双涡流分离器,Oldcastle® 暴雨水方案公司制造	认证			50%	计划
Filterra 生物滞洪系统,CONTECH 工程方案公司制造	认证		取代	80%	计划
Jellyfish® 过滤器,Imbrium 系统公司制造		认证	取代	80%	计划

通过 NJDEP 认证的暴雨水处理装置	MTD 实验室试验认证	现场试验认证	取代认证	经认证的TSS 去除率	维护计划
介质过滤系统,CONTECH 暴雨水方案公司制造		认证	取代	80%	附录 A
StormPro 雨水处理装置,Environment 21 公司制造	认证			50%	
StormVault,Jensen Precast 公司制造		认证	取代	80%	附录 A
雨洪管理 StormFilter,CONTECH 暴雨水方案公司制造		认证	取代	80%	计划
Up-Flo 过滤器,Hydro 国际公司制造		认证	取代	80%	计划
Vortechs 暴雨水处理系统,CONTECH暴雨水方案公司制造		认证	取代	50%	计划

6.3　制造装置的类型

人工处理装置有各种类型,可以不同程度地改善水质。MTD 可分为 3 大类:

(1) 安装在集水池内或上方的装置或过滤器;

(2) 水动力分离水质结构;

(3) 过滤介质水质装置。

这些装置提供最高的悬浮固体总量去除率,并且还可以部分地去除其他污染物,例如磷和碳氢化合物。过滤介质装置可能比某些结构水处理系统(例如植草洼地)更有效。

6.3.1　集水池的嵌件

集水池的嵌件有不同的类型。一种类型是由一系列托盘组成的,顶部托盘用作初步沉淀物捕集器,下层托盘由介质过滤器组成。另一种类型使用滤布去除污染物。还有一种类型包括直接装配到集水池中的塑料或金属篮。最流行的装置是篮子类型,包括嵌件和防护罩。表 6.2 列出了美国制造的一些入口过滤器。

在表 6.2 列出的过滤器中,由亚利桑那州斯科茨代尔的 AbTech 工业公司制造的 Ultra-Urban 过滤器和由加利福尼亚州圣罗莎的 Kristar 公司生产的 FloGard ＋Plus®过滤器是两种广泛使用的集水池嵌件。Kristar 还为沟槽排水管制造了过滤器。Clearwater BMP 是另一种广泛使用的入口过滤器,由加利福尼亚州维斯塔净水方案公司制造。

Ultra-Urban 过滤器是首批集水池嵌件之一，由 AbTech 工业公司于 1996 年引入市场。Kristar(现为 Oldcastle® 暴雨水方案公司的一部分)的 FloGard＋Plus 是另一款已在市场销售很长时间的产品。Ultra-Urban 和 FloGard＋Plus 过滤器均由筛网、过滤器衬里和包含在袋子或类似可拆卸滤网中的非浸出吸油材料组成。上述每个过滤器均配有溢流堰，将超过过滤器容量的水流输送到下游的雨水排放口。这些过滤器提供了简单的方法来清除垃圾、漂浮物和大部分沉积物——叶子和草针，以及来自雨水径流的油和油脂。入口过滤器尚未获得 NJDEP 的认证；尽管如此，它们对于没有水质 BMP 空间的、无法对现有排水结构进行重大改造的发达地区最为实用。因为可以很容易地将这些过滤器插入停车场、街道和道路的现有入口。作者建议在排入干井和其他类型地下滞洪渗滤池的入口使用这些过滤器。入口过滤器通过从径流中去除淤泥、树叶、垃圾、油和油脂可延长地下滞洪渗滤池的使用寿命。作者认可其审查的非主要项目中入口过滤器的 40％TSS 去除率。

表 6.2　集水池嵌件清单

产品名称	公司	过滤器类型/名称	网址
Ultra-Urban 过滤器	AbTech 工业公司	智能海绵	http://www.abtechindustries.com
FloGard＋Plus	Kristar 公司/Oldcastle® 暴雨水方案公司	Perk 过滤器/不锈钢	http://www.kristar.com
Stormdrain Solutions	Stormdrain Solutions 公司	PolyDak	http://www.stormdrains.com
Aqua-Guaidian 集水池嵌件	Aqua Shield 公司	疏水纤维素	http://www.aquashieldinc.com
Hydro-Kleen 暴雨水装置	ACF 环境公司	a	http://www.acfenvironmental.comhttp://www.acfenvironmental.com
过滤系统 Triton	Contech 公司	Media Pak	http://www.Contechstormwater.com
Blocksom 过滤器[b]	Blocksom & Co.	天然过滤器	http://www.blocksom.com
REM GeoTrap 过滤器嵌件	SWIMS	介质滤芯	http://www.SwimsClean.com
Fabco 集水池嵌件	Fabco 工业公司	a	http://www.fabco-industries.com
栅式进水口撇渣盒	Suntree 技术公司	a	http://info@suntreetech.com

注：a 未指定。
　　b Blocksom 过滤器是放置在入口格栅上的垫子。这块垫子在施工期间用来控制沉积物和侵蚀(见第9章)。

先前指出的入口过滤器中的海绵在去除碳氢化合物方面非常有效。例如，Ultra-Urban 过滤器中使用的智能海绵能够：(a)去除自身重量三倍的碳氢化合物；(b)抑制霉菌的生长；(c)根据 EPA 的毒性特征浸出程序(TCLP)将碳氢化合物转化为稳定的固体。一种名为加强型智能海绵的改良型智能海绵还能够在接触时破坏细菌。集水池过滤器不仅可以作为低成本的 BMP(成本从 1 200 美元到 2 500 美元不等，具体取决于入口尺寸)，而且易于维护。图 6.1 是 FloGard＋Plus 过滤器的组件图；图 6.2 是 Aqua-Guardian 集水池嵌件图。与其他一些入口过滤器不同，进入 Aqua-Guardian 嵌件后，雨水会积聚在沉积室中。随着嵌件内积聚雨水，水流过锁定的筛网立管并分散在过滤介质上，在该介质上去除沉积物、石油烃、磷酸盐和重金属(例如锌)，之后水流出底板。

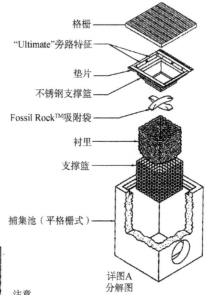

格栅
"Ultimate"旁路特征
垫片
不锈钢支撑篮
Fossil Rock™吸附袋
衬里
支撑篮
捕集池（平格栅式）

详图A
分解图

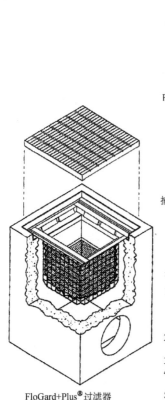

FloGard+Plus® 过滤器
-装入集水池-

U.S. patent # 6,00,023 & 6,877,029

注意

1. FloGard＋Plus（框架式）高容量集水池嵌件有多种规格和款式可供选择（参见说明书图表，第2/2页）。关于适合非标准或组合式集水池的装置，请参考FloGard+Plus（壁式）嵌件。
2. 过滤器嵌件应具有"初始"过滤旁路和"最终"高流量旁路的功能。
3. 过滤器支撑架应由304型不锈钢制成。
4. 在格栅底部和出口管顶部之间留出至少2.0ft的间隙，或参考FloGard嵌件进行"浅层"安装。
5. 过滤介质应为Fossil Rock，按照制造商规范进行安装和维护。
6. 在阻止过滤旁路之前，储存量反映了最大固体收集量的80%。
7. 过滤流量包括两个安全系数。

图 6.1 FloGard＋Plus 入口过滤器组件

(a)单嵌件　　　　　　(b)双嵌件　　　　　　(c)横截面

图 6.2　Aqua-Guardian™集水池嵌件

　　AbTech 工业公司和 Oldcastle®暴雨水方案公司都生产其他类型的水质装置。例如，AbTech 工业公司制造了一种名为暴雨水抗菌处理装置的水质装置；而 Oldcastle®则制造了一种商业上称为双涡流动力分离器的水质装置，该装置经 NJDEP 认证可以去除 50%的 TSS。图 6.3 显示了 Oldcastle®暴雨水方案公司制造的各种水质装置。这些设备包括用于排水沟的 FloGard＋Plus 嵌件。欲了解这些公司制造的水质装置的更多信息，读者可以访问他们的网站 http://www.abtechindustries.com 和 http://contactstormwater@oldcastle.com。位于加利福尼亚州欧申赛德的 BioClean 环境服务公司是另一家为排水沟制造过滤器的公司。这些过滤器专为含大量碳氢化合物、油和油脂的情况而设计。它们还能捕集沉积物和有机物。图 6.4 为安装在草坪入口处的简易网式过滤器，用于捕集树叶、草屑和粗糙的沉积物。过滤器旨在延长放置在草坪入口下方的地下 Cultec 室的使用寿命。

　　位于加利福尼亚州愉景湾的 Revel Environmental Manufacturing and SWIMS（暴雨水检测和维护服务公司）的 REM Geo-Trap™集水池过滤器嵌件是最近推向市场的产品。该嵌件包括非反应性高密度聚乙烯（HDPE）塑料结构，配有圆形、方形、矩形或定制形状的 UV 抑制剂；介质滤芯可用于去除沙子、淤泥、垃圾、碳氢化合物、金属和防冻剂。介质滤芯可与 REM Triton 系列互换。REM Geo-Trap 嵌件的标准内径和外径分别为 4 in（102 mm）和 12 in（305 mm）。嵌件可放置在 17 in×17 in 至 52 in×52 in 的集水池内。每个过滤器重 1 lb，可以捕集 25 lb 油，平均成本为 1 000 美元。2010 年，在南费城体育中心停车场的 12 个现有集水池中安装了 REM Geo-Trap 过滤器嵌件（Aird，2012）。

　　2011 年，加利福尼亚州的帕西菲卡（人口 37 000）在 40 个入口处安装了 FloGard＋Plus 集水池嵌件。由于靠近海洋，入口处安装了不锈钢网（Goldberg，2012）。Fabco 工业公司仅仅在纽约拿骚县一处就安装了 3 000 多个集水池过滤器嵌件。Blocksom&Co.公司制造的入口过滤器由天然纤维制成,可用于格栅和路缘开口,可以很容易地将这些过滤器连接到入口,无需拆下格栅。Blocksom过滤器有 27 in×30 in 的垫子(69 cm×76 cm),27 in×21 in(69 cm×53 cm)的卷装和 27 in×75 in(69 cm×191 cm)的卷装,这些均为 1.5 in(3.8 cm)厚。图 6.5 为 27 in×30 in 的垫子。Blocksom 入口过滤器提供了一种经济的方法来清除淤泥、漂浮物和碎屑,也可以通过清扫表面和侧面进行清洁。它们也耐用,不会受到车辆交通的损坏,特别适合在施工期间使用。欲了解更多信息,请访问 http://www.blocksom.com。

Oldcastle®暴雨水方案公司产品, "从施工到施工后" 均适用

入口过滤和垃圾捕集产品

FLOGARD+PLUS
FloGard+PLUS捕集池嵌件和沟渠排水过滤器在径流进入水道之前去除沉积物和碎片以及石油碳氢化合物。

捕集池嵌件

沟渠排水过滤器

FLOGARD FloGard落水管过滤器安装在商业或工业应用中,去除通常在建筑屋顶上发现的污染物。

落水管过滤器

FloGard垃圾和碎片防护装置用于过滤离开现场的暴雨水,几乎没有从积水表面落下,通过公园道路的涵洞流到缘边和排水沟。

垃圾和碎片防护装置

FloGardT系列入口过滤器是一种捕集池嵌件经济的替代品,用于在施工期间及施工后从暴雨水径流和其他源头收集沉积物和碎片。

T系列捕集池嵌入式过滤器

NET TECH
NetTech草地污染物捕集器,用于明渠的暴雨水出口。

水力分离产品

DUAL VORTEX

双旋流水力分离器配集成式溢流道,高流量旁路,是一种用以从暴雨水径流中去除沉积物、碎片和可燃污染物的有效系统。

介质过滤产品
PERK FILTER
Perk过滤器是一种介质过滤装置,从城市径流中捕集和保留沉积物、油、金属及其他目标组分并降低排水总负载。可提供多种结构,包括捕集池、拱顶和人孔,支持最大灵活性设计。

Bioretention/Biofiltration & LID Products

BIOMOD
BioMod模块生物贮水系统是一种模块化预制混凝土生物过滤系统,设计和结构具有一致性,增强过滤器的性能,结构完整并减少了结构和持续维护的成本。

TREEPOD
TreePod生物过滤器是一种树框式过滤器;经验证,可以有效地去除暴雨水中常见的超细和溶解污染物。简化了暴雨排水系统的设计和施工。该装置是一体式预制结构,确保安装便捷、使用寿命长久。

SWALEGARD
SwaleGard草注前置过滤器提高了过滤性能和所有植被排水系统的使用寿命,它可在径流进入"绿色"BMP(例如洼地或池塘)之前,过滤沉积物、碎片和游离油。

前置过滤器
SwaleGard溢流过滤器是一种简单、有效且经济的装置,设计在生物贮水室中保留草地污染物,例如垃圾、碎片和粗沉积物,不会妨碍峰值流量旁路的需求。

溢流过滤器

Oldcastle Stormwater Solutions
7921 Southpark Drive · Suite 200
Littleton, CO 80120
Phone: (800) 579-8819 · Fax: (707) 524-8188
www.oldcastlestormwater.com
contactstormwater@oldcastle.com

Oldcastle®
Stormwater Solutions

图 6.3　各种 Oldcastle®暴雨水水质装置

图 6.4 草坪入口网式过滤器　　图 6.5 Blocksom 过滤器 27 in×30 in 垫子

　　SNOUT 是美国使用最广泛的油水分离器防护罩之一。这些防护罩由康涅狄格州莱姆的 Best Mangement Practices 公司制造。在过去十年中，在各种类型的项目中安装了 20 000 多个 SNOUT 防护罩，用于从水中分离油和其他碎屑。可以将 SNOUT 连接在任何类型排水管上方的集水池壁上，用于捕集漂浮物、垃圾、沉积物以及油和油脂。为了改善液压系统并防止污染物被吸入下游，SNOUT 配备了一个反虹吸水流通风口，还提供了一个清理端口，以便进入管道。SNOUT 由造船用的玻璃纤维制成，这是一种坚固而轻质的塑料复合材料。与入口过滤器相比，这些防护罩易于安装且维护成本更低。然而，由于它们隐藏在地下，因此 SNOUT 的维护比集水池嵌件更容易受到忽视，并且它们在去除悬浮固体和油脂方面效果较差。图 6.6 显示了 SNOUT 及其功能。可以在其网站（http://www.bmpinc.com）上找到有关 SNOUT 的更多信息，该网站允许用户选择适合其需求的 SNOUT 的规格。

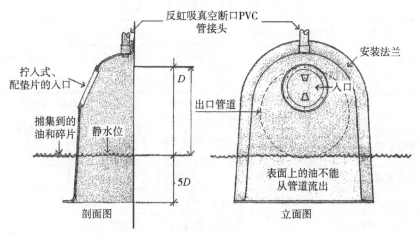

图 6.6 SNOUT 水质入口防护罩

6.3.2 水动力分离水质装置

如上所述,在过去的 25 年中,市场上已经引入了大量水质装置。表 6.3 是水动力分离式水处理装置的部分清单,也称为水动力沉淀装置,其中一些获得NJDEP批准。这些装置可以最有效地从径流中去除重粒子、漂浮物和油(在某些装置中)。但是,它们没有介质过滤器,介质过滤器可以去除细颗粒物,部分去除磷和重金属。最近市场上还有其他尚未获得 NJDEP 认证的设备,其中包括纽约法明代尔的Fabco 工业公司制造的 StormSafe 和佐治亚州劳伦斯维尔的 Crystal Springs 工业公司制造的 CrystalClean 分离器。后者设备有单拱顶(型号 1056)和双拱顶(型号 2466)两种。单拱顶类似于图 6.7 所示的 Vortechs 系统,有七种规格,范围从 6 ft×4 ft (1.83 m ×1.22 m)到 12 ft×6 ft(3.66 m×1.83 m)。所有这些装置的高度均为 6 ft(相比于Vortechs 的 7 ft)。其制造商规定的流量范围为 6 cfs(0.17 m³/s)至 24 cfs (0.68 m³/s)。双拱顶有四种规格,全高 6 ft,最大流量为 12~36 cfs(0.34~1.02 m³/s)。

表 6.3 列出了许多水质装置。其中一些装置,包括 Aqua-Swirl 和 Stormceptor,通过旋流作用和沉淀过程将悬浮固体与流入的流体分开。例如,在 Aqua-Swirl 和Stormceptor 中,水通过切向入口管进入该装置,产生旋流模式,导致悬浮固体沉淀。沉淀发生在每次暴雨事件期间和连续暴雨之间。重力和水动力阻力的组合促使固体从流动中掉落并迁移到速度最低的处理室中心。在高流量期间,进入Vort Sentry 的径流通过次级入口被引导到处理室中,从而捕集可漂浮物和碎片。旁路避免了处理室中出现的高速流或湍流,这有助于防止先前捕集的污染物被冲走。

表 6.3 部分水动力沉淀装置的清单[a]

产品名称	设计流量/规格	制造商名称(网址)
Aqua-Swirl[a]	0.45~12.2	AquaShield 公司(http://www.aquashieldinc.com)
BaySeparator[b]		BaySaver 技术公司[b](http://www.BaySaver.com)
CDS[c,d]	0.7~6.3 cfs	Contech Stormwater Solutions[d](http://www.ContechStormwater.com)
下游防护装置[a,c]	1.12~10.08	Hydro International/Water Quality Rocha(http://www.hydro-international.biz)
双涡流分离器(DVS)		Oldcastle®暴雨水方案公司
HydroGard		Hydroworks 公司
营养物质分离器挡板箱		Suntree 技术公司
Stormceptor OSR		Imbrium 系统公司

产品名称	设计流量/规格	制造商名称(网址)
Stormcepter STS[c]		Imbrium 系统公司
Tene Kleen[c]		Tene Hill 暴雨水系统公司(http://www.tenekleen.com)
StormPro	0.51~8.00	Environmental 21 公司
Vortechs System[e]	0.63~10.1 cfs	Contech Stormwater Solutions(http://www.ContechStormwater.com)

注:只有 Aqua-Swirl、CDS、下游防护装置、DVS、StormPro 和 Vortechs System 获得了 NJDEP 的批准(截至 2015 年 10 月)。

[a]截至 2015 年 10 月,NJDEP 批准的流量。

[b]2008 年,与 Advanced Drainage Systems(ADS)合作。

[c]批准 NJDEP 在线(内联)或离线使用(见附录 6C)。

[d]2008 年,CDS 被 Contech 收购。

[e]2005 年,Vortechs 被 Contech 收购。

CDS 水质单元包括一个设有 2 400 μm 网孔的不锈钢筛网,可以有效去除漂浮物和任何大于 2.4 mm 的沉积物颗粒。此外,CDS 装置和一些其他装置可以配备某种类型的海绵,用于去除磷酸盐和金属。

CDS 单元和其他利用旋流作用的水处理装置的深度随其处理能力而变化,可以深达 20 ft。但是,Vortechs® 水质结构 7 ft(2.13 m)深,对较大水流的应用是有益的。图 6.7 提供了 Vortechs 系统的平面图和立面图;表6.4 列出了 NJDEP 批准的 Vortechs 型号尺寸。由 Contech 制造的 Vortechs 系统的处理能力范围从型号 1 000 的 0.63 cfs 到型号 16 000 的 10.1 cfs。表 6.5 和表 6.6 提供了由 Oldcastle® 暴雨水方案公司制造的双涡流分离器(DVS)装置的处理能力和尺寸。

图 6.8 描述了 CDS® 4045 装置的尺寸和平面图/截面图,其额定值为 7.5 cfs (0.21 m³/s)。由于处理能力范围很广,与许多其他装置相比,CDS 装置在城市雨洪管理实践中更多地用于处理径流。其应用较多的另一个原因是,对于指定排水,CDS 装置是最便宜的处理装置之一。例如,加利福尼亚州拉古纳海滩市选择 CDS 水动力分离器作为最具成本效益的 BMP 方法来去除径流中的污染物(Wieske et al. 2002)。该市安装了 3 cfs 处理能力的 CDS 装置,离线预处理径流,然后将其转移到城市综合下水道或让其流回主线暴雨排水沟。作者在几个项目中使用了 CDS 水质装置,其中一些项目将在第 7 章中予以讨论。附录 6D 包括各种规格的 CDS 水质装置表格。图 6.9 提供了 Aqua-Swirl 型号 AS-5 CFD PCS(聚合物涂层钢)暴雨水处理系统的详细信息。

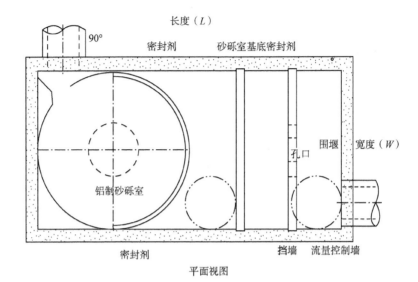

长度（L）

密封剂　　　砂砾室基底密封剂

90°

铝制砂砾室

孔口　　围堰　　宽度（W）

密封剂　　　挡墙　流量控制墙

平面视图

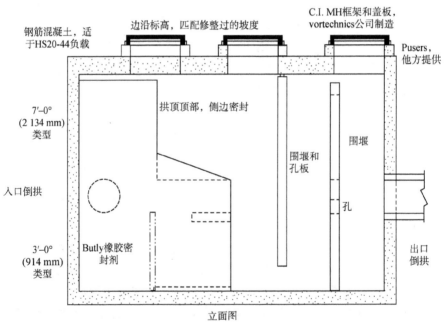

钢筋混凝土，适于HS20-44负载

边沿标高，匹配修整过的坡度

C.I. MH框架和盖板，vortechnics公司制造

Pusers，他方提供

7′-0°（2 134 mm）类型

拱顶顶部，侧边密封

围堰和孔板

围堰

入口倒拱

孔

3′-0°（914 mm）类型

Butly橡胶密封剂

出口倒拱

立面图

图 6.7　Contech 工程方案公司的 Vortechs® 的平面图和立面图

表 6.4 Vortechs 的型号和规格

型号	尺寸(长×宽),ft(m)[a]	处理能力,cfs(L/s)[b]	砂砾室容量 ft³(m³)
1000	9×3(2.74×9.14)	0.63(17.8)	7.1(0.20)
2000	10×4(3.05×1.22)	1.12(31.7)	12.6(0.36)
3000	11×5(3.35×1.52)	1.75(49.6)	19.6(0.56)
4000	12×6(3.66×1.83)	2.50(70.8)	28.3(0.80)
5000	13×7(3.96×2.13)	3.40(96.3)	38.5(1.09)
7000	14×8(4.27×2.44)	4.50(127.4)	50.3(1.42)
9000	15×9(4.57×2.74)	5.70(161.4)	63.6(1.80)
11000	16×10(4.88×3.05)	7.00(198.2)	78.5(2.22)
16000	18×12(5.49×3.66)	10.1(286.0)	113.1(3.20)

注:[a]舍入到小数点后第二位。
　　[b]NJDER 批准的处理能力。

表 6.5 DVS 型号的 MTFRs 和所需的沉积物去除间隔

DVS 型号	人孔直径 (ft)	最大处理流量 (cfs)	有效处理面积 (sf)	水力负荷量 (gpm/sf)	50%最大沉积物容量(cf)	沉积物去除间隔 (月)
DVS-36	3	0.56	7.07	35.7	5.30	67
DVS-48	4	1.00	12.57	35.7	9.42	67
DVS-60	5	1.56	19.63	35.7	14.73	67
DVS-72	6	2.25	28.27	35.7	21.21	67
DVS-84	7	3.06	38.48	35.7	28.86	67
DVS-96	8	4.00	50.27	35.7	37.70	67
DVS-120	10	6.25	78.54	35.7	58.90	67
DVS-144	12	9.00	113.10	35.7	84.82	67

注:根据 NJDEP HDS 协议附录 A 第 B 节中的月度计算方式计算去除沉积物的间隔。在某些地区,DVS 装置在其他直径下是可用的。此处未列出的装置不得承受超过 35.7 gpm/sf 的水力负荷量,并保持可接受的长宽比。50%的沉积物容量等于有效处理面积×9″的沉积物。沉积物最大储存量发生在 18″的沉积物深度。

表 6.6 DVS 型号的尺寸概述

DVS 型号	人孔直径 (ft)	最大处理流量(cfs)	处理室深度(ft)	沉积坑深度(ft)	倒拱下的总深度 (ft)	长宽比(直径/深度)	50%沉积物最大体积 (cf)	储油量 (cf)
DVS-36	3	0.56	3.00	1.50	4.50	1.00	5.30	6.07
DVS-48	4	1.00	3.50	1.50	5.00	0.88	9.42	15.08

DVS 型号	人孔直径 (ft)	最大处理 流量(cfs)	处理室深 度(ft)	沉积坑深 度(ft)	倒拱下的 总深度 (ft)	长宽比 (直径/ 深度)	50%沉积物 最大体积 (cf)	储油量 (cf)
DVS-60	5	1.56	4.50	1.50	6.00	0.90	14.73	28.63
DVS-72	6	2.25	5.50	1.50	7.00	0.92	21.21	48.54
DVS-84	7	3.06	6.50	1.50	8.00	0.93	28.86	79.21
DVS-96	8	4.00	7.50	1.50	9.00	0.94	37.70	116.45
DVS-120	10	6.25	9.00	1.50	10.50	0.90	58.90	225.80
DVS-144	12	9.00	10.50	1.50	12.00	0.88	84.82	388.30

注:处理室深度的定义为倒拱下方至沉积物储存区域顶部的深度(装置底部上方18″)。长宽比是装置的直径/处理室深度。受测装置的长宽比为0.88。长宽比为0.88或以上表示根据受测型号中的直径-深度关系,装置的处理深度与要求的深度成比例或更深。长宽比小于0.88表示处理室的深度不够。滞洪时间是处理室的湿容积/JMTFR。总湿容积包括沉积坑的容积。

非过滤介质人工水质装置通常被 NJDEP 认证为 50%TSS 去除率。在新泽西州,StormVault 是唯一被认证为达到 80%TSS 去除率的非介质过滤系统。该装置曾由 Contech 工程方案公司提供,现在由 Jensen Precast 制造。一些制造商,如 BaySaver 技术公司声称 BaySeparator 暴雨水处理系统的 TSS 去除率为 50%至 80%;但是,该设备未获得 NJDEP 的认证。

大多数水动力分离式水处理装置在旋转作用下使沉积物沉淀。Terre Kleen 暴雨水装置由暴雨水系统公司制造,它是宾夕法尼亚州特雷希尔的 Terre Hill 混凝土制品公司的子公司,其工作原理是在倾斜板上的层流中使颗粒沉淀。该过程

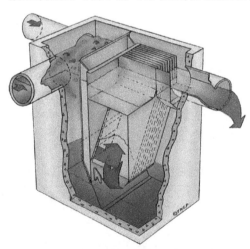

类似于在水处理行业中已经实践了数十年的工艺。为了增加接触面积,将多个平行的倾斜板放置在处理室中。水从一个或两个管道进入处理室;在它流入处理室并缓慢向上流过倾斜板时,悬浮物向下滑动并沉淀到底部。上升到处理室顶部的清水从出口管排出。图 6.10 显示了 Terre Kleen 暴雨水处理装置的过滤工艺。为了去除碳氢化合物,在主室中增设吸油杆。当它们吸满油时,吸油杆在垃圾中漂浮并沉淀下来。

图 6.10 Terre Kleen™ 暴雨水处理装置

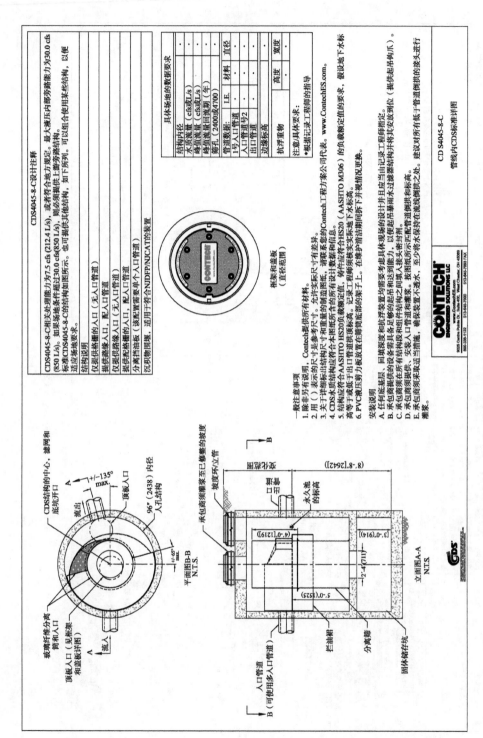

图 6.8 Contech 工程方案公司的 CDS®4045 的详细信息

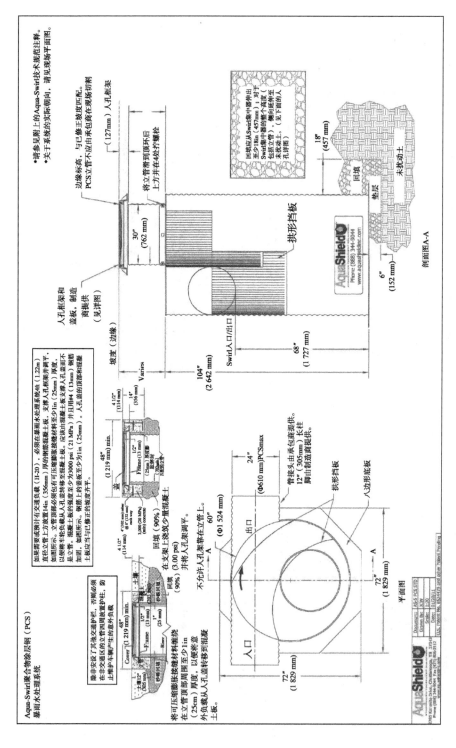

图 6.9 Aqua Swirl 型号 AS-5 CFD PCS 暴雨水处理系统标准细节

NJDEP过去常常认可在线放置的水质装置（也称为内联）。每个装置都有一定的水处理能力。超过容量的水流会通过内部溢流系统排出。2008年初，NJDEP修改了雨水装置的设计要求，避免在高流量时污染物被冲刷。具体而言，NJDEP要求制造的所有暴雨水处理装置仅被批准为离线水质装置，直到该部门收到新的试验数据，验证设备在强降雨期间不会冲掉淤泥等污染物。根据试验结果，表6.3列出的一些水动力沉淀装置已获准用于在线应用。CDS（高效连续偏转分离器）已被获准用于在线或离线应用，直径范围为4～12 ft。该装置的TSS去除率额定值为50％。下游防护装置也获准用于在线应用。2010年9月1日，由Contech建筑产品公司提供的暴雨水过滤器（额定80％TSS去除率）也被NJDEP认可用于峰值分流配置。该设备使用内部分流，就无需采用分流结构，从而使设计更加紧凑。预计一些其他装置也会被认可在线使用。通常，水动力沉淀装置放置在滞洪池、湿池的前面，特别是地上或地下渗滤池和滞洪渗滤池。但是，对于地下滞洪系统（例如管壁无孔的管道），可将其放置在滞洪系统后方，选择的尺寸要确保可以减小水流。

6.3.3　介质过滤式水质装置

为了获得80％TSS去除率并符合除磷的要求，自世纪交替之际以来，已经将许多含有介质滤芯的暴雨水处理装置引入市场。介质过滤式水处理装置通常比集水池嵌件和水动力分离式系统昂贵得多。它们还需要更多的维护，其处理水流的能力也比上述其他装置小得多。为了具有成本效益，介质过滤系统通常放置在滞洪池或池塘的后面。因此，将其用作减少流量的后处理装置。本章后面的案例研究将会说明此类应用。

使用达西公式对人工介质过滤器（和砂滤器）的过滤器表面进行计算，如下所示：

$$A_f = \frac{3\,600QD}{K(D+d/2)} \tag{6.1}$$

式中：A_f——过滤器表面积，$m^2(ft^2)$；

　　　Q——通过过滤器的平均流速，与水质暴雨相关，$m^3/s(cfs)$；

　　　K——过滤器的水力传导率，$m/h(ft/h)$；

　　　D——过滤介质的厚度，$m(ft)$；

　　　d——最大水深，$m(ft)$。

前述公式中的$(D+d/2)/D$项表示平均水力梯度。平均流速Q与设计水质容积WQ_v相关，用下式表示：

$$Q = \frac{WQ_V}{T}$$

式中：T表示过滤器中的下降时间（或脱水时间）。

表 6.7 列出了一些过滤介质装置。该表还列出了截至 2015 年 10 月 NJDEP 批准的达到 80%TSS 去除率的所有装置。其中一些装置的简要说明如下。

介质过滤装置主要批准用于处理小流量和小路面区域的径流,最大处理面积如下:对于介质过滤系统,为 0.13 ac;对于 StormFilter,为 0.11 至 0.255 ac(取决于滤芯高度);对于上流式过滤器,为 0.3 ac;对于 BayFilter,为 0.7 ac。Jellyfish 是一个例外,它获准用于不超过 4.63 cfs 的流量。这意味着 Jellyfish 过滤器可以处理来自近 2 ac 不透水表面的径流。

表 6.7 介质过滤式水处理装置

产品名称	NJDEP 批准的处理能力	制造商网址
BaySaver 技术公司的 BayFilter 暴雨水处理装置[a]	每个滤芯 0.067 cfs(30 gpm)	ADS http://www.ads-pipe.com
AquaFilter™	0.037 cfs/ft²(16.5 gpm/ft²)(过滤面积)	AquaShield 公司 http://www.aquashieldinc.com
Filtena 生物滞洪系统	见表 6.10	
Jellyfish® 过滤器	80 gpm 高流量滤芯(54 in 高)	Imbrium 系统公司 http://www.imbriumsystems.com (现在是 Contech 公司的一部分)
介质过滤系统(MFS)	每个 22 in 滤芯 0.04 cfs(18 gpm)	Contech 暴雨水方案公司 http://www.Contechstormwater.com
Storm Vault(离线)		Jensen Precast 公司 http://www.jensenprecast.com
雨洪管理 StormFilter	2.05 gpm/ft² 3 个型号过滤器,高 12~27 in	Contech 暴雨水方案公司 http://www.Contechstormwater.com
上流式过滤器	每个过滤器处理面积 0.0557 ac(25 gpm);最大面积≈0.66 ac	Hydro 暴雨水装置国际公司网站

注:[a] 未经 NJDEP 批准。

StormFilter 由雨洪管理公司制造(总部位于俄勒冈州波特兰市),是美国引进的第一台过滤介质式水处理设备。该公司于 2008 年更名为 Stormwater 360,后来被 Contech 暴雨水方案公司收购。雨洪管理 StormFilter 是作为一个单元或线性格栅式暴雨水过滤器单元制造的。在一个单元中,在混凝土室中安装了许多滤芯(过滤器)。水进入处理室,通过介质过滤器,开始注入滤芯的中心管。随着水位上升,防护罩下方的空气通过单向止回阀得到净化。在水位到达漂浮物的顶部时,浮力会将漂浮物拉开并允许经过滤的水排出。暴风雨过后,水位开始下降,直至到达洗涤调节器。然后空气冲过调节器、排水并产生气泡,搅动过滤介质的表面,导致积聚的沉积物落到拱顶底板上。这种表面清洁机制有助于在暴雨事件之间恢复过滤器的渗透性。StormFilter 有三种尺寸(高度):27 in、18 in 和 12 in,在进水和出水之间必须分别下降近 3 ft、2.0 ft 和 1.5 ft。相比之下,介质过滤(以前称为 CDS 过滤介质)系统有 22 in 和 12 in 过滤器,必须下降 2.3 in 和 1.5 in。然而,不管其大小(型号)如何,Jellyfish 需要的压头(入水和出水之间的落差)不到 18 in。由 Jensen Precast 公司制造的 StormVault 是唯一一种在入水和出水管道之间几乎不需要落差的雨水处理装置。然而,该装置比非介质过滤器水质装置大几倍并且昂贵得多。

线性格栅式 Storm Filter 包含一个多室的集水池装置,最多可容纳 29 个滤芯。该系统通过表面格栅接收薄层径流。这是一种浅层结构处理方式,允许处理来自小流域的径流,其中入水和出水之间的有效落差受到限制。与该过滤器不同,许多其他过滤器中的水流都是向上流动的,例如 Oldcastle® 暴雨水方案公司制造的介质过滤器、Hydro 暴雨水装置国际公司制造的上流式过滤器和 Imbrium 系统公司制造的 Jellyfish 过滤器滤芯。

Contech 还生产渗滤式 StormFilter 结构。该结构的底部有开孔的人孔(像干井一样);上部隔间装有 StormFilter 滤芯。进入结构的水经 StormFilter 装置得到过滤,排入开孔的人孔,并渗入地下。图 6.11 所示为渗滤式 StormFilter 装置。Contech 还制造了一种名为 VortClarex 的油水分离器装置。

自 2005 年以来,Contech 已经收购了 CDS 和 Vortechnics Stormwater Mamagement 360 等公司。2013 年,Contech 收购了 Imbrium 系统公司的 Jellyfish® 过滤器,后者也生产 Stormceptor。StormVault 最初由 Contech 推出,它是唯一一种被 NJDEP 认证达到 80% TSS 去除率的、没有过滤介质的装置。然而,由于其尺寸较大、成本较高,Contech 几年前停止生产这种装置,现在它由 Jensen Precast 公司制造。

BaySaver 处理技术公司生产 BayFilter。根据 NJDEP 的要求,该过滤器的每个滤芯的额定值为 30 gpm,在初始成本和维护方面似乎都是一种经济高效的装置。BayFilter 已被 Advance Drainage Systms 公司收购。

由马里兰州罗克维尔的 Imbrium 系统公司制造的 Jellyfish 是另一种雨水处理装置,其 80% TSS 去除率已获得 NJDEP 的最终认证。在该系统中,有一块插入板将其结构分成上部处理室和下部处理室。水在下部处理室处理,该处理室设有固定式水池。水流切向进入下部处理室;绕着该处理室内的滤芯周围并在其下方流动。每个 12 in 直径的滤芯均由 91 个 54 in 长的过滤触须组成。水渗透到过滤触须中、向上流动并进入由 6 in 围堰围成的反冲洗池。在降雨期间,经过滤的水溢出围堰并进入出水管。在径流消退后,反冲洗池中经过滤的水通过 Jellyfish 滤芯触须向下排出,并将积聚在触须上的沉积物带到坑内。从反冲洗池中排出的水置换了下部处理室中的水;被置换的水通过位于反冲洗池围堰外部的 Jellyfish 下降式滤芯排出。

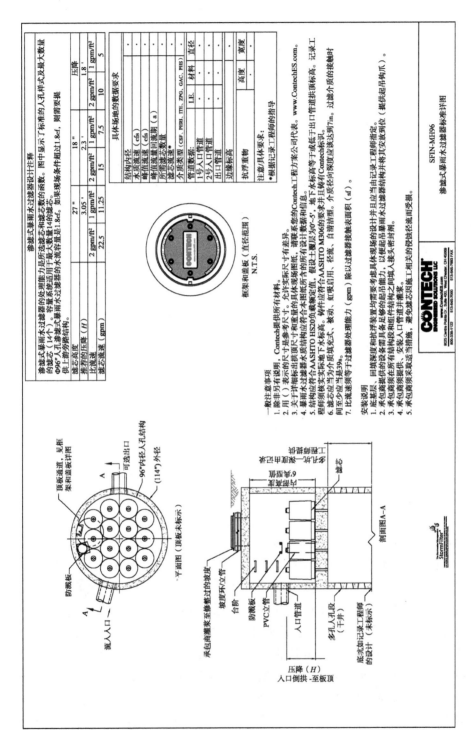

图 6.11 Contech 工程方案公司制造的渗滤式 StormFilter®

图 6.12 介绍了 Jellyfish 过滤器的这三项功能。由于具有自清洁能力,与目前市场上一些其他暴雨水过滤装置相比,Jellyfish 过滤器相当容易清洁并且维护成本更低。

在目前所有过滤介质式水处理装置中,Jellyfish 滤芯的水流处理能力最高。每个 54 in(1.37 m)高的滤芯具有 80 gpm 的处理能力,已获得 NJDEP 的认证。如前所述,Jellyfish 可以处理不超过约 2 ac 路面的地表径流。但是,如果将一个 Jellyfish 过滤器放置在滞洪池后面,它有能力处理明显更大的不透水区域。表 6.8 介绍了其制造商 Imbrium 系统公司指定的 Jellyfish 的型号和全球公认的处理能力。值得注意的是,NJDEP 认证的 Jellyfish 处理能力与表中所示的相同(欲了解 NJDEP 的审批情况,请访问 http://www.nj.gov/dep/stormwater/treatment/html)。表 6.9 比较了 Jellyfish 过滤器与其他过滤介质式水质装置。2009 年 9 月,Imbrium 推出了第二代更高效的雨水处理装置,名为 Sorbtive 过滤器。该过滤器采用了 Imbrium 的氧化物涂层 Sorbtive 介质,具有较高的除磷能力,能够除去溶解磷。溶解磷是藻类大量繁殖且减少池塘与港湾中溶解氧的主要原因。Sorbtive 过滤器已获得马里兰州环境部门(MDE)的批准,可用于整个州的砂滤器、生物滞洪室和其他微型过滤器(Imbrium 新闻稿,2009 年 9 月 21 日)。Imbrium 系统公司生产 Stormceptor 和 Jellyfish。

由于成本高且处理能力小,所以介质过滤器式处理装置一般安装在滞洪系统之后。因此,需要根据系统减小的流量选择其规格,减小的流量是水质暴雨峰值流量的一部分。在第 7 章的案例研究中举例说明了这种应用。

过滤介质应用的示例如下。

• 圣地亚哥国际机场。为了满足扩建飞机跑道、航站楼和过夜停车场的暴雨水处理需求,机场于 2010 年安装了 Contech 的雨洪管理 StormFilter 装置。该装置设有 48 ft×24 ft(14.63 m×7.32 m)的混凝土室,室内含 179 个滤芯。StormFilter 控制重金属、从飞机和服务车辆泄漏的石油产品以及任何废物、垃圾和碎片不让其进入圣地亚哥湾(Aird,2012)。

• 为了解决 NPDES 许可问题,佛罗里达州芒特多拉市于 2012 年安装了 Suntree 技术公司制造的两个营养物质分离挡板箱、Skin Boss 上流式过滤系统以及 Sungate 阻尼器。这两个装置处理 261 ac(105.6 hm²)土地的暴雨水。每个营养物质分离挡板箱长 19 ft,宽 13 ft(5.79 m×3.96 m),高 12 ft(3.66 m)。营养物质分离挡板箱有三个部分:钢质网篮、挡板箱和 Skin Boss 过滤系统。钢质网篮收集水处理装置中水位线以上的叶子和垃圾。穿过篮子后,淤泥和沉积物落入挡板箱,水进入过滤系统,该过滤系统捕集碳氢化合物和营养物质。该系统的水力版技术设计使系统能够在暴风雨事件期间自动调整来适应不断变化的水位。过滤介质被称为"Bold and Gold",由中佛罗里达大学开发,包含回收材料。这种材料有效地去除了磷和氮。流经过滤器的水从装置末端的阻尼器排出(Aird,2012)。

如何工作

Jellyfish：在一个紧凑装置中设有三个功能

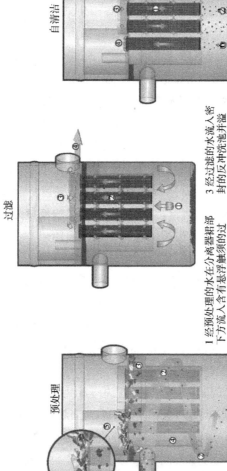

预处理　　过滤　　自清洁

1 在暴雨事件开始时，未经处理的水切向进入下部处理室。
2 水在分离器裙部和容器壁之间形成的预处理通道内缓慢向下螺旋运动。
3 油和可漂浮的垃圾上升并被困在预处理通道内的筒仓下方。

1 经预处理的水在分离器裙部下方流入分离器裙部的过滤区。
2 水径向进入触须，然后向上流动。

4 分离器裙部可保护过滤触须免受油污和垃圾的污染。
5 可漂浮的污染物逐渐进入维护通道并在那里积聚。
6 细砂和粗重沉积物沉淀到坑内，不会回过滤触须。

3 经过滤的水流入密封到反冲洗池并溢出该池。
4 经过滤的水流入出口管。

1 随着径流事件消退，反冲洗池中的过滤水会自动通过Jellyfish的触须排出。
2 积聚在触须上的沉积物被清除并沉入坑内。
3 从反冲洗池中排出的水置换出下部处理室的水。

4 被换出的水通过Jellyfish垂直筒流出至位于反冲洗池围堰外侧的仓顶部。
5 经过滤的水流向出口管。
6 积聚的沉积物也通过重力随触须的运动和碰撞离开触须。

图 6.12　Jellyfish 过滤器处理工艺（三个功能）

表 6.8　标准(滤芯长 54 in)Jellyfish 过滤器型号的最大处理流量

人孔直径 (ft)[a]	型号	高流量滤芯 （长 54 in）	Draindown 滤芯 （长 54 in）	最大处理流量 （gpm/cfs）
集水池		变化	变化	变化
4	JF4-2-1	2	1	200/0.45
6	JF6-3-1	3	1	280/0.62
	JF6-4-1	4	1	360/0.80
	JF6-5-1	5	1	440/0.98
	JF6-6-1	6	1	520/1.16
8	JF8-6-2	6	2	560/1.25
	JF8-7-2	7	2	640/1.43
	JF8-8-2	8	2	720/1.60
	JF8-9-2	9	2	800/1.78
	JF8-10	10	2	880/1.96
10[a]	JF10-11-3	11	3	1 000/2.23
	JF10-12-3	12	3	1 080/2.41
	JF10-13-3	13	3	1 160/2.58
	JF10-14-3	14	3	1 240/2.76
	JF10-15-3	15	3	1 320/2.94
	JF10-16-3	16	3	1 400/3.12
12[b]	JF12-17-4	17	4	1 520/3.39
	JF12-18-4	18	4	1 600/3.57
	JF12-19-4	19	4	1 680/3.74
	JF12-20-4	20	4	1 760/3.92
	JF12-21-4	21	4	1 840/4.10
	JF12-22-4	22	4	1 920/4.28
	JF12-23-4	23	4	2 000/4.46
	JF12-24-4	24	4	2 080/4.63
拱顶		变化	变化	变化

注：[a] JF-10-16-3 型的 MTFR 适用于直径为 10 ft 的装置。由于在直径 10 ft 的板上留下了四个未占用的滤芯容器，设计工程师可以选择添加不超过四个滤芯，从而增加系统的泥沙容量。但是，MTFR 不能高于 JF10-16-3。

　　[b] JF12-24-4 型的 MTFR 适用于直径为 12 ft 的装置。由于在直径 12 ft 的板上留下了四个未占用的滤芯容器，设计工程师可以选择添加不超过四个滤芯，从而增加系统的泥沙容量。但是，MTFR 不能高于 JF12-24-4。

• 对于在加利福尼亚州和内华达州交界处的太浩湖,蓝色的湖水不再清澈是一个重要问题。小于 16 μm 的沉积物是由在塔霍湖盆地大量使用道路和开发造成的,而沉积物是导致湖水浑浊的主要原因。沿 Incline 村庄 28 号公路的一片区域是选择进行径流处理的区域之一。在这个区域安装了 Imbrium 公司的 Jellyfish 过滤器。该装置的选型依据是:与其他水处理装置相比,其占地面积较小且滤芯较轻。据报道,使用这种装置可以稳定水的清澈度,这在过去 30 年一直是一个问题(Goldberg,2012)。

表 6.9 专有过滤系统比较[a]

已验证的过滤器技术	滤芯表面面积(ft²)	滤芯额定流量(gpm)	流量/表面面积(gpm/ft²)	滤芯直径(in.)	滤芯平面"占地"(ft²)	湿滤芯重量(lb)	最小压头要求(in.)	全流量恢复要求(in.)
StormFilter	11.25	22.5	2.0	19	2.0	75~250	18~33	18~33
Jellyfish filter	381	80	0.21	12	0.8	50	6	18
BayFilter	43	15~30	0.52	26	3.7	400	28	40
上流式过滤器	≈1.1	25	22.7	扇形	1.1	80	20	31
AquaFilter	4	20	16.5	2 ft×2 ft	4.0	50	18	24

注:[a]NJDEP 认证的暴雨水处理装置。

在过去一两年中,许多其他水处理装置已经通过 TAPE 计划获得使用名称。BioStorm® 暴雨水处理系统是位于堪萨斯州肖尼的 Bio-Microbics 公司制造的。该装置有 6 种不同规格,流量处理能力范围为 0.5~10 cfs(14~283 L/s)。图 6.13 所示为 BioStorm 1.5,其额定值为 1.5 cfs(42 L/s)。

6.4 生物滞留单元

最近引入市场的生物滞留装置不仅用作水处理装置,而且还可用作小型滞留渗滤结构。由于这种差异,这种类型的装置与其他装置分开讨论。生物滞洪结构(室)通常含有 2.3~3.0 ft(0.7~0.9 m)厚的工程土混合物、滤芯和植物。工程土混合物通常由 50% 建筑用砂、30% 表土和 20% 有机物(按体积计)组成。

生物滞洪室可以与集水池连接,收集街道排水沟和停车场的径流。在该应用中,生物滞洪池中种植能在融雪盐中存活的耐盐草和植物。马里兰大学的实验表明,生物滞洪室可以有效减少流量、捕集径流中的垃圾和漂浮物,并降低悬浮固体、磷和金属浓度。

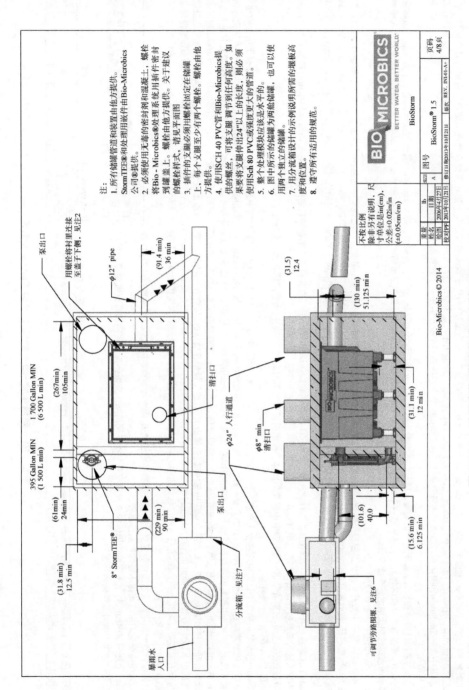

图 6.13A 采用生物-微生物滞洪室的 **BioStorm 1.5**

理嘟洋剑旷域

BioStorm®的技术规范

Ⅰ. 雨水处理系统

雨水处理系统应为 BioStorm®雨水处理系统。BioStorm®雨水处理系统应包含一个分流结构,用于收集初期雨以及不超过暴雨雨水处理系统设计流量的其余流量。在分流结构之后,应设这有一个带有污水筛选池的沉淀池,称为 StormTEE®。该沉淀池可用于收集大量沉淀碎片和初期雨中存在的漂浮物。在第一个处理室之后,应该设有第二个处理室,其中含有 BioStorm®固体和可漂浮油的漂浮油的回收系统。分流结构的整个系统和两个处理室组成了这种雨水处理系统。

Ⅱ. 分流结构

分流结构是设计安装在暴雨水排水管中的混凝土拱顶。该混凝土拱顶应包含专门设计的混凝土围堰,将初雨引导至 BioStorm®处理系统的第一个处理室。该堰应经过专门的设计,确保堰构的高度将各余的流余水引导至第一个处理室并为 BioStorm®处理系统的其余部分提供正常的水压力。多余的水流通过分流结构进入排水管道,将多余的水流送到受纳受纳排放点。

Ⅲ. BioStorm®第一个处理室

BioStorm®的第一个处理室应该是混凝土拱顶,用于沉淀存在于初雨中的较大的碎屑和漂浮物。在第一个处理室中通常存在于初雨沉淀通常这是混凝土初雨中的材料通常是街道上的垃圾和废物。例如罐头、瓶子、纸、塑料袋、树叶和草坪垃圾。暴雨水的初雨中通常还存在这些物质。第一个处理室的排放端应设有 StormTEE®喷网,用干过滤通过 9.5 mm(3/8 in)漏口从第一个处理室流出的水流进入过流箱中。这胶水流在该分流箱溢出围堰,进入排水管。

StormTEE®应限制通过第一个处理室进入第二个处理室的流量。StormTEE®应引导多余的水流回流到该分流箱中,可见的碎屑。不应为固体和可漂浮类的经受高流速的作用力和暴雨水中常见的漂浮物。

StormTEE®应配有手动柱塞,可以在暴雨事件之间清洁 StormTEE®的表面。

应通过真空种筛选装置设活动部件或电气要求。

Ⅳ. BioStorm®第二个处理室

BioStorm®的系统的第二个处理室应接收来自第一个处理室的,经过过滤的出水。第二个处理室应设于混凝土拱顶,其中包含 BioStorm®固体和可漂浮经类的回收装置。其中包含 BioStorm®回收装置应还应设计成使蜂窝状、充当聚化合物颗粒状的碳氢化合物。

BioStorm®回收装置应包含一个蜂窝结构的,其中含有一种蜂窝状小的土堆颗粒,用于沉淀细小的漂浮物质,用于沉淀范围内的表面。BioStorm®回收装置村里应对在工作水位以上伸展开,使漂浮在表面的碳氢化合物包含在村里范围内。然后,水流应进入村里前部的 BioStorm®回收系统并通过蜂窝状介质流到村里的另一端。蜂窝状介质应由聚丙烯、亲油板构构成,这些板是波纹状的,与垂直方向成 60°角。应从低于质静水静平面应至少为 15 m²/m³。BioStorm®回收装置在设计上配有垂直高度可调节的支腿,允许从蜂窝状介质中去除这些固体。由此从介质受扰动的区域内村里底部的下方。不应为固体和可漂浮类的经受过该装置设活动部件或电气要求。

来自回收村里村的出水应通过延伸到混凝土拱顶外部的出水管离开 BioStorm®系统的第二个处理室。然后,将出水管嵌入连接至受纳至受纳混凝土村水流沟或村水点的村水排水管。

在第二个处理室中回收村里下沉淀的固体或漂浮状的可漂浮碳氢化合物。应根据需要定期通过真空吸尘车定期清除。应根据需要定期用真空吸尘车轻轻松地清除留在回收村里中的可漂浮碳氢化合物。

图 6.13B 采用生物滞留-微生物滞洪室的 BioStorm 1.5

Filterra 生物滞留系统似乎是美国制造的第一个此类处理室。该系统由其母公司 Americast 于 2000 年开发。2008 年,弗吉尼亚州弗吉尼亚海滩市在 Trashmore 山安装了 Filterra 生物滞留系统公司制造的 Bacterra™ 系统来减少排入 Lynnhaven 河流域的细菌和污染物的数量。如前所述,Filterra 生物滞留系统是唯一一个已被 NJDEP 认证达到 80％ TSS 去除率的生物滞留池。Filterra 生物滞洪系统公司现已成为 Contech 工程方案公司的一部分。图 6.14 显示了 Filterra 生物滞留系统;图 6.15 显示了其横截面。表 6.10 列出了 2013 年 8 月 23 日 NJCAT 批准的 Filterra 箱的处理能力。表中列出的处理能力是用处理路面的面积表示的。

图 6.14　Filterra® 暴雨水生物滞洪过滤系统

图 6.15　Filterra® 生物滞洪系统的横截面

Contech 曾经制造过生物滞洪室,名为 Urban Green BioFilter。该系统含有一个生物过滤舱和雨洪管理 StormFilter(一种介质过滤器),用于收集和处理来自街道和停车区的径流。Urban Green BioFilter 曾用于捕集路缘和排水沟的水流或作为停车场的地面排水沟。自从收购了新泽西州认证达到 80% TSS 去除率的 Filterra 以来,Contech 已经停止这种过滤器的生产。

表 6.10　Filterra 新泽西尺寸表

Filterra 箱可供尺寸(ft)	处理排水总面积(ac)	出口管道
4×4	<0.09	4 in PVC
4×6 或 6×4	>0.09~0.13	4 in PVC
4×8 或 8×4	>0.13~0.17	4 in PVC
6×6	>0.17~0.19	4 in PVC
6×8 或 8×6	>0.19~0.26	4 in PVC
6×10 或 10×6	>0.26~0.32	6 in PVC
6×12 或 12×6	>0.32~0.39	6 in PVC
7×13 或 13×7	>0.39~0.49	6 in PVC

注:仅为大致尺寸。所有箱子都是标准的 3.5 in 深度(INV 至 TC)。标准 PVC 管接头是浇铸在壁上的,便于连接到排水管。所示的尺寸是内部尺寸。对于外部情况,请给每个尺寸加上 1 ft。例如 C=0.95/CN=98,如果使用较小的值,请联系 Filterra。该尺寸表适用于新泽西州在 2 小时 1.25 in 的 NJDEP 水质设计暴雨事件[NJAC 7:8-5.5(a)]后。Filterra 渗滤速率为 140 in/h。该尺寸是可缩放的,等于过滤器表面积/排水面积=0.004 2(0.42%)的比率。EPA=用于创建该尺寸表的 SWMM 5 模型。关于其他较大处理目标的尺寸表,请联系 Filteira。

[a] C=1.0。

案例研究 6.1　本案例代表了新泽西州卑尔根县帕拉默斯区停车场扩建的雨洪管理规定。

项目说明

图 6.16 是该停车场改进前后的布局图。这张图显示了停车场扩建的界线;一个原先存在、但是待拆除的铺面篮球场,以及场地附近的排水设施。停车场排水至西边的 18 in RCP 和停车场东边的 18 in CMP。根据该图,不透水面积的净增加量为 3 020 ft²(280.6 m²)。

滞洪系统的计算

为了抵消增加的径流,提供了一个滞洪系统,用于完全保留扩建的停车区域的大部分径流。该系统从 4 150 ft²(386 m²)的路面接收径流,该径流量大于不透水面积的净增量。所供系统没有改变现有的排水模式,该场地的径流将继续由 18 in 管道排放到停车场以北、树木繁茂的区域。

该滞洪系统专为 10 年一遇 60 分钟的暴雨事件而设计。在新泽西州,这场暴雨有 2 in/h 的强度,相当于 2 in 的降雨量。该系统含有 60 延英尺(18.3 m)、24 in 开孔

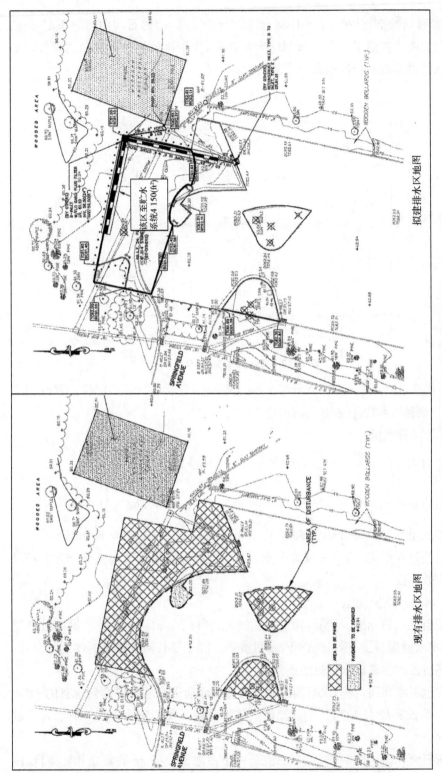

图 6.16 施工前和施工后的场地布局图和 D. A. 图

的 HDPE 管,管道敷设在 6 ft×4.58 ft(1.83 m×1.4 m)的石沟中。图 6.17 是该系统的截面图。提供了一个 6 in HDPE 溢流管,用于排放超过系统滞洪容量的暴雨水。该滞洪系统的径流量和存水量的计算如下。

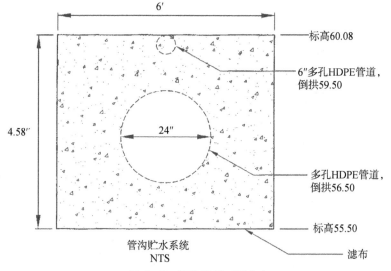

图 6.17　管沟滞洪系统(ft)

（1）径流量＝面积×C×降雨深度＝4 150×0.95×2/12＝657 ft³(18.60 m³),式中 0.95 代表径流系数(径流量与降雨量之比)。

（2）滞洪存水量

$$管道容积＝\left(\pi×\frac{2^2}{4}\right)×60＝188.50\ ft³(5.34\ m³)$$

$$空隙体积＝\left(6×4-\pi×\frac{2.25^2}{4}\right)×60×0.4＝481\ ft³(13.62\ m³)$$

总存水量＝188.5＋481＝669.5 ft³(18.96 m³)＞ 657 ft³(18.60 m³)

在这些计算中,2.25 ft 和 4 ft 分别表示管道的外径和 6 in 溢流管下方的滞洪系统的有效深度。

（3）水质和维护规定

该项目无水质标准。然而,为了避免淤泥、树叶、油和碎屑导致滞洪沟过早堵塞,新的集水池配备了 FloGard＋Plus 过滤器。除了延长滞洪系统的使用寿命外,过滤器还可以改善暴雨水径流的质量。

在实地考察期间,我们观察到淤泥积聚在端墙前面和项目区西侧现有的 18 in RCP 内。为改善排水条件,我们建议清洁排水系统。我们还建议每年清洁入口过滤器四次。

案例研究 6.2　本案例涉及星巴克岛一个占地±1.45 ac 的商业开发项目,该岛是纽约奥尔巴尼郡绿岛村的一部分。该物业的很大一部分位于哈德逊河的洪泛区内。

项目说明

预开发场地的布局如图 6.18 所示。该场地西北角有一个单层建筑和混凝土路面,其余部分被树林和草覆盖。该场地没有排水系统;由于地形原因,该场地的径流过去往往到处流,进入北部和南部的私人物业、东部的哈德逊河和西部的奥斯古德大道。该场地径流的一部分也排放到场地中心的凹陷处。

拟议项目包括建造办公楼、自助洗车以及相关的停车位和车道。图 6.19 显示了拟议场地的布局以及受该项目干扰的区域界线。根据 1980 年 6 月 4 日绿岛的 FEMA 洪水保险费率图,100 年一遇洪水位于该场地标高 27.0 ft 处。沿着该物业北部和东部界线部分建造挡土墙并在墙后放置填料,将办公大楼、洗车场和所有停车位的位置升高到 100 年一遇洪水高度之上。

排水设计

车道和停车区的径流由一个排水系统收集,该系统由四个入口和两个人孔组成并通过一个含 290 ft(88.4 m)长、直径 30 in(±762 mm)HDPE 管的地下滞洪池。办公楼的屋顶径流通过屋顶导管排放到大楼后面未受扰动的林地上。

值得注意的是,纽约环境委员会(DEC)不要求滞洪系统调节流入哈德逊河的径流峰值。该滞洪系统的目的是减少峰值流量,从而减小 StormFilter 的尺寸——这是一种制造的水质装置,其设计符合 NYDEC 水质标准。

依据纽约州的排水标准,该排水系统是根据 10 年一遇频率暴雨设计的。根据合理化公式计算流量,对于透水区域,径流系数为 0.3;对于不透水表面,系数为 0.95。该系统从整个 0.85 ac(3 440 m²)的铺面区域收集径流,引导其通过一个滞洪系统并在哈德逊河河岸上排放。根据《纽约城市侵蚀和沉积物控制指南》(1999)计算出口控制保护,保守地忽略了滞洪池的任何削减效应。虽然计算表明不需要抛石,但在排水口设置了一个 5 ft×5 ft(1.5 m×1.5 m)的抛石机来分流。

水质设计

根据纽约州水质标准进行水质计算,如前一章所述,该标准要求对水质暴雨期间产生的径流量进行处理,即年平均降雨量的 90%[根据在当时有效的《纽约州雨洪管理设计手册》(2003)]。根据纽约州的水质地图(第 5 章图 5.1),该场地的 90%降雨事件雨量大约为 1 in(25 mm)。对于这次降雨事件,按 1.025 ac(±4 148 m³)计算水质径流量(用 WQ_v 表示),即受项目干扰的整个区域。该区域包括 0.85 ac(±3 440 m²)的不透水覆层(路面和建筑屋顶)以及 0.175 ac(±708 m²)的草坪。计算方法如下:

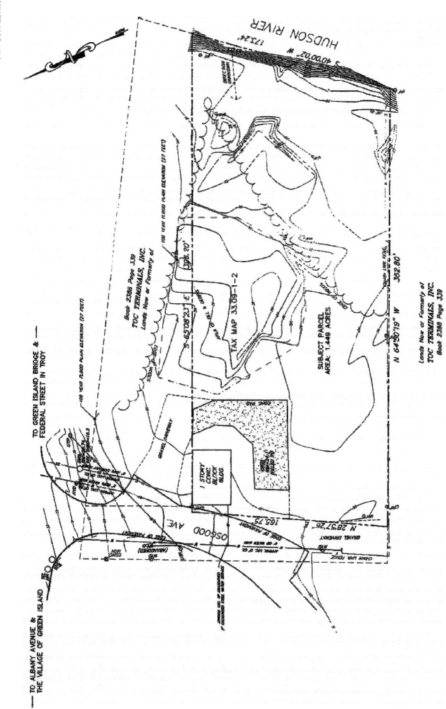

图 6.18 预开发场地的布局图

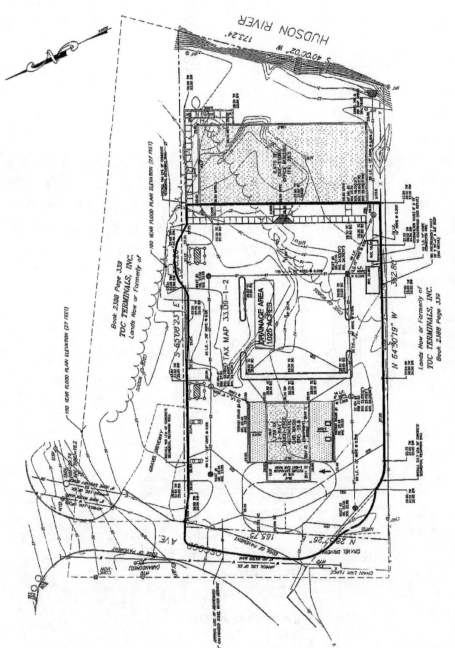

图 6.19 开发后的场地布局图和整体排水区图

$$WQ_v = \frac{(PR_vA)}{12}$$

$$A = 1.025 \text{ ac}$$

$$P = 1 \text{ in}$$

$$I = \frac{(0.95 \times 0.85 + 0.3 \times 0.175)}{1.025} = 0.84 \text{ 不渗透比}$$

$$R_v = 0.05 + 0.009(I) = 0.806$$

$$WQ_v = 0.0688 \text{ ac} \cdot \text{ft}$$

$$= 2\ 996.9 \text{ ft}^3$$

为了处理该径流量,提供了水质预处理室和 StormFilter 的水质系统。预处理结构如图 6.20 所示。这种结构含有一个 21 ft 2 in 长、10 ft 宽、3.5 ft 高的箱形涵洞,提供 740 cf 的存水容量,因此它符合 NYDEC《雨洪管理设计手册》(2003) 规定,该手册要求最低预处理存水量为 WQ_v 的 25%。计算预处理室和滞洪系统的存水量,包括 290 延英尺×30 in 的管道,如下所示。

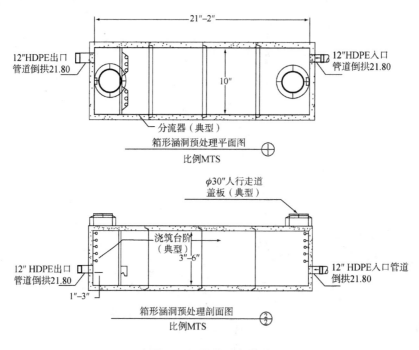

图 6.20　预处理室详图

- 预处理室 $V = 22.167 \times 10 \times 3.5 = 776 \text{ ft}^3 (22 \text{ m}^3)$
- 滞洪管 $V = 290 \times (\pi \times 2.5^2/4) = 1\ 424 \text{ ft}^3 (40.3 \text{ m}^3)$
- 每个入口/人孔 = $4 \times 4 \times 2.5 = 40 \text{ ft}^3$;4 个 $V = 160 \text{ ft}^3 (4.53 \text{ m}^3)$

- 总容积＝1 424＋160＝1 584 ft³（44.85 m³）
- 25% of WQ_v＝749 ft³（21.21 m³）

水质暴雨全部流经水处理系统，即预处理室和 StormFilter。较大的暴雨水通过位于滞洪管顶部上方的 15 in(381 mm)溢流管旁路。StormFilter 的设计与雨洪管理公司（后来被 Contech 收购）相协调。图 6.21 所示为制造商提供的设计计算表。该表指出需要一个配有 13 个滤芯的 StormFilter 来处理水质暴雨，每个滤芯具备 7.5 gpm 的处理能力。

值得注意的是，2005 年 2 月，在设计该项目时，StormFilter 尚未得到 NYDEC 的认证。然而，自从在新泽西州 StormFilter 被认证达到 80% 的 TSS 去除率，NYDEC 通过互惠计划认可使用该产品。

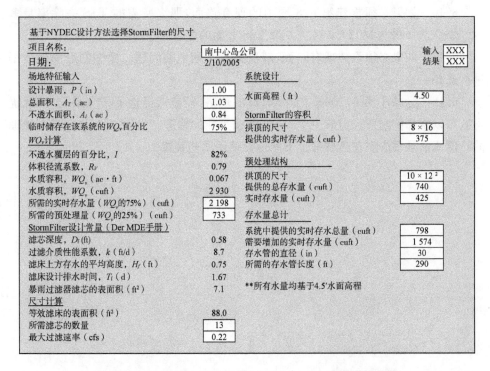

图 6.21　StormFilter 尺寸计算（由 Stormwater 管理公司提供）

问题

6.1　您何时使用过人工制造的雨水处理装置？

6.2　新泽西州的一个项目需要处理 1.7 cfs 的水质流量，以便去除 50% 的 TSS。用什么样的人工水质装置满足这个要求？

6.3　对于 0.05 m³/s 的排放速率，问题 6.2 的答案是什么？

6.4 选择可为 1.5 cfs 水质径流提供 80%TSS 去除率的 MTD。

6.5 选择适用于 0.03 m³/s 处理量的 Jellyfish 过滤器。

6.6 针对 0.5 cfs 水质径流选择一种提供 80%TSS 去除率的 MTD。

6.7 计算滞洪系统所需的存水量,将峰值流量从 1.5 cfs 减小到 0.5 cfs。根据修正合理化公式法计算,暴雨持续时间为 30 分钟,集流时间为 15 分钟。如果使用 48 in 管壁无孔的管道来存水,那么所需的管道长度是多少?

6.8 在一个商业项目中,新建路面 0.5 ac;碾压和重新铺设现有路面 0.4 ac。根据 NJDEP 雨洪管理规则计算该项目所需的 TSS 去除率和峰值水质径流。根据针对 10 分钟集流时间的计算,选择一种 MTD 来满足该项目的水质要求。

6.9 针对 2 000 m² 的新路面和 1 500 m² 的重铺路面解决第 6.8 题的问题。

6.10 如果必须重建第 6.8 题中的现有路面,那么所需的 TSS 去除率是多少?您会选择哪些 MTD 来解决去除 TSS 方面的要求?

6.11 如果必须重建现有路面,解决第 6.9 题中的问题。根据制造商的数据进行选择。

6.12 为减小第 6.10 题中的 MTD 的规格,径流流经地下滞洪系统,该系统含有可以将峰值水质径流减少 70% 的、管壁无孔的管道。为了去除 TSS 需要处理的峰值流量是多少?在这种情况下您可以使用哪些装置?

美国环境保护署　NSF 国际

环境技术验证计划

ETV 联合验证声明

技术类型：雨洪处理技术

应用：处理悬浮固体

技术名称：TERRE KLEEN™09

试验地点：宾夕法尼亚州哈里斯堡

公司：TERRE HILL 混凝土制品公司

地址：485 Weaverland Valley Road　　电话：(800)242-1509

　　　宾夕法尼亚州特雷希尔 17581　　传真：(717)445-3108

网站：http://www.terrehill.com

电子邮箱：precastsales@terrehill.com

NSF 国际公司（NSF）与美国环境保护署（EPA）合作，运营水质保护中心（WQPC），该中心是环境技术验证（ETV）计划五个活跃中心之一。WQPC 最近评估了由 Terre Hill Silo 公司旗下 T/D/B/A Terre Hill 混凝土制品公司（THCP）制造的 Terre Kleen™ 09（Terre Kleen）的性能。Terre Kleen 装置安装在宾夕法尼亚州哈里斯堡的公共工程部（DPW）的设施中。评估的试验组织（TO）由位于宾夕法尼亚州米德尔敦的宾夕法尼亚州立大学哈里斯堡分校（PSH）环境工程系的一名教师牵头。

EPA 创建了 ETV，通过性能验证和信息传播促进创新，改进环境技术的调配。ETV 计划的目标是通过加速接受新技术或使用改进的和更具成本效益的技术来进一步保护环境。ETV 旨在通过向参与环境技术设计、分销、许可、采购和使用的人员提供高质量、经过同行评审过的技术性能数据来实现这一目标。

ETV 与公认的标准和试验组织，以及与包括买方、供应商组织和许可方在内的利益相关方团体合作，并邀请技术开发人员充分参与。ETV 制定响应利益相关者需求的试验计划，进行现场或实验室试验（视情况而定），收集和分析数据并准备同行评审报告，用这些方式来评估创新技术的绩效。所有评估均按照严格的质量保证协议进行，从而确保得到质量可靠的数据并确保这些结果合乎情理。

6A.1 技术说明

关于 Terre Kleen 的以下描述由供应商提供，并不表示这些信息经过验证。

Terre Kleen 装置将初级和次级处理室、挡板、筛网和倾斜沉淀板，以及油、垃圾和碎屑/沉积物储存室组合成一个独立的混凝土结构。Terre Kleen 装置的主要优点是能利用水动力原理有效地将固体沉淀在位于二级处理室的倾斜单元（薄片板）。该装置的设计允许其作为在线处理装置安装在地下，并可以应用在关键源区域，或者可以将更大的单元安装在暴雨水主干管中，处理较大的水流。该装置可以使用传统的施工技术进行安装。它可根据悬浮固体的尺寸特征和暴雨水流入该装置的流速提供特定的去除率。

Terre Kleen 装置解决了空间效率的问题，设备占地面积相对较小，可提供较高的颗粒去除效率。可将该装置安装在地下，以便利用地上空间，并且有利于将该装置更容易地安装在预先存在的雨水管道系统中。该设计能对进入该装置的一次沉淀室的所有水进行一些处理，即使流量超过二次（倾斜薄片板）室的容量。经处理和旁通的水在从该装置排出之前重新汇合。由于暴雨水从侧面进入倾斜单元而不冲刷沉积物的顶部，可尽量减少倾斜板下方捕集的材料重新浮上来。

该供应商声称，当设备在 3.49 ft³/s(cfs) 的设计暴雨流量下运行时，为了该验证试验而安装的 Terre Kleen 装置将会 100% 去除暴雨水中 200 pm 及以上的颗粒，该设计值基于哈里斯堡的 25 年一遇的暴雨事件。THCP 还声称，在较低流量下，也可以去除小于 200 pm 的颗粒。

6A.2 关于验证试验的说明

6A.2.1 方法和程序

评估期间使用的试验方法和程序如《Terre Hill 混凝土制品公司的环境技术验证试验计划：Terre Kleen（宾夕法尼亚州哈里斯堡市）》（2004 年 11 月）所述。

Terre Kleen 装置安装在哈里斯堡市公共工程部设施的暴雨水收集系统的下游端。排水区是卫生局占用的城市维护场的一部分,包括建筑区和铺面及未铺面的停车区,这些区域有 90%~95% 的不透水排水区,初步估计约为 1.27 ac,但后来在提供具有更精细轮廓的地形图之后估计约为 2.5~3 ac。

验证试验包括在至少 15 个符合以下标准的合格事件中收集的数据。

- 在现场测量的事件的总降雨深度为 0.2 in(5 mm)或以上。
- 在径流期间成功测量并记录了通过处理装置的流量。
- 在径流事件的持续时间内,成功地收集了入口和出口流量比例混合试样。
- 每个混合试样至少由五个等分试样组成,包括至少两等分的、在径流过程线涨水段的试样;至少一等分的、在峰值附近的试样;至少两等分的、在径流过程线下降段的试样。
- 合格的取样活动之间至少为 6 个小时。

安装并为自动采样器和流量监测设备编程,从入口和出口收集混合试样,并测量流入和流出装置的暴雨水流量。除流量和分析数据外,还记录了运行和维护数据。

分析样本的悬浮固体总量(TSS)和悬浮沉积物浓度(SSC),确定大于 250 μm 颗粒的质量和尺寸为 0.8~240 μm 颗粒的粒度分布。

6A.3 性能验证

Terre Kleen 装置的性能验证包括对在大约 11 个月的时间内 15 次合格暴雨事件中收集的流量、沉积物减少以及运行和维护数据进行评估。

6A.3.1 试验结果

表 6A.1 总结了雨水事件的降水数据。

比较事件平均浓度(EMC)和负载总和(SOL),评估流量监测和分析结果。EMC 用于评估处理效率,按百分比计;计算方法是将出口浓度除以入口浓度并将得到的商数乘以 100。计算每个分析参数和每个单独暴雨事件的 EMC。对 SOL 进行比较,通过比较所有暴雨事件的入口和出口负荷(参数浓度乘以径流量)的总和,评估处理效率,按百分比计。SOL 计算方法:从 1 中减去出口总负荷除以入口总负荷的商,并将所得的差数乘以 100。由于负荷计算考虑了每个事件的浓度和体积,因此可以从整体上总结 SOL 结果。此外,还对沉积物颗粒大于 250 μm 的 TSS 和 SSC 试样进行 SOL 计算。分析数据范围、EMC 范围和 SOL 减少值,如表 6A.2 所列。

表 6A.1 降雨量数据总结

事件编号	日期	开始时间	降雨量（in）	降雨持续时间（h:min）	峰值流速（cfs）[a]	径流量（cf）[a]
1	2005-6-29	12:00	0.31	2:00	0.83	750
2	2005-7-7	18:40	1.68	15:00	0.82	7 900
3	2005-8-16	9:35	0.43	11:10	0.029	210
4	2005-8-27	19:05	0.68	14:00	0.76	1 800
5	2005-9-16	18:55	1.22	5:40	2.0	4 900
6	2005-10-13	5:20	0.63	21:55	0.50	960
7	2005-10-21	22:45	1.17	24:15	0.80	3 800
8	2005-11-16	10:30	0.20	14:40	0.013	110
9	2005-11-22	23:20	0.52	9:45	0.37	1 300
10	2005-11-29	4:55	1.04	19:05	1.2	6 500
11	2005-12-25	11:50	0.45	8:40	0.26	580
12	2006-1-2	10:45	0.99	25:40	0.14	940
13	2006-1-11	12:50	0.42	11:05	0.20	480
14	2006-4-3	14:40	0.75	7:50	0.36	1 500
15	2006-5-13	16:20	0.71	54:10	0.089	660

[a] 在出口监测点测量径流量和峰值流速；第 14 号事件除外，它是在入口监测点测量的。有关详细信息，请参阅验证报告。

表 6A.2 分析数据、EMC 范围和 SOL 减少结果

参数	入口范围（mg/L）	出口范围（mg/L）	EMC 范围（%）	SOL 减小量（%）	SOL 减小粒径 >250 μm（%）	SOL 减小粒径 <250 μm（%）
TSS	58～6 900	35～980	−88～86	44	85	35
SSC	75～7 000	35～1 500	−11～87	63	98	32

TSS 和 SSC 分析参数来自测量的水中的沉积物浓度。但是，TSS 分析使用分析员从试样容器中抽取的等分试样，而 SSC 分析使用试样容器的所有试样。对于 TSS 分析，在抽取的等分试样中可能不会选取较重的固体，这导致 TSS 参数倾向于代表较轻固体的浓度。

颗粒尺寸分布数据表明，Terre Kleen 去除 200 μm 或更大的颗粒的效率达 98%。在综合考虑颗粒尺寸分布数据与水文数据的情况下，研究表明在处理 2.0cfs 或更低流量时，该装置通常可以去除 200 pm 或更大的所有粒子。在 15 次

暴雨事件中,任何一次都没有超过 Terre Kleen 的额定流量(3.49 cfs)。该装置设计用于处理整个来流(监测了主室之后旁路倾斜板的情况,在试验期间没有旁路经过这些倾斜板)。

6A.3.2 系统运行

Terre Kleen 于 2005 年 2 月安装,未发现重大问题。2005 年 3 月,在开始试验之前清洁了 Terre Kleen™装置,并且在验证过程中经常检查该装置。回顾 2006 年 1 月暴雨事件的记录,记录表明,在 1 月下旬的两次暴雨中,去除率都非常低。因此,决定在 2006 年 1 月底清洁该装置。在泵出前,在该装置测得的几处沉积物的深度在沉积物最大设计深度的 50%～75%之间。该维护活动包括使用来自哈里斯堡市的伐克多清污车从该装置抽水并去除沉积物。人们根据毒性特征渗滤液程序(TCLP)分析了沉积物样本的金属,其浓度低于 40 CFR 第 261.42 节规定的危险废物限值。

6A.3.3 质量保证/质量控制

NSF 人员在试验期间完成了技术系统审核,确保该试验符合试验计划。NSF 还针对至少 10%的试验数据进行了数据质量审核,确保报告的数据代表试验期间生成的数据。除了 NSF 进行的质量保证(QA)和质量控制审核外,EPA 人员还对 NSF 的质量保证管理计划进行了审核。

6A.3.4 版本说明

原验证报告于 2006 年 9 月签署,但是为了反映计算排水面积、径流量和峰值径流强度所用方法的变化,在 2008 年 7 月对其进行了修订。有关修订后的排水面积和径流计算信息,请参见验证报告的第 3.2 节和 5.1.1 节。

原签字人　　　　　　　　　　　原签字人

Sally Gutierrez　2007 年 10 月 14 日　Robert Ferguson　2007 年 10 月 3 日

Sally Gutierrez　　　　日期　　Robert Ferguson　　　　日期

董事　　　　　　　　　　　副总裁

国家风险管理研究实验室　　　　　　　　水系统

美国国家环境保护署研究与发展办公室　　　NSF 国际

注意:验证的依据是技术性能评估,根据特定的预定标准和适当的质量保证程序执行该评估。EPA 和 NSF 对该技术的性能不做任何明示或暗示的保证,也不保证始终以验证的工况运用该技术。终端用户全权负责遵守联邦、州和地方上所有适用的要求。提及公司名称、商品名称或商业产品并不代表对使用具体产品的认可或建议。本报告不是对其提及的具体产品的 NSF 认证。

6A.3.5　获取支持文件

　　《ETV验证协议：暴雨水源区处理技术草案 4.1》(2002 年 3 月)、试验计划、验证声明和验证报告(NSF 报告编号 06/29/WQPC-WWF)的副本可从 ETV 水质保护中心计划经理处(硬拷贝)获得。

　　NSF 国际

　　邮政编码 130140

　　Ann Arbor，Michigan(美国) 48113-0140

　　NSF 网站：http://www.nsf.org/etv (电子版)

　　EPA 网站：http://www.epa.gov/etv (电子版)

　　附录不包含在验证报告中，但可以根据要求从 NSF 获得。

附录 6B：NJCAT 2013 程序

附录 A-MTD 验证流程

1. 制造商应按照 NJCAT 批准的形式向 NJCAT 提交 MTD 验证申请。请参见附录 B。[①]

2. NJCAT 和制造商将亲自会面或通过电话，从以下方面审查该验证申请：

管理和文书的准确性和完整性；

是否符合适用的实验室试验协议；

NJCAT 事先批准任何必要的项目，如实验室认证，第三方独立观察员，试验实体，等等。

3. 如果该 MTD 是新技术，没有获准的协议，NJCAT 和制造商工作组 (MWG) 应与制造商会面，确立实验室试验协议，该协议将由 NJDEP 审批。有兴趣成为 MWG 一部分的人员应联系 NJCAT。

4. 完成初步审查并获得所有必要的事先批准后，制造商应严格按照适用的实验室试验协议开始执行实验室试验。

5. 完成实验室试验后，制造商应向 NJCAT 提交完整的实验室试验报告，提供收集和分析的所有数据，包括附录 B 第 5 节列出的信息，但 5.G.6 和 5.G.7 除外。

6. 在收到实验室试验报告后 30 天内，NJCAT 应亲自与制造商会面或通过电话与制造商讨论该报告，并就制造商遵守的实验室规程发出初步意见函，如果没有，则详细说明哪些方面不符合协议。

7. 如果存在未决问题，NJCAT 和制造商应在发出初步意见函后 10 天内召开会议，讨论可能解决这些问题的方法。

8. 如果未决问题得到解决或初步审查报告中未发现任何问题，NJCAT 将在发布初步报告后 90 天内或者视情况在解决未决问题后 90 天内发布最终验证报告。如果没有解决未决问题，请参阅附录 C。应在 NJCAT 网站上公示最终验证报告，并且在 30 天内发表书面公众意见。打算发表意见的任何人必须在验证报告发布到网站后的 14 天内向制造商和 NJCAT 提交书面通知。必须在网站上首次发布验证报告后 30 天内向制造商和 NJCAT 提交附有支持文件的书面公众意见。如果 NJCAT 能在此期间解决书面意见，那么这些意见由 NJCAT 解决；如果 NJCAT 无法解决意见中的问题，那么 NJCAT 将会给提出这些意见的人员提供机会，向审查小组（附录 C）提交包括所有支持文件在内的这些意见，以便其得到解决。

9. 如果没有向审查小组提交意见，NJCAT 应在公众意见征询期结束后的 10

---

① 本附录中提到的任何附件均指 NJCAT 2013 程序中的附件，而不是本书的附件。

天内发布最终验证报告。如果将这些意见提交给审查小组，NJCAT 应在审查小组发布解决方式后 30 天内发布最终验证报告（关于解决流程，见附录 C）。

10. 一旦发布最终验证报告，NJCAT 应将这种新 MTD 添加到网站 http://www.njcat.org 已验证 MTD 的清单中。NJCAT 应在其网站上包含这份最终验证报告。

11. 一旦 NJCAT 更新了他们的网站并且 MTD 已通过验证，就应该通知 NJDEP。NJCAT 应将制造商的名称、MTD 的名称和相应的 TSS 去除效率作为通知发送给 NJDEP。

12. 只要制造商的名称、MTD 的名称和相应的 TSS 去除效率已经放在网站 http://www.njstormwater.org 上，就会颁发 NJDEP 认证。在 NJCAT 在网站 http://www.njcat.org 上更新通过验证的 MTD 清单之前，NJDEP 不会更新其网站。

附录 6C：关于 FILTERRA BIORETENTION 系统（原为 AMERICAST 公司的一个部门，现为 CONTECH 公司的一部分）以及 HYDRO 国际公司下游防护装置的规格和获准处理流速的 NJDEP 认证信函

State of New Jersey

DEPARTMENT OF ENVIRONMENTAL PROTECTION
Bureau of Nonpoint Pollution Control
Division of Water Quality
Mail Code 401-02B
Post Office Box 420
Trenton, New Jersey 08625-0420
609-633-7021 Fax: 609-777-0432
http://www.state.nj.us/dep/dwq/bnpc_home.htm

CHRIS CHRISTIE
Governor

KIM GUADAGNO
Lt. Governor

BOB MARTIN
Commissioner

May 19, 2015

2015 年 5 月 19 日

Derek M. Berg

CONTECH 工程方案公司

71 US Route I，Suite F

Scarborough，ME 04074（美国）

关于 CONTECH 工程方案公司制造的 Filterra 生物滞洪系统的 MTD 实验室认证

TSS 去除率：80%

亲爱的 Berg 先生：

本认证函旨在更新 Filterra 生物滞洪系统实验室认证，以此反映所有权变更，即生产 Filterra 生物滞洪系统这家 Americast 公司的一个部门变更为 Contech 工程方案公司的一部分。

该系统污染物去除率已经由新泽西州先进技术公司（NJCAT）验证并且已经通过新泽西州环境保护部门（NJDEP）认证，依据 N. J. A. C. 7：8-5.5（b）和 5.7（c）雨洪管理规则，允许使用该处理装置（MTD），因为其符合 N. J. A. C7：8-5 的设计和性能标准。Filterra®生物滞洪系统公司已申请 Filtena 生物滞洪系统获得实验室认证。

该项目属于"新泽西州先进技术公司获得暴雨水处理装置验证程序"（2013 年 1 月 25 日）。适用的协议是《新泽西环境保护部门评估制造的过滤式处理装置去除悬浮固体总量的实验室协议》（2013 年 1 月 25 日）。

提交给 NJDEP 的 NJCAT 验证文件表明已达到或超过上述协议的要求。NJCAT 信函还包括推荐的 TSS 去除率认证和所需的维护计划。附有该装置验证附录的 NJCAT 验证报告在线发布在网站 http://www. njcat. org/verification-process/technology-verification-database. html 上。

NJDEP 证明:按照验证附录中提供的信息设计、操作和维护使用 Contech 工程方案公司制造的 Filtena 生物滞洪系统,其达到 80%TSS 去除率。

请注意,对于必须遵守纽约州雨洪管理规则 N. J. A. C. 7:8 的、任何受暴雨水 BMP 影响的项目,都必须制定详细的维护计划。该计划必须包括雨洪管理规则 NJ. A. C. 7:8-5.8 中确定的所有项目。这些项目包括但不限于检查和维护设备、工具清单、具体的纠正和预防性维护任务、系统中问题的指示以及维护人员的培训。有关更多信息,请参见规则第 8 章:新泽西州最佳雨洪管理手册的维护。

如果您对上述信息有任何疑问,请联系我方办公室的 Titus Magnanao,电话:(609)633-7021。

此致

James J. Murphy, Chief

非点源污染控制局

C:Chron File

Richard Magee, NJCAT

Madhu Cum, DLUR

Elizabeth Dragon, BNPC

Lisa Schaefer, BNPC

Titus Magnanao, BNPC

Ravi Patraju, NJDEP

附录 6D:CDS 型号的规格和处理能力

表 6D.1 CDS 模型的规格和处理能力

CDS 型号	处理能力,cfs(L/s)	污水坑最小储量,yd³(m³)	最小储油量,gal(L)
CDS2015-G	0.7(19.8)	0.5 (0.4)	70(265)
CDS2015-4	0.7 (19.8)	0.5 (0.4)	70 (265)
CDS2015	0.7 (19.8)	1.3(1.0)	92 (348)
CDS2020	1.1 (31.1)	1.3(1.0)	131 (496)
CDS2025	1.6 (45.3)	1.3(1.0)	143 (541)
CDS3020	2.0 (56.6)	2.1 (1.6)	146 (553)
CDS3030	3.0 (85.0)	2.1(1.6)	205 (776)
CDS3035	3.8(107.6)	2.1(1.6)	234 (886)
CDS4030	4.5 (127.4)	5.6 (4.3)	407 (1 541)
CDS4040	6.0(169.9)	5.6 (4.3)	492 (1 862)
CDS4045	7.5 (212.4)	5.6 (4.3)	534 (2 021)
CDS2020-D	1.1 (31.1)	1.3(1.0)	131 (495)
CDS3020-D	2.0 (56.6)	2.1(1.6)	146 (553)
CDS3030-D	3.0 (85.0)	2.1 (1.6)	205 (776)
CDS3035-D	3.8(107.6)	2.1 (1.6)	234 (886)
CDS4030-D	4.5 (127.4)	4.3 (3.3)	328(1 242)
CDS4040-D	6.0(169.9)	4.3 (3.3)	396(1 499)
CDS4045-D	7.5 (212.4)	4.3 (3.3)	430(1 628)
CDS5640-D	9.0 (254.9)	5.6 (4.3)	490(1 855)
CDS5653-D	14.0 (396.4)	5.6 (4.3)	599 (2 267)
CDS5668-D	19.0 (538.0)	5.6 (4.3)	733 (2 775)
CDS5678-D	25.0 (707.9)	5.6 (4.3)	814(3 081)
CDS3030-DV	3.0 (85.0)	2.1 (1.6)	205 (776)
CDS5042-DV	9.0 (254.9)	1.9(1.5)	294(1 113)
CDS5050-DV	11.0 (311.5)	1.9(1.5)	367(1 389)
CDS7070-DV	26.0 (736.2)	3.3 (2.5)	914(3 460)
CDS10060-DV	30.0 (849.5)	5.0 (3.8)	792 (2 998)
CDS10080-DV	50.0(1 415.8)	5.0 (3.8)	1 057 (4 001)
CDS 100100-DV	64.0(1 812.3)	5.0 (3.8)	1 320 (4 997)

注意:NJDEP 批准的处理能力明显小于上表所列的处理能力。见表 6D.2。

表 6D. 2　获 NJDEP 批准的 CDS 的处理速率(新泽西州基于
表面积批准的 CDS 的处理速率具体加荷速率为 33. 2 gpm/ft²)

CDS 型号	人孔直径(ft)	处理流速(cfs)	CDS 型号
CDS-4	4	0. 93	CDS2015-4
CDS-5	5	1. 5	CDS2025-5
CDS-6	6	2. 1	CDS3030-6
CDS-8	8	3. 7	CDS4040-8
CDS-10	10	5. 8	CDS5653-10
CDS-12	12	8. 4	离线

参考文献

[1] AbTech Industries, 4110 North Scottsdale Road, Suite 235, Scottsdale, AZ 85251; Ph. 800-545-8999 (http://www . abtechindustries. com).

[2] ACF Environmental, 2831 Cardwell Drive, Richmond, VA 23234, Ph. 800-448-3636 (http://www. acfenviron mental . com).

[3] Advanced Drainage Systems, Inc. , 4640 Trueman Blvd. , Hillard, OH 43026, Ph. 800-821-6710 (http://www. ads -pipe. com).

[4] Aird, J. , 2012, Separation devices for storm water runoff, Stormwater, September, pp. 48-53.

[5] Aqua Shield, Inc. , 2705 Kanasita Drive, Chattanooga, TN 37343, Ph. 888-344-9044 (http://www. aquashield inc . com).

[6] BaySaver Technologies, Inc. , 1302 Rising Ridge Rd. , Mount Airy, MD 21771, Ph. 800-BAYSAVER (http://www . baysaver. com).

[7] Best Management Products, Inc. , 53 Mt. Archer Road, Lyme, CT 06371, Ph. 800-504-8008 (http://www. bmpinc . com).

[8] BioClean Environmental Services, Inc. , P. O. Box 869, Oceanside, CA 92049, Ph. 760-433-7640 (http://www. biocleanenvironmental. net).

[9] Bio-Microbics, Inc. , Shawnee, KS, Ph: 913 - 422 - 0770 (http://www. biomicrobics. com).

[10] Brzozowski, C. , 2004, Options for urban storm water treatment, Stormwater, January/February, pp. 58-68.

[11] ClearWater Solutions, 2259 Lone Oak Lane, Vista, CA 92084, Ph. 800-

758-8817 (http://www. ClearWater. BMP . com).

[12] Contech Stormwater Solutions, West Chester, OH, Ph. 800-925-5240 (http://www. Contechstormwater. com).

[13] Crystal Stream Technologies, 2090 Sugarloaf Parkway, Suite 245, Lawrenceville, GA 30045, Ph. 770 - 979 - 6516 (http://engineering @ crystalstream. com).

[14] Doerfer, J. , 2008, Filter maintenance sand filters vs. media filters, Stormwater Solutions, July/August, p. 8.

[15] EPA, 2005, National management measures to control non-point source pollution from urban runoff, publication no. EPA - 841 - B - 05 - 004, November (http://www. epa. gov/owow/nps/urbanmm/index. html).

[16] ——2008, National management measures to control non-point source pollution from urban areas, publication no. EPA-841-B-05-004.

[17] EWRA Currents, 2009, Federal facilities face a new storm water hurdle, Newsletter of the Environmental and Water Resources Institute of the ASCE, 11 (1): 1-2.

[18] Fabco Industries, Inc. , 170 Wilbur Pl. , Ste. 2, Bohemia, NY 11716, Ph. 631-244-3536 (http://www. fabco-industries. com).

[19] Filterra Bioretention Systems, a division of Americast, 11352 Virginia Precast Rd. , Ashland, VA 23005, Ph. 866-349-3458 (support@filterra. com).

[20] Goldberg, S. , 2012, Separation devices for storm water runoff, Stormwater, June, pp. 52-58.

[21] Hydro International PLC, 94 Hutchins Drive, Portland, ME 04102, Ph. 207-756-6200 (http://www. hydro-international. biz).

[22] Imbrium Systems Corporation, 9420 Key West Avenue, Suite 140, Rockville, MD 20850 (http://www. imbrium systems. com).

[23] Imbrium Systems, Inc. , 2 St. Claire Ave. W. , Ste. 2100, Toronto, ON M4V 1L5, Canada, Ph. 800-565-4801.

[24] Jensen Precast, 825 Steneri Way, Sparks, NV 89431, Ph. 775-352-2700 (http://www. jensenprecast. com).

[25] Kristar Enterprises, Inc. , 360 Sutton Place, P. O. Box 6419, Santa Rosa, CA 95406, Ph. 800-579-8819 (http://www . kristar. com).

[26] New Jersey Department of Environmental Protection, 2004, Stormwater

Best Management Practices Manual, February.

[27] New York Guidelines for Urban Erosion and Sediment Control, 4th printing, April 1999, prepared by Urban Soil Erosion and Sediment Control Printing, printed by Empire State Chapter Soil and Water Conservation Society, c/o Cayuga County SWED, 7413 County House Road, Auburn, NY 13021.

[28] New York State Stormwater Management Design Manual, August 2003, prepared by Center for Watershed Protection, 8390 Main Street, Ellicott City, MD 21043, for New York State Department of Environmental Conservation, 625 Broadway, Albany, NY 12233. (This manual was updated in August 2010.)

[29] Revel Environmental Manufacturing, Corp. office, Ph. 925 – 676 – 4736 (http://www. remfilters. com).

[30] Stormdrain Solutions, Inc. , Ph. 877-687-7473 (http://www. stormdrains. com).

[31] StormTrap LLC, 2495 W. Bungalow Rd. , Morris, IL 60450, Ph. 877-867-6872 (http://www. Stormtrap. com).

[32] Suntree Technologies, Inc. , 798 Clearlake Road, Suite 2, Cocoa, FL 32922, Ph. 321-637-7552 (http://info@ suntreetech. com).

[33] SWIMS (Storm Water Inspection and Maintenance Services, Inc.), P. O. Box 1627, Discovery Bay, CA 94514, Ph. 925 – 516 – 8966 (http://www. SwimsClean. com), e-mail (swimsclean@aol. com).

[34] TerreKleen, Terre Hill Concrete Products, 485 Weaverland Valley Road, PO Box 10, Terre Hill, PA 17581, Ph. 800 – 242 – 15009 (http://www. terrekleen. com).

[35] Weiss, P. T. , Gulliver, J. S. , and Erickson, A. J. , 2005, The cost and effectiveness of stormwater management practices, Minnesota Department of Transportation report 2005 – 23 (http://www. cts. umn. edu/publications/researchreports/reportdetail. html? id. = 1023).

[36] WERF, 2005, Critical assessment of storm water treatment and control selection issues (http://werf. org).

[37] Wieske, D. and Penna L. M. , 2002, Stormwater strategy, ASCE Civil Engineering, 72 (2): 62-67.

7 结构雨洪管理系统

滞洪池、贮水池和渗滤池是传统的雨洪构筑物,用于控制径流的峰值速率和径流量并改善水质。人工湿地、生物滞洪池和植被洼地也用于雨洪管理实践——更多地用于改善水质,而不是减小峰值流量。砂滤器和植被缓冲带这些装置主要用于改善水质。本章介绍了各种类型的滞洪池、贮水池和渗滤池的简化设计程序、实例和案例研究。本章还推荐了雨洪管理系统的设计标准。

7.1 滞洪池/湿池

滞洪池是储水设施,暂时储存雨水径流并通过其出口结构缓慢放水。图 7.1 为一个由作者设计的、配有中心喷泉的草坪式滞洪池。图 7.2 是滞洪池的典型部分——出口结构系统。滞洪池旨在在降雨事件后完全排出雨水,可以建造在地上或地下。露天滞洪池不仅可以调节径流的峰值速率,还可以作为提高径流水质的一种方式。

湿池与滞洪池的区别在于前者在任何时候都有蓄水,而后者在暴风雨事件之间保持干燥。这两种设施都被广泛用于控制径流的峰值速率,并且如果设计合理且维护良好,可能会非常有效。

通过延长排水时间,滞洪池和湿池也可以通过沉淀径流中的部分悬浮沉积物来改善水质。这种效果取决于贮水时间,即其释放蓄水所需的时间。延长排水时间的滞洪池被称为延时滞洪池。贮水时间越长,滞洪池的处理效率就越高。在地下蓄水池中配备预沉淀室或者在地上蓄水池中配备前池来捕集粗大的沉积物,可以提高效率。

滞洪池改善水质的有效性取决于场地条件和开发的类型。一般而言,由于径流可能具有较高的沉积物浓度,因此与住宅开发项目相比,在商业开发项目中滞洪池可能更有效。在湿池中,高于水池正常水位的储水会产生滞洪效应,而积水有助于改善水质。事实上,湿池可以作为一种高效的最佳管理实践。除了改善水质和控制高峰径流外,湿池还是一种景观,给鱼类提供水栖息环境,偶尔还为人类提供休闲娱乐的场所。图7.3是一种湿池。在地下水位较高的沿海地区,设置湿池是满足雨洪管理要求的最常见做法。在南卡罗来纳州沿海的县城,湿池不仅是一种实用的选择,也是满足暴雨水径流要求的、最受欢迎的系统。自1987年以来,根据NPDES第二阶段计划该地建造了数千个湿池(Drescher et al.,2011)。

图7.1 配有中心喷泉的草坪式滞洪池(照片由作者拍摄)

在湿池中污染物的去除是通过各种因素实现的。主要因素是悬浮物和附着污染物的重力沉淀。如第1章所述,积水水体中颗粒的沉淀速度随颗粒大小呈指数下降。因此,在湿池中,指定沉积物类型的水质效应取决于停留时间,即从湿池排出等于该径流的水量(按体积计)所需的时间。由于积水的混合效应,湿池比具有相同贮水时间的滞洪池更有效。水生植物(如果存在)和微生物也通过摄取养分和分解有机污染物来改善水质。水生植被也会去除金属。在高水位地区,地上滞洪池和地下滞洪渗滤池不实用,湿池可能是最好的雨洪管理方法之一。

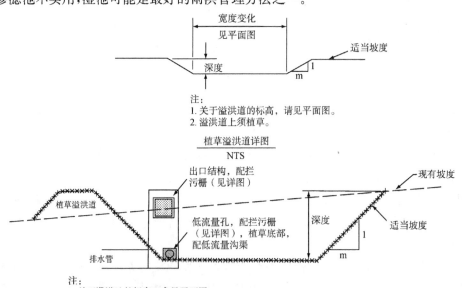

图7.2 典型的滞洪池截面图

图 7.3　湿池(照片由作者拍摄)

使用迭代过程设计滞洪池和湿池。该过程开始使用试验贮水量并编制滞洪池的坡度断面图。接下来初步确定出口开口的尺寸并为所选的滞洪出口结构系统确立贮水-排水关系。然后计算路径,评估该系统的功能。最后,细化出口开口,直到达到所需的排水量。先通过近似方法估计所需的滞洪贮水量,可以加速该迭代过程。本章的示例和案例研究说明了估算程序和设计过程。

7.1.1　通过滞洪池的水流路径

进入滞洪池的径流部分通过出口结构排出,部分进入滞洪池。图 7.4 是洪水演算简图。

图 7.5 显示了流入-流出滞洪池的典型过程线。该图指出,滞洪池降低了径流峰值,但延长了其集水区的排水时间。

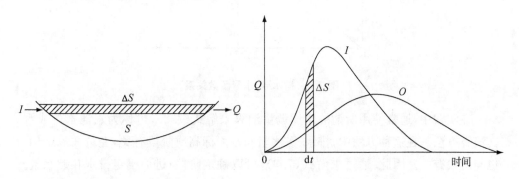

图 7.4　通过滞洪池的洪水演算法　　　　图 7.5　通过滞洪池的水流路径

根据图 7.5,在时间间隔 dt 期间的连续性方程见下式:

$$I(t) - O(t) = \frac{\Delta S}{dt} \tag{7.1}$$

式中:I 和 O 表示时间 t 时流入量和排水量;ΔS 是在该时间段 dt 内储存在滞洪池中的水量变化。在有限差分形式中,前面的方程式变为

$$\left[\frac{(I_1 + I_2)}{2}\right] \cdot \Delta t - \left[\frac{(O_1 + O_2)}{2}\right] \cdot \Delta t = \Delta S = S_2 - S_1 \tag{7.2}$$

式中:下标 1 和 2 分别表示时间段 Δt 开始和结束时变量 I、O 和 S 的量。将已知和未知的变量值分开,前面的方程式可以写成:

$$\left(\frac{2S_2}{\Delta t} + O_2\right) = (I_1 + I_2) + \left(\frac{2S_1}{\Delta t} - O_1\right) \tag{7.3}$$

由于入流过程线是已知的(从径流计算中获得)并且排水量和贮水量在时间段开始时也是已知的,因此计算右边的方程式,得到了左边项的值。为了计算未知数 O_2 和 S_2,需要编写滞洪池出口结构的贮水量-流出量的函数。

可以通过以下方式编写该函数:编写滞洪池中的贮水量和标高之间的关系以及出口结构的排水和高度之间的关系。具体而言,对于给定的水面标高,分别使用滞洪池的坡度断面图和出口结构的几何形状来计算贮水量和排水量。基于这些计算,编写排水量 O 和 $2S/\Delta t + O$ 的曲线图。然后可以使用图 7.6 中绘制的曲线图以及式(7.3)来确定该时间段结束时的排水量。

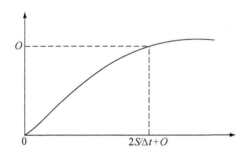

图 7.6 排水-贮水量函数关系

在实践中,通常使用所谓的水库调洪演算来解式(7.3),也称为水池水位或水文演算方法。在这种方法中,排水-贮水量与水面标高或阶段有关,变量 $2S/\Delta t + O$ 也与阶段有关。因此,通过求解式(7.3),可以确定阶段;进而确定排水和贮水量。式(7.3)基于一个隐含的假设,即变量 I,O 和 S 与时间成线性相关。因此,为了得到相当准确的结果,Δt 必须小而且选择得当。许多计算机软件程序可用于执行这些计

算。其中一个软件是 PondPack,可以通过已被 Bently 收购的 Haestad Methods 获得;另一个是 StormCAD。还可以使用 HEC-1 计算机软件执行这些计算。

7.1.2 出口结构设计

出口结构设计是滞洪池设计的组成部分。如果适当地选择其出口结构的开口和水位,就可以有效地利用滞洪池。出口结构可以是单级,也可以是多级的。单级出口包括一个开口;多级出口包括两个或以上开口,通常具有不同尺寸和几何形状并且处于不同水位。为了减少各种频率暴雨的径流,应采用多级出口结构。Pazwash(1992)提出了一种简化的设计程序,用于设计多级出口的滞洪池。示例 7.1 将会说明该设计过程。

孔板、堰和格栅是出口结构中最常用的开口。下文讨论了这些开口的排水情况。

7.1.2.1 孔口

孔口是指浸没在入口面、出口面或两者处的开口。通过孔口的流量由以下公式计算:

$$Q = C_0 A (gh)^{1/2} \tag{7.4}$$

式中:C_0——孔口系数;

A——孔口横截面积,$m^2(ft^2)$;

h——孔口中心以上的水头(适于自由流出口)或者水面高度差(适于水下出口),$m(ft)$;

g——重力加速度,$9.81\ m/s^2(32.2\ ft/s^2)$;

Q——排水量,$m^3/s\ (cfs)$。

式(7.4)是齐次的,因此可以用于国标单位(SI)情况和英制单位(CU)情况。孔口系数与浸没深度几乎无关,在实践中近似为 $C=0.6$。

孔口开口通常用于低水位开口,用于控制较频繁发生的暴雨,例如 1 至 2 年一遇的频率。还使用低水位孔口来延长滞洪池的排水时间,从而改善水质。

7.1.2.2 矩形堰

对于矩形堰,理想的排水量可以通过以下公式计算:

$$Q = \sqrt{2g} \int_0^H h^{1/2} \, dh$$

积分得

$$Q = \frac{2}{3} \sqrt{2g} L H^{3/2} \tag{7.5}$$

但是,由于侧面的水流收缩和堰上水面的下降,有效面积小于 LH。为了解释这种影响,在前面的公式中,将排水系数 C_d 用于理想的排水量计算。因此,实际排水量由下式给出:

$$Q = C_d \frac{2}{3} \sqrt{2g} L H^{1.5} \tag{7.6}$$

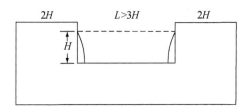

图 7.7 矩形堰的侧面收缩

为方便起见,上述公式中的 $C_d (2/3) \sqrt{2} \, g$ 用系数 C_w 代替,得到:

$$Q = C_w L H^{1.5} \tag{7.7}$$

式中:Cw——堰系数;

L——堰长,m(ft);

H——堰顶上方的水深,m(ft)。

基于 Rehbock 在德国卡尔斯鲁厄液压实验室的实验,人们发现 C_d 和 C_w 在某种程度上依赖于 H/P,P 是堰顶下方的水深(Pazwash,2007)。然而,在实践中,这种依赖性被忽略,式(7.7)表示为

$$Q = 1.8 L H^{1.5} \qquad \text{(SI)} \tag{7.8}$$

$$Q = 3.3 L H^{1.5} \qquad \text{(CU)} \tag{7.9}$$

对于 $H/L < 0.4$ 而言上述公式是准确的,与出口结构的通常工作范围相差不大。

对于有侧面收缩效应的矩形堰,若堰结构的宽度窄,将会出现水舌横向收缩。弗朗西斯的实验表明,在图 7.7 所示的条件下,侧边收缩的结果是水舌宽度在每侧减少 $0.1H$。考虑到两侧的收缩,堰的有效长度为 $L - 0.2H$。

应该注意:出口结构中的矩形开口用作堰,只要它没有被淹没即可。一旦被淹没,开口则作为孔口。在这种情况下,应使用式(7.4)计算排水量。

7.1.2.3 三角形堰

三角形堰,也称为 V 形缺口堰,是流量控制的有效手段。这种堰的优点是可用于非常小水头并且还提供非常宽的流量范围。实际上,V 形缺口堰的顶角通常在 $15°\sim90°$ 的范围内。

在图 7.8 中,通过元面积 dA 的理想排水量通过下式给出:

$$dQ = \sqrt{2gh} \times dA \qquad (7.10)$$

式中:

$$dA = 2x \times dh$$

$$x = h\,\tan\left(\frac{\theta}{2}\right)$$

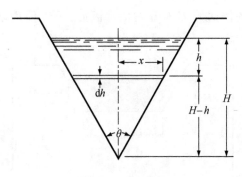

图 7.8 三角形堰

在式(7.10)中代入 h 和 dA,并从 $h=0$ 到 $h=H$ 进行积分,给出通过 V 型缺口堰的理想排水量:

$$Q = \left(\frac{8}{15}\right)\sqrt{2g}\,\tan\left(\frac{\theta}{2}\right)H^{5/2} \qquad (7.11)$$

为了考虑到侧边收缩,引入排水系数 C_d,上述公式变为

$$Q = C_d\left(\frac{8}{15}\right)\sqrt{2g}\,\tan\left(\frac{\theta}{2}\right)H^{5/2} \qquad (7.12)$$

该公式是齐次的,因此,它适用于 SI 和 CU 情况。系数 C_d 的范围从 0.58 到 0.62,取决于顶点的角度和堰上的水头;水头越小,C_d 就越大。保守地,使用 $C_d=$ 0.585,前面的方程式简化为

$$Q = 1.38\,\tan\left(\frac{\theta}{2}\right)H^{2.5} \qquad \text{(SI)} \qquad (7.13)$$

$$Q = 2.5 \tan\left(\frac{\theta}{2}\right) H^{2.5} \qquad \text{(CU)} \qquad (7.14)$$

对于 90° 和 30° 围堰,前面的方程式变为

$$Q = KH^{2.5} \qquad (7.15)$$

$$K = 1.38(\text{SI}), 2.50(\text{CU}) \quad 90°$$

$$K = 0.37(\text{SI}), 0.67(\text{CU}) \quad 30°$$

对于小于 15 cm(0.5 ft)的水头,由于收缩不完全,排水系数增加。然而,这种变化可能会被忽略,滞洪池设计中仍然使用式(7.13)和式(7.14)。

7.1.2.4 西蒲来帝堰

西蒲来帝堰是一种梯形堰,边坡为 1:4(1H,4V)。如图 7.9 所示,这种堰是为了补偿矩形堰中的侧边收缩而开发的。因此,可以使用堰公式式(7.8)和式(7.9),不考虑侧边收缩。

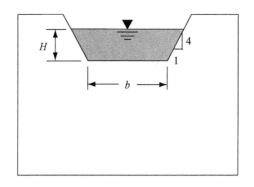

图 7.9 西蒲来帝堰

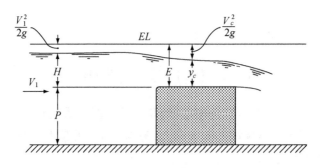

图 7.10 宽顶堰

7.1.2.5 宽顶堰

宽顶堰是一种其沿着水流的宽度至少是堰上水深三倍的堰。如果堰足够高，可以产生回水效应，那么在堰顶部会出现临界深度。如第 2 章所示，在矩形通道中，临界流量的流量公式是：

$$y_c = \frac{2}{3}E$$

$$V_c = \sqrt{gy_c}$$

$$Q = Ly_cV_c = \left(\frac{2}{3}\right)^{1.5}\sqrt{g}LE^{1.5} \qquad (7.16)$$

对于高堰（即 P/H 较大的情况，参见图 7.10），迎面流速变小，E 可近似为 H，即迎面流的深度。在这种情况下，上述公式变为

$$Q = 1.7LH^{1.5} \qquad \text{(SI)} \qquad (7.17)$$

$$Q = 3.09LH^{1.5} \qquad \text{(CU)} \qquad (7.18)$$

7.1.2.6 溢流格栅

溢流格栅安装在出口结构的顶部，作为应急措施释放超出设计暴雨的水量。第 4 章讨论了溢流道格栅。在格栅处，水深较浅时，作为堰流计算；在格栅完全被淹没时，作为孔流计算。这些情况下的流量分别由以下公式给出：

$$Q = C_wLH^{1.5} \qquad (7.19)$$

$$Q = C_0f_cA(2gH)^{1/2} \qquad (7.20)$$

式中：C_w——堰系数，1.8(SI)，3.3(CU)；

$\quad$ L——格栅的透水总长，m(ft)；

$\quad$ C_0——孔流系数，0.6(方边)；

$\quad$ f_c——堵塞因子，用于考虑开口被叶子覆盖的情况，通常取 $f_c=0.67$；

$\quad$ A——格栅开口面积，$\text{m}^2(\text{ft}^2)$；

$\quad$ H——接近格栅的水深，m(ft)。

7.1.2.7 立管

立管通常用于在施工期间从沉淀池排水。流入立管的水流为浅层溢洪道水流（见图 7.11）。在这种情况下，排水量由下式给出：

$$Q = C_L \pi D h^{1.5} \tag{7.21}$$

式中:C_L 是溢洪道系数[$C_L = 1.8$ (SI); 3.3 (CU)],h 和 D 分别是立管上方的水深和管道直径。当管道上方的水深超过 $0.5D$ 时,备用管道的入口完全被淹没,排水遵循孔口公式:

$$Q = C_o \left(\frac{\pi D^2}{4} \right) \times (2gh)^{1/2} \tag{7.22}$$

其中,C_o 是孔口系数,$C_o = 0.6$。

7.1.2.8 液压制动器,锥形水流

液压制动器是一种功能类似于低扬程节流孔板的装置。然而,被淹没时,该装置在圆锥形部分产生旋流,在出口部分内形成空心涡流。出口中心存在空心,从而阻碍水流。因此,开口相对较大的液压制动器的作用就像小孔口一样。液压制动器锥形水流的锥体直径为 $9 \sim 24$ in($23 \sim 61$ cm),出口直径为 $3 \sim 10$ in($7.6 \sim 25$ cm)。图 7.12 显示了 9 in、12 in 和 15 in 的流体锥和排水水头的变化。有关更多信息,请访问 www.contechstormwater.com。

7.1.2.9 Thirsty Duck

Thirsty Duck 是一种浮力流量控制装置,可控制滞洪池的出流量。它利用浮力原理将排水控制装置(例如孔口或堰)悬在水面下方的恒定深度处。通过在控制机构上保持恒定的上游水位,提供恒定量出流量。Thirsty Duck 有 5 种型号:ER100 系列、ER200 系列和 TD100、200 和 300 系列。使用 Thirsty Duck 时,可以将滞洪池的排水量维持在最大允许限值,可以最大限度地减少滞洪池和池塘的贮水量。

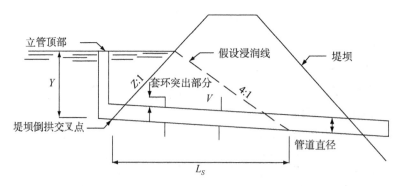

图 7.11　滞洪池/池塘中的立管(施工期临时装置;湿池中的永久性装置)

Fluidic-Cone™
规格和结构
长度(L)从套管、板或法兰附着点开始计算

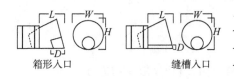

箱形入口   缝槽入口

型号	宽度(W)		高度(H)		深度(D)		长度	
	in.	mm	in.	mm	in.	mm	in.	mm
9″	9	229	9	229	3~5	76~127	6	152
12″	12	305	11.75	298	4~6	102~152	8	203
15″	15	381	14.75	375	5~8	127~203	10	254
18″	18	457	17.75	451	3	76	12	305
21″	21	533	20.5	521	3.5	89	14	356
24″	24	610	23.5	597	4	102	16	406

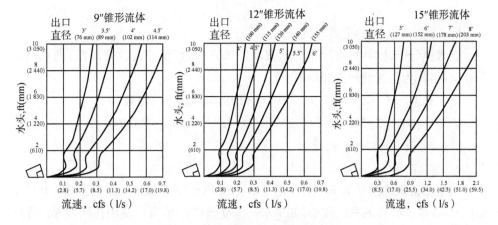

图 7.12　锥形水流的尺寸和排水速率

该装置没有任何活动机构或组件。与任何其他暴雨水控制装置一样,由于碎屑造成的堵塞可能会导致该结构发生故障。在日常维护期间,可以接近该装置进行清理。容纳 Thirsty Duck 装置的结构可以配备带锁舱口盖,防止恶意破坏。可以通过 www. Thirsty-Duck.com 与 Thirsty Duck 联系。

示例 7.1

基于合理方法进行 3.29 ac 住宅开发项目的径流计算。对于 2 年、10 年和 100 年一遇频率的暴雨,现有的径流峰值速率为

$Q_2 = 3.82$ cfs

$Q_{10} = 5.40$ cfs

$Q_{100} = 7.63$ cfs

当地的雨洪管理法规要求,对于 2 年、10 年和 100 年一遇频率暴雨,现场在开发后的径流峰值速率必须分别比开发前的径流峰值速率小 50%、25% 和 20%。为了满足这些规定并提供较长的贮水时间从而改善水质,开发商采用了一种出口结构,包括:

在高程 341.50 ft 处设 3 in 的孔口;

在高程 341.50 ft 处设 12 in×12 in 的开口；

在高程 344.75 ft 处设入口格栅(坎贝尔编号 3220)。

计算该结构的高程-流量额定值。

解法

计算流经开口的排水量,如下所示。

a. 3 in 孔口

$$Q_0 = C_0A(2gh)^{1/2} = 0.6 \times 0.049(64.4)^{1/2}(EL - EL_0)$$
$$= 0.236(EL - 341.63)^{1/2}$$

b. 12 in×12 in 的主要开口

当水位低于开口时,水流作为堰流流经该开口,直至该开口被淹没;当水位高于开口时,作为孔流流经该开口。

$$Q_p = C_0LH^{1/5} = 3.3 \times 1 \times H^{1.5} = 3.3(EL - 343.50)^{1.5} 堰流$$

$$Q_p = 0.6 \times A(2gH)^{1/2} = 0.6 \times 1 \times 1 \times (64.4)^{1/2}(EL - 344.0)^{0.5}$$

$$= 4.81(EL - 344)^{0.5} 孔流$$

c. 溢流格栅

该格栅缝隙的周长为 9.50 ft,宽 1 in,长 1/8～5 in,总开口面积为 345 in² (2.396 ft²)。由于开口的宽度较小,如果水流深度超过 3 in,可以使用孔流方程计算格栅上方的流量：

$$Q_g = CA(2gh)^{1/2} f_c$$

式中：$C = 0.6$, $f_c = 0.66$ 是建议的堵塞因子。

$$Q_g = 7.6 h^{1/2}$$

表 7.1 是该结构的水位-流量额定值表。该表表明,滞洪池 100 年一遇暴雨水位不会超过高程 344.85 ft。在该标高处,流量几乎等于 100 年一遇暴雨的允许流量,即 7.63×0.8 = 6.10 cfs。

表 7.1 出口结构的水位-流量关系

高程(ft)	Q_o [a]	Q_p	Q_g	Q_t
341.50	0			0
342.00	0.14			0.14
343.00	0.28			0.28
343.50	0.32	0		0.32

高程(ft)	Q_o[a]	Q_p	Q_g	Q_t
344.00	0.36	1.17		1.53
344.50	0.40	3.40		3.80
344.75	0.42	4.17	0	4.59
345.00	0.43	4.81	3.81[a]	9.05

[a]使用等于 0.66 的堵塞因子。

7.2　初步选定滞洪池的规格

本节介绍了估算滞洪池所需贮水量的简单程序。这些计算涵盖了合理化和修正合理化公式法、SCS TR-55 方法以及作者开发的通用径流方法。

7.2.1　用合理化和修正合理化公式法估算

假设来自滞洪池的流量随时间线性变化，流入流出的过程线如图 7.13 所示。在该图中，Q_p 和 Q_o 分别表示来自滞洪池的峰值流入量和峰值流量。Q_o 左边的流入、流出过程线之间的区域代表滞洪池中的贮水。将峰值流量从 Q_p 减少到 Q_o 所需的滞洪贮水量，由下式给出：

$$S = \left(\frac{1}{2}\right) \times (Q_p - Q_0) T_b \times 60 \qquad (7.23)$$

式中：T_b 是流入过程线的基准时间，以分钟为单位，因子 60 表示每分钟的秒数。

相反地，指定滞洪贮水的峰值流量可以计算为

$$Q_0 = Q_p - \frac{2S}{(60 T_b)} \qquad (7.24)$$

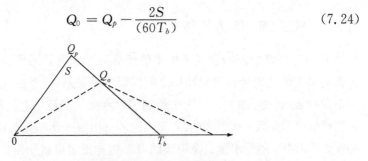

图 7.13　滞洪存量估算的合理化过程线

由于式(7.23)和式(7.24)在维数上是一致的，因此它们适于 CU 和 SI 情况。如这些公式所示，贮水量与过程线的时基有关，这取决于集流时间。对于持续时间

长于集流时间的暴雨,假设滞洪池的流量随时间线性变化,流入流出的过程线可以用图 7.14 表示。根据这个表示修正合理化过程线的图形,将峰值流入量减少到允许的流量所需的滞洪贮水量计算如下:

$$S = \left(Q_p T_d - \frac{1}{2} Q_0 T_b\right) \times 60 \tag{7.25}$$

式中:$T_b = T_d + T_c$。

应采用修正合理化法计算暴雨持续时间内所需的贮水量,时间范围为从集流时间到峰值径流等于滞洪池允许流量。图 7.15 以图形形式展示了计算过程。

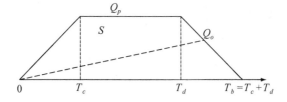

图 7.14 滞洪贮水量估算的修正合理化过程线(Q_o=允许流量)

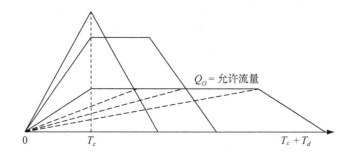

图 7.15 所需的滞洪贮水量估算的修正合理化过程线

7.2.2 SCS TR-55 方法估算

TR-55 方法(1986)包括了用于估计所需贮水量的图形。图 7.16 显示了 Ⅰ 类至 Ⅳ 类暴雨的径流量和流量比率之间的无量纲关系:一条曲线表示 Ⅰ 类和 Ⅳ 类;另一条曲线表示 Ⅱ 类和 Ⅲ 类。该图中绘制了贮水量与径流量之比和峰值流出与峰值流入流量的比率关系。该图表明,对于指定的流出流入比率,Ⅱ 类和 Ⅲ 类暴雨需要比 Ⅰ 类和 Ⅳ 类暴雨更大的贮水量。使用该图可以估算指定流量所需的贮水量,或者反过来估算指定贮水量的滞洪池的流量(见示例 7.2)。所需的贮水量可以按下式计算:

$$V_s = V_r \left(\frac{q_o}{q_i}\right) \tag{7.26}$$

式中：V_s——滞洪贮水量，$\mathrm{m^3}$（$\mathrm{ft^3}$）；

V_r——径流量，$\mathrm{m^3}$（$\mathrm{ft^3}$）；

q_o——流出（允许）流量，$\mathrm{m^3/s}$（cfs）；

q_i——流入流量，$\mathrm{m^3/s}$（cfs）。

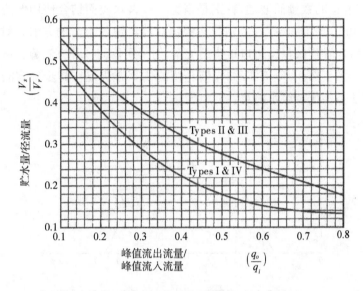

图 7.16　Ⅰ类、Ⅳ类、Ⅱ类和Ⅲ类暴雨的近似滞洪贮水量

7.2.3　通用贮水量估算方法

在通用方法（Pazwash，2009，2011）中，通过直线近似表示流量随时间的变化，流入-流出过程线可以用图 7.17 表示。可以很容易地看出，该方法所需的滞洪贮水量为

$$S = \left[(T_d - T_e)Q_i - \left(\frac{1}{2}\right)(T_d + T_c - 2T_e)Q_0 \right] \times 60 \qquad (7.27)$$

对于暴雨持续时间 $T_d = T_c$，前面的方程式简化如下：

$$S = (Q_i - Q_0)(T_c - T_e) \times 60 \qquad (7.28)$$

该方法中的参数 T_e、T_t 和 T_d 分别表示降雨和径流开始之间的滞后时间、流动时间和暴雨持续时间。与修正合理化法相似，可以针对各种降雨持续时间进行计算。然而，与修正合理化方法不同，径流量不会随着暴雨持续时间而持续增加。事实上，对于持续的暴雨，整个降雨量可能会通过渗透消失。

7.2.4 调整滞洪贮水量估算方法

先前介绍的所有贮水量估算方法都基于以下假设:来自滞洪池的流出量随时间线性变化。但事实上即使对于单个出口开口,实际流出量也与该假设相异。偏差随着出口开口的数量而增加,特别是当为了改善水质而结合使用低流量的小孔时。Pazwash(1992)提出了一种估算多级出口滞洪池贮水量的方法。对于滞洪池的初步设计,作者建议根据出口结构的类型,给采用任何一种方法算出的贮水量增加 50% 至 75%。然而,应该注意,先前介绍的估算方法旨在初步确定滞洪池的规格,这些方法不能代替洪水演算。

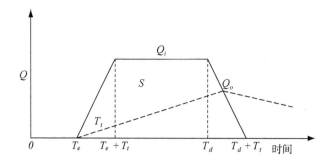

图 7.17 通用方法中的流入-流出过程线

示例 7.2

基于合理和修改合理化方法计算示例 7.1 开发后的峰值流量,汇总在表 7.2 中。

使用以下两种方法计算所需的滞洪贮水量:

a. 合理化过程线($T_d = T_c = 15$ 分钟);

b. 修正合理化方法。

开发后的流量如示例 7.1 所述。

解法

a. 合理化方法

径流系数计算为 0.45。因此,取 $T_d = 2.3\ T_c$;见第 3 章表 3.14(作者建议)。

根据示例 7.1 中记录的现有峰值径流计算允许流量。

$$Q_o = 3.82 \times 50\% = 1.91 \text{ cfs (2 年)}$$

$$Q_o = 5.40 \times 75\% = 4.05 \text{ cfs (10 年)}$$

$$Q_o = 7.63 \times 80\% = 6.10 \text{ cfs (100 年)}$$

将式(7.23)应用于 2 年、10 年和 100 年一遇暴雨:

$$S = 1/2 \times (4.74 - 1.91) \times (2.3 \times 15 \times 60) = 2\ 929\ \text{ft}^3 (2\ \text{年})$$

表 7.2　各种暴雨持续时间的峰值径流

T_d(min)	Q_2	Q_{10}	Q_{100}
$T_d = T_c = 15$	4.74	7.25	10.21
20	4.29	6.07	8.58
30	3.26	4.88	6.96
45	2.66	3.70[a]	5.33[a]
60	2.07	2.96[a]	4.44[a]

[a]峰值流入量低于允许流量(见示例7.1)。不需要进一步减少。

表 7.3　估算所需的贮水量

T_d(min)	两年一遇暴雨,Q_o=1.91 ft³				十年一遇暴雨,Q_o=4.05 ft³		百年一遇暴雨,Q_o=6.10 ft³	
	20	30	45	60	20	30	20	30
Q_i(cfs)	4.29	3.26	2.66	2.07	6.07	4.88	8.58	6.96
S (ft³)	3 143	3 290	3 744	3 155	3 032	3 317	3 891	4 293

$$S = 1/2 \times (7.25 - 4.05) \times (2.3 \times 15 \times 60) = 3\ 312\ \text{ft}^3 (10\ \text{年})$$
$$S = 1/2 \times (10.21 - 6.10) \times (2.3 \times 15 \times 60) = 4\ 254\ \text{ft}^3 (100\ \text{年})$$

b. 修正合理化方法

计算存水量:

$$S = [Q_i T_d - 0.5 Q_o (T_d + T_e)] \times 60$$

表 7.3 列出了 2 年、10 年和 100 年一遇频率暴雨的计算结果。

算得的最大贮水量为 4 293 ft³(30 分钟暴雨)。考虑到非线性影响,以及 3 in 孔口的积水效应和出水高度,在算得的贮水量基础上增加 50%。因此,滞洪池的贮水量应约为 7 000 ft³。

示例 7.3

为了减少示例 7.1 和 7.2 中描述的项目开发场地的峰值径流,提供了地上滞洪池。该滞洪池的贮水量-水位关系是根据该滞洪池的坡度断面图计算得到的,见表7.4。该滞洪池的出口结构如示例 7.1 中所述。计算该滞洪池的峰值流量。

表 7.4　贮水量-水位额定值

水位高程(ft)	面积(ft²)	平均面积(ft²)	△Vol. (ft³)	容积(ft³)
341.5	1 360	1 530	760	0
342.0	1 680	2 035	2 035	760
343.0	2 390	2 720	2 720	2 795
344.0	3 050	3 500	3 500	5 515
345.0	3 950			9 015

注意：算出的 ΔV 偏离等截面计算结果小于 0.25%，公式为：$\Delta_t = [A_1 + A_2 + (A_1 A_2)^{1/2}]/3$。

$^a \Delta \mathrm{Vol.} = $ 平均面积 $\times \Delta H$。

解法

使用 Haestad 法的 PondPack 计算机软件执行计算。根据示例 7.2，达到最大滞洪贮水量的 30 分钟 100 年一遇暴雨的洪水演算参见表 7.5。其他频率和持续时间的暴雨的计算汇总在表 7.6 中。表 7.7 列出了现场允许和建议的峰值径流速率的比较。

在这个项目中，有意选择超大规格的滞洪池，以此减少下游洪水，这是排水系统不充足造成的。结果，滞洪池减少的峰值流量远远超出要求。

在出口结构处设 3 in 孔口的目的是延长滞洪池贮水时间，以便允许粗大和中等规格的悬浮沉积物沉淀。在这个项目中，仅仅是 3 in 孔口不能满足适用的水质标准。因此，在出口结构的下游加设了水质处理装置，增加两用滞洪池的功能。

注意：示例 7.2 中对滞洪贮水量进行计算，得到 2 年一遇频率暴雨的暴雨持续时间为 45 分钟；100 年一遇暴雨的暴雨持续时间为 30 分钟（基于修正合理化方法）。这些近似结果与更准确的洪水演算一致。因此，在实践中，使用图解法确定暴雨持续时间，并且针对该持续时间，进行洪水演算来确定流量。该程序缩短了洪水演算过程。

表 7.5　30 分钟百年一遇暴雨洪水演算汇总表

流入过程线：A：PR100-30. HYD

额定值表格文件：A. SPAR-DET. PND

初始条件

高程＝341.50 ft

流出量＝0.00 cfs

贮水量＝0 ft³

指定池塘数据			中间洪水演算	
高程(ft)	流出量（cfs）	贮水量（ft³）	2S/t (cfs)	2S/t+0 (cfs)
341.50	0.0	0	0.0	0.0
342.00	0.1	760	5.1	5.2
343.00	0.3	2 795	18.6	18.9
343.50	0.3	4 145	27.6	28.0
344.00	1.5	5 515	36.8	38.3
344.50	3.7	7 250	48.3	52.0
344.75	4.6	8 130	54.2	58.8
345.00	8.2	9 015	60.1	68.3

注意：时间增量(t)＝5.0 min。
池塘起始水位高程＝341.50 ft；
峰值流出量和峰值高程汇总：
峰值流入量＝6.96 cfs，
峰值流出量＝4.46 cfs[a]，
峰值高程＝344.71 ft；
近似峰值贮水量汇总：
初始贮水量＝0 ft³，
暴雨造成的峰值贮水量＝8 005 ft³，
池塘总贮水量＝8 005 ft³。
[a]算出的15分钟100年一遇暴雨的峰值流量为4.43 cfs，几乎与30分钟100年一遇暴雨相同。

表7.6　洪水演算汇总表

暴雨持续时间(min)	2 年一遇暴雨		10 年一遇暴雨		100 年一遇暴雨	
	流入量	流出量	流入量	流出量	流入量	流出量
15	4.74	0.94	7.25	2.58	10.21	4.42
20	4.29	0.68	6.07	2.03	8.58	3.84
30	3.26	1.02	4.88	2.59	6.96	4.46
45	2.66	1.45	3.70	2.76	5.33	4.33
60	2.07	1.39	2.96	2.52	—	—

表7.7　开发前后峰值流量比较

暴雨频率(a)	Q_E＝开发前峰值（cfs）	Q_P＝开发后的峰值（cfs）	减少(%) (1－Q_P/Q_E)
2	3.82	1.45	62
10	5.40	2.76	49
100	7.63	4.46	42

7.3 延时滞洪池

延时滞洪池,也称为两用滞洪池,不仅能减小径流峰值速率,还可改善水质。后一种效果是通过在出口结构中设一个低水位小开口,从而延长从滞洪池排出径流的时间来实现的。通常基于水质暴雨确定开口的大小,不同州的情况各不相同。可以使用本章前面讨论的方法计算滞洪池所需的贮水量。如上所述,应给算得的贮水量乘一个系数,以便考虑滞洪池的非线性排水,特别是低水位开口的排水,可利用该开口全部或部分地积蓄雨水。出口结构中的开口的尺寸通常通过迭代过程确定,合适的开口的尺寸有利于有效地利用滞洪池。作者在一篇论文中提出了一种确定开口尺寸的简单程序(Pazwash,1992)。本章通过案例研究介绍了两用滞洪池的设计程序。为避免出现滋生蚊子的积水,滞洪池底应位于地下水位以上。浅积水也会促进藻类生长,这是不美观的。

案例研究 7.1 这项研究涉及一个三层商业建筑的雨洪管理要素的设计,该建筑占地 4 ac,是从 29.84 ac 的地块上分出来的。该项目现场位于新泽西州萨默塞特郡希尔斯伯勒镇的东北部,在乡镇税务地图中标为 12.01 号地段第 65 区(见图 7.18),该地块上是一个托儿所和花园中心。该场地南边是 Conrail,北边是 206 号公路,东边是 12.01 号地段的其余部分。图 7.19 是开发前场地的布局图。该计划指出这片场地受到严重干扰,场地上有建筑、砾石停车场和仓库。这片场地相对平坦,高程 71 ft(21.6 m),沿着铁路向南倾斜,南边的高程范围是 67~69 ft(20.4~21 m),沿着 206 号公路向北延伸。

图 7.20 描绘了开发后该场地的布局情况和建筑的占地面积,在规划区域上占地 40 110 ft²(3 726 m²)。由于该项目增加了不透水面积,因此提供了一个延时滞洪池,根据该州的雨洪管理条例降低该场地的峰值径流速率并改善水质。拟定在该场地的西北角建造滞洪池,这块区域是凹陷区,通过管道排放到 206 号公路的现有入口。

为了改善水质效应,人工水质处理装置被纳入雨洪管理系统。此外,还提供地下渗滤室来满足该项目的地下水补给需求。该项目雨洪管理要素的设计计算如下所述。

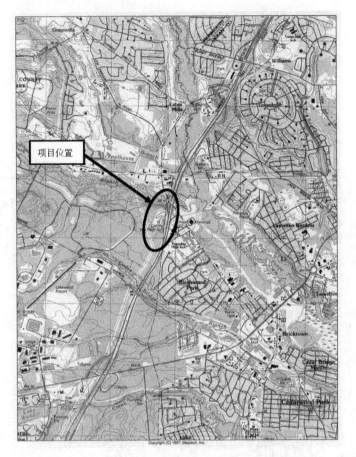

图 7.18　12.01 号地段部分项目位置图(希尔斯伯勒镇 G5 区税务地图第 6 和第 7 页)

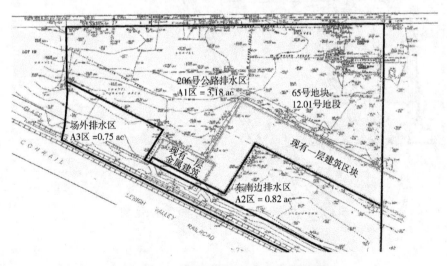

图 7.19　开发前场地的布局和排水区域图

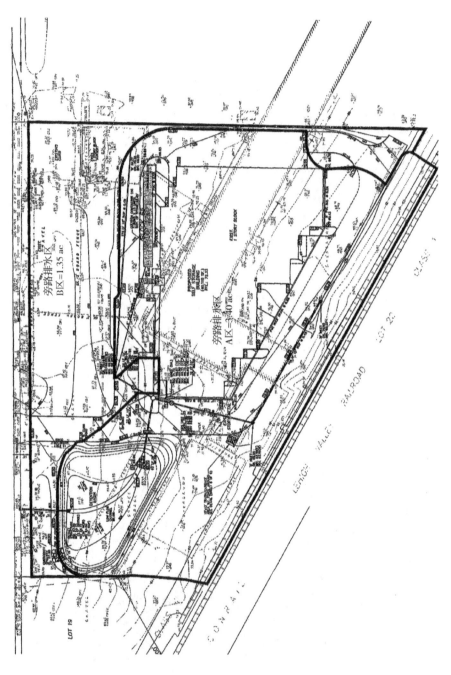

图 7.20 开发后的场地布局图和排水区

径流计算

根据地形,将该场地分为三个分区。这些分区在图 7.19 中标记为 A1、A2 和 A3。占地 3.18 ac 的 A1 区接入与 206 号公路暴雨排水系统相连的现有暴雨水排水系统;占地 0.82 ac 的 A2 区是一个独立区域。A3 区是一个占地 0.75 ac 的场外排水区,来自该区的径流流入该项目的现场。由于 A1 区不会对场地的任何径流产生影响,因此将其排除在开发前径流计算之外。

开发后的排水分区如图 7.20 所示。从图上可以看出,滞洪池收集在图 7.19 中被标为 A3 区的场外区域的径流。采用合理化和修正合理化法计算该项目的径流。具体来说,使用前一种方法计算径流的峰值速率;基于后一种方法执行洪水演算。分别为不透水区域、砾石路面、裸土和草坪/景观区域选择 0.95、0.60、0.45 和 0.35 的径流系数。根据适用的雨洪管理条例,对 2 年、10 年和 100 年一遇频率暴雨进行径流计算。这些计算还包括符合该县排水标准的 25 年一遇频率暴雨的径流计算。表 7.8 总结了径流系数的计算值和该场地径流的峰值速率。表 7.9 和表 7.10 分别列出了 A1 区至 A3 区的径流系数、径流的峰值速率以及允许排水量的计算值。将流向现场区域(A1 区)的径流峰值速率乘以所需的减少因子,可计算允许排水量,注意场外径流不会减少。

将滞洪池的支流区域(A 区)与旁路区域(B 区)分开,计算开发后条件下的径流。表 7.11 列出了计算结果,其中包括列出来的 A 区和 B 区的径流系数、来自这两个区域的径流峰值速率以及滞洪池的允许排水量。对于每个暴雨事件,从该场地允许排水量(如表 7.8 所示)中扣除旁路径流量,就可以用代数方法保守地计算后者的排水量。

表 7.8　对开发前径流的计算和该场地允许排水量

地段总面积＝4.00 ac

干扰区域总面积(A1 和 A2 区)＝4.00 ac

向 206 号公路排水系统排水的 A1 排水区＝3.18 ac

向地块东南角排水的 A2 排水区＝0.82 ac

(该区域在现场是独立的,不包括在开发前的计算中)

A3 排水区(滞洪池的场外支流)＝0.75 ac

表 7.9　A1 和 A3 区的径流合成系数

	不透水区,$C=0.95$		裸土,$C=0.45$		砾石,$C=0.60$		总计面积	$C_w=(\Sigma A \cdot C)/A$
	(ac)	$A\times C$	(ac)	$A\times C$	(ac)	$A\times C$		
A1 区	0.73	0.69	1.10	0.50	1.35	0.81	3.18	0.63

	不透水区,$C=0.95$		裸土,$C=0.45$		砾石,$C=0.60$		总计面积	$C_w=$ $(\Sigma A \cdot C)/A$
	(ac)	$A \times C$	(ac)	$A \times C$	(ac)	$A \times C$		
A3 区	—	—	0.75	0.34	—	—	0.75	0.45

$T_c = 15$ min

$Q_{A1} = A \times C \times I = 2.00 \times I$

$Q_{A3} = A \times C \times I = 0.34 \times I$

表 7.10　径流的峰值速率

暴雨频率(a)	I (in./h)	Q_{A1} (cfs)	减小量	Q_{A3} (cfs)	Q_s (cfs)
2	3.5	7.00	50%	1.19	4.69
10	4.8	9.60	25%	1.63	8.83
25	5.6	11.20	—	1.90	13.10
100	6.8	13.60	20%	2.31	13.19

注意:该场地允许排水量,$Q_s = \%(Q_{A1}) + Q_{A3}$。

表 7.11　对开发后径流和滞洪池允许排水量的计算

向滞洪池排水的 A 排水区 $=3.40$ ac

旁路滞洪池的 B 排水区 $=1.35$ ac

	不透水区,$C=0.95$		景观区,$C=0.35$		场外,$C=0.45$		总面积	$C_w=$ $(\Sigma A \cdot C)/A$
	(ac)	$A \times C$	(ac)	$A \times C$	(ac)	$A \times C$		
A 区	1.93	1.83	0.72	0.25	0.75	0.34	3.40	0.71
B 区	0.19	0.18	1.16	0.41	—	—	1.35	0.44

$T_c = 15$ min

$Q_A = A \times C \times I = 2.41 \times I$

$Q_B = A \times C \times I = 0.59 \times I$

暴雨频率(a)	I (in./h)	Q_A (cfs)	Q_B (cfs)	Q_O (cfs)
2	3.5	8.68	2.03	2.66
10	4.8	11.90	2.78	6.05
25	5.6	13.89	3.25	9.86
100	6.8	16.86	3.94	9.25

注意:滞洪池允许流量,$Q_O = Q_s{}^a - Q_B$。(在计算中作者多次四舍五入导致结果可能会有细微差别,为尊重原著,保留作者数据)

[a] 参见表 7.10。

滞洪池的设计

为了简化洪水演算,首先根据修正合理化法计算暴雨临界持续时间,即需要最大滞洪贮水量的暴雨持续时间。对于 2 年、10 年和 100 年一遇频率暴雨,计算结果见表 7.12。该表列出了 2 年一遇暴雨 90 分钟及 10 年和 100 年一遇暴雨 60 分钟的持续时间。这些计算还表明所需的滞洪贮水量约为 11 651 ft³。然而,考虑到滞洪池是两用的,更重要的是,有一个较大的空间可用于放置滞洪池,因此设置了比所需尺寸大 2.4 倍左右的滞洪池。这将减少 206 号公路入口处的管路超载量,滞洪池的出水管将会连接到该入口。为了延长滞洪池的贮水时间,建议使用 3 in 的孔口排出水质暴雨水。表 7.13 和表 7.14 分别提供了滞洪池的贮水量和流量计算。

表 7.15 总结了 2 年、10 年和 100 年一遇频率暴雨的洪水演算。该表还列出了算得的该滞洪池的允许流量(参见表 7.11)。拟议的延时滞洪区减少了远远超出条例规定的峰值流量。

表 7.12 暴雨临界值计算(修正合理化法)

$V=(T_b\times 60\ s\times Q_c)-(0.5\times T_b\times 60\ s\times Q_b)$ $T_b(基准时间)=T_d+T_c$, $T_c=15\ min$

$Q_o=$ 允许流量

关于 Q_o 的计算,参见表 7.11

暴雨持续时间(min)	I (in. /h)	Q_A (cfs)	所需贮水量(ft³)
2 年一遇暴雨			$Q_o=2.66$
15	3.50	8.68	5 418
20	3.00	7.44	6 135
30	2.40	5.95	7 123
45	1.80	4.46	7 265
60	1.50	3.72	7 407
90	1.10	2.73	6 352
10 年一遇暴雨			$Q_o=6.05$
15	4.80	11.90	5 269
20	4.00	9.92	5 552
30	3.20	7.94	6 117
45	2.50	6.20	5 850
60	2.00	4.96	$Q_A<Q_o$
100 年一遇暴雨			$Q_o=9.25$

暴雨持续时间(min)	I(in./h)	Q_A(cfs)	所需贮水量(ft³)
15	6.80	16.86	6 853
20	5.60	13.89	10 103
30	4.50	11.16	11 651
45	3.60	8.93	$Q_A < Q_O$
60	3.00	7.44	$Q_A < Q_O$

表 7.13　贮水量-高程关系

高程(ft)	面积(ft²)	平均面积(ft²)	贮水量(ft³)	总量(ft³)
64.75	0	50	0	0
65.0	100	700	13	13
65.5	1 300	3 580	350	363
66.0	5 860	8 900	1 790	2 153
66.5	11 940	12 270	4 450	6 603
66.75	12 600	12 950	3 068	9 671
67.0	13 300	13 980	3 238	12 909
67.5	14 660	15 450	6 990	19 899
68.0	16 240		7 725	27 624

表 7.14　排水-高程关系

高程(ft)	Q(cfs)				
	3 in.	36 in×6 in	覆层	应急溢洪道	总计
64.75	0				0
65.0	0.06				0.06
65.5	0.12				0.12
66.0	0.17				0.17
66.5	0.20				0.20
66.75	0.21	0.00			0.21
67.0	0.23	1.13			1.36

高程	Q (cfs)				
	3 in.	36 in×6 in	覆层	应急溢洪道	总计
67.5	0.25	5.11	0	0	5.36
68.0	0.28	7.22	0	15.91	23.41

3 in 孔口——倒拱 64.75 ft

36 in×6 in 堰——倒拱 66.75 ft

混凝土出口结构顶部——高程 67.25 ft

出口结构实心盖板——高程 67.50 ft

应急溢洪道——倒拱 67.50 ft

方程式：

孔流

$Q_o = f[CA (2gh)^{1/2}]$, $C = 0.6$

堵塞因子 $f = 0.66$

堰流

$Q_w = CLW^{1.5}$, $C = 3.0$

3 in 孔口

$A = 0.049$ ft^2

$H =$ 高程 $- 64.875$ ft

36 in×6 in 堰

$L = 3$ ft

$H =$ 高程 $- 66.75$ ft

若超过高程 67.25 ft,则使用孔口方程式

$A = 1.50$ ft^2

$H =$ 标高 $- 67.00$ ft

应急溢洪道,15 ft 堰

$L = 15$ ft

$H =$ 标高 $- 67.50$ ft

漫过溢洪道的速度：

$V = Q/A = 15.91/5.75 = 2.8$ ft/s

6 in 抛石的允许速度为 6.0 ft/s

表 7.15　洪水演算汇总表

暴雨频率 （a）	暴雨临界持续 时间(min)	Q_i，流入量 (cfs)	Q_o，流出量 (cfs)	滞洪允许值 (cfs)
2	60	3.72	1.01	2.66
10	30	7.94	1.39	6.05
100	30	11.16	3.95	9.25

表 7.16 比较开发前以及开发后的峰值速率

暴雨频率(a)	$Q_E{}^a$ (cfs)	Q_A^b (cfs)	Q_p (cfs)
2	8.19	4.69	3.04
10	11.23	8.83	4.17
100	15.91	13.19	7.89

[a] 开发前的流量包括场外区域。

[b] 关于现场的允许峰值流量,参见表 7.8,$Q_A \cdot Q_p = Q_0 + Q_B$。

表 7.16 列出了项目现场开发前后的排水量比较。

水质规定

NJDEP 雨洪管理条例要求新增的不透水区域去需要除 80% TSS,对于重建路面,这个值要求达到 50%。表 7.17 列出了所需 TSS 去除率的计算。这些计算表明整个场地所需的 TSS 去除率等于 25%。

为了确定延时滞洪池去除的 TSS,新泽西州的水质暴雨,即 2 h 内 1.25 in 的径流,将通过滞洪池排出。值得注意的是,水质暴雨的分布不均匀。然而,根据作者的经验,可以根据平均降雨强度(0.625 in/h)简化洪水演算,不会影响准确性。如此执行的洪水演算表明贮水时间(定义为滞洪池达到峰值流量之时直至滞洪池储存的最大水量的 90% 被排出之时)为 13 h。根据图 7.21,拟建的滞洪池为路面区域支流径流去除 42% 的 TSS,其面积为 1.01 ac,不包括屋顶。然而,由于新的不透水区域(不包括屋顶),即 1.03 ac,需要 80% 的 TSS 去除率,仅仅使用滞洪池是不够的。为了解决所需的 TSS 去除率问题,在滞洪池前的排水管道上放置了两个人工水质处理装置。这些装置[这是 CDS(连续偏转系统)装置]的位置如图 7.20 所示。考虑到 CDS 装置的支流区域,即拟议的四个入口的支流区域,不仅得到 CDS 装置的处理,还经过滞洪池的处理,因此计算了滞洪池和水质装置提供的合成 TSS 去除率。然而,铺面区域的其余部分直接流经滞洪池,仅由该滞洪池进行处理。表 7.18 总结了该系统提供的 TSS 去除率的计算。在该表中,流经 CDS 装置的水质暴雨水的合成 TSS 去除率计算如下。

表 7.17 项目区域所需的 TSS 去除率

地面覆层	面积(ac)	所需的 TSS 去除率	$A \times TSS\%$
现有不透水区域(不包括现有屋顶)	0.17	50%	0.09
拟建屋顶	0.92	0%	0.00
增加的不透水区域	1.03	80%	0.82
草/景观(滞洪池)[a]	0.72	0%	0.00

地面覆层	面积(ac)	所需的 TSS 去除率	A×TSS%
场外区域	0.75	0%	0.00
	ΣA=3.59		$\Sigma A\times\%\,$TSS=0.91

所需的 TSS 去除率=0.91/3.59=25%

为项目区域提供的 TSS 去除率

CDS 装置=50%

滞洪=42%(见图 7.21)

综合=71%

[a] 这些计算不包括旁路滞洪池(1.16 ac)的草地区域。该区域不要求对水质进行任何处理。

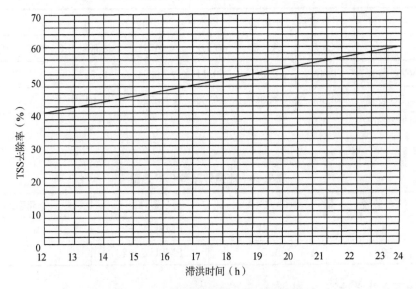

图 7.21　TSS 去除率与滞洪时间的关系

(改编自《新泽西州 Srormwater BMP 手册》,第 9.4 章:"延时滞洪池标准",2004 年 2 月,第 9.4-3 页。)

$$TSS=TSS_1+TSS_2-\frac{TSS_1\times TSS_2}{100}$$

$$TSS=50\%+42\%-\frac{50\times42}{100}=71\%$$

式中:TSS_1 和 TSS_2 分别表示每个 CDS 装置和滞洪池的 TSS 去除率。

　　基于拟建入口的排水区域计算 CDS 装置的流量。基于入口排水区域图(此处未包括),1 号和 2 号 CDS 装置分别从 0.52 ac 和 1.04 ac 接收径流。表 7.19 和表 7.20 给出了 CDS 装置的流量计算。基于算得的流量,选择处理能力 1.7 cfs 的型号为 PMSU20-25(现名为 CDS 2025-W)的 CDS 用于装置 1 和装置 2。该装置在

NJDEP 验证函中被命名为 CDS-6,并具有 1.6 cfs 的处理能力。

表7.18 为铺面区域提供的 TSS 去除率

地面覆层	面积(ac)	所需的 TSS 去除率	A×TSS%
至 CDS 装置和滞洪池	1.56	71%	1.108
仅至滞洪池	0.37[a]	42%	0.155
旁路	0.10	0%	0.000
	ΣA=3.59		$\Sigma A\times\%$ TSS=1.263

注意:提供的 TSS 去除率=1.263/3.59=0.35%。

[a] 占地 1.93 ac 的滞洪池支流区域中由 CDS 装置处理的为 1.56 ac。

表7.19 CDS 装置选型计算:径流合成系数

	不透水区,C=0.95		透水区,C=0.35			
	(ac)	$A\times C$	(ac)	$A\times C$	总面积	C_w=$(\Sigma\times AC)/A$
1 号 CDS 装置	0.41	0.39	0.11	0.04	0.52	0.83
2 号 CDS 装置	0.38	0.36	0.66	0.23	1.04	0.58

2 小时 1.25 in
T_c=15 min
I= 2.6 in /h

表7.20 流量计算和 CDS 选型

CDS 装置	$Q=CIA$	型号	处理率
1	1.12	PMSU 20-25	1.7
2	1.57	PMSU 20-25	1.7

地下水补水计算

该场地位于满足 NJDEP 地下水补水要求的位置。满足这一要求的标准已在前一章中予以介绍。在该项目中,选择年度地下水补水标准来设计地下水补水系统。使用新泽西州地质调查局(NJGS)电子表格 GSR-32(1993)计算地下水补水。该电子表格计算项目导致的每年地下水亏损情况;还计算选定渗滤系统提供的地下水补给量。

地下水补水亏损的电子表格计算见图 7.22 的前半部分。该表中的计算基于 4.0 ac 的干扰区域,表明亏损为 29 034 ft³(822 m³)。为了抵消亏损,在 115 ft× 11 ft(35 m×3.35 m)的石沟中提供了 3 排 15 个 Cultec Contractor HD 100 装置。

如图 7.20 所示,该补水系统接收来自自助储存式建筑的一部分屋顶径流。

图 7.22 中的电子表格后半部分指出,将 12 000 ft²(1 115 m²)的屋顶区域的水排入 Cultec 处理室,每年就可以获得 29 294 ft³(829.5 m³)的地下水补给量。该表

新泽西州
地下水
补水
电子表格
版本2.0
2003年11月

每年地下水补水分析（基于GSR-32）

选择乡镇		
Somerset Co., Hillsborough TW P		

平均每年P (in)	气候因子
45.7	1.50

Pre-development conditions

土地分段	面积(ac)	TR-55土地覆盖	土壤	每年补水(in)	每年补水(ft³)
1	0.73	不透水区域	Penn	0.0	—
2	1.35	砾石、泥土	Penn	5.6	27 198
3	1.92	开微空间		12.6	87 678
4					
5					
6					
7					
8					
9					
10					
11					
12					
13					
14					
15					
总计 =	4.0			总计每年补水(in) 7.9	总计每年补水(ft³) 114 876

项目名称：RAIA地产公司
名称：12.0I地段65区
分析状态：04/02/07

土地分段	面积(ac)	TR-55土地覆盖	土壤	每年补水(in)	每年补水(ft³)
1	2.12	不透水区域	Penn	0.0	—
2	1.88	开微空间	Penn	12.6	85 851
3					
4					
5					
6					
7					
8					
9					
10					
11					
12					
13					
14					
15					
总计 =	4.0			总计每年补水(in) 5.9	总计每年补水(ft³) 85 851

每年补水需求的计算

开发前每年向保护区补水百分比100%	总计不透水面积(ft³) 92 347
开发后每年补水水亏损=29 034	

补水效率参数计算（雨积平均值）

RWC =391	(in)	DRWC = 0.57
ERWC=0.98	(in)	EDRWC=0.14

填写开发前和开发后情况表。
对于每个地段，首先键入面积，选择TR-55上地覆盖，然后选择上壤。从表格的顶部开始向下填写，不要在段落条目之间留下空行（A-C）。A=D的行不会在计算中显示或使用。对于标准地块以外的不透水区域，选择"不透水区域"作为上地覆盖。只有在这些区域内建造渗透设施时才需要填写不透水区域的土壤类型。

项目名称:RAIA地产公司				说明 12.01地段65区			分析日期 04/02/07			BMP或LID类型 CULTEC Contractor 100HD (3排×15个装置)			

补水BMP输入参数

参数	符号	数值	单位
BMP面积	ABMP	1 265.0	ft²
BMP有效深度，这足设计变量	dBMP	11.04	in
BMP顶部深度（如果设计高于地面，则为负）	dBMPu	9.0	in
BMP底部深度，必须>= dBMPu	dEXC	27.5	in
开发后BMP的地段分散或者未确定，则输入零	SegBMP	2	无单位

根区水容量计算参数

参数	符号	数值	单位
开发后自然补水条件下RWC的全部分	ERWC	1.02	in
修改后的ERWC，考虑后dEXC	EDRWC	0.40	in
在不渗滤BMP下的RWC的空部分	RERWC	0.31	in

补水设计参数

参数	符号	数值	单位
径流到捕集装置的英寸数	Q设计	1.22	in
雨水到捕集装置的英寸数	P设计	1.44	in
在不渗透区域上提供的补水平均值		29.3	in
在不渗透区域上捕集的径流平均值		31.9	in

选自每年补水工作表的参数

参数	符号	数值	单位
开发后补水亏损（或所需的补水量）	Vdef	29 024	ft³
开发后不透水面积	Aimp	12 000	ft²
根区水容量	RWC	4.07	in
为考虑到dEXC修改后RWC	DRWC	1.59	in
气候因子	C-因子	1.50	无单位
平均每年P	Pavg	45.7	in
不透水区域上的补水要求	dr	3.8	in

BMP计算的规格参数

参数	符号	数值	单位
ABMP/Aimp	Aratio	0.11	无单位
BMP容积	VBMP	1 149	ft³

系统性能计算的参数

参数	数值	单位
每年BMP补水量	29 294	表示渗滤补水%
平均每年BMP补水效率	91.8%	
降雨量变为径流量的百分比	77.9%	
渗滤径流百分比	89.6%	
径流补水百分比	10.7%	
雨水补水百分比	8.3%	

计算检查消息

体积平衡 -> 解决问题，满足每年补水要求	
dBMP检查 -> 正常	
dEXC检查 -> 正常	
BMP位置 -> 正常	
其他说明	

P设计：只有在更新BMP尺寸时，确保补水量=亏损最后才准确。在这此计算中，忽略了注入前BMP渗滤的部分和BMP渗滤的占地面积。结果对dBMP敏感，确保所选择的dBMP足够小，以便可以在3天内清空BMP。对于BMP的地段位置，如果选择"不透水区域"，RWC将是最小值但不是零，由覆盖该土地的土壤类型的浅根区决定。允许考虑横向水流和其他损失。

如何解决蓄水不同的补水量：默认情况下，电子表格会在该页面上将"每年补水"表中列出的年内的总亏损与自然补水量"Vdef"和拟定的不透水总面积的不透水部分分配给LID-IMP区部分满足补水需求的问题，请将Vdef设置与您的目标值。假设BMP可获得自整个不透水区域的径流。这样，单个BMP的方案可以满足整个补水，要获得较小的BMP或面积要求自整接到渗滤设施的不透水面积，然后求解ABMP或dBMP。要返回默认值dBMP，请单击"默认Aimp"按钮，然后考虑设施的不透水面积，然后求解ABMP或dBMP。

图 7.22 每年地下水水补水分析（基于 GSR-32）

中的参数有：

$$ABMP=补水面积=115×11=1\ 265\ ft^2$$
$$V=45×22.28+0.4×(18.5/12)(2×11+2×115.0)=1\ 158\ ft^3$$

式中：2 ft×11 ft 表示处理室两侧的石材面积；

dBMP＝补水系统的有效深度＝1 158/1 265＝0.92 ft＝11.04 in；

dBMPu＝渗滤系统顶部深度＝9.0 in；

dEXC＝渗滤系统底部深度＝9＋18.5＝27.5 in.

在输入新泽西州市政府的名称时，电子表格会自动填写图 7.22 表 2 中的其他参数。

为了确定渗滤室的底部和延时滞洪池位于环境地下水位之上，在现场挖了两个试坑。土壤样本也被送到实验室进行粒度分级试验和土壤渗透率评级。在现有坡度以下 5 ft8 in(1.7 m)处遇到地下水，并且在 3～5 ft(1～1.5 m)深度处发现了不均匀情况(这是地下水位季节性升高的指标)。土壤粒级表明一个试坑的土壤渗透率等级为 K3，另一个为 K2。这些等级分别反映了 2～6 in/h(50.8～152.4 mm/h)和 0.6～2 in/h(15.2～50.8 mm/h)的渗透率范围。试验证实，设计的滞洪池底和渗滤室位于地下水位之上。因此，该处理室将会令人满意地发挥作用。

案例研究 7.2

案例说明

本案例涉及纽约伦斯勒县北格林布什镇的一个住宅项目。名为 Westview Estates 的项目包括在沿 74 号县道(又称 Winter Street 延伸段)的一块 44.5 ac(18.0 hm²)地块上建造的 38 个单户住宅。该项目干扰了大约 23.7 ac(9.59 hm²)的区域，而其余部分不受扰动并作为保护用地。图 7.23 是开发之前该开发区域附近的布局图。该平面图是根据该场地航测图的 2 ft 等高线编制的，从该图可以看出，占地 0.5 ac(2 023.4 m²)的单个建筑及其车道是该场地唯一不透水的区域。图 7.24 所示为开发后的布局图以及两个延时滞洪水质池塘。这里讨论了这些池塘的设计计算，以便满足该项目的雨洪管理要求。

关于雨洪管理规定的说明

图 7.23 显示了受该项目干扰的区域界线，如图所示，其面积为 23.7 ac。其中，约 18.9 ac(7.65 hm²)是北边地块的支流；目前沿 Winter Street 延伸段有一条排水沟，其径流向南和向东流向邻近地块的 4.8 ac(1.94 hm²)区域。该场地区域的其余部分向北边地块排水。

图 7.24 所示的是滞洪池的排水支流区域和旁路这些区域的分区。为了减少流向北方地块(该地块土壤潮湿)的径流，来自滞洪池 1 的排水被拟建的洼地改变

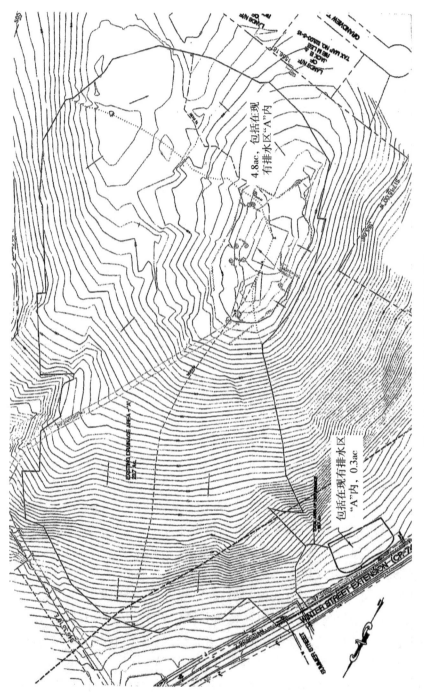

图 7.23 开发前的场地布局图和排水

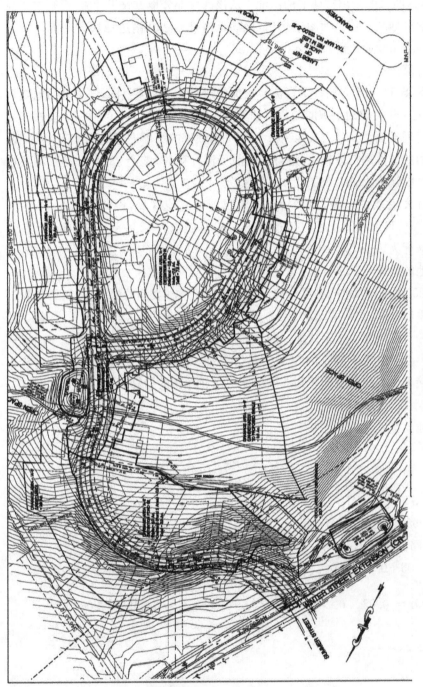

图7.24 开发后的场地布局图和排水分区

方向,流向该场地的南侧,在南侧以片流形式流向现有排水沟。仔细查看图 7.23 和图 7.24,这两张图指出拟建的滞洪池 1 从该区大部分地方收集径流,否则这些径流会流向北方地块。该平面图还指出,该项目将把东边和南边地块的支流区域从 4.8 ac(1.94 hm²)减少到 3.3 ac(1.34 hm²)。

径流计算

采用 SCS TR-55 方法计算径流。根据伦斯勒县土质调查图,该场地的土壤多为水文 C 组。开发前的土壤曲线数目和集流时间分别计算为 70 和 0.4 h。根据纽约州雨洪管理条例,对 1 年、10 年和 100 年一遇频率的暴雨进行径流计算。为了便于与开发后的条件进行比较,在进行开发前径流计算时,整个 23.7 ac 的扰动区域(在图 7.23 中被标为 A 区)被归为一个区域。

计算开发后条件下的径流时,包括滞洪池的支流区域,设计为图 7.24 中的 A-1 区和 A-2 区。计算中还包括非滞洪区域,总面积为 12.8 ac(5.18 hm²),在该平面图中被标为 A-3 区。

滞洪池的设计

图 7.25 显示了拟建的滞洪池的示意图细节。这种类型的池塘在《纽约州雨洪管理设计手册》(2003 年和 2010 年)中被称为口袋池塘 P-5。根据该手册,每个池塘都设有一个前池和一个永久池。前池的最小容量相当于水质体积 WQ_v 的 10%,永久池的容量至少等于 WQ 的 50%。纽约州的水质体积是 90% 规则,如前一章中的定义。接下来介绍滞洪池 1 和滞洪池 2 中水质体积的计算。

WQ_v 计算

滞洪池 1

$$WQ_v = PR_v \frac{A}{12}$$

$A = 7.5$ ac
$P = 0.95$ in(见图 7.26)
$I\% = $ 路面百分比 $= 26\%$
$R_v = 0.05 + 0.009(I) = 0.284$

$$WQ_v = 0.95 \times 0.284 \times \frac{7.5}{12} = 0.169 \text{ ac} \cdot \text{ft} = 7\,345 \text{ ft}^3 (208 \text{ m}^3)$$

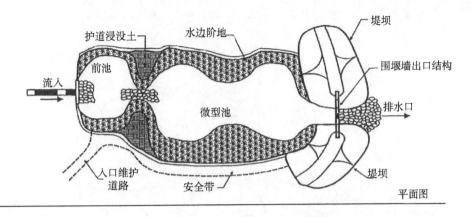

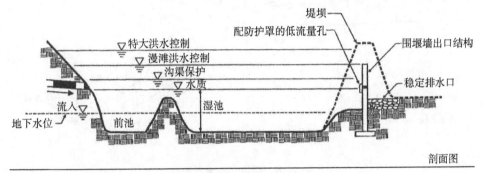

图 7.25 口袋池塘(P-5)

滞洪池 2

A = 3.3 ac

P = 0.95 in

$I\%$ = 24%

R_v = 0.05 + 0.009 × 24 = 0.266

WQ_v = 0.07 ac·ft = 3 049.2 ft³(86.3 m³)

滞洪池 1 设计有一个前池和永久池,每个前池从 469.5 ft 延伸至 473.0 ft,贮水量如下[①]:

前池 750 ft³ > 10% WQ_v

永久池 3 700 ft³ > 50% WQ_v

---

① 为简洁起见,此处不包括根据每个池的高程-面积关系计算的滞洪池的前池和永久池的贮水量。

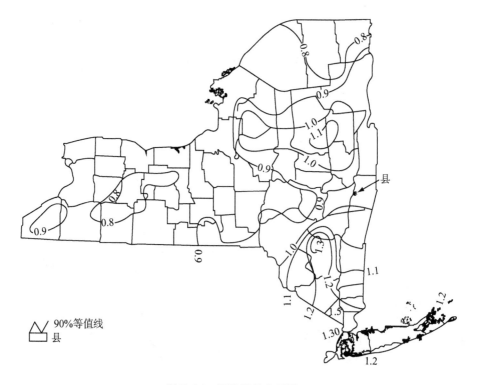

90%等值线
县

图 7.26　纽约州的水质暴雨

同样地,滞洪池前池和永久池 2 的设计如下:

前池高程 394 ft 到 397.25 ft,贮水量＝310 ft³

永久池高程 394 ft 到 397.25 ft,贮水量＝1 550 ft³

CP_V、Q_P 和 Q_F 设计计算

滞洪池 1 和 2 在其永久池上方设有活动式贮水装置。此外,每个池塘的出口结构中的最低开口设在其永久池的水位之上。图 7.27 描述了滞洪池 1 和 2 的出口结构的开口和高程。滞洪池 1 的贮水和排水关系分别列在表 7.21 和表 7.22 中。表7.23和表 7.24 列出了滞洪池 2 的贮水和排水计算。应该注意到,前池与永久池在削减流量方面的作用不大,相应的贮水量不包括在活动式滞洪贮水量表中。

滞洪池的洪水演算是针对 1 年、10 年和 100 年一遇频率的暴雨执行的。这些暴雨分别代表纽约州的渠道保护(CP_v)、漫滩洪水(Q_p)和特大洪水(Q_F)的设计暴雨。计算表明,两个滞洪池都有足够的能力控制 24 小时的 SCS 暴雨,包括 100 年一遇频率的暴雨。表 7.25 和表 7.26 分别总结了滞洪池 1 和 2 的洪水演算。这些表格表明,拟建的滞洪池明显减小了径流的峰值速率。这种削减效应对于 1 年频率暴雨来说是最显著的,其发生频率高于其他暴雨。

根据滞洪池 1 和 2 的路由过程线和非滞洪区 A-3 的直接径流过程线来计算开发后的现场的综合排水情况。这些计算包括 1 年、10 年和 100 年一遇频率的暴雨,汇总在表 7.27 中。

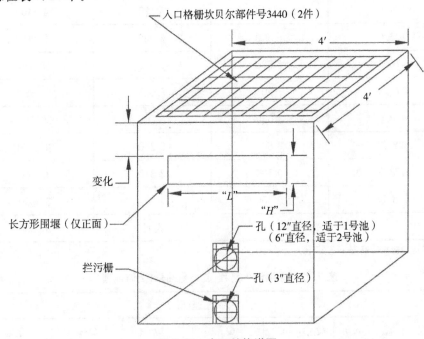

图 7.27 出口结构详图

注意:提供详细信息仅供确定尺寸。加固和结构细节由结构制造商完成,并由承包商负责。施工详图由持证的专业工程师签字盖章,以便在施工前提交,供审批。

出口结构方案

单位:ft

池塘	池底	3 in 孔倒拱底高程	6 in 孔倒拱底高程	15 in 孔倒拱底高程	围堰			顶部结构[a]
					L	H	倒拱	
1	473.00	473.00	—	475.00	18 in	12 in	476.50	478.10
2	397.25	397.25	398.00		12 in	6 in	399.00	400.00

[a]设定为算得的 100 年一遇暴雨的水面高程。

表 7.28 比较了在开发前和开发后,该项目分配区域排放的径流的峰值速率。该表指出,该项目拟建的雨洪管理系统不仅符合、还超过了纽约州的雨洪管理标准。

表7.21　滞洪池1高程-贮水量表(上游)

高程(ft)	面积(ft²)	Δ容积(ft³)	总容积(ft³)
473.0	3 940	4 340	
474.0	4 740	5 170	4 340
475.0	5 600	6 060	9 510
476.0	6 520	7 010	15 570
477.0	7 500	8 015	22 580
478.0	8 530	2 205	30.595
478.25	8 800	2 240	32 800[a]
478.5	9 100	2 310	35 040
478.75	9 350		37 350
		总计	37 350

[a] 池塘应急溢洪道高程478.25 ft。

表7.22　滞洪池1高程-流出量图表(上游池塘)

高程	流速(cfs)					
	Q_o(3 in.)	Q_o(15 in.)	Q_w	Q_s	$Q_{格栅}$	$Q_{总计}$
473.0	0					0
473.5	0.14					0.14
474.0	0.22					0.22
474.5	0.28					0.28
475.0	0.32	0				0.32
475.5	0.36	1.10				1.46
476.0	0.40	3.62				4.02
476.5	0.43	5.53	0			5.96
477.0	0.46	6.93	1.59			8.98
477.5	0.49	8.09	4.50			13.08
478.0	0.52	9.10	7.22			16.85
478.1	0.53	9.29	7.58		0	17.40

高程	流速(cfs)					
	$Q_o(3\ in.)$	$Q_o(15\ in.)$	Q_w	Q_s	$Q_{格栅}$	$Q_{总计}$
478.25	0.53	9.57	8.08	0	9.25	27.43
478.5	0.55	10.02	8.85	7.00	15.00	41.41

注:数据因四舍五入问题有轻微误差,为尊重原著不做调整。

使用的公式

3 in 孔——倒拱 473.0 ft

$$Q_o = CA\sqrt{(2gH)} = 0.6 \times 0.049 \times \sqrt{(64.4)} \times H^{0.5} \quad H = Elev. - 473.125$$

15 in 孔口——倒拱 475.0 ft

$$Q_o = CA\sqrt{(2gH)} = 0.6 \times 1.227 \times \sqrt{(64.4)} \times H^{0.5} \quad H = Elev. - 475.625$$

18 in. × 12 in. 围堰——倒拱 476.5 ft

$$Q_w = CLH^{1.5}(ELeV.\ 476.5 - 477.5) = 3.0 \times 1.5 \times H^{1.5} \quad H = Elev. - 476.5$$

$$Q_w = CA\sqrt{(2gH)}(Elev. > 477.5) = 0.6 \times 1.5 \times \sqrt{(64.4)} \times H^{0.5}$$

$$H = Elev. - 477.00$$

20 ft 宽的应急溢洪道——顶部 478.25 ft

$$Q_w = CLH^{1.5}(Elev. > 478.25) = 2.8 \times 20 \times H^{1.5} \quad H = Elev. - 478.25$$

出口结构格栅开口(高程 478.10 ft)

$Q_{格栅}$=参考坎贝尔铸造流程图,了解配有水流格栅的扁平进水口(图案编号 3440)

表 7.23 滞洪池 2 高程-贮水量图表(下游池塘)

高程(ft)	面积(ft²)	Δ容积(ft³)	总容积(ft³)
397.25	4 940		
397.5	4 200	1 260	1 260
398	5 710	2 730	3 990
399	6 785	6 250	10 240
400	7 910	7 350	17 590[a]
400.25	8 200	2 020	19 610
400.5	8 500	2 090	21 700
		总计:	21 700

[a]滞洪池应急溢洪道高程 400.00 ft。

表 7.24 滞洪池 2 高程-流出量图表(下游池塘)

高程	流速(cfs)					
	Q_o(3 in.)	Q_o(6 in.)	Q_w	Q_s	$Q_{格栅}$	$Q_{总计}$
397.25	0					0
397.5	0.08					0.08
398.0	0.19	0				0.19
398.5	0.25	0.47				0.72
399.0	0.30	0.82	0			1.12
399.5	0.35	1.06	1.06			2.47
400.0	0.38	1.25	2.08	0	0	3.71
400.25	0.40	1.34	2.41	7.00	12.00	23.15
400.5	0.42	1.42	2.69	19.80	17.00	41.33

表 7.25 A.1 区滞洪池 1 洪水演算汇总表

暴雨频率(a)	Q_{in}(cfs)	Q_{out}(cfs)
1	5.0	0.35
10	18.0	5.75
100	31.0	14.46

表 7.26 A.2 区滞洪池 2 洪水演算汇总表

暴雨频率(a)	Q_{in}(cfs)	Q_{out}(cfs)
1	2.0	0.01
10	6.0	1.00
100	10.0	3.53

表 7.27 开发后条件下的径流综合峰值速率

暴雨频率(a)	滞洪池 1 Q(cfs)	滞洪池 2 Q(cfs)	A-3 区 Q(cfs)	场地 Q 总量[a](cfs)
1	0.35	0.01	6.0	6.0
10	5.75	1.0	24.0	29.4
100	14.46	3.53	41.0	56.7

[a]通过添加过程线计算。

表 7.28　整个干扰区域(A区)现有和建议的径流峰值速率比较

暴雨频率(a)	现有 Q (cfs)	建议 Q (cfs)	减少总量(%)
1	8	6	25%
10	34	29.4	14%
100	60	56.7	5.5%

7.4　地下滞洪池

地下滞洪池通常安装在诸如停车场和车道之类的路面下方。在开放空间较少之处,地下滞洪系统比地上滞洪池更实用。在没有开放空间的高度发达地区,地下滞洪系统是减少径流峰值速率最可行的方法。

但是,需要指出的是,许多管辖机构不认可地下滞洪池的水质处理功能。

在建造地下滞洪池时,使用实心和多孔管道、处理室、拱顶和模块化结构。管壁无孔的管道和拱顶仅提供滞洪存水功能。然而,石沟中的多孔管和处理室也在石材空隙中提供了存水功能,此外,通过渗透消散了径流。因此,这些系统比管壁无孔的管道性价比更高。为避免污染地下水,石沟底部应距离地下水位上方至少 2 ft(0.6 m)。土壤应具有 1 in/h(25 mm/h)的最小渗透系数,确保系统在 3 天内完全排空水,但最好是 2 天。

7.4.1　管壁无孔管道和多孔管

坚固的钢筋混凝土、高密度聚乙烯(HDPE)和波纹金属管在实践中被广泛使用。其中,波纹金属管(CMP)比其他类型的管道更容易变形和退化。作者见证了许多在不到 20 年的使用时间内生锈、变形或坍塌的 CMP。因此,不鼓励在任何地下滞洪系统中使用这种类型的管道。

平行使用管壁无孔的管道,管道之间应保持最小间距,以便放置岩石以及充分压实。对于先进的排水系统(ADS)N-12(双壁管),最小间距为 12 in(30 cm)或标称管道尺寸的一半,以较大者为准。混凝土管道应保持相同的间距(美国混凝土管道协会,2005)。多孔 RCP 和 HDPE 管道安装在石沟中,对于 12~24 in(305~610 mm)管道,垫层至少 4 in(10 cm);对于 30~60 in(762~1 524 mm)管道,垫层至少 6 in(15 cm)。此外,通常在这些管道上放置 6 in 碎石盖层。

表 7.29 列出了 ADS 推荐的多孔 HDPE 管间距,管道尺寸为 12 至 60 in(305~1 524 mm)。该表还列出了管道中的贮水量、石沟中的空隙体积以及总滞洪贮水量。该表用作设计辅助,适于在宽阔的石沟中平行放置大量管道的情况。

由于管壁较厚,对于给定尺寸的管道,多孔混凝土管需要的石沟比 HDPE 管所需的石沟稍大。管道内部容积与石沟中的空隙体积相加,就可以精确计算石沟中任何多孔管的贮水量。计算后者的容积,要从石沟容积中减去管道的外部体积并将得到的差值乘以石材孔隙率,即空隙与整个石材体积的比率。通常的做法是使用40%的比率。

由于易于施工和初始成本较低,管壁无孔的和多孔的 HDPE 管比管壁无孔或多孔钢筋混凝土管更广泛地用于地下滞洪池。然而,需要注意的是,HDPE 管的结构完整性使其比钢筋混凝土管更需要正确安装(包括回填和压实)。建议在选择管道之前进行长期成本分析。

7.4.2 处理室

近年来,各种由塑料制成的处理室已被引入市场。拱形塑料处理室可以堆叠起来,节省储存和运输成本,与多孔管相比,更加受到欢迎。目前,ADS、StormTech™[现在是先进排水系统公司(ADS)的一个部门]、Cultec 公司、StormChamber 和 Triton 是美国塑料处理室的主要制造商。StormTech™ 处理室由聚丙烯(PP)制成,有两种规格,名称为 SC-740 和 SC310,已有二十多年的历史。SC 740 宽 51 in(1 295 mm)、高 30 in(762 mm);SC-310 宽 34 in(864 mm)、高 16 in(406 m)。每个处理室长 90.7 in(2 304 mm),有效(安装)长度为 85.4 in(2 169 mm)。图 7.28 显示了 SC-740 和 SC-310 处理室及其尺寸。从该图中还可以看到这些处理室的重量和储存量。表 7.30 和表 7.31 分别列出了 SC-740 和 SC-310 处理室分段贮水表。这些表格对于滞洪池的设计非常实用。单个 StormTech SC-740 处理室安装在石沟中,石材底部 6 in(15 cm)和 6 in 石材盖板提供 2.2 ft³/ft²(0.67 m³/m²)的储存空间。SC-310 的单位面积存水量为 1.3 ft³/ft²(0.4 m³/m²)。这意味着,就储存量而言,这些处理室分别相当于 2.2 in 深、1.3 in 深的地上滞洪池。最近,StormTech 开始制造一种更大的处理室,称为 MC-3500,这是目前市场上最大的处理室之一。该处理室长 90 in(2 286 mm)、宽 75 in(1 905 mm)、高 45 in(1 143 mm)。MC-3500 重 124 lb,室内储存量为 110 ft³(3.11 m³),最小安装储存量为 162.8 ft³(4.61 m³)。StormTech™ 现在可以在停车场下使用。该处理室被称为 DC-780,尺寸为 90.7 in×51 in×30 in(2 304 mm×1 295 mm×762 mm),尺寸与 SC-740 相同,净储存量为 46.2 ft³(1.3 m³)。它还制造了 MC-4500 处理室,这是另一个在停车场下使用的处理室。这个处理室长 52 in(1 321 mm),宽 100 in(2 540 mm),高 60 in(1 524 mm),重 120 lb(54.4 kg),室内储存量为 106.5 ft³(3.02 m³),最小安装储存量为 162.6 ft³(4.60 m³)。2008 年 10 月 1 日,Contech 在俄亥俄州西切斯特推出了一种名为 Chamber Maxx 的大型处理室。该处理室由

表 7.29　N-12®、N-12®ST 和 N-12®WT 管的贮水量

标称内直径	平均外直径	"X"间距	"S"间距	"C"间距	管道容积	石材空隙容积	总贮贮水量	贮水表面面积要求	滞洪表面面积要求
in. (mm)	in. (mm)	in. (mm)	in. (mm)	in. (mm)	ft³/ft (m³/m)	ft³/ft (m³/m)	ft³/ft (m³/m)	ft²/ft³ (m²/m³)	ft²/ft³ (m²/m³)
12(305)	14.5 (368)	8(203)	10.9 (277)	25.4 (645)	0.81 (0.08)	0.84 (0.08)	1.65 (0.15)	1.3(4.3)	2.7 (8.9)
15 (381)	18 (457)	8 (203)	10.9 (277)	28.9 (734)	1.2 (0.11)	1.1 (0.10)	2.3 (0.21)	1.1 (3.6)	1.97 (6.5)
18(457)	21(533)	9 (229)	14.3 (363)	35.3 (897)	1.8(0.17)	1.4 (0.13)	3.2 (0.30)	0.93 (3.2)	1.6 (5.2)
24 (610)	28 (711)	10(254)	13.4 (340)	41.4(1 052)	3.1 (0.29)	2.0 (0.19)	5.1 (0.47)	0.68 (2.2)	1.1 (3.6)
30 (762)	36 (914)	18(457)	17.1 (434)	53.1 (1 349)	4.9 (0.46)	3.1 (0.29)	8.0 (0.74)	0.55 (1.8)	0.90 (3.0)
36(914)	42 (1 067)	18(457)	21 (533)	63.0(1 600)	7.1 (0.66)	4.2 (0.39)	11.3(1.05)	0.47(1.5)	0.74 (2.4)
42 (1 067)	48(1 219)	18(457)	24 (610)	72(1 829)	9.2 (0.85)	5.8 (0.54)	15.0(1.39)	0.40 (1.3)	0.65(2.1)
48(1 219)	54(1 372)	18(457)	24.5 (622)	78.5 (1 994)	12.4(1.15)	6.7 (0.62)	19.1 (1.77)	0.34(1.1)	0.53 (1.7)
60(1 524)	67 (1 702)	18(457)	23 (584)	90 (2 286)	19.3 (1.79)	8.5 (0.79)	27.8 (2.58)	0.27 (0.89)	0.39 (1.3)

注意:请参见下图，了解容积计算中使用的典型横型截面。对于 12~24 in 管道，垫层深度为 4 in;对于 30~60 in 管道，垫层深度为 6 in。
1. 基于 A 型管。
2. 计算中使用的实际 ID 值。
3. 假设石材孔隙率为 40%。
4. 空隙体积计算中不包括管道顶部以上的石材高度。
5. 计算基于管道的平均外径。

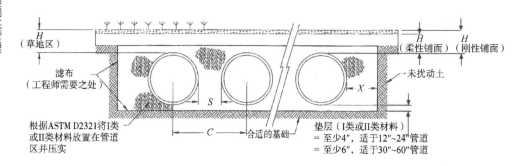

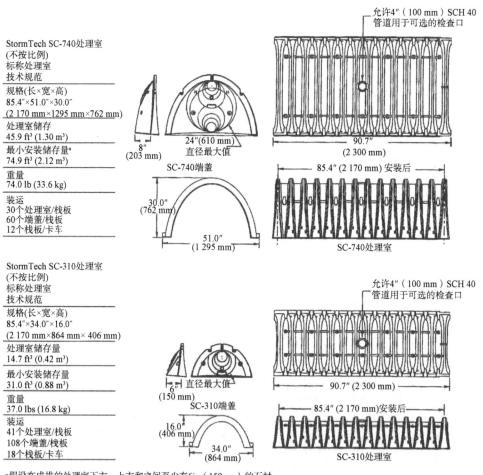

图 7.28　StormTech 处理室、尺寸和详图

（图中尺寸换算有小误差是因为作者对国际单位取整处理）

聚丙烯树脂制成,长 98.4 in(2.50 m)、宽 51.4 in(1 306 mm)、高 30.3 in (770 mm),储存量为 49 ft³。启动器、中间处理室和末端处理室的安装长度分别为 96.2 in、85.4 in 和88.5 in。

Cultec 处理室由高分子量 HDPE 制成,有多种尺寸,从 12.5~48 in(317.5~ 1 219 mm)高、16~54 in(406~1 372 mm)宽不等。最大的处理室,现在由 Cultec 制造,被称为 Recharger 900 HD。这种最大可用的处理室的尺寸和储存量如下。

长度:9.25 ft (2.82 m)

宽度:78 in (1.98 m)

高度:48 in (1.22 m)

表 7.30　SC-740 处理室的贮水量-水位关系

系统内的水深(in.)	处理室总贮水量(ft³)	系统总贮水量(ft³)
StormTech SC-740 处理室		
42	45.90	74.90
41	45.90	73.77
40	45.90	72.64
39 石材	45.90	71.52
38 盖板	45.90	70.39
37	45.90	69.26
36	45.90	68.14
35	45.85	66.98
34	45.69	65.75
33	45.41	64.46
32	44.81	62.97
31	44.01	61.36
30	43.06	59.66
29	41.98	57.89
28	40.80	56.05
27	39.54	54.17
26	38.18	52.23
25	36.74	50.23
24	35.22	48.19
23	33.64	46.11
22	31.99	44.00
21	30.29	41.85
20	38.54	39.57
19	26.74	37.47
18	24.89	35.23
17	23.00	32.96

续表

系统内的水深(in.)		处理室总贮水量(ft³)	系统总贮水量(ft³)
	StormTech SC-740 处理室		
16		21.06	30.68
15		19.09	28.36
14		17.08	26.03
13		15.04	23.68
12		12.97	21.31
11		10.87	18.92
10		8.74	16.51
9		6.58	14.09
8		4.41	11.66
7		2.21	9.21
6		0	6.76
5		0	5.63
4	↑	0	4.51
3	石材	0	3.38
2	基础	0	2.25
1	↓	0	1.13

注意:对于 StormTech SC-310 处理室,每增加 1 in 石基础,可以增加 1.13 ft³ 的贮水量。

表 7.31 SC-310 处理室的贮水量-水位关系

系统内的水深(in.)		处理室总贮水量(ft³)	系统总贮水量(ft³)
	StormTech SC-310 处理室		
28	↑	14.70	31.00
27	石材	14.70	30.21
26	盖板	14.70	29.42
25	↓	14.70	28.63
24		14.70	27.84
23		14.70	27.05
22		14.70	26.26
21		14.64	25.43
20		14.49	24.54
19		14.22	23.58
18		13.68	22.47
17		12.99	21.25
16		12.17	19.97
15		11.25	18.62
14		10.23	17.22
13		9.15	15.78

系统内的水深(in.)	处理室总贮水量(ft³)	系统总贮水量(ft³)
StormTech SC-310 处理室		
12	7.99	14.29
11	6.78	12.77
10	5.51	11.22
9	4.19	9.64
8	2.83	8.03
7	1.43	6.40
6	0	4.74
5	0	3.95
4 ↑	0	3.16
3 石材	0	2.37
2 基础	0	1.58
1 ↓	0	0.79

注意:对于 StormTech SC-310 处理室,每增加 1 in 石基础,可以增加 0.79 ft³ 的贮水量。

安装长度:7 ft (2.13 m)

每次运行的长度调整值:2.25 in (0.06 m)

处理室存水量:17.62 ft³/ft;162.99 ft³/装置;1.637 m³/m

最小安装存水量:27.25 ft³/ft; 190.73 ft³/装置；2.53 m³/m; 5.40 m³/装置

中心到中心最小间距:7.25 ft (2.21 m)

最大允许覆盖:6 ft (1.83 m)

这里列出的存水量不包括石沟中的任何空隙体积。

StormChamber™由水文方案公司制造,是目前市场上较大的处理室之一。该处理室由 HDPE 制成,长 8.5 ft(2.59 m)、宽 5 ft(1.52 m)、高 34 ft(1 036 cm)。仅处理室一处就可提供 77 ft³(2.18 m³)的贮水量,安装在石沟中的每个处理室的设计贮水量为 115～161 ft³。该处理室足够坚固,可以堆叠安装。图7.29显示了可以承受一辆吉普车重量的 StormChamber。

密歇根州布莱顿的 Triton 暴雨水方案公司于 2005 年推出了一种由高强度树脂制成的处理室。该处理室每立方英尺体积比 HDPE 处理室轻将近 45%。Triton 处理室设有侧门式进料口,用以连接处理室的侧面。处理室有六种规格,从 59 in×36 in×35 in(宽、高、长)到 59 in×36 in×102 in。Triton 处理室是大豆油基的碳中和产品。它们比其他塑料处理室更轻但更坚固。这些处理室经过独立试验并获准用于双层安装。像 StormChamber 一样,Triton 强度非常大,可以承载大量交通负载。它们也可以安全地安装在超过 20 ft(6 m)的深度。

图 7.29　StormChamber 承受吉普车的重量

7.4.3　塑料和混凝土贮存室

最近,许多地下雨水贮存室和模块已经商业化。这些模块由钢筋混凝土或塑料材料制成。若他们使用混凝土底板或不透水的 PVC 衬里,就可用作滞洪系统,使用土工织物,就可用作滞洪/贮水渗滤池。根据其类型,这些模块可提供 90% 至 97% 的空隙空间;因此,它们比石沟中的管壁无孔管道或多孔管道或处理室所需的空间更少。下文介绍了一些广泛使用的模块。

a. StormTrap:该商标的模块由同名公司制造,总部位于伊利诺伊州莫里斯。这些模块由钢筋混凝土制成的单个或多个单元组成。StormTraps 可以分别放置在混凝土基础或石基上,分别作为滞洪池和滞洪渗滤池。这些单元高 1 ft 2 in (35.6 cm)到 5 ft 8 in(1.73 m),间隔为 1 in;可以将底部集水器倒置叠加,使系统的深度加倍——2 ft 4 in 到 11 ft 4 in 高。这种布置已经在加利福尼亚州唐尼市的足球场中使用。图 7.30 显示出单个和两个单元的 StormTrap 的方案。StormTraps 分别为 Ⅱ 类和 Ⅳ 类,用作中间和侧边单元。每个单元长 15.33 ft (4.67 m);Ⅱ 类宽 8.42 ft(2.57 m),Ⅳ 类宽 6.63 ft(2.02 m),每个 5 ft(1.52 m)

(a)单个　　　　　　　　　　(b)双单元

图 7.30　单个和双单元 StormTrap

高。Ⅱ类和Ⅳ类单元分别提供 590 ft³(16.71 m³)和 448 ft³(12.69 m³)的储存量。

b. Atlantis 生活水管理公司成立于 1986 年,总部位于华盛顿州贝灵厄姆,生产有不同应用的塑料室和储罐。这些产品已经进入市场,商品名为 Turf Cell、Drainage Cell 和 D-Raintank。Turf Cell 可用于渗透性路面;Drainage Cell 用于人行道下面;而 D-Raintank 则作为屋顶径流或停车场下方的滞洪渗滤池。D-Raintank 有六种不同规格(见表 7.32),包括微型模块和单个模块。它还包括双模块、三模块、四模块和五模块,分别由两个、三个、四个和五个单个模块堆叠形成。图 7.31 显示了一个单罐模块(Atlantis)。

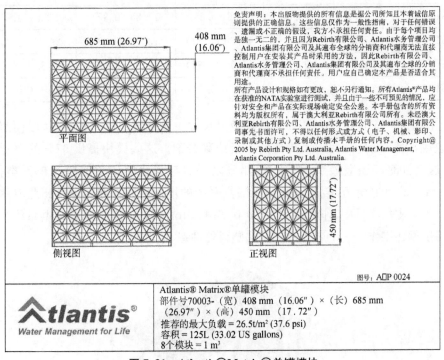

图 7.31　Atlantis®Matrix®单罐模块

表 7.32　D-Rankank 的型号和规格

部件号	产品	规格(长×高×宽)	箱(ft³)	FtVbox
70000	微型模块	26.72 in. ×9.36 in. ×15.91 in.	0.422	2.37
70003	单模块	26.72 in. ×17.55 in. ×15.91 in.	0.225	4.44
70004	双模块	26.72 in. ×34.32 in. ×15.91 in.	0.115	8.69
70005	三模块	26.72 in. ×51.09 in. ×15.91 in.	0.077	12.98
70006	四模块	26.72 in. ×67.86 in. ×15.91 in.	0.058 8	17.17
70007	五模块	26.72 in. ×84.63 in. ×15.91 in.	0.047	21.42

　　c. StormTank® 是另一个牌子的模块化储罐，由 Brentwood 工业公司制造。这种模块由坚固的轻质聚丙烯侧面、顶部和底部面板以及硬质 PVC 柱构成。StormTank 有五个不同的模块，高度从 18 到 36 in 不等，长度均为 36 in，宽度均为 18 in。表 7.33 列出了这些模块的尺寸和安装储存量。

表 7.33　StormTank 的尺寸和体积

模块	高度，in(mm)	标称空隙空间(%)	储存量，ft³(m³)	安装储存量，ft³(m³)	重量，lb(kg)
ST-18	18 (457)	95.5	6.44(0.18)	9.14(0.26)	27.7(12.6)
ST-24	24 (610)	96.0	8.66 (0.25)	11.36 (0.32)	26.3 (11.9)
ST-30	30 (762)	96.5	10.88 (0.31)	13.58 (0.38)	29.5 (13.4)
ST-33	33 (838)	96.9	11.99 (0.34)	14.69 (0.42)	29.82 (13.5)
ST-36	36 (914)	97.0	13.10(0.37)	15.80 (0.45)	33.1 (15.0)

　　图 7.32 显示了 StormTank 模块及其尺寸。该系统组件单独装运，以便节省运输成本并在现场组装，无需任何工具或黏合剂。这些模块提供 97% 的空隙体积，这是目前市场上最节省空间的储罐之一。与其他模块化储罐和单元类似，StormTank 可以相互堆叠，从而减少滞洪系统的占地面积。在新泽西州北卑尔根的一个草皮场项目中，作者使用了 36 in 高的 StormTank 作为地下滞洪系统。布伦特伍德还制作了一个名为"拱门"的塑料处理室。

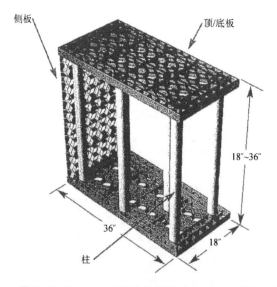

图 7.32　Brentwood 工业公司的 StormTank 模块

d. Rainstore[3]是科罗拉多州戈尔登市隐性结构公司制造的另一种塑料模块。每个 Rainstore[3] 模块均为 1 m×1 m×10 cm(39 in×39 in×4 in),36 根柱子,重 6.3 kg(14 lb)。图 7.33 显示了 Rainstore 单元的几何形状和尺寸。柱子是通过注入高抗冲聚丙烯(HIPP)或 HDPE 的模塑循环树脂制成的薄壁圆柱体。圆柱体高 10 cm(4 in),直径 10 cm,厚 5 mm(0.2 in),间隔 16.7 cm(6.6 in)。T 形梁连接圆柱体并耐受外部侧向土壤/水的压力。一堆 10 个单元,占地 1 m³(35.3 ft³),可容纳约 250 gal(946 L)的水。Rainstore 单元可以在土工织物上叠置,可堆叠高达 2.4 m(7.9 ft)。

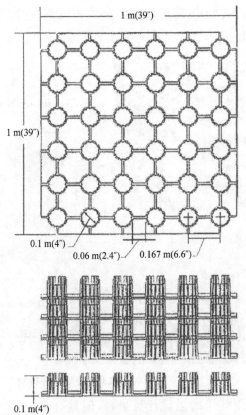

图 7.33　Rainstore 滞洪/贮水模块(由隐性结构公司提供:www. invisiblestruc tures. com)

e. 康涅狄格州格兰比的箭牌混凝土制品公司生产用于滞洪贮水的混凝土箱形结构。箱子(称为 Retain-it®)包括端部、中间和侧面部件。每个部件均为 8 ft×8 ft(2.44 m×2.44 m),可提供 2 ft,3 ft,4 ft 和 5 ft(0.61 m,0.91 m,1.22 m 和 1.52 m)的标准高度。也可以按特殊订购要求提供中间高度的产品。这些箱子可以放置在混凝土平台上,用作滞洪池或石材基座,以便形成贮水渗滤池。单独一个 3 ft(0.91 m)高的型号可以储存大约 130 ft³(3.7 m³)的水。

f. Terre Arch™/Terre Box™。Terre Arch 是一种模块化多室预制混凝土暴雨水储水结构,由特雷希尔混凝土制品公司旗下的特雷希尔暴雨水系统公司制造,该公司位于宾夕法尼亚州特雷希尔市。这种无底式罗马拱形结构有两种不同的尺寸:Terre Arch 26 和 Terre Arch 48。前者是一个 8 ft 宽、19 ft 长、34 in 高(2.44 m×5.79 m×0.86 m)的结构,包括四个 52 in 宽,26 in 高的处理室。后者是一个 8 ft×20 ft×55 in(2.44 m×6.1 m×1.4 m)的结构,有三个 48 in 高的拱门。图 7.34 显示了 Terre Arch 26 滞洪-渗滤结构。每个 Terre Arch 26 部分重 13 500 lb(6 123 kg),占地 152 ft²(14.12 m²),提供 238 ft³(6.74 m³)的净储存量。在 Terre Arch 26 和 Terre Arch 48 拱门之间的凹处填入石头,这两个装置就能分别提供 277 ft³(7.84 m³)和 541 ft³(15.32 m³)的储存量。

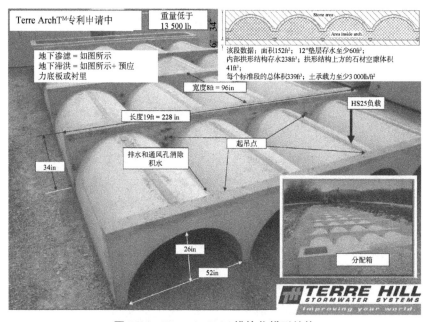

图 7.34　Terre Arch 26 模块化拱形结构

Terre Arch 采用纤维增强设计重量轻,但具有 HS-25 承载等级。因此,与 HDPE 处理室不同,它可以承受重型卡车和机械设备,无需盖板。此外,由于尺寸大以及搬运、压实和回填要求极低,Terre Arch 26 和 Terre Arch 48 结构节省了安装时间和成本。根据制造商的说法,Terre Arch 每单位贮水量的成品成本与 HDPE 室的成本不相上下。

g. 特雷希尔暴雨水系统公司还生产 Terre 箱。这是一种用于滞洪/贮水的防水密接混凝土箱系统。Terre 箱专为地下安装而设计,也具有 HS-25 承重等级,可安装在停车场或行车道下方。如果不需要补水,该系统是地下滞洪系统的首选。

h. OldCaslle Precast 公司是美国较大的预制混凝土制造商之一,它制造了一种名为 StormCapture 的混凝土贮存室。该处理室是一个带有侧开口的无底箱,可根据具体应用定制。它可以用于地下滞洪系统、贮水渗滤池和雨水收集池。可以通过电话 800-579-8819 或在线(www.oldcastleprecast.com)联系 OldCastle。

Oldcastle®暴雨水方案公司还生产一种类似立方体的模块化空心箱,称为 CUDO®储水系统。这种箱体由高强度注塑聚丙烯塑料制成,在设计上支持 HS-20 交通负载。CUDO®的尺寸为 24 in×24 in×24 in(61 cm×61 cm×61 cm),可以单层安装,也可以为了增加储存空间堆叠安装,最多堆叠 4 个。

每个单元提供 95%的储存效率,可分为两半和两个端盖,节省运输成本,可以在现场轻松组装。图 7.35 所示为单个 CUDO®的结构。有关 CUDO®的更多信息,请访问其制造商网站(http://www.oldcastlestormwater.com)或致电(800)579-8819。

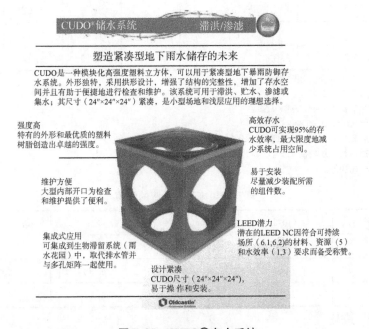

图 7.35 CUDO®存水系统

案例研究 7.3 新泽西州伍德克利夫湖的一个道路改造项目导致不透水面积增加 0.37 ac,土地扰动增加 1.02 ac。为了遵守适用的雨洪管理条例,提供了一个滞洪池,以便将开发前 2 年、10 年和 100 年一遇频率暴雨产生的、来自受扰动区域的径流峰值速率分别降低 50%,25%和 20%。由于需容纳进入车道的场外径流,滞洪池下游排水处的总排水面积设为 9.14 ac(3.7 hm²)。由于开放空间有限,本项目选择了包含 HDPE 管道的地下滞洪系统。本案例研究介绍了滞洪池设计和水处理设备的逐步计算。

径流计算

该项目中的径流计算是基于合理化方法进行的。由于大部分区域被路面覆盖并且车道通过排水系统排水，因此在计算径流的峰值速率时使用 10 分钟的集流时间。受扰动区域 E1 和未受扰动或场外区域 E2（参见排水区域图，本文未包含该图）的综合径流系数的计算、来自这些区域的径流峰值速率和该场地允许的排水量分别汇总在表 7.34 至表 7.36 中。需要注意的是，不将待碾压和重新铺面的道路部分视为受扰动区域。

表 7.34 施工前的径流系数

| | 现有路面改造 | 待铺草地 | 保留路面[a] | 草地[b] | 林地[c] | 总计 | $C_W = \Sigma$ |
	$C=0.95$	$C=0.35$	$C=0.95$	$C=0.35$	$C=0.25$	面积(ac)	$(A \times C)/A$
E1	0.65	0.37				1.02	0.73
E2			2.59	4.43	1.10	8.12	0.53
总计	0.65	0.37	2.59	4.43	1.10	9.14	0.55

注意：现有条件下的径流峰值速率：
$Q_{E1} = 1.02 \times 0.73 \times I = 0.745 \times I$。
$Q_{E2} = 8.12 \times 0.53 \times I = 4.304 \times I$。
$Q_{E-TOTAL.} = 9.14 \times 0.55 \times I = 5.027 \times I$。
[a] 该区域包括 2.06 ac 的碾压/重新铺面区域和 0.53 ac 的不透水区域。
[b] 该区域包括项目界线内的 1.21 ac 草地和场外的 3.22 ac 草地。
[c] 所有树林均在场外。

表 7.35 施工前径流的峰值

暴雨频率(a)	I (in/h)	Q_{E1} (cfs)	Q_{E2} (cfs)	$Q_{E-TOTAL}$ (cfs)
2	4.2	3.13	18.08	21.11
10	5.8	4.32	24.96	29.16
100	8.0	5.96	34.43	40.22

注意：$T_c = 10$ 分钟。

表 7.36 现场允许的峰值

暴雨频率(a)	Q_{E1} (cfs)	减小量	Q_{E2} (cfs)	Q_A (cfs)
2	3.13	50%	18.08	19.65
10	4.32	25%	24.96	28.20
100	5.96	20%	34.43	39.20

注意：$Q_A = \%Q_{E1} + Q_{E2}$，根据航拍图估算场外区域径流系数。

在计算施工后条件下的情况时,将滞洪池的支流区域 P_1 与旁路该滞洪池的区域 P_2 区分开来。表 7.37 和表 7.38 总结了这些区域的综合径流系数和峰值径流计算。

表 7.37　施工后的径流系数

	不透水区域	草地	林地	总计	$C_w=$
	$C=0.95$	$C=0.35$	$C=0.25$	面积（ac）	$\Sigma(A\times C)/A$
P_1	1.59	2.53	1.10	5.22	0.51
P_2	2.02	1.90	0.00	3.92	0.66
总计	3.61	4.43	1.10	9.14	0.57

注意:拟定条件下的径流峰值速率:
$Q_{P_1}=5.22\times0.51\times I=2.662\times I$;
$Q_{P_2}=3.92\times0.66\times I=2.587\times I$;
$Q_{P-TOTAL}=9.14\times0.57\times I=5.210\times I$。

表 7.38　施工后的径流峰值

暴雨频率	I（in/h）	Q_{P_1}（cfs）	Q_{P_2}（cfs）	$Q_{P-TOTAL}$（cfs）
2	4.2	11.18	10.87	22.05
10	5.8	15.44	15.00	30.44
100	8.0	21.30	20.70	42.00

注意: $T_c=10$ 分钟。

滞洪池的设计

采用合理化和修正合理化法[式(7.23)和(7.25)]计算滞洪贮水量近似值和暴雨临界持续时间。

针对 2 年、10 年和 100 年一遇频率暴雨执行计算并汇总在表 7.39 中。该表指出滞洪池最小容积为 2 100 ft^3。它还列出了 2 年、10 年和 100 年一遇频率暴雨的临界持续时间为 10 分钟。考虑到排水呈非线性变化并为了进一步减少场地下游的流量,在滞洪管设计中将估算的贮水量增加近 60%。图 7.36 和图 7.37 分别显示了滞洪池的典型横截面和布局图。如图所示,拟建的滞洪系统包括三排 48 in（1.22 m）HDPE 管,每排长 80 ft（24.4 m）,这些管道连接在一起,配有 48 in 的集管。表 7.40 列出了这个地下滞洪池的贮水量-高程关系,它提供 3 400 ft^3（96.3 m^3）的贮水量。

表 7.39 估算所需的滞洪存水量

修正合理化法，计算暴雨临界值

$V_R = (T_d \times 60 \text{ s} \times Q_{P_1}) - (0.5 \times T_b \times 60 \text{ s} \times Q_O)$

$T_b(\text{基准时间}) = T_d + T_c$，$T_c = 10$ 分钟

$Q_{P_1} = 5.22 \times 0.51 \times I = 2.662 \times I$

$Q_{P_2} = 3.92 \times 0.66 \times I = 2.587 \times I$

$Q_O = $ 滞洪池允许的流出量峰值 $= Q_A - Q_{P_2}$

有关 Q_A 的计算，请参见表 7.36。

暴雨持续时间(min)	I (in/h)	Q_{P_1} (cfs)	Q_{P_2} (cfs)	Q_O (cfs)	所需的容积，V_R (ft³)
2 年暴雨					$Q_A = 19.65$
10	4.20	11.18	10.87	8.78	1 800[a]
15	3.60	9.58	9.31	10.33	$Q_{P_1} < Q_O$
20	3.00	7.99	7.76	11.88	$Q_{P_1} < Q_O$
30	2.40	6.39	6.21	13.43	$Q_{P_1} < Q_O$
45	1.80	4.79	4.66	14.98	$Q_{P_1} < Q_O$
10 年暴雨					$Q_A = 28.20$
10	5.80	15.44	15.00	13.20	1 680
15	4.20	11.18	10.87	17.34	$Q_{P_1} < Q_O$
20	4.00	10.65	10.35	17.86	$Q_{P_1} < Q_O$
100 年暴雨					$Q_A = 39.20$
10	8.00	21.30	20.70	18.50	2 100
15	6.90	18.37	17.85	21.35	$Q_{P_1} < Q_O$
20	5.80	15.44	15.00	24.20	$Q_{P_1} < Q_O$
30	4.60	12.25	11.90	27.30	$Q_{P_1} < Q_O$

[a] $V = 60 \times T_b (Q_{P_1} - Q_O)/2$；$T_b = 2.5 \, T_c$。

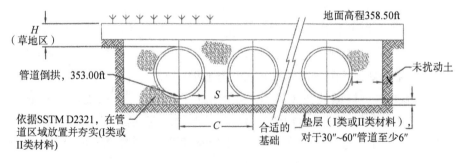

图 7.36 典型的滞洪池截面详图

部分信息小结

项号	项目	数量
1	48″单集管三通	1个
2	48″双集管三通	1个
3	48″×90″集管弯头	1个
4	48″×24″异径管	2个
5	48″HDPE（管壁无孔管道）	240LF

滞洪池维护注意事项

1. 该滞洪池由卑尔根县公共工程部门维护。

2. 应该每个季度检查一次沉积物和碎片；在 24 小时内降雨量超过 1 in 的暴雨后也应该进行检查。应该在滞洪池彻底干燥时，清除碎屑和沉积物。

3. 每年检查混凝土出口结构是否有裂缝、下沉、剥落、侵蚀和退化。

4. 根据制造商的建议维护和检查 Vortsentry 装置。

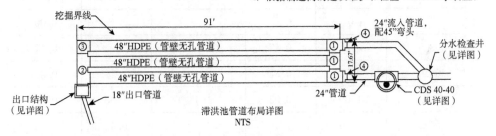

图 7.37　滞洪池管道布局详图

表 7.40　贮水量-高程关系

管道直径：4 ft。

三排 80 ft 长直径 48 in 的 HDPE 管；任一端配集管（见图 7.36 和图 7.37）。

高程(ft)	深度(ft)	深度/直径[a]	与总容积之比[a]	容积(ft³)
353	0	0.00	0	0
353.5	0.5	0.13	0.075	255
354	1	0.25	0.2	680
354.25	1.25	0.31	0.27	918
354.5	1.5	0.38	0.33	1 122
355	2	0.50	0.5	1 700
355.5	2.5	0.63	0.65	2 210
356	3	0.75	0.82	2 788
356.5	3.5	0.88	0.93	3 162
357	4	1	1	3 400

[a] 基于第 2 章的图 2.5 计算部件的总容积。

出口结构设计

计算得出来自滞洪池的最大允许流量为 18.50 cfs（见表 7.39）。为了不超过该允许流量，出口结构设有 6 in 低流量孔口，用于排放达到水质暴雨的降雨量；还设有高于水质水位的 1.25 ft 宽的围堰。表 7.41 列出了每个出口的排水量计算和出口结构的总排水量。

表 7.41 出口结构的排水额定值

孔口			堰		
底高程:353 ft			底高程:354.25 ft		
直径(in):6			长度(ft):1.25		
面积(sf):0.196					
高程(ft)	高度(ft)	Q(cfs)	高度(ft)	Q(cfs)	Q总量(cfs)
353	0	0			0.00
353.5	0.25	0.47			0.47
354.0	0.75	0.82			0.82
354.25	1.00	0.95	0.00	0.00	0.95
354.5	1.25	1.06	0.25	0.47	1.53
354.75	1.50	1.16	0.50	1.33	2.49
355.0	1.75	1.25	0.75	2.44	3.69
355.5	2.25	1.42	1.25	5.24	6.66
356.0	2.75	1.57	1.75	8.68	10.25
356.5	3.25	1.70	2.25	12.66	14.36
357.0	3.75	1.83	2.75	17.10	18.93

使用的公式

孔流:$Q_o=[CA(2gh)^{1/2}]$,$C=0.6$

孔(部分淹没):$Q_o=(\pi/4)(CLH^{1.5})$,$C=3.0$

堰流:$Q_w=CLH^{1.5}$,$C=3.0$

潜堰:$Q_{sw}=[C(L\times H)(2gh)^{1/2}]$,$C=0.6$

顶部(孔口):高度=水雨高程高程−底高程+0.5直径

顶部(围堰):高度=水雨高程高程−底高程

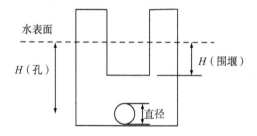

洪水演算

对滞洪池初步选型中确定的暴雨临界持续时间进行洪水演算。表 7.42 列出了 100 年一遇 10 分钟暴雨的洪水演算。

表 7.42　10 分钟 100 年一遇暴雨的洪水演算

流入过程线				洪水演算		
时间(min)	流入量(cfs)	I1+I2 (cfs)	2S/t−O (cfs)	2S/t+O (cfs)	出流量(cfs)	高程(ft)
0.0	0.00	—	0.0	0.0	0.00	353.00
5.0	10.65	10.7	6.4	10.7	2.12	354.64
10.0	21.30	32.0	5.3	38.4	16.53	356.74
15.0	10.65	32.0	5.8	37.3	15.71	356.65
20.0	10.7	10.7	7.7	16.5	4.37	355.12
25.0	0.00	0.0	5.4	7.7	1.15	354.34
30.0	0.00	0.0	3.8	5.4	0.83	354.01
35.0	0.00	0.0	2.5	3.8	0.65	353.75
40.0	0.00	0.0	1.5	2.5	0.51	353.55
45.0	0.00	0.0	0.8	1.5	0.32	353.34
50.0	0.00	0.0	0.5	0.8	0.18	353.19
55.0	0.00	0.0	0.3	0.5	0.10	353.11
60.0	0.00	0.0	0.2	0.3	0.06	353.06
65.0	0.00	0.0	0.1	0.2	0.03	353.04
70.0	0.00	0.0	0.0	0.1	0.02	353.02
75.0	0.00	0.0	0.0	0.0	0.01	353.01

峰值流出量和峰值高程汇总：
峰值流入量＝21.30 cfs
峰值流出量＝16.53 cfs
峰值高程＝356.74 ft
近似峰值贮水量总结：
初始存水量＝0 ft³
暴雨造成的峰值贮水量＝3 275 ft³
滞洪池总存水量＝3 275 ft³。

计算结果表明，该滞洪系统得到有效利用(97%)；通过提供比初步设计算得值更大的滞洪池，将流出量减少到允许流量以下(见表 7.39)。表 7.43 总结了 2 年、10 年和 100 年一遇频率暴雨的洪水演算。将滞洪池峰值流出量与旁路区域的峰值径流量相加，可以保守地计算出水口的总排水量。计算结果如表 7.44 所列。

表 7.43　2 年、10 年和 100 年一遇暴雨事件洪水演算汇总表

暴雨频率(年)	降雨强度(in/h)	暴雨持续时间(min)[a]	Q_{IN} (cfs)	Q_{OUT} (cfs)
2	4.20	10	11.18	8.30
10	5.80	10	15.44	11.90
100	8.00	10	21.30	16.53

[a] 暴雨临界持续时间见表 7.39。

表 7.44　2 年、10 年和 100 年一遇暴雨的总峰值流量

暴雨频率(年)	Q_{P_2}[a] (cfs)	Q_{OUT}[b] (cfs)	Q 总量 (cfs)
2	10.87	8.30	19.17
10	15.00	11.90	26.90
100	20.70	16.53	37.23

[a] Q_{P_2} 是旁路区域的峰值流量,请参见表 7.39。
[b] Q_{OUT} 是滞洪池的峰值流出量,请参见表 7.43。

表 7.45 比较了算出的排水点允许峰值径流和施工后的峰值径流流量。可以看出,拟建的超大型滞洪池系统将峰值径流减少到允许值以下。如果加上过程线计算的总排水流量,那么开发后的峰值径流量将会小于表 7.44 和表 7.45 所列的数值。

表 7.45　比较允许的和拟定的场地径流峰值速率

暴雨频率(年)	Q_A[a] (cfs)	Q_P[b] (cfs)
2	19.65	19.17
10	28.20	26.90
100	39.20	37.23

注意:面积=9.14 ac。
[a] Q_A——场地允许流量值(见表 7.36)
[b] Q_P——拟定的总流量(通过峰值流量相加计算,见表 7.44)。

水质规定

该项目导致不透水覆盖区域增加 0.37 ac。由于这大于 0.25 ac 的阈值,所以该项目受到新泽西州水质要求的限制。满足水质要求,该项目设置了 CDS 单元。该单元放置在滞洪池之前;不设在流入管线中,确保排出超过水质暴雨的雨水[*]。

该项目所需的 TSS 去除率和 CDS 水质装置提供的 TSS 去除率的计算分别见表 7.46 和表 7.47。TSS 去除率标准如表 7.46 中的定义。表 7.47 中的计算仅基于铺面区域,该区域的径流在进入滞洪系统之前由水质装置处理。

---

[*] 2008 年,新泽西州 DEP 要求将人工水质装置置于离线状态。密歇根州似乎是美国全国唯一提出相同要求的州。NJDEP 已经根据附加的试验数据修改了这项要求(见第 5 章),并批准了一些 MTD,包括在线应用 CDS。

根据该单元不透水分支面积和水质暴雨的降雨强度确定在本项目中设置的CDS单元的规格。

表 7.46 项目区域所需的 TSS(悬浮固体总量)去除率

地面覆层	面积(ac)	所需的 TSS 去除率	$A \times \%$ TSS
不透水区域的增量[a]	0.37	80%	0.30
完全重建的现有路面	0.65	50%	0.33
	$\Sigma A = 1.02$		$\Sigma A \times \%$ TSS=0.63

注意:碾压/重新铺设的路面不算受扰动,也不会导致违反雨洪管理规则。

[a]新路面必须达到 80% TSS 去除率。

[b]完全重建的路面被认为是受扰动,并且根据雨洪管理规则,必须达到 50% TSS 去除率。

表 7.47 为该项目区域提供的 TSS 去除率

地面覆层	面积(ac)	提供的 TSS 去除率	$A \times \%$ TSS
不向水质装置渗透	1.59	50%	0.80
	$\Sigma A = 1.59$		$\Sigma A \times \%$ TSS=0.80

注意:0.80>0.62,拟定的水质处理装置是足够的。

水质装置的规格

滞洪池的水质峰值速率

A (ac)=1.59[a]

$C_w = 0.90$

$T_c = 10$ min

$I = 3.2$ in/h[b]

Q (cfs)=4.58 cfs

注意:使用 CDS 型号 CD40 40-40,制造商设定适用于 6 cfs 以下的处理速率。

[a]不包括草地和林地,它们在水质暴雨期间保留了径流。

[b]请参见第 3 章。

案例研究 7.4 这个案例举例说明了地下处理室在石沟中的应用。该项目涉及在 88/89 立交桥附近扩建新泽西花园州公园大道。该项目位置如图 7.38 所示,该图源自美国地质调查局 Lakewood 图幅。图 7.39 显示了道路拓宽的界线,沿着公园大道的北向和南向车道延伸了近半英里。该项目全部位于 CAFRA 区内,扰动了约 0.77 ac(0.31 hm²)的土地。其中,由于道路拓宽,0.642 ac(0.26 hm²)将是新路面,其余包括清除一些沿路面分级的树木繁茂的区域。在该项目界线内的现有路面(将被碾压或重新铺设)不被视为土地扰动,因此不受 NJDEP 暴雨水处理要求的限制。

雨洪管理规定

为了控制径流的峰值速率,沿南行车道的右路肩设置了一个地下滞洪渗滤系统。该系统包括两排 Cultec Recharger V8 处理室,放置在一个 11.5 ft(3.51 m)

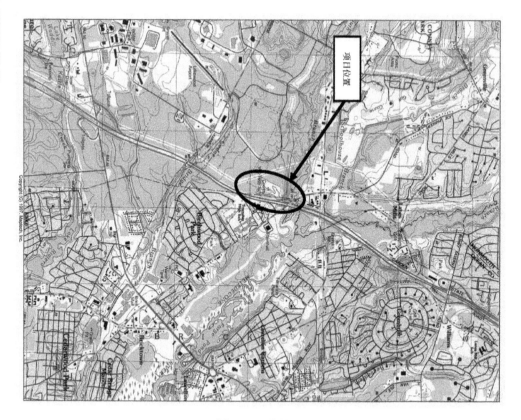

图 7.38 位置图

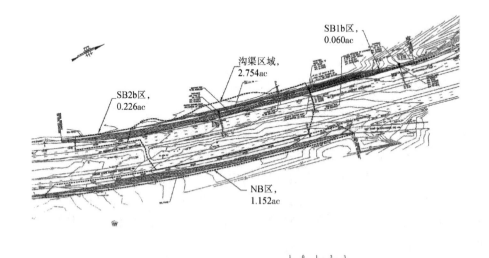

图 7.39 改造区域总图

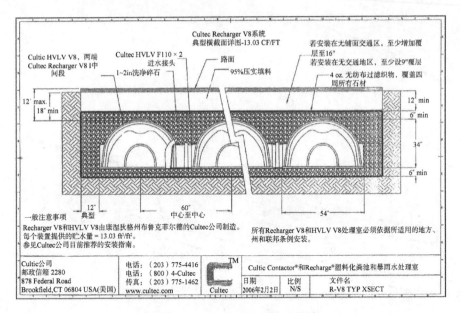

图 7.40　Cultec recharger V8 系统

宽、183.7 ft(55.99 m)长的石沟中。这个石沟厚 46 in(116.84 cm),包括一个 6 in(15 cm)的石基和 6 in 的石盖板。该系统提供 5 186 ft³(147 m³)的储存容积。图 7.40 显示了 Recharger V8 滞洪系统的典型部分。在进入处理室之前,整个径流通过具有 3 cfs 处理能力的 CDS PMSU 30-30(重新命名为 CDS30-30)水质装置。该装置可以去除可漂浮物、淤泥、碎屑、油和油脂,从而避免过早堵塞处理室并减少其维护。CDS 装置经批准可去除 50%悬浮固体总量(TSS),易于维护,并部分满足该项目的水质要求。为了对这种装置进行补充,沿北行车道路肩的现有林地被用作植物带,为来自其支流区域的径流提供 80%的 TSS 去除率。

径流计算

图 7.41 显示了公园大道北向和南向车道施工前的排水区域。参考与该设计相关的地形测量中得到的 1 ft 等高线,编制了该图。该图所示的排水区域覆盖了项目现场的支流区域。图 7.42 显示了项目结束后的排水区域。如图所示,拟议的处理室收集了南行车道的 2.754 ac 排水区域的排水,其余为 0.286 ac 的南部排水区域,1.152 ac 的北行车道仍未滞洪。

由于扰动区域明显小于滞洪池支流的排水区域,因此首先要进行计算,确定该项目区域必须减少的流量。基于合理化方法计算该项目区域的径流,使用 10 分钟的集流时间,这与扰动区域相当。根据 NJDEP 的雨洪管理条例,计算包括 2 年、10 年和 100 年一遇暴雨事件。表 7.48 和表 7.49 分别给出了受扰动区域在项目前后径流系数的计算和必须减小的径流峰值速率。

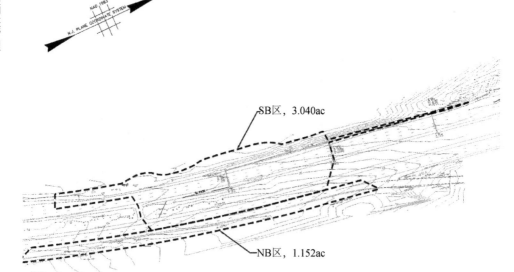

图 7.41　施工前的排水区域

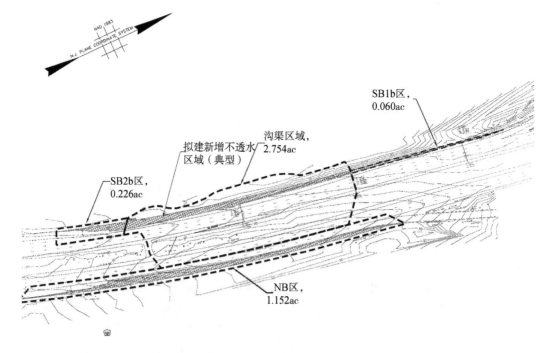

图 7.42　项目结束后的排水区域

对整个 4.192 ac(1.696 hm²)排水区域进行径流计算,将拟建地下处理室的支流区域与旁路区域区分开来。虽然计算显示集流时间为 15 分钟,但是使用 $T_c=$ 10 分钟保守地计算了滞洪池的径流,这与包括北行车道支流区域在内的旁路区域的径流计算相同。表 7.50 显示了径流计算以及在项目结束后整个场地径流峰值速率。考虑到表 7.49 所示的必须减少的流量,该表还列出了拟建滞洪系统的最大允许流量。

表 7.48 现有和拟定峰值流量的计算

改造的区域:0.770 ac

正在铺路面的开放空间:0.642 ac

将是开放空间的林地:0.128 ac

	不透水区域	草地	林地	总面积	
	$C=0.95$	$C=0.35$	$C=0.25$	(ac)	$C_w=\Sigma(A\times C)/A$
施工前(ac)	0	0.642	0.128	0.770	0.33
施工后(ac)	0.642	0.128	0	0.770	0.85

$Q_E=0.770\times0.33\times I$

$Q_P=0.770\times0.85\times I$

表 7.49 必须减少的流量

必须减少的流量 $Q_R=Q_P-\%Q_E$

暴雨频率	I (in/h)	Q_E(cfs)	减小量	Q_P(cfs)	Q_R(Cfs)
2	4.2	1.07	50%	2.75	2.22
10	5.8	1.47	75%	3.80	2.69
100	8	2.03	20%	5.24	4.83

注意:暴雨持续时间和集流时间=10 分钟。

表 7.50 计算滞洪和旁路区域在改造后的峰值流量和滞洪渗滤系统允许流量

	不透水区域	草地	林地	总面积	
	$C=0.95$	$C=0.35$	$C=0.25$	(ac)	$C_w=\Sigma(A\times C)/A$
旁路区域					
SB1b	0.06	0	0	0.060	0.95
SB2b	0.182	0.044	0	0.226	0.83
NB	0.905	0.247	0.000	1.152	0.82
总计	1.147	0.291	0	1.438	0.83

	不透水区域	草地	林地	总面积	
	$C=0.95$	$C=0.35$	$C=0.25$	(ac)	$C_w=\Sigma(A\times C)/A$
旁路区域					
沟渠	1.575	0.7	0.479	2.754	0.68
暴雨频率	I (in/h)[a]	Q_B (cfs)[b]	Q_D (cfs)[c]	Q_P (cfs)[d]	Q_R (cfs)[e]	Q_A (cfs)[f]
2	4.2	5.01	7.87	12.88	2.22	5.65
10	5.8	6.92	10.86	17.78	2.69	8.17
100	8.0	9.55	14.98	24.53	4.83	10.15

[a] 暴雨持续时间和集流时间=10分钟。

[b] $Q_B=$ 旁路流量=$1.438\times0.83\times I$。

[c] $Q_D=$ 流入地下处理室的流量=$2.754\times0.68\times I$。

[d] $Q_P=$ 开发后的总流量。

[e] 有关 Q_R（必须减少的流量）的计算，请参见表 7.49。

[f] $Q_A=Q_D-Q_R$，处理室允许最大流量。

滞洪渗滤系统的设计

为了避免迭代洪水演算，首先执行简单计算，确定暴雨临界持续时间，即对于每个暴雨事件，需要最大滞洪贮水量的持续时间。表 7.51 显示了采用修正合理化法计算的暴雨临界持续时间。保守地说，在这些初步计算中忽略了渗滤损失。对于 2 年和 100 年一遇暴雨事件，暴雨临界持续时间为 15 分钟；10 年一遇暴雨事件为 10 分钟；估算所需的滞洪存水量为 2 934 ft³（83.1 m³）。

表 7.51　计算暴雨临界持续时间和滞洪池的初步选型

修正合理化法

$V=(T_d\times60s\times Q_D)-(0.5\times T_b\times60s\times Q_A)$[a]

T_b（基准时间）$=T_d+T_c$，$T_c=15$ 分钟

$Q_D=$ 滞洪流入量=$2.754\times0.68\times I$

$Q_A=$ 滞洪渗滤池最大允许排水量

暴雨持续时间(min)	I (in/h)	Q_D (cfs)	所需量 (ft³)
2 年一遇暴雨		$Q_{允许}=5.65$	
10	4.20	7.87	1 662
15	3.60	6.74	1 830
20	3.00	5.62 < 5.65	1 657
10 年一遇暴雨		$Q_{允许}=8.17$	
10	5.80	10.86	2 019
15	4.80	8.99	1 963
20	4.00	7.49 <8.17	1 636

暴雨持续时间（min）	I（in/h）	Q_D（cfs）	所需量（ft³）
100 年一遇暴雨		$Q_{允许}=8.17$	
10	8.00	14.98	2 709
15	6.80	12.73	2 934
20	5.60	10.49	1 931

ᵃ初步选型计算保守地忽略了渗滤情况。

表 7.52 和表 7.53 分别列出了滞洪渗滤池的高程-贮水量和高程-流量关系。表 7.52 指出，拟建系统比滞洪池选型初步计算所得的结果大了将近 77%。表 7.53 列出的流量考虑到了处理室所在石沟底部的渗漏损失。根据土壤渗透率等于 10 in/h（254 mm/h），渗漏损失计算为 0.49 cfs（13.9 L/s），这是现场进行的三次渗滤试验所得结果的一半；系数 0.5 表示设计安全系数等于 2.0。

表 7.52　水位-贮水量计算

Cultec recharge V8 处理室
装置数量：50
2 排×25 个装置
11.5′×183.67′石床区，6″石箱，6″石盖

高程（ft）	贮水量（ft³）		
	深度	增量	总量
23.83	3.83	70.41	5 186.1
23.75	3.75	211.22	5 115.7
23.50	3.5	213.18	4 904.4
23.25	3.25	253.51	4 691.3
23.00	3	323.49	4 437.8
22.75	2.75	357.93	4 114.3
22.50	2.5	381.26	3 756.3
22.25	2.25	397.61	3 375.1
22.00	2	409.16	2 977.5
21.75	1.75	415.92	2 568.3
21.50	1.5	421.59	2 152.4
21.25	1.25	432.7	1 730.8
21.00	1	434.23	1 298.1

高程(ft)	贮水量(ft³)		
	深度	增量	总量
20.75	0.75	441.42	863.9
20.50	0.5	211.22	422.4
20.25	0.25	211.22	211.2
20.00	0	0	0.0

表 7.53　出口结构高程-流量关系

直径 15 in 的出口

底高程＝处理室底部＋6 in。

底高程＝21.0 ft

高程(ft)	深度(ft)	H	Q (cfs)	Inf. (cfs)	$Q_{总计}$
23.83	3.83	2.21	8.78	0.49	9.27
23.75	3.75	2.13	8.62	0.49	9.11
23.50	3.5	1.88	8.09	0.49	8.58
23.25	3.25	1.63	7.53	0.49	8.02
23.00	3	1.38	6.93	0.49	7.42
22.75	2.75	1.13	6.27	0.49	6.76
22.50	2.5	0.88	5.53	0.49	6.02
22.25	2.25	0.63	4.67	0.49	5.16
22.00	2	1.00	2.95	0.49	3.44
21.75	1.75	0.75	1.92	0.49	2.41
21.50	1.5	0.50	1.04	0.49	1.53
21.25	1.25	0.25	0.37	0.49	0.86
21.00	1	0	0	0.49	0.49
20.00	0	0	0	0	0.00

完全淹没	部分淹没	渗滤
$Q=CA(2gH)^{0.5}$ 直径＝15 in.	$Q=(\pi/4)(CLH^{1.5})$ [a]	$Q=A\times I\times(FT/12\ in.)$
		(h/3 600 s)
$A=1.227\ ft^2$	$L=1.25\ ft$	沟渠面积＝11.5×183.67 ft
$C=0.6$	$C=3.0$	$A=2\ 112\ ft^2$
高度＝高程－21.625	高度＝高程－21.0	$I=10\ in/h$
$Q=5.91(H^{0.5})$	$Q=2.95(H^{1.5})$	$Q=0.49\ cfs$

[a]该方程式用于估算圆形开口的堰流流量。

使用暴雨临界持续时间的过程线进行洪水演算,在表 7.51、表 7.52 和表 7.53 中突出显示。计算结果汇总在表 7.54 中。该表还列出了系统的流出量,根据渗漏损失率进行调整。该表还比较了 Cultec 处理室的流出量和允许流量。该表指出,超大型滞洪系统减少的流量比所需减少量多 16% 至 36%。

表 7.54 滞洪渗滤系统的峰值流入量、流出量和允许流量

暴雨频率(年)	Q_{IN}	Q_{DIS}	Q_O	Q_A
2	6.74	4.66	4.17	5.65
10	8.99	6.48	5.99	8.17
100	12.73	9.22	8.73	10.15

注意:Q_A=允许流量,见表 7.50。

Q_{DIS}=处理室的峰值流量。

Q_O=流出量=峰值流量−渗滤速率(0.49 cfs)。

7.5 水处理构筑物

在前一章中讨论了人工水处理装置。本节讨论植被洼地和砂滤器,它们是最常见的水质构筑物之一。过滤带是一种非结构性水处理装置,将在下一章中讨论。

7.5.1 植被洼地

草皮泄水道,也称为洼地,是治理雨洪径流的最早措施之一。洼地沿道路或者在分车道公路的中间使用。在城市发展中,它们还作为于进口和管道的替代品。植草洼地可以适度改善城市径流质量。为了有效地治理径流并保持稳定,应适当设计并定期维护洼地。洼地应该是浅沟渠,深度不超过 1.5 ft(0.46 m),边坡小于 3:1(3H,1V),以便割草。图 7.43 显示了植草洼地的典型部分。

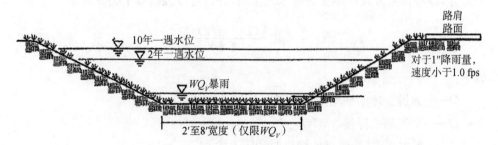

图 7.43 植被过滤带去除排水区的 TSS(去除土壤:黏土砂泥、粉砂壤土 HGS:B)

改编自 NJDEP,2004 年,第 9 章

在中等纵向坡度区域,洼地是实用的,洼地中的流速会小于在设计暴雨(许多管辖机构将设计暴雨规定为10年一遇)期间引起侵蚀的流速。在美国东北部和其他地区,在生长季节有充足的雨水,洼地不需要任何浇水。但是在半干旱气候下建造洼地,需要灌溉洼地来维持草的生长。

为了有效过滤,水质暴雨期间的水深不应明显高于草地。一旦水淹没草地,草就开始向水流动方向弯曲,导致水流过草地而没有经过处理。

在开始淹没之前,植草洼地的曼宁系数 n 值可能高达0.3或0.4。然而,当草被水淹没时,n 值可能下降至0.04。水流速度越快,水停留时间越短,污染物去除率就越低。Yu等人(2001)在5.5至18分钟的滞洪时间内以受控流量的方式进行的洼地试验指出洼地的污染物去除率为48%至86%。Minton(2005)引用的其他人的试验也得到类似的结果。但是,小于15 μm的颗粒需要更长的滞洪时间。此外,由于侵蚀,洼地会失去其有效性。新泽西州环境保护部门曾经将植草洼地用作水处理构筑物。然而,在2010年4月重新编写的现行法规中,植草洼地不再被认为是改善水质的有效手段。

7.5.2 砂率器

砂滤器主要用于改善水质,没有流量控制功能。典型的砂滤系统由两个或三个处理室组成。三室系统包括沉淀室、渗滤室和排水室。许多砂滤器只有两个处理室:一个用于沉淀,另一个用于过滤和排水。沉淀室去除较粗的沉积物和漂浮物,过滤室有一个通常为18至24 in(46至61 cm)厚的沙床,用于去除较细的沉积物和其他污染物。图7.44所示为一个双室砂滤器。水通过格栅进入第一个处理室,溢出分隔两个处理室的围堰,并进入填充有沙子的第二个处理室。经渗滤的水直接通过出口管或通过6 in的多孔管间接排出,该管的末端可以接至排水系统或滞洪池。

在该国不同地区使用了多种地上或地下砂滤器(EPA,1999)。无论形状有哪些差异,砂滤器通常设计用于处理水质暴雨,并且可以根据以下公式选型:

$$Q = A_s K \frac{\left[(D+d/2)/D\right]}{3\,600} \tag{7.29}$$

式中:

Q——通过沙床的平均渗滤流速,m^3/s(cfs);

D——砂滤器的厚度,m(ft);

d——最大水深(暴雨事件结束时沙床上的水深),m(ft);

K——砂渗透率,m/h(ft/h);

A_s——砂床表面积,m^2(ft^2)。

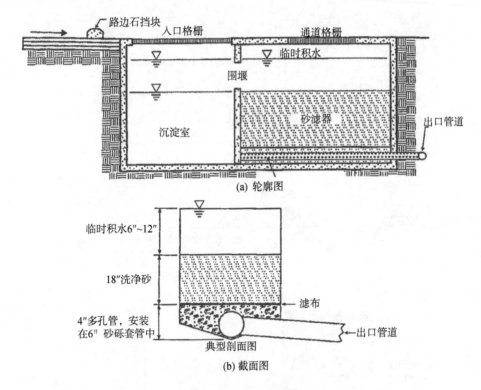

(a) 轮廓图

典型剖面图

(b) 截面图

图 7.44　双室砂滤器

砂滤器的平均排水量 Q 与水质容积 WQ_v 相关,用下式表示:

$$Q = \frac{WQ_v}{T} \tag{7.30}$$

式中:T 是砂滤器的脱水时间,以小时计。

华盛顿特区的砂滤器设计有三个处理室,包括一个排水室,其规格适于 0.5 in (1.3 cm)的径流。对于这种水质降雨,砂滤器通常设计用于处理最多 1 ac(0.4 hm²)不透水排水区域的径流。在新泽西州和马里兰州,水质暴雨分别为1.25 in 和 0.9 in(或 1 in),砂率器应该用于较小的区域。将砂滤器放置在滞洪池后面,选择合适的规格,适用于来自较大区域的、流量已减少的径流。一般而言,砂滤器优于渗滤沟和渗滤池,渗滤沟和渗滤池中的水常见 BOD,悬浮固体或大肠菌群等污染物,且其地下水位较高。

许多管辖机构认可使用砂滤器去除 80% 的 TSS。如果维护得当,它们也能有效去除某些其他污染物。但是,如果缺乏维护,它们就完全没用了。作者目睹了砂率器完全被堵住,并从溢流堰排出了流入的径流而没有经过任何处理。为了延长其使用寿命,砂滤器配有预处理静水池。图 7.45 所示为有机过滤器,在其中用泥炭/沙子混合物代替沙床。

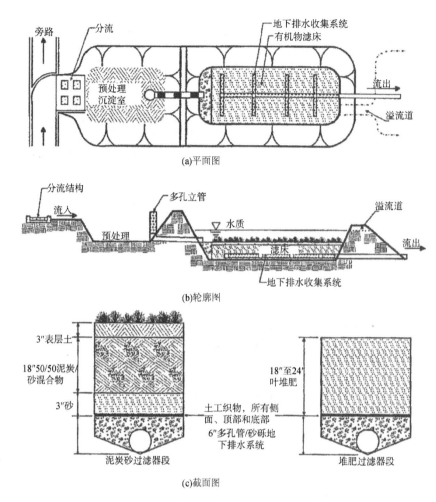

图 7.45　有机过滤器(改进的砂滤器)

(选自 NY State Stormwater Management Design Manual，Figure 6.18，2010)

案例研究 7.5　这项研究涉及综合使用滞洪池和植被滤带来处理新泽西州富兰克林湖区停车场的径流。图 7.46 显示了现有停车场布局和穿过该停车场的排水管道。图 7.47 显示了停车场扩建的布局图。图 7.47 是植被过滤带和浅水滞洪池，根据 2004 年 2 月通过的 NJDEP 雨洪管理条例，要求处理该项目的水质和减少峰值流量。这里讨论了滞洪池的设计计算；为满足该项目水质要求而使用过滤带的情况，请见第 8 章。

滞洪池的设计

图 7.47 所示的是滞洪池排水区支流的界线和径流旁路滞洪池的区域界线。为了可以有意义地比较开发前和开发后的径流峰值速率，在开发前平面图中绘制了与开发后条件相同的整体排水区。

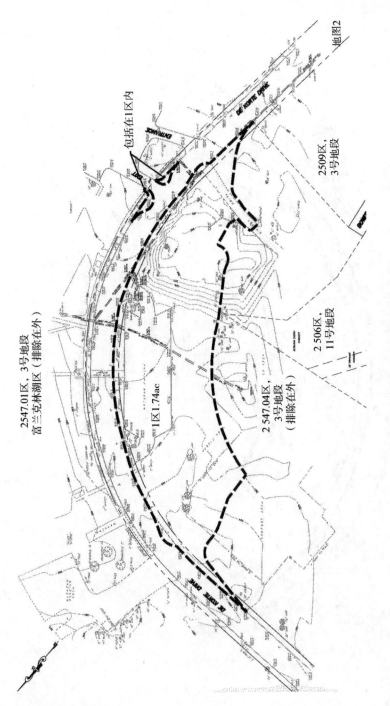

图 7.46 开发前的场地布局图和扰动区

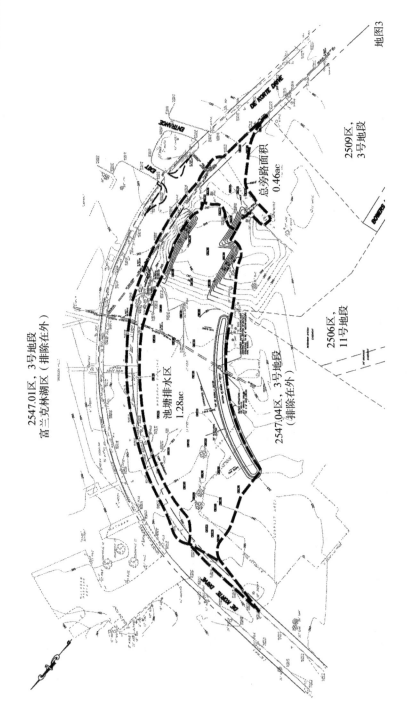

图 7.47 开发后的场地布局图和排水分区

　　基于合理化法进行该项目场地的径流计算,路面的径流系数为 0.95,草坪的径流系数为 0.35。表 7.55 和表 7.56 分别总结了图 7.46 和图 7.47 所示的分区在开发前和开发后径流系数和径流峰值速率的计算。表 7.56 列出了现场允许的最大流量,均基于 10 分钟的暴雨计算。在设计滞洪池出口结构系统时,首先确定暴雨临界持续时间,即为了满足场地需要减少的流量而需要最大滞洪贮水量的持续时间。表 7.57 显示了 2 年、10 年和 100 年一遇暴雨的临界持续时间的计算。根据该表,需要一个最小储存容量为 2 550 ft³(取整)的滞洪池。此外,人们发现 2 年一遇暴雨事件的持续时间为 30 分钟,10 年和 100 年一遇暴雨事件为 15 分钟。考虑到前面的计算是基于线性流出过程的假设并且考虑了超过最高水面的出水高度,最后设计了容量几乎是算得储存容量两倍的滞洪池。

表 7.55　径流系数计算

开发前的条件				
		面积(ft²)	C	$A \times C$
砾石		1 565	0.65	1 017
铺面		16 630	0.95	15 799
草地		57 575	0.35	20 151
总计		75 770		36 967
1 区:扰动面积=75 770 ft²(1.74 ac)				
$C_w=(\Sigma A \times C)$/面积=0.49				

开发后的条件				
	铺面 $C=0.95$	草地 $C=0.35$	总面积(ft²)	总计($A \times C$)	C_w
滞洪池	30 575	24 975	55 550	37 787.5	0.68
旁路	5 820	14 400	20 220	10 569	0.52

表 7.56　算得的开发前、开发后条件下的径流峰值速率

暴雨频率(年)	I (in/h)	Q_E [a]	Q_{DET} [b]	Q_{BYPASS} [c]	Q_A [d]
2	4.2	3.58	3.66	1.00	1.79
10	5.8	4.95	5.05	1.39	3.71
100	8.0	6.82	6.96	1.92	5.46

[a] $Q_E = 1.74 \times 0.49 \times I$。

[b] $Q_{DET} = 1.28 \times 0.68 \times I = 0.87 \times I$。

[c] $Q_{BYPASS} = 0.46 \times 0.52 \times I = 0.24 \times I$。

[d] $Q_A = Q_E \times$ % 减少量=现场允许的流量。

表 7.57　所需的滞洪贮水量的计算

$T_c = 10$ 分钟

$V = (T_d \times 60\text{s} \times Q_{DET}) - (0.5 \times T_b \times 60\text{s} \times Q_O)$

T_b(基准时间)$= T_d + T_c$

$Q_O =$ 滞洪池允许的最大流出量$= Q_A - Q_{BYPASS}$

$Q_{BYPASS} = 0.24 \times I$(见表 7.56)

$Q_{DET} = 0.87 \times I$(见表 7.56)

$Q_A =$ 场地允许流量(见表 7.56)

暴雨持续时间(min)	I (in/h)	Q_{DET} (cfs)	Q_{BYPASS} (cfs)	Q_O (cfs)	V (ft³)
		2 年一遇暴雨			
10	4.20	3.66	1.01	0.78	1 724
15	3.60	3.13	0.86	0.93	2 126
20	3.00	2.61	0.72	1.07	2 170
30	2.40	2.09	0.58	1.21	2 303
45	1.80	1.57	0.43	1.36	1 989
60	1.45	1.26	0.35	1.44	不适用[a]
		10 年一遇暴雨			
10	5.80	5.05	1.39	2.32	1 638
15	4.90	4.26	1.18	2.53	1 938
20	4.00	3.48	0.96	2.75	1 703
30	3.30	2.87	0.79	2.92	不适用
		100 年一遇暴雨			
10	8.00	6.96	1.92	3.54	2 054
15	6.90	6.00	1.66	3.80	2 552
20	5.80	5.05	1.39	4.07	2 397
30	4.70	4.09	1.13	4.33	不适用

注:表中数据均为四舍五入值,计算 V 时均采用精确值。

[a] $Q_O > Q_{DET}$。

　　为了延长水质暴雨的贮水时间,出口结构配备了 2.5 in 的低流量孔,这是允许的最小孔口。此外,还提供了 18 in 宽、6 in 高的围堰,用于释放 2 至 100 年一遇的暴雨水。图 7.48 描述了拟建的出口结构,表 7.58 总结了每个阶段贮水量和流量的计算关系。基于先前指出的暴雨临界持续时间进行 2 年、10 年和 100 年一遇频率暴雨的洪水演算,汇总在表7.59中。将直接径流过程线与滞洪池的旁路流量相加来计算开发后条件下的径流总峰值速率。表7.60列出了开发后条件下的总峰值径流速率,并将这些流量与项目现场(即扰动区域)在开发前的峰值径流速率进行了比较。由于滞洪池超大,因此该滞洪池降低的径流峰值速率远超过法规要求的数值。

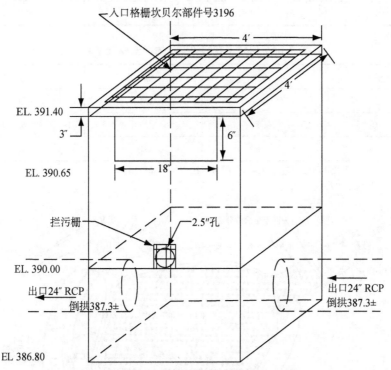

注：1.提供详细信息仅供确定尺寸。加固和结构细节由结构制造商完成,并由承包商负责。施工详图由持证的专业工程师签字盖章,以便在施工前提交,供审批。
　　2.在现有的24"RCP上建造出口结构,将其用作滞洪池的出水管。

图7.48　池塘出口结构详图(N. T. S.)

表7.58　高程-贮水量-流量关系

高程(ft)	贮水量(cf)	流量(cfs)
390. 00	0	0
390. 65	1 795	0. 12
391. 00	2 995	1. 09
391. 15	3 580	1. 76
391. 40	4 630	2. 74
391. 50	5 050	5. 78

表 7.59　洪水演算汇总表

暴雨频率(a)	暴雨持续时间(min)	Q_{DET}	Q_{OUT}
2	30	2.09	0.99
10	15	4.26	1.18
100	15	6.00	2.23

表 7.60　比较现有的和拟定的径流峰值速率

暴雨频率(a)	Q_E	Q_{PR}[a]	减小量(%)
2	3.58	1.57	56
10	4.95	2.36	52
100	6.82	3.89	43

[a]Q_{PR}＝开发后总排水量,通过 Q_{out} 和 Q_{BYPASS} 的过程线相加计算得出。
[b]减少量＝$(1-Q_{PR}/Q_E)\times 100$。

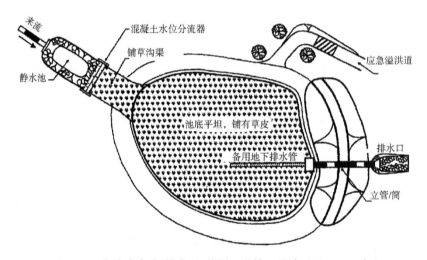

图 7.49　在线渗滤池(摘自《纽约州雨洪管理设计手册》,2010 年)

7.6　渗滤池

渗滤池主要用于改善水质或为地下水补水,也可以将其设计为一种多用途渗滤滞洪系统。为了改善水质,渗滤池的规格须足以容纳来自特定暴雨事件的径流。这种暴雨通常被称为水质暴雨,由当地或州管辖机构指定。渗滤池可在线或离线放置。在前一种情况下,它接收整个径流;在后一种情况下,它只渗透水质暴雨并通过溢流堰分流多余的径流,然后引导围堰的排水通过地上或地下滞洪池。图

7.49 显示了配有预处理静水池的在线式渗滤池。

渗滤池可能有也可能没有植被。然而,为了去除更多的污染物且易于维护,渗滤池底部通常覆有 6~12 in(15~30 cm)厚的沙子。沙子捕集径流中的沉积物,在发现其渗透率降低时可以更换。

渗滤池的正确设计对其有效运行至关重要。必须在渗滤池的位置进行土壤记录和渗滤试验,测量环境地下水位和土壤渗透率。若可用的土壤测量图不够准确,则无法作为设计依据。许多管辖机构接受的最小渗透率为 0.5 in/h(13 mm/h)。然而,在长期潮湿天气条件下,渗透率可能会降低,因此作者建议将 1 in/h(25 mm/h)作为最低可接受的渗透率。池底应位于高水位或基岩上方至少 2 ft(61 cm),但是更推荐值为 3.3 ft(1 m)。在贫瘠土壤中,建造渗滤池是不可行的。同样地,除非填料由高渗透性材料(如沙子)制成且有 1~2 ft(30~61 cm)厚,否则不宜在贫瘠土壤上使用优质填料。

渗滤池设计的一个重要标准是水质暴雨。如前一章所述,水质暴雨的定义因州而异。例如,在新泽西州,水质暴雨被指定为持续 2 小时的暴雨,其时间分布不均匀且降雨量为 1.25 in(32 mm)。对于渗滤池的选型而言,降雨强度没有意义。渗滤池的尺寸最好能完全保留整个设计暴雨的量并随时间排出。降深时间(也称为脱水时间)和渗滤床面积通过以下公式相关:

$$T = \frac{3\ 600(WQ_v/A_fK)}{[(D+d/2)/D]} \tag{7.31}$$

式中:T 是以小时为单位的降深时间;

A_f 是渗滤床的面积,$m^2(ft^2)$;

其他术语与砂滤器的定义相同。

对于渗滤池,降深时间通常限制在 24 或 48 小时,这取决于滞洪池是否有植被。在实践中,渗滤池通常可以全部或部分储存水质暴雨,式(7.31)用于计算降深时间。

值得注意的是,干净砂子的渗透率为每小时 2~5 ft(不是每天)。使用 2~4 ft/d(0.6~1.2 m/d)的设计标准来表示相对堵塞,即到时间应该维护渗滤池/砂滤器。气候在拟定降深时间方面起着重要的作用。在寒冷的气候下,支持植被的土壤介质需要更长的时间才能变成厌氧状态,并且可以延长降深时间。在潮湿气候下,渗滤池(和砂滤器)的沙床应具有较高的渗透率,以便在下一次暴雨之前完全干燥。为了排放大暴雨事件的降水,可以在渗滤池设计中加入溢洪道。或者,渗滤池的顶部可以建成水平分流器或提供分流系统。

在土壤渗透性较高的地区,渗滤池可能会扩大,成为渗滤-滞洪池。在这种情况下，水池将设有出口结构，用于减小超出水质暴雨的径流峰值速率。两用渗滤滞洪池的设计遵循与滞洪池相同的程序，即开发阶段—贮水量—排水量关系—洪水演算。在设计暴雨期间通过池底的渗滤损失有助于减少所需的贮水量。然而，需要注意的是，暴雨事件期间的渗滤通常较少，在设计上保守地忽略不计。以下案例研究举例说明了滞洪-渗滤池的设计。

案例研究 7.6　本案例研究涉及渗滤滞洪池，该池用于满足新泽西州某市的一个住宅项目的暴雨水水质和量的要求。开发场地部分位于第三河的洪泛平原内，该河流毗邻东边的地块边界。该项目扰动了超过 1 ac(0.4 hm²) 的土地；因此，该项目必须遵守新泽西州环境保护部门(NJDEP)于 2004 年 2 月 2 日采用的雨洪管理条例以及该州住宅用地改善标准(RSIS)。

排水区地图的编制

图 7.50 为现有的排水区地图。这张地图是使用 1 in=80 ft 比例尺、1 ft 等高线和场地的航拍图编制的，指出来自该场地主要部分的径流流经陆地排入第三河，而该场地只有一小部分排放到场地西边现有的入口通道。由于来自后一区域的径流流入第三河的支流，该支流在该场地下游不远处与河流汇合，整个扰动区域被视为一个排水区域。

图 7.51 为拟建场地的布局图，包括滞洪-渗滤池和排水输送系统。该地图上还显示了主要的排水区域，指定为 A1 区和 B2 区。A1 区包括大部分开发场地，该区是拟建滞洪池的支流区域。该滞洪池位于这片地块的东南角，排水至第三河，设计为两用滞洪渗滤池，以便满足减少流量和水质处理方面的要求。B2 区径流作为漫地流发生，是该场地的平衡区域。该区域包括径流缓冲区和位于开发场地东边和滞洪池南边的植被洼地。B2 区还包括一小部分开发场地，由于地形的原因，该区域排水至场地西侧的入口通道。

径流计算

采用 SCS TR-55 方法计算该场地的径流。根据该场地所在县的土壤调查图，该场地为布恩顿市韦瑟斯菲尔德镇的城镇用土地；其土壤被归类为水文 C 组。根据 RSIS 和 NJDEP 的雨洪管理条例，径流计算包括 2 年、10 年和 100 年一遇频率的暴雨。此外，计算针对的频率是 25 年一遇，符合当地土壤保持区的标准。表 7.61 列出了算得的径流现在的峰值速率。

在计算拟建条件下的径流时，将滞洪渗滤池支流区域(即 A1 区)与旁路该区域的地区(B2 区)分开。与现有条件类似，拟建条件的径流计算是针对 2 年、10 年、25 年和 100 年一遇频率的暴雨进行的。根据 RSIS，对于滞洪池的支流区域，取最短集流时间为 10 分钟；用于径流计算的 Haestad 法软件将此时间舍入为 0.2 小时。

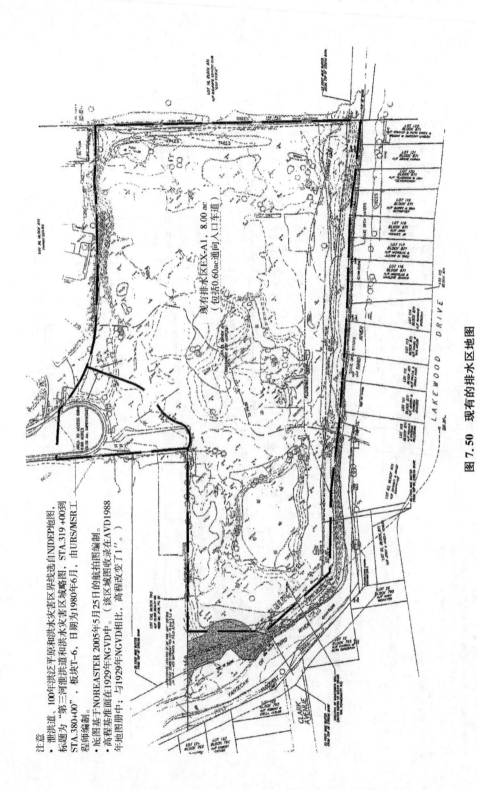

图 7.50　现有的排水区地图

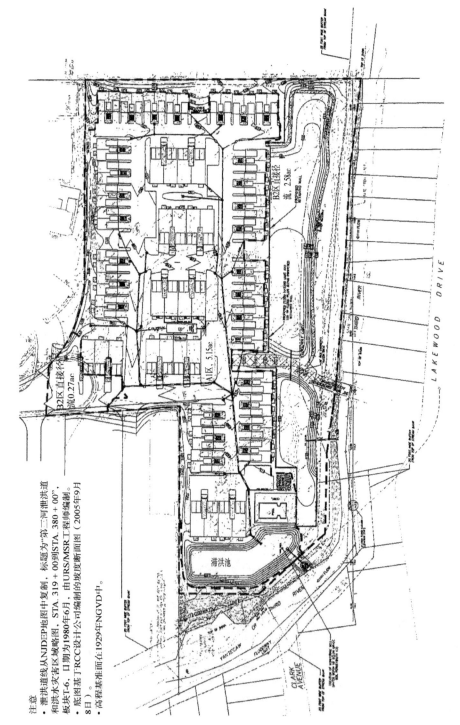

图 7.51 开发后的排水区地图

注意
- 泄洪道线从NJDEP地图中复制，标题为"第二河泄洪道和洪水灾害区域略图"，STA. 319＋00到STA. 380＋00"，板块T-6，日期为1980年6月，由URS/MSR工程师编制。
- 底图基于RCC设计公司编制的坡度断面图（2005年9月8日）。
- 高程基准面在1929年NGVD中。

表 7.61　算得的现有条件下的径流峰值速率

暴雨频率(a)	降雨量(in)	Q (cfs)
2	2.4	14
10	5.2	24
25	6.4	31
100	8.7	43

渗滤池的设计

该项目拟建的雨洪管理系统包括一个滞洪渗滤池。此外,还提供了一个地下雨水贮池,用于收集场地内两个建筑的屋顶径流。雨水贮池收集的水用于满足草坪和景观区域的灌溉需求。这不仅可以减少向滞洪渗滤池排放的径流量,还可以保存开发场地需要的用水量。然而,为了保守地设计滞洪池,假设在暴雨发生时雨水贮池已满,这两个建筑的屋顶径流将会直接排入滞洪池。

为了满足 NJDEP 规定的悬浮固体总量去除率达 80% 的要求,拟建的两用水池设计上可以完全贮存和渗滤水质暴雨水。考虑到实用性和易维护性,选择了公认其 TSS 去除率达到 80% 的水池。图 7.52 是其出口结构的示意详图。该图指出堰顶位于池底部上方 2 ft(0.6 m)处。表 7.62 列出了出水口结构的排水速率,表 7.63 显示了该滞洪池的高程-贮水量关系,计算了 1 ft(30 cm)厚砂床中的空隙体积。

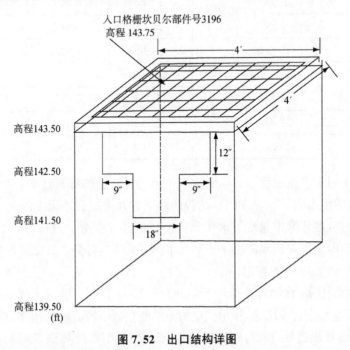

图 7.52　出口结构详图

表 7.62 排水量-高程关系[a]

高程(ft)	Q(cfs)				
	18 in×24 in[b]	18 in×12 in	格栅	20 ft 溢洪道	总计
141.5	0.00				0.00
142.0	1.59				1.59
142.5	4.50	0.00			4.50
143.0	8.27	1.59			9.86
143.5	12.73	4.50			17.23
143.75	16.14	6.25	0	0	22.39
144.0	17.69	7.22	4.48	7.00	36.39

[a]请参见图7.52。
[b]中心堰。

表 7.63 贮水量-水位关系

高程(ft)	面积(ft²)	平均面积(ft²)	容积(ft³)	总容积(ft³)
138.5	6 900(12 in 沙:30%空隙)		0	0
139.5	6 900	6 900	2 070	2 070
140.0	7 580	7 240	3 620	5 690
141.0	8 900	8 240	8 240	13 930
141.5	9 580	9 240	4 620	18 550
142.0	10 300	9 940	4 970	23 520
142.5	11 000	10 650	5 325	28 845
143.0	11 740	11 370	5 685	34 530
143.5	12 480	12 110	6 055	40 585
144.0	13 240	12 860	6 430	47 015

　　表7.64列出了在水质暴雨期间进入该池的径流量的计算结果。如表所示,水质暴雨以内的雨水完全贮存在出口结构的堰下方并渗滤到沙床中。

　　保守地说,在计算中忽略了水质暴雨期间的渗滤损失。在2小时的水质暴雨期间,渗滤池内的最大死水深度小于2 ft,因此,渗滤池符合NJDEP《暴雨水最佳管理实践手册》(2004年)的规定。

　　滞洪渗滤池的洪水演算是针对2年、10年、25年和100年一遇频率的暴雨进行的。表7.65总结了计算结果,指出拟建的滞洪池在减小径流峰值速率方面有明显成效。将该池的流出过程线与旁路区域的径流过程线相加,计算该场地的总流量。表

7.66列出了总流量;表7.67比较了现有和拟定的径流峰值速率。后一表格指出,该项目选择的雨洪管理系统减小径流峰值的速率远超过适用要求的规定值。

表7.64　A1区滞洪渗滤池的面积与水质

覆层	C	面积(ac)	$C \times A$
不透水区域	0.95	3.5	3.33
草地	0.35	1.38	0.48
铺地砖	0.6	0.27	0.16
		5.15	$C_w = 0.77$

水质暴雨=0.625 in./h,2个小时
$Q = 0.625 \times C_w \times A = 2.48$ cfs
$WQ_v = Q \times 2 \times 3\,600 = 17\,865$ ft³
出口下方提供的贮水量=18 550 ft³
见表7.63

表7.65　滞洪池洪水演算汇总表——24小时
SCS Ⅲ类暴雨

暴雨频率(a)	Q_{IN}(cfs)	Q_{OUT}(cfs)
2	11.0	2.10
10	17.0	6.94
25	22.0	11.33
100	31.0	19.90

表7.66　算得的拟建条件下的总径流峰值速率

暴雨频率(a)	Q^a(cfs)
2	3.0
10	9.7
25	15.5
100	29.4

[a] 通过添加过程线计算。
有关100年一遇暴雨的计算,请参见下表。

时间(h)	100 Y-排出量(cfs)	B2-100 Y(cfs)	100 Y-总量(cfs)
		100年一遇暴雨的计算	
12.2	2.2	12.0	14.2
12.3	8.1	14.0	22.1

时间(h)	100 Y-排出量 (cfs)	B2-100 Y (cfs)	100 Y-总量 (cfs)
12.4	15.3	12.0	27.3
12.5	19.4	10.0	29.4
12.6	19.9	7.0	26.9
12.7	18.4	5.0	23.4

表 7.67　比较该场地现有的和拟定的径流峰值速率

暴雨频率(a)	Q_E(cfs)	Q_P(cfs)	减少(%)
2	14	3.0	79
10	24	9.7	60
25	31	15.5	50
100	43	29.4	32

排水系统的设计

根据 RSIS 及 25 年一遇暴雨设计内部排水管。根据合理化公式计算流量,对于草坪和景观区域,使用径流系数 0.35;对于不透水区域,系数为 0.95。拟建的 RCP 排水管的排水能力基于曼宁粗糙系数 0.013 计算。将一根 18 in 的 RCP 用作滞洪-渗滤池的出水管。该管道具有足够的能力,可根据管道的坡度输送 25 年一遇暴雨的排水。该管道还可以在滞洪池中死水造成的压力下充分排放 100 年一遇暴雨洪水。为了避免侵蚀河流,在出口管端设置了一个冲刷孔。按 100 年一遇暴雨流量设计冲刷孔。

7.7　贮水-渗滤池

贮水-渗滤池类似于滞洪渗滤池,因为它储存径流并随时间渗滤贮水。然而,与滞洪-渗滤池不同,该池在充水期间没有排水,但是一旦充满水就会排水而水池贮水没有任何减少。图 7.53 说明了这一主要差异。该图表明,对于给定的储水容积,滞洪池减少了径流流入量,但是贮水池可以按与进入其中的径流相同的速率超载。因此,与常见的许多工程师的设计程序相反,所需的滞洪贮水量计算与贮水池的设计无关。为避免频繁超载,贮水渗滤池应设计成可以完全保留在设计暴雨期间接收的径流。应根据滞洪池的类型、开发的性质和场地的气候条件选择暴雨类型。

贮水-渗滤池可以在地上或地下建造。在城市开发项目中,后一种滞洪池比前者更为常见。为了排出超过设计暴雨的径流,可以为贮水池提供应急出口或溢洪道。地上滞洪池顶部的平板式分流器和地下滞洪池的溢流管用于此目的。石沟、贮水模块和干井(通常称为渗流坑)中的多孔管或处理室是在较小面积区域应用最广泛的贮水池,尤其是在单户住宅的屋顶。上文描述了包括处理室和贮水模块的贮水系统。下文讨论了干井及其设计程序。

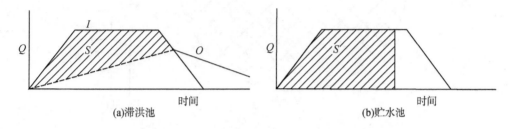

(a)滞洪池   (b)贮水池

图 7.53   通过滞洪池和贮水池的流量演算

7.7.1   干井

干井(渗流坑)是安装在石沟中的多孔空心圆柱体。传统上,该圆柱体由混凝土制成;如今,也可以由塑料材料制成。图 7.54 显示了典型的混凝土渗流坑,外径 7.0 ft(2.1 m),高 5.0 ft(1.5 m),由新泽西州巴特勒的 Peerless 混凝土制品公司制造。该公司生产的渗流坑范围为 6 ft6 in 外径、6.0 ft 内径至 10 ft(3.0 m)外径、3 ft 到 9 ft10 in(1～3.2 m)高。渗流坑的顶板厚度从诸如后院的非交通区域的 4 in(10 cm)到 HS-20 负载等级区域的 8.0 in(20 cm)。许多州的土壤侵蚀和 DEP/DEC 手册收录了用砾石填充渗流坑的详细信息(见第 9 章图 9.25)。然而,这种布置将干井筒的有效贮水容积减少了 60%以上。

为了避免草屑、树叶、淤泥和碎屑造成的过早堵塞,不建议使用渗流坑保留草坪区和超市停车场的径流。渗流坑最适于收集杂质极少的屋顶径流。即使对于这种应用,屋顶导管/排水沟也应该安装一个筛网去除树叶和屋顶砂砾。在作者所在的新泽西州以及美国的许多地方,渗流坑被广泛用于贮存住宅屋顶的径流来减少住宅区的径流。为了防止频繁超载,作者建议至少基于 10 年一遇 60 分钟的持续时间暴雨设计渗流坑。在新泽西州,这场暴雨强度约 2 in/h(50 mm/h),相当于 2 in(50 mm)的降雨量。通常,屋顶径流渗流坑所需的贮水量可以按如下公式计算。

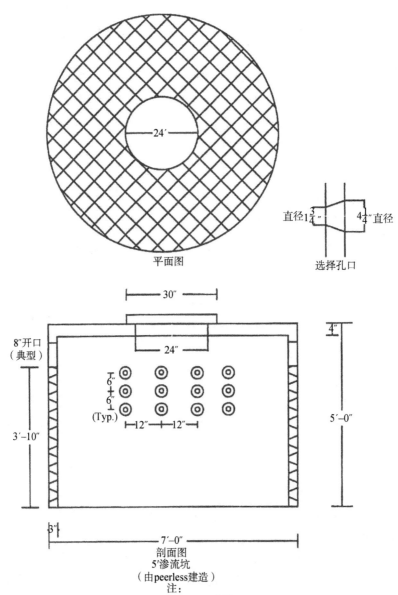

平面图

选择孔口

直径 $1\frac{3}{4}''$ $4\frac{1}{2}''$ 直径

30″

8″开口
（典型）

24″

6″
6″
(Typ.)

12″ — 12″

4″

5′-0″

3′-10″

3″

7′-0″

剖面图
5′渗流坑
（由 peerless 建造）
注：

• 非交通区额定值
• 混凝土在28天时强度为4 500 psi
• 加固：根据要求提供详细信息

• 容量：1 000 gal/130ft³
• 重量：6 200lb±
• 比例：1/2"= 1'-0"
• 坑顶最多回填6ft

图 7.54　7 ft 外径、5.0 ft 高的渗流坑

（由 Peerless 混凝土制品公司于 2014 年制造，位于新泽西州巴特勒）

$$V = A \times P \qquad \text{(SI)} \qquad (7.32)$$

$$V = 0.083A \times P \qquad \text{(CU)} \qquad (7.33)$$

式中:V——降雨量=贮水量,$L(ft^3)$;

A——屋顶面积,$m^2(ft^2)$;

P——降雨深度,$mm(in)$。

此外,也可以使用以下基于降雨强度的公式计算所需的贮水容积:

$$V = A \times I \times T_d \qquad \text{(SI)} \qquad (7.34)$$

$$V = 0.083A \times I \times T_d \qquad \text{(CU)} \qquad (7.35)$$

式中:I——降雨强度,$mm/h(in/h)$;

T_d——暴雨持续时间,h;

A 和 V 如前所定义。

前面的公式保守地忽略了在设计暴雨期间通过渗流坑底部发生的渗滤损失。对于比设计时间更长的暴雨(建议 1 小时),可以将渗滤损失包括在渗流坑的计算中。示例 7.4 说明了这一点。该示例表明,对于高渗透率和中等渗透率的土壤,建议采用的 60 分钟 10 年一遇设计暴雨令人满意。为了排出更大的暴雨水,屋顶排水管可以配备溢流管(见图 7.55)。

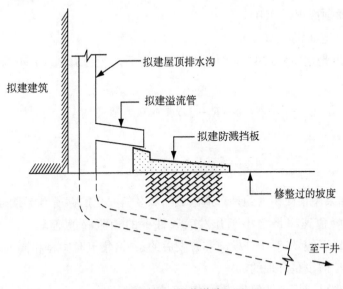

图 7.55 干井溢流

图 7.56 显示了建造单户住宅导致的空地径流增加。在该图中,场地规模、住宅屋顶和车道区域分别标记为 A,R 和 D。为简单起见,径流的变化用径流系数和

面积的乘积 CA 表示。另外,为了用数字进行说明,透水和铺面区域分别采用 0.3 和 0.95 的径流系数;透水区域通常包括露天地块的草木组合区域和改造场地的草坪景观区域。如果屋顶径流由石沟中的渗流坑或地下处理室贮存,那么开发前后的径流峰值速率与以下各项成比例(Pazwash,2012):

$$Q_{Pre} \approx 0.3A \tag{7.36}$$

$$Q_{Post} \approx 0.3(A-R-D)+0.95D \tag{7.37}$$

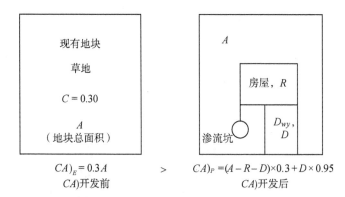

图 7.56 住宅区峰值径流的变化示意图

式中:A——地块面积,$m^2(ft^2)$;

R——屋顶面积,$m^2(ft^2)$;

D——车道面积,$m^2(ft^2)$。

降雨强度是这些公式中的比例因子。开发后的径流峰值不超过开发前,由下式确定:

$$0.3(A-R-D)+0.95D \leqslant 0.3A \tag{7.38}$$

该公式简化为

$$0.3R \geqslant 0.65D \tag{7.39}$$

因此,如果屋顶面积大约是车道区域的 2.2 倍并且贮存所有屋顶径流,那么开发后的径流峰值速率将会小于开发前条件下的径流峰值速率。式(7.38)和式(7.39)基于以下假设:对于开发前和开发后的条件,集流时间是相同的。这对于单户住宅而言该假设是合理的。

前述原理可应用于任何径流系数。例如,对于透水区域,使用 0.25 的径流系数,式(7.39)变为

$$R \geqslant 2.8D \tag{7.40}$$

如果不能满足前面的条件(屋顶区域大于车道区域的 2.8 倍),那么车道可以用铺面砖覆盖,而不是使用沥青路面。这会将车道的径流系数降低到 0.5 或更低,因此径流峰值速率不增加的情况式(7.40)变为

$$R \geqslant D \tag{7.41}$$

图 7.57 显示了重建的单户住宅的径流峰值的变化,其中来自新住宅屋顶的径流由渗流坑贮存。在这种情况下,地块径流峰值没有增加的情况由下式表示:

$$\left[C_p(A-R-D)+C_1 D\right]_{\text{Post}} \leqslant \left[C_p(A-R-D)+C_1(R+D)\right]_{\text{pre}} \tag{7.42}$$

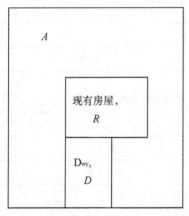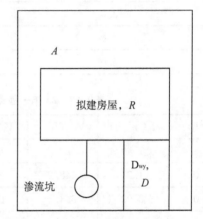

$$CA)_E=(A-R-D)\times 0.3+(R+D)\times 0.95 > CA)_P=(A-R-D)\times 0.3+D\times 0.95$$

图 7.57 径流峰值的变化

在前面的公式中,C_p 和 C_1 分别是透水区和铺面区的径流系数,其他参数如前所述。除特殊情况外,公式(7.42)成立;因此,贮存屋顶径流将满足重建住宅径流峰值不增加的条件。

示例 7.4

设计一个渗流坑,用于贮存 10 年一遇 60 分钟、强度为 2 in/h(50.8 mm/h)的暴雨在 2 250 ft²(209 m²)住宅屋顶产生的径流。此外,确定在 25 年一遇的暴雨期间是否发生超载。在现场测得的土壤渗透率为 4 in/h;关于 25 年一遇暴雨时当地的降雨强度-持续时间关系,请见表 7.68。

解法

使用式(7.35)计算所需的贮水量:

$$V = 0.083A \times I \times T_d = 0.083 \times 2\,250 \times 2 \times 1$$

$$V = 373.5 \text{ ft}^3 (10.6 \text{ m}^3)$$

在 11 ft×11 ft×6.5 ft 的石沟（最小 24 in 石材外壳和 18 in 石基）中选择 7.0 ft 外径、5.0 ft 深的坑（图 7.56）。

$$坑的容积 = \left(\frac{\pi}{4}\right) \times 6.5^2 \times 5 = 165.9 \text{ cf}$$

表 7.68　25 年一遇暴雨持续时间-强度关系

持续时间(h)	强度(in/h)
1.5	1.50
2.0	1.20
3.0	0.90
4.0	0.73
6.0	0.53

表 7.69　25 年一遇暴雨期间的渗流坑情况

T_d(h)	I (in./h)	V_{rain}(ft^3)	V_{per}(ft^3)	$V_{pit}+V_{per}$(ft^3)	充入的存水(%)
1.5	1.50	420.2	60.5	464.0	90.6
2.0	1.20	448.2	80.7	484.2	92.6
3.0	0.90	504.2	121.0	524.5	96.1
4.0	0.73	545.3	161.3	564.8	96.5
6.0	0.53	593.9	242.0	645.5	92.0

注意：干井完全贮存了 25 年一遇的暴雨水。
计算石沟中的空隙体积，估算孔隙率为 40%。
空隙体积 = [11×11×6.5-(π/4)×7^2×5]×0.4 = 237.6 ft^3
总体积 = 165.9+237.6 = 403.5 ft^3 > 373.5
比较 25 年一遇暴雨期间的降雨量与渗流坑容积（403.5 ft^3）加上渗流坑底部的渗滤量，计算如下：
渗滤量 = (11×11×4/12)×T_d
渗滤体积 = 40.33×T_d
式中，T_d 是以小时为单位的暴雨持续时间。在前面的方程式中，忽略了石沟两侧的渗漏损失。表 7.69 列出了算得的降雨量、渗滤量、渗滤体积和渗流坑容积的总和，以及采用的每次暴雨期间渗流坑容积的百分比。
在该表中：
$V_{rain} = 0.083 \times 2\,250 \times I \times T_d = 186.75 \times I \times T_d$
$V_{per} = 40.33\,T_d$

案例研究 7.7　本案例涉及住宅-商业开发项目，位于新泽西州哈德逊县锡考克斯镇，占地 5.42 ac(21 934 m^2)。该场地位于新泽西梅多兰兹委员会的管辖范围内，部分位于哈肯萨克河的潮汐洪泛区内。图 7.58 和图 7.59 显示了现场条件。图 7.60 是开发前场地的布局图。该场地上面有建筑、沥青路面、砾石停车场和一排排草地。

图 7.58　开发前的砾石路面　　　　图 7.59　开发前的铺面停车场

　　该开发项目包括一栋零售大楼、三栋住宅公寓楼以及相关的停车场和车道。开发后现场的布局如图 7.61 所示。

雨洪管理计划

　　关于开发前的排水分区,请参阅图 7.60。该平面图包括 E1 和 E2 区;E1 区排水通往海景大道延伸路段和新建县道的现有排水系统。从 E2 区排出的径流流到后面的地块,即 9.01 和 10 号地块,并且大部分流入 9.01 号地块的入口。由于这些地块的排水系统以及其下游的排水系统不够,该入口经常被淹没。为了减轻北边地块的泛洪情况,雨洪管理系统在设计上用于将 E2 区径流的一部分分流到海景大道延伸路段上的排水系统。然而,为了消除这种分流对道路排水系统的影响,在雨洪管理系统中纳入了地上滞洪池。为了进一步减少后边地块的泛洪情况,对于选定的设计暴雨,住宅楼 1、2 和 3 的屋顶的径流将被引导至地下贮水渗滤池并完全贮存在该池内。该排水系统的布局如图 7.61 所示。此平面图还显示了开发后的排水分区,标记为 P1 区、P1-D 区和 P2 区。P1 区占地 1.46 ac,直接排入车道排水系统;P1-D 区占地 1.75 ac,流经滞洪池,也排入车道的排水系统。P2 区包括住宅楼后面 0.91 ac 绿地,是后面地块的唯一支流区。此外,还为建筑 4(办公楼)提供了一个地下贮水渗滤池,目的是减少流向海景大道延伸路段的径流。

径流计算

　　基于 SCS TR-55 方法计算该项目的径流。根据艾塞克斯和哈得逊县(1993)的土壤总图,该场地土壤被归类为水文 C 组。对于开发前后的条件,均使用 10 分钟的集流时间计算径流。根据 NJDEP 的雨洪管理条例(2004),径流计算包括 2年、10 年和 100 年一遇频率的暴雨。内部排水管的设计计算是针对 25 年一遇频率暴雨进行的,符合 RSIS 的设计标准和 Meadowlands 委员会的排水标准。表 7.70分别总结了图 7.60 和图 7.61 所示的开发前和开发后排水分区的峰值径流速率。该表还列出了哈德逊县 SCS 24 小时降雨深度。值得注意的是,由地下贮水渗滤系统完全贮存的所有四个建筑的屋顶区域都被排除在计算之外。回顾表 7.70 可以了解到,对于 2 到 100 年一遇频率的暴雨,拟建的雨洪管理系统将流向后面地块的径

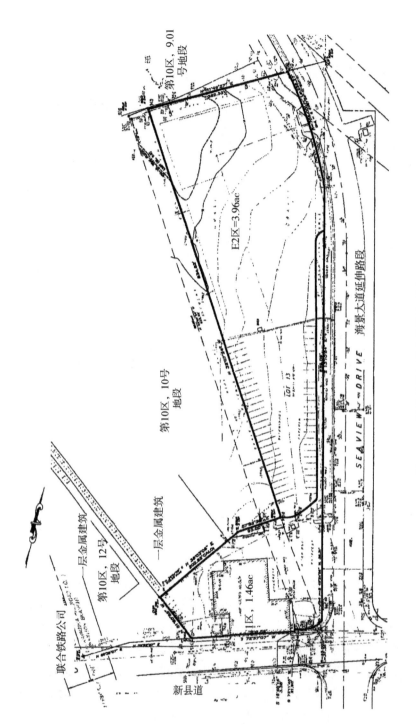

图 7.60 开发前的场地布局图和排水区

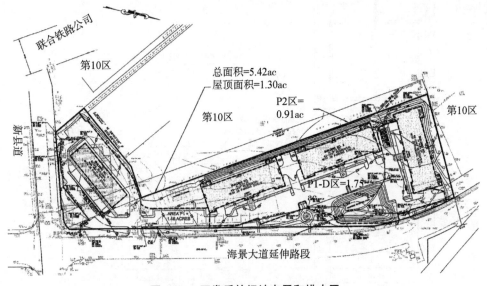

图 7.61 开发后的场地布局和排水区

表 7.70 算得的开发前和开发后分区的峰值径流(cfs)

暴雨频率(a)	24 小时降雨量(in.)	开发前		开发后		
		E1	E2	P1	P2	Pl-D
2	3.3	4	8	3	1	3
10	5.0	6	14	5	2	6
100	8.3	10	25	9	4	11

流的峰值速率降低到 1/6 或以下,但它会增加流向道路排水系统的径流量。这种影响被拟建的滞洪池抵消,如下所述。

滞洪池的设计

图 7.61 所示的滞洪池在规划区内约 4 ft(1.2 m)深,占地 10 340 ft²(961 m²),提供超过 26 700 ft³(756 m³)的贮水容积。该池配有出口结构,出口结构由低流量的 4 in(101.6 mm)孔口和位于滞洪池顶部正下方 2 in 的溢流格栅组成。这种设计的目的是在可行的情况下最大程度减少径流量。图 7.62 为出口结构;表 7.71 列出了滞洪系统的高程-贮水量-流量额定值关系。

PD-1 区的径流过程线通过拟建的滞洪池;关于计算的流量,请见表 7.72。

将每个暴雨事件的滞洪池流出过程线与 P-1 区的径流过程线相加,计算流向道路排水系统的总径流量。表 7.73 列出了从现场到景观大道延伸路段的总径流量。该表还列出了开发后通向道路的峰值径流量。回顾该表可以了解到,提供的雨洪管理系统减少了通向道路排水系统的径流量。

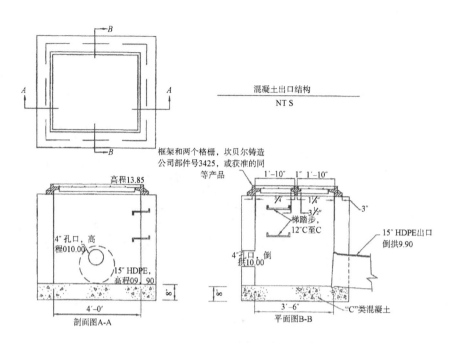

混凝土出口结构
NT S

框架和两个格栅，坎贝尔铸造公司部件号3425，或获准的同等产品

高程13.85

4″孔口，高程010.00

15″HDPE，高程09．90

剖面图A-A

4′-0′

梯踏步，12″C至C

4″孔口，倒拱10.00

平面图B-B

3′-6″

15″HDPE出口倒拱9.90

"C"类混凝土

图 7.62　出口结构详图

表 7.71　滞洪池高程-贮水量-流量关系

高程, ft（m）	贮水量，ft³（m³）	流量，cfs（L/s）
10.0 (3.28)	0	0
10.5 (3.44)	625 (17.7)	0.24 (6.8)
11.0 (3.61)	2 695 (76.3)	0.38(10.8)
11.5 (3.77)	5 800(164.2)	0.48(13.6)
12.0 (3.94)	9 315 (263.8)	0.57(16.1)
12.5 (4.10)	13 140 (372.1)	0.64(18.1)
13.0 (4.26)	17 200 (487.0)	0.71 (20.1)
13.5(4.43)	21 760(616.2)	0.77 (21.8)
14.0 (4.59)	26 730 (756.9)	0.82 (23.2)

表 7.72　洪水演算汇总表

暴雨频率(a)	流入量峰值, cfs (L/s)	流出量峰值, cfs (L/s)
2	3.0 (85.0)	0.49(13.9)
10	6.0(169.9)	0.63(17.8)
100	11.0 (311.5)	0.80 (22.7)

表 7.73　现在和拟定通向新县道和海景道延伸路段(1 区)径流量的比较

暴雨频率(a)	Q_{E1}(cfs)	Q_{P1}(cfs)	Q_O(cfs)	Q_P总计(cfs)
2	4	3	0.349	3.4
10	6	5	0.63	5.5
100	10	9	0.80	9.6

注意:Q_{P1}=直接通向道路的径流量。

Q_O=滞洪池的峰值流出量。

Q_P=通向道路的总流量,Q_{P1}和 Q_O过程线相加算出。

表中数据存在轻微差别是由于作者保留位数不同,为尊重原著采用原值。

屋顶径流贮水系统的设计

屋顶径流贮水-渗滤系统旨在全部贮存 60 分钟 10 年一遇暴雨事件产生的屋顶径流。在新泽西州,这类暴雨的降雨量为 2 in。来自该系统的溢流管设计用于排出较长持续时间的暴雨产生的径流。虽然一些从业人员认为这是一个极其保守的设计标准,但该设计暴雨避免了贮水系统频繁超载。

在该项目中,选择由 Cultec 处理室组成的浅型贮水渗滤系统来贮存屋顶径流。如图 7.61 所示,建筑 2 和 3 的屋顶向建筑后部和屋顶共用的贮水系统排水;建筑 1 和 4 向两个独立系统排水。这里举例说明了建筑 4(商业/办公楼)的贮水系统的设计计算,其平面区域有 10 000 ft²(929 m²)。该贮水系统包括一排 22 个 Cultec Recharger 280 HD 处理室,位于 157 ft×5.92 ft(47.85 m×1.8 m)的石沟中。根据制造商的说法,仅 Recharger 280 HD 处理室就可以每延英尺提供 6.079 ft³ 的存水量(0.565 m³/m)。该处理室长 8 ft、宽 47 in、高 26.5 in(2.44 m×119.4 cm×67.3 cm)。该贮存-渗滤系统所需的贮水量和贮存容积的计算如下。

屋顶径流量

a. 屋顶面积=10 000 ft²

b. 设计暴雨=2 in(50.8 mm)降雨量

c. 所需的存水容量=屋顶面积×降雨量=10 000×2×0.98/12=1 633 ft³(46.2 m³)

式中:系数 0.98 表示产生径流的降雨量百分比;估计表面贮水为 2%。

贮水系统的贮水量

石沟的尺寸为 157 ft×5.92 ft

这些尺寸的计算如下。

长度=20×7.0(内部件)+ 2×7.5(端件)+ 2×1(石材延伸件)=157 ft

式中:7.5 ft 是端件的有效宽度。

$$宽度 = 47 \text{ in}(处理室) + 2 \times 12 \text{ in}(侧石) = 71 \text{ in} = 5.92 \text{ ft}$$
$$深度 = 6 + 26.5 + 6 = 38.5 \text{ in} = 3.21 \text{ ft}(0.98 \text{ m})$$
$$床面积 = 157 \times (71/12) = 928.92(86.30 \text{ m}^2)$$

处理室的容积:

$$(157 - 2) \times 6.079 \text{ cf/ft} = 942.2 \text{ ft}^3(26.7 \text{ m}^3)$$

石沟中的空隙体积:

$$(928.92 \times 38.5/12 - 942.2) \times 0.4 = 815.2 \text{ ft}^3(23.1 \text{ m}^3)$$

式中:0.4 表示孔隙率(空隙体积/石沟体积)。

$$总容积 = 942.2 + 815.2 = 1\,757.4 \text{ ft}^3(49.8 \text{ m}^3)$$

计算表明,贮水渗滤系统可以完全贮存屋顶径流。值得注意的是,这些计算保守地忽略了暴雨期间通过石沟底部的渗滤量;但是,这些计算也忽视了处理室壁所占的体积。

为了确保屋顶径流贮水渗滤系统的正常运行,在该场地挖了两个试坑。还在这些试坑中测量了地下水位。其中一个试坑是在滞洪池之处挖的,另一个是在拟建的建筑 2 后面,在该处安装了贮水渗滤系统。以下是 Johnson 土壤公司(新泽西州北部的一家岩土工程公司)2007 年 5 月 2 日的信函报告副本,其中指出了两个土壤记录的试验结果(见图 7.63)。

Johnson 土壤公司的信函报告指出了两个土壤记录的试验结果。

752 Grand Avenue
Ridgefield, NJ 07657
Telephone: 201-943-1793
Fax: 201-943-0951
Email: johnsonsoils@gmail.com

2007 年 5 月 2 日

通过传真和邮件

201－641－1831

收件人:Margita Batistic

Boswell Engineering

330 Phillips Avenue

邮政信箱 3152

South Hackensack，NJ 07606(美国)

关于:哈得逊县汽车公司

TP-1 & TP-3

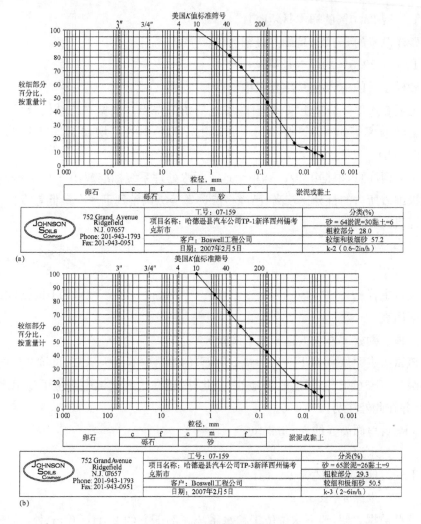

图 7.63 土壤样本的筛析

Secaucus，NJ

♯07-159

亲爱的 Margita：

以下是 2007 年 4 月 27 日提交的样本的试验结果。根据 ASTM-D-422 进行比重分析。

样本编号	砂	淤泥	黏土	渗透率
TP-1	64	30	6	K-2**
TP-3	65	26	9	K-3

TP-1：28.0％的样本是粗碎片。

砂样总量的 57.2％是细且极细的砂。

TP-3：29.3％的样本是粗碎片。

砂样总量的 40.5％是细且极细的砂。

土壤渗透率等级从土壤渗透性/质地三角图得出。根据平均结构分析，TP-1 的土壤渗透率等级为 K-2(0.6～2 in/h)；TP-3 的土壤渗透率等级为 K-3 (2～6 in/h)。

＊＊请注意，根据第 9A 章《单个地下污水处理系统标准》7:9A-6.3(h)2，由于细和极细砂所占的百分比较高，已经将渗透率等级调整到下一个最低等级。

谨启。

项目主管

附图表

Matthew Glennon

• 地下勘察 • 岩土工程 • 施工试验 •

该试验表明试坑 1(TP-1，建筑 2 后面)的渗透率等级为 K-2；试坑 2 处的渗透率等级为 K-3(TP-3，滞洪池场地处)。此外，还在这些试坑中测量了地下水位的深度，并在此处注明。

TP-1：地面高程约为 10.2 ft

水深 3 ft 6 in

TP-3：地面高程约为 12.3 ft

水深 4 ft 0 in

这些数据表明，地下水位位于贮水系统底部下方约 2 ft(0.6 m)处，位于滞洪池底部下方 1.7 ft(0.5 m)处。

系统的排水时间：根据土壤渗透率结果，估算建筑 4 后面的渗滤池的排水时间如下。

$$系统平均深度 = \frac{1\,757.4}{928.92} = 1.89 \text{ ft} = 22.7 \text{ in}$$

土壤等级＝K-2，每小时 0.6～2 in(参见土壤试验结果)。

平均渗透率＝1.3 in/h

$$排水时间 = \frac{深度}{1.3} \times 2(安全系数) = 34.9 \text{ h}$$

水质规定

该项目用沥青路面取代了砾石路面(就水质而言，认为其是透水表面)。因此，该路面净增了不透水区域 0.15 ac。由于不透水面积增加不到 0.25 ac,该项目不受该州水质要求的限制。但是,提供了三个 CDS 水质装置来处理现场的暴雨水排水。在这些装置中,有一个放置在 P1-D 区(滞水池出口结构后面),有两个装置位于 P1 区。表 7.74 中提供了这些 CDS 装置的设计计算。

表 7.74 水质计算:TSS 去除率和 CDS 选型

TSS 去除率要求			
覆层	面积(ac)		
现有不透水区域	1.96		
新增不透水区域(不包括建筑)	0.15		

新增不透水面积不到 0.25 ac,因此,对水质无要求。但是,提供了 CDS 装置来处理该场地大部分不透水区域。

建议的 TSS 去除率			
面积	面积(ac)	TSS 去除率	$A×\%$
CDS 装置涵盖的不透水区域总面积	1.96	50%	0.98

1 号 CDS 装置的加权 C 值			
覆层	面积(ac)	C 值	$C×A$[a]
不透水区域	0.66	0.95	0.63
草地	0.09	0.35	0.03
总面积和 C 值	0.75		0.66

3 号 CDS 装置的加权 C 值			
覆层	面积(ac)	C 值	$C×A$
不透水区域	0.152	0.95	0.14
草地	0.038	0.35	0.01
总面积和 C 值	0.190		0.16

CDS 装置选型				
	$C×A$	I (in./h)	Q (cfs)	CDS 装置的型号[b]
1 号 CDS 装置	0.66	3.2	2.11	CDS 30-30
2 号 CDS 装置			0.41[c]	CDS 20-15-4
3 号 CDS 装置	0.16	3.2	0.50	CDS 20-15-G

[a]结果舍入到小数点后第二位,中间值采用精确值
[b] CDS 型号基于 NJDEP 和 NJCAT 处理率(在设计时有条件地批准)。
[c]在水质暴雨事件期间,滞洪池的峰值流量。

问题

7.1 下面给出了滞洪池的贮水量与流出量的关系。对于每个列表值,使用贮水量-流出量函数 $2S/\Delta_t + O$ 和 O 的关系,$\Delta_t = 5$ 分钟。绘制贮水量-流出量函数与 O 的关系图。

贮水量(10^3 ft³)	75	81	87.5	100	110.2
流出量（cfs）	2	6	12.0	22	34.0

7.2 对于以下贮水量与流出量关系,重解问题 7.1:

贮水量（10^3 mL）	2	3	3.5	4	5
流出量（m³/s）	0.06	0.15	0.35	0.70	1.00

7.3 考虑一个 0.5 ac 的、配垂直壁的滞洪池。来流径流量在 30 分钟时从 0 线性增加到 60 cfs,然后在 75 分钟时再线性减小到零。该滞洪池的出口是一个 24 in 的 RCP 涵洞,位于滞洪池的底部。该滞洪池深 5 ft,最初是空的。使用水库流量演算,以 5 分钟的时间间隔计算滞洪池的最大径流量和最大水深。出口管长 50 ft,坡度 2%,并设有一个未浸没的出口。

7.4 针对以下条件求解问题 7.3:
滞洪池的面积 = 2 050 m²,深 1.5 m;
流入峰值 = 1.75 m³/s;
管径 = 60 cm;
使用 10 分钟的时间间隔。

7.5 使用 TR-55 方法,计算 20 ac 土地在开发前和开发后 100 年一遇暴雨时的径流峰值分别为 25 cfs 和 50 cfs。估算所需的滞洪贮水量,以便将该场地 100 年一遇暴雨的径流量降低到开发前的径流峰值速率的 80%。取 $CN=80$ 计算拟建条件的土壤曲线数,24 小时 100 年一遇暴雨的深度为 8.0 in。使用Ⅲ类暴雨。

7.6 针对 5 hm² 场地和 100 年一遇暴雨的径流峰值速率分别为 1 m³/s 和 2 m³/s,求解问题 7.5。24 小时 100 年一遇暴雨深度是 200 mm。

7.7 使用合理化方法,分别计算 50 ac 住宅开发场地在开发前和开发后的 100 年一遇暴雨径流峰值速率为 20 cfs 和 50 cfs。估算所需的贮水量,以便将该场地 100 年一遇暴雨的径流量降低到开发前的径流峰值速率的 80%。假设整个场地的径流排入滞洪池,并且开发后的集流时间为 30 分钟。

7.8 在一个 10 hm² 的住宅开发项目中,开发前和开发后的径流峰值速率分别为 1 m³/s 和 2 m³/s。估算所需的滞洪贮水量,以便将开发后的径流峰值减少到开发前条件的 80%。对于开发后的过程线,使用合理化方法并假设 $T_c=30$ 分钟。

7.9 城市流域在开发后的状况如下:

$A=20$ hm²;

$T_c=30$ min;

$C=0.3$,适于草坪/景观区;

$C=0.95$,适于不透水区;

不透水区域覆盖率=25%。

计算所需的滞洪贮水量,以便将流域开发后在 2 年和 100 年一遇暴雨时的径流量减少到开发前相应条件下的 50% 和 80%,开发前 $T_c=60$ 分钟且流域为林地,$C=0.25$。

根据合理化/修正合理化方法进行计算,并假设以线性方式从滞洪池排水。参考图 3.1(a)(第 3 章)的降雨量曲线图。

7.10 针对 50 ac 的流域求解问题 7.7;参考图 3.1(b)的降雨量曲线图。

7.11 针对 50 ac 的流域,使用 TR-55 方法重复解问题 7.9,假设为土壤水力 B 组,在现有条件下,覆层 100% 为林木;在开发后的条件下,覆层 20% 为林木。2 年和 100 年一遇的 SCS 24 小时暴雨分别为 3.3 in 和 8.0 in。暴雨是Ⅲ类。

7.12 在问题 7.11 中,使用以下几何形状设计单个出口:

a. 圆孔;

b. 矩形开口;

c. V 形缺口围堰。

滞洪池深 4.5 ft。允许 6 in± 出水高度。

7.13 75 ac 的开发项目包括 35% 的路面、35% 的草坪和 30% 的树林。使用合理化方法,在集流时间为 30 分钟条件下,计算 100 年一遇暴雨的径流峰值速率。整个场地的径流被排放到一个滞洪池。使用第 3 章中图 3.1(b)的 IDF 曲线图,估算使 100 年一遇暴雨产生的径流峰值速率降低 20%、所需的滞洪贮水量。在开发前条件下,该场地完全被林木覆盖,汇流时间为 60 分钟。

7.14 使用 SCS 方法重解问题 7.13。该场地土壤为水文 C 组。24 小时 100 年一遇暴雨为 8.3 in。暴雨为Ⅲ类。

7.15 在以下条件下求解问题 7.13:

面积=30 hm²;

$T_c=60$ 分钟,适于开发前的条件;

$T_c=30$ 分钟,适于开发后的条件;

使用图 3.1(a)的 IDF 曲线图。

7.16 使用通用径流模型计算问题 7.13 中所需的滞洪贮水量。该土壤为淤泥,渗透率为 2.5 in/h。所有路面的径流都直接接至滞洪池。

7.17　使用通用径流模型计算问题 7.15 中所需的滞洪贮水量;渗透率为 50 mm/h。

7.18　占地 20 hm² 的开发场地有树木覆盖,渗透率为 35 mm/h。该开发项目修建了 5 ac 路面,另建 5 ac 草坪,从水流方面而言,全部相通。对于开发前和开发后的条件,计算的集流时间为 30 分钟和 20 分钟。利用作者开发的通用径流模型,估算分别使 2 年和 100 年一遇暴雨的径流峰值速率降低 50% 和 20% 所需的滞洪贮水量。当地 IDF 曲线图显示了以下降雨强度:

暴雨频率(a)	暴雨持续时间	降雨强度(mm/h)
2	20	50
	30	40
100	20	120
	30	80

7.19　若路面和透水区分别排入滞洪池,计算问题 7.18 中所需的滞洪贮水量。

7.20　滞洪池在设计上用于减少 5.16 ac 场地的径流,该场地包括 4.65 ac 的道路/路面,0.28 ac 的草坪和 0.23 ac 的砖铺路。对于 2 年、10 年和 100 年一遇的暴雨,滞洪池的允许径流量分别为 7.94 cfs、10.90 cfs 和 15.88 cfs。滞洪池的高程-径流量-贮水量关系列于下表:

高程(ft)	径流量(cfs)	贮水量(ft³)
869.5	0	0
870.0	0.8	1 150
870.5	2.0	3 400
871.0	2.7	5 670
871.5	4.1	7 950
872.0	6.0	10 200
872.5	8.4	12 600
873.0	11.0	15 200
873.5	13.8	17 950
874.0	17.4	20 980

　a. 通过计算确定暴雨临界持续时间,即需要最大滞洪贮水量的暴雨。使用第 3 章图 3.1(b)中的 IDF 曲线图。

　b. 执行临界暴雨的洪水演算。

　c. 将算出的滞洪池的峰值流量与允许的径流量进行比较。

7.21 设计一个渗流坑,用于贮存降雨量不超过 50 mm 时 150 m² 住宅屋顶的全部径流。渗流坑上覆 50 cm 厚的石材顶盖,下部为 25 cm 厚的石材基层。

7.22 在 60 分钟的 10 年一遇暴雨期间,一个渗流坑将用于贮存 1 500 ft² 住宅屋顶的全部径流。这场暴雨的强度为 2 in/h,降雨量为 2 in。计算渗流坑所需的贮水量。

建议为该住宅配备一个 6.5 ft 外径、6 ft 内径、4 ft 高的渗流坑,外壳是 2 ft 厚的石材和 1 ft 厚的石材基座。这个渗流坑是否足够? 使用 40% 的空隙率。

7.23 代替问题 7.22 中的渗流坑,在石沟中使用 36 in 的多孔 HDPE 管。调整该贮水系统的规格并设计其布局草图。

7.24 在问题 7.21 中,在石沟中使用 StormTech MC-3500 处理室代替渗流坑。计算所需的处理室数量并确定石沟的占地尺寸。

7.25 5 000 m² 的商业建筑屋顶排水至 Terre Arch 26 结构。计算贮存 30 mm 降雨量所需的 Terre Arch 装置的数量。该结构应放置在 150 mm 厚的石材基座上,其凹处也填入石材。如果土壤渗透率为 50 mm/h,需要多少小时才能排出水?

参考文献

[1] Advanced Drainage Systems (ADS), Inc., 4640 Trueman Blvd., Hillard, OH 43026-2438, Ph. 800-733-7473 (info@ads-pipe.com, www.ads-pipe.com).

[2] American Concrete Pipe Association, 2005, Concrete pipe design manual, 17th printing.

[3] ASCE and WEF, 1992, Design and construction of urban stormwater management systems, American Society of Civil Engineers Manuals and Reports of Engineering Practice no. 77 and Water Environment Federation manual of practice FD-20.

[4] Atlantis Water Management for Life, Home: 3/19 - 21 Gibbes Street, Chatswood, NSW 2067, Australia, Ph. 612-9417-8344 (info@atlantiscorp.com).

[5] Atlantis Water Management for Life, US Office: 702 Kentucky Street #194, Bellingham, WA 98225, Ph. 888-734-6533 (www.atlantiswatermanagement.com).

[6] Brentwood Industries, Global Headquarters, 610 Morgantown Rd., Reading, PA 19611, Ph: 610-374-5109 (www.brentwoodindustries.com).

［7］Campbell Foundry Company，2014，Catalogue.

［8］Contech Construction Products，9025 Center Pointe Drive，Suite 400，West Chester，OH 45069，Ph. 513−645−7993（info@contech-cpi.com，www.contech-cpi.com）.

［9］Cultec Inc.，878 Federal Road，P. O. Box 280，Brookfield，CT 06841，Ph. 203−775−4416（www.cultec.com）.

［10］Drescher，S. R.，Sanger，D. M. and Davis，B. C.，2011，Stormwater ponds and water quality，potential for impacts on natural receiving water bodies，Stormwater，Nov./Dec.，14−23.

［11］EPA（US Environmental Protection Agency），1999，Stormwater technology fact sheet sand filters，EPA−832−F−99−007，September.

［12］Essex-Hudson County Soil Survey Map，1993.

［13］Minton，G. R.，2005，Revisiting design criteria for stormwater treatment systems，Stormwater，pp. 28−43.

［14］Neenah Foundry，2008，Catalog "R," 14th ed.，Box 729，Neenah，WI （www.neenahfoundry.com，www.nfco.com）.

［15］New Jersey Geological Survey，1993，Geological survey report，GSR−32.

［16］New Jersey State Soil Conservation Committee，1999，Standards for soil erosion and sediment control in New Jersey，July.

［17］New York State Department of Environmental Conservation，2005，New York State standards and specifications for erosion and sediment control，August.

［18］New York State Soil Erosion and Sediment Control Committee，1997，Guidelines for urban sediment control，April.

［19］New York State Stormwater Management Design Manual，2010，prepared by Center for Watershed Protection，8390 Main Street，Ellicott City，MD 21043，for New York State Department of EnvironmentalConservation，625 Broadway，Albany，NY 12233.

［20］NJDEP（New Jersey Department of Environmental Protection）N. J. A. C. 7：8，last amended April 19，2010，Stormwater management.

［21］——，2004，Stormwater best management practices manual.

［22］NRCS（US Department of Agriculture），Soil Conservation Service，1986，Technical release no. 55，Urban hydrology for small watershed，June.

［23］——2009，Small watershed hydrology，Win TR−55 user guide，January.

[24] Old Castle Precast, Ph. 888-965-3227 (888-oldcast) (www. oldcastleprecast. com).

[25] Pazwash, H. , 1992, Simplified design of multi-stage outfalls for urban detention basins, Proceedings of the ASCE Water Resources Sessions of the Water Forum 92, Baltimore, August 2-6, pp. 861-866.

[26] ——2007, Fluid mechanics and hydraulic engineering, Tehran University Press.

[27] ——2009, Universal runoff model, paper R13, StormCon, Anaheim, CA, August 16-20.

[28] ——2011, Urban storm water management, CRC Press, Boca Raton, FL.

[29] ——2012, Storm water management techniques for single family homes, presented at the 8th Annual NJAFM Conference, Somerset, NJ, October 2-3, 2012.

[30] Peerless Concrete Products Co. , 2014, 246 Main Street, Butler, NJ 07405, Ph. 973-838-3060 (www. peerless concrete. com).

[31] Residential site improvements standards, 2009, New Jersey Administrative Code Title 5, Chapter 21, adopted January 6, 1977, last revised June 15, 2009.

[32] Storm Chamber™, Hydrologic Solutions, Inc. , P. O. Box 672, Occoquan, VA 22125, Ph. 877-426-9128/703-492-0686 (http://www. hydrologicsolutions. com, www. stormchambers. com, info@stormchambers. com).

[33] StormTech, a Division of ADS, 70 Inwood Rd. , Suite 3, Rocky Hill, CT 06067, Ph. 888-892-2694 (www. stormtech. com).

[34] StormTrap LLC, 2495 W. Bungalow Road, Morris, IL 60450, Ph. 877-867-6872/815-941-4549 (info@storm trap. com).

[35] Terre Hill Stormwater Systems, P. O. Box 10, 485, Weaverland Valley Road, Terre Hill, PA 17581, Ph. 800-242-1509 (www. terrestorm. com).

[36] Triton Stormwater Solutions, 9864 E. Grand Drive, Suite 110, Brighton, MI 48116, Ph. 810-222-7652 (www. tritonsws. com).

[37] Yu, S. I. , Kuo, J. , Fassman, E. , and Pan, H. , 2001, Field test of a grass swale performance removing runoff pollution, Journal of Water Resources Management, 137 (3): 168-171.

8　雨洪管理新趋势(绿色基础设施)

雨洪管理的新趋势旨在从源头控制径流,而不是收集雨水然后通过排水系统输送到蓄洪池或滞洪池。源头控制措施包括但不限于低影响开发(LID),使用透水路面、雨水花园、雨桶和蓄水池,以及隔离已铺面区域。

8.1　简介/减少源头/控制

8.1.1　简介

减少源头也称为源头控制,是指在源头将径流排放到雨水渠或合流下水道系统之前,降低径流量及其最大流量的措施。

前面章节讨论了一般结构性最佳管理措施(BMP),尤其是雨水处理设备清除污染物的效率。如上文所述,结构性 BMP 以及所制造的设备不能有效清除污染物。某些污染物,例如盐,无法通过任何结构性 BMP 清除。除了无效之外,结构性 BMP 还非常昂贵。其成本不仅包括建设和维护,如果是露天蓄洪池、滞洪池或入渗池,还包括土地。虽然有时候需要采用结构性 BMP,但是应被视为雨水管理设计的补充措施,而不是主要的水质措施。合理的措施应以预防为基础,应意识到源头削减和控制远比处理更加明智。实际上,减少源头是环境保护署(EPA)强制要求的国家污染排放削减许可证制度(NPDES)的一部分。

8.1.2　减少源头

通过减少不透水表面,包括收窄街道、人行道和车道,缩小尽端路以及共享车道,可以有效减少源头。高层住宅和写字楼也可以减少建筑物占地和不透水表面。减少不透水表面不仅可以减少径流和污染物,还可以减少维护成本。虽然当地规范不允许收窄街道或缩小尽端路,但是可以与当地官员协商当地规范,或采用"T"型回车道或循环车道等备选方案。虽然公众可能认为收窄街道不利于安全,但是实际上收窄道路可以降低车辆行驶速度,从而使道路更加安全。瑞典街道狭窄并且城市限速低,是世界上行人死亡人数最低的国家。

用路面砖或透水混凝土代替混凝土人行道以及用于应急和维护车辆的露台和草坪,也可以从源头上削减径流。有关减少源头的深入讨论,读者可参阅《纽约州雨洪管理设计手册》(2010)第5章。

如本章下文所述,真正的减少源头不应以开发项目或现场为基础,而应以每人平均为基础。在此基础上,多户家庭住宅、高层建筑物开发,尤其是居住在城市,可以降低人均不透水面积以及人均径流速度和径流量。

8.1.3　源头控制

可以采取各种措施进行源头控制。这些措施旨在从源头减少径流,包括雨水花园、生物滞留池、路旁排水洼地、地下碎石湿地、屋顶水落管与排水系统断开连接、透水路面、蓝色屋顶、绿色屋顶、雨水收集以及人行道旁的仿生树。如果适当实施这些措施(也称为绿色基础设施),可以避免频发暴雨(例如1年、2年甚至是5年一遇的暴雨)期间开发工地的径流增加,以及可以大大降低10年、25年甚至100年一遇暴雨的径流量和峰值速率。

绿色基础设施技术还利用现场的自然特征减少径流。图8.1所示为某个地块的平面布置图,其中保留了自然保护区。

联邦清洁水需求调查估计,未来20年需要1 000亿美元以上的基础设施投资,才能解决雨水和下水道溢流问题。美国的许多管辖机构建议采用绿色基础设施措施,作为雨洪管理的主要方法。越来越多的城市认为绿色基础设施是解决雨水和下水道溢流问题的有效方法。美国的许多城市正在试行或实施上述某些措施。俄勒冈州波特兰市和纽约市也是存在雨水和下水道溢流问题的城市。

图8.1　具有自然保护区的住宅地块的平面布置示意图(摘自《纽约州雨洪管理设计手册》图5.32,2010)

波特兰有220万人口,是美国西北部人口排名第三的城市。该市具有绿色街道计划,其中包括雨水花园,以及其他LID措施,诸如透水地面、绿色屋顶以及能够透水的路旁/人行道洼地和花盆(Rogers et al. 2007)。实施该计划后,该市估计可以将最大流量降低85%,雨洪量降低60%,以及水污染最多可降低90%。为了进一步减少暴雨期间威拉米特河和哥伦比亚沼泽流域合流下水道溢流(CSO),该市沿着合流的东岸和西岸建设了两条大隧道。东隧道直径为22 ft(6.7 m),长6 mi

(9.7 km),西隧道直径 14 ft(4.27 m),长 3.5 mi (5.6 km)。西隧道从河流下方穿过,并与东隧道合并。用微型隧道工艺进行隧道钻孔,波士顿的大开挖项目也使用了这种工艺。

纽约市与许多其他古老的城市一样,采用合流排水系统,将雨水和污水输送到处理厂。纽约市的五个行政区大约有 450 处合流下水道溢流,在持续降雨或暴雨期间,溢流会流向河流和港湾。为了减少合流下水道溢流,到 2020 年,该市计划通过绿色基础设施管理来自 10% 的不透水表面的径流。为了评估各种措施的有效性,该市于 2011 年开始在皇后镇的几个点进行了初步研究。所采取的措施包括在 20 ft(长)×5 ft(宽)(6 m×1.5 m)×2 ft(0.6 m)(深)的砂质土壤中设置增强型盆景盆,用于接收 2 000～6 000 ft² 区域的径流;开放式路缘坡沿线设置生态湿地;以及在皇后区安装 6 400 ft²(595 m²)透水沥青和 4 200 ft²(390 m²)粗碎玻璃。初步研究表明,绿色基础设施可以有效应用于纽约州人口最密集的发达城市地区(McLaughlin et al. 2012)。

8.1.4 减少源头的优点

减少源头(也可以称为分散式解决方案)与结构性 BMP 相比,具有以下优势。

• 有效性。对于盐、磷和金属等污染物来说,源头削减比结构性 BMP 更有效。蓄洪池和蓄洪塘无法清除盐和可溶性磷等污染物。

• 降低成本。源头削减减小了控制径流量和水质所需的 BMP 的规模,从而降低雨洪管理设施的总成本。

• 完全不需要水质设备。源头削减不再需要任何水质设备。根据作者的建议,仅用路面砖代替已铺面车道,新泽西富兰克林湖的某些独户大家庭即可不再需要使用任何水质设备。

• 预防损坏。源头控制可以避免对下游房屋造成损坏以及与洪水相关的损坏。尤其是在施工期间,现场将产生大量的沉积物。土壤侵蚀控制措施大大减少了向排水系统和蓄洪池排放的沉积物。作为专家证人,作者发现,由于土壤侵蚀控制措施不充分且缺乏维护,正在施工的住宅项目的径流给下游的新车经销商带来了数百万美元的损失。具体来说是,在一次暴雨期间,因排水系统(一半被淤泥堵住)而增加的住宅开发项目的径流以及泥水流入了经销商车库,冲走了新汽车。开发商面临的法律和处罚费用远比源头控制,即安装和保持充足的水土流失措施的成本要高。

源头界限的定义取决于雨水输送系统(Baker,2017)。但是,考虑到会因道路除冰以及汽车和卡车漏油导致污染物进入集水池,输送系统可以包含于源头界限内。须注意的是,与普遍看法相反的是,草坪产生的污染物比道路更多。草坪径流富含营养物和磷。实际上,草坪的氮和磷总浓度高于先进的二次处理厂的污水。因此,从草坪开始进行源头控制是明智的选择。为了减少污染,施工期间不得压实土壤,避免减少渗透。同时,应尽量少使用肥料和杀虫剂,且下雨前不得使用。

为了减少草坪污染,某些州通过了限制使用磷超标的草坪肥料的法律。广泛实施这类法律最终将降低肥料导致的草坪磷浓度,肥料是这种城市污染物的最大来源。房主通常不了解草坪化学品对环境产生的不利影响。如果条件允许,可以通知房主参与草坪污染减排计划。公共宣传是教育房主以及公共计划取得成功的关键。本章第 8.15 节提供了减少源头的措施清单。

8.2 低影响开发

城市发展严重破坏了自然水文。低影响开发是一种环保的开发方式,其对水文情况和水质的影响最小。LID(一种现场过程)的目的如下:

- 通过减少不透水覆盖层,例如道路、车道和停车场,尽量减少径流量的增加;
- 通过自然植被、保持自然排水道以及尽量少使用管道和进水口,使现场渗透和保水能力最大化;
- 减少清表和坡度,以尽量减少侵蚀和沉积;
- 提供将径流保存在现场的小洼地、滞洪池和蓄洪池等;
- 通过为径流选择路线,并将不透水表面(例如屋顶和车道)与道路断开,保持前期开发的集流时间;
- 尽量减少或消除需要高维护,且不维护时将发生故障的雨水处理系统;
- 提高公众对污染预防措施的意识、了解,并让其参与污染预防措施,以保护环境。

公众没有充分意识到需要开挖大量土地的传统开发对环境造成的破坏程度。压实的草坪产生的径流比自然空地和林地产生的径流更大。LID 旨在通过备选的综合雨洪管理方法,消除或减少这些问题,包括保持和储存雨水。LID 储水技术包括绿色屋顶、雨水花园、雨桶、透水路面、路面砖、人工湿地、保护现有林地和空地、景观生物滞留箱和生物滞留池、绿色雨水池(草坪和景观洼地)、植草沟、渗滤沟、地面或地下石砌水池以及绿化。LID 的文献综述可参见 EPA 出版物(2008)。以下实例例证了低影响开发。

马萨诸塞州东北部的伊普斯维奇河是 330 000 多居民和企业的饮用水源,由于上游河段流量较低或没有流量且因存在慢性大肠杆菌而被归类为高压河流。为了改善水质和提高流量,威明顿镇在银湖水域实施了 LID 雨洪管理项目。银湖是一个面积 28.5 ac(11.5 hm²)的锅状湖,流域面积为 132 ac(53 hm²),位于伊普斯

维奇河的源头。项目包括在银湖镇湖边附近的停车场以及在湖对面的住宅区,采取多种 LID 雨洪管理措施,例如:

- 在街道一侧,用混凝土路面砖代替沥青路面;
- 在停车场使用排水沥青和连锁混凝土路面砖;
- 住宅屋面雨水收集系统,容量为 200~850 gal(0.76~3.2 m³);
- 用 8 000 gal(30 m³)的地下储罐收集小学的屋面径流;
- 在停车场使用路面砖块;
- 在溢流停车场使用砾石路面(将石头铺在土工网格的小格子内);
- 在另一个溢流停车场使用 Flexi-Pave(现场浇筑的橡胶路面);
- 在街道沿线设置雨水花园(总共 12 个),用于收集径流;
- 沿着周界以及路面砖停车场的中央分车岛设置生物滞留池(包括沉陷景观和工程土壤混合物);
- 用两个植被洼地代替排入湖泊的排水管。

在雨水花园、生物滞留池、透水沥青、混凝土路面砖和砾石路面,用单环或双环渗透仪进行现场渗透性试验。实测的渗透性为:雨水花园 12 in/h(305 mm/h),生物滞留池 22 in/h(559 mm/h)、路面砖 57 in/h(1 448 mm/h)、透水沥青 78 in/h(1 981 mm/h),砾石路面超过 9 ft/min(2.7 m/min)。总体来看,透水路面的性能比设计渗透率更高。为了保持透水沥青的渗透性,应每年进行两次真空清扫。项目于 2006 年夏季竣工,工程造价总计为 340 000 美元(Roy et al. 2009)。

8.3 精明增长

精明增长是一种城市规划,旨在实现环境、社区和经济改善。20 世纪 70 年代初,运输和社区规划人员提出了紧凑城市和社区的观点。Peter Calthorpe 是一位建筑师,也支持都市村庄的观点,都市村庄依赖于公共交通、自行车和步行,而不是汽车。建筑师 Andres Duany 建议更改设计规范,以提高社区意识以打消人们开车的念头(http://en.wikipedia.org/wiki/Smart-Growth)。精明增长是城市扩张、解决交通拥堵以及社区分离问题的替代方案,该计划的原则与正在采用的基于独立式住宅和长距离通勤的郊区规划概念相冲突,因为长距离通勤只能给石油公司和汽车行业带来利益。

根据 EPA(http://www.epa.gov/smartgrowth/about_sg.htm;Nisenson,2004),精明增长的环境目标包括通过发展策略实现节约用水,包括如下方面。

- 紧凑发展模式
- 综合用途发展

- 保护空地和关键环境区域
- 提供步行可达的社区以及各种交通选择
- 更充分地利用现有基础设施
- 提供一系列住房机会
- 让社区和利益相关者参与决策

实现精明增长最好的工具是当地区划条例。考虑到精明增长固有的优势，全国各社区均采用精明增长策略作为管理雨水径流的 BMP。用精明增长技术作为 BMP 的例子如下。

- 区域规划
- 填充式开发
- 再开发政策
- 特殊开发区（例如，棕色地带再开发）
- 树木和树荫计划
- 减少所需停车位数量的停车政策
- "优先维修"基础设施政策
- 精明增长街道设计
- 雨水公用设施

精明增长大大降低了基础设施的成本。维护未开发区域（也称为市郊绿区）的新构筑物的平均成本为 50 000 到 60 000 美元，而扩建和维护棕色地带，即废弃的工业和商业区域的能量输送系统的成本为 5 000 到 10 000 美元。根据能源部的统计，输送导致的能量损失为 9%。再开发降低了这种损失。

精明增长和许多其他城市规划类型一样，都有反对者。他们认为，术语"精明增长"意味着其他发展和开发策略不明智。同时，当邻近公交的开发不再是交通引导型开发时，还存在这类开发是否仍然明智的争论。全国驾驶者协会强烈反对精明增长的某些要素，包括旨在减少私人汽车使用的任何措施。卡托研究所①等自由主义团体批判精明增长可能导致土地价值增长，从而导致平均收入人口无法购买独立式房屋。

2009 年 6 月 16 日，EPA 与美国住宅及都市发展部和美国运输部开展了可持续社区合作关系。可持续合作关系的目的在于改善获得经济适用房的通道，并提供更多的交通方案以降低交通成本，同时保护社区环境。

更多关于精明增长的详细信息，可参见 EPA 网站（http://www.epa.gov/smartgrowth/），同时网上还有许多出版物和精明增长规划的链接（http://www.smartgrowth.org）。

---

① 美国的一个自由主义智囊团，总部位于华盛顿特殊，于 1974 年由 Ed Crane 创立。

8.4 绿色基础设施

绿色基础设施是 20 世纪 90 年代克林顿总统任职期间源自白宫的概念。随后 EAP 将该概念延伸到通过水道、湿地或排水道进行的雨水径流管理，以控制雨水，并在源头减少雨水。绿色基础设施的概念也包括雨水花园、雨桶和水箱、蓝色和绿色屋顶、透水路面、植被洼地、口袋湿地和中间绿化带。绿色基础设施的案例包括以下。（Norman，2008）

• 俄亥俄州辛辛那提市。根据 EPA，辛辛那提市拥有最大的绿色基础设施开发和实施计划之一。大辛辛那提大都会排水区（MSD）服务于汉密尔顿郡 400 mi² （1 036 km²）的 33 个独立辖区的 800 000 多人口。MSD 下水道大约有三分之二为生活污水管道，其他的是合流下水道。下暴雨时，合流下水道未经处理的溢流将通过整个郡将近 300 个排放点，流入小溪和河流。MSD 用绿色基础设施方案代替维修和建设排水系统，维修和建设排水系统成本为 20 亿美元。综合考量渗透性、已铺面区域、土壤、斜坡、土地用途以及 CSO 位置等一系列因素后，MSD 选择在有利的地点设置绿色基础设施。

• 威斯康涅州密尔沃基。20 世纪 80 年和 20 世纪 90 年代，在花费了 30 多亿美元后，该市开始考虑采取绿色方案。2003 年，密尔沃基采用落水管断开方案，将屋顶落水管的水排入雨桶、雨水花园和透水区域。同时，目前整个城市正在安装绿色屋顶。

• 俄勒冈州波特兰市。该市是绿色基础设施的先锋。市建筑规范要求所有施工项目应配备现场雨水管理系统。新建的市政大楼必须采用绿色屋顶。采用绿色屋顶的私有住房可以获得奖励。房主每将一根落水管与雨水沟断开连接，该市将向房主支付 53 美元。

鼓励采用绿色基础设施解决方案的策略包括：
• 降低实施绿色雨洪管理办法的房主的雨水费，如适用；
• 公私合作；
• 用缓解措施抵消信用交易。

费城、华盛顿特区以及俄勒冈州波特兰市等许多城市，现在均要求再开发项目采用绿色基础设施措施，尽量减少现场径流量。

8.5 能源与环境设计先锋奖和绿色建筑

能源与环境设计先锋奖，也称为 LEED，是由美国绿色建筑委员会（USGBC）

主办的一个第三方生态导向建筑认证计划。该计划始于 1993 年,随后,克林顿总统宣布了"绿化"白宫的计划。USGBC 网站将 LEED 定义为"全国公认的高性能绿色建筑设计、施工和运营基准",向建筑所有人和运营商提供了他们所需的工具,该工具对他们的建筑性能具有直接、可衡量的影响。建筑环境对自然环境、经济和健康具有重大影响。仅在美国,每年就会开发 200 万 ac(8 094 km²)以上的空地、野生动物栖息地和湿地。2002 年,建筑物消耗了大约 78% 总电力以及 12.2% 总水量(http://en. wikipedia . org/wiki/Green_Roof)。所谓的绿色建筑具有环境、经济、健康和社区效益。他们的环境效益包括:

- 保护自然资源;
- 加强和保护生态系统和生物多样性;
- 改善空气质量和水质;
- 减少固体废物。

LEED 项目涵盖多种建筑物,包括住宅开发、商业建设、商场、商业室内项目,现有建筑物的运营和维护,以及重大翻修项目。到目前为止,美国已经有成千上万个项目获得 LEED 认证,且美国的州政府和地方政府将 LEED 用于各类公共建筑。美国农业部、国防部和能源部以及州级 LEED 行动计划在联邦土地上发挥了积极的推动作用。此外,目前包括加拿大、巴西、印度和墨西哥在内的 40 多个其他国家也在实施各种 LEED 项目。

LEED 的绩效可以从 5 个关键方面进行衡量:节水效率、可持续性现场开发、能源效率、材料选择以及室内环境质量。绿色建筑的雨水管理分数均包含在 LEED 的可持续现场开发中。雨水管理的水体质量控制可获得一分。其目的是通过减少不透水覆盖层、增加现场渗滤、减少或消除雨水径流污染以及消除污染物来限制对自然水文条件的破坏。

这项要求中包含 2 个案例。在案例 1 中,现有不透水面积小于 50%。在该案例中,对于 1 年、2 年一遇 24 小时暴雨,雨水管理计划必须避免开发后的最大径流速度和径流量超过开发前的最大径流速度和径流量。案例 2 涉及现有不透水面积大于 50% 的情况,已实施的雨水管理计划必须使 2 年一遇 24 小时设计暴雨的雨水径流量减少 25%。

要获得分数,项目现场必须设计为透水路面或用尽量减少不透水表面的其他措施促进渗滤,以及重复利用雨水用于非饮用用途,例如用于景观浇灌、卫生间和小便池冲洗。

雨水质量控制设计可得一分。这一分的目的旨在通过管理雨水径流,减少对自然水的破坏和污染。这一分的要求包括减少不透水覆盖层、促进渗滤以及用可接受的 BMP 处理年平均降雨量 90% 的雨水径流。上述降雨量新泽西州为

1.25 in,马里兰州 0.9～1.0 in,纽约州 0.9～1.1 in。

所提供的处理径流的 BMP 必须能够清除开发后 80％的平均年总悬浮固体。为了满足这些标准,必须根据州或地方机构的标准和规范设计 BMP。可接受的策略包括使用透水表面,例如绿色屋顶、透水路面、网格路面砖,以及雨水花园、植被洼地、不透水表面隔离以及重复利用雨水等非结构性技术。可接受的策略还包括可持续设计理念的构筑物与技术以及环境敏感设计,例如处理雨水径流的低影响开发和人工湿地、植被过滤器以及草皮护面渠道。LEED 和绿色建筑的例子包括如下。

- 保护区,由北卡罗来纳州罗利市的 Crescent 社区建设的项目,是很好的绿色项目例子。该项目包括 1 300 ac 土地上的 187 个家庭,与夏洛特威利湖接壤,且包括节能和节水措施,还包括绿色雨水管理措施,例如生物滞留花园和雨桶。保护区的小屋是夏洛特第一个获得 LEED 认证的休憩设施。同时,保护区是世界上第一个获得奥杜邦国际三钻等级的住宅社区,三钻是奥杜邦签约黄金项目的最高认证等级(Brzozowski,2007)。

- 位于旧金山金门公园内的加州科学博物馆大楼曾是世界上获得美国绿色建筑协会 LEED 认证的最大的公共建筑物。该建筑也是唯一一个集水族馆、天文馆、自然历史博物馆和科学研究于一体的设施。由于其具有 2.5 ac 的波状植被屋顶、创新的环境可持续性和节能性,该建筑也被称为世界上最伟大的博物馆。植被建筑屋顶被 50 000 个椰子壳托盘覆盖,托盘中装有 6 in 的土壤,种植有 170 万棵加州本土植物。这种绿色屋顶使博物馆的新址获得了铂金认证(Reid,2009)。屋顶照片见本章下一节图 8.24。

- 西密歇根环境行动委员会指导了一个绿色开发项目,在该项目中,闲置的污染棕色地带被改造成 7 200 ft²(669 m²)的多个综合设施用地。项目包括建设雨水花园和绿色屋顶,以创造 Grand Rapid 城的第一个零雨水排放商业场所。该综合设施全球第一个获得了美国绿色建筑协会 LEED 双金奖认证(Cunningham,2009)。

- 得克萨斯州的 Rickland 学院科学楼,141 167 ft²(13 115 m²)的大楼和停车场,其设计旨在获得美国绿色建筑协会 LEED 评级系统的 LEED 铂金奖。雨水管理特征包括绿色屋顶,以保留部分屋顶雨水并减慢水流速度,断开落水管和不透水表面的连接,以及生物渗滤沼泽地,以便有渗滤、蒸发和蒸散时间。绿色屋顶可以提高能效,生物入渗洼地可以改善水质。

已铺面的停车场通过缘石开洞进行排水,排入景观岛,然后排入生物入渗洼地。生物入渗洼地中的水向下流入设计的沙质土基质,进行快速渗滤,沙质土基质下方是穿孔地下排水系统。水进入下水道之前,洼地的植物可以清除碳氢化合物和悬浮固体。经净化的水从地下排水管进入并保存在地下大西洋雨水蓄水池,并重复用于户外景观浇灌以及非饮用室内用水(Wilkins,2008)。

2008年,全国住宅建筑商协会(NAHB)对建筑商和房主发起了采用环保产品的计划。LEED和NAHB之间存在基本的差异。要得分必须满足LEED标准,但是,NAHB计划是自愿的,有四个等级。这些等级包括铜、银、金和翡翠,后者是"绿色"成就的最高等级。NAHB计划,称为绿色建筑标准,已获得美国国家标准协会(ANSI)批准。该计划包括七项标准,其中一项标准涉及节水效率和节约用水。其他标准包括地块准备和设计、资源效率、能源效率、居住舒适性和室内环境质量、运行和维护以及房主教育。在制定这些标准时,NAHB已与ANSI的国际准则委员会协调,且在评论期内考虑了公众的意见。

资源标准包括通过低流量水龙头、淋喷头和旱厕实现室内节约用水,以及通过景观设计(以本土植物为中心)实现室外节约用水。另一个潜在的室外节水措施是采用草皮和植物单独分区的浇灌系统。该系统可以包括滴灌、涌泉灌溉以及埋管地下浇灌。NAHB的例子如下所示。

（a）侧面图　　　　（b）正面图

图8.2　珠江城大厦照片

• 2011年3月开放的中国广州珠江城大厦是世界上最节能环保的摩天大厦。图8.2为该建筑物的照片。这座71层建筑物高310 m(1 017 ft),是中国烟草总公司的新总部,由芝加哥的Skidmore, Owings and Merrill LLP设计。

工程公司和建筑师(Adrian Smith和Gordon Gill)的设计初旨是建造一座"零能耗"建筑,但是考虑到成本,设计被修改为将能耗降低60%。作为一座技术先进的建筑,珠江城大厦是可持续设计的榜样,尤其是在CO_2减排方面;人们普遍认为CO_2排放是气候变化的主要元凶(Frechette et al. 2009;Powell,2009)。

8.6　透水路面

透水路面是一种可以透水的材料。透水路面可以根据材料和结构,分为多种类别,包括露天甲板、开孔型铺路网格、开放级配砂石(砾石路面)、透水沥青、透水混凝土、开口接合铺路石(被称为路面砖)以及人工草皮(Ferguson,2005)。术语"透水"和"可渗透"可交换用于透水路面。"透水"是指材料能够让水在其表面渗透;"可渗透"是指让水能够透过材料。

甲板是水平或抬高的木质结构物,用于承载步行交通,且适用于在现有环境(例如湿地以及沿海地区的栈道)中建造的情况。开放级配砂石是透水性最好且最便宜的材料。为了避免产生粉尘,砂石由单一尺寸有角的材料制成。这类路面的孔隙率为 30%～40%,透水率为每小时数十英寸。

由于渗透可以减少径流,现场规划人员和公共工程部非常关注透水路面,尤其是透水沥青、透水混凝土和路面砖路面。无论使用何种术语,某些透水路面,包括透水沥青、透水混凝土和路面砖块路面,具有共同的特征:透水表面临时保留地表径流并使其渗透到底土的地下碎石蓄水池。同时,这些路面均具有以下设计要素:

- 土壤的渗透性应大于 0.5 in/h(13 mm/h)。
- 透水路面的底部至少应位于季节性高水位上方 3 ft(1 m)。
- 碎石储水池底部应平坦,从而水可以通过整个表面渗透。

在一次采访中,Ferguson(2009)对透水路面常见问题的进行了解答。

8.6.1 开孔型铺路网格

开孔型铺路网格是具有可以填充砾石或种草的空地的单元。这些单元可以由混凝土或塑料制成。在开孔路面砖上行走较困难,适用于低交通量区域,例如装载

图 8.3 网格平面图(各单元可以用砾石或土壤和草填充)

区、消防通道以及其他应急通道。塑料铺路网格由通过钢筋固定在一起并填充砂石或种草的格子组成。图 8.3 显示了塑料网格单元的平面图和安装详图,这些单元由可回收的紫外线稳定的高密度聚乙烯(HDPE)制成。这种网格,商品名"Grassy Paver™",为 15-1/4 in×13-3/16 in×1-3/4 in (39 cm×33 cm×4.4 cm),覆盖面积 1.4 ft²,由 R. K. Manufacturing 公司制造。图 8.4

为植草路面砖的安装横截面。Geo-Synthetics 公司是另一家制造 Geoweb® 蜂窝式约束系统的公司(公司名为 Presto® Geoweb)。该系统有三种尺寸单元:GW20V,GW30V 和 GW40V,以及四种深度:3 in,4 in,6 in 和 8 in。这些系统为折叠板的形式,可以扩展成 7.7～9.2 ft(2.3～2.8 m)宽和 32.2～68.5 ft (9.8～20.9 m)长。GW20,GW30 和 GW40 的单元开孔分别为 44.8 in²,71.3 in² 和 187 in²(289 cm²,460 cm² 和 1206 cm²)。塑料土工格室用于应急通道、附属停车场、人行道、高尔夫球车道路肩和裙板。土工格室还用于维持陡坡的土壤稳定。

说明

材料：
至少97%再生加强高密度聚乙烯，紫外线稳定

尺寸：
15-1/4″×13-3/16″×1-3/4″
(39 cm×33 cm×4.4 cm) 1.4ft²

重量：
1.6 lbs（726g）

颜色：
深绿色

设计：
48个六边形单元，每个尺寸
2-1/8″×2-3/8″，具有1-5/16″底部
开孔和1/2″周边开孔，1/8″单元壁
厚和底厚

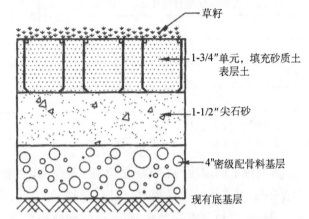

草籽

1-3/4″单元，填充砂质土表层土

1-1/2″尖石砂

4″密级配骨料基层

现有底基层

植草路面砖或同等产品由R.K. Manufacturing, Inc制造
经销商：Erosion Control Technologies
（800）245-0561

图 8.4　Grassy Paver™安装横截面详图

Flexi-Pave 是由回收轮胎制成的另一种透水路面砖的商品名。这种产品由 K. B. Industries 制造，透水性较高，且在冰冻/融雪条件下仍能很好地贴合。使用开孔型路面砖和塑料网格后，不需要再使用储水/滞留池以及任何排水系统。

植草路面砖（塑料土工格栅或混凝土格栅）的选择取决于耐用性、安装难易以及承载能力。

8.6.2　透水沥青

透水沥青最初于 20 世纪 70 年代在宾夕法尼亚州费城富兰克林研究所开发（Adams，2003）。该路面也称为"开放级配混合料""跳跃级配混合料"和"爆米花混合料"，所含成分与传统路面相同；但是，配方有所不同。透水沥青是基础沥青，已筛除和减少小于 600 pm（30 目筛）的细砂石。表现良好的透水路面的标准混合料见表 8.1。透水沥青下方是扼流层，扼流层下方是开放级配的底基层储水池。扼流层是一个透水层，通常为 1.5～2.0 in(38.1～50.8 mm)厚，由小尺寸开放级配砂石制成，为透水沥青提供水平的稳定床面。

表 8.1　透水沥青标准配比[a]

美国标准筛目尺寸, in(mm)	过筛百分率
1/2(12.7)	100
3/8(10)	95

续　表

美国标准筛目尺寸,in(mm)	过筛百分率
♯4	35
♯8	15
♯16	10
♯30	2

注:沥青重量百分比 5.75%～6%。

ª 统一土壤分类法、美国标准筛目尺寸和粗砂石粒径见本书末尾的附录 B。

开放级配储水池的底基层是均匀级配厚层,采用 1.0～2-1/2 in(25～63 mm)清洁石头,用于保留设计雨水。但是,根据可用性,可以使用更大或更小的碎石。根据设计频率和土壤透水性,底基层储水池的深度范围为 12 in(30 cm)到 36 in(1 m)。碎石底基层下方的土壤应进行最低程度的压实,以保留孔隙率和透水性。应在扼流层和底基层之间设置由 3/8～3/4 in(10～19 mm)碎石组成的 3～4 in(76～102 mm)的厚层。这一层的渗滤速度较快,旨在避免碎石从扼流层进入储水池底基层,同时用于储水。

如果路基土壤的透水性非常低,可以在底层安装地下排水管,以促进排水。地下排水管是一根小直径穿孔管,通常为 PVC 或 HDPE 管。可以在储水池底基层和路基压实土壤之间使用过滤织物。图 8.5 为典型的透水沥青路面截面。雨水通过沥青排出,并保留在碎石基层中,碎石基层的孔隙率大约为40%,并缓慢地渗透到底层土壤中。在碎石下方铺设一层土工过滤织物,避免土壤进入石床。

透水沥青已经在美国新罕布什尔大学雨水中心(UNHSC)进行了多年的实验。UNHSC 所研究的沥青包括表面的透水沥青和底层的碎石扼流层(基层)(由更细的材料组成,包括砂子和砾石)(Roseen et al. 2008)。

行业内对透水沥青(以及透水混凝土)在寒冷环境中的功能普遍存在误解。根据现场观察以及 UNHSC 实验,冻融作用和过滤材料的冻结对透水沥青而言不构成问题。透水沥青通过允许径流渗透,从而减少结冰的情况,且很少需要除雪。虽然过滤材料可能结冰,但是不会冻成固体,水仍然可以渗滤。UNHSC 的研究结果表明,使用透水沥青后,根据冰雪覆盖情况,盐的用量可以减少高达 75%。UNHSC 主任(2004—2012 年)Robert Roseen 博士说:"仅需 25% 的盐,透水沥青的冰雪覆盖层就可以与密级配沥青停车场的冰雪覆盖层相同。"他表示,"即使不用盐,透水沥青的摩擦阻力仍然高于使用了 100% 的正常用盐量的密级配沥青的摩擦阻力。"

具有地下补给层的创新雨水管理透水沥青路面

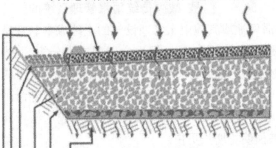

未压实路基：保持高透水性，以尽可能让水渗透。

无纺土工织物：保护上方的碎石补充层，避免被污染，并让水渗入土壤中。

碎石补给层：系统中心，单一粒度大碎石，孔隙率40%，用于储水以进行渗透。

扼流层：单一粒度碎骨料（1/2in）稳定表面，以进行铺路。

开放级配沥青路面：开放级配沥青混合物，具有透水性，雨水可以通过表面流入碎石补给层。

未铺面碎石边缘：路面被密封时作为备用系统，雨水可以从路面流入碎石边缘，然后进入碎石补给层。

图 8.5　透水沥青截面

透水沥青适用于停车场、人行道、操场以及低到中等交通量的区域。透水沥青已用于美国成百上千个场地。费城郊区 East Whiteland 镇一个企业办公园停车场的建设采用的第一批透水沥青，一直表现良好，且 20 多年仍未重新铺砌。1977 年建设的马萨诸塞州瓦尔登湖保护区的停车场是透水沥青的最佳案例之一。这个停车场尚未重新铺砌，且即使新英格兰冬季存在冻融周期，根据 2009 年的报道，透水路面仍然贴合。该停车场所使用不同混合料，其中性能最好的混合料由 2.5 in（63 mm）透水沥青组成，透水沥青下方是 1.5 in（38 mm）A 类碎石，A 类碎石下方是 10.5 in（27 cm）B 类碎石，B 类碎石下方填充砾石。A 类碎石由 3/8～1/2 in（10～13 mm）碎石组成，B 类碎石由 3/4～2.5 in（19～63 mm）碎石按特定的重量百分比混合而成。透水沥青包括碎石混合料，大小为 1/2 in 到 200 号筛尺寸，且 AC-20 黏度等级沥青（丙烯酸胶乳密封剂）的重量百分比为4.5%～5.5%。

由于细粒材料较少，透水沥青的抗剪能力比传统路面小；因此，不建议用于机场跑道或大于 6% 的斜坡。同样地，透水路面亦不适合用砂子除雪。存在溢漏或泄露导致的地下水污染威胁时，不建议使用透水沥青，例如卡车休息站或重工业区。

在不同的州尝试了多种混合料配方后，在 1980 年名为"透水路面一期设计和运行标准"的报告中,EPA提出了标准路面设计。该报告提出,透水路面的初始成本可能比传统路面的成本高出35%~50%。但是,减少传统雨水管理系统的好处完全能够抵消额外的成本。在安装滞留池或其他雨水管理设施的土地成本非常昂贵的城区,使用透水路面可以节约更多成本。同时,根据生命周期成本分析,上述路面系统从长期来看更经济。"在冻融盛行的北方气候条件下,由不透水路面组成的常规停车场的寿命通常为12到15年,而具有透水路面的停车场的使用寿命可以达到30年以上。"Roseen说。考虑到性能和雨水管理效益,近年来透水沥青和其他透水路面的使用快速增加,未来预期将增长更快。

俄勒冈州波特兰市拥有存放现代汽车的大型透水沥青停车场,于2006年沿着哥伦比亚河港建造。该停车场包括35 ac(14.2 hm^2)透水沥青和11 ac(4.45 hm^2)标准密级配沥青,承载货运卡车繁重的交通。透水路面包括一层3 in(7.6 cm)的开放级配透水沥青层(由本地河沙制造)和1层10 in(25 cm)的开放级配岩石基层。选择透水沥青的原因是哥伦比亚河沿线有本地河沙。虽然透水路面比标准路面更昂贵,但是使用透水路面不再需要任何排水系统和雨水处理设备,从而大大地节约成本。46 ac(18.6 hm^2)路面的成本为640万美元(Brown,2007)。每平方码路面的平均成本为29美元($34/m^2)。路面每年清扫两到三次,以避免树叶和杨木种子堵住孔隙,使其能够有效地渗透径流。

图8.6显示了新泽西州爱迪生市EPA实验室的实验透水沥青。沥青完全渗透洒水车的水。在新泽西州克拉克市,市政大楼停车场两侧的停车位用透水沥青吸收停车场的径流。图8.7显示了与该停车场的传统沥青车道相邻的透水沥青停车位。

图8.6 新泽西州爱迪生市EPA实验室的实验透水沥青

图8.7 透水沥青停车位(新泽西州克拉克市市政大楼)

8.6.3 透水混凝土

透水混凝土是水泥、粗级配砂石和水的混合物。透水混凝土(大约于1970年左右开发）和传统混凝土之间的主要差别在于透水混凝土只有很少或没有沙子。可以加入纤维和添加剂提高其强度或其他特性，但是，常见成分是水、水泥，没有细料，混合砂浆坍落度低，形成将砂石黏合在一起的覆盖层，避免在搅拌和浇筑期间发生流动。用足够的砂浆即可形成具有连续孔隙的介质。

透水混凝土由于孔隙率较高，通常为 15% ～ 25%，相对较轻（Hun-Dorris，2005），容重为 100 ～ 120 lb/cf（16 ～ 19 kN/m³）。浇筑后，透水混凝土看似海绵，极限抗压强度为 500～4 000 psi（3 447～27 579 kPa）。熟化的透水混凝土每平方英尺每分钟可通过 3～8 gal 的水。这表明渗透率为 4.8～13 in/min（12～33 cm/min）。按照该速率，透水混凝土可渗透最强的降雨。因此，透水混凝土与透水沥青相似，但

图 8.8　流水排入透水混凝土模型

比透水沥青更好，可以减少或消除对滞留池的需求。同样地，可以缩小排水系统的规模以及减少其成本。图 8.8 显示了小规模透水混凝土模型的渗透能力。

自 20 世纪 70 年代晚期起，透水混凝土被广泛应用，包括车道、人行道和停车场。近年来，透水混凝土的使用已快速增加，以满足 EPA 和当地的雨水管理条例要求。实际上，EPA 建议将透水混凝土作为最佳雨水管理措施之一。

透水混凝土的优点主要归因于其是浅灰色，这意味着可以反射更多太阳辐射，不会像深色沥青那么热。在温度记录图成像的实践中，在白天相同的时间，亚利桑那州 Rio Verde 的沥青道路的温度比相邻的普通混凝土停车场的温度高 30°F。气温降低有利于树木和植物的健康生长，从而降低城市气温。

潮湿天气时，透水混凝土还可以提高安全性。伊利诺伊大学进行的一项研究表明，在既定速度下，干混凝土的停车距离为 162 ft（49 m），干沥青的停车距离为 190 ft（58 m）。在潮湿条件下的效果更佳，混凝土的停车距离为 316 ft（96 m），沥青为 440 ft（134 m）。但是，根据 Roseen 博士的研究，冬季时透水沥青的功能比透水混凝土更好。透水沥青通过吸收更多热量，在冬季可以更暖，从而有助于除冰。作者在之前的住宅也发现了类似的情况，在该住宅，沥青车道与混凝土路面人行道相邻。

UNHSC 和新英格兰北部混凝土促进协会一起用透水混凝土进行了实验。在 UNHSC，已安装的透水混凝土路基层的组成与大部分透水路面系统都存在很大的差异。UNHSC 透水混凝土包括 1～3 in（25～76 mm）碎石制成的厚碎石基层（可提供很大的存储容量）和砂层（作为过滤器改善水质）（Gunderson，2008）。

基层应足够厚，以保存极端暴雨的雨水，且底层土应能够在 3 天内将水排完，

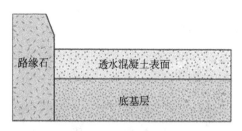

图 8.9 典型透水混凝土路面的截面图

以避免冻融环境中积水太久。在透水性较差的土壤中，可在基层中安装地下排水管。图 8.9 为典型透水混凝土路面的截面图。

混凝土行业声称，对于初始成本，透水混凝土与透水沥青相当，但是需要的维修更少，且从长期来看，拥有成本更低。但是，在教堂山北卡罗来纳州大学的停车场项目中，部分用透水混凝土建造，其他部分用透水沥青建造，透水混凝土路面的成本是透水沥青成本的四倍。透水混凝土的主要问题是安装难。与透水沥青不同（透水沥青可以由任何合格的安装工人处理），浇筑透水混凝土通常需要经认证的安装工人。在 2003 年维拉诺瓦大学校园的试点项目中，为了制备适当的砂浆并进行适当的安装，混凝土制造商在选择浇筑透水混凝土的承包商时遇到了困难（Traver et al.，2004，2005）。新泽西混凝土和砂石协会是制造透水混凝土的公司之一，透水混凝土安装工人的相关信息，可查看网站 http://www.njconcrete.com。

透水混凝土早已被用于人行道、车道和停车场。但是，越来越多的低到中等交通量道路开始使用透水混凝土，并且随着雨水管理条例越来越严格，这种趋势也将增加。新泽西州北部 Northvale 就是一个例子，在该自治市，Hogan 公园四个田径场周围的人行道均采用透水混凝土。原来由于排水较差，下雨后，人行道只能为运动员和观众提供有限的通道。透水混凝土在新泽西州波哥大市的 Eastern Concrete Material Plant 制备，并由新泽西州里弗埃奇区的 Let It Grow 公司浇筑。

路面由 4.5 in(11.4 cm)透水混凝土组成，下方是 12 in (30 cm) 的清洁砂石层，用于保存通过混凝土渗透的水。新路 6～12 ft (2～4 m) 宽，将近半英里 (0.8 km) 长，于 2008 年建造（Justice，2009）。图 8.10 显示了 Hogan 公园的透水混凝土人行道。在作者审查的另一个项目中，透水混凝土被用于铺设新泽西州恩格尔伍德克利夫斯一个商业场所的停车场。路面由 4 in(10 cm)厚的透水混凝土构成，下方是 24 in (60 cm)的碎石储水池，路面于 2012 年安装，成本大约为 $ 10/ft²(约 $ 110/m²)。

图 8.10　新泽西 Hogan 公园的透水混凝土人行道

8.6.4　玻璃路面砖

　　玻璃路面砖是一种透水路面，是传统路面的备选方案，由粗碎石颗粒基层、细颗粒基层以及顶层（即沥青和混凝土）组成。作为备选方案，路面可以用泡沫玻璃石渣和 FilterPave™ 建造，这两种材料均由回收玻璃制成，并由 Presto Geosystems（一家位于威斯康星州阿普尔顿的建筑产品公司）制造。泡沫玻璃石渣可以作为基层的替代材料，且 FilterPave™ 可以作为透水沥青和透水混凝土的替代材料，并且表现出这两种路面的最佳特性。这种材料的孔隙率为 39%，抗压强度比透水沥青更大，且挠性和挠曲度比透水混凝土更大。FilterPave™ 的平均抗压强度和挠曲强度分别为 8 MN/m²（1 160 lb/in²）和 3.5 MN/m²（508 lb/in²）。因此，FilterPave™ 适用于低交通量和中等交通量的道路（Emersleben et al. 2012）。

8.6.5　混凝土路面

　　混凝土路面于 50 多年前在欧洲首次开发。在美国，人行道、中庭、车道和停车场从 30 年前开始使用混凝土路面。混凝土路面是数千年来罗马和其他古老的文明城市用于建设道路的石块路面的现代版。图 8.11 显示了匈牙利布达佩斯一个与绿岛相邻的石头铺面停车场。图 8.12 显示了葡萄牙里斯本有颜色条纹的鹅卵石人行道，路旁有仿生树，图 8.13 显示了葡萄牙另一座城市的石头铺面街道和人行道。图 8.14 显示了新泽西州帕拉默斯 Van Saun 公园人行道所安装的路面。由于美观且透水，混凝土路面越来越多地用于城市。

图 8.11　匈牙利布达佩斯的鹅卵石停车场（摄影：作者，2006）　　**图 8.12　葡萄牙里斯本条纹人行道（路旁有仿生树）（摄影：作者，2013）**

图 8.13　葡萄牙石头路面街道和人行道
（摄影：作者，2013）

图 8.14　新泽西州帕拉默斯 Van Saun 公园
人行道路面（摄影：作者）

仅芝加哥在过去 25 年就安装了几百万 ft² 尺具有开放级配砂石的透水路面。在用透水路面代替铺面道路以解决洪水泛滥问题的绿色计划方面，芝加哥处于美国大城市中的领先水平。绿色计划于 2007 年获得通过，覆盖 20 条道路，且包括三种透水材料：透水混凝土、透水沥青以及路面砖。道路可以视情况而定部分或全面铺设透水路面。例如，可以在道路中心浇筑透水混凝土，而在两侧浇筑不透水混凝土。

透水路面砖的安装方式是浇筑一层开放级配砂石，并将其压实，以获得稳定的表面，在基层上方浇筑砂浆垫层，并通过人工或机械铺上路面砖。每块之间的接缝用细料填充。隔离砂石层通常不使用过滤织物。经验表明，隔离砂石层会导致堵塞，并导致系统劣化更快。根据地下条件，可以在底层砂石下方使用土工格栅，以提高稳定性。

根据计划用途，砂石层的厚度可以为 6～12 in（15～30 cm）。中庭和人行道的基层厚度通常为 6 in，车道为 8 in（20 cm），高速公路匝道和停车场等交通量少的重要疏散道路为 12 in（30 cm）。基层越厚，保水能力越强。由下到上的各层如下[1]。

底基层：6～12 in（30 cm）厚的 1.5 in（38 mm）碎石组成。这种碎石，也称为♯4 砂石，应压实并抬高 4～5 in（10～13 cm）。可以使用铁路道渣，也称为♯2 砂石（DeLaria，2008）。还可以使用再生混凝土，但是，应与密级配砂石或采石场加工的碎石（也称为 QP）混合。

基层：4 in（10 cm）厚的 0.75 in（19 mm）碎石，也称为♯67 砂石。

如果用♯2 砂石作为底基层，则应用♯57 砂石[1 in（25 mm）或更小的碎石]作为基层，以避免填入底基层的孔隙。底基层也应压实。

砂浆垫层：1～1.5 in（2.5～4 cm）粗砂，也称为混凝土砂或石粉。重要的是，砂

---

① 统一土壤分类法和 AASH 至粗砂石粒径见本书末尾的附录 B。

中 0.075 mm（200 号筛目）的细料不得超过 1%，以避免减慢砂浆垫层的排水（砂浆垫层也称为砂垫层）。该砂浆垫层不需压实。

在不承受任何交通量的中庭和人行道，底基层可以用 3/4 in 碎石，且可以不用基层。作者过去的住宅的铺面，中庭采用 6 in（15 cm）QP、1.5 in（4 cm）厚石粉（砂浆垫层）和 6 in×9 in（15.24 cm×22.86 cm）混凝土块。5 年后，路面砖仍然保持完好，在小雨和中雨期间可以渗透所有降雨量。

与透水混凝土和透水沥青路面一样，路面砖需要维护，主要是每年进行一次清扫或吸尘，以清除路面粗砂。时间长了，地下会积累大量的淤泥，从而使任何透水路面失去渗透和储水能力。在这种情况下，必须完全清除和丢弃沥青和混凝土；但是，路面砖可以拆除，清洁砂石层后，重新安装所有材料，以尽量减少废物。因此，虽然路面砖的施工成本高于透水混凝土和透水沥青路面，但是从长期来看成本更低。与混凝土和沥青路面相比，路面砖的另一个优势是局部维修，例如安装公用事业管线。如果一个或多个路面砖损坏，或必须拆除一个或多个路面砖，则可以进行更换，无须另行通知。同时，路面砖有不同的尺寸、颜色和形状，可以布置成不同的图案。

EPA 同意用透水路面作为植草沟和沟渠渗滤系统等传统雨水污染预防（SWPP）BMP 的备选方案。在安纳波利斯切萨皮克湾游客中心，用松山铺路砖翻新了磨损的沥青路面。在热带风暴妮科尔期间，路面砖渗透了大部分径流，2010 年热带风暴妮科尔的 24 小时降雨量超过 9 in（23 cm）。在 2011 年的飓风艾琳和热带风暴里伊期间，路面材料排水良好。

CST，一家路面材料制造公司，已推出一种名为 Aqua Paver 的路面砖，这种材料为 9-5/8 in×5 in×3-1/8 in（厚）的块体（244.5 mm×127 mm×79.4 mm），具有 10% 的孔隙面积。这种人造景观产品可提供各种造型和审美效果，且可以有效地将雨水径流渗透到地下。与其他路面砖一样，其应用范围从停车场到住宅中庭和车道。

华盛顿州富兰克林的 PaveDrain 是一种透水活节混凝土块/混凝土垫系统，与其他 PCIP 一样，可以用于停车场、车道和十字路口。但是，每块均比其他透水路面砖厚，且底部为弧形，以增加储水量。每块尺寸为 12 in×12 in，厚度为 5.65 in（+1/8 in），重量为 45～49 lb。与其他路面砖不同，PaveDrain 直接安装在石基上，不需要使用砂垫层。每块有 7% 的开放空间和 20% 的存储容量。图 8.15 为 PaveDrain 块。详情可

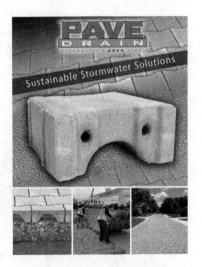

图 8.15　PaveDrain 详图

图 8.16 佛罗里达州南海滩林肯广场人的无砂路面人行道
（摄影：作者，2012）

访问 www.pavedrain.com。

　　路面砖可以安装在带间隙接缝处，以促进渗透。图 8.16 显示了佛罗里达州南海滩林肯广场人行道的无砂路面砖。某些路面砖提供转角开口或较大的开放单元，可以填入砂石或填土并种草。图 8.17 显示了 3-1/8 in 厚重型路面砖的平面图和安装详图，这种路面砖被称为 Uni Eco-Stone，由 Mutual Materials 公司制造。每块的尺寸如图 8.17 所示。图中所示的安装形式提供

了大量的的雨水排放路径和储存容量。Uni Eco-Stone 路面砖适用于停车场和车道等交通量较少的区域。

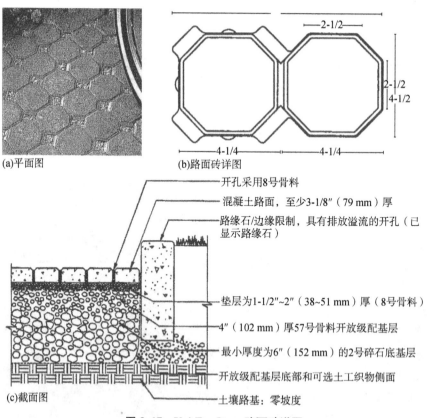

(a)平面图　　　　　(b)路面砖详图

开孔采用8号骨料

混凝土路面，至少3-1/8″（79 mm）厚

路缘石/边缘限制，具有排放溢流的开孔（已显示路缘石）

垫层为1-1/2″~2″（38~51 mm）厚（8号骨料）

4″（102 mm）厚57号骨料开放级配基层

最小厚度为6″（152 mm）的2号碎石底基层

开放级配基层底部和可选土工织物侧面

(c)截面图　　　　　土壤路基：零坡度

图 8.17　Uni Eco-Stone 路面砖详图

XeriBrix 是华盛顿州温哥华市 Xeripave Super Pervious Pavers 制造的新一代路面砖。这些路面砖由混凝土制成，有两种型号，杜邦和蒙大拿。材料尺寸为 4.5 in(宽)×9.0 in(长)×2-3/8 in(厚)(114 mm×229 mm×60 mm)；杜邦重量为 6 lb (2.72 kg)，蒙大拿为 5 lb(2.27 kg)。图 8.18 为 XeriBrix 的照片、视图以及制造商信息。由于这些路面砖由透水混凝土制成，因此可以比传统路面砖更有效地渗透雨水。图 8.19 为已安装的 XeriBrix 路面砖的典型横截面。

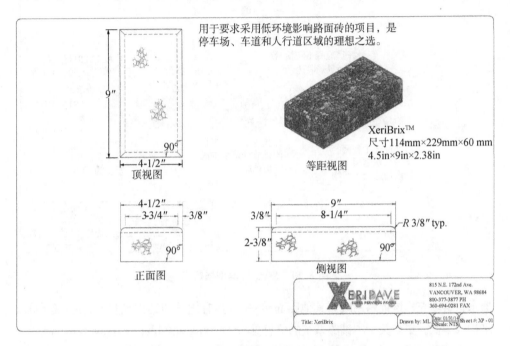

图 8.18　XeriBrix 路面砖详图(Xeripave 制造)

8.6.6　开孔型路面砖

路面砖还被制造成大块或大垫子的形式，且具有开孔，以供植被覆盖表面。开孔型铺路块的例子包括 CST Paving Stone 和 Versa-Lok Retaining Wall Company 制造的 Turfstone。每块的尺寸为 23-1/8 in(长)×15-3/4 in(宽)×4 in(厚) (59 cm×40 cm×10 cm)，每块的面积为 2.53 ft^2(0.235 m^2)。图 8.20 显示了与 Turfstone 相似的开孔型路面砖，但是比 Turfstone 大 27%，并用于新泽西州罗歇尔公园的住宅公寓大楼的消防车通道。

混凝土草格是英国公司 GrassConcrete Limited 制造的一种现浇混凝土铺路系统。这种开孔型路面砖是通过混凝土搅拌机将混凝土浇筑到"框架"上方制成，这种框架是一种模型，使混凝土形成开放单元。形成开放单元后，可以用植被或粗碎石等

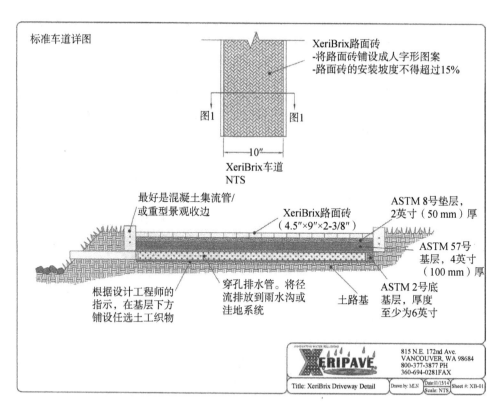

图 8.19　XerBrix 典型横截面

透水材料填充。该铺路系统与其他路面砖一样，具有优异的结构完整性，使用寿命长，维护成本低。更多关于本铺路系统的信息见 www. sustainablepavingsystem. com。

　　开孔型混凝土铺路系统的变种之一是 2 ft×2 ft(61 cm×61 cm)×1. 5 in (3. 8 cm)的挠性垫，商业名称为 Drivable Grass® ，由 Soil Retention Products 公司制造。这种挠性垫由 36(6×6)个连锁混凝土单元组成，重量为 45 lb。预制孔和裂纹使树根能够穿过垫子，进入路基土。这种垫子提供 61% 的种植面积，但可以提供 90% 的混凝土基层面积(见图 8. 21)。Drivable Grass 可以填充土壤并种草，或填充砂石。

　　Drivable Grass 路面砖的表面估计可以提供 0. 4 in(10 mm)的储水量，草填充物的渗透率为 1～4 in/h(25～100 mm/h)，砂石填充物的渗透率为 20 in/h 以上 (508 mm/h)。加利福尼亚州海边消防站安装了这类铺路垫。该消防站与圣路易斯湾河相邻，在这里卡车冲洗导致了成百上千加仑的污染水进入河流。用路面砖可以消减污染水流量。图 8. 22 显示了用于交通量少和交通繁重区域的 Drivable Grass 的详图(http://www. soilretention. com)。附录 8A 包含了 Drivable Grass 的技术规范。本附录还包含 Drivable Grass 在各类土壤中的安装设计指南。

(a)
尺寸

3.22 ft²
70 lbs
41%孔隙率（大概）
孔径
3-7/8″×3-7/8″
19-5/8″
3-1/8″
23-5/8″

(b)

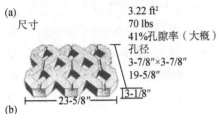

图 8.20　住宅公寓大楼的消防车通道的
开孔型路面砖

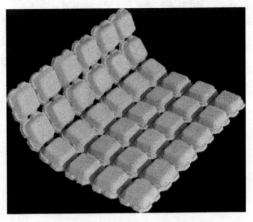

图 8.21　Drivable Grass 路面砖
（2 ft×2 ft×1.5 in）

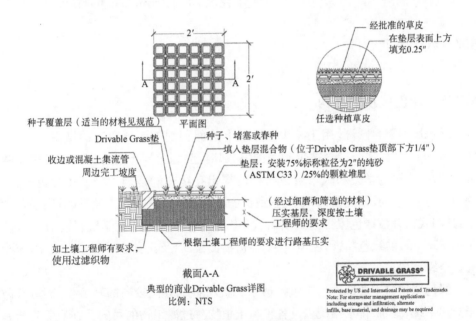

图 8.22　Drivable Grass® 安装详图

8.6.7　非混凝土路面砖

最近,市场上推出了非混凝土模块化路面砖。加利福尼亚州芳泉谷的 Terrecon 公司制造了模块化路面砖,这些路面砖 100% 由回收材料制成。这家公司提供了三种路面砖。包括由 100% 回收塑料制成的 Terrewalks®,由 100% 回收橡胶轮胎制成的

图8.23　Terrewalks人行道路面

Rubbersidewalks™以及由100%橡胶轮胎制成的Verlayo®。Rubbersidewalks是公司的原创非混凝土人行道,路面顶部光滑,底部有开放空间,使树根能够生长。Verlayo是更薄的Rubbersidewalks,但具有同等耐用性。Terrewalks是公司的高级路面砖,外表美观,设计用于商业和市政用途。这些路面砖比混凝土路面砖轻八倍;Terrewalks为灰色混凝土的颜色,但是Rubbersidewalk和Verlayo有几种颜色。一块2 ft×2 ft(0.6 m×0.6 m)的Rubbersidewalks重量大约为25 lb(11.3 kg)。这些路面砖紧贴在一起,仅留很小的间隙,且穿高跟鞋可以在上面安全行走。图8.23为Terrewalks的照片。

8.7　绿色屋顶

8.7.1　绿色屋顶的结构

绿色屋顶源自欧洲,用于减少1/4以上的面积均被屋顶覆盖的城市的径流。20世纪90年代,这个概念被带到美国,从那时起,绿色屋顶的应用变得越来越普遍。现在,全国的学院和大学行政机构均提出在宿舍和部门大楼使用绿色屋顶。使用绿色屋顶的校园建筑的例子包括弗吉尼亚大学的麦金太尔商学院;康奈尔大学,其旧式宿舍被绿色屋顶建筑所替代;密歇根大学的罗斯商学院目前有20 000 ft²(1 858 m²)的绿色屋顶,屋顶被12种植物覆盖;以及宾夕法尼亚州立大学,至少有5个绿色屋顶。

绿色屋顶的主要部件通常包括透水无机材料百分比较高的轻型生长基质、防根穿透系统、滤布、排水系统以及各种本土植物。过滤织物的目的旨在避免生长基质堵住排水系统,排水系统的用途是排放屋顶过量的水,以及避免植物被淹没。绿色屋顶基础设施可以采用盖板形式,分层铺设,或为模块化,且其中有几层铺设在预制桥架中。由于易于安装且成本较低,实际上更常用模块化绿色屋顶。

从结构方面,绿色屋顶被分为三类:拓展型屋顶、半密集型屋顶和密集型屋顶。拓展型和密集型绿色屋顶也分别称为上层屋顶和下层屋顶。

拓展型绿色屋顶要求土壤或轻型基质的厚度小于6 in(15 cm),并种植景天属植物。植物的选择对绿色屋顶的性能而言至关重要，且取决于当地气候。生长缓慢的景天属植物不仅美观、耐旱，还是很好的吸水剂。

密集型绿色屋顶，顾名思义需要更多的建设和维护成本。密集型屋顶还更厚——厚度至少 1 ft(30 cm)。这类绿色屋顶可以种植乔木和灌木，称为屋顶花园、多年生植物或一年生植物花园。园丁的常规播种、除草、修剪和施肥服务，或维护人员以及景观设计师的服务与常规花园一样。密集型绿色屋顶的浇灌和排水系统更加复杂，必须监控化肥用量，避免径流的污染增加。新泽西州霍博肯市的斯蒂文斯理工学院新停车场的部分

图 8.24　旧金山加州科学博物馆的波状绿色屋顶（摄影：作者，2010）

屋顶建设了绿色屋顶；作者担任该项目的排水顾问。图 8.24 显示了旧金山加州科学博物馆的波状绿色屋顶，该绿色屋顶是个典范，具有教育目的。

半密集型绿色屋顶由各种生长植物组成——比拓展型系统的植物种类更多。屋顶结构不能承载全密集型绿色屋顶的重量时，则使用这类屋顶。所有绿色屋顶都需要防水膜，避免水漏入建筑物。同时，还需要额外的隔层，以避免根系穿透防水膜和被工人意外破坏。除了额外的材料和工人外，拓展型和密集型绿色屋顶之间的重要差异在于结构加固，以承载密集型屋顶的额外重量。

拓展型绿色屋顶平均增加了 $7\sim8$ $lb/ft^2/in$ 的土壤。因此，拓展型绿色屋顶给标准屋顶增加了 $30\sim50$ lb/ft^2 的静负荷，重量为 $25\sim35 lb/ft^2$。根据 EPA，密集型绿色屋顶给屋顶结构物增加$80\sim150$ lb/ft^2 的负荷（http://www. epa. gov/neatisland /strategies/ greenroofs. html）。

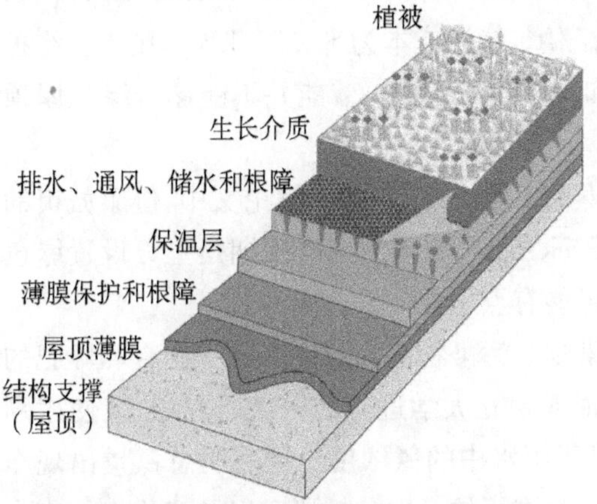

密集型和半密集型绿色屋顶的设计通常包括储水池，可以用碎石填充。该储水池还作为根障，可以改善排水和通风。图 8.25 显示了该绿色屋顶的截面。

由于适用于城市，绿色屋顶在欧洲比在美国更受欢迎、更实用。在德国，7%的建筑物均覆盖有绿

植被

生长介质

排水、通风、储水和根障

保温层

薄膜保护和根障

屋顶薄膜

结构支撑（屋顶）

图 8.25　绿色屋顶截面（密集型和半密集型）（摘自《马里兰州雨水设计手册》图 5.2，2009）

色屋顶,而在美国只有 1% 的建筑物覆盖有绿色屋顶。原因在于德国的大多数人均居住在平顶的多层公寓大楼,而大多数美国房屋都是陡屋顶的独户房屋。

绿色屋顶可以保存小雨和中雨的大部分雨水,但在持久降雨期间,不会减小最大径流。绿色屋顶的保水和滞留效率受气温、前期水分条件、降雨持续时间和植物吸收的影响。实验表明,绿色屋顶可以保留东北全年降雨量的 50%～60%。密歇根州东南部的劳伦斯科技大学进行了一项研究,于 2010 年安装 13 ft² 的绿色屋顶,并于 2011 年 8 月开始进行监控。进行 9 个月的测试后,发现期间绿色屋顶大约可以保留 53% 的降雨量(Brzozowski,2012)。宾夕法尼亚州绿色屋顶研究中心编制的教育手册指出,绿色屋顶可以保留 5 月到 9 月 80%～90% 的雨水,以及可以保留 10 月到 3 月 20%～40% 的雨水和雪。在夏季,几个晴天之后,典型的 4 in(10 cm)绿色屋顶可以完全保留 0.6～0.7 in(15～18 mm)的降雨量。如果在潮湿天气后下雨,则保水能力将下降。在比利时进行的一次测试期间,24 小时 0.6 in(15 mm)降雨后,绿色屋顶的径流量实测为 0.2 in(5 mm)。这表明该次降雨的雨水滞留量为 0.4 in(10 mm)。假设至少采用 4 in(10 cm)厚的绿色屋顶,土壤介质的保水能力将为 1～1.5 mm/cm(0.1～0.15 in/in)。

上文提及的 EPA 网站中包含的 2005 年建模研究表明,在华盛顿特区 20% 的 10 000 ft 以上的建筑物安装绿色屋顶,可以提供 23 000 000 gal(87 064 m³)的储水容量,每年可使排入下水道的径流量减少 3 万亿 gal(114 万 m³)。

通过散热,绿色屋顶可以降低供暖和冷却成本,同时可以有效地降低城市建筑物的热岛效应。这种作用在很大程度上取决于气候。在加拿大进行的一次研究模拟了多伦多单层建筑 32 000 ft²(2 973 m²)绿色屋顶的供暖和制冷功能。分析估计绿色屋顶可以节约总制冷能力的大约 6%,以及总供暖能量的 10%,每年可达 21 000 kWh(http:www.epa.gov/heatislands/resources/pdf/GreenRoofsCompendium.pdf)。估计绿色屋顶的年维护成本为 ＄0.25/ft²,能源成本为 ＄0.20/kWh,则年度维护成本和能源节约分别算得为 ＄8 000 和 ＄4 200。因此,节能并不能涵盖绿色屋顶的年度维护成本。

绿色屋顶还延长了屋顶的使用寿命。在 2007 年的一篇论文中,健康城市的绿屋顶协会的创始人和主席 Stephen Peck 提到,德国的标准预期是上方设置绿色屋顶的薄膜可以使用 40 年;这种预期可能有点乐观。

绿色屋顶可以清除径流中的污染物。污染物清除效果取决于肥料和堆肥的用量以及雨水中氮的总量。在宾夕法尼亚州立大学进行的一次研究中,仅使用刚好足够的肥料,径流中的氮浓度几乎等于雨水中的氮浓度。这表明总氮量出现净减少是由于径流量的减少。在密歇根大学进行的一次分析研究以及多伦多约克大学的绿色屋顶测试结果表明,与使用传统屋顶相比,径流中氮浓度减少了 50%。但是，劳伦斯科技大学进行的水质研究结果并不确定。

2009 年 2 月 9 日更新的 EPA 网站报告了安装绿色屋顶的估计成本，简单拓展型屋顶成本为＄10/ft²，密集型屋顶成本在＄25/ft² 以上。各类屋顶的年度维护成本为＄0.75～＄1.50/ft²（http://www.epa.gov/heatisland/mitigation /greenroofs.htm）。相比之下，传统屋顶的成本为＄1.25/ft²，且年度维护成本非常少。过去 10 年内，美国越来越多地使用绿色屋顶，并获得大量绿色屋顶应用的相关知识。在卡罗来纳州等气候炎热的地方，让植被快速成长更加困难。在这些州以及亚利桑那州、内华达州和新墨西哥州等其他西南部的州，采用绿色屋顶并不实际。

前文所述的传统屋顶和绿色屋顶的成本之间的重大差异导致人们不愿意使用绿色屋顶。人们可能会在屋顶或阳台放置植物、蔬菜盆栽和花盆，而不是安装绿色屋顶。这些可以放置在传统的平屋顶或阳台上，因此，成本远远低于绿色屋顶。同时，还可以提供新鲜的食物。图 8.26 显示了加拿大拉瓦尔公寓阳台的罗勒属植物盆栽，图 8.27 显示了俄亥俄州辛辛那提市希尔顿酒店部分屋顶的植物盆栽。

图 8.26　加拿大拉瓦尔公寓阳台的罗勒属植物盆栽(摄影：作者，2012)　　图 8.27　俄亥俄州辛辛那提市希尔顿酒店部分屋顶的植物盆栽(摄影：作者，2013)

根据作者的估计，在炎热的天气下，除了安装和维护费用外，绿色屋顶每立方米储水容量的成本为＄5 000 到＄10 000。因此，如何管理屋顶径流是首要问题，绿色屋顶并不是解决方案；作者认为，还有更具成本效益的备选方案。这些方案包括雨水花园、干井和雨水槽；后者将在第 10 章中进行讨论。这些方案除了比绿色屋顶更便宜外，还可以适用于独户住宅，由于独户住宅通常具有陡屋顶，无法培育绿色屋顶。雨水槽还可以储水，以便重复利用。

8.7.2　绿色屋顶的雨水管理分析

上文所述的所有案例分析均针对特定地点，不能提供估计绿色屋顶的径流量和最大径流的通用方法。许多管辖机构建议用具有特定土壤曲线数（CN）的 SCS TR-55 法估计绿色屋顶排放的最大径流或径流量。例如，位于中西部的可持续性组织美国街区技术中心规定绿色屋顶的 CN＝75，但没有正当理由。

弗吉尼亚州费尔菲尔德郡使用的拓展型和密集型绿色屋顶的 CN 值分别为 75 和 65。2003 年到 2004 年期间佐治亚大学对指定绿色屋顶进行了实验性研究（Moody，2012）。马里兰州环境部规定 8 in（20 cm）和 2 in（5 cm）厚绿色屋顶的 CN 值范围分别为 77 到 94。马里兰州的 CN 值表示初损，CN＝77 为 0.6 in（15 mm）的初损，CN＝94 为 0.12 in（3 mm）的初损。这些数值与上文所述的规定 CN 值不同，可以适当反映绿色屋顶的保水能力。但是，CN 值小于 100（实际上使用 98）意味着深层渗漏，而绿色屋顶不存在深层渗漏。因此，用 SCS 法低估了绿色屋顶的最大径流，绿色屋顶在 24 小时暴雨的前几个小时即饱和。

为了获得分析绿色屋顶雨水管理能力的通用方法，应认识到由于存在不渗漏层，绿色屋顶不存在任何渗漏。绿色屋顶应看作具有有限容量的小滞流池。具体地说，当土壤介质中的孔隙被填充时，绿色屋顶可以保持水分，但是，饱和后，将会排放所有降雨量，不会减少径流。土壤的最大保水能力是其孔隙率和凋萎点（低于该含水量，植被将枯萎）之差。土壤的孔隙率和凋萎点因土壤类型的不同而有所不同，虽然按体积计算平均为 35％和 15％。因此，绿色屋顶可以保留的最大降雨量为每厘米土壤厚度 0.20 cm（0.2 in/in）。为了植被健康考虑，土壤湿度应高于凋萎点，绿色屋顶的保水能力应接近 15％，而不是 20％。这意味着 4 in（10 cm）厚的绿色屋顶可以保留 0.6 in（1.5 cm）的降雨量。因此，绿色屋顶每年可以保留较大百分比的降雨量，但是，在持续暴雨期间，无法有效地控制径流。

可通过以下公式估计绿色屋顶的径流深度：

$$R = P - 0.15MT \tag{8.1}$$

式中：P——降雨深度，mm（in）；

R——径流深度，mm（in）；

MT——土壤介质厚度，mm（in）。

这个公式表明，降雨量较小时，绿色屋顶没有排水。但是，在持续降雨期间，土壤的储水量被耗尽，绿色屋顶的功能和传统屋顶相同。因此，暴雨期间绿色屋顶的最大径流可以用以下公式计算，以下公式基于通用径流模型，与推理法相似，也使用了径流系数，C＝1.0。

$$Q = I \cdot A/3\ 600 \qquad \text{(SI)} \tag{8.2}$$

$$Q = I \cdot A/43\ 200 \qquad \text{(CU)} \tag{8.3}$$

式中：I——降雨强度，mm/h(in/h)；

A——绿色屋顶面积，m²(ft²)；

Q——最大流量，L/s(cfs)。

示例 8.1

拓展型绿色屋顶包括 10 cm 土壤，并涵盖 2 200 m² 屋顶的 2 000 m²。计算绿色屋顶的储水量以及保留 1 m³ 雨水的成本。屋顶结构的额外成本估计为 $150/m²。

解

估计有效孔隙率为 15%。

储水量＝2 000×(10/100)×0.15＝30 m³

额外屋顶成本＝2 200×150＝$330 000

储水成本＝$330 000/30＝$11 000/m³

8.8　蓝色屋顶

蓝色屋顶为非植被源头控制雨水管理措施。蓝色屋顶包括用于临时储水的不透水结构物。储存的水部分因蒸发而消散。蓝色屋顶在降雨结束后将排放储存的水，从而减小雨水沟或河流排水系统的最大流量。有很多流量控制措施，包括改进进水口、拦沙坝或托盘。根据临时保存的水的排放控制设备类型，蓝色屋顶可以分类为"主动"或"被动"。所有流量控制类型均具有保水效果。但是，托盘和拦沙坝系统比其他控制方法更有效。蓝色屋顶的储水效率比绿色屋顶更高。同时，由于没有植被，蓝色屋顶所需的维护比绿色屋顶更少。

蓝色屋顶包括开放水面，水保存在多孔介质或模块表面内或下方或抬高的甲板盖下方。除了雨水管理作用外，蓝色屋顶还可以储水，以便重复利用，例如用于浇灌，或作为休闲嬉水区。蓝色屋顶还可以在天气炎热时冷却建筑物屋顶，以减少基于机械设备的 HVAC 并节约能源成本。

蓝色屋顶给屋顶增加的负荷比绿色屋顶更小，因此，不需要用比传统屋顶强太多的结构。蓝色屋顶储存 1.6 in(41 mm) 的水量，相当于 8~10 in(20~25 cm) 绿色屋顶所储的水量，但重量却比绿色屋顶轻 10 倍。此外，蓝色屋顶与绿色屋顶不同，可适用于干旱或半干旱气候。从短期来看，蓝色屋顶比绿色屋顶更有效，且成本比绿色屋顶更低。

美国已进行多个蓝色屋顶试点项目。2010 年到 2012 年期间，纽约市环保部开展了一项重大蓝色屋顶试点项目。本项目是第一个应用 Geosyntec Consultants 开发的创新被动蓝色屋顶托盘设计的项目。在全面试点项目中，设计依赖于无纺过滤织物的侧面传递性来控制水位下降。这些系统的监测已证明它们可以有效地减小最大流量,并延后合流排水系统最大流量的出现时间。与浅色屋顶材料相结合,蓝色屋顶可以通过冷却屋顶节约能源成本。

8.9 雨水湿地

雨水湿地也称为人工湿地,是一种结构性雨水管理措施,可以同时处理和储存径流。它们与湿池相似,只是雨水湿地通常较浅,且浅沼泽区有湿地植物。

天然湿地和人工湿地有很多有用的功能,其中一个功能就是过滤。水流经湿地后速度将减缓,且大部分悬浮固体将被植被捕获并沉降。其他污染物被转换成难溶的形式,并被植物拦截或失效。湿地植物还可以为微生物创造有利的生存和繁殖条件。通过一系列复杂的过程,这些微生物还可以变形并清除水中的污染物。

天然湿地系统通常被称为"地球之肾",因为它们可以过滤经过湿地流入湖泊、小溪或海洋的水中的污染物。因为这些系统可以改善水质,工程师和科学家建设了复制天然湿地功能的系统。人工湿地是复制自然过程的处理系统,包括湿地植被、土壤以及相关微生物群落,以改善水质(EPA,2004)。

雨水湿地专门设计用于雨水处理,且是最有效的雨水处理措施之一。同时还具有景观作用和栖息地价值。雨水湿地本质上不同于天然湿地;雨水湿地的生物多样性比不上天然湿地。雨水湿地有几种设计变化:主要区别是浅水区和深水区的相对数量以及干储量。

雨水湿地适用于美国的大部分地区,干旱地带除外,且不适用于高度城市化的环境。如果在高处使用雨水湿地,该处的土地里会产生高度污染的径流,则需要与地下水隔离。雨水湿地几乎可以用于所有土壤以及坡度为15%以下的场地。

人工湿地通常建设在高地,且在河漫滩之外,以避免排水进入湿地以及其他水系。通常通过开挖、回填、找平、护堤建设以及(有时)安装流量控制结构物的方式建设湿地。在透水性较强的土壤中,通常会安装不透水的压实黏土防渗层,并将原来的土壤铺设在防渗层上方。然后种植湿地植被,或让植被自然生长。

雨水湿地的设计因现场条件限制而存在很大的差异。但是,大部分湿地设计应包括预处理、运输、减少维护以及绿化等功能。雨水湿地的设计变化包括浅沼泽、延时滞留区、池塘/湿地设计、口袋湿地以及以砾石为基层的湿地。图8.28显示出了口袋湿地的一个变种。在浅沼泽中,大部分湿地均位于较浅的高沼泽或低位沼泽中,且唯一较深的部分位于湿地入口的前池以及湿地出口的微型池塘。延时滞留湿地与浅沼泽相似,在沼泽上方具有额外的储量,以提供延时滞留池。池塘/湿地系统,顾名思义,结合了湿池和浅沼泽。雨水径流进入湿池,然后经过沼泽。由于池塘的深度可能有 6～8 ft(1.8～2.4 m)，这类湿地所需的表面面积小于浅沼泽。在口袋池塘设计中，湿地底部与地下水相交，从而有助于保持永久的池塘。由于地下水会流动，因此这类湿地的效率比不上其他湿地，应在排水区域不足要保持永久池塘时，才应使用这类湿地。在以砾石为基层的湿地中，水将流经岩石过滤器。污染物将被岩石表面的植物和生物吸收，从而被清除。这类湿地基本上不同于其他湿地设计，更类似于过滤系统。

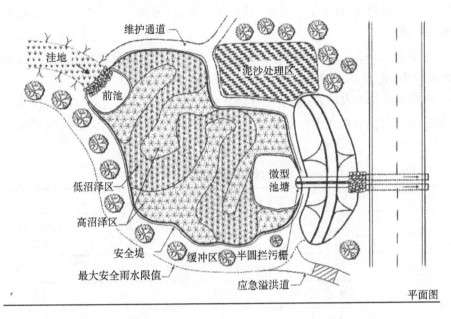

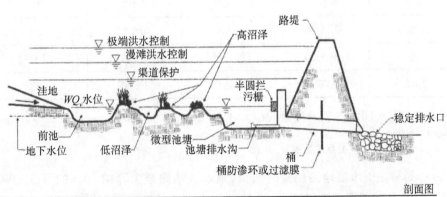

图 8.28　口袋湿地(摘自《纽约州雨洪管理设计手册》,2010)

　　表 8.2 基于有限的数据点，列出了各类雨水湿地的比较。雨水湿地相对便宜，但是要占据 2%～4% 的排水面积，与其他雨水管理措施相比占据的排水面积较大。

雨水湿地的建造成本信息较少,但是,可以假设湿地的成本比具有同等储水量的湿地高大约 25%。保存 35 000 ft³ 10 年一遇暴雨径流量的湿地成本估计为 \$50 000。

人工湿地的建议设计标准如下。

- 根据其深度,雨水湿地的表面积应为集水排水面积的 2%~4%。对于以砾石为基层的湿地,面积将随着砾石厚度的变化而变化。

- 与湿池相反,在人工湿地中,只有一小部分(平均小于十分之一)表面积为开阔深水域。

- 至少三分之一的表面积深度应小于 6 in(15 cm),且至少有三分之二的表面积深度应为 18 in(46 cm)或以下。

- 前池应位于入口处,储存大约 10% WQ_v 的 4~6 ft(1.2~1.8 m)深微型池塘应位于出口处,以避免低流量开孔被堵住和沉淀物再悬浮(《马里兰州雨洪管理手册》,2009)。

表 8.2 湿地的典型去除率(%)

雨水处理措施设计差异				
污染物	浅沼泽	ED 湿地[a]	池塘/湿地系统	潜流砾石湿地[a]
TSS	83±51	69	71±35	83
TP	43±40	39	56±35	64
TN	26±49	56	19±29	19
No$_x$	73±49	35	40±68	81
金属	36~85	(80)~63	0~57	21~83
细菌	76[a]	不适用	不适用	78

来源:EPA、NPDES 雨水湿地 http://cfpub.epa.gov/npdes/stormwater/menuofbmps/index.cfm7action=factsheet_)。

a 基于少于 5 个数据点的数据。

- 如果在雨水湿地使用延时滞留,则永久池塘至少容纳 50% 的 WQ_v;WQ_v-ED 的最大水面高程不得超过永久池塘 3 ft(1 m)(《纽约州雨洪管理设计手册》,2010)。

- 由于这些措施将提高溪水温度,因此强烈反对在存在鳟鱼的水域使用雨水湿地。

8.10　地下砾石湿地

地下砾石湿地(SGW),也称为潜流砾石湿地,是一种雨水管理系统,其功能与天然湿地相似,除了地下砾石湿地的一部分位于地下。该系统最初由新罕布什尔大学雨水中心(UNHSC)设计,在一定程度上基于废水处理常用的多层填充反应器的原理。原地下砾石湿地包括两个处理单元,前面是前池,用于保留粗颗粒和所有杂物。这两个单元均包括一个底面湿地和碎石底层,中间采用至少 3 in(8 cm)的级配砂石过滤器,避免湿地土壤进入砾石底层。图 8.29 为 UNHSC 地下砾石湿地的布置图。前池排水管排出的水首先保留在第一个单元内,然后通过立管的孔缓慢排放到砾石底基层。超过第一个单元的容量的水将进入第二个单元,同时通过立管进行过滤。砾石层的水将在第一个单元下方流入第二个单元,并通过出口排放,出口内底位于砾石底基层顶部。系统的前面可以设置水动力隔离装置、沼泽或前池。

为了获得相应法规的许可,从 2007 年 7 月到 2010 年 10 月期间,在 Greenland Meadows 的 GSW(高使用率商业场所)进行水质监控。GWS 排放的水进入 Pickering 河,Pickering 河是一个被破坏的水道。本项目的结果表明,经处理的径流的总悬浮固体(TSS)中值浓度按重量计算为 3 ppm。该值低于施工前 TSS 的浓度 5 ppm,以及远低于 Pickering 河的实测 TSS 浓度 53 ppm(Gunderson et al. 2012)。

对 UNHSC 的地下砾石湿地进行的长期监测表明,生长季节期间的平均年硝酸盐去除率为 75%~85%,冬季为 33%。年平均硝酸盐去除率实测为 75%,总悬浮固体去除率超过 95%。

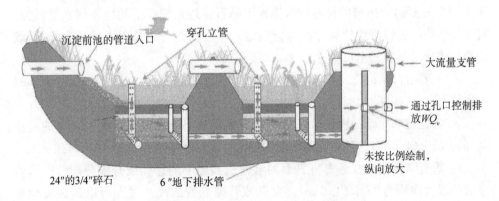

图 8.29　UNHSC 地下砾石湿地剖面图

UNHSC 的 GSW 规范如下。

- 通过设计出口内底高程,维持地下水位(内底位于湿地土壤表面下方)。
- 保留和过滤所有水质容积(WQ_v),10%保留在前池,45%保留在各处理单元上方。
- 可以将河道保护体积(Cp_v)维持 24～48 小时。
- 土工布或土工织物层不得用于该系统内,但是可以用于界墙。
- 如果规定的 SGW 位置下方没有低液压传导率原土,应用砾石层下方的低透水性衬垫或土壤(液压传导率小于 10^{-5} cm/s＝0.03 ft/d)尽量减少渗透,保持砾石的水平流量,以及保护湿地植物。
- 各处理单元需要长宽比为 0.5($L:W$)或以上的砾石,砾石基质内的最小流道(L)为 15 ft(4.6 m)。
- 应用厚度至少为 8 in(20 cm)的平台湿地土壤作为表层。
- 应用厚度至少为 3 in(8 cm)的级配砂石作为中间过滤层,以避免湿地土壤进入砾石底层。须对各层之间的材料兼容性进行评估。
- 碎石底层的厚度至少为 24 in(0.6 m),由 3/4 in(2 cm)碎石组成。这是进行处理的活性区。
- 主要出口的内底应位于湿地土壤表面高程下方 4 in(10 cm),以控制地下水高程。应注意不得设计湿地排水虹吸管。主要出口的位置必须打开或通风;出口可以是简单的管道。
- 可以在相同高程或更低的高程,给主要出口安装备选大容量出口,以便于维护。在常规运行期间,须堵住该出口。通过该备选出口可以用更高的流速冲洗处理单元。如果位于更低的位置,可以用于排干系统中的水,以便于进行维护或维修。
- 旁通出口(应急溢洪道或二级溢洪道)的尺寸应可以通过设计流量(10 年一遇、25 年一遇等)。出口的尺寸应根据地下砾石湿地系统提供的地表储水量,通过流入过程线的传统路线计算方法进行确定。然后根据当地最大流量减少标准,确定满足该标准所需的出口尺寸。
- 主要出口结构物及其液压标定曲线均基于算得的孔口控制器 24～48 小时内排放 WQ_v 的速度。
- 各处理单元砾石层任何一端的地下穿孔分配管和地下污水管之间的最小间隔为 15 ft(4.6 m)。各单元砾石层内的水平流动距离至少应为 15 ft(4.6 m)。
- 垂直穿孔或开槽竖管将表面的水输送到地下的穿孔或开槽分配管。这些立管的最大间隔为 15 ft(4.6 m)。穿孔或开槽立管的尺寸过大可以确保安全系数,避免堵塞,中间竖管的最小建议直径为 12 in(30 cm),端部竖管的最小建议直径为 6 in(15 cm)。竖管端部不得加盖,而应用入口闸盖覆盖,以便水位超过 WQ_v

时能够发生溢流。

• 各端与地下分配和收集排水管连接的垂直清洗口应只能在砾石层打孔或开槽,且在上方的湿地土壤和储水区内应无孔。主要是要避免短路和弄脏管道。

• 隔离前池和处理单元的护堤和围堰应用黏土或非导电土壤或细土工布,或这些材料的组合建造,以避免这些土制隔离物渗水或弄脏管道。

• 系统应种上专性和兼性湿地植物,以与草、草本植物和灌木形成严密的根丛。对于北方气候,当地湿地植物的详细信息参见《纽约雨水手册》(http://www.dec.state.ny.us/website/dow/toolbox/swmanual/)或经批准的同等当地指南。

地下砾石湿地不一定要像 UNHSC 的 SGW 一样有两个单元。图 8.30 显示

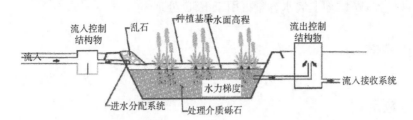

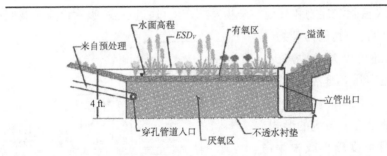

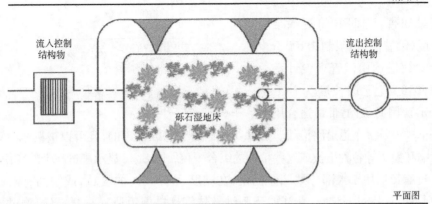

图 8.30　潜流砾石湿地备选平面图(摘自《马里兰州暴雨水设计手册》图 5.10,2009)

了仅包括一个单元的潜流砾石湿地。图中列出了两个流入-流出布置方案。如图所示,流入的水可以进入处理介质砾石上方的水体,或直接进入砾石介质。在第一种情况下,排水管应从处理介质穿过,在第二种情况下,应通过水体。

马里兰州环境部规定,地下砾石湿地只能用于 C 或 D 类水文土壤上方。该机构的设计指南指出:

- SGW 最适合用于排水不好的土壤或地下水位高的情况;
- 在某个场地实施了 SGW,不得拒绝使用其他 ESP 方案,由于 SGW 没有排水面积的限制,使用一个 SGW 会逐渐破坏模拟的当地水文以及均匀分布在现场的径流控制装置所需的 MEP;
- 只有 SGW 的地上储水容量可用于 ESD 处理。

8.11 过滤带

8.11.1 应用

过滤带是一种植被覆盖面,设计用于处理相邻路面的层流。过滤带通过减缓径流速度以及清除沉淀物和其他污染物发挥作用,通过过滤、吸附以及植物吸收和渗滤清除沉淀物和其他污染物。虽然过滤带还可以大大地减少径流量,但是实际上通常会忽略这种影响。为了确保有效性和稳定性,过滤带应以层流的形式接收径流,且坡度较小或中等,最大为 15%。为了避免集中渗流到过滤带,NJDEP 将过滤带的长度(沿着流量)限制为100 ft(30 m);《纽约雨洪管理设计手册》(2010)规定该长度为 75 ft(23 m)。因此,过滤带最适合用

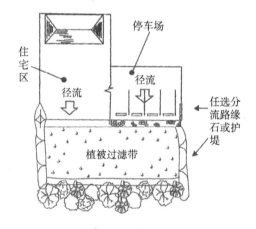

图 8.31 过滤带

于停车场以及多车道道路沿线。过滤带可以是天然或人工的,且可以被树木、草、草本植物和灌木等各种植被或这些植被的组合覆盖。图 8.31 显示了过滤带的应用。

过滤带适用于大部分地区。但是,在坡度大于 15% 的区域,或空间有限的区域,则不能使用过滤带。《新泽西州雨洪最佳管理措施手册》(2004)将植物过滤器的最大总悬浮固体(TSS)去除率视为植被的函数:

草皮草	60%
当地草、草地	70%
本土树木	80%

如果有多种植被，可以根据上文所述的去除率的加权平均值计算综合 TSS 去除率。达到上述 TSS 去除率所需的过滤带的长度还取决于地面坡度和水文土壤类别。

图 8.32 摘自 NJDEP，显示了规定的过滤带长度为 B 类水文土壤的坡度和植被的函数。

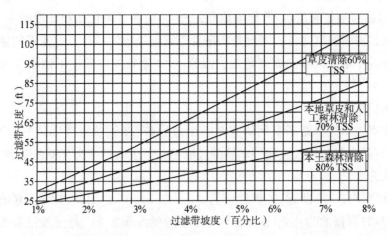

图 8.32　植被过滤带排水区域土壤的 TSS 去除率（肥土，粉沙壤土 HGS：B）
（摘自 NJDEP，2004 年，第 9 章）

对于长度至少等于须处理的已铺面区域长度的一半的过滤带（沿着流动路径），伊利诺伊州 NRCS 报告的 TSS 去除率为 80%（第 853 号准则，1999）。该去除率远远大于新泽西州采用的 TSS 去除率。过滤带还能够清除硝酸盐、总磷和重金属等其他污染物。但是，许多管辖机构尚未规定这些污染物的去除率。

过滤带应用的一些典型位置如下。

a. 与道路、停车场和其他不透水表面相邻。第 7 章的案例研究 7.4 和 7.5 分别用过滤带解决新泽西花园州公园道路改善项目和市政停车场扩建中存在的问题。案例研究 8.1 对后一个案例研究的过滤带应用进行了详细说明。

b. 在屋顶落水管处草坪和植被过滤带分散和渗滤屋顶径流。图 8.33 为终止于作者住宅种植区域的落水管。

图 8.33　作者住宅屋顶落水管的
植被区（过滤带）

景观(与草坪齐平)完全保留和渗滤落水管的排水,落水管输送四分之一的住宅屋顶径流。

c. 与小溪、湖泊和池塘相邻的缓冲区。

d. 工地以及被扰动土地沿线,以过滤裸露土壤的沉淀物。

8.11.2 设计标准

· 过滤带的最大排水面积应为 2 hm²(5 ac)。

· 过滤带坡度应小于 15%(大约为 1 V∶7 H)。

· 过滤带最短长度(沿着流动路径的尺寸)应超过单位面积长度的一半,即排水面积与过滤带宽度之比。宽度是指垂直于流动路径的尺寸。过滤带的宽度通常与被处理的不透水区域的宽度相同。因此,过滤带长度应等于不透水表面的流动长度的一半。

案例研究 8.1

本次案例研究介绍了案例研究 7.5 中过滤带 TSS(总悬浮固体)去除率的计算,以及富兰克林湖市政大楼停车场的过滤带和蓄洪池的综合 TSS 去除率。

解决方案

如案例研究 7.5 所述,提供坡度为 2%~2.5% 的 30 ft(9.14 m)宽植被过滤带,作为延时滞留池的补充,以满足停车场扩建的水质要求。过滤带沿着停车场建设,并种植本土植被和小灌木。对博根郡土壤调查图的审查发现,现场存在 Dunellen 土,这种土壤被归类为 A 类水文土壤。对于 2.25% 的平均坡度,图 8.34 表明最小 TSS 去除率为 70%。

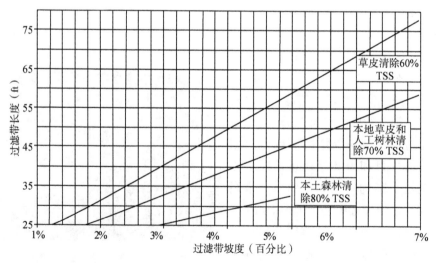

图 8.34 植被过滤带(案例研究 8.1 的 TSS 去除率,砂质土壤∶HSG A)

通过过滤带后,停车场的径流进入蓄洪池,根据上述案例研究的路线计算,蓄洪池可以提供 12 小时的保留时间。对于该保留时间而言,图 8.35 表明 TSS 去除率为 40%。因此,过滤带加蓄洪池的综合 TSS 去除率可以按以下公式计算:

$$TSS 去除率 = 70\% + 40\% - (70\% \times 40\%) = 82\%$$

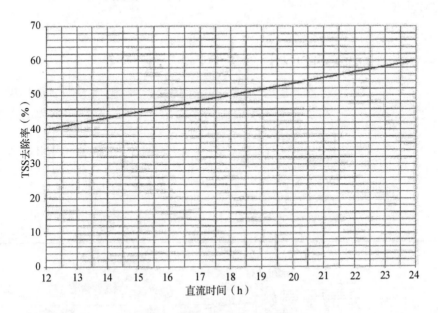

图 8.35　蓄洪池的 TSS 去除率(40%)

因此,系统提供的 TSS 去除率大于所需的去除率。由于该现场位于 PA1(大都市规划区)且之前已被扰动,因此不需要进行地下水补给。

8.12　生物滞留池、洼地和单元

这些结构物通常设计用于处理水质,也可以减少径流。

8.12.1　生物滞留池

生物滞留池也称为生物渗滤池,包括植被土壤床,位于砂和砾石地下排水层上方。进入生物滞留池的雨水径流首先被植被过滤,然后在通过地下排水沟排放之前,被土壤床和砂层过滤。生物滞留池可以有效清除雨水径流的悬浮固体、营养物、金属、碳氢化合物和细菌。生物滞留池与入渗池相似,除了床沙和植物。入渗池被砂子覆盖且没有植物,而生物滞留池被土壤混合物覆盖且种有植物。同时,入渗池没有地下排水沟,但是生物滞留池可以配置地下排水沟。

　　为了避免长期蓄水,生物滞留池应为 2~3 ft(0.6~1 m)深。这些滞留池通常用于改善水质。但是,如果滞留池被设计为多功能两级系统,可以减少最大径流速度。图 8.36 显示了具有泄水建筑物的多功能生物滞留池。图上提供了土壤床和砂层的建议厚度。可以将土壤覆盖层铺设在植被土壤床表面上,以保持水分以帮助植物生长。

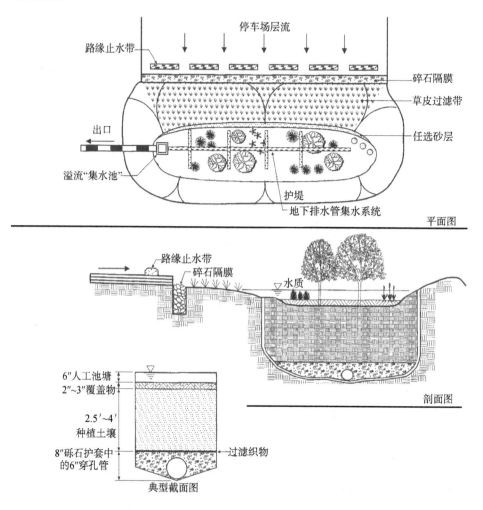

图 8.36　生物滞留池变体(摘自《纽约州雨洪管理设计手册》图 6.19,2010)

　　生物滞留池的设计参数包括其储水容量、种植土混合物的厚度和透水性以及地下排水管道的排水能力。储水容量必须至少足以容纳设计雨水径流,通常为水质暴雨。土壤和砂必须足够厚,以有效地处理雨水,并在 3 天但最好是 2 天内排放到生物滞留池。同时,地下排水沟应具备足够的能力输送经过滤的水。土壤混合物的深度范围为 45 cm(18 in)(种植灌木)到 1 m(±3 ft)(种植树木)。

生物滞留池可以建设在停车岛内、道路中央分隔带和草坪内。为了避免过早堵塞,支流排水区完全稳定之前,生物滞留池不得投入使用。

为了确保正常运行,生物滞留池地下排水管底部至少应为 30 cm(1 ft),但是最好高于季节性高水位 0.6~0.9 m(2~3 ft)。在改善水质方面生物滞留池的功能比入渗池更佳[①],并且更加美观。但是,生物滞留池所需的维护比入渗池和滞流-入渗池更多。每年至少应翻开一次落叶,并修剪灌木,避免氮和磷回到土壤中(Minton,2012)。如果为私有,必须通过地役权或文契限制保护生物渗滤池,确保不会发生不利变化。更多关于生物滞留池设计的信息可见《马里兰州暴雨水设计手册》(2009)和《NJDEP 雨洪管理最佳管理措施手册》(2004)。

生物滞留池的具体设计,如雨水花园和人工湿地一样,可能因设计师的偏好和现场条件的不同而存在很大的差异。但是,生物滞留池应具有一些主要功能。与人工湿地的功能相似,这些功能包括预处理、处理、运输、减少维护和绿化。在干旱气候下,生物滞留池应种植耐旱物种。生物滞留池有几个限制条件:不能用于处理较大排水渠的径流,且如果空间有限则不能使用。但是,可以通过更改现有草坪或景观面积,将生物滞留池作为雨水改造系统。如上文所示,生物滞留池的尺寸通常应根据水质暴雨确定。因此,为了保护渠道以及控制洪水,生物滞留池应用池塘或滞留池等其他措施进行补充。表 8.3 列出了马里兰州两个生物滞留池的污染物清除效率的现场测试结果。具有地下排水沟的生物滞留池可以清除 80% 或以上悬浮沉淀物。生物滞留池的成本因设计细节的不同而存在很大的差异。生物滞留池的平均成本随着储水容量呈线性增加,且可能为入渗池成本的两倍。

表 8.3　马里兰州两个生物滞留池的污染物清除效率

污染物	污染物去除率
铜	43%~97%
铅	70%~95%
锌	64%~95%
磷	65%~87%
总凯氏氮(TKN)	52%~67%
氨气(NH_4)	92%
硝酸盐(NO_3)	15%~16%
总氮(TN)	40%
钙	27%

① 新泽西州 DEP 已接受生物滞留池的 TSS 去除率为 90%。

在任何生物滞留池的设计中,应测量土壤渗透性,以确定是否需要地下排水沟。排水时间的计算应基于实际而非假设渗透率。渗透性低且积水期超过 48 h 或 72 h 的区域应设置地下排水沟。在文献中提到的某些研究中(Jones,2012),假设 A 组水文土壤的渗透率为 0.3 in/h(7.6 mm/h),D 组土壤的渗透率为 0.025 in/h(0.6 mm/h)。前者大概低估了通过周围土壤的实际渗漏损失。

8.12.2 生态湿地

生态湿地也称为生物滞留洼地,与第 7 章所述的植被洼地相似。因此,本节中仅讨论了差异。与植被洼地不同,生物滞留洼地覆盖有灌木和更高的草种,且不割草。生物滞留洼地的设计参数采用植被洼地的设计参数;但是,前者的曼宁系数 n 远大于后者。因此,生物滞留洼地减慢流速以及增加集流时间的作用远远超过植被洼地。同时,密集、更高的植被的污染物去除率比草更高。

俄勒冈州波特兰市很早就使用了生态湿地。1996 年,波特兰市威拉米特河设计和安装了总计 2 330 ft(710 m)的生态湿地,以捕获进入威拉米特河的径流污染物(http://en.wikipedia.org/wiki /Bioswale)。

为了提高渗滤,生态湿地的地表可以覆盖 0.35~0.9 m(1.1~3.0 ft)厚的沙壤土,下方为 15 cm(6 in)粗砂。在渗透性低的区域,还可以在砂层中安装穿孔地下排水管。为了提高边坡稳定性,边坡坡度不得超过 1/4(1 V/4 H)。

生态湿地应用区域包括:

- 停车岛;
- 高速公路中央隔离带或路旁洼地;
- 住宅路旁沟渠。

8.12.3 生物滞留箱

生物滞留箱是紧凑型生物滞留池,用于路边或停车场。这些生物滞留箱包括铺设在无底箱中并种植树木的土壤介质。箱子具有格栅或路缘开孔,以捕获径流。采用 Contech 制造 UrbanGreen™ 生物过滤器。这种生物过滤器包括在现场填充土壤混合物并种植树木的开底混凝土箱。由于收购了 Filterra 生物滞留系统(Filterra),Contech 已停止制造 UrbanGreen。

Filterra,原来是 AmeriCast 的一个部分(现在是 Contech 的一部分),制造了称为 Filterra 仿生树的生物过滤器,这种生物过滤器与 Ultra Urban 相似,除了其接收的是路缘开孔的径流。Filterra 还制造名为 Filterra® Boxless™(FTBXLS)的无箱装置,顾名思义,这种装置没有箱子。在这类过滤器中,土壤介质被放入开挖区域,并种上树木。这类过滤器尤其适用于停车场,停车场的径流在进入 Filterra 之前,可以通过短砾石护堤进行过滤。这类生物过滤器可以节约很多成本,且对于大规模应用,其成本可能与生物滞留池的成本相似,或低于生物滞留池的成本。

表 8.4 列出了 Filterra 的污染物清除效率,表 8.5 列出了支流排水区的可用 Filterra 集雨树箱尺寸,从 1/6 到 1.21 ac(675 到 4 900 m²)。

表 8.4　Filterra 的预期污染物去除率[a]

TSS 去除率	85%
磷去除率	60%～70%
氮去除率	43%
总铜去除率	＞58%
溶解铜去除率	46%
总锌去除率	＞66%
溶解锌去除率	58%
油和油脂	＞93%

备注：过滤土/植物介质的污染物清除效率的相关信息基于第三方实验室和现场研究。
[a] 范围可能因粒度、污染物负荷以及现场条件的不同而有所不同。

表 8.5　一类和二类行道树的 Filterra 快速估量表

可用 Filterra 行道树/庭荫树	最大集水排水区
箱子尺寸(ft)	(ac)式中 C＝0.85
4×6 或 6×4	0.16
4×8 或 8×4	0.23
标准 6×6	0.26
8×6 或 6×8	0.36
4×12 或 12×4	
10×6 或 6×10	0.46
12×6 或 6×12	0.56
13×7 或 7×13	0.71
可用 Filterra 行道树/庭荫树	最大集水排水区
箱子尺寸(ft)	(ac)式中 C＝0.50
4×6 或 6×4	0.28
4×8 或 8×4	0.39

续　表

可用 Filterra 行道树/庭荫树	最大集水排水区
箱子尺寸(ft)	(ac)式中 $C=0.50$
标准 6×6	0.45
8×6 或 6×8	0.61
4×12 或 12×4	
10×6 或 6×10	0.78
12×6 或 6×12	0.95
13×7 或 7×13	1.21

备注:典型的街道树标准推荐使用 1.5~2.5 in 的测径计。为了满足这些尺寸要求,Filterra 已适当确定一类和二类树木各装置的深度为 5 ft 2 in。(直径为 3 in 或更大的树木需要深度为 6 ft 2 in 的装置。)标准规格-40 管道接头被铸入墙体,以便于与排水管连接。

佐治亚州亚特兰大市南部边缘一个大学公园的住宅项目,于 2009 年安装了 111 个 Filterra 仿生树,以满足项目的水质要求(Miller,2011)。

Fabco Industries 最近推出了生物渗滤箱,名为"Focal Point 生物渗滤系统"。该系统与 UrbanGreen 和 Filterra 仿生树不同,没有土壤介质。而是包括多层过滤元件:顶层由清洁的硬木碎屑覆盖物组成;第二层更厚,是执行生物过滤的介质;第三层为干净的碎石,铺设在网状隔离织物上。各层均铺设在空心模块化地下排水管存储区内。进入装置的径流通过分层元件进行过滤,以清除污染物,然后清洁水将进入储水模块。Fabco 称,Focal Point 清除 73% 的磷,43% 的总氮,85% 的总悬浮固体,90% 的油和油脂,以及 87% 的细菌。

8.13　雨水花园

雨水花园是位于表层土上的浅种植床,下方是砂基层,以保留已铺面区域的径流,并将其渗滤到地下。虽然雨水花园的概念已推出许久,但是最近才将术语雨水花园引入雨洪管理措施。古老的文明城市曾直接将径流引入需要充足水量的菜园,尤其是稻田。本国的雨水花园源自马里兰州,在明尼苏达州发展,并快速传播到其他州。

在新泽西州,生长季节的平均每月降雨量大约为 4 in(102 mm),雨水花园越来越多被应用于保留住宅屋顶和车道的雨水。恩格尔伍德克利夫斯是新泽西州的一个镇,该镇成立了在该镇开发和宣传雨水花园以及其他绿色雨水管理措施的委员会。作者是该委员会的成员,审查开发产生的径流并提出针对现场的减少径流的具体建议。

常规花园、菜园或草坪洼地的功能均与雨水花园相同。但是，雨水花园通常是被植物覆盖的浅洼地或一系列浅洼地，以保留其收到的径流并对径流进行渗滤。为了排放超过其容量的水，雨水花园可以配置立管和拦污栅。图8.37为配置溢流系统的典型雨水花园的剖面图，图8.38为斯托尔斯康涅狄格大学（UCONN）校园的雨水花园。该雨水花园包括排放超出其容量的雨水的竖管。

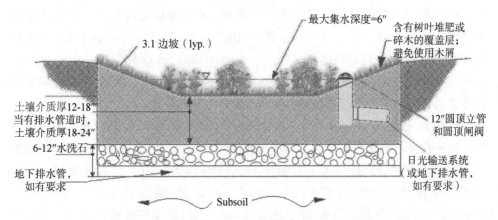

图8.37　典型雨水花园截面（摘自《纽约州雨洪管理设计手册》图5.42，2010）

罗格斯大学和新泽西本地植物协会编制了名为"新泽西州雨水花园手册"（2010）的雨水花园手册。本手册提供了有关雨水花园设计、施工以及选择适当植物的有用信息（http://www.npsnj.org）。

为了提高渗透性和美观程度，雨水花园种植有各种适应土壤和现场气候的本地草、草本和木本植物。本土植物的根系更深，有助于地下水补给，耐旱并且不需要肥料。雨水花园的根系作

图8.38　UCONN雨水花园
（摄影：作者，2014）

为过滤器，清除渗透土壤的雨水的污染物。雨水花园可以有效地减少洪水，改善水质，并且越来越多地用作解决洪水和污染问题的绿色方案。

伊利诺伊州奥罗拉市用源负荷和管理模型SLAMM对雨水花园进行了污染物清除效率模型研究。Spring街沿线的路边线和人行道之间设置有五个水压连接雨水花园，每个11 ft（3.35 m）宽。其中一个雨水花园为60 ft（18.29 m）长，其他四个雨水花园为50 ft（15.24 m）长。所有雨水花园均有底层和植物，植物包括本

地灌木、花和其他植物（山茱萸科植物和糯米树）。其中三个花园的排水区为 0.49 ac(1 983 m²)。这三个花园的 SLAMM 模型表明,他们在 2 年建模期内接收了 29 085 ft³(824 m³)的径流。其中,82%的径流被渗滤,剩下的溢流到第三个雨水花园的集水池。研究表明,三个花园系统捕获了 85%的 TSS,89%的颗粒磷,84%的总凯氏氮,85%的重金属(铜、铅和锌)以及 83%的粪便大肠菌(Seth,2011)。但是,未进行测量确定这些结果。

2005 年,约翰逊郡官员发布了在堪萨斯城大都会地区建设 10 000 个雨水花园的计划(Buranen,2008a)。该计划是意向地区性工作,以教育公众如何管理雨水径流,以改善私人和社区环境的水质(http://www.rain.kc.com)。

库克郡的实验学校是芝加哥的一所高中,该学校实行试点计划,向学生和公众宣传雨水花园在雨水径流管理和水质改善中所发挥的作用。

图 8.39 和图 8.40 显示了 6～12 in(15～30 cm)深的草坪洼地,作者设计该草坪洼地旨在保留新泽西州北部某座城市消防局的屋顶和停车场径流。该草坪洼地(基本上是最简单、最便宜的雨水花园)面积大约为 4 840 ft²(450 m²),接收 32 080 ft²(2 980 m²)路面的径流,路面包括 4 630 ft²(430 m²)屋顶和 27 450 ft²(2 550 m²)停车场。自 2005 年建成以来,除了正常的割草之外,该草坪洼地无须任何维护即可正常运行。

图 8.39　草坪洼地示意图
集雨池保留新泽西州市政消防局屋顶和车道的径流。右侧的岩石用于避免集雨池的雨水斗被侵蚀。
(摄影:作者)

图 8.40　草坪洼地(简单、便宜的雨水花园)的另一个视图

图 8.41 为作者住宅后院的下沉花园。该花园的平面面积大约为 270 ft²(25 m²),深度不超过 8 in(20 cm)。该花园种有玉簪花、绣球花和五种常绿树。该花园接收大约 480 ft²(45 m²)屋顶面积(大约为住宅屋顶的四分之一)加上露台、小屋和 375 ft²(35 m²)混凝土路面的径流。种植洼地没有石头/砂子底基层,实际上表面下方为 25～30 cm 的黏土层。暴雨后可以蓄水 4～6 in(10～15 cm),并在

24～36 小时内排干。2014 年 5 月 22 日和 23 日的两次连续暴雨后洼地积水大约 6 in 深(15 cm),两次雷暴降雨量 5 in(13 cm),并在一天半后完全排干。这个花园不需要浇水,雨水花园不一定要下沉太多。雨水花园从直流区域倾斜向下时,可以建设为几乎平坦的景观花园。图 8.42 显示了作者设计用于捕获进入新泽西州北部某小镇某住宅院子的上坡径流的雨水花园。

图 8.41　后院接收屋顶和院子径流的下沉花园(集雨池)

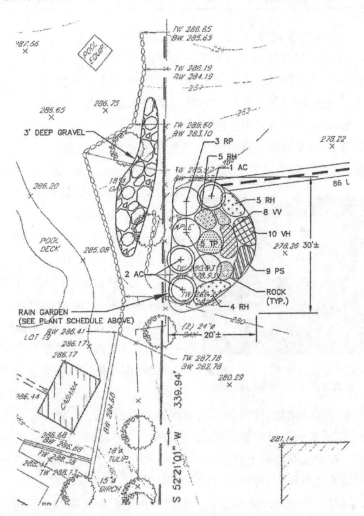

图 8.42　捕获流入上坡房屋住宅庭院的径流的雨水花园(选择下文所列的植物)

植物一览表

关键词	数量	植物学名称	俗名	类型
AC	3	三裂叶荚蒾	美洲落叶灌木	灌木
AV	6	弗吉尼亚须芒草	须芒草	草
PS	9	爬行福禄考	爬行福禄考	草本植物
RH	9	黑心金光菊	黑眼苏珊	草本植物
RP	3	沼泽蔷薇	沼泽蔷薇	灌木
TP	5	沼泽蕨	三月蕨	蕨类植物
WV	10	多穗马鞭草	戟叶马鞭草	草本植物
VV	8	北美草本威灵仙	北美草本威灵仙	草本植物

除了雨水花园的优点外，很多人认为雨水花园不美观，因此不会使用雨水花园。但是，雨水花园如果建设适当并种植观赏植物，可以非常美观。马萨诸塞州林菲尔德一个 200 ac 综合用途项目就是很好的例子。另一个值得参考的例子就是 2007 年春季建设的新泽西州斯托尼布鲁克磨石水域协会（Stony Brook-Millstone Watershed Association）自然中心的示范雨水花园。

可以根据 USDA 抗寒区植物地图（美国国家植物园）选择雨水花园的植物，该地图将美国分成 20 个区，名称为 1，la，lb，2a，2b……10a，10b 到 11。这些区域从 1 区－50°F 以下的低温到 11 区 40°F 以上的高温，中间区域间隔 5°F。在新英格兰隔壁以及美国东部直到佛罗里达州北部，指定为 3a 到 9b 区，可以为雨水花园选择以下植物：大果栎、柳枝稷、玉簪花、小须芒草以及喜光的蝴蝶乳木、野薄荷以及喜光和喜阴的绣球花。图 8.43 为阿佛洛狄忒式玉簪花，一种玉簪属植物。为了选择适当的植物，可以在线咨询州植物协会或当地苗圃或蒙罗维亚公司（http://www.monrovia.com）。

图 8.43　适用于植物耐寒区 7 的阿佛洛狄忒式玉簪花（一种玉簪属植物）

应对雨水花园的地址进行测试，以确定是否有肥沃的土壤。须清除渗透性低的土壤，并用肥沃的土壤混合物替代，混合物包含 50% 的砂子，20% 的表层土以及 30% 的堆肥。如果土壤的黏土含量少于 10%，则可以用于代替混合物中的外来表层土。还可以通过石灰、石膏和特定的营养物等改良剂改善现有土壤。

雨水花园可以是任何尺寸和形状。典型的住宅雨水花园的面积范围为 9～31 m²（100～330 ft²）。面积小于 9 m²（100 ft²）的雨水花园不能种植所需的植物品种，而面积大于 31 m²(330 ft²)的花园不易于整平。一般来说,雨水花园的长度应为其宽度的两倍(垂直于坡度)。雨水花园的深度应根据地面坡度确定。对于平面花园,坡度小于 4%时,深度范围可以为 7.6～15 cm(3～6 in);坡度 8%～12%时,深度范围可以为 3～8 in(7.6～20 cm)。

雨水花园的面积是深度及其与落水管的距离的函数。由于途中的渗透损失,雨水花园与落水管的距离越远,面积越小。对于中等渗透性的土壤,作者建议使用的面积系数为 0.25[距离落水管 10 ft(3 m)的雨水花园]到 0.05[距离落水管 30 ft(9 m)以上的雨水花园];面积系数是雨水花园面积与所处理的屋顶或路面面积之比。

雨水花园的成本为 4～25 美元每平方英尺。后面的数字适用于需要使用雨水渠、地下排水沟和路缘石等其他控制结构物的情况。如果没有任何排水结构物,植物成本构成雨水花园的主要成本。雨水花园的更多详细信息可参见《新泽西州雨水花园手册》(新泽西州本地植物协会,2010),EPA 网站(http://www.epa.gov/nsp/toolbox/other/cwc_rain gardenbrochure.pdf)和 Wikipedia 网站(http//en.wikipedia.org/wiki/Rain_garden)。

示例 8.2

15 m²/150 ft²的雨水花园接收 100 m²/1 000 ft² 屋顶面积的径流。雨水花园包括 15 cm/6 in 碎石基层、20 cm/8 in 土壤混合物,且包括 15 cm/6 in 洼地。计算雨水花园可以保留的降雨深度。

解决方案

分别用国际单位和英制单位进行计算。假设碎石的孔隙率为 40%,有效孔隙率为 15%(土壤混合物的无孔含水量)。

- 碎石和土壤混合物的储水容量为

$$V_s = 15 \times (15/100) \times 0.4 = 0.9 \text{ m}^3; 150 \times (6/12) \times 0.4 = 30 \text{ ft}^3$$
$$V_{sn} = 15 \times (20/100) \times 0.15 = 0.45 \text{ m}^3; 150 \times (8/12) \times 0.15 = 15 \text{ ft}^3$$

- 床上方的干储量

$$V = 15 \times 15/100 = 2.25 \text{ m}^3; 150 \times (6/12) = 75 \text{ ft}^3$$
$$总储水量 = 0.9 + 0.45 + 2.25 = 3.6 \text{ m}^3; 30 + 15 + 75 = 120 \text{ ft}^3$$
$$滞留深度 = V/(A_{mool} + A_{gar})$$

除水深度 = 3.6/(100+15) = 0.031 m = 3.1 cm; (120/1 150) × 12 = 1.25 in.

8.14 BMP 的成本效率

为了对各种 BMP 进行有意义的比较,成本应用所保留的每单位体积径流表示。

虽然体积单位通常采用 gal,但是本书用 m³ 和 ft³ 表示。入渗池的平均成本为 $175/m³($5/ft³)。生物滞留池的成本为 $250 到 $525/m³($7~$15/ft³)。在任何地方,雨水花园的成本均为 $275~$600/m³($8~$17/ft³),取决于深度以及是否配置溢流和排水系统。雨水湿地的成本为 $75~$210/m³($2~$6/ft³),取决于其面积;面积越大,单位成本越小。

草坪洼地的成本小于 $10/m²($0.9/ft²)。这表明,15 cm(6 in)洼地存储径流的平均单位成本为 $65/m³($1.8/ft³)。蓝色屋顶的成本为每立方米储水 $1 000~$2 000($28~$57/ft³)。最昂贵的系统是绿色屋顶,美国任何地方每平方米屋顶面积的成本为 $125~$350($12~$33/ft²)。这表明储水成本为 $5 000~$10 000/m³ 以上($142~$283/ft³)。实际上,这些估计值均小于研究成本。例如,Grey 等人(2013)提到绿色屋顶的成本为 $10~$325/ft²,每加仑储水的成本为 $16~$522。这些数值表明绿色屋顶每立方米储水的成本为 $4 200~$135 000。

透水路面的成本取决于碎石储水池的厚度;碎石基层越厚,储水的单位成本越小。路面砖的成本范围为 $110~$150/m²($10~14/ft²),并提供 6~8 cm(2.4~3.1 in)的储水容量。因此,存储径流的平均成本估计为 $1 750/m³($50/ft³)。透水沥青和透水混凝土的建造成本和保留成本均低于路面材料。透水沥青和透水混凝土的平均建造成本分别为 $50/m²($5/ft²)和 $90/m²($8/ft²)。这些透水路面,如有 75 cm(30 in)碎石储水池,可以保留 25 cm(10 in)的水。因此,透水沥青的储水成本大约为 $200/m³($5.7/ft³),透水混凝土为 $350/m³($10/ft³)。

8.15 其他非结构措施

如上文所述,对于控制径流量和水质而言,减少源头是比结构性 BMP 更有效、更好的解决方案。有很多减少源头的措施,部分措施易于实施。这些措施可以按下文所述分为普通措施和特殊措施。

8.15.1 普通(通用)措施

以下措施可适用于任何类型的开发:

a. 将屋面排水管和落水管与车道和排水系统隔开,并引入草坪/绿化区域和雨水花园(见图 8.46);

b. 让车道稍微向草坪和植被区域倾斜,如可行;

c. 尽量减少土壤扰动和整平;

d. 将屋顶径流收集到雨水桶/雨水箱和水池,以便重复利用(见第 10 章),或

将屋顶径流保留在干井、渗透井等;

　　e. 建设草坪/景观洼地和雨水花园,以保留屋顶/铺面区域的径流,并让径流渗透;

　　f. 在陡坡下建设架高花盆或种植床,以保留/减少流入下坡区域的流量(见图8.47 和图 8.48);

　　g. 将草坪化学品的用量限制为所需的最少量;

　　h. 使用水基而非油基油漆和家用清洁剂;

　　i. 节约户外用水,因为过度浇水不会使草坪更健康,而只是浪费;

　　j. 尽量减小通道、尽端路和车道的宽度;将车道宽度从 22 ft 减小到 18 ft,以将道路最大径流速度和径流量减少 20%以上;

　　k. 设置路旁洼地或植被缓冲带,以代替入口和管道,植被吸收和渗滤马路的大部分(即使不是全部)径流;

　　l. 用人造景观(透水路面,尤其是路面砖)代替停车场、车道、露台和人行道的不透水覆盖物;

　　m. 用本土植被、灌木和开花植物覆盖透水区域,而不是高维护、需要大量浇水的草坪;

　　n. 用扫帚而不是软管打扫车道、人行道和露台;

　　o. 用庭院废物进行堆肥,而不是直接处置;

　　p. 收拾宠物粪便;

　　q. 适当处置化学品,避免径流被污染;

　　r. 检查车辆是否漏油,以及在更换机油和防冻剂时回收机油和防冻剂;

　　s. 使用可以回收水的洗车设施,避免清洗剂、尘垢和刹车灰尘对径流造成不利影响。

8.15.2　集群开发

　　集群开发是减少源头的特殊措施。这类开发旨在最大化保护树木和自然植被,并尽量减少任何指定地块的不透水覆盖面积。例如,对于住宅项目,集群开发的目标包括

　　a. 尽量保护用于休闲和科学用途的空地;

　　b. 提供与自然土地特征和谐的发展模式;

　　c. 提供各种类型以及更经济的住房;

　　d. 有效地使用已铺面街道和公用事业网络较小的土地。

　　这类开发可形成由业主协会维护的公共绿地。在成立该协会之前,开发商应负责所有维护。公共绿地通常包括大块土地上的不可替代的自然特征,例如溪流

缓冲区、大树、具有重要意义的树木、陡坡、外露的岩石、田野和草地、任何历史或考古遗址以及湿地和其他缓冲区。市政当局(与任何类型的开发项目相似)提交的进行初步集群住宅开发的审查文件通常包括

- 地形图;
- 湿地平面图;
- 显示常规土地细分条例允许的最多地块的初步地块平面图;
- 显示地块细分布置的初步现场平面图;
- 与净住宅面积和密度相关的计算;
- 说明提议的集群地块所遵守条例的书面叙述。

8.16 最小影响开发

人们通常误解地块较大的独户房屋对雨水径流的不利影响小于排屋和共管公寓等多户家庭住宅开发,将环境影响基于路面数量以及对各地块或开发现场的扰动具有误导性。应认识到的是,人们需要住宅,因此,影响标准不应基于 1 ac 土地上铺设的不透水区域的面积,而应基于建设住宅时路面的建设方式。在此基础上,与一般的想法相反,独户大房子会产生更多雨水径流,并且产生的不利环境影响比人均密度较大的住宅项目更大。

表 8.6 列出了美国 675 m²(1/6 ac)至 8 100 m²(2 ac)地块的独户住宅的典型路面数量。该表表明,住宅越大,不透水性比例更小,而产生的不透水面积比小住宅更大。通道和街道不包含在本表所列的不透水面积内。表 8.7 列出了典型的独户住宅的不透水面积,考虑各地块沿线的已铺街道。该表还列出了各种面积地块的人均不透水面积。表中列出了各地块不透水表面算得的年径流量。这些计算基于 760 mm 的降雨量,该降雨量表示美国以及部分欧洲国家的年平均降雨量。

表 8.6 地块不透水面积:独户住宅[a]

地块面积, m²(ft²)	屋顶, m²(ft²)	车道, m²(ft²)	露台/人行道, m²(ft²)	总不透水面积, m²(ft²)	覆盖率[a]
675(7 266)	110(1 184)	65(700)	45(484)	220(2 368)	32.6%
1 010(10 872)	135(1 453)	95(1 023)	65(700)	295(3 175)	29.2%
2 025(21 797)	185(1 991)	180(1 938)	110(1 184)	475(5 113)	23.5%
4 050(43 594)	280(3 014)	350(3 767)	160(1 722)	790(8 503)	19.5%
8 100(87 188)	370(3 983)	520(5 597)	205(2 207)	1 095(11 786)	13.5%

a 四舍五入到第一位小数。

表 8.7　人均总不透水面积:独户住宅

地块面积,m²(ft²)	总不透水面积, m²(ft²)	覆盖率[a]	人均[b], m²(ft²)	年均路面径流[c], m³(10³ cf)
675(7 266)	325(3 498)	48%	81(872)	55.0(1.94)
1 010(10 872)	430(4 628)	43%	108(1 163)	73.2(2.59)
2 025(21 797)	675(7 266)	33%	169(1 819)	115.6(4.08)
4 050(43 594)	1 080(11 625)	27%	216(2 325)	147.7(5.22)
8 100(87 188)	1 485(15 984)	18%	297(3 197)	203.1(7.17)

a 四舍五入到第二位小数。

b 基于面积小于 4 500 m²(1 ac)的四口之家以及面积为 4 500 m²～8 100 m²(1～2 ac)的五口之家。

c 基于 760 mm 年降雨量,以及 0.90 路面径流/降雨量比。

如果项目是棕色地带的开发项目,即在废弃的工业或商业场所上进行开发,多户住宅开发项目将不受影响。以下住宅项目均例证了这种情况。

新泽西州克里夫顿名为 Cambridge Crossings 的住宅开发项目包括在 42.5 ac (17 hm²)地块上建设 47 栋三层多户家庭建筑、两个俱乐部、游泳池以及网球场。该场地目前被美国氰胺公司(一家化工企业)占用,并已废弃了一段时间。开发后,包括道路、建筑物、车道和停车场在内的不透水表面从 20.3 ac(8.22 hm²)减少到 15.6 ac (6.31 hm²)。开发项目建设了 640 套住宅单位,包括 210 套排屋、160 套公寓和 270 套共管公寓。所有单位均有两个卧室,可居住两到三人,但共管公寓有年龄限制且只居住两个居民。因此,本开发项目可以为 1 465 人提供住宅。由于有两条小溪穿过现场,因此有 14.1 ac(5.7 hm²)土地未被扰动,以作为溪流缓冲区和保护区。剩余的 28.4 ac(11.5 hm²)中,12.8 ac(5.2 hm²)为绿地,包括景观岛和植被蓄洪池。因此,人均总土地用量和不透水面积(在开发之前假设未扰动土地)分别大约为 844 ft² 和 464 ft²。表 8.8 汇总了铺面之前和铺面之后的面积以及人均不透水面积。该住宅开发项目的排屋样片见图 8.44。

表 8.8　不透水面积一览表

多户家庭住宅开发项目人均不透水面积

例:新泽西州克里夫顿 Cambridge Crossings

现场面积＝42.5 ac

开发面积＝28.4 ac

不透水面积＝15.6 ac[a](包括街道)

套数＝640(一室/两室)

户数(2.2 每套)＝1 465[b]

人均不透水面积＝464 ft²/人

---

a 现有不透水面积＝20.3 ac。

b 每套共管公寓 2 人;排屋和公寓平均每套 2.3 人。

图 8.44　Cambridge Crossings 开发项目
典型排屋(摄影:作者,2012)

图 8.45　加拿大拉瓦尔两栋 6 层公寓大楼
(摄影:作者,2013)

　　中高层公寓大楼的人均不透水面积比以前开发项目小。表 8.9 用加拿大魁北克省拉瓦尔的一栋六层公寓大楼进行例证。图 8.45 显示了 2012 年 7 月正在施工的公寓大楼(总共两栋)。如表 8.9 所示,该中层公寓大楼的人均不透水面积估计为175 ft^2(16.3 m^2)。对于高层公寓大楼,人均不透水面积下降至 100 ft^2(9.3 m^2)或更小。

表 8.9　中层公寓大楼人均不透水面积

人均不透水面积:六层公寓大楼

估计值:1 500 ft^2 apt(50 ft×30 ft flat)
每套公寓两户
户数:12/1 500 ft^2
街道:12×50=600 ft^2
总不透水面积=2 100 ft^2
人均不透水面积=2 100/12=175 ft^2/人

　　一般来说,0.5 ac(2 023 m^2)郊区地块的典型中型独户住宅产生 8 000 多 ft^{2}不透水表面,考虑街道、人行道、车道、露台和屋顶。对于四口之家,郊区住宅的人均不透水面积大约为 2 000 ft^2(186 m^2)。因此,所例证的住宅开发和中层公寓大楼的不透水面积分别是上文所述的独户住宅的不透水面积的 1/4 倍和 1/11 倍。高层住宅楼,与美国和全世界大城市的高层住宅楼相似,导致的土地扰动和人均不透水面积更小。因此,城市生活对环境产生的不利影响比郊区更小。

　　如上一章所示,现行雨洪管理条例不考虑小场地,尤其是独户住宅。但是,应注意的是,美国大多数住宅均为独户住宅,是雨水径流和洪水问题的元凶。虽然各独户住宅的影响较小,但是总体会导致最大径流和径流量大大增加。如上文所述,为了减少这些影响,屋顶径流应引入绿化区或雨水花园,或排入雨水箱/雨桶,或通过滞留-渗透系统,例如过滤池以及石渠的隔室。图 8.46 显示了终止于作者住宅的前院景观区的落水管。景观区很少发生溢流。因此从屋顶和院子排入市政雨水排水系统的径流很小。图 8.47 和图 8.48 为架高雨水花园形式的景观区,架高雨水花园是作者自己在其之前位于新泽西州西米尔福德的住宅建设的,用于保留住宅后面山地的径流。这个架高的景观充分吸收山上的所有径流,且仅在 1999 年 9 月的热带

图 8.46 终止于作者住宅景观区的屋顶排水沟

风暴弗洛伊德期间发生溢流,在该热带风暴期间 24 小时内的降雨量超过 10 in。

图 8.47 捕获山上径流的高架花园（作者之前的住宅）

图 8.48 建于作者之前的住宅用于保留山上径流的高架花园

这个花园(右侧)唯一一次发生溢流是在 1999 年 9 月的热带风暴弗洛伊德期间,在该热带风暴期间 24 小时内的降雨量超过 10 in。

8.17 雨水费

要满足现行以及持续的雨洪管理条例,需要大量的市政预算。为了获得预算,已采用了多个备选解决方案,例如不动产转让费、不动产税收调整、销售税、州循环基金、自愿补偿计划以及雨水公用设施费。其中,雨水公用设施费最切实可行。虽然调整不动产税可以补偿雨水项目的运行和维护成本,但是州和联邦设施不支付地方税。而且,为了公平对待私有财产所有人,不应考虑增加税收。为了支付雨水管理费,许多城市设立了雨水费,例如水、污水和能量费。用雨水公用设施费为城市雨水项目提供资金的情况越来越多。20 世纪 70 年代和 80 年代,首先在华盛顿

州设立了雨水公用设施。为了做出更明智的雨水管理决定,成立了华盛顿大学城市水资源中心。

2007 年,美国有 600 多个雨水公用设施。2010 年,美国有 2 000 多个雨水公用设施。这是一种深刻的变化,因为 20 年前几乎没有这样的公用设施。社区用公用设施费作为雨水系统资金最稳定、最公平的来源。但是,市政官员要采取这种措施仍然有很长的路要走。南卡罗来纳州哈茨维尔市提议的,建设保护小溪和小河免受雨水污染影响的新公用设施就是一个例子。Mike Wetch,时任公共工程师总监,说:"我们过去从未做过任何更大的事情,且从未做过争议如此大的事情。"(Faile,2008)按照提议,公用设施费将为统一费用,住宅和商业地产的费用分别为每月 $4 和 $5。

纽约州伊萨卡市设置雨水公用设施用户费,用以在其下水道系统中实施雨水管理计划。费用为每等效住宅单元 $4.60,等效住宅单元被定义为平均 1 976 ft^2(184 m^2)不透水面积(Zolezi,2009)。未来将证明"这些费用是否足够",作者认为很可能是不够的。

建立雨水公用设施费率结构非常复杂。该复杂性在一定程度上是由于满足越来越严格的水质标准所需的雨水管理设施长期维护成本的相关数据不足。许多城市和政府机构对满足法规所需的雨水管理系统维护的经验不足。甚至许多雨水管理设施的所有人和运营商也不知道长期维护成本。作者为 2010 年建设的新泽西州北部某个城市的道路改善项目设计的雨水管理系统,是新泽西州博根郡维护的第一个这类系统。

评估雨水费用的一种方法是将其与物业及其改善规模相关(Hoag,2004)。但是,即使是指定城市两个几乎相同的物业,也可能因为物业所采用的雨水设施不同而产生不同的径流量。考虑到该差异,可以考虑采用减少对下游排水系统的影响的现场措施。除了雨水径流的定量计算方面之外,在计算费用以及分配任何额度时,应考虑对水质的影响。但是,由于后者需要评估相关污染物的来源及其处理成本,因此更难以评估。除了这些困难外,这种方法不考虑公共排水和雨水管理设施的维护成本。

与用表计量并由客户支付使用费的燃气、水和电等其他公用设施不同,雨水费与任何实测数据无关。由于没有计量,人们很难有合理的理由说服他们需要为他们不能看到亦不能使用的东西付费。对于水或能量等其他公用设施,人们可以节约使用以降低费用;但是对于雨水,人们没有选择,并且即使没有下雨,公众仍需要按月付费。大部分人和机构都了解没有洪水的道路和清洁水的好处;但是,他们并未意识到雨水径流管理的成本。

虽然雨水费的概念正在各城市普及,但是公用设施的法律问题也越来越复杂

（Kaspersen,2004）。独户住宅的每月雨水费通常为几美元,不足以鼓励普通纳税人提起诉讼。但是,对于学校、大学和联邦政府机关而言,雨水公用设施费每年可高达几百或几千美元。当某些免税机构发现他们不能免除公用设施费时,会拒绝支付。

公众也普遍反对雨水费（Woolson,2005）。许多城市面临的问题是如何克服公众的反对。其中一个解决方案是公众意识。随着越来越多人了解他们缴纳的是什么费用,他们可能会接受公用设施费是值得缴纳的。认知营销也会发挥作用。同时,随着越来越多的公用设施的建设,公用设施也将被越来越多人所接受。实施径流减少措施从而减少污染的私人财产所有人可以获得奖金或信用额度等（Reese,2007）。通过减小雨水管理设施的规模及减少维护,可以为社区节约更多成本。

经过15年的规划后,费城于2010年7月1日通过了新的非住宅物业所有人雨水费评估方法,是基于地块的雨水计费系统。该系统根据物业面积以及不透水表面积向业主收费。费城水务部门承认,对基于仪表的费率所做的改变对许多客户而言具有挑战性。但是,这种改变旨在使服务成本对客户而言更加公正（Cunn in gham,2011）。

成功实施公正的雨水费计划需要清楚地了解关键政策问题（Hoag,2004;Kumar et al. 2008）。要制定公正、公平和可行的雨水使用费措施,还需要时间和经验。随着越来越多城市采用雨水公用设施计划,将获得更多经验。

问题

8.1 新泽西州帕赛克郡霍桑救护队的建设影响了1.073 ac土地,将不透水面积从1 400 ft² 增加到32 080 ft²。草坪洼地形式的雨水池（见图8.39和图8.40）设计用于完全保留强度为2 in/h的10年一遇、60分钟暴雨期间已铺面区域的所有径流。计算所需的雨水池储水容量。

8.2 20 m²的雨水花园接收150 m²屋顶面积的径流。雨水花园包括15 cm深的洼地、30 cm厚的表层土以及15 cm的碎石底层。计算雨水花园可以保留的最大降雨深度。

8.3 200 ft²雨水花园接收1 500 ft²屋顶面积的径流,解决8.2所提问题。花园包括6 in洼地、1 ft厚表层土以及6 in碎石基层。

8.4 设计雨水花园,以保留2小时降雨量为1.25 in新泽西州水质暴雨期间1 200 ft²住宅屋顶的径流。雨水花园包括6 in洼地和1 ft厚的土壤介质,土壤介质铺设在6 in砂层上方。估计土壤和砂子的孔隙率分别为0.2和0.35。

8.5 解决在120 m²屋顶面积、15 cm洼地、30 cm厚土壤、15 cm厚砂子以及

30 mm 降雨量条件下的问题 8.4。

8.6　1 500 ft² 屋顶面积排水到 200 ft² 雨水花园,雨水花园包括 12 in 厚土壤、6 in 厚砂石以及允许积水 3 in 的人工池塘。评估该雨水花园是否满足纽约州的 WQ_v 要求(见第 5 章)。该区域 90% 的降雨量为 0.9 in。说明所做的任何假设。

8.7　解决在 150 m² 屋顶面积和 20 m² 雨水花园条件下的问题 8.6。土壤和排水层的厚度分别为 30 cm 和 15 cm。90% 的降雨事件的降雨量 23 mm,人工池塘允许积水为 7.5 cm。

8.8　确定 1 300 ft² 路面和 2.0 in 降雨条件下的生物滞留池的尺寸。生物渗滤池包括 2.5 ft 厚土壤混合物、10 in 厚砂子、1.0 ft 深洼地以及 3 in 厚覆盖层。估计土壤、砂子和覆盖层的孔隙率分别为 15%、35% 和 40%。生物滞留池与路面毗邻。

8.9　如果生物滞留池与路面距离 10 ft,解决问题 8.8。假设路面 35% 的径流被通往生物滞留池路上的草坪所保留。

8.10　重新计算 120 m² 路面和 50 mm 降雨量条件下的问题 8.8。生物滞留池深度为 30 cm,土壤混合物、砂基和覆盖层的厚度分别为 75 cm、25 cm 和 7.5 cm。

8.11　如果生物滞留池与路面距离 3 m,且 35% 的路面径流被生物滞留池和洼地之间的草坪吸收,则解决问题 8.10。

8.12　25 ac 独户住宅开发包括 1/3 ac 地块,以及包括 35% 的不透水面积。计算:

　　a. 每套住宅和人均不透水面积,单位 ft²;

　　b. 每套住宅和人均年径流量。

计算基于每套住宅居住四口之家以及年降雨量为 30 in。说明所做的任何假设。

8.13　25 ac 多住宅开发项目包括 600 套共管公寓单位,且 50% 已铺面。计算:

　　a. 每套共管公寓和人均不透水面积,单位 ft²;

　　b. 人均年径流量。

计算基于每套共管公寓居住两人以及年降雨量为 30 in。说明所做出的任何假设。

8.14　10 hm² 住宅开发项目包括 75 套独户住宅,且 30% 被不透水表面覆盖。计算:

　　a. 每套住宅和人均平均不透水面积,单位 m²;

　　b. 每套住宅和人均年平均径流量。

计算基于每套住宅居住四口之家以及年降雨量为 750 mm。说明所做的假设。

8.15　多住宅开发项目包括 10 hm² 地块上的 750 套公寓,50% 被路面和屋顶覆盖。计算:

a. 每套公寓和人均平均不透水表面；

b. 人均年径流量。

计算基于每套公寓居住两人以及年降雨量为 750 mm。说明所做的任何假设。

附录 8A：DRIVABLE GRASS® 技术规范指南

Drivable Grass® 技术规范指南

Drivable Grass® 是一种透水、挠性和可种植的路面系统。Drivable Grass® 设计安装在适当准备的路基以及经压实的砂石基层结构断面上方。Drivable Grass® 拟用于暴露于交通的区域或暴露于小流量排水的区域。Drivable Grass® 用于促进种植，从而形成植被路面，具体取决于基层以及路基结构断面。

Drivable Grass® 可以用于交通量少以及交通繁重的区域。Drivable Grass® 植被和经压实的集料基层断面还可以用于生物渗滤，甚至可以作为地下蓄洪池。

建议用途包括但不限于以下。

	轻负荷应用		重负荷应用
a.	高尔夫球车车道	a.	消防通道
b.	便道	b.	应急车辆通道
c.	狗公园	c.	服务车辆公用车辆道路
d.	灌溉路径	d.	卡车维护和设备区
e.	泵站	e.	RV 和汽车销售中心
f.	路径加固		
g.	路肩		非交通应用
h.	住宅车道	a.	V 形沟渠衬砌
i.	停车场	b.	沟渠衬砌
j.	混凝土洼地替代品	c.	消能裙楼
k.	溢流停车场	d.	低流量水流衬砌
I.	RV 和船只通道以及停车场	e.	路旁排水结构物的衬砌
m	卡车和手推车冲洗区	f.	生态湿地/滴灌渠
n.	户外淋浴和饮水机径流区	g.	边坡侵蚀控制

非建议用途

a. 田径场（棒球场、足球场、英式足球场、运动场下设备……）铺面；

b. 轮距驱动设备（轮距驱动军事设备、轮距驱动施工设备）的支架；

c. 用于高速溪流、河流或渠道；

d. 陡坡,除非通过销/钉子或规则间隔的路缘石或隔离带固定。

草皮维护意见

1. 避免在安装 Drivable Grass® 路面的区域使用通风、旋耕和除草设备;

2. 可以通过种植避免死草积累,收集修剪下来的草以及采用深浇水,尽量减少死草清除的需求。

土壤定义

1. 粗砂壤土:25%或以上的极粗砂和粗砂,以及 50%以下的任何其他级别的砂子。

2. 砂壤土:30%或以上的极粗砂、粗砂和中砂,但是 25%以下的极粗砂以及 30%以下的极细砂或细砂。

3. 细砂壤土:30%或以上的细砂以及 30%以下的极细砂,或 15%到 30%之间的极粗砂、粗砂和中砂。

4. 壤质粗砂:25%或以上的极粗砂和粗砂,以及 50%以下的任何其他级别的砂子。

5. 壤质砂土:25%或以上的极粗砂、粗砂和中砂,以及 50%以下的细砂或极细砂。

6. 壤质细砂:50%或以上的细砂,或 25%以下的极粗砂、粗砂和中砂,以及 50%以下的极细砂。

7. 砂子:25%或以上的极粗砂、粗砂和中砂,以及 50%以下的细砂或极细砂。

8. 细砂:50%或以上的细砂,或 25%以下的极粗砂、粗砂和中砂,以及 50%以下的极细砂。

9. 极细砂:50%或以上的极细砂。

Drivable Grass® 安装指南

1. 交货、存储和搬运

a. 以制造商的原状托盘配置将材料交付至现场,并贴上标签,清晰写明产品货号、颜色、名称和制造商。

b. 交货后检查所有材料,以确保已收到适当的类型、等级、颜色和认证。

c. 根据制造商的说明将材料保存在清洁、干燥的区域。

d. 根据制造商的建议,保护所有材料免受工地条件导致的损坏。不得将被损坏的材料纳入工程。

2. 地基准备

a. 用弦线、横梁板、现有景观或施工图纸所示的描绘边界的其他方式,定义拟安装的 Drivable Grass® 的区域。

b. 开挖至施工图纸所示的线和坡度。

c. 按指示确认基础面积，以确定是否需要采取补救工作。

d. 业主代表应在铺设基层材料或回填土之前，检查开挖情况并予以批准。

e. 应按与业主的约定，将超挖以及不适合的路基土壤替换为经批准的压实填料进行补偿。

3. 安装过滤织物

a. 在准备好的底基层上安装过滤织物。如合同文件有要求，应使用 Mirafi 公司制造的过滤织物或同等材料。

4. 安装砂石基层和砂浆垫层

a. 按合同文件的要求安装和压实基层。

b. 基层砂石应包括二级透水性碎石混杂基层（CMB），碎石或通常作为路面系统基层且满足施工材料和规范所示的等级要求的类似结构材料。基层的设计应考虑所强加的负荷以及现场的任何雨水存储因素。基层厚度应由工程师根据项目记录进行确定。

c. 按合同文件的要求安装地下排水管。

d. 安装、整平和压实大约 1″厚级配良好的砂垫层，以用于非种植用途。安装、整平和压实大约 1.5″厚级配良好的砂垫层，以用于种植用途。如果是重载用途，级配良好的砂子应包括中等比例（20%）有机或其他植物养分，如果是轻载用途，则包含 30%的油基材料。可以添加少量的肥料，以促进草生长。

5. 安装透水、挠性和可种植路面系统

a. 按照制造商的指南安装透水、挠性和可种植路面系统。

b. 按照合同文件要求的线路、坡度和位置安装路面系统。

c. 将各垫子对接，不得留下重大间隔。

d. 可用混凝土锯进行切割，或用美工刀或其他锋利的切割设备切断聚合物加固绳索，使垫子适用于现场和障碍物的结合结构。

将垫子折弯，以暴露垫子背面，从而露出须切断的加固绳索。

e. 合格工程师或建筑师必须评估在大于 12%的坡度上安装的 Drivable Grass®（用于交通负荷）。

f. 可能需要用土工布销或钉子增强有坡度的地形上的垫子的稳定性，或按合同文件的指示使用。行业惯例表明，最小长度为 6 in 的钉子需配置最大直径为 1.0 in 的垫圈，可以适用于硬土或岩土，而配置最大直径为 1.0 in 的垫圈的 12～18 in 长的土工布销可适用于砂质土壤。合格建筑师或工程师应评估固定设备的需求。

g. 锚固频率以及固定设备的模式（如有要求）应如施工图纸所示，或按工程师或建筑师的规定。如果提供割条/路缘石作为 Drivable Grass®产品的边界，则无需锚固。

　　h. 安装混凝土草堆带/路缘石:草堆路缘石应为 4″×4″(最小厚度),并配置 w/(1)4♯连续钢筋,或按规范和图纸指示。

　　6. 用填料填充 Drivable Grass 的凹槽

　　a. 安装后必须尽快回填 Drivable Grass®。在任何情况下,安装后必须在 30 天内回填 Drivable Grass®,除非项目建筑师或工程师有特殊批准。

　　b. 按照制造商的安装说明,用土壤填料回填透水、挠性和可种植路面系统。种草的土壤应在净砂中添加中等比例的有机或其他植物养分。重载应用的砂混合物应为 80% 级配良好的砂子和 20% 有机材料,轻载应用应为 70% 级配良好的砂子和 30% 有机材料。不支持植被生长的填充物可能包括各种颜色和质量的装饰石头,取决于用途和美观需求。产品可能裸露在外。建议在砂浆垫层下方安装景观织物层,以阻止非种植系统的种子生长。

　　c. 通过洒扫或在垫子上均匀铺设土壤填充物做好种植准备。

　　7. 植物垫系统(方案 1 播种)

　　a. 按施工图纸规定的种植材料和方式安装草坪。

　　b. 可以通过人工或机械播种设备进行播种。同时建议将种子混合到填料中。可以将种子覆盖起来,以促进发芽。

　　c. 浇灌系统(如有要求)的布置应确保为安装区提供完整、充分的灌溉范围。正确的灌溉将促进植物健康生长。在铺设大型区域的基层之前,可能需要安装浇灌系统。

　　d. 应在现有或可能种植在 Drivable Grass 附近的树木周围提供根障系统,以尽量减少未来树根破坏的危险。

　　8. 植物垫系统(方案 2 用草皮进行表层追肥)

　　a. 将草皮铺设在回填后的 Drivable Grass® 系统上,确保在存在洒水头的地方切割草皮。应在 Drivable Grass 顶部和草皮之间额外增加 1″土壤填料。

　　b. 草皮应交错铺设,确保形成未定的草皮矩阵。

　　c. 30 天内或在草皮建成之前禁止穿过铺有草皮的区域。

　　d. 在现场浇灌草皮,并制定浇水计划表。

　　9. 侵蚀控制

　　a. 按照合同文件的规定,提供防尘和侵蚀控制保护计划。

　　10. 消防质量控制

　　a. 业主应保证检查和测试服务,包括雇佣独立实验室,以在施工期间提供质量保证和测试服务。如合同文件有要求,不得免除承包商在施工期间进行必要的施工控制试验的责任。

b. 经验丰富的合格技术人员和工程师应执行测试和检查服务。

c. 质量保证测试至少应包括地基土壤检查,砂石基层质量、厚度和压实以及观察施工是否遵守设计图纸和规范。

参考文献

［1］Adams, M. C. , 2003, Porous asphalt pavement with recharge beds 20 years and still working, Stormwater, May/June.

［2］Americast, 1135 Virginia Precast Road, Ashland, VA 23005 (http://www. filtera. com).

［3］Baker, L. A. , 2007, Stormwater pollution, getting at the source, Stormwater, November/December, pp. 16-42.

［4］Brown, D. , 2007, Porous in Portland, parking lot incorporate porous asphalt for optimal storm water management, Stormwater Solutions, January/February, pp. 16-19.

［5］Brzozowski, C. , 2007, Green stormwater, Stormwater, October, pp. 52-59.

［6］——2008, Private and public green, Stormwater, January/February, pp. 58-63.

［7］——2009, Permeable pavers, Stormwater, September, pp. 82-90.

［8］——2012, Testing the water part I, Stormwater, October, pp. 24-30.

［9］Buranen, M. , 2008a, Rain gardens reign, Stormwater, May, pp. 78-87.

［10］——2008b, Chicago's green alleys, Stormwater, October, pp. 50-57.

［11］Contech Stormwater Solutions, West Chester, Ohio (http://www. contechstorm water. com), Ph. 800-925-5240.

［12］Cunningham, C. , 2009, Wet-weather management blossoms, Water and Wastes Digest, editor's focus, July,pp. 12-13.

［13］——2011, GIS for green, Philadelphia introduces parcel based storm water billing and corresponding online application, Stormwater Solutions, May/June, pp. 12-13.

［14］DeLaria, M. , 2008, What I learned in paver school, the role of permeable paver systems as a stormwater management technique. Stormwater, pp. 54-58.

［15］Drivable Grass, Soil Retention, Ph. 800-346-7995 (http://www. soilrention. com).

［16］Ecoloc/UniEco-Stone, Mutual Materials (http://www. mutualmaterials.

com).

[17] Emersleben, A. and Meyer, N. , 2012, Civil Engineering Magazine, June, pp. 66-69.

[18] EPA, 1980, Porous pavement, phase i design and operational criteria," report no. EPA-600/2-80-135, NTIS♯PB8110-4796.

[19] ——2004, Constructed Treatment Wetlands, EPA 842-F-03-013, Office of Water, August (http://www. epa. gov/owow/wetlands/consructed/index. cfm).

[20] ——2008, Low impact development (LID): A literature review, EPA-841-B-00-005, October (http://www. epa . gov/owow/nps/lid/lid. pdf).

[21] Fabco-Industries, 66 Central Avenue, Farmington, NY 11735, Ph. 631-393-6024 (http://www. fabco-industries. com).

[22] Faile, J. , 2008, New storm water utility to be created, Morning News, October 16.

[23] ——2009, Porous pavements Q&A, answers from the man who wrote the book on the subject, Stormwater,September, pp. 92-99.

[24] Ferguson, B. K. , 2005, Porous pavements, CRC Press, Boca Raton, FL.

[25] Frechette, L. A. , III and Gilchrist, R. , 2009, Seeking zero energy, ASCE Magazine, January, pp. 38-47.

[26] Geoweb Cellular Confinement System, Presto Products Company, 670 Perkings Street, PO Box 2399, Appleton,WI 54912-2399, Ph. 800-548-3424 (info@prestogeo. com).

[27] Grassy Paver, R. K. Manufacturing, Inc.

[28] Grey, M. , Sorem, D. , Alexander, C. , and Boon, R. , 2013, Low-impact development BMP installation, operation and maintenance cost in Orange County, CA, Stormwater, March/April, pp. 26-35.

[29] Gunderson, J. , 2008, Pervious pavements, Stormwater, September, pp. 62-71.

[30] Gunderson, J. , Rosen, R. M. , Ballesters, T. P. , Watts, A. , Houle, J. , and Farah, K. , 2012, Subsurface gravel wetlands for stormwater management, Stormwater, November/December, pp. 8-17.

[31] Hoag, G. , 2004, Developing equitable storm water fees, Stormwater, January/February, pp. 32-39.

[32] Hun-Dorris, T. , 2005, Advances in porous pavement, Stormwater, March/

April, pp. 82-88.

[33] Jones, M., 2012, Design review and simulation for permeable pavement and bioretention, Stormwater, May, pp. 54-58.

[34] Justice, K., 2009, Borough of Northvale chooses pervious concrete, The Conveyor (the official publication of the New Jersey Concrete and Aggregate Association), Winter, pp. 9-11.

[35] Kaspersen, J., 2004, Selling storm water utilities, editor's comments, Stormwater, September/October.

[36] Kumar, P. and White, A., 2008, Know your way, policy development in storm water-user-fee implementation, Stormwater, May, pp. 20-34.

[37] Maryland Stormwater Design Manual, May 2009.

[38] McLaughlin, J., Stein, J., Mehrotra, S., Leo, W., and Jones, M., 2012, Stormwater source control in New York City, implementing green infrastructure within the nation's largest urban landscape, Stormwater, September, pp. 40-47.

[39] Miller, S. H., 2011, Growing business with BioFilters, tree-box technology aids neighborhood development, Stormwater, May/June, pp. 16-17.

[40] Minton, G. R., 2012, Bioretention filters, part 2, what we know with respect to hydrologic and treatment performance, Stormwater, January/February, pp. 22-31.

[41] Moody, J., 2012, Up in the air, LID for flood control? It depends who you ask, Stormwater Solutions, May/June, pp. 20-22.

[42] Native Plant Society of New Jersey, Office of Continuing Professional Education, Cook College, 2010, Rain garden manual for New Jersey, 2010, 102 Ryders Lane, New Brunswick, NJ.

[43] New Jersey Concrete and Aggregate Association, Pervious concrete, Ph. 609-393-3352 (http://www.njconcrete.com).

[44] New Jersey DEP, 2004, Stormwater Best Management Practices Manual, February.

[45] New York State Stormwater Management Design Manual, 2010.

[46] Nisenson, L., 2004, Smart growth, guest editorial, Stormwater, November/December, pp. 8-12.

[47] Norman, M., 2008, Cincinnati storm water, a new approach to an old

problem, Stormwater, November/December, pp. 50-54.

[48] NRCS, Illinois, 2003, Filterstrips, acre 393, June, 10 p. (http://www.efotg. sc. egov. usda. gov/references/public/IL /IL393. pdf).

[49] PaveDrain, LLC, PMB292, 7245 S. 76th St. , Franklin, WI, 53132-9041, Ph. 888-575-5339.

[50] Peck, S. , 2007, In the green, green-roof infrastructure gains popularity, Stormwater, January/February,pp. 24-27.

[51] Powell, A. E. , 2009, Editor's note, ASCE Magazine, January, p. 37.

[52] Reese, A. J. , 2007, Storm water utility user fee credits, Stormwater, November/December, pp. 56-66.

[53] Reid, R. L. , 2009, Under one green roof, ASCE Magazine, March, pp. 46-57.

[54] Rogers, W. M. and Faha, M. , 2007, Pulling together the pieces of the storm water puzzle, porous pavement and other techniques in Portland, Stormwater, September, pp. 92-100.

[55] Roseen, R. M. and Ballestero, T. P. , 2008, Porous asphalt pavements for storm water management in cold climates, Hot Mix Asphalt Technology, May/June.

[56] Roy, S. P. and Braga, A. M. , 2009, Saving Silver Lake, ASCE, Civil Engineering, February, pp. 72-79.

[57] Seth, I. , 2011, Runoff modeling for rain gardens, determining volume reduction and pollutant removal rates, Stormwater, July/August, pp. 36-39.

[58] Terrecon, Inc. , 10061 Talbot Avenue, #200, Fountain Valley, CA 92708, Ph. 714-964-1400 (http://terrecon. com).

[59] Traver, R. et al. , 2004, Porous concrete, Stormwater, July/August, pp. 30-45.

[60] ——2005, Lessons in porous concrete, an update on the Villanova urban storm water partnership's demonstration site, Stormwater, July/August, pp. 130-136.

[61] Turfstone Open Cell Pavers, CST Paving Stone and Versa Lok Retaining Walls, Concrete Stone and Tile Corp. , corp. office, 23 Ridge Road, PO Box 2191, Branchville, NJ 07826, Ph. 973-948-7193 (http://www. cst pavers. com).

[62] UNHSC, 2009, Subsurface gravel wetland design specifications, University

of New Hampshire StormwaterCenter, June (http://www. unh. edu/eng/
estev).

[63] US National Arboretum, USDA plant hardiness zone map (http://www.
usna. usda. gov/Hardzone/ushzmap. html).

[64] Wilkins, R. , 2008, Going platinum, Stormwater Solutions, May, pp. 11-
14.

[65] Woolson, E. , 2005, The price of a utility, Stormwater, July/August, pp.
10-16.

[66] Zolezi, C. , 2009, Study examines feasibility of city's storm water utility
user fee, Urban Water Management, April, pp. 17-19.

9 雨水管理系统的安装、检查和维护

本章对雨水输送系统以及结构性和非结构性雨水管理设施的安装、检查和维护进行概述。本章还对土壤侵蚀和泥沙控制措施进行了简要的描述，这些措施对减少施工期间的径流污染非常重要。

9.1 土壤侵蚀和泥沙控制措施

施工期间，由于松散、无植被的土壤被侵蚀，会在短时间内产生大量的泥沙。图 9.1 显示了自然条件下的森林。图 9.2 显示了工地易发生侵蚀和水污染的松散扰动土壤。为了减少从现场进入场外的已铺面道路和排水结构物的土壤，在现场入口安装护面石。同时，在现场的下坡处安装一个拦沙网，并在集水池周围放置干草捆，或在入口闸阀下方安装土工织物材料。最近，用由树叶堆肥制成的过滤袋代替塑料拦沙网。同时，还用过滤垫覆盖入口闸阀。图 9.3 为市场上可买到的过滤网，名为入口过滤器，由印第安纳州密歇根城的 Blocksom & Co. 制造。

为了清除径流的泥沙，通常会在工地内建设淤积池。永久雨水管理池/蓄洪池或入渗池的场地通常被用于建设临时淤积池。必须在完成现场工作后且在安装入口-出口结构物之前完全清理这些池子的任何淤泥。

图 9.1 自然条件下的森林

图 9.2 工地松散、易被冲蚀的土壤
（潜在水污染来源）

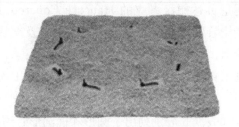

图 9.3　Blocksom & Co. 制造的市场上可买到的入口过滤器

1986 年，在新泽西州中西部某个供水水库的大型工地内，作者建议用自然洼地作为小沉淀池。该解决方案经证明是一种有效的泥沙控制措施。在两次暴雨之间淤泥沉淀后，可以用存在洼地的水喷洒扰动区域，以及给临时植被浇水。

9.2　管道安装

本节对钢筋混凝土管（RCP）和高密度聚乙烯（HDPE）管的安装进行了说明，钢筋混凝土管和高密度聚乙烯管的使用量比其他雨水径流输送管道更多。同时，还使用波纹金属管（CMP）。但是，这种管道的耐用性比 RCP 或 HDPE 管道差，并且更容易变形、劣化和坍塌。作者列举新泽西州和纽约州（尤其是奥尔巴尼郡）将波纹金属管用于输送系统或地下蓄洪池的例子，许多波纹金属管变形、损坏甚至完全坍塌。考虑到使用寿命、耐用性和强度，RCP 和 HDPE 管道远比 CMP 更好，建议用于输送系统和蓄洪系统。

Contech 制造用于排水和蓄洪系统的优质 PVC 管道。这些管道的名称为 A-2000，直径可达 36 in。Contech 制造名为 DuroMaxx 的管道。该管道用嵌入高强度钢筋的高密度聚乙烯树脂体挤压而成，以增大强度。管道内表面和钢筋轮廓外壁光滑，从而获得适用于排水和蓄洪池的更大的强度和优异的耐液压性。DuroMaxx 管道在高温时仍能保持刚度，因此，比 HDPE 管道更有优势，而 HDPE 管道在高温下将失去其刚性。DuroMaxx 管道分段生产，每段 14～120 ft，直径为 24～120 in，间隔 12 in。由于单位储水容量的成本更低，尺寸越大越适用于地下蓄洪池。鉴于其结构完整性好、重量轻以及液压效率高，DuroMaxx 管道可能成为新一代的排水和蓄洪管道。

9.2.1　圆形钢筋混凝土管

RCP 在美国已使用一百多年，许多州的多家工厂均制造 RCP。这些管道为圆形、椭圆形或拱形等几何形状。拱形混凝土管的市场比椭圆形管的市场小，由美国的几家公司制造。明尼苏达州汉考克的 Hancock Concrete Products 是距离美国北部最近的拱形混凝土管制造商。考虑到运输成本以及交货时间,美国许多地方几乎没有使用这种管道。

表 9.1 列出了圆形钢筋混凝土管的尺寸和重量。RCP 分为 ASTM 的三个级别:三级、四级和五级。五级管道是最牢固的管道,仅用于管道覆盖层不超过 6 in 的特殊情况。表 9.2 和表 9.3 分别列出了圆形和椭圆形管道的最小允许土壤覆盖层。这些表格表明,四级管道所需的覆盖层不超过 1 ft,36 in 以及更大三级管道的覆盖层为 6 in。

表 9.1　钢筋混凝土管尺寸和大概重量

内径,in	A 壁		B 壁[a]		C 壁	
	最小壁厚,in	大概重量,lb/ft	最小壁厚,in	大概重量,lb/ft	最小壁厚,in	大概重量,lb/ft
12	1-3/4	79	2	93	—	—
15	1-7/8	103	2-1/4	127	—	—
18	2	131	2-1/2	168	—	—
21	2-1/4	171	2-3/4	214	—	—
24	2-1/2	217	3	264	3-3/4	366
27	2-5/8	255	3-1/4	322	4	420
30	2-3/4	295	3-1/2	384	4-1/4	476
33	2-7/8	336	3-3/4	451	4-1/2	552
36	3	383	4	524	4-3/4	654
42	3-1/2	520	4-1/2	686	5-1/4	811
48	4	683	5	867	5-3/4	1 011
54	4-1/2	864	5-1/2	1 068	6-1/4	1 208
60	5	1 064	6	1 295	6-3/4	1 473
66	5-1/2	1 287	6-1/2	1 542	7-1/4	1 735
72	6	1 532	7	1 811	7-3/4	2 015
78	6-1/2	1 797	7-1/2	2 100	8-1/4	2 410
84	7	2 085	8	2 409	8-3/4	2 660
90	7-1/2	2 398	8-1/2	2 740	9-1/4	3 020
96	8	2 710	9	3 090	9-3/4	3 355
102	8-1/2	3 078	9-1/2	3 480	10-1/4	3 760
108	9	3 446	10	3 865	10-3/4	4 160

[a] ASTM C76、AASH 至 Ml70。

图 9.4 显示了 NJDOT 规定的典型混凝土管沟。通常规定,18 in(0.5 m)以及更小的管道的管沟宽度应等于管道外径(O.D.)加上 18 in(0.5 m),24～48 in(0.6～1.2 m)的管道应为外径加 24 in(0.6 m),更大的管道应为外径加 36 in(1 m)。美国混凝土管协会在最近的出版物中提供了管沟宽度表,该管沟宽度等于管道外径的 1.25 倍加上 1 in(美国混凝土管协会,2007—2014)。后来规定的管沟宽度与之前的宽度没有很大的差异。

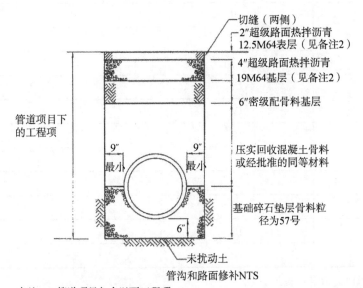

备注:1.管道项目包含以下工程项:
·回收混凝土砂石
·基石垫层
·开槽
·超级路面热拌沥青12.5M64表层
·超级路面热拌沥青19M64基层
·密级配砂石基层
·排水（如有必要）
·分流泵送
·护板（如有必要）
2.该详图显示了最终状态。任何碾轧或重铺路面区域的管沟应用超级路面热拌沥青19M64基层建造,直到现有路面标高。超级路面热拌沥青12.5M64表层厚度应确保在碾轧或重铺路面完成后,能够产生上图所示的最终状态。

图 9.4　路面下的典型混凝土管沟

美国混凝土管协会(2007)将钢筋混凝土管道的管沟垫层分为四级:A 级到 D级。A 级是一种混凝土管座,且仅用于石沟中的圆管,宽度应与管道外径相同,且在现场应延伸外径的四分之一。B 级用于采用颗粒基础的异形路基。基坑底部形状应符合管道几何形状,且足够宽,以便圆形管道外径的 6/10 以及椭圆形管道外跨的 7/10 能够埋入成型基坑中铺设的颗粒填料中。应在管道两侧以及管道上方至少 1 ft(30 cm)处,填入压实的回填料。

表 9.2 圆形钢筋混凝土管上方的最小允许覆盖层[a]

管道直径, in(mm)	ASTM 等级管道	最小覆盖层(从表面到管道顶部,in)
12(305)	III	15
	IV	10
	V	6
15(381)	III	15
	IV	9
	V	6
18(457)	III	12
	IV	6
21(533)	III	11
	IV	6
24(610)	III	9
	IV	6
36(914)及以上	III	6
	IV	6

[a] 美国混凝土管道协会指定的最小覆盖层。

表 9.3 椭圆形 RCP 的最小允许覆盖层

管道尺寸,in(cm)	ASTM 管级	最小覆盖层,in(cm)
14 in×23 in	III	12(30)
(36×58)	IV	6(15)
19 in×30 in	III,IV	6(15)
(48×76)及以上		

C 级垫层还被用于异形路基。将管道埋入土壤基础,基础的形状应能够容纳圆形管道直径的下半部分,以及拱形和椭圆形管道和箱涵的外立管的 1/10。安装沟渠时,应在管道两侧以及管道上方至少 6 in(15 cm)处填入回填料,并轻轻压实。如果将管道安装在路堤中,管道伸出垫层的高度不得超过管道高度的 9/10。

D 级垫层仅适用于用颗粒材料作为垫层的圆形管道。在此种情况下,很少需要注意或不需要注意垫层是否适合管道的下半部分,或是否需要填充垫层周围的空间。该级别垫层也用于安装在岩石基础上的管道,在此种情况下岩石上没有泥土,或土垫层太薄,因此管道在负载下可能接触岩石。对于 27 in(686 mm)或更小的管道而言,A、B 和 C 级垫层材料的深度至少应为 3 in,30～60 in(762～1 524 mm)的管道为 4 in(102 mm),66 in(1 676 mm)或更大的管道为 6 in(152 mm)。

C 级垫层的使用比其他级别更广泛。注意,NJDOT 规定最小垫层厚度为 6 in (15 cm)。钢筋混凝土管的回填和压实几乎与其他管道相同。关于混凝土管安装的详细信息可见美国混凝土管协会出版物——《混凝土管设计手册》(2007)和《混凝土管和箱涵安装》(2007)。

最近,美国混凝土管协会(2014)规定了四种安装标准。这些安装规定了管道下半部分的四个主要区域。这四个区域包括中垫层、外垫层、拱石段和下侧。

材料类型和这些区域的压实度因安装类型(1,2,3 和 4)的不同而各不相同。在所有这些类型中(不需要垫层的 4 类除外),最小垫层深度被规定为管道外径除以 24($D_0/24$)或 3 in(7.6 cm),以较大者为准。在岩石基础中,所有类别的最小垫层为 $D_0/12$ 或 6 in(15 cm)。一、二和三类土壤的拱石段和下侧的压实度各不相同。一类土壤为砾质砂,包括 SW,SP,GW 和 GP[①]。二类土壤为砂质粉土,包括 GM,SM,ML 以及 GC 和 SC,200 号筛的通过率小于 20%。三类土壤为粉土/黏土,包括 CL,MH,GC 以及 SC。表 9.4 总结了 1 类到 4 类安装的压实度。

表 9.4　标准安装土的最小压实度

安装	拱石段和外部	
类型	垫层	下侧
1 类	一类 95%	一类 90% 三类 95% 三类 100%
2 类	一类 90% 二类 95%	一类 85% 二类 90% 三类 95%
3 类	一类 85% 二类 90% 三类 95%	一类 85% 二类 90% 三类 95%
4 类	一类和二类 无压实 三类 85%	一类和二类 无压实 三类 85%

① 土壤名称见本书附录 B。

表 9.5 列出了 RCP 上方覆盖层的最大允许深度。本表所列的深度为算得的深度,假设回填材料的单位重量为 120 lb/ft³(1 922 kg/m³,19 KN/m³),应注意,钢筋混凝土管的安装深度超过 100 ft(30 m),并采用工程回填和压实。

表 9.5 钢筋混凝土管覆盖层最大允许深度

管道 直径	C-76 三级	C-76 四级	C-76 五级
12 in	9 ft	18 ft	50 ft
15 in	10 ft	21 ft	50 ft
18 in	11 ft	24 ft	50 ft
21 in	12 ft	25 ft	50 ft
24 in	10 ft	18 ft	50 ft
30 in	11 ft	19 ft	50 ft
33 in	11 ft	19 ft	49 ft
36 in	12 ft	20 ft	49 ft
42 in	12 ft	21 ft	50 ft
48 in	12 ft	21 ft	47 ft
54 in	11 ft	17 ft	31 ft
60 in	11 ft	18 ft	32 ft
66 in	11 ft	18 ft	32 ft
72 in	12 ft	19 ft	33 ft
78 in	12 ft	19 ft	33 ft
84 in	12 ft	19 ft	33 ft

9.2.2 椭圆钢筋混凝土管

对于椭圆混凝土管,中垫层的宽度至少应等于管道外径的三分之一($D_0/3$),其中 D_0 为垫层沿线的直径(水平椭圆形管道为长轴,垂直椭圆管道为短轴)。各类土壤的压实度应等于圆形管道的压实度。

圆形和椭圆钢筋混凝土管采用实心或穿孔管壁。实心管用于输送和蓄洪,穿孔管仅用于地下滞留-入渗池。圆形和椭圆管道之间的最小间隙通常规定为 12 in(0.3 m)或管道直径的一半(水平椭圆管道的长轴),以较大者为准。

拱形钢筋混凝土管道主要作为道路和铁轨下方的涵洞。为了确保按照平面图安装管道,在整个施工期间均应检查管道。附录 9C 概述了安装任何管道期间须进

9.2.3 预应力混凝土管

混凝土管也采用预应力的形式,以用于有压流。俄亥俄州代顿的普赖斯兄弟公司曾制造预应力混凝土管(PCCP),尺寸为 400 mm(16 in)到 3 600 mm(142 in)。这些管道符合美国给水工程协会(AWWA)的标准 C301,标称长度为 20 ft 或 16 ft。108 in 以下的管道长度为 20 ft,114~144 in 的管道长度为 16 ft。得克萨斯州欧文市的 Hanson Pipe and Precast 是混凝土管和涵洞的最大制造商之一,于 2007年 3 月收购了普赖斯兄弟公司。Hanson 预应力混凝土管也满足 AWWA C301 标准,具有 L-301 和 E-301 系列,通过在实测张力下螺旋包裹钢丝,并在混凝土衬砌钢筒周围留有统一的间隔,以获得预应力。线圈压缩钢筒和混凝土芯,使管道能够承受与其他混凝土管相当的规定水静力压力和外部负荷。Hanson 预应力管道的内径尺寸为 400 mm(16 in)到 3 600 mm(142 in)。表 9.6 和表 9.7 分别列出了16~48 in 以及 54~144 in 的 Hanson 预应力混凝土衬砌圆管的尺寸和重量。预应力混凝土管通常用于供水和排水。由于长度比钢筋混凝土管小且接头比钢筋混凝土管更少,预应力管道用于地下蓄洪池时,所需的接头更少。图 9.5 和图 9.6 分别显示了 Hanson L-301 和 E-301 管的接头。

表 9.6 SWWA C301 管数据表(美国制造的衬砌圆管)

管内径	芯厚度包括圆筒	鼓起处的最大外径	每延英尺的重量	标准铺设长度
16″	1″	21″	120#	20′~32′
18″	1-1/8″	23″	150#	20′~32′
20″	1-1/4″	25-1/2″	175#	20′~32′
24″	1-1/2″	30″	230#	20′~32′
97″	1-11/16″	33-1/2″	285#	20′~32′
30″	1-7/8″	37″	330#	20′~32′
33″	2-1/16″	40-1/2″	390#	20′~32′
36″	2-1/4″	43-1/2″	445#	20′~24′
39″	2-7/16″	47″	515#	20′~24′
42″	2-5/8″	50-1/2″	575#	20′~24′
48″	3″	57-1/2″	725#	16′~20′

备注:直径和铺设长度的可用性因位置的不同而有所不同。可联系销售代表获取更多信息。

表 9.7 SWWA C301 管数据表(美国制造的埋入式圆管)

管内径	鼓起处的 最大外径	每延英尺 的重量	标准 铺设长度
54″	64″	1 010#	20′
60″	70-1/2″	1 240#	20′
66″	78″	1 500#	16′/20′
72″	84-1/2″	1 780#	20′/24′
78″	90-1/2″	2 060#	20′
84″	96-1/2″	2 390#	20′
90″	103-1/2″	2 540#	20′
96″	111″	2 700#	16′/20′
102″	118″	2 990#	16′/20′
108″	124″	3 150#	16′/20′
114″	131″	3 530#	16′/20′
120″	138″	3 930#	16′/20′
126″	144″	4 450#	12′
132″	151″	4 550#	12′
138″	158″	4 990#	12′
144″	164″	5 350#	12′/16′

备注:直径和铺设长度的可用性因位置的不同而有所不同。可联系销售代表获取更多信息。

接头密封:Hanson的O型环垫圈提供高度可靠的接头密封。垫圈由高品质合成橡胶制成,按照具体的误差进行挤压,并用容量法测量,适用于形状准确的插槽。

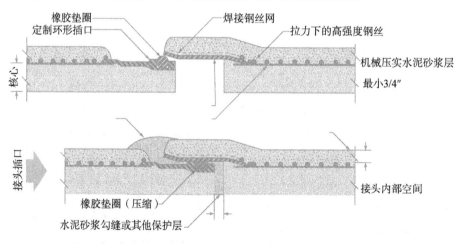

图 9.5 L-301 预应力混凝土管的尺寸和重量(由 Hanson 压力管提供)

接头密封：Hanson的O型环垫圈提供高度可靠的接头密封。垫圈由高品质合成橡胶制成，按照具体的误差进行挤压，并用容量法测量，适用于形状准确的插槽。

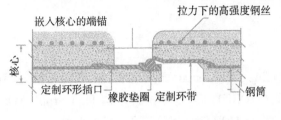

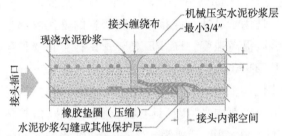

图 9.6　Hanson E-301 预应力混凝土埋入式圆管的尺寸和宽度
（由得克萨斯州欧文市 Hanson Pipe and Precast 提供）

9.2.4　混凝土箱涵

　　箱涵的表面较宽且平，通常不会下沉，亦不会被下压到水平位置。因此，在设置箱涵之前，须形成良好的平坡。基础材质应为细碎石到中等颗粒碎石。最好首先铺设 6 in(15 cm)厚的中等颗粒材料并压实，并用 2 in(5 cm)厚细颗粒材料覆盖，作为找平层。将箱涵放置到位之前，应让箱涵准确对齐。这对前几段而言尤为重要，因为这将影响后续各段的路线和坡度。为了避免将箱涵拉到一起时颗粒材料进入接头，应清除最后一段的凹槽前面 6 in(15 cm)宽和 2～3 in(5～7.6 cm)深的材料。

　　应按照工程师规定的深度和宽度清除开挖底部存在的任何不稳定材料，并用颗粒材料替换。同时，在基层若遇到岩石和巨石，必须至少清除到箱型管底部下方 6 in(15 cm)，并用中等和细颗粒材料替换。

　　将两个管段放到一起，并将接头密封起来。首先在最后一个管段的凹槽的下半部分使用丁基密封胶等接头密封胶，并将剩余的接头材料放在箱舌（插槽）的上半部分，使其凝固。材料应放置在凹槽和舌头前沿大约 1 in(2.5 cm)处。在寒冷的天气下，接头密封胶在使用前必须加热。对于防水，涂上丁基密封胶后，应使用第二道膨胀型阻水密封胶。铺设管段并做好防水后，应用砂浆填充抬高的电梯孔，以与箱涵顶部齐平，回填料应均匀放在各侧，并压实，注意保持箱子对齐。回填料、压实度以及各层的深度应遵守合同规范。更多关于混凝土箱涵安装的信息见 Geneva Pipe and Precast 公司网站 http://in fo@genevapipe.com)以及混凝土管手册(1980)。

9.2.5　HDPE 管

包括 Advanced Drainage Systems(ADS)和 J. M. Eagle 在内,美国有多家公司制造高密度聚乙烯管(HDPE)。2005 年 9 月收购 Hancor 后,ADS 目前是美国最大的 HDPE 管道公司。HDPE 管采用单壁和双壁的形式。单壁管的尺寸为 3～24 in(76～610 mm),适用于高速公路排水。双壁管的管道内部光滑,可提高液压效率,外部为波纹状,以提高强度。HDPE 双壁管具有实心壁和穿孔壁两种,尺寸为 4～60 in(102～1 524 mm)。ADS 管的管段长 19. 7 ft(6 m),但是也有 13 ft (4 m)长,适用于更小的沟槽。ADS 还制造由聚乙烯制成的三壁管,以提高强度。这些管道的外表面和内表面均光滑,且具有波纹状结构芯材,并贴有高性能(HP)标签。这些管道有 HP 雨水管,尺寸为 12～30 in,或者 SaniTite HP 管,尺寸为 30～60 in,适用于下水道。

HDPE 管为轻型管,两人即可搬运,尺寸可达(包括)18 in。24 in 和 30 in 管道由一根吊索提升,更大的管道由两点吊索提升。HPDE 管道的重量比同等大小的混凝土管道轻 20 倍。例如,19. 7 ft(6 m)的 18 in ADS 双壁管段的重量大约为 126 lb(57 kg)。相比之下,8 in(203 mm)的 18 in RCP 重量超过 1 400 lb。表 9.8 列出了直径为 4～60 in(102～1 524 mm)的双壁 HDPE 管道的标称尺寸和重量。该表还列出了 ADS 管道的大概外径,四舍五入到最接近的整数 in。

表 9.8　双壁(N-12)HDPE 管的尺寸和大概重量

内径		外径		重量	
in	mm	in	mm	lb/ft	kg/m
4	102	4. 6	117	0. 44	0. 65
6	152	7. 0	178	0. 85	1. 26
8	203	9. 5	241	1. 50	2. 23
10	254	12. 0	305	2. 10	3. 12
12	305	14. 5	368	3. 20	4. 76
15	381	18. 0	457	4. 60	6. 84
18	457	22. 0	559	6. 40	9. 52
24	610	28. 0	711	11. 00	16. 37
30	762	36. 0	914	15. 40	22. 92
36	914	42. 0	1 067	19. 80	29. 46

内径		外径		重量	
in	mm	in	mm	lb/ft	kg/m
42	1 067	48.0	1 219	26.40	39.78
48	1 219	54.0	1 372	31.30	46.57
54	1 372	61.0	1 549	34.60	51.48
60	1 524	67.0	1 702	45.20	67.26

来源：Advanced Drainage Systems。

对于平行安装的管道,管道之间应允许存在最小间隔。最小间隔为 12 in
(0.3 m),或标称管径的一半(内径),以较小者为准。应注意,该最小间隔仅适用于
实心管。对于安装在碎石沟渠中的穿孔管,最小间隔通常大于实心管道。地下穿
孔 HDPE 管的间隔见第 7 章的表 7.1。

HDPE 管设计用于 H-25 和 E-80 活荷载。管道具有很高的防腐性。高密度
聚乙烯排水管道自 20 世纪 50 年代末期开始投入使用。承包商具有 60 多年成功
制造 HDPE 管道的经验。在过去 20 年内,美国联邦公路局(FHWA)等政府机构
批准将 HDPE 管道用于联邦公路排水项目。因此,HDPE 管道的用量快速增长,
并且预期未来将继续存在这种趋势。最初,HDPE 管的使用寿命估计为 50 年;但
是,根据使用 14 年后 HDPE 管的状况,费城电力与照明公司预测管道可使用
100 年。

HDPE 管道的保存和搬运应遵守制造商的规范。ADS 建议在 HDPE 管道的
搬运和保存时采取以下预防措施。

· 堆叠管道高度小于 6 ft(1.8 m)。

· 每排管道使用相间接口。图9.7
显示了堆叠的用于地下蓄洪池的 24 in
实心 HDPE 管道。

· 不得将管道从货运卡车放入明
沟或不平坦表面上。

· 避免将管道拖过地面,或用管道
打击另一根管道或物体。

· 安装前检查管道和连接系统。

图 9.7　堆叠的 24 in 实心 HDPE 管道

环境温度基线对聚乙烯管道强度
几乎没有影响。根据产品,将炭黑或二氧化钛添加到聚乙烯中,以预防紫外线影
响。但是,建议避免在阳光直射下长期保存。气温为 80°F(27℃)时,如果将管道暴
露在阳光下,管壁温度可达到 110°F(43℃)。

　　将 HDPE 管道安装在管沟中与安装混凝土管道相似,但是 HDPE 管道的安装需要更小心。通过现场调查(也称为施工放样)确定管道是否对齐。管沟的宽度取决于管直径、回填材料以及压实方法。一般情况下,不需要设备压实,管道两侧可留 6～8 in(15～20 cm),即管沟最小允许宽度。在本地土壤较差时,例如遇到泥煤、淤泥或高膨胀土壤,则需要比这些最小值更宽的管沟。

　　所有小直径管道的管沟宽度取决于用于开挖的水斗尺寸,在许多情况下,管沟宽度超过管直径的两倍。表 9.9 列出了 ADS 建议的最小管沟宽度。管沟开挖应有侧壁,侧壁将近垂直。在开挖深度较大或土壤条件较差的情况下,开挖侧壁的坡度应足够大。如果管沟过宽,应使用沟槽。沟槽的长度应考虑管道长度。如上文所述,钢筋混凝土管的标准长度为 8 ft(2.44 m),ADS N-12 IB 管为 19.7 ft(6 m);更短的沟槽可以定制 14 ft(4.27 m)长的管道。

表 9.9　HDPE 管的最小管沟宽度

标称管道 直径,in(mm)	最小管沟, in(m)	标称管道 直径,in(mm)	最小管沟, in(m)
4(102)	21(0.5)	24(610)	48(1.2)
6(152)	23(0.6)	30(762)	56(1.4)
8(203)	26(0.7)	36(914)	64(1.6)
10(254)	28(0.7)	42(1 067)	72(1.8)
12(305)	30(0.8)	48(1 219)	80(2.0)
15(381)	34(0.9)	54(1 372)	88(2.2)
18(457)	39(1.0)	60(1 524)	96(2.4)

来源:ADS, Drainage Handbook, Installation 5-1, May 2012.

　　为了避免回填外壳中断,沟槽底部放置的位置与管沟底部的距离不得超过 24 in(0.6 m)。这需要在安装管道期间抬高沟槽,以符合所要求的间隔,即 OSHA 条例。为了适当回填并压实管道周围的土壤,可以沿着管沟拖动沟槽,但是不得损坏管道或中断回填。在某些情况下,需要将沟槽移动两次或三次,以使土壤包层达到所需的压实度。图 9.8 显示了典型的地下管沟的安装。读者可参见《ADS 排水手册》(2014)的技术备注 TN 5.01(2009 年 3 月),以获得更多关于沟槽使用的信息。

　　将管道安装在岩石沟中,至少应将 12 in(0.3 m)的可接受回填材料铺设在管道底部下方,以在管道和岩石之间提供缓冲。在不稳定的软土中,垫层的厚度至少应为 2 ft(0.6 m)。安装在松散土壤中的最小管沟宽度为管道直径加上 4 ft(1.2 m)。

　　在适当的土壤条件下,至少应在管沟铺设 4～6 in(10～15 cm)的垫层,并压实,以均衡管道底部的负荷分配。铺设管道后,将回填料铺设到管沟中。所需的回

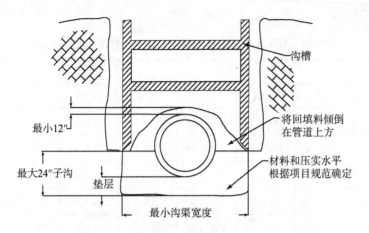

图 9.8　地下管沟安装

填材料和压实与其他类型的管道非常相似,且在许可情况下可与其他类型的管道相同。图 9.9 显示了典型的回填结构。附录 9A 对回填材料、HDPE 管道的铺设和压实进行了描述。

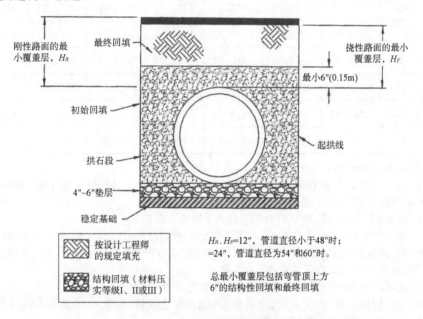

图 9.9　典型的回填详图

　　ADS 建议 4～48 in 管道的覆盖层最小厚度为 1 ft(30 cm),54～60 in 管道的覆盖层最小厚度为 2 ft(61 cm)。考虑到制造商的安装规范可能出现偏差,小于 48 in 的管道的覆盖层的最小厚度建议为 1.5 in(46 cm)。表 9.10 和表 9.11 分别列出了 ADS N-12 管道和单壁重型管道的最大覆盖层厚度。这些表列出了 1,2 和

3 级垫层的数据。

表 9.10　ADS N-12,N-12 ST 和 N-12 WT 管道的最大覆盖层　　　　　ft(m)

直径,in (mm)	1 级		2 级			3 级	
	压实	倾倒	95%	90%	85%	95%	90%
4(102)	37(11.3)	18(5.5)	25(7.6)	18(5.5)	12(3.7)	18(5.5)	13(4.0)
6(152)	44(13.4)	20(6.1)	29(8.8)	20(6.1)	14(4.3)	21(6.4)	15(4.6)
8(203)	32(9.8)	15(4.6)	22(6.7)	15(4.6)	10(3.0)	16(4.9)	11(3.4)
10(254)	38(11.6)	18(5.5)	26(7.9)	18(5.5)	12(3.7)	18(5.5)	13(4.0)
12(305)	38(11.6)	18(5.5)	26(7.9)	18(5.5)	13(4.0)	19(5.8)	14(4.3)
15(381)	42(12.8)	20(6.1)	28(8.5)	20(6.1)	14(4.3)	20(6.1)	15(4.6)
18(457)	35(10.7)	17(5.2)	24(7.3)	17(5.2)	12(3.7)	17(5.2)	12(3.7)
24(610)	30(9.1)	15(4.6)	21(6.4)	15(4.6)	10(3.0)	15(4.6)	11(3.4)
30(762)	25(7.6)	12(3.7)	18(5.5)	12(3.7)	8(2.4)	13(4.0)	9(2.7)
36(914)	29(8.8)	13(4.0)	20(6.1)	13(4.0)	9(2.7)	14(4.3)	9(2.7)
42(1 067)	27(8.2)	13(4.0)	19(5.8)	13(4.0)	8(2.4)	13(4.0)	9(2.7)
48(1 219)	25(7.6)	12(3.7)	17(5.2)	12(3.7)	7(2.1)	12(3.7)	8(2.4)
54(1 372)	26(7.9)	12(3.7)	18(5.5)	12(3.7)	7(2.1)	12(3.7)	8(2.4)
60(1 524)	29(8.8)	13(4.0)	20(6.1)	13(4.0)	8(2.4)	14(4.3)	9(2.7)

来源:Advanced Drainage Systems(TN 2.01,2014 年 9 月)。

备注:1. 计算结果见《ADS 排水手册》(v20.2)"结构"章节。计算假设没有液体静压力,且表土材料密度为 120 pcf(1 922 kg/m³)。

2. 假设安装满足 ASTM D2 321 以及排水手册安装章节的规定。

3. 对于回填材料质量较差或压实度更低的安装,管道挠度可以超过 5% 的设计限值;但是,挠度控制可能不是管道的结构性限制因素。对于挠度具有关键作用的安装,须采用管道铺设技巧或定期测量挠度,以确保管道安装符合要求。

4. 也可以接受表中未显示的回填材料和压实度,更多信息联系 ADS。

5. 必须将材料充分"切割"成拱石段,并填入波纹之间。假设整个回填区的压实和回填材料均匀。

6. 所示的压实度为标准普氏密度。

7. 对于覆盖层超过所示的最大值的项目,联系 ADS 获取具体的设计方案。

8. 计算假设没有液体静压力。液体静压力将导致允许的填充高度减小。减少允许填允高度必须由设计工程师根据具体的现场条件进行评估。

9. 倾倒的一级材料的填充高度需要额外注意,由于倾倒时材料的固结情况存在较大的差异,因此很难评估。关于材料性能的分析数据有限。因此,所示的数值保守估计等于 2 级 90%SPD。

表 9.11　ADS 单壁重型管道和公路管道的最大覆盖层　　　　　　　ft(m)　　9

直径,in(mm)	1 级		2 级			3 级		
	压实	倾倒	95%	90%	85%	95%	90%	85%
4(102)	41(12.5)	13(4.0)	27(8.2)	18(5.5)	13(4.0)	19(5.8)	13(4.0)	11(3.4)
6(152) 8(203)	38(11.6)	12(3.7)	25(7.6)	17(5.2)	12(3.7)	18(5.5)	12(3.7)	10(3.0)
10(254) 12(305) 15(381) 18(457) 24(610)	32(9.8)	11(3.4)	21(6.4)	15(4.6)	11(3.4)	16(4.9)	11(3.4)	9(2.7)

当管沟中存在地下水时,需要进行排水,以保持现场、压实垫层和回填材料的稳定性。在安装管道期间,管沟中的水位应保持在垫层以下。高水位区域的 HDPE(以及其他轻型材质)管道所面临的问题是上托力导致的漂浮。管道排空时,应考虑稳定性条件。假设土壤摩擦角为 36.8°,回填材料的具体重量为 120 pcf(1 922 kg/m³,19 kN/m³),Hancor(于 2005 年被 ADS 收购)计算了最小覆盖层厚度,结果见表 9.12。

表 9.12　预防漂浮的最小建议覆盖层

标称 直径,in(mm)	最小 覆盖层,in(cm)[a]	标称 直径,in(mm)	最小 覆盖层,in(cm)
6(152)	4(10)	24(610)	17(43)
8(203)	5(13)	30(762)	22(56)
10(254)	7(18)	36(914)	25(64)
12(305)	9(23)	42(1067)	29(74)
15(381)	11(28)	48(1219)	33(84)
18(457)	13(33)	60(1524)	40(102)

备注:对于结构用途,4~48 in 管道的最小覆盖层为 12 in(30 cm),54~60 in 管道的最小覆盖层为 24 in(61 cm)。

[a] 四舍五入到最接近的整数厘米。

更多关于 HDPE 管道技术规范的信息可参见 http://www.ads-pipe.com。

9.2.6　排水

在水位较高的区域,在安装管道期间需要进行排水,以保持管沟干燥。开挖前应调查地下水的状态。可以进行测试钻孔,以确定地下水流深度、速度和方向。通常用以下一种方法或几种方法的组合对地下水进行控制：

- 排水沟；
- 连续式挖方支撑；
- 抽水；
- 井点。

图 9.10　水位较高区域的污水泵排水管道的安装(摄影:作者)

当水位没有高出开挖底部太多时,可以采用排水沟和连续式挖方支撑方式。当开挖底部较深时,应采用抽水或井点方式。图 9.10 显示了直接从集水坑抽水的情况。在这种排水法中,泵应为潜水泵或自吸泵,从而可以排放间歇流。离心泵最适用于水量大的情况。在存在泥浆情况下,应使用隔膜泵。无论泵的类型如何,应提供备用泵,以防运行泵堵塞。

污水泵可以降低局部区域的水位(见图 9.11)。为了降低管道沿线的水位,应使用井点系统(见图 9.12)。这种排水方法可以有效地控制透水土壤中的地下水,并不需要护板和支撑。井点系统包括 1 或 2 in 管道(井点),管道被垂直插入湿土中。井点通过可转接头与水滴管连接,从而便于更换井点。井点的间隔和数量的计算应基于土壤渗透性以及需抽出的水量。

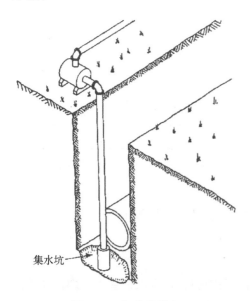

图 9.11　污水泵排水

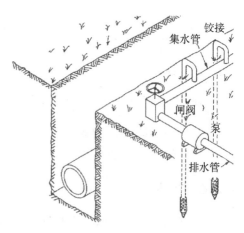

图 9.12　井点系统

直径为 6 in(15 cm)的集流管的井点间隔通常为 3 ft(1 m),8 in (20 cm)集流管为 2 ft。在长集流管中,闸阀的安装间隔为 100~200 ft(30~61 m)。大大降低水位可能导致靠近排水区域的周围区域和结构物的地面下沉。在这种应用中,应进行土工技术调查,并采取充足的预防措施。

9.3 防水接头

为了避免泄漏,管道接头应不漏水。同时,管道与人孔/入口的连接也应无泄漏。

9.3.1 管接头

各种 HDPE 管道标配水密接头。HDPE 双壁光滑内螺纹(N-12)管道采用 N-12 WT IB 和 N-12 ST IB,分别表示水密和土密接头。这些接头见图 9.13。土密接头适用于雨水渠,水密接头适用于雨水渠和生活污水管道。

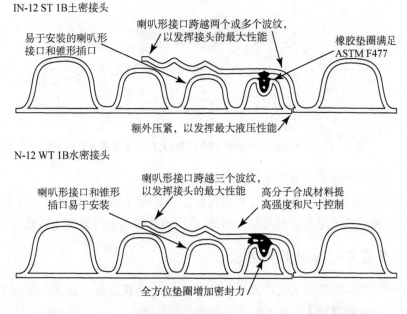

图 9.13   ADS 水密和土密接头(来自 Advanced Drainage Systems)

在混凝土管道中,用 O 型环和承插口形成水密接头。图 9.14(a)和 9.14(b)显示了 O 型接头的两个变种。实际上,接口也使用砂浆。采用砂浆密封剂的接头更加牢固,但安装后的任何移动或挠度变化可能导致裂缝和泄漏。

混凝土管的外部连接系统使用符合 ASTM 877 规定的外部橡胶和胶泥密封带。图 9.15 为一个外部接头。外部密封带通常仅适用于具有舌头和凹槽的非圆

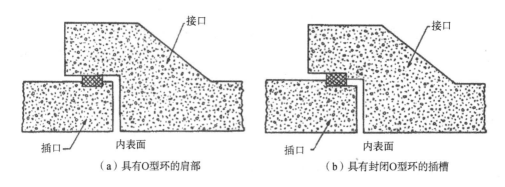

（a）具有O型环的肩部　　　　　　（b）具有封闭O型环的插槽

图9.14　混凝土管的O型环接头（来自美国混凝土管协会的混凝土管手册）

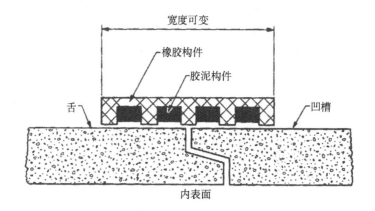

图9.15　非圆形混凝土管外部密封带（来自美国混凝土管协会）

形管道，可以承受排水管通常遇到的外部负荷。

从历史上来看，水密混凝土管和结构物仅与生活污水系统连接。在过去20年内，环境条例要求使用水密雨水渠。但是，混凝土管接头仍经常使用砂浆。

9.3.2　管道与人孔/入口的连接

一般情况下，管道与人孔或入口连接处的间隙比管道接头处的间隙更大。因此，重要的是在管道和人孔或入口之间提供水密连接。

实际上，通常用砂浆填充或覆盖接头。图9.16显示了浅安装中的典型管道-入口连接。由于沉降，砂浆会出现裂纹或断开，水将从接头漏出。随着时间的推移，漏出的水将土壤冲走，在连接处形成空洞，最后导致路面坍塌，人孔/入口周围的地面沉降。管道内水流速度较快的陡峭区域的这类问题尤为严重。图9.17显示了新泽西州北部某个郊区小镇非常陡峭的街道的此类问题。为了避免这个常见的问题，应在混凝土人孔/入口和任何管道之间采用水密的挠性垫圈。

图 9.16　用砂浆连接管道和入口
（摄影：作者）

图 9.17　接头泄漏导致的路面损坏
（摄影：作者）

　　总部位于印第安纳州韦恩堡的 Press-Seal Gasket 公司，是制造钢筋混凝土和 HDPE 管道的挠性密封件的大厂商之一。用于 18 in（375 mm）以及更大管道直径的镶铸连接头就属于这类密封件，被称为"Cast-A-Seal 802"，如图 9.18 所示。位于宾夕法尼亚州图里敦的 A Lok Products 公司，是另一家制造各类尺寸和样式直管和弯管的接头的公司。图 9.19 为曲壁接头。新罕布什尔州米尔福德市的 Trelleborg Pipe Seals 是另一家制造挠性管道与入口接头的公司。本公司提供两种橡胶接头，这两种橡胶接头之前由 NPC 制造，其中一种被称为 NPC Kor-N-Seal I，这种接头相比雨水渠更常用于污水管。

图 9.18　Cast-A-Seal，结构连接的引导类型
（由 Press-Seal Gasket 公司提供）

具有 A Lok xcel 接头的曲壁套筒
图 9.19　A-Lok 的曲壁接头
（来自 A-Lok Products 公司）

　　ADS 管接头的密封件专门为 30 in 以内的 ADS N-12 排水（以及生活污水）HDPE 管制造。Press-Seal Gasket 公司也制造这种管接头，包括一个内部为波状表面光滑的橡胶环（适用于 HDPE 管道波纹），管接头用 PSX-Direct Drive 或其他

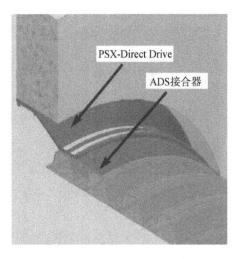

图 9.20 ADS N-12 排水（以及生活污水）
波纹管的橡胶接头
（由 Press-Seal Gasket 公司制造）

挠性接头连接人孔或其他结构物。图 9.20 为该接头。

接头的成本不足总工程成本的 5%，但随后可以节约大量的维修成本。仅堵住泄漏就很昂贵，维修路面故障的成本也很高。下沉导致的单一路面损坏的维修成本为几千美元，还要加上交通危险和中断造成的损失。挠性接头，不仅在结构物上，在管道中也表现出重要优势。有时候接头周围的土壤材料发生沉降，如果采用灌浆连接，则存在管道断开或破裂的风险。为了确保雨水排水系统的水密性，可以按下文所述进行渗滤/漏出测试。

9.3.3　渗滤/漏出测试

对于应用水密但没有规定任何 ASTM 测试规范的管道，渗滤/漏出测试是一种简单的确保接头性能的方法。在渗滤/漏出测试中，用水填充各结构物（人孔或入口）系统，让其稳定 24 小时，测量水位，然后在一段时间后再次测量水位。然后将水位下降转换成泄漏加仑数/管道直径(in)/管道长度(mi)/天，并与项目的允许水位进行比较。如果没有允许水位，用于雨水用途时，200 gal/in/mi/d(19 L/mm/km/d)通常被视为水密。

9.4　滞留池/塘的施工

本节将讨论滞留池、滞留塘、入渗池和植草沟等最常见的结构性雨水最佳管理措施的施工。

9.4.1　滞留池

干滞留池通常通过地下开挖的方式施工。由于地形问题，路堤可能要建设在滞留池的下坡侧。为了避免不符合司法规定，路堤高度应保持在限值以下，超过该限值的路堤被分类为坝。

滞留池边坡的选择应考虑稳定性和维护。为了方便割草，边坡的植草坡面坡度应小于 3:1(3 H,1 V)。在石头衬砌或乱石衬砌的滞留池中，坡面应比颗粒材料的静止角更陡,但是不得超过 2:1。滞留池底部最好应用植被覆盖,以改善水质以及提高渗滤(见第 7 章 7.1)。

滞留池应配置低流河槽,以将流入进水管的低流量输送到出口结构物。低流河槽的衬砌用乱石比混凝土更好。乱石衬砌在暴雨后通过排干滞留池底部的水避免滞留池存在浸水的情况,从而方便在滞留池底部和岸边割草,避免植被过度生长。图 9.21 显示了没有低流河槽且在施工后 5 年未进行维护的滞留池的植被过度生长的情况。在透水性较差的土壤中,可以将地下排水沟安装在滞留池底部,以便于排干滞留池的水。

图 9.21　被过度生长的植被覆盖的滞留池
(摄影:作者)

所有滞留池和滞留塘应配置应急出口或溢洪道,以便安全排放超过设计频率的暴雨的水量。同时,应在所有滞留池顶部提供一条通道,以便于维护出口结构物和前池(如有)。此外,应提供公共或私有道路的维护通行权(ROW)或地役权。维护通道的宽度至少应为 12 ft(4 m),且坡度小于 15%。

9.4.2　入渗池

入渗池与滞留池相似,如有必要可以通过开挖和安装低路堤的方式进行施工。天然洼地可以作为入渗池。这些入渗池可以设置在排水路线沿线或之外。入渗池被设置在排水路线上,设计用于完全捕获指定的雨水,通常为水质暴雨以及更大的暴雨导致的溢流。不在排水路线沿线的入渗池仅设计用于接收水质暴雨,更大的暴雨通过下游或滞留池进行分流。在任何情况下,入渗池相对较小,通常为 2~3 ft(0.6~0.9 m)。

入渗池可设计为两用入渗-滞留池。在这类滞留池中,水质暴雨被保留在出口结构物最低的开孔下方,以便缓慢渗入到地面中。超出水质暴雨水位的存量将按受监管的方式,通过出口结构物排放。案例研究 7.6(第 7 章)提供了这类入渗-滞留池的设计计算。

入渗池最大的缺点在于事先未进行土壤测试,施工措施不当会导致过度压实以及提前淤积。为了避免压实导致透水性发生损失,应从入渗池周边开始进行开挖,避免重型机械进入开挖区。因此,当用铲斗机进行开挖时,地面入渗池的底部宽度应限制在 30 ft(9 m)以内。对于更宽的排水沟,应使用牵引绳索或其他更长的臂触机器或轻型机器。为了避免过早淤积,应尽可能避免用入渗池作为临时淤积池。如果由于空间不足,在施工期间必须使用入渗池,在铺设砂层之前,必须彻底清除入渗池的泥沙和沉淀物。

为了能够正常运行,只有在土壤渗透性至少为 1 in/h(25 mm/h)的区域,才应考虑和建设入渗池。同时,入渗池的底部至少应位于季节性高水位上方 2 ft,最好为 3 ft(1 m)。入渗池底部应覆盖植被或砂子。如果覆盖砂子,砂层至少应为 6 in(15 cm)厚,但最好为 1 ft(30 cm)厚,以提高渗滤。应在任何入渗池位置记好土壤日志,并进行透水性试验,以确定土壤的透水性是否充足以及是否会遇到地下水位。

入渗池的典型问题是积水、表面浸水、沉淀以及通道不足。前两个问题通常是土壤透水性不足,或泥沙在入渗池底部沉淀导致失去渗透能力所致。如果是后者,可以清除底部的土壤,或用轻型机器清除和更换砂层,恢复土壤渗透能力。为了进入入渗池进行维护,应提供坡度为 15% 或小于 15% 的坡道,以通往入渗池底部。为了延长入渗池的使用寿命,建议在径流进入入渗池之前进行预处理。使用入口过滤器,尤其是在车道和停车场,是一种成本低且有效的预处理方法。

9.4.3 湿池

湿池适用于透水性非常低和水位较高的土壤。实际上,在高水位区域和沿海地区,湿池是减少最大径流速度最可行的结构性 BMP。除了减少最大流量之外,湿池还可以通过湿池中的停滞水减缓流入径流的速度,从而改善水质。因此,在清除悬浮沉淀物和改善水质方面,湿池比延时滞留池更有效。如果水位不浅,且土壤

图 9.22 岩石衬砌池(作者设计)

具有透水性,湿池底部的侧面应用不透水土工织物材料或黏土防渗层作为衬垫。湿池通常通过开挖的方式施工,只有很少的路堤或没有路堤。由于下雨后的水量增加和之后水位下降,水会发生波动,湿池侧边应建设在坡面上,坡度应远小于本地土壤的静止角。为了稳定土壤,岸边可以用石衬覆盖。图 9.22 显示了采用作者设计的岩石衬砌边坡的湿池。

9.4.4 植草沟

植草沟是清除沉淀物和污染物的有效方式,前提是得到适当的设计和维护。为了方便割草,植草沟可以采用抛物线形截面,侧面坡度为 3:1(3 H,1 H)或更平坦。为了避免植被过度生长,应在植草沟中种植适合割草的草种。但是,草应留到

足够长才能过滤水质暴雨。在生长季节有充足的雨水的地方,植草沟更实用。在气候干旱时,需要进行定期浇灌,以确保草能够健康生长。在美国西南部以及其他干旱或半干旱地区,碎石作为路旁沟渠的覆盖物远比草更加实用。

9.4.5 干井和渗滤隔室

干井也称为过滤池,包括安装在石沟内的空心混凝土圆筒(见图 9.23)。图 9.24 显示了石沟中过滤池的安装。在实际应用中,还使用碎石填充的干井。图 9.25 显示了其布置。但是,填充干井将导致干井内部储水容积减少将近 60%。

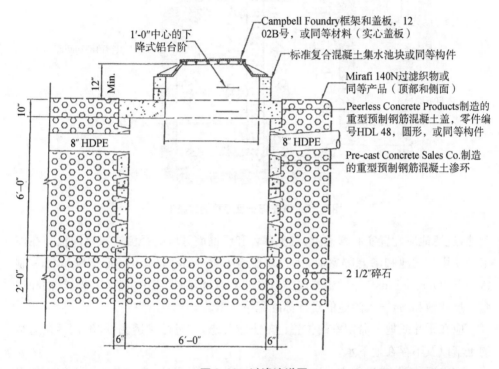

图 9.23 过滤池详图

石沟中的穿孔管或隔室也用于相同的用途。使用最广泛的隔室包括 StormTech、StormChamber、Cultec 和 Triton,如第 7 章所述。干井通常设计用于接收屋顶和其他不透水区域的雨水径流。为了避免树叶、草屑和碎屑导致提前堵塞,最好应用过滤池接收屋顶径流,并为屋顶排水管配备一个滤网。

图 9.24 安装在石沟中的过滤池(摄影:作者)

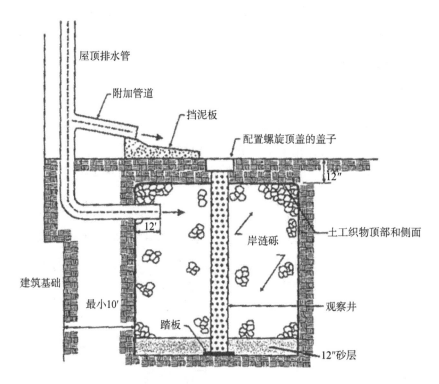

屋顶排水管

附加管道

挡泥板

配置螺旋顶盖的盖子

12"

12'

土工织物顶部和侧面

岸涟砾

建筑基础

观察井

最小10'

踏板

12"砂层

图 9.25   填充碎石且超载的过滤池

此外,过滤池应配置实心覆盖层,避免草坪和已铺面区域的径流进入过滤池。在停车场使用过滤池和渗滤隔室时,入口应配置 Oldcastle® Stormwater Solutions 制造的 FloGard＋Plus® 等过滤器或类似过滤器,以清除径流中的泥沙、碎屑、油和油脂。过滤池和滞留-入渗池的设计标准见第 7 章。

应在干井或地下滞留室的位置记好土壤日志,并进行渗透测试,确认存在适当的土壤以及不存在地下水。

完工后,干井应进行真空清洁;如有必要,应进行测试,确定其实际性能。如果测试表明过滤池未能在 48 小时内完全排干,应设计其他措施,控制雨水径流。

9.4.6   出口结构物

出口结构物应易于进入,以便进行维护。出口结构物的最小平面尺寸应为 4 ft×4 ft(1.2 m×1.2 m),以便维护人员能够进入。出口上游的过滤池应用乱石、石笼网护垫或混凝土作为衬垫,以提供牢固的基础,以便进行维护。

各类雨水管理设施的出口应配置具有适当开孔的拦污栅。开孔应足够小,以收集可能堵住排水管的碎屑,但是必须具有足够的间隔,以允许不可能堵住排水管的树叶和小碎屑能够通过。这将降低清洁和维护频率。如果拦污栅的开孔太小,将被树叶和碎屑堵住,从而经常导致洪水。ASCE(1985)的出版物对滞留池的出口结构物进行了概述。

在包括滞留池和滞留塘的开发项目中,承包商按照开发商的要求,在出口建筑物前安装了铝网格。中秋暴雨过后,树枝以及落叶完全堵住了拦污栅,拦污栅的开孔面积为 2.5 in²,因此,池中的水将涌出。随着出口压力的增加,部分拦污栅从结构物脱离,并与排水管一起被冲到下游。发生此类意外事件后,应设计具有适当尺寸的典型拦污栅,安装在所有出口结构物上。图 9.26 为作者设计的典型拦污栅。

图 9.26 出口结构物上具有平行钢筋的拦污栅(作者设计)

预制塑料拦污栅可用于各种用途。Plastic Solutions 公司制造各种 HDPE 拦污栅,商业名称为 StormRax™(http://www. plastic-solutions. com)。Contech 也出售 StormRax。

为了减少维护,出口结构物应设计有足够大的开孔,以避免经常堵塞。许多州的法规均忽略了这个重要的维护因素,允许在滞留池使用小孔口。例如,在新泽西州,小至以英寸为单位的孔口不仅用于地上,还用于地下滞留池。这种小孔口在地下滞留系统中很容易被堵塞,并且堵塞情况可能无法检测。下暴雨时,滞留池可以部分(如果不是全部)装水。为了确保正常运行以及便于维护,作者建议用 6 in(152 mm)孔口,作为任何地下滞留系统的最小开孔。根据该建议,新泽西州数百个地下滞留池 2.5~4 in 孔口均被替换为 6 in 孔口。

9.5 边坡稳定

在陡坡和砂质壤土中,很容易发生土地侵蚀。在这种情况下,将采用侵蚀控制垫层(ECB)和草皮加强网(TRM),以种植植被和控制侵蚀。Propex 制造的 ArmorMax 是一种高性能(HP)TRM,使用寿命预期为 50 年或以上。这种 TRM 可以有效地控制侵蚀,还可以用于沟渠。附录 9B 包括 ArmorMax 的安装指南。

9.6 检查与维护

现行雨洪管理条例要求全国的城市开发项目应提供雨洪管理设施。在某些州,即使是独户住宅(如超过阈值)也应遵守这些条例。无论规模大小、类型和物理特征,所有雨洪管理设施均需要定期清理和适当维护,才能有效运行。同时,应检查雨洪管理系统的安装,确保雨洪管理系统的正确运行。附录9C包括排水系统施工检查的检查表。

9.6.1 检查和维护的目的

定期检查的主要目的在于确保雨洪管理设施顺利、安全运行。应由合格人员定期检查雨洪管理设施。检查应包括所有雨洪管理构件,包括输送系统、任何类型的滞留池、出口结构物以及水处理装置。透水路面砖、雨水花园和绿色屋顶等非结构性系统也需要检查。检查可提供有关计划维护程序的有效性、范围及安排的变更等信息。除了雨洪管理设施外,还应定期检查和维护排水系统和滞留池的植物区。

输送系统通常包括入口、人孔、管道和植草沟/碎石沟渠。所有这些构件都应进行定期检查,如有必要应清理淤泥和漂浮物,例如树叶、纸张、瓶子和罐子。检查频率取决于系统的安装位置以及径流可能含有的杂质数量和类型。每年至少应进行两次检查;但是,在购物中心和超市停车场等地方,排水系统每年应检查四次或以上。

维护的目的在于保持雨洪管理设施的有效性、正常运行和安全性。雨洪管理设施的定期维护还将减少重大、昂贵维修的次数。维护可以分为预防性(或定期)维护和维修。定期维护旨在避免损坏或故障,且包括植被维护和设施维护。

人们通常会忽略雨洪管理系统的维护,见 Pazwash(1991)和 Bryant(2004)的相关文献。由于没有普遍认识到城市发展对水质的影响,公众认为雨洪管理设施的维护并不重要。同时,由于许多雨洪管理设施均隐藏在地下,因此没有得到关注。因此,许多私人房主、业主协会甚至是市政官员都会忽视排水和雨洪管理系统的维护。图 9.27 为几乎完全被树叶和杂物堵住的公园进水口闸阀,图 9.28 为被淤泥堵塞超过三分之二的市政排水管。图 9.29 和图 9.30 为新泽西州某个住宅开发项目无人值守、完全无效的砂滤池。安装该砂滤池旨在满足新泽西州的水质要求。但是,由于缺乏维护,已完全被砂子堵住,径流通过内部溢流阀分流,没有进行任何处理。

特拉华州 DOT 的非点源污染物排放消除系统(DelDOT's NPDES)集团,对良好的清理措施和非结构性 BMP 的优点进行了量化。这些措施包括清理进水口、管道以及滞留池/拦洪池,打扫街道,以及检查基础设施。除了维护外,NPDES 小组还提供了公众教育计划,以说服市民不要给草坪过度浇水,亦不得将用过的油倒入雨水排水系统。这些措施有助于保护重要水域,例如德拉瓦河和切萨皮克湾(Keating,2005)。

图 9.27　被树叶堵住的进水口闸阀
（摄影：作者）

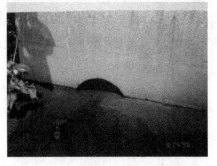

图 9.28　三分之二以上被淤泥堵塞的
排水管（摄影：作者）

图 9.29　被淤泥堵住且完全无效的
地下砂滤池（摄影：作者）

图 9.30　砂滤池上的格栅
（摄影：作者）

　　于 2004 年 2 月 2 日通过的新泽西州雨洪管理条例包括市政雨水计划，要求所有 MS4s 城市（总计 559 个城市）在 5 到 6 年内（取决于排水系统的规模）清理和维护排水系统。至 2009 年 6 月，已清理 675 000 多个进水口，已清理雨水管中将近 680 000 吨的垃圾、碎屑和淤泥。上述图证明了排水和雨水管理设施良好清理和维护的需求和重要性。下文对雨洪管理设施的维护措施进行了概述。更多信息读者可参见 ASCE 手册（1992）、ASCE 标准（2006），Brzozowski（2004）以及 Barron 和 Lankford（2005）的相关文献。

9.6.2　植被和已铺面区域的维护

9.6.2.1　草坪/景观

　　应对位于滞留、拦洪、入渗池或池塘排水区域内的草坪、景观、乔木和灌木进行维护，以尽量减少土壤侵蚀。这将减少进水口、管道和滞留池内的泥沙沉积。在生长季节应定期割草，将草的高度保持在 2～3 in。应按所需的最低量使用肥料，且在任何情况下不得超过每 1 000 ft²(10 lb)。应维护被破坏和枯萎的草坪,并在裸露区域种上植被。如果因季节原因导致无法恢复草坪,应用盐、干草、覆盖物或稻草覆盖裸露的区域。如果重新播种无法有效地建成非侵蚀性植被覆盖,应用其他材料保护土壤,包括草皮、侵蚀控制毯、乱石或砾石。

每两年应用硬木覆盖植床,以保持根区周围的水分,以及提供灌木所需的生长介质。灌木和乔木应易于保持形状和外观,如有需要,每年给乔木修剪一次(最好在早春进行修剪)并定期修剪灌木。读者可参见 Reese 和 Presler(2005),以及 Kang 等人(2008)的相关文献获取更多关于维护频率的信息。

9.6.2.2　路面

停车场和车道的管理措施包括清除沉淀杂物以及其他污染物。已铺面区域应定期清扫(至少每 3 个月清扫一次),且被清扫的材料应进行适当的处置。图

图 9.31　距离住宅 100 ft 的街道垃圾(摄影:作者)

9.31 显示了作者从距住宅大约 100 ft(30 m)的路边扫出的垃圾。这些垃圾的重量将近有 20 kg(44 lb),是 6 个月积累的垃圾。

随着时间的推移,透水沥青和混凝土以及透水连锁混凝土路面砖可能被沉淀物堵塞,从而降低其渗透率,以及减少储水能力。为了恢复其渗透率,应清除透水路面砖的沉淀物。

每年至少两次以及每次大暴雨后(新泽西州 1 小时内降雨量为 1 in),应检查任何类型的透水路面,确认是否存在堵塞以及过量的泥沙淤积。最好应在大雨后立即检查透水沥青、透水混凝土或透水连锁混凝土路面(PICP)。如有任何积水,表明需要清除路面的淤积。还可以用 ASTM C1701 的已铺设透水混凝土渗透率的标准测试方法,进行渗滤测试,以测量透水性。如果测试的表面渗透速率低于 10 in/h(254 mm/h),连锁混凝土铺路砖协会(ICPI)建议进行清理。

使用不带扫帚和洒水器的真空街道清扫设备是最有效的沉淀物清除方式。这种设备可以清除顶部 1 in(25 mm)的沉淀物。不建议使用再生式真空扫地车(例如,在路面吹气的扫地车)。每年至少应进行两次真空清扫,推荐每年最好进行三次真空清扫(在干燥温暖季节各清扫一次)。沉淀物的处置应遵守所适用的地方和

州废物条例。作者每年一次或两次用喷水清理(低速高压冲洗)后院路面砖的间隙。

9.6.3 雨水排水系统的维护

9.6.3.1 植草沟和乱石衬砌洼地的修复

每年至少检查一次植草沟和乱石洼地的侵蚀情况,如有必要,应进行维护。草的维护包括定期割草,并按要求在侵蚀区域播种/铺草皮。定期割草可确保大暴雨不会造成浸水。碎石衬砌洼地的维护包括对边坡进行再分类,并用新的碎石补充受侵蚀区域。

9.6.3.2 除雪和除冰

积雪和积冰会妨碍进水口、输送系统和出口结构物的正常运行。应清除不透水区域的雪,确保设施在冬季能够正常运行。

9.6.3.3 清除排水系统的沉淀物和漂浮物

雨洪管理构件将接收和捕获沉淀物和垃圾。每年至少两次以及在每次大雨或暴雨(东部、南部、西北部以及中西部 1 小时内降雨量达到 1 in,干旱的西南部的洪水)过后,应检查进水口、管道、排水洼地、出口结构物以及水质过滤器内芯。应按照当地法规的规定,清除和处置沉淀物和垃圾。

应用铲子或真空清扫车人工清除进水口和人孔的淤泥和碎屑。可通过冲洗、真空清扫或这两种方法的组合清理管道和涵洞。路边石的新设计与进水口一起捕获可能进入进水口的漂浮物,例如瓶子、罐子、植被等(见图 9.32)。

图 9.32　路边石捕获的漂浮物(摄影:作者)

9.6.3.4 控制潜在的蚊子繁殖地

池塘和湿地等停滞水可能成为蚊子繁殖地。进水口和出口结构物的集水也可能成为蚊子繁殖地。清除进水口和排水输送系统的所有障碍物,有助于避免形成蚊子繁殖地。消除潜在的繁殖地优于用化学品控制蚊子。

9.6.4 池塘/滞留池的维护

9.6.4.1 藻类和杂草控制

长期积水的浅池塘和滞留池容易出现杂草和藻类。藻类过度生长将导致缺氧，从而形成低氧环境。低氧环境将排放臭气以及出现令人不愉快的场景。图9.33显示了完全被藻类覆盖的滞留灌溉池。池塘和滞留池的杂草可能沉入水中、漂浮或自然生长。水下的植物最难检测和控制。

图 9.33 完全被藻类覆盖的滞留灌溉池（摄影：作者）

每年应至少两次检查池塘和滞留池藻类和植物的生长情况。藻类生长通常是由草坪滥用肥料导致。适当使用肥料可以缓解藻类问题。曝气是解决池塘藻类生长问题的实际解决方案。池塘专业维护人员可以清理造成问题的杂草。

9.6.4.2 地下滞留池

应检查地下滞留池的人孔、人孔的检视孔、出口结构物以及滞留隔室/管道内是否有过量的沉积物、砂砾和碎屑。管道和隔室的孔堵塞将导致围石无法发挥作用。还应检查地下滞留池上方和相邻的地面是否过度沉陷。

应清除地下滞留池的沉积物、碎屑和垃圾，并进行适当的处置。建议在清除滞留池的沉淀物和碎屑之前，将滞留池的水排干。如有必要，经过密闭空间作业培训且满足最新的 OSHA 密闭空间条例的人员，可以进入地下滞留池。此外，使用地下管道和隔室时，应遵守制造商的具体维护程序。

9.6.4.3 湿池

湿池的功能与连续沉淀池相似。随着池塘沉积物越来越多，清除污染物的效率将降低。附着到沉淀物的磷等污染物，在缺氧条件下可以通过化学方式清除。因此，为了保持这类 BMP 的有效性，应定期清除沉淀物。虽然指南通常要求，当永久水池失去 20% 的容量时，应清除沉淀物；作者建议当淤泥厚度达到 1 ft 或 20% 的深度时，以较小者为准，清除淤泥。

9.6.4.4 出口结构物

出口结构物是任何滞留池（地上或地下）最重要的流量控制构件。这类结构物及其拦污栅每年至少应进行四次检查,以及在每次暴雨(美国东北部以及美国许多地方1小时降雨量1 in,干旱的西南部的山洪暴发)后应进行检查。应清除拦污栅的灌木、树叶、树脂、纸张、风滚草和塑料罐等任何漂浮杂质。同时,应清除出口结构物以及尤其是低流量开孔的沉淀物和障碍物。

9.6.5 水处理设备的维护

9.6.5.1 集水池衬垫

如有必要,应检查集水池是否因沉淀物和漂浮垃圾积累而被堵塞。建议在安装后先进行检查,第一年进行2~4次检查,以及任何暴雨后进行检查。加利福尼亚州恩西尼塔斯用了32个Kristar集水池衬垫,结果证明半年一次维护已经足够,并且每个衬垫每年的维护成本大约为40美元(Brzozowski,2004)。集水池衬垫的清理相对简单,一个人即可执行。维护主要需要拆下过滤器内芯,排空内容物,更换吸油剂,并将所有东西放回进水口。也可以用吸污车清洁衬垫。还应遵守制造商的特殊规范。附录9D包含FloGard-t-Plus®过滤器的检查和维护规范,FloGard-t-Plus®过滤器之前由加利福尼亚州圣罗莎的Kristar Enterprises(目前是Oldcastle Stormwater Solutions的一部分)制造。清洁频率在很大程度上取决于位置。虽然位于住宅开发项目内,但是集水池衬垫每年清洁1次或最多2次即可,而购物中心和超市停车场的沉淀每年至少清理3次或4次。

9.6.5.2 成品水处理设备

滞留池和滞留塘等许多结构性雨洪管理设施,没有足够的水质设备以满足项目的雨洪管理要求。尤其是地下滞留池,通常不旨在改善水质,不适用于改善水质。如上一章所述,市场上有很多水处理设备,且每年上市的水处理设备越来越多。

水处理装置包括过滤介质和非介质设备。新泽西州以及许多其他州均不批准用CDS、Vortechnics、BaySaver等大部分非介质过滤设备清除80%的总悬浮沉淀物。许多这类设备不得设置在排水路线沿线,要绕过水质暴雨以外的流量。许多管辖机构用于清除80%TSS的过滤介质设备,通常与滞留池连接,并放置在滞留池后面。StormFilter、CDS介质过滤系统(MFS)、Jellyfish和AquaFilter都是过滤介质设备。

过滤介质设备通常用于处理小流量的径流,比非过滤介质设备更贵,并且需要更多的维护。各水质设备应遵守制造商建议的检查和维护程序。表9.13对NJDER批准用于清除80%TSS的部分过滤介质MTD的维护成本进行了比较。

表 9.13 部分过滤介质 MTD 的维护成本预算

产品型号	StormFilter 96 in 人孔或 6 in×12 in 拱顶	Jellyfish 72 in 人孔 JF6-3-1	Bayfilter[a] 8 in×10 in 拱顶	UpFlo Flter[a]	Aqua Filter[a] AS4 和 AF 4.4 备注：2 个结构物
流量(cfs)(假设大约占地 1/4 ac)	0.6	0.6	0.6	0.6	0.6
流量(gpm)	270	270	270	270	270
所需滤筒/滤袋数量[b]	12	4	9	14	56
每个替换滤筒/滤袋的成本	$150	$700	$750	$100	$50
第 1 年					
检查[c]	$250	$250	$250	$500	$750
Vactor[d]	$—	$1 000	$1 000	$1 000	$1 500
介质/材料的处置[e]	$—		$1 000	$1 000	$1 000
替换介质/材料	$—	$—	$6 750	$1 400	$2 800
冲洗筒	$—	$500	$—	$—	$—
第 2 年					
检查	$250	$250	$250	$500	$750
Vactor	$1 000	$1 000	$1 000	$1 000	$1 500
介质/材料	$1 000		$1 000	$1 000	$1 000
替换介质/材料	$1 800	$—	$6 750	$1 400	$2 800
冲洗筒	$—	$500	$—	$—	$—
第 3 年					
检查	$250	$250	$250	$500	$750
Vactor	$—	$1 000	$1 000	$1 000	$1 500
介质/材料	$—	$500	$1 000	$1 000	$1 000
替换介质/材料	$—	$2 800	$6 750	$1 400	$2 800
冲洗筒	$—	$—	$—	$—	$—
3 年总成本	$4 550	$8 050	$27 000	$11 700	$18 150
20 年总成本	$43 000	$51 800	$180 000	$78 000	$121 000

来源：Imbrium Systems 公司。

[a] 假设成本和频率基于这些制造商的可用信息。这些信息的准确性没有任何疑义。

[b] 假设各制造商提供的均为最大/最高滤筒/滤袋。

[c] 假设每次检查的成本为 $250。

[d] Vactor 的成本考虑需要清洁的结构物数量(1 个为 $1 000,2 个为 $1 500)。

[e] 材料处置基于预期材料体积和部件。

9.6.6　雨水管理设施的维修

必须及时维修因洪水、沉淀、故意毁坏或其他原因损坏的进水口、管道、滞留池、水质装置以及出口结构物。维修的紧迫性取决于损坏对构件正常运行和安全性的影响。重大结构维修应由专业工程师负责。对于已损坏的混凝土和波纹金属管，CentriPipe 是一种成本效益较高的修复方案。CentriPipe 是一种用于直径为 144 in 以下的滑动衬里管道的非开挖法。这种方法需要在管壁内离心浇筑特种砂浆和外加剂。这种方法还适用于椭圆形管道和旧砖涵洞。CentriPipe 由 AP/M PermaForm 提供，AP/M PermaForm 还提供其他无开挖解决方案，例如 ConShield 的 Permacast、生活污水混凝土管的生物技术装甲。

9.6.7　忽视维护

虽然公众可以想象到控制径流以预防洪水的重要性，但是人们普遍不了解改善水质的需求。因此，许多私人房主认为不需要考虑水质装置的检查和维护。对 29 种水质措施进行的检查发现，大约 70% 的水质措施安装不当，并且将近 70% 的这些措施需要进行维护（Bryant，2004）。明尼苏达大学对全州各种雨洪管理措施进行的调查表明，85% 以上的城市每年进行一次例行维护，或频率更低（Kang et al. 2008）。这些以及其他案例表明，人们普遍忽视雨洪管理设施的选择和维护。以下建议应有助于纠正对维护的忽视（Pazwash，1991）。

- 设计师和规划人员应认真考虑雨洪管理设施维护的方便性，尤其是出口结构物。
- 政府和雨洪管理系统的私人所有人应多关注雨洪管理系统的维护。我们通常会忽视这些设备需要维护。我们在保养汽车和房屋时，不会或很少会注意到所拥有的排水设施。
- 应教育房主需要承担清理水沟、洼地的沉淀物的责任。发现有部分房主甚至不认为他们应承担这些责任。
- 应明确规定责任方（私人或政府），且应在设计阶段或项目施工后，规定须采取的维护措施。
- 应确定雨洪管理基础设施维护的可行方式。

如第 8 章所述，许多城市已规定雨水管理费，以实施必要的维护措施。其他城市已编制雨洪管理协议，确保对私人雨洪管理系统进行适当的维护。佐治亚州道格拉斯郡就是后一种方法的例子，道格拉斯郡的水和污水管理局已编制正式的开发表格，在颁发土地扰动许可之前，由各项目的业主和开发商签字（Barron et al. 2005）。开发和实施维护计划的其他方式见各种出版物（例如，Reese et al. 2005；Kang et al. 2008，等等）。

在某些州,包括宾夕法尼亚州,市政当局和郡保护区之间签订了谅解备忘录,作为雨洪管理维护计划的额外审查层。某些从业者认为,一般情况下所有滞留池和拦洪池,尤其是入渗池的施工和维护,应由市政当局负责,以确保正常运行。在大部分情况下,公路用地内的雨洪管理设施由市或郡公共工程部,或州或联邦公路管理局维护。

9.7　检查、运行和维护手册

应根据项目的性质,编制具体的雨洪管理设施检查、运行和维护手册。该手册应包括项目名称和详细地址、维护责任方及其名称、电话和传真号、邮政地址以及电子邮箱地址。手册中还应对所提供的雨洪管理设施进行简要的描述。此外,各手册应还包括单独的检查和维护,以进行备案。年度维护成本预算也是有用的信息。

案例研究 9.1 新泽西州花园州公路 98 号立交桥的雨洪管理系统运行和维护

简介

花园州公路 98 号立交桥车道改善项目的雨洪管理系统包括 3 个入渗池。这些入渗池设计用于满足 NJDEP 关于最大径流速度的雨洪管理条例。还应按照这些条例的规定设计改善水质的入渗池。入渗池位置的选择应考虑现有洼地、地形特征和可达性。这将尽量减少所需的结构物数量,同时方便雨洪管理系统的维护和检查。现场位置见图 9.34。

该区域内的土壤主要是 Downer,是一种透水性大的砂质壤土。这类土壤是入渗池的理想之选。入渗池位于高能见度区域,以便于进行检查。同时,从南边的车道可以很方便地对 3 个入渗池进行所需的任何维护。

该运行和维护手册(O&M 手册)旨在为新泽西州收费公路管理局进行的入渗池检查和维护提供指南。该手册还可以作为向 NJDEP 递交的许可申请的支撑文件。

描述

入渗池在分级和排水图上均有描述。为简洁起见,本书仅随附了入渗池的位置图。3 个入渗池均有砂层以及草皮护面的边坡。砂层的规定透水性等级应为 K-5。入渗池 1 和 2 的砂层厚度为 6 in(15 cm),入渗池 3 的砂层厚度为 12 in(30 cm)。根据 2004 年 2 月颁布的《新泽西州雨洪最佳管理措施手册》,所有入渗池的设计深度不得超过 2 ft(0.6 m)。

入渗池 1 位于北边和南边车道之间,是最南边的入渗池。道路径流以层流的形式进入入渗池,并通过草地和树林。该入渗池只有一个应急泄洪道,以便排放超过设计雨水的径流。泄洪道的溢流沿着坡面向下流入现有的湿地。

入渗池 2 位于入渗池 1 北部大约 600 ft(183 m)处。与入渗池 1 不同,该入渗池包括一个输送系统。进入入渗池的大部分径流均为层流的形式;同时,15 in

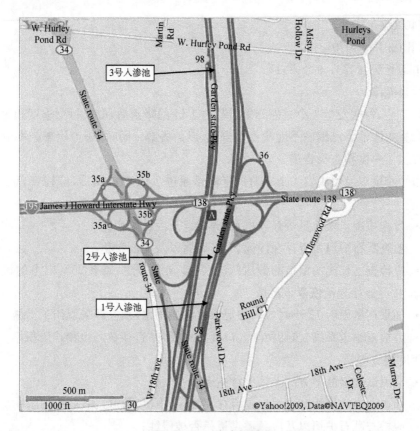

图9.34　入渗池位置图

RCP沿着花园州公路北边的车道，将2个现有进水口的径流输送到入渗池。在15 in RCP的出口处设置乱石护坦，避免池底被侵蚀和冲刷。提议采用具有平栅的混凝土箱，作为该入渗池的溢流结构物和应急泄洪道。该混凝土箱将建在现有的24 in RCP排水管上方，排水管向西横穿南边的车道。

入渗池3位于98号立交桥出口匝道和南边车道之间的花园州公路南侧。流入该入渗池的径流通过陆路流动，与入渗池1相似。位于入渗池内的现有进水口顶部的格栅将抬高，作为应急泄洪道。现有的15 in管道从该出水口伸出，向西延伸至出口车道下方，并终止于洼地。由于该入渗池非常浅，且与车道相邻，因此在结构物底部提供3 in的孔口，以在两次暴雨期间进行排水。

运行和维护责任

业主以及雨洪管理系统的检查、维护和维修的责任方为新泽西州收费公路管理局。指定的检查和维护人员如下。

维护办公室

新泽西州收费公路管理局

740 US-46

Clifton，NJ 07013

电话号码：(973) 478-8337

检查频率

竣工后，每次发生 1 小时内降雨量超过 1 in 的降雨后，以及每个季度和每年应定期检查入渗池。已编制季度检查报告表，以供备案。同时，还为检查频率较低的项目提供了年度检查报告表。

每个季度以及每次发生 1 小时内降雨量超过 1 in 的降雨后，应检查以下排水构件：

- 目视检查入渗池是否存在积水、碎屑以及泥沙淤积；
- 检查乱石护坦是否存在侵蚀、大量碎屑以及泥沙淤积；
- 应检查已长成的植被的健康状况、密度和多样性，如果 25％以上的植被被损坏，应按照原始规范恢复该区域；
- 如果在暴雨后 72 小时内入渗池未能渗透雨水，须立即采取纠正措施；
- 应检查输送系统（包括两个入口和排水管）是否存在泥沙和碎屑积累。

年度检查包括：

- 应测试入渗池下方的土壤的渗透率；
- 检查出口结构物和进水口是否存在裂纹、下沉、裂开、侵蚀和劣化；
- 应检查乱石护坦以及应急溢洪道是否被侵蚀；
- 应检查入渗池的植被是否发生有害生长和侵蚀/冲刷。

通过勾选"是"或"否"，填写检查表。勾了"是"的任何项目需要维护，必须按照下文所述进行纠正。

入渗池维护说明

维护应包括以下几项。

- 清除沉淀物和碎屑。应在入渗池完全干燥后进行。应按照所在地方、州和联邦条例处置沉淀物。
- 在生长季节期间，每月至少应割一次草。
- 应清除不需要的植被，尽量减少对周围植被和入渗池底土的扰动。
- 在第一个生长季节期间，每两周应对修复后的植被进行检查，直到植被长成。
- 必要时，应用轻型设备进行例行松土，以保持渗透能力，以及清理被堵塞的表面。
- 当应急溢洪道发生侵蚀或冲刷时，应恢复侵蚀区域的植被，并铺设乱石。
- 如有必要，应维修或更换出口结构物。
- 应清除进水口和输送系统的沉淀物和碎屑，并按照所在地方、州和联邦条例进行处置。

案例研究 9.1
入渗池
花园州公路 98 号立交桥
新泽西州蒙默斯郡沃尔镇

季度检查报告

日期：_____   时间：_____   天气状况：_____

                                                否   是

1. 入渗池 ♯1
   I. 池底部：
      a. 沉淀物/碎屑淤积 _____ _____
      b. 砂子堵塞/积水 _____ _____
   II. 植被/草：
      a. 植被区破坏（＞50％） _____ _____

2. 入渗池 ♯2
   I. 池底部：
      a. 沉淀物/碎屑淤积 _____ _____
      b. 砂子堵塞/积水 _____ _____
   II. 植被/草：
      a. 植被区破坏（＞50％） _____ _____
   III. 乱石护坦：
      a. 沉淀物/碎屑淤积 _____ _____
      b. 侵蚀/冲刷 _____ _____
   IV. 输送系统：
      a. 沉淀物/碎屑淤积 _____ _____

3. 入渗池 ♯3
   I. 池底部：
      a. 沉淀物/碎屑淤积 _____ _____
      b. 砂子堵塞/积水 _____ _____
   II. 植被/草：
      a. 植被区破坏（＞50％） _____ _____
   III. 出口结构物：
      a. 3″孔口堵塞 _____ _____

附加说明：_____

本报告描述情况记录者：_____

                                   签字

案例研究 9.1

入渗池

花园州公路 98 号立交桥

新泽西州蒙默斯郡沃尔镇

年度检查报告

日期：_____　　时间：_____　　天气状况：_____

　　　　　　　　　　　　　　　　　　否　　　　　　　　是

1. 入渗池＃1
　　I. 池底部：
　　　　a. 底土渗透速率（<4″/h）　　　　_____　　　　_____
　　II. 植被/草：
　　　　a. 不需要的生长（例如树木）　　_____　　　　_____
　　　　b. 侵蚀/冲刷　　　　　　　　　_____　　　　_____
　　III. 应急溢洪道：
　　　　a. 侵蚀/冲刷　　　　　　　　　_____　　　　_____

2. 入渗池＃2
　　I. 池底部：
　　　　a. 底土渗透速率（<4″/h）　　　　_____　　　　_____
　　II. 植被/草：
　　　　a. 不需要的生长（例如树木）　　_____　　　　_____
　　　　b. 侵蚀/冲刷　　　　　　　　　_____　　　　_____
　　III. 出口结构物：
　　　　a. 裂纹/下沉/剥落/侵蚀/劣化　　_____　　　　_____

3. 入渗池＃3
　　I. 池底部：
　　　　a. 底土渗透速率（<4″/h）　　　　_____　　　　_____
　　II. 植被/草：
　　　　a. 不需要的生长（例如树木）　　_____　　　　_____
　　　　b. 侵蚀/冲刷　　　　　　　　　_____　　　　_____
　　III. 出口结构物：
　　　　a. 裂纹/下沉/剥落/侵蚀/劣化　　_____　　　　_____

附加说明：_____

本报告描述情况记录者：_____

　　　　　　　　　　　　　　　　　　　　　　签字

案例研究 9.1

入渗池

花园州公路 98 号立交桥

新泽西州蒙默斯郡沃尔镇

维护记录表

日期	位置	已执行的维护	执行人

问题

9.1　计算 24 in RCP 每延英尺的标准挖方体积。管道上方的平均覆盖层为 18 in。

9.2　将问题 9.1 中相应方案替换为 600 mm RCM 和 45 cm 平均覆盖层,重新计算标准挖方体积。

9.3　计算 30 in HDPE 管和 24 in 平均覆盖层的挖方体积。

9.4　将问题 9.3 中相应方案替换为 75 mm HDPE 管和 600 mm 覆盖层,重新计算挖方体积。

9.5　地下滞留系统包括四排 80 ft 长的 42 in 实心 RCP 管,覆盖层为 18 in。管道一端加盖,另一端与 4 ft(宽)×6 ft(深)的隔室连接。计算:

　　a. 滞留管的储水容积;

　　b. 开挖体积,假设沟旁坡度为 1∶5(1 H,5 V)。

9.6　重新计算在 1 000 mm 混凝土管(每根管道长度 24 m,覆盖层 45 cm)条件下的问题 9.5;隔室宽度和高度分别为 1.2 m 和 1.8 m。

9.7　地下滞留系统包括五排 60 m 长的 750 mm 实心 HDPE 管和 750 mm 集流管。计算:

　　a. 滞留储水容积;

　　b. 开挖量(管道位于 60 cm 的覆盖层下方,沟渠边坡为 1∶5)。

9.8　将问题 9.7 中相应方案替换为管道长 180 ft,直径 30 in,覆盖层 2 ft,求解相应问题。

9.9　估计在 0.6 cfs 的流速下清除 80%TSS 的 MTD 的年度维护成本。

9.10　估计选择用于在 30L/s 的速度下,清除 80%TSS 的 MTD 的第一年和三年维护成本。说明所做的任何假设。

9.11　在问题 9.10 中,设估计流速为 20L/s,求解同样的问题。

附录 9A:ADVANCED DRAINAGE SYSTEM(ADS)的 HDPE 管安装

9A.1　回填围护结构

ASTM D2321 是交通区域 HDPE 管道安装建议的依据。可接受的回填材料和施工方法与其他类型的管道非常相似。但是,作为 HDPE 等挠性管道,回填材料的选择、铺设和压实对局部承载能力而言更加重要。可接受用于 HDPE 管道的回填料和压实度见表 9A.1。

须注意的是,材料类型和压实度相结合,将决定土壤强度。当在特定设施中各种方案均可行,最终决定取决于本地最常用的方案,以尽量降低安装成本。当本地土壤满足表 9A.1 的回填要求时,可规定使用当地土壤。如果不接受本地材料,则要引进适当的材料。

受控低强度材料(CLSM)或流动填料是另一种专用的回填材料,这种材料在美国的使用越来越多。这种材料本质上是强度非常低的混凝土,浇筑在管道周围。采用 CLSM 或流动填料时,沟渠宽度可以减小到管道最小外径加上 12 in;但是,可能导致管道不对齐,或管道浮起,除非采取预防措施,例如给管道加重,或分层浇筑流动填料。传统的压实颗粒材料可形成结构牢固的回填料,这种回填料更易于使用,且安装费用更低。

表 9A.1　回填料和压实要求

描述	土壤分类			最小标准普氏密度,%	最大压实层高度,in(m)
	ASTM D2321	ASTMa D2487	AASHTO M43		
带棱角的碎石	Ⅰ级(碎石)	—	5,56 57,6 67	抛石	12(0.3)
级配较好的砂、砾石、砾石/砂混合物;不良级配砂、砾石以及砾石/砂混合物;无细料或细料少	Ⅱ级(砾质砂)	GW GP SW SP GW-GC SP-SM	57 6 56 67 5	85%	12(0.3)
粉质或黏土砂砾、砾石/砂/泥沙或砾石和黏土混合物;粉质或黏土砂、砂/黏土或砂/泥沙混合物	Ⅲ级(砂质粉土)	GM GC SM SC	砾石和砂(<10%细料)	90%	6(0.15)
无机泥沙和砾质、砂质、或粉质黏土;部分细砂;低和中塑性黏土	IVA级	ML CL	—	不建议	—

　　备注:层高不得超过管道直径的一半。应减少层高,以适应压实方法。
　　a 见本书背面附录 B 的统一土壤分类法。

9A.2　回填铺设

　　在软土或石质土中,应将 HDPE 管道铺设在稳固的基础上。允许管道沉降的淤泥和其他软土,以及施加点荷载岩石突出,可能影响系统的水力学特性或结构完整性。建议清除不适当的基础材料。如果是有岩石或沉陷或软基础,应咨询设计工程师或土工技术工程师,以确定不需要的材料的开挖范围,并用一层经批准的结构材料替换该范围。清除不适当的材料后,应按以下方式找平和回填沟床。

　　按图 9.6 所示铺设、找平和压实厚度为 4~6 in(10~15 cm)的垫层材料。

　　分层铺设回填材料,以满足表 9A.1 的要求。第一层,也称为外壳,应抬高 4~6 in(10~15 cm),并用手持设备进行压实。避免重型设备冲击管道。中间垫层(管道外径的三分之一)应松散铺设。

• 应按照表 9A.1 的规定连续回填。H-25 交通区的 4～60 in(102～1 524 mm) 管道应回填至管顶上方至少 6 in。

• 没有交通或交通量较少的区域的最小覆盖层可以减小。管道制造商必须首先审查这些情况。

对于 48 in(1 219 mm)或更小的管道,最终回填,从上文所述的回填延伸到地面,至少应为 6 in(0.15 m)厚,对于直径为 54 in 和 60 in(1 372 mm 和 1 524 mm)的管道,至少应为 18 in(0.5 m)厚。因此,对于直径小于或等于 48 in 的管道,HDPE 管道的最小覆盖层为 12 in,对于直径为 54 in 和 60 in 的管道,最小覆盖层为 24 in。这些厚度不包括任何路面。如果在管道上方安装柔性路面,覆盖层的高度应从管顶测量到柔性路面底部。如果在管道区域上方安装刚性路面,覆盖层的高度应从管顶测量到刚性路面顶部。如果没有安装路面,但是预期存在车辆交通(例如,砾石车道),直径为 4～48 in(102～1 219 mm)的管道的建议最小覆盖层为 18 in(0.5 m),直径为 54 in 和 60 in(1 372 mm 和 1 524 mm)的管道的建议最小覆盖层为 30 in(0.8 m),以尽量减少车辙。如果道路或车道跨越管道,则需要相对较高的压实度,以避免路面沉降。开挖材料的质量可能足以用于最终回填,取决于表面的计划用途。最终回填的选择、铺设和压实应遵守设计工程师的指示。使用不同的土壤级别应遵守制造商的规范。

9A.3 机械压实设备

可通过手持捣固机压实外壳层。水平层的捣固机重量不得超过 20 lb(9kg),且捣固面积不得超过 6 in×6 in(0.15 m×0.15 m)。

图 9A.1 打夯类压实机

打夯机或夯板(图 9A.1)通过冲击动作排出土壤颗粒之间的空气和水,以加固填充物。该设备在黏性土壤或黏土含量高的土壤中运行良好。应注意不能直接将打夯机类压实机直接用于管道上。

如果用于远离管道的非黏性回填料,静态压实机最适合。只要不要直接用力冲击管道,可以在管道附近使用振动压实机。

为填充材料选择适当的设备,是有效压实的关键。对于土壤混合物,百分比最高的成分将决定所需的压实设备类型。

9A.4 接头

Advanced Drainage Systems 公司(ADS)的 N-12® ST IB 一体式承插连接系

统满足或超过要求的土密性能，ADS N-12 WT IB 是一个 10.8 psi 实验室级水密连接系统。ADS N-12 ST IB 和 ADS N-12 WT IB 在所有土壤条件下均可以进行良好的连接，且可以用于雨洪管理措施。

9A.5 施工和铺路设备

现场使用的部分施工车辆和铺路设备没有 AASHTO HS-25 的设计交通负载那么重。表 9A.2 列出车辆施工期间允许的最小覆盖层。

安装时需要 30~60 t 的施工车辆的管道，建议在管道上方使用 3 in 的覆盖层。该覆盖层可以在施工阶段铺设到管道上方并进行压实，然后在施工后进行找平，以提供最小的所需覆盖层。

9A.6 连接不同类型或大小的管道

排水系统可能需要不同材质或大小的连接管。过渡方案通常受限于所需规定质量的接头。连接大小相同（在某些情况下大小不同）的不同类管道常用的方法是用混凝土圈梁。另一种方案是使用专门为这种用途设计的连接件或接头。ADS 提供了用于直接从一种材料过渡到另一种材料的连接件。连接件的水密性可能比混凝土圈梁更好。

表 9A.2 轻施工交通的临时覆盖层要求

表面车辆负载，psi(kPa)	直径为 4~48 in(103~1 219 mm)临时最小覆盖层，in(cm)	直径为 54 和 60 in(1 372 和 1 524 mm)的临时最小覆盖层，in(mm)
75(517)	9(229)	12(305)
50(345)	6(152)	9(229)
25(172)	3(76)	6(155)

9A.7 曲线安装

HDPE 管道可以曲线铺设，一系列直管段在接头处水平转向。一般情况下，ADS N-12 ST IB 和 N-12 WT IB 承插管接头只能适应小偏转角（<1°）。用于连接平口 N-12 管道的分离耦合器和喇叭形耦合器允许小偏转角（大约为 1°~3°）。如果角度更大，则使用定制弯管、人孔或进水口。

9A.8 垂直安装

N-12 管道有时垂直安装，以作为集水池或人孔、表井以及类似用途。垂直立管的功能与水平安装的管道不同,因为管道和土壤相互作用不同。安装要求对于垂直安装而言尤为重要。回填应延伸到垂直结构物周围 1 ft(0.3 m)。回填材料的建议与水平安装相同;应严格遵守压实度和最大抬高要求(参见表 9A.1)。

额外的一般应用限值如下。

• 垂直立管的高度不得超过 8 ft(2.4 m),除非 ADS 应用工程部对设计进行审查。

• 在交通区域,表面必须使用设计用于将负载传输到地面(远离管道)的混凝土圈梁或类似结构。

• 铸铁框架、拦污栅或盖子必须位于混凝土圈梁或类似结构上,确保框架、格栅或盖子的重量被转移到地面,而不是垂直管道上。

ADS 或制造商垂直安装任何连接件时,应首先让 ADS 应用工程部或制造商审查适用性。这包括但不限于 T 形管、弯管和异径接头的任何组合。

9A.9 陡坡安装

如果管道坡度等于或大于 12%,必须采取预防措施,确保使用条件不会对管道结构或流量特征产生不利影响。设计依据之一是通风,确保管道内不会形成负压。应沿着管道坡度在坡头提供通风,或通过将管道的流量设计为不超过最大设计流量条件的 75%,以提供通风。然后,必须在所有连接件和可能对管壁造成过大外力的坡度变化(尤其是流量变化)处设计和建设止推块。最后,必须考虑管道沿着坡度的滑动,管道滑动将导致周围土壤滑坡、管壁结构损坏或影响整个系统的接头质量。应通过使用混凝土块或管锚固定管道。

注意:所列的 12% 的坡度仅供参考;小于 12% 的坡度可能需要考虑额外的设计因素,如果坡度小于 12%,可能要考虑边坡稳定性、负压或水锤作用。

9A.10 弧形安装

在高路堤下管道安装可能需要针对不均匀沉降进行设计,不考虑回填外壳的质量和结构。为了消除路堤下方的低凹坑,管道应弯成弧形。弧形化是管道安装过程,确保预期沉降能够形成设计坡度。可以通过将管道上游部分安装在平坦的坡度上,下游部分安装在比设计坡度更大的坡度上,从而实现弧形化。这种特殊情况应咨询合格的土壤工程师。

9A.11 滑动嵌入衬管

由于摩擦或腐蚀性环境,部分管道可能提前劣化。将现有管道滑动嵌入 HDPE 管道或 PVC 管道是延长涵洞使用寿命的一种经济、有效的方法。如上文所述,使用 CentriPipe(离心现场浇铸衬管)是一种非常有效的解决方案。一般情况下,HDPE 管道只能用于开口用途,且不能弯曲安装。设计和施工前应考虑的其他因素包括输送管和 HDPE 管的内径和外径、安装长度以及灌浆。

附录 9B:ARMORMAX 安装指南

ARMORMAX™安装指南
锚固加强植被系统(ARVS)

本文件提供了非结构性用途所用的 ArmorMax™锚固加强植被系统的一般安装指南,包括渠道。这些非结构性用途通常用 2 类锚具设计。

施工前

应与施工团队和 Propex 的代表召开施工前会议。该会议应由承包商安排,并至少提前两周发出通知。同时,Propex 建议应由合格的独立第三方监控 ArmorMax 系统的安装。

现场准备

· 按工程师的指示和批准,找平和压实 ArmorMax 安装区域。路基应均匀、光滑。清除所有岩石、土块、植被或其他物体,确保安装的垫层直接接触土表。

· 翻松土壤表层至少 2~3 in(51~76 mm),准备好苗床。可在 3:1或更平的坡度上,用旋转式翻土机进行松土。

· 进行针对现场的土壤测试,确定需要添加哪些改良剂,如石灰和肥料。

· 不得覆盖将安装垫层的区域。

播种

· 必要时,保持播种区域湿润,以促进植被生长。给播种区域浇水时,用细水喷雾避免侵蚀种子或土壤。如果降雨后准备好的苗床结硬皮或被侵蚀,或如果因任何原因而存在侵蚀、凹槽或洼地,则重新处理土壤,直到找平该区域并进行播种。

· 安装高性能草皮加固垫(HPTRM)之前,将安装所需的 50%的种子撒到土表。

· 应对扰动区域进行重新播种。

· 种子类型和播种量参考项目计划和规范。

渠道一般安装指南

· 雨水渠道安装总布置图见图 1。(备注:详细信息适用于 8.5 ft 宽的 HPTRM 卷材)

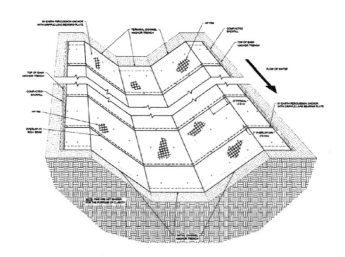

图 1　雨水渠道总布置图

· 跨越项目下游渠道开挖一条初始渠道(IC)锚固沟,至少为 12 in(宽)×12 in(深)(305 mm×305 mm)(见图 2/图 1)。可能被冲刷的渠道需要更深的初始沟渠和硬质防护。

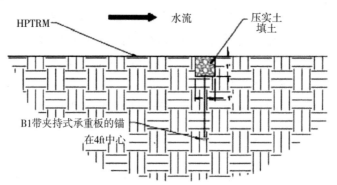

图 2　初始锚固沟(下游)详图

· 沿着安装两侧开挖岸顶(顶部)锚固沟,至少为 12 in(宽)×12 in(深)(305 mm×305 mm)(见图 3/图 1)。各顶锚具必须位于岸顶上方至少 3 ft(914 mm)(见图 3)。

· 从渠道下游端开始,将 HPTRM 卷的端头放入顶锚固沟,然后用抓地冲击锚固定到 4 ft(1.2 m)中心上(见图 3)。

· 在一个渠道岸边向下铺开 HPTRM,然后在另一侧渠道岸边向上铺开。卷材端头在对面的顶锚固沟终止,并按与第一端相似的方式,用抓地冲击锚将其端固定到 4 ft(1.2 m)中心上(见图 3)。

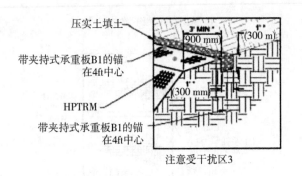

图3 岸坡锚沟图

· 将 HPTRM 边缘放入锚固沟,并用抓地冲击锚固定到 4 ft(1.2 m)中心上(见图2)。

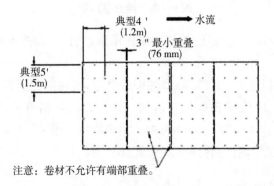

注意:卷材不允许有端部重叠。

图6 锚销图案和边缘详图

按下文规定继续安装。

· 铺设相邻的卷材时至少重叠 3 in(76 mm)(上游垫子放在顶部),并按照与第一卷相同的方式固定到顶锚固沟(见图2)。

· 展开相邻的卷材,保持 3 in(76 mm)的重叠。用一排销钉将重叠部分固定到 12 in(305 mm)的中心,以及用一排抓地冲击锚固定到图6所示的设计锚销图形上。抓地冲击锚重叠缝隙的一般间隔为 5 ft(1.5 m)。如有要求,工程师应编制项目细节,以过渡到纵向边缘沿线的结构物,或垂直于缝隙。

· 如果是卷端重叠:应与顶部的上坡垫子形成至少 6 in(150 mm)的重叠。用两排销钉[交错 6 in(152 mm)]固定到 12 in(305 mm)的中心,以及用一排抓地冲击锚固定到 4 ft(1.2 m)的中心(见图9)。

注:本附录图号按原著标号。

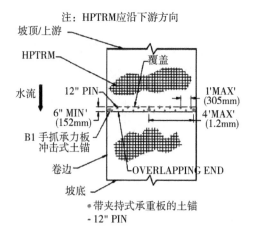

图9 卷材端重叠详图

· 根据图6和图7所示的销钉和锚固图案,用销钉和抓地冲击锚固定剩余的垫子。

· 对于高度超过45 ft(13.7 m)的渠道岸边,或底部宽度超过45 ft(13.7 m)的渠道,应根据图10安装模拟检查沟槽。这种方法包括将两排销钉[间隔12 in(305 mm)]放到12 in(305 mm)的中心,以及将一排抓地冲击锚放置到4 ft(1.2 m)的中心,位于两排销钉中心(见图10)。

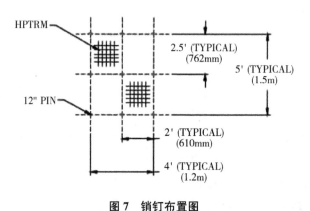

图7 销钉布置图

· 跨越项目下游渠道开挖一条终端渠道(TC)锚固沟,至少为12 in(宽)×12 in(深)(305 mm×305 mm)(见图11/图1)。可能被冲刷的渠道需要更深的初始沟渠和硬质防护。

· 将HPTRM边缘放入TC锚固沟,并用抓地冲击锚固定到4 in(1.2 m)的中心(见图11)。

• 按工程师的指示和批准,将土壤回填到各沟渠中,并压实。

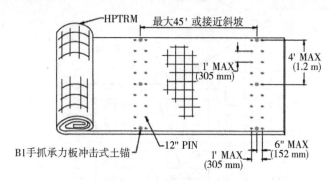

图 10　模拟检查槽详图

地面固定和锚固设备

• 金属销钉的直径至少应为 0.20 in(5 mm),销钉由钢制成,头部具有直径为 1.5 in(38 mm)的垫圈,长度为 12～24 in(305～610 mm),具有足够的地面渗透,以避免被拔出(见图 11)。松土可能需要更长的销钉。岩质土可能需要更重的金属桩。根据土壤 pH 以及销钉的设计使用寿命,可能需要镀锌或不锈钢销钉。紧固设备的详细信息参考项目计划和规范。

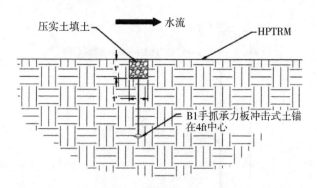

图 11　终端渠道锚固沟详图

• 抓地冲击锚包括锚头、绞合电缆、抓取装置和两个卷边套管。各部件的材料选择均旨在确保预期使用寿命超过 50 年。锚头由压铸铝制成,为子弹头形状,以便能够穿过草皮垫,而不会破坏垫子的绳索。电缆为锌-铝合金镀层钢丝,采用 1×19 结构。套管由铝制成。手柄由锌压铸而成,并用陶瓷棍棒将电缆固定到位。锌顶板的顶部有开孔,以便于植物生长,手柄板的厚度大约为 0.2 in(5 mm),因此,安装后,仅突出垫子表面 0.2 in。手柄的设计应确保电缆顶部可以切割到凹槽手柄的上表面下方。参考图 8。

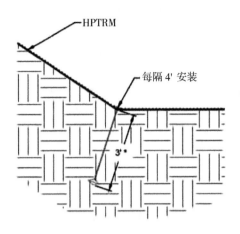

图 8　渠道的坡折接口详图

植被长成

- 安装好的 ArmorMax 系统应重新播种，并按照项目文件的规定翻土或铺上草坪。

- 播种后，在垫子上铺上 0.5～0.75 in(13～19 mm)的细场地土或表层土，并稍微耙一下，以及用耙子背面或其他整平工具将孔隙完全填满。如果是 3:1或更平的坡度，用滚筒式压路机压整个 ArmorMax 系统，以将种子和土壤压入基质中。

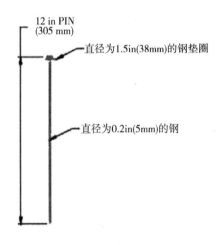

图 4　销细节

- 整平填土，以便仅暴露 HPTRM 顶部。不得将多余的土壤铺在垫子上方。

- 如果设备必须在垫子上运行，确保设备为橡胶轮胎。不得在垫子上使用有履带的设备或急转弯。

- 如果存在松土或湿土，避免在垫子上方通行。

· 额外播撒种子,并按工程师的要求在填土垫子上方安装 Landlok® 侵蚀控制毯。对于坡度大于 3:1 的防波堤或坡度,需要添加 ECB,或其他可以挡住填土的方法。请联系项目工程师或 Propex 工程服务,电话(423)553-2450。

· 按要求进行浇水,以促进植被生长和维护植被。如果在播种两周内没有自然降雨,通常要在播种区域进行轻灌,且应持续浇灌,直到 75% 的植被长成且高度达到 2 in。不要过度浇灌。

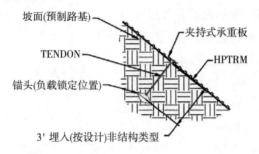

坡面(预制路基)
夹持式承重板
TENDON
HPTRM
锚头(负载锁定位置)
3' 埋入(按设计)非结构类型

图 5　土击锚样图

特殊过渡

对于需要特殊过渡(例如,与乱石、混凝土、T 墙的连接),参见具体的项目图纸,或咨询 Propex 工程服务,电话(423) 553-2450。

承包商维护和保修期

工程师验收后,业主应负责维护所有播种和 ArmorMax 区域。维护应包括浇水和除草、维修所有侵蚀区域以及重新播种(如有必要),以长成均匀的草地。至少 70% 的播种区域应覆盖起来,不得存在面积超过 10 ft²(1 m²)的裸露区域或盲区。植物密度达到 70% 且草长至少为 4 in(100 mm)之前,不得清除播种区域。在项目期间,承包商应负责割草,以促进生长,且不得让播种区域的植物超过 18 in (457 mm)。此外,承包商应经常给所有种草区域浇水,以促进草地生长,并在整个项目期间维持草地的生长。

应在工程师发出通知后 14 个日历日内重栽。

附录 9C:施工检查表概述

9C.1　土壤侵蚀和泥沙控制措施

· 检查工地入口的石毯。

· 检查被扰动区域下坡方向的拦砂网/过滤袋。

· 定期检查淤积池的性能。

· 检查进水口的干草捆/土工织物沉淀。

- 将任何侵蚀控制问题/缺陷告知设计工程师和承包商。
- 确保实施纠正措施。

9C.2 开挖

- 经常监控管道开挖线路和坡度。
- 检查开挖材料是否放置在距离开挖边缘最近的距离。
- 确保不适当的路基超挖并维持稳定。
- 与承包商代表一起对岩石开挖进行分类。
- 记录开挖岩石数量。

9C.3 管道安装

9C.3.1 挖沟

- 检查深度超过 5 ft(1.5 m)的沟渠是否需要安装支撑。
- 检查是否安装了必要的栅栏和障碍物,避免人员或设备意外掉入沟中。
- 检查是否按施工安全标准手册设置疏散爬梯。
- 记录与计划/规范不符的土壤类型。

9C.3.2 管道敷设

- 检查管道尺寸和等级是否适当。
- 核实是否经常检查管道坡度。
- 检查是否按制造商的规范安装接头(密封件、耦合器、垫圈、插口和凹槽)。
- 对于混凝土管道,检查牵引孔是否浇筑在底部。
- 核实垫层材料回填和压实是否遵守规范。

9C.3.3 人孔/进水口

- 检查人孔/进水口的管道坡度是否正确以及是否对齐。
- 检查进水口/人孔的位置和大小是否适当。
- 检查进水口和出口下方的过滤砾石/垫层的铺设是否适当。
- 检查进水口/人孔的管道是否适当连接(侵入长度、外部接缝密封或使用砂浆)。
- 检查人孔覆盖层/进水口闸阀的回填和铺设。
- 确保清除进水口/人孔的泥沙/碎屑。
- 检查管道出口端是否位于正确的位置,以及坡度是否适当。
- 检查碎石大小以及滞留池,排向溪流的排水口的乱石护坦/冲刷坑的尺寸。

9C.3.4 回填

- 确保采取适当的措施,避免管道发生位移。
- 确认在管道规定范围内,没有存在有机物、大块岩石或冰。

- 确保按规定压实回填料。
- 确保按时适当完成现场恢复。
- 记录任何现场破坏以及破坏量。
- 检查任何维修,确认是否符合要求。

9C. 3. 5 维修

- 确保遵守安全程序。
- 检查管道坡度重置和对齐。
- 检查砾石外壳的替换以及回填压实。

9C. 4 现场恢复

- 检查碎屑和岩石的清除。
- 检查进水口/人孔是否清洁;确保清除碎屑和泥沙。
- 检查现场恢复情况。

附录 9D:FLOGARD+PLUS 集水池插入过滤器一般维护规范

FLOGARD+PLUS® 集水池插入过滤器一般维护规范

范围

联邦、州和地方清洁水法的条例以及保险人的条例要求经常维护和保养雨水过滤系统。这些条例旨在确保系统能够有效清除雨水径流的污染物,从而避免国家的水资源被污染。这些规范适用于 FloGard +Plus 集水池插入过滤器。

建议保养频率

Drainage Protection Systems(DPS)建议经常保养已安装的 FloGard +Plus 集水池插入过滤器。最终,保养频率取决于径流量、污染物负荷以及碎屑(树叶、植被、易拉罐、纸张等)干扰;但是,建议各设施每年至少进行三次保养,过滤介质每年更换一次。如有要求,DPS 技术人员应进行现场评估。

建议保养时间

DPS 的保养时间指南如下。

1. 对于具有确定雨季的区域:雨季前、雨季期间以及雨季后进行保养。
2. 对于全年降雨的区域:经常保养(每年至少三次)。
3. 对于具有冬雪和夏雨的区域:在雪季期间以及雪季之后,以及夏季雨季期间进行保养。

4. 对于不受构件影响的已安装设备(冲洗台、停车场等):经常保养(每年不少于三次)。

保养程序

1. 应清理集水池的格栅,并放在一旁。对集水池进行目视检查,确认是否存在缺陷,以及是否存在非法倾倒。如果发生非法倾倒,应尽快通知相关主管部门和业主代表。

2. 用工业用吸污车清除衬垫收集的物质。(备注:DPS 用吸污车保养 FloGard＋Plus 集水池插入过滤器。)

3. 清除收集的所有物质后,解开 D 型环的拴绳,以取下过滤介质包,并放在一旁。应检查过滤器衬垫、不锈钢框架和安装支架等,确认是否持续可用。若发现较小破损或缺陷,应在现场进行纠正,并在维护记录上进行注释。如客户代表批准,应纠正影响过滤器效率的重大缺陷(衬垫破裂等),并将发票以及维护记录一起递交给客户代表。

4. 应检查过滤介质包是否存在缺陷以及是否持续可用,并在必要时进行更换,以及将过滤介质包的拴绳重新固定到衬垫的 D 型环上。见下文。

5. 应更换格栅。

更换和处置已暴露的过滤介质以及所收集的碎屑。

过滤介质包的更换频率应遵守现有的 DPS 客户维护合同。DPS 建议每年至少更换一次介质。在正常保养期间,或如果保养技术人员在非计划保养期间有要求,可用新的过滤介质包更换旧的过滤介质包,并将暴露的过滤介质包以及暴露的碎屑放入 DOT 批准的容器内。将暴露的过滤介质包和碎屑放入容器后,DPS 应保管该容器,并按照地方、州和联邦机构的要求进行处置。

DPS 能够保养各种集水池插入物以及没有插入物的集水池、地下油/水分离器、雨水拦截器以及其他设备。所有 DPS 人员均为高素质技术人员,且经过密闭空间作业培训并获得认证。如需更多信息和帮助,请联系我方,电话(888) 950-8826。

参考文献

[1] A·Lok Products Inc., P. O. Box 1647, 697 Main Street, Tullytown, PA 19007, Ph. 800-822-2565/215-547-3366(http://www.a-lok.com).

[2] ADS, 2014, Water management drainage handbook, Specification, Section 1, and Installation.

[3] American Concrete Pipe Association, 1980 (8th printing, 2005), Concrete

pipe handbook.

[4] —— 2007, Concrete pipe design manual, 222 W. Las Colinas Blvd., Irving, Texas (http://www.concrete-pipe.org), Chapter 5, supplemental data.

[5] —— 2007-2014, Concrete pipe and box culvert installation, resource no. 01-103, Ph. (972) 506-7216 (http://info@concrete-pipe.org).

[6] ASCE (American Society of Civil Engineers), 1985, Stormwater detention— Outlet control structures, ISBN0-87262-480-3.

[7] —— 1992, Manuals and reports of engineering practice no. 77, WEF manual of practice FD - 20, 1992, Design and construction of urban stormwater management systems, WFE and ASCE, Alexandria, VA.

[8] —— 2006, ASCE standard, Standards guidelines for the design of urban stormwater systems, ASCE/EWRI45-05, Standard guidelines for installation of urban stormwater systems, ASCE/EWRI 46-05, Standard guidelines for the operation and maintenance of urban stormwater systems, ASCE/EWRI 47-05, ASCE, Reston, VA.

[9] Barron J., and Lankford, M., 2005, Maintenance of privately ownedstormwater infrastructure: One approach to enforcement, Stormwater, September/ October, pp. 100-102.

[10] Blocksom & Co., 450 St. John Rd., Suite 710, P.O. Box 2007, Michigan City, Indiana 46361-8007 (http://www.blocksom.com).

[11] Bryant, G., 2004, Stormwater inspection and maintenance, The Sleeping Giant, Stormwater, May/June, pp. 8-10.

[12] Brzozowski, C., 2004, Maintaining stormwater BMPs, Stormwater, May/ June, pp. 36-51.

[13] CentriPipe by AP/M PermaForm, Ph. 800-662-6465 (http://www.centripipe. com).

[14] Contech Stormwater Solutions, 9025 Center Pointe Drive, West Chester, OH 45069, Ph. 800-338-1122 (http://www.contechstormwater.com).

[15] FloGard+Plus Catch Basin Insert Filters by Kristar Enterprises, Inc. 360, Sutton Place, Santa Rosa, Ca 95407, Ph. 800 - 579 - 8819 (http:// contactstormwater@oldcastle.com).

[16] Geneva Pipe, Suggested procedure for installation of precast concrete box culvert, Geneva Pipe and Precast, 1465 W. 400 N., Orem, UT 84104 (http://info@genevapipe.com).

[17] Hanson Pressure Pipe, Hanson Heidelberg CementGroupe, 8505 Freeport Parkway, Irving, TX 75063, Ph. 972 - 262 - 3600 (http://www.hansonpressurepipe.com).

[18] Imbrium Systems Corp. , 605 Global Way, Suite 113, Lithium, MD 21090, Ph. 301-279-8827; Canada, International, 407 Fairview Drive, Whitby, ON LIN 3A9, Canada, Ph. (416) 960-9900.

[19] J. M. Eagle, HDPE corrugated dual wall pipe manufacturer, Los Angeles, CA, Ph. 800-621-4404/973-535-1633(http://www. JMEagle. com/EagleCorPE).

[20] Kang, J.-H. , Weiss, P. T. , Wilson, C. B. , and Gulliver, J. S. 2008, Maintenance of stormwater BMPs frequency, effort and cost, Stormwater, Nov. /Dec. , pp. 18-29.

[21] Keating, J. , 2005, Stormwater good housekeeping: Prevention worth a pound of cure, Stormwater, July/August, pp. 116-120.

[22] Kristar Enterprises Inc. , P. O. Box 6419, Santa Rosa, CA 954006-0419, Ph. 800-579-8819 (http://www. kristar. com).

[23] NPC Inc. , 250 Elm Street, P. O. Box 301, Milford, NH 03055, Ph. 603-673-8680 (800 626-2180; http://www. npc. com).

[24] Pazwash, H. , 1991, Maintenance of stormwater management facilities, neglects in practice, Proceedings of the ASCE National Conference on Hydraulic Engineering and International Symposium on Groundwater, Nashville, TN, July 29-August 2, 1991, pp. 1072-1077.

[25] Press-Seal Gasket Corporation, 2424 W. State Blvd. , Fort Wayne, IN 46808, Ph. 460-436-0521, 1-800-348-7235 (http://www. press-seal. com).

[26] Price Brothers, Prestressed concrete pipe (PCCP), 333 W. First Street, Dayton, OH 45402. Note: Price Brothers has been bought by Hanson Pipe and Precast (http://www. hansonpipeandprecast. com).

[27] Reese, A. J. , andPresler, H. H. , 2005, Municipal stormwater system maintenance, an assessment of current practices and methodology for upgrading programs, Stormwater, September/October, pp. 36-61.

[28] StormRax by Plastic Solutions, Inc. , Ph. 800-877-5727 (http://www. plastic-solutions. com).

[29] Trelleborg Pipe Seals Milford, Inc. , 250 Elm Street, P. O. Box 301, Milford, NH 03055, Ph. 800 - 626 - 2180 (http://www. trelleborg. com, milfordsales@trelleborg. com).

10 水资源节约和再利用

我们的淡水资源正在减少,而世界人口却仍在持续增长。这种趋势不仅限制了农业用水,还限制了家庭用水。美国西南部和世界上许多国家已经面临缺水问题。这一趋势的持续发展,使得如何节约用水并将其循环利用变得极具挑战性。

10.1 供需趋势

从 1920 到 1990 年,美国人口从 1.9 亿左右增长到了 2.49 亿,2013 年增长了 0.7%,到 2014 年底已经达到了 3.2 亿。按照这个速度,到 2050 年,美国人口预计将增长 30%,达到 4.1 亿。同时,预计城市用水量将增长 20%~25%[①]。根据位于新泽西州爱迪生市美国环境保护署的国家风险管理研究实验室的一项研究,美国目前的总用水量已超过了可用淡水的总量,尤其是在佛罗里达州和西南部地区。

据预测,西部和南部各州以及城市地区的人口将继续增长,到 2025 年,南部和西部地区人口将达到美国人口的三分之二。人口普查局 2005 年预计,2000 年到 2030 年间的人口增长有 88% 以上将发生在那些降水远低于全国其他地区的干旱地带。例如,位于内华达州年均降水量只有 4 in(102 mm)的拉斯维加斯,1980 年人口只有 16.5 万左右,到了 2000 年,已增长到 47.8 万人(Von Minden, 2013)。该城市自 2000 年以来人口就开始急剧上升,至 2013 年,人口已超过 200 万。西部地区将面临严重的水资源短缺难题,即便不陷入严重危机,也需要采取特别措施来应对挑战,平衡供需。

从全球来看,水资源短缺问题会日益严重(McCarthy, 2008)。自 1970 年以来,世界人口增长已超过 215%,至 2014 年上半年全球人口已达到 72 亿。2013 年美国人口增长了 0.7%,世界人口增长了 1.1%,照这个速度,到 2050 年世界人口将超过 100 亿。在 2000 年和 2001 年,联合国曾多次承诺将在 2015 年实现多个既

---

① 据估计其他国家水资源的需求增长大约为 67%(Means et al. 2005),但如果将节水推广纳入考虑,该估计就不那么准确了。

定目标,完成世界扶贫并改善贫困现状。2012 年,世界卫生组织(世卫组织)和联合国国际儿童应急基金会(UNICEF,后来简称为联合国儿童基金会)宣布饮用水安全的目标已在 2010 年得以实现——也就是,自 1990 年以来,已经有 20 多亿人获得了改善饮用水。然而,2011 年世界卫生组织和联合国儿童基金会的数据无疑是当头棒喝,这些数据(截至 2014 年的最新消息)表明,2011 年全球有超过 75 亿人无法获得安全饮用水,有超过 25 亿人还没有获得充分的卫生设施(Landers,2014)。随着人口的增长,未来这种情况可能会更糟糕。

地球上只有不到 3‰的水是淡水,然而淡水中的 70%左右却位于冰川和极地冰盖中;因此,地球上适合人类饮用的淡水只有不到 1%,可供人类使用的也只有0.08%。由于人类过度使用,淡水资源正在枯竭,然而人口的持续增长,使得淡水需求正在节节攀升。这种趋势如果不加以遏制,水资源很快就会被用尽。要想延长可用水资源的使用寿命,通过节水措施来减少用水量十分有必要,后面本章将会对此展开讨论。

虽然节约用水有助于增加水资源供应,但要应对人口增长,这还远远不够。解决全球水资源短缺问题将迫在眉睫(McCarthy,2008)。修建大坝储存地表水,虽然不受环保主义者的青睐,但在一定程度上也可以解决水资源短缺问题。然而,除环境因素外,修建供水水库所需的高昂费用也令人望而却步。据估计,一个每天向佛罗里达州棕榈滩供应 1.85 亿 gal 水用以补给饮用水的水库成本为 36 万美元,也就是,每使用 1 gal 水就要花费 2 美元左右。因此,采取措施进一步减少水资源短缺意义重大。一般来说,既具成本效益又对环境友好的方法就是重复利用雨水,尤其是屋顶雨水。水资源越来越少,相应地,对其进行再利用的需求也会越来越大。事实上,为了保证足够的供水,水的循环利用是十分必要的。

10.2 节水

节约用水,即减少用水,延长供水的使用寿命。它还可降低生活用水处理和分配的成本。一些人不了解节约用水这个概念,而很多人根本不关心节约用水。

节约用水缺乏关注的一个原因是,在美国和许多其他国家,水费比电费和煤气费便宜得多。据美国自来水厂协会(AWWA)的一项调查显示,2004 年,美国人均水费为每 1 000 ft³19.11 美元,即每 1 000 gal 2.6 美元(0.69 美元/1 000 L),自此之后,水费一路飙升。美国目前每 1 000 gal(3 785 L)水的价格为 3 美元到 8 美元不等①。人们通常认为水资源短缺的南部和西部各州水价会高于东北地区,然而这只是错觉,实际情况正好相反。美国和加拿大的平均水价几乎持平,是丹麦和德

---

① 对于 1 gal 水来说,仍然不到 1 分钱,这比灰水还便宜 10 倍。

国水价的 3 倍。

过去,供水商不仅不提倡节约用水,还反对节约用水,主要为了避免减少收入。现在,水务部门开始大力提倡节约用水,通过节约用水可以延缓他们升级灰水处理厂的时间,由于升级成本十分昂贵,即便不能完全解决问题也大有裨益(Brzozowski,2012)。此外,美国各地的供水商也开始大幅上调水费,以便为供水所需的必要维修和部件更换提供资金。2011 年,纽约水务局上调了 13% 的水费,这已经是水费连续第四年上涨 10% 以上。新奥尔良的水费到 2012 年以来也上涨了 10%,到 2020 年,将会增加一倍以上。在作者居住的新泽西州帕拉默斯,到 2014 年水费已经上涨到了 5.51 美元/1 000 gal(1~1.46 美元/1 000 L),从水费 3.74 美元/1 000 gal(2009 年)开始,5 年内水费上涨了 47%。

水费的提高使得人均用水量减少。为了让客户了解自身用水情况和节水的重要性,公用事业部门应该积极使用智能电表等设备(AMI),将各家各户接入 AMI 系统。这样用户就可以在线查询自家用水量,了解费率变化,检测是否存在漏水,了解到更多的节水措施。

2009 年,加利福尼亚州实施节水计划,预计到 2020 年将用水量减少 20%。到 2012 年,南加州的人均用水量已经从 177 gal/d 降至 150 gal/d 了,下降了 18%。2000 年,犹他州也实施了一项节水计划时,截至 2010 年,全州城市日均用水量已从人均 227 gal(859 L)下降到人均 193 gal(731 L)。

在美国,作为水资源管理的一种手段,节约用水方兴未艾,尤其是在人口增长超过全国平均水平的加利福尼亚州和佛罗里达州。许多水区正在考虑将水的循环利用也纳入水资源管理技术范围。大约 30 年前,美国首先提倡节约用水,然而今天其城区的节水工作仍然一如从前,没有多大进步。

为了推行节水,城市各供水机构和环保组织在全国各地组建节水委员会。如,1991 年,加州超过 100 个市政供水机构和环境团体成立了加州城市节水委员会。该委员会签署了一份谅解备忘录,承诺将制定并实施 14 项全面的节水措施。如今,该委员会的规模已扩大了 4 倍。加州三大区之一的旧金山,承诺在 2030 年前将用水量减少到 450 万 gal/d。

美国环境保护署一份题为"水资源保护案例"的出版物(2002 年 7 月),囊括了全国 17 个城市的水资源保护研究案例,揭示了节水不仅可以在室内进行,在室外也同样可以。这主要是因为公众目前对室内节水措施的认识较多,往往忽略了室外节水的必要性。此外,室内节水措施的发展要比室外节水早很多年。室内节水电器及装置于三十多年前就已经投入了市场,然而对于室外节水来说,虽然比室内节水更为重要,但仍处于发展阶段。美国自来水厂协会(2006)的一个手册里已经详细介绍了节水对当地社区和环境的好处。

全国各地的水循环利用率都在增长,包括东部各州,这些州对年降雨量的循环利用已从 40 in 增长到了 46 in。在佛罗里达、佐治亚和卡罗来纳,水资源再利用已有了一定发展。在严格的环境管制下,修建新水坝即便可行,实行起来也是相当困难。随着人口的增长,节约和循环利用水资源很有必要。近年来,节水和循环再利用也越来越普遍,并有望在未来很长一段时间内广泛应用。自 1999 年起,已有两本关于雨水管理及循环再利用的杂志出版,分别是于 1999 年 6 月创刊的《雨水》杂志以及于 2006 年 9 / 10 月出版第 1 期的《节水》杂志,可分别从 http://www.stormH20.com 和 http://www.waterefficiency.net 获取。

10.3 室内节水

10.3.1 住宅

室内节水是通过使用节水水龙头和节水设备来实现的,包括节水相关的淋浴头、冲水马桶、洗碗机和洗衣机等。其中,节能式冲水马桶和节水淋浴头节水效果十分好。据估计,在美国,普通住宅的人均用水量为 262 L/d(即 69.2 gal/d/人)。相比之下,一个节水家庭的人均用水量为 160 L/d(即 42.3 gal/d/人)。因此,使用节水装置可减少近 39% 室内用水量。表 10.1 对节水住宅和非节水住宅中的用水量进行了对比。

表 10.1 室内人均用水量

用水设备	非节水住宅		节水住宅	
	L/d/人	gal/d/人	L/d/人	gal/d/人
马桶	70	18.5	31	8.2
淋浴头	44	11.6	33	8.7
水龙头	41	10.8	31	8.2
洗衣机	57	15.1	38	10.0
漏水量	36	9.5	15	4.0
其他	14	3.7	12	3.2
合计	262	69.2	160	42.3

注意:

两件式重力水箱每冲水为 3.5 gal(gpf)、淋浴头为 2.5 gpm(gal/min)、厨房水龙头为 2.2 gpm、冲水马桶水箱为 1.6 gpm、节水淋浴头为 2.0 gpm。该数据表是通过这些数据计算得出的。最近尼亚加拉节水公司生产的马桶水箱用水只需每冲 0.8 gal,其旗下淋浴头水流量为 1.5 gpm,水龙头通气器水流量仅为 0.5 gpm(http://www.NiagaraConservation.com)。

Amy Vickers（2001）的书上有很多关于室内和室外节水的信息，Mark Obmascik（1993）的简装书也提供了很多关于家庭节水的意见，简单易懂。

据美国环境保护署的估计，美国人均日用水量为 48 亿 gal。根据表 10.1 可以知道，一个四口之家，仅使用节水厕所一年就可以节水 5.7 万 L（1.5 万 gal）。使用尼亚加拉节水公司每冲水只需 0.8 gal 的马桶可以增加两倍的节水量。如果更换掉所有设备，同一户人家的年节水量将为约 3 650 gal。在之前的住所使用低流量的淋浴喷头和水龙头通气器后，作者发现室内用水量下降到 170 L/d/人（45 gal/d/人）以下。

根据美国自来水厂的数据，有超过 5.5 万个社区供水系统每天需要处理将近 340 亿 gal（1.29 亿 m^3）的水。据美国自来水厂（2006）估计，使用此类的更新水管系统或通过安装小容量马桶等节水措施，每天可减少 54 亿 gal（20.4×10^6 m^3）的用水量。

尽管美国的室内节水措施在 30 多年前就已经开始实施，但许多家庭仍在使用耗水量大的淋浴喷头和卫生间装置，其中大部分是老房子。如前所述，在美国，有些人既不知道也不关心家庭节水，其他国家更是如此。在澳大利亚墨尔本，根据政府运营的自来水和下水道管理机构 City West Limited 进行的一项调查发现，有超过三分之二的人不关心家庭节水（Johnstone，2008）。

为了节约室内用水，许多城市和节水联盟正在努力修改管道规程。伊利诺斯州芝加哥市的节水联盟就是一个例子，该联盟一直在全国范围内积极努力改进管道规程范本。一些市政公用事业部门，或单独或集体与工厂结成了节水伙伴关系联盟。例如，加州东湾市政公用事业区以及加州私人开发和建筑商 Shapell Industries 公司就成立了这样一个联盟，并且树立了长期的节水目标，计划到 2020 年将日均需水量减少到 48 mgd（18.1 万 m^3/d），其中计划循环利用水将达到 14 mgd（5.3 万 m^3/d）（Maddaus et al. 2008）。其他一些联盟及其网站如下。

- 南加州市政水管区 http://www.bewaterwise.com
- 加州城市水资源保护局 http://www.CUWCC.org
- 科罗拉多州水务委员会 http://www.coloradowaterwiser.org
- 美国环境保护署节水联盟 http://www.allianceforwaterefficiency.com
- 圣安东尼奥（得克萨斯州）供水系统 http://www.SAWS.org/conservation
- 南内华达水资源管理局 http://www.snwa.com
- 阿尔伯克基（美国新墨西哥州）http://www.cabg.gov

为了避免花费高成本升级灰水处理厂和供水系统，一些团体的供水商向客户提供免费的通气器和低流水量的淋浴喷头。以波士顿中心城区为例，19 世纪 80 年代初，该地区的用水量已经开始超过 3 亿 mgd 的安全出水量。马萨诸塞州水资源管理局是一家自来水和下水道批发商，其服务覆盖波士顿市区 50 个社区。该机构曾预测,如果不采取相应措施,20 年后的用水量可能会增加 450 mgd(170 万 m³/d)。为了减少耗水量,马萨诸塞州水资源管理局开始完善系统,通过教育增强人们的节水意识,并提供上门安装免费的节水设备。他们在全国许多城市分发了节水设备,包括佛罗里达州的克利尔沃特和加利福尼亚州的圣克拉拉谷。除了发放水龙头通气器、卫生间节水设备和检查渗漏的染料,圣克拉拉水区还为智能灌溉的用户提供补贴,同时还向用户邮寄了大量有关于园林绿化的文献,提供对策和建议(Hildebrandt,2008)。

通过改造华盛顿州西雅图市的室内节水设备和冲水马桶,人均耗水量(室内和室外)从 1990 年的 150 gpcd 下降到 2008 年的不到 100 gpcd(Brzozowski,2009)。虽然该市人口增长了 16%,但该市的用水量从 1990 年到 2008 年下降了近 26%。旧金山公共事业委员会制定了一个长期计划,计划通过节约用水,到 2030 年将用水量减少 4.5 mgd(1.7 万 m³/d)(Brzozowski,2008)。这说明从 2005 年开始,用水量需减少 6% 左右,再将 25 年内人口增长这一因素考虑在内,这一数字令人印象深刻。

室内节水并不仅仅局限于住宅内,公共、商业和工业建筑也可以加以应用。在马萨诸塞州,学校生活用水占总用水量 28%,通过修复漏水马桶并使用低流水量的抽水马桶,节约了 14% 的用水量(Brzozowski,2008)。根据密歇根的统计数据,一个每间客房平均用水量为 218 gal(825 L)的酒店,如果使用节水设备可减少 30% 的用水量,如果不每天更换浴巾和床单,每间客房可节约 13.5 gal(51 L)的水。

10.3.2 非住宅建筑中的小便器

自动冲水小便器无疑是最费水的装置之一,每次冲水要浪费 1 gal(3.8 L)的水。在办公室、商业建筑和购物中心使用无水或冲水量小的小便器能节约不少水。无水小便器平均每年可节水 4 万 gal(15 万 L)。猎鹰无水技术公司和仕龙阀门公司是两家无水小便器的制造商;美国仕龙阀门公司还生产低冲水量的自动或手动小便器,每次冲水量为 0.125 gal(约 0.5 L)。图 10.1 是一个无水小

图 10.1 仕龙无水小便器(作者拍摄)①

---

① 猎鹰是另一家生产无水小便器的公司,猎鹰 WES-4000 和 WES-5 000 型号的无水小便器价格约为 300 美元,WES-1000 型号的无水小便器约为 450 美元。这些小便器的储液匣成本在 40 美元左右,根据使用情况,每年需要更换两到三次。

便器。在办公楼里,使用无水小便器代替耗水量为 1 gal 的冲水装置,每人每天可以节约 3 gal 多的水。在商业建筑中,比如零售店里,每个小便器每天要冲洗数百次,如果使用无水便池,每天可以节省大量的水。因此,为了节约用水,应该使用无水小便器、手动低冲水量小便器或定时冲水小便器来代替 1 加仑每冲水的自动小便器。使用定时器可以设置冲水时间间隔,且只有在使用时才会冲水。年复一年,在酒店、医院、商场、零售店和大型写字楼使用这种小便器还可以节省数千美元的水费。

10.3.3　其他室内节水技巧

除节水设备外,还可以通过以下几种方式节约用水。

· 改变生活习惯。比如,可以在刷牙或刮胡子时关掉水龙头,通过这个小小的举动每天可以节省几加仑水。

· 及时维修。一个缓慢滴水的水龙头一个星期就可以浪费超过 250 gal 的水。滴水水龙头和马桶水箱里的漏水挡板阀只需几分钟就可以修好,一周可以节水数百加仑。

· 使用低冲水量的马桶水箱。尼亚加拉节水公司发明了一种名为"隐形系统"的超能节水马桶冲洗器。这款冲水器是世界上第一台每冲只需 0.8 gal 水的超能节水马桶冲洗器,每年每个马桶水箱可以节约 4 万 gal(15 万 L)的水。

· 改进办公室、商场和公共建筑的卫生设施,替换冲水量为每冲 1 gal 的小便器,使用无水小便器或定时冲水装置,每年每个小便器可节省数千加仑的水。

· 在旧马桶水箱里放置换袋,每冲最多可节省 1 gal 水。也可以使用装满水的空洗涤剂罐(或容量为 1 gal 的牛奶罐)来替代市场上的置换袋。

· 用节水喷头代替淋浴喷头。Niagara 节水公司可提供水流量为 0.5/1.0/1.5 gpm(即 1.9/3.8/5.7 L/min) 的淋浴喷头 Tri-Max。

· 热水管保温。这可以减少打开水龙头让水变热所耗费的水。需要保温的重要管道往往位于热水器接入和接出线路的前几英尺。当水在热水器和水龙头之间流动时,这种保温材料还能减少热损失。

· 当热水器需要更换时,安装热疏水器(冷热水管道上的单向阀)。这些阀门可以防止热水流出热水器,也能防止冷水流入加热器。这种阀门的成本约为 30 至 40 美元,不到一年就能收回成本。

· 使用节能(与节水相同)洗衣机。前装式洗衣机的用水量比上装式洗衣机大约少三分之一,同时,水位的设置应与荷载成正比。洗涤大负荷衣物比洗涤小负荷或中负荷衣物能节省更多的水。

· 节水的工业和商业工程。

· 通过激励措施鼓励节约用水,如对购买节水洗衣机和洗碗机、无水小便器和低冲水量马桶的用户提供补贴。

10.3.4 节水设备的经济效益

一些节水设备不仅物美价廉，还易于安装。一个水龙头通气器的成本不到 1 美元，却可以减少 6% 的室内用水量。替换一个全新的节水淋浴喷头只需要几分钟，成本虽然只有几美元，却能节省大量水费和能源费。节水淋浴喷头和通气器真可谓是每家每户初步节水的不二之选。

超能节水马桶的价格从 80 美元到 500 多美元不等；使用超能节水马桶能将耗水量为 5 gpf(19 Lpf) 的普通马桶或耗水量为 3.5 gpf(13.2 Lpf) 的两件式水箱的用水量减少到 1.6 gpf(6 Lpf)。如前所述，尼亚加拉 UHET 仅使用 0.8 gpf (3 Lpf) 的马桶。因此，一个四口之家使用低冲水量马桶每年可节水 2 万至 4 万 gal。而新节水马桶在不到 2 年的时间内就能收回成本。

使用节水（通常称为节能）洗衣机，一个四口之家每年可以节约 7 000 gal (26 498 L) 的水。虽然换掉一台正常工作的洗衣机不太划算，但当旧洗衣机不能正常工作时，购买一台节水洗衣机还是很有意义的。要想节约更多水，首选侧装式洗衣机。

在非住宅建筑中使用低流水量的马桶比在住宅中减少的用水量要多得多。相对于平均每天用水 1.6 gal 的马桶，使用节水马桶，批发市场最高可节水 57 gpd，酒店和汽车旅馆最低可节水 16 gpd，而节水量位于中间的餐厅可节水 47 gpd，零售店 37 gpd，办公楼 30 gpd。事实上，如果用 1.6 gpf 的节水设备替换耗水量为 3.5 gpf 的马桶，男厕所可节水 1.9 gpcd，女厕所可节水 5.7 gpcd。因此，在大型写字楼中，每个低流水量的马桶的节水显著高于之前引用的平均 30 gpd。使用 0.8 gpf 的马桶，办公室可平均节水 2.7 gpcd，家庭可平均节水超过 15 gpcd。

10.4 室外节水

10.4.1 概述

室外对水的需求远远大于室内。因此，通过户外节水措施可以节约更多的水。然而，直到现在，也很少有人考虑到室外节水。而农业用水量最大，因此，相较其他部门而言，需要实施更多的节水措施。在美国，节水措施方兴未艾。据 AWWA 估计，美国有 50% 到 70% 的自来水仍然用于室外草坪和花园浇灌等用途 (Hildebrandt，2006)。农业是最大的室外用水大户。在加州，仅农业用水就约为 2 580 万 ac·ft，略高于该州年度总水量 41%。

独栋住宅的室外用水主要包括草坪和景观灌溉，汽车、甲板和车道清洁用水以及游泳池用水。其中有超过 85% 水用于浇灌草坪和庭院景观。

据美国地质勘探局(USGS)的估计,1995 年,美国住宅每日平均用水量超过 260 亿 gal(1 亿 m³)(Solley et al. 1998),即 101 gpcd(382 Lpcd)。据 AWWA 的一项研究估计(Mayer et al. 1999),独栋住宅的室内用水量约为 69.3 gpcd(即 262 Lpcd),相差 31.7 gpcd(即 120 Lpcd),这主要是由于家庭室外用水导致的。然而,由于有近一半的美国人居住在筒子楼、市区住宅、公寓大楼和高层楼房中,尤其在纽约、芝加哥和洛杉矶等大城市,这一数据是不能完全代表独栋住宅的室外用水量。

很明显,在大型郊区家庭住宅,尤其是有钱人家中,室外用水量远远高于前面讲到的人均用水量。当地气候和景观设计也会导致室外用水量远高于全国平均用水量。事实上,室外实际用水量各不相同,用水量从公寓大楼的 1~2 gpcd 到大型独栋住宅的 200 多 gpcd 不等。室外日均用水量也不一样,从华盛顿州西雅图的 20 gpcd 到亚利桑那州斯科茨代尔的 180 gpcd 不等(Mayer et al. 1999)。图 10.2 是美国和加拿大 14 个城市独栋住宅室内和室外平均用水量的调查表。

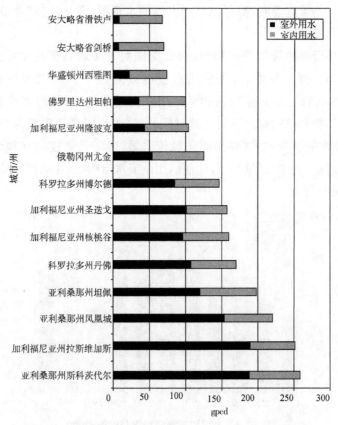

图 10.2 北美部分城市独栋住宅室内和室外平均用水量
摘自 Mayer P. W. et al., AWWA Research Foundation and AWWA, Denver, 1999.

值得注意的是,到目前为止,农业占据室外用水的比例仍然最大。据美国地质勘探局的调查显示(USGS,2008),全球有将近 60% 的淡水用于灌溉。据估计,2000 年,美国用水量约为 137 000 mgd(5.19×10^8 m³/d)或每年约 1.53 亿 ac·ft(1 890 亿 m³),大约占淡水总用水量的 40%,如果加上热电电力行业的用水,将占总用水量的 65%。美国西部相毗邻的 17 个州灌溉用水加起来超过 85%,这些州的年均降水量在 4~20 in 以内,不足以养活农作物。加州是用水大户,用水占总水量的 22%。图 10.3 显示了 1950 年至 2000 年期间灌溉用水和人口增长的趋势。图中数据表明,到 1980 年,灌溉用水已增加到约 150 bgd(即 5.68 亿 m³/d),但随后一直稳定在 137 bgd 左右(即 5.19 亿 m³/d)。这表明年均灌溉用水量约为 30 in(76 cm)。

此外,有大约 90% 的家庭或工业用水最终会回到环境中补充地表和地下水,这些水可以循环利用。灌溉用掉的水只有大约一半是可以重复利用的,其余的则会蒸发到空气中或通过蒸腾作用参与植物生长过程。这表明,节约灌溉用水,不论是农业灌溉还是家庭灌溉,都可以节约大量的水资源,因此,将室外节水放在第一位是非常有意义的。

据美国环境保护署的节水项目统计,美国每家平均每天耗水量约为 260 gal(984 L)。然而,到了夏季,每天的用水量可以高达 1 000~3 000 gal(3 785~11 356 L)。据估计,至少有 50% 的室外用水由于蒸发、深层渗流或径流而浪费。大多数水资源管理机构都意识到了这种问题,许多水资源管理机构与市政府进行合作,为更节水的灌溉方式(如采用雨量传感器、智能天气控制器和滴灌)提供补贴。一些社区还向业主提供补贴,让他们用低流水量喷嘴(在灌溉行业称为精密喷头)取代传统的喷头。

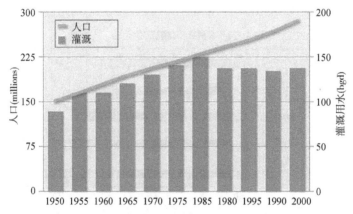

图 10.3 人口和灌溉趋势图(1950—2000)

摘自 USGS [US GeologicalSurvey], Irrigation water use, water science for schools [http://ga. water. usgs. gov/edu/wuir. html], November 2008.

植物的选择在节约灌溉用水方面意义重大。扎根比较浅的草皮和草坪相比其他种类的植物需要更多的水。而当地生长的草,茂密的植物,还有扎根比较深的植物生长所需的水要比草坪少得多。此外,景观替代方案,可以减少草坪面积,在植物根部周围种植地被,可以控制杂草生长,从而减少灌溉需求。在新泽西一个凹凸不平的前院里,作者种植了杜松和厚皮草,并种植了地被,这些植物稳固了斜坡土壤,还形成了一层厚厚的地被,只需降雨就可自然生长,无须任何人工灌溉。

土壤成分在草坪节水方面也影响很大。肥沃的土壤可以生长出茂盛的植物,且充足的有机物,可以留住土壤中的水分和营养物质,土质松软,微生物多。植物的根扎得越深,需要的水分就越少,可减少 20% 的需水量。在内华达州和加利福尼亚州,正在使用带刺植物替代草坪和草地,比如仙人掌和多肉植物。此外,公共道路和高速公路两旁也开始使用石头来代替草。

宾夕法尼亚州立大学草坪科学教授彼得·兰德斯库特预测,水分需求更少的草将会在以后的节水工作中占有一席之地。然而,对于草种选择草坪业还没有形成规范,人们只能根据自己的喜好和经验来选择草种。在美国,人们比较喜欢茂盛的草,因而会过度灌溉他们的草坪,认为浇水越多,草坪就会越绿。在美国的许多地方,实际上一周浇两次水已经足够了。用没有雨量传感器的洒水器灌溉草坪也是对水的一种浪费;即便下雨,这些洒水器也不会被关闭。作者以前院子里的草坪只需每 3 天浇一次水,这样的草坪比邻居的草坪生长得更茂盛。邻居家草坪每天要洒水 1 小时,多出来的水会溢出到街道,然后流入街道下水道。此外,在美国许多地区,7 月和 8 月的用水量一般要比 9 月和 10 月的用水量多一倍,而自动定时洒水器通常不能够根据季节的变化进行调整。

在过去将近 10 年内,灌溉技术发生了重大变化。2002 年,灌溉协会在新奥尔良召开会议,签订了智能节水技术(SWAT)协议。ET Water 公司于 2005 年推出了第一款自调节智能控制盒。自此,有 20 多家大型制造商,如 Toro, Hunter, Irrometer 和 Rain Bird 相继改进了自己的产品。2005 年,SWAT 对 ET Water 公司的自调整智能控制盒的节水效果进行测试,节水效果接近 100%,该公司总部位于加利福尼亚州的诺瓦托,并将继续致力于改进该智能控制盒(Corum, 2011)。智能控制盒可以安装在新系统中,也可以替换现有系统。

Toro 精密喷头和猎人 MP 旋转喷头等新兴技术,都是为了提高水的利用效率而研发。MP 转子的喷水速度只有普通喷头的三分之一,能喷射出多种不同速度的水流。智能控制盒已经与无线技术接轨,现在可以连入个人电脑和智能手机,有天气适用版和土壤适用版。前者根据当地气象站的蒸发蒸腾、降雨和辐射数据来制定灌溉时间表;后者直接根据埋在地下的土壤湿度传感器读取数据,从而进行工作。因此,后者往往比前者更为准确。得克萨斯州的弗里斯科是美国发展最快的城市之一①,2007年以来的所有新住宅都需要安装SWAT认证的智能控制盒。这种新智能控制盒系统比带有定时器和雨量传感器的洒水器节水效果更好。与老式洒水器相比,尤其与那些下雨天不能关闭,没有湿度传感器的洒水器相比,节水效果更加显著。

目前的喷嘴可以产生更大的水滴,受风的影响较小,能最大限度地减少在空气中的蒸发。图10.4为Rain Bird(http://www.rainbird.com)生产的旋转喷头,图10.5为喷头的喷水图。低喷水量喷嘴虽然用水较少,但仍然不能有效节水(Von Minden,2013)。设计低喷水量滴灌系统主要是为了给树木、花坛植物、行道树和盆景提供所需的水。

图10.4　Rain Bird 旋转喷嘴

图10.5　旋转喷头喷水图

操作简单的远程控制设备可根据季节和天气以及植物类型调节灌溉水量。内华达大学拉斯维加斯分校(UNLV)早期的一项研究表明,使用"智能控制盒"可节约20%的水(Hildebrandt,2006)。据估计,美国东海岸、中西部和西北地区的降水量要比拉斯维加斯大得多,因而这些地区将会比拉斯维加斯节约更多的水。近期研究表明,仅仅使用这些创新技术就可减少60%的灌溉用水。包括加利福尼亚州和佛罗里达州在内的一些地方,已经开始了对专业景观灌溉人员的认证工作。(Poremba,2009)。

节水措施不仅可以应用于美化住宅的景观灌溉,还可灌溉农田,公共及私人建筑场地,如公园、高尔夫球场、商业建筑和工业建筑等。如前所述,灌溉消耗了美国和世界各地总用水量的一半以上。因此,应尽可能地循环利用屋顶和人行道上的径流来灌溉,节约城市饮用水。

美国及其他国家水资源浪费严重的一个原因可能是过度灌溉。在过去10年

---

① 从1970年到2010年,弗里斯科的人口从1 845增长到了11万

里,科罗拉多州的干旱引起了公众对节约用水的关注,人们发现对景观过度灌溉是水资源浪费的一个重要原因。

据科罗拉多州丹佛市一家水利工程公司数据显示,从 1999 到 2001 年的 2～3 年期间,其开发的三处住宅每年平均用水量为 62.9～79.9 in(160～203 cm)(Clary et al. 2006)。与估计的年灌溉用水量 29 in(73.7 cm)相比,实际灌溉用水量是需水量的 2.2～2.8 倍。有超过一半的处理水被用于景观灌溉,这无疑是一种巨大的浪费。如能解决灌溉用水带来的浪费,将可以节省 33% 以上的饮用水。

修复、更换和改造室外灌溉设备也能节水。例如,丹佛动物园在 1999 年实施了一项减少火烈鸟池塘用水量的计划。主要包括修复、改造和更换灌溉设备,到 2005 年,用水量从已从 3 亿 gal 降低到了 7 500 万 gal(Ramos,2006)。

20 世纪 90 年代,美国引进了一种节水景观,称为节水型园艺(Weinstein, 1999)。这种类型的绿植可以减少灌溉用水,其需水量只有传统绿植的一半。节水型园艺是一种节水的园林绿植,不仅用水量比草少,还不用经常保养,美观大方。美国人历来喜欢郁郁葱葱的草坪,要想获得大众喜爱,节水型园艺需要证明自己。草坪实际上没多大用处,除非有人想要去上面玩耍或去散步。节水型园艺无需使用其他植被搭配;即便是传统的草坪景观,只要规划合理,也可以变成节水型园艺。

犹他州是美国第二严重缺水的州,有超过 65% 的处理水被用来灌溉草坪,在盐湖城节水型园艺也越来越受人们青睐(Ramos,2007)。

越来越多的家庭已经开始了解节水型园艺,未来有望在全国范围内推广。

在对节水型园艺进行初步研究之后,1993 年,针对应用节水型园艺的用户,得克萨斯州奥斯汀市实行了"节水型园艺"补贴计划,每平方英尺补贴 0.08 美元,而那些在日照时间超过 6 小时的地区种植水牛、百慕大草、疏水灌木和节水地被等耐旱植物的用户最多可获得 240 美元的补贴(Fuller et al. 1995)。

几个世纪前,波斯曾采用过一种高度节水的灌溉方法,也就是罐灌法,即把一个空心陶罐放在蔬菜和瓜果类植物的根部附近,在需要的时候装满水。当土壤水分被植物根系吸收,土壤变干时,通过其毛细管吸力从陶土罐中提取水分。因而,蒸发损失和灌溉浪费掉的水就很少。所以,在雨水稀少,蔬菜和新鲜农产品难以存活的干旱地区,波斯人却可以耕种。

许多人到现在还认为水是取之不尽用之不竭的。因此,在室外节水方面,使公众具有节水意识要比技术创新更重要。此外,在美国和许多其他国家,水费远比购买一个智能节水控制喷头便宜,浪费水的代价很低不足以引起人们重视。节水最长久最好的解决办法就是教育人们,使其从小就具有节水意识。

为了让当地居民了解潜在的水资源危机,并转变人们对景观绿化的态度,圣地亚哥县在圣地亚哥东部 Cuyamaco 社区大学的 4.2 ac(2 hm²)土地上修建了各种微型花园(Corum，2008)，里面有很多植被，还有当地的一些植物，将景观和草坪进行对比，充分展示了景观的节水效果。例如，有一个草坪展品表明，一片草坪每年要耗水 25 000 gal(95 m³)，而另一个节水型园艺的展品表明，每年只需要 6 000 gal(23 m³)的水，其中间是一小片草坪，周围是疏水灌木、多年生植物以及一棵小树。整个花园有 60 个指示牌，上面写着有关于低需水景观和节水型园艺的信息。节水型园艺是一种利用耐旱植物节水的园林绿化名称。

10.4.2　室外节水总结

可通过以下方式节约室外用水(Pazwash，2002)。

- 在需要浇水时再灌溉。人们往往会在不需要浇水的情况下灌溉草坪，尤其使用没有湿度传感器的自动洒水器，在下雨或地面潮湿的情况下，它们也不会关闭。
- 在清晨或傍晚时候浇水可以减少水分蒸发。许多人通常会在烈日下浇水，这使得有超过三分之一的水分被蒸发掉。在不考虑菌类的影响下，东部地区可以在早上 9 点前浇水，西部地区可以在下午 6 点后浇水。
- 许多洒水器的洒水的速度要比土壤吸收水的速度快，这就导致，多余的水流入人行道和街道，从而流入下水道，尤其对于陡坡来说，情况更为严重。为了避免这种浪费，应该缓慢洒水，减少洒水时间，增加洒水次数，分几次洒水，而非长时间内一次性洒水。
- 让草长高。高草比矮草需水更少，因为高草可以很好的遮盖土壤，能减少其在阳光下的暴晒面积以及水分蒸发。
- 在植物周围种植地被。地被层可以留住土壤中的水分，可以长时间为植物提供稳定的水源。
- 选择其他景观植物，使用较小面积的草坪。多年生植物、野花、灌木和当地草需水远比草坪少得多——到目前为止，像肯塔基蓝草这类植物，是节水型园艺的不二之选。
- 使用耐旱、不需要经常保养的植物来代替需要经常浇水的草坪。
- 尽量不使用自动定时洒水器。这反而不利于节水。许多家庭在使用时，往往会忘记关闭，可以在不需要洒水时将其关闭，当需要洒水时再手动打开。
- 在自动洒水器上安装感应雨量的关闭器。
- 安装装有雨量传感器和"智能控制盒"的节水喷头。"要注意，洒水喷头一定得有雨感器，如果没有，到了下雨天，洒水器就不会关闭，这反而会更加浪费水。"
- 根据季节变化调节灌溉系统。
- 用扫帚清扫车道、庭院、人行道和装货码头，不用通水软管进行清洗。
- 用处理过的灰水或废水进行灌溉。

- 收集雨水。可以将屋顶雨水收集在雨水存储罐和桶中,用其来灌溉草坪、植物和灌木。

10.4.3 其他节水措施

一项名为"酒店和汽车旅馆节水计划"(又称 Water CHAMP)项目于 2002 年在佛罗里达州西南部开始试点,到 2006 年,该计划已扩展到 16 个县区。该计划鼓励酒店和汽车旅馆的客人们在入住期间不更换毛巾和床单,以节约用水并减少洗涤所耗费的水。据 Water CHAMP 的一项调查显示,参与者平均每天每间客房可节水 17 gal(64 L)。据估计,到 2012 年,可节约用水 1.49 亿 gal(5.64×10^8 L)。另一个名为"促进农业资源管理系统(即农场)"的计划也已经开始实施,旨在减少农业用水,因为农业用水量在整个地区总用水量中占据的比例最大。通过实施农场计划,该地区可以更快地实施最佳农业管理措施,减少佛罗里达地面浅层地下水的开采,改善水质,恢复该地区的生态环境。该地区计划到 2025 年,农业用水上每天减少 4 000 万 gal 地下水的使用。佛罗里达环境友好型园林绿化项目(FFL)鼓励节水型园艺,佛罗里达水之星项目(FWS),提倡使用节水设备、节水管道,通过循环利用水来节水。

10.5 水资源再利用

水资源再利用主要包括对废水、灰水或雨水的回收、处理和循环利用。在美国,水回收再利用的标准主要由各州和地方机构制定。虽然联邦法规没有水资源再利用的相关规定,但美国环境保护署已经制定了水资源再利用指南。1980 年,环境保护署指南首次以研究报告的形式发表,并于 1992 年和 2004 年更新。环境保护署意识到国家在水资源再利用法规和规划制定上指导的必要性,在 2012 年全面制定了最新指南。该指南名为《水资源再利用指南》共 640 多页,可在 http://www. waterreuseguidelines. org 免费下载 PDF 格式。本书中的附录 10B 包含一份该书表 4.4 的副本,涵盖城市、农业、工业和环境水资源再利用以及地下水补给等方面内容。表 10.2 是新泽西州灌溉和建筑中再生水使用的相关标准。该表摘自 NJDEP 技术手册中题为"再生水资源再利用"的灰水处理再利用指南表(2005)。在美国的干旱和半干旱地区,废水再利用已经实行了一段时间。得克萨斯州、加利福尼亚州、亚利桑那州和佛罗里达州四州,占美国再生水总量的 80% 以上。在过去的几年里,水资源再利用已经在全国范围内得到普及。这主要是因为,一些州在颁发排放许可证前进行了需求分析或评估。淡水资源正在持续减少,预计将会有更多州需要建立需求评估。

表 10.2　新泽西州水资源再利用水质标准

再利用类型	处理和 RWBR[a] 水质	RWBR 监测	备注
RWBR 接入公共系统：例如高尔夫球场的喷灌，操场或公园喷灌、洗车、水利播种	粪大肠菌群 2.2 / 100 mL，中位数为 7 天。任何样品最多不超过 14/100 mL。15 min 后每小时峰值流量下最小紫外线剂量为 100 mJ/cm² 小氯残留量为 1.0 mg/L 或最大日流量下设计紫外线剂量在紫外线应用后的最大浊度为 2 NTU 总氮（$NO_2 + NH_3$）10 mg/L[b] 每周水力负荷为 2 in[c] 二次处理[d] 过滤[e] 必须达到许可等级	连续在线监测浊度和 CPO 或 UV 标准[f] 要求的操作协议： 用户/供应商协议，年度使用报告	• 建议系统中氯残留在 0.5 mg/L 或以上，以减少异味、黏液和细菌滋生 • 过滤前可能需要添加化学物质（混凝剂或聚合物） • 负荷可以根据具体地点的评估和部门批准而增加 • 如果提交的现场评估是由 NJDEP 批准，可以放宽对总氮量的限制 • 附加要求取决于应用程序
用于可食用农作物系统的 RWBR，例如灌溉需要剥皮、烹饪的农作物或者任何可食用的农作物进行在食用/商业加工前需要热加工的食品[i]	粪大肠菌群 2.2 / 100 mL，中位数为 7 天。任何样品最多不超过 14/100 mL。15 min 后每小时峰值流量下最小紫外线剂量为 100 mJ/cm² 小氯残留量为 1.0 mg/L 或最大日流量下设计紫外线剂量[c] 总氮（$NO_2 + NH_3$）10 mg/L[b] 每周水力负荷为 2 in/周[c] 二次处理[d] 过滤[e] 必须达到许可等级	连续在线监测浊度和 CPO 或 UV 标准[f] 要求的操作协议： 用户/供应商协议，年度使用报告，商业操作使用 RW-BR， 灌溉可食用作物年度清单提交	• 建议在分配系统中预留 0.5 mg/L 氯残留或增加氯残留，以减少异味、黏液和细菌再生 • 过滤前可能需要添加化学物质（混凝剂或聚合物） • 负荷可以根据站点特定的评估站点批准而增加 • 如果提交的现场评估是由 NJDEP 批准，可以放宽对总氮量的限制 • 附加要求取决于应用程序

续 表

再利用类型	处理 和 RWBR[a] 水质	RWBR 监测	备 注
RWBR 使用受限的系统和不可食用作物：例如，灌溉饲料作物或草地农场或其他公共通道不发达地区的景观区（受保护的景观区域）	粪大肠菌月平均值 200/100 mL。所有样本几何平均值最大为 400/100 mL。j 15 min 后每小时峰值流量下最小氯残留量为 1.0 mg/L 或最大日流量下设计紫外线剂量为 75 mJ/cm² TSS[g] 总氮量 10 mg/L[bj] 水力负荷 2 in/周[cj] 必须达到许可等级[d]	提交确保正确消毒的标准操作步骤；[h] 用户/供应商协议 年度使用报告	• 建议系统中氯残留在 0.5 mg/L 或以上，以减少异味，藻液和细菌滋生 • 负荷可以根据站点特定的评估和部门批准而增加 如果提交的现场评估是由 NJDEP 批准，可以放缓对总氮量的限制 • 附加要求取决于应用程序
用于建筑和维护操作系统的 RWBR：例如街道清扫，下水道清洗，零件清洗，灰尘控制，消防和道路路碴磨碎等	粪大肠菌群月几何平均值 200/100 mL 样本 TSS[g] 几何平均值 400/ 100 ml 二次处理[d] 必须达到许可等级	提交确保正确消毒的标准操作步骤；[h] 用户/供应商协议 年度使用报告	• 应尽量减少工人与 RWBR 的接触 避免喷雾遭遇风吹 • 附加要求取决于应用程序
RWBR 工业系统：例如闭环系统（非接触式冷却水，锅炉补给水）	必须达到许可等级	提交确保正确消毒的标准操作步骤；[h] 用户/供应商协议 年度使用报告	• 与 RWBR 接触、处理 RW-BR 系统的工人仅限于接受过专门培训的人 • 附加要求取决于应用程序

a RWBR 再生水资源再利用。

b 氮总量（$NO_3 + NH_3$）最多不超过 10 mg/L。参见指导手册工程报告中的报告/研究要求。

c 每周的负荷率可能超过 2 in。参见指导手册工程报告中的报告/研究要求。

d 本手册中所称二次处理，是指 NJPDES 许可证中模具现有的处理要求，不包括 RWBR 的附加处理要求。

e 过滤是指通过过滤系统进行废水模流，使 TSS 降低到 5 mg/L 以下。

f 持续监测氯氧化剂（CPO）或紫外线标准和速度（在任何情况下）是为了确保所有 RWBR 得到适当处理，以满足高水平的消毒要求。紫外线指标包括灯光强度，紫外线透过率和流量。

g 申请书内的 TSS 规定，适用于 NJPDES 许可证中规定的灰水排放要求。

h 标准操作程序是一份书面文件，说明了在本手册中规定的 RWBR 处理标准下，采用了何种方法来确保所有 RWBR 已经过适当消毒。

i 经商业加工的粮食作物，是指在最终出售给公众或其他人之前，已通过化学或物理处理彻底消灭病菌的作物。

j 喷灌应用的适用范围。

水资源节约和循环利用

如前所述,50%～70%的居民用水主要用于浇灌草坪和花园。平均来说,制造一辆汽车需要 39 000 gal(150 000 L)的水,而生产一桶 42 gal(即 159 L)石油需要超过 2 000 gal(7 500 L)的水。这些用水需求可以通过循环利用废水、灰水,甚至雨水等非饮用水来满足。在许多应用中,废水需要先进的处理技术进行处理;相较而下,灰水的处理要求较低,而通过暴雨收集的径流水所需的处理要求就更低了。

10.5.1　废水再利用

水资源再利用涉及废水收集,必要时需对其进行处理并将其重新分配至使用非饮用水的领域。废水再利用和再生水在欧洲已有 60 多年的历史。在美国,水的循环利用始于 20 世纪 70 年代,但仅限于经处理后的废水。在干旱和半干旱地区,包括南加州、内华达、亚利桑那和新墨西哥等缺水地区,水的使用有着严格的限制。在亚特兰大、佐治亚州、佛罗里达州等地缺水日益严重,在一些东南部州,水资源储备已经接近枯竭。在这些地方,废水的循环利用正在崛起。在东部沿海地区年降水量超过 40 ft(1 000 mm)人口密集的州,包括马萨诸塞州、纽约州和新泽西州,水循环利用的趋势也越来越明显。据估计,到 2020 年,有 36 个州将面临水资源严重短缺的问题。

1990 年经处理的废水使用量为 15 亿 gpd(5.7×10⁶ m³/d),到 2008 年,已超过 20 亿 gpd(Mays,1996)。据估计,这一趋势将以每年 10%至 15%的速度增长。仅在加利福亚州,每年就有超过 50 万 ac·ft(6.17×10⁸ m³)的水被循环利用。长期下去,到 2020 年,使用量将是该数字的三倍。

经处理废水的主要用途如下:

- 全国范围——88% 灌溉用水,11%工业用水,1% 补给和湿地用水;
- 亚利桑那——灌溉用水,其次为补给和工业用水;
- 加利福尼亚——灌溉用水,其次为工业用水,最后为补给用水;
- 佛罗里达——灌溉用水,其次为补给用水,然后为工业用水,最后为湿地用水。

废水再利用如下例所示。

- 圣塔莫尼卡:该城市和南加州其他城市一样,年降雨量在 12～14 in(300～450 mm),在旱季,灌溉用水会形成径流,会带来并运送污染物。为了解决这一水质问题并减少径流,圣塔莫尼卡建立了一个全面的全流域计划,以最大限度地提高水流的渗透性。圣塔莫尼卡这个全流域计划主要有两个目的,其中之一是从新开发项目中收集径流。该计划还包括每天收集 30 万 gal(1 140 m³)的旱季径流,圣塔莫尼卡城市径流设施的设计初衷是为了从海洋分流。而收集到的城市干旱天气径流和一些潮湿天气径流经过处理后,主要用于城市两个公园和墓地的灌溉。

• 利桑那州图森市:在亚利桑那州的皮玛县,首先会将废水送到一个处理厂,然后通过压力过滤或间接通过蓄水层补给或回采,再返回图森直接进行三级处理。图森水务公司每年要为 1 000 名用户提供 1.6 万 ac·ft(1.97×10^{7}m^3)的水,这些水主要用于高尔夫球场、公园和学校灌溉。此外,有 700 个独栋家庭通过使用再生水进行灌溉(Lovely,2012)。该处理厂对废水的过滤能力可达 1 000 万 gpd(37 854 m^3/d)。过滤器由沙和无烟煤的混合物组成的,在送水之前会加入氯。补给回采系统由 8 个补给池组成,每年可生产 7 500 ac·ft(9.25×10^6 m^3)的水。因此,补给回采系统可以产生一半的再生水。

• 卡里镇位于北卡罗来纳州的中心,靠近罗利,通过去除悬浮固体以及消耗氧气的生物和化学物来处理废水,氮和磷也会被去除掉。处理后的水主要用于灌溉和冷却。一些酒店还将其用于气候控制系统。通过水资源再利用,卡里计划到 2015 年减少 20%的用水量(Hildebrandt,2007)。

• 新泽西州的林登:经过处理的废水会通过林登灰水处理厂进行再使用,而非排放到当地的河流中。来自林登-罗赛勒灰水处理厂的再生水通过美国威斯康辛州罗斯柴尔德公司所提供的 Zimpro 系列水力清砂过滤器进行过滤。这些过滤器的混凝土槽中有七个单元格,以平均 4 200 gpm(16 m^3/min)的速度处理来自处理厂的灰水。过滤后的水被泵入大约 1 mi 远的发电厂后,会进一步进行处理以防止结垢,这些水可用于两个 10 单元的机械通风冷却塔(见 http://www.water-technology.net/project-printable.asp?Project_ID=2 488)。

• 俄克拉何马州的俄克拉何马市,有四分之三的废水处理厂每天可以提供多达 1 500 万 gal(5.7×10^{7}L)的工业用水,循环用水每年为城市可节约 10 亿 gal(3.8×10^{6}m^3)饮用水(Chavez,2012)。

• 西圣保罗州有 4 100 万人口,是世界上人口第七多的地区。认识到保障圣保罗市居民饮用水安全的重要性,圣保罗州政府在 2011 年颁布了新的规定,限制将饮用水用于工业用途,现在工业用水只能使用再生水。

10.5.2　再生水市场

再生水的应用,取决于处理技术,可用于景观灌溉,工业冷却过程,冲马桶、洗车,农业溉灌、地下水补给,以及增加饮用水供应。1912 年,第一个小型城市再生水的利用工程随着金门公园的灌溉应运而生。100 多年后的今天,许多社区都离不开经过高度处理的再生水。例如,自 1985 年以来,图森水务公司一直在生产用于灌溉和非饮用水的再生水。随着人口增长,相信不久后,再生水就会被人们接受,应用到实际生活中,一改传统的认为再生水不可利用的看法。1992 年,只有东南和西南地区推行了水资源再利用。而现在,美国其他地方也已经开始广泛应用再生水。2009

年再生水水量超过了 66.08 万 ac·ft($8.15×10^8$ m³),其中有 37% 用于农业灌溉。

虽然废水循环利用在美国已经迅速兴起,然而讽刺的是,对雨水径流的再利用却常常被忽视。雨水径流比废水多,处理费用也更低。这可能是因为,废水是连续不断的,水源也比较稳定,而更重要的原因可能是因为废水循环利用具有高达数百万美元的价值。

据 BCC 研究公司(2006)的一份技术报告估计,2005 年美国水循环和再利用行业的总价值为 22 亿美元,预计这一价值将以年均 8.8% 的速度增长,2010 年将会达到 33 亿美元。过滤产品占近 70%,剩下的用于消毒和去矿物质产品。根据这份报告,再生水主要用于景观和农业灌溉。截至 2010 年,景观和农业灌溉对循环水的使用分别以每年 12.4% 和 10.3% 的速度增长。虽然工业用水市场增长最快,已达到 14.2%,但这一市场在整个市场中的份额很小。

到 2010 年,美国每年再生水使用量的增长速度已经到达 11.1%。未来的增长将取决于干旱程度、未来美国环境保护署对废水和饮用水的监管强度、公众意识、现有灰水处理厂技术更新(BCC 研究公司)以及气候变化(Means et al. 2005)。

单单废水过滤便具有数百万美元的产业价值。废水通常采用活性炭系统、多媒介系统、膜过滤和零液体排放(ZLD)系统进行过滤。这些系统的总市值在 2004 年达到 6.2 亿美元,在 2010 年超过 10 亿美元。其中膜过滤系统占 61.2%,多媒介系统占 16.9%。诸如 US Filter, AquaTech International, Parkson, F. P Leopold, Pall 和 Severn Trent Services 等公司已经开始研发新产品以满足最新市场需求。

水循环系统主要用于市政和工业领域。市政市场的增长速度快于工业,其主要原因是设施更新换代的断层。许多水处理设施已经使用了 20 多年,亟需现代化。此外,市政当局将水的再利用和循环利用视为一种新的收入途径。

废水循环利用在美国是个迅速发展的产业。仅加州自 2004 年以来就有 300 多家水循环工厂在运营。循环水的 48% 用于农业,21% 用于景观灌溉,14% 用于地下水补给,19% 用于其他用途。加州循环水特别工作组估计,该州可以回收足够的水来满足其所需的预计增长 30%~50% 的生活用水(Grumbles, 2012)。以下为一个加州水循环项目的例子。

加利福尼亚州的奥兰治县在废水回收技术方面处于领先地位。该县人口超过 300 万,是美国人口第五多的县(Duffy, 2008)。该县一直在进行地下水回灌的废水回收项目。其作为一个成功的地下水补给系统(GWRS)项目,有世界上最大的水净化工厂。GWRS 是由奥兰治县水资源行政区和其卫生行政区联合资助的项目。本项目废水经微细过滤、逆向渗透、双氧水紫外光的三级先进工艺处理,出水水质超过国家和联邦饮用水标准。该项目自 2008 年开始运营,每天可生产高达 7 000 万gal($2.65×10^8$ L)的优质水,满足奥兰治县北部和中部地区近 60 万居民和迪士尼乐园游客的需求。并且该项目只使用了从北加州抽水到奥兰治县和南加州其他地区所需能源的一半不到,海水淡化所需能源的三分之一不到。奥兰治县的废水回收是非直接的,很大一部分 GWRS 产生的水被注入地下来阻止海水入侵、补充含水层,从而成为该地区饮用水供应的一部分(Brzozowski,2013)。

分散式循环是一种节约能源的发展趋势。供水商以最低的成本向客户供配水。随着基础设施的老化,未来最大的挑战是确定人们是否会甘愿为自身供水安全而承担更高的成本。公共事业公司将不得不调查从哪里取水,以及需要什么处理技术才能达到他们想要的水质。鉴于只有不到 1‰ 的处理过的水被消化掉,所以小型饮用水系统引起了人们讨论。当老化的水管必须更换时,则需要考虑双重水源系统。

10.5.3 灰水再利用

文献中所称灰水[①]是指除马桶和厨房水槽污水以外的生活污水。包括淋浴、浴缸、盥洗池和洗衣机用水。之所以叫灰水是因为其外观浑浊,既不清澈也未受到严重污染。根据这一定义,厨房水槽污水,通常会含有大量的食物残渣或清洁剂中高浓度的有毒化学物质,可以将其定义为深灰水或黑水。然而,维基百科中将除马桶污水外的其他生活污水都列为灰水(http://en. wikipedia. org/wiki/Greywater)。

生活污水通常和下水道连接在一起,经过处理后,灰、黑两种颜色的水会一起排入河流和小溪。由于土壤的自然净化能力是水的数百万倍,直接向土壤倾倒灰水比将经过高度处理的灰水排入自然水域对生态的破坏要小。

研究已经证实,虽然灰水浓度比污水的低得多,但灰水中的微生物与污水相同。由于污染程度较低,灰水比黑水更容易处理。收集黑水需要单独的管道系统,而灰水可以直接在家庭或花园或农业用地循环利用,可以立即使用或先进行处理然后储存起来。循环利用灰水最简单、最便宜的方法是将灰水直接用于住宅或商业设施内的花园或景观灌溉。操作非常简便,例如可以用一根软管连接洗衣机,从窗户伸到花园,亦或者直接将其并入住宅内部管道。如果要在花园使用洗衣产生的灰水,在洗衣时必须选择低磷和低盐的洗涤剂。

利用灰水进行景观灌溉已经越来越普遍了。灰水中可能会含有头发、洗涤剂、药品、个人护理污染物和少量油脂。这些杂质大部分是可降解的,但有些也可能含钠基,气候干旱时,很可能会对景观造成损害。

使用灰水冲洗马桶往往需要一条单独的室内管道,而伴随而来的细菌滋长,也

---

① 这里的灰水可能与一般所讲的灰水有所区别,因为一般所讲的灰水还包括来自厨房水槽的污水,具体来说,任何家庭污水,除马桶污水外,都称为灰色水。

可能会导致一些潜在问题。因此,许多地方卫生部门禁止在室内使用灰水。为减少对人体健康的危害,生活灰水只能在室外使用。由于灰水对人体健康具有潜在威害,对植物也有长期影响,因而许多州已经开始限制将灰水用于景观灌溉。

灰水占废水总量的 50%～80%。一个四口之家可以产生 100 到 160 gpd (379～606 L/d)的灰水。如果可以适当利用,这些灰水足够灌溉独栋家庭的草坪和景观。肥皂和洗涤剂协会 1999 年的一项研究表明,有近 7% 的美国家庭正在使用灰水,而南加州使用得最为普遍。1989 年,圣巴巴拉县颁布了一项法令,要求面积超过 2 ac 的房屋必须配备灰水水管。

包括加利福尼亚州、内华达州、亚利桑那州、新墨西哥州、爱达荷州和犹他州在内的许多西部和西南部州都制定了灰水再利用的法规或指导方针。包括加利福尼亚、新墨西哥州和犹他州在内的一些州允许将灰水用于地下滴灌。一般来说,那些采用国际管道规范的州,灰水可以用于地下灌溉和冲马桶。在采用统一管道规范的州,灰水通常在地下处理场进行处理。

灰水回收系统的一个典型特征就是有一个地下水箱,在水进入排水系统之前先进行沉淀。一个完整的可用的工程系统,会包括一个污水泵和污水池,并通过地下排水系统输水,其中还包括"Waterwise Greywater Gardener 230"(http://www.waterwisesystems. com/products/grey water-garden-230)和"Garden ResQ"(http://www. gardenresq. com/)。工业设施中循环利用灰水主要是为了减少排入市政下水道的废水,从而降低下水道水位。伦敦莱顿的 Lee Valley Ice Center,是第一个将灰水系统应用到冰场的例子,减少了大量的生活污水。

10.5.4　废水和灰水处理

废水再利用需要处理大量的水。而处理水平取决于应用要求,从二次过滤到高级过滤以及消毒要求都各不相同,各州对处理的要求以及处理水的使用要求也不同。

处理后的水会直接用于农业和景观灌溉,以及工业冷却塔、消防和马桶冲洗。间接利用包括通过渗透和注入地下改善水质从而形成地下水补给。在雨季,水可以通过盆地渗透或注入地下蓄水层,在旱季加以使用。在澳大利亚堪培拉,这种间接循环利用的方式已经应用了一段时间,研究人员发现在蓄水层中细菌和病毒病原体存活率比较低(ASCE, 2002)。

虽然灰水可进行一次处理(即沉淀)后用于灌溉,但废水至少需要进行二次处理。即便是二次处理,譬如经过生物氧化和消毒,也只允许用于某种用途。而经过化学混凝、过滤或高级消毒等深度处理后的废水可用于更多的用途。处理后的灰水和废水的应用情况如下。

- 二次处理

- 果园和葡萄园的灌溉
- 非粮食作物灌溉
- 地下景观灌溉
- 非饮用水含水层地下水补给
- 工业冷却塔
- 增加湿地和野生动物栖息地
- 深度处理
- 家庭花园灌溉
- 草坪和高尔夫球场灌溉
- 粮食作物灌溉
- 马桶冲洗
- 洗车
- 造纸厂
- 混凝土搅拌等施工活动
- 通过补给饮用水含水层实现间接再利用

利用先进的处理技术,除了上述应用外,还可用灰水形式人工湖泊。用灰水冲马桶需要一个独立的管道,在商场、大型写字楼等公共卫生间里用比在独栋家庭里更实用。佛罗里达州的珊瑚角市是允许将废水用于冲洗家用马桶的第一个城市。该镇是双重水系统,其中包括一个单独的管路,主要输送不可饮用水(主要是灌溉),并用处理过的水进行补充(Godman et al. 1997)。2008 年 6 月,俄勒冈州管道委员会通过了一项新标准,允许房主安装可循环使用废水冲洗马桶的系统。有关废水处理的一般深入研究,请参阅 Tchobanoglous et al. (2003)。表 10.2(前面提到过)介绍了新泽西州废水和灰水的使用水质标准,是否对作物具有极低的健康危害,以及公园、操场和高尔夫球场等灌溉的各种水质标准要求。附录 10B 中包含了 EPA 2012 废水再利用指南的汇总表。

10.6 雨水和雨水径流的再利用

在美国,雨水径流要比废水多得多,世界上大多数国家也是如此。雨水是巨大的水资源,可以被回收且应该回收加以利用。雨水管理人员向来将雨水径流视为一种废水,认为应该通过管制加以处理。现在虽然这一观点正在逐渐改变,但许多从业人员仍未将雨水回收和其再利用纳入雨水管理规划中。

废水再利用在美国已有近 40 年的历史,欧洲废水再利用的时间甚至更长,而雨水径流再利用却一直以来被忽视。无论原因是什么,与雨水径流的数量和其是否可用的关系不大。

雨水收集从古代起就有了,已经有了几千年的历史。虽然雨水收集行业是一个有组织的行业,但雨水收集仍处于起步阶段。尽管许多州和城市已经开始通过法律来规范雨水的使用,但目前还没有关于雨水使用的国家标准。雨水收集行业有一个国家组织:美国雨水收集系统协会。

佐治亚州和得克萨斯州两州处于雨水收集技术的领先地位。在过去的十年中,佐治亚州发布了一套雨水收集指南,得克萨斯州发布了《得克萨斯雨水收集手册》(2005),该手册为全美许多雨水收集机构提供了指导。本手册的一个可衡量的影响是在得克萨斯州布朗伍德市推行了两年的教育工作,开发出了一个容量超过10万 gal(38 万 L)的雨水收集系统。然而,截至 2011 年,达拉斯仍然没有颁布雨水收集相关的法令;因此,实施该计划必须经历一个漫长的过程。除此之外,对于小型系统,必须满足最低标准,对于大型系统,其审查过程也要长得多。

根据其用途不同,雨水的处理要求从不用处理到通过复杂系统生产饮用水,各不相同。图 10.6 为地下蓄水池的布局图,该蓄水池配有屋顶冲洗器、溢流管和将灌溉用水泵往室外的地下管线。更复杂的系统可能会包括一个垂直过滤器,可收集大于 280 pm 的颗粒物以及用于紫外线消毒。

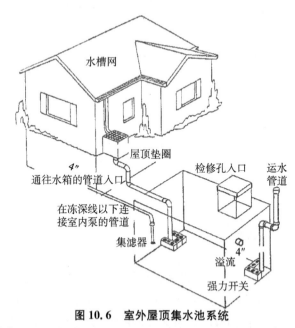

图 10.6　室外屋顶集水池系统

(摘自 Water Filtration Co., customer information brochure. Water Filtration Co, 108B Industry Rd., Marietta, OH 45750.)

除了提供水资源,收集雨水还可以节省水费,还可降低供水商的能源成本。

亚利桑那州卡萨格兰德的百事菲多利工厂的一个水处理系统,证明了水处理商业化操作的潜力。在这家工厂,经过广泛的过滤和处理过程,产生的纯净水中的金属和化学成分比城市用水低。该工厂有 75% 的供水来自再生水,只有 25% 来自城市用水(Goldberg,2013a,b)。

屋顶最适合用来收集雨水,因为屋顶雨水通常比地面径流干净得多。在城市地区,尤其是市区,屋顶区域往往最不透水。如果径流来自人行道,这些水就需要进行初始过滤。如果不进行过滤,树叶和其他有机岩屑就会滞留在雨水槽(或贮水池)中分解,从而产生氨气,这会导致大量细菌生长。淤泥也会堆积在池底,而定期维护和清洗水池则需要高昂的成本。

雨水收集行业现在欣欣向荣;每年有十多种新型产品会问世。这里只列举其中一种。位于佐治亚州阿尔法雷塔的雨水收集解决方案公司制造了原始的"雨水枕"。"这款枕头是一种水平的弹性枕头,充满雨水时可以向上移动,当雨水流失时可以向下移动。"这些枕头可以容纳 1 000~20 000 gal(3 785~5 708 L)的水。

雨水或径流的收集为室内用水提供了大量的水源。不仅如此,还减轻了城市化带来的负面影响,如洪水、侵蚀和污染问题。1994 年作者的一篇论文(Pazwash et al. 1994)介绍了雨水径流的一般使用方法,尤其是屋顶雨水的使用。1997 年(Pazwash et al. 1997)、1999 年(Pazwash et al. 1999)和 2002 年(Pazwash et al. 2002)的后续论文中也有对屋顶雨水(雨水)和雨水径流的数量的讨论,并提出了收集和再利用的建议。雨水和屋顶雨水再利用的例子如下。

莱克兰大学已经将径流循环利用纳入计划,在加拿大安大略省奥利里亚一处紧邻住宿楼和食品服务大楼的地下室上方建了一个景观池,雨水经过过滤系统后,会从邻近的道路流入地下室,该地下室同时也收集灰水。储存的水会被泵入池塘里,也可用于冲洗马桶和小便池。该建筑于 2009 年夏天动工,一年多后才对外开放(Glist,2010)。

弗吉尼亚州夏洛茨维尔市使用收集的雨水清理城市运输公交和运维设施,该公共设施于 2010 年开放。在该设施中,雨水主要是从大约 26 000 ft²(2 415 m²)的建筑屋顶收集而来。新泽西州克拉克市也实施了类似的雨水回收计划。在那里,公共工程大楼的雨水被收集在一个 5 000 gal(18 927 L)的水箱里。在增压泵的帮助下,收集的雨水被用来清洗混凝土垫板上的汽车。来自混凝土垫板的径流又会进入邻近高中的花园,从而过滤径流中的污染物。图 10.7 和图 10.8 分别是雨水槽和雨水花园。

能源协调署(ECA)是一个非营利组织,成立于 20 世纪 80 年代,专注于能源效率和气候变化研究,现在已经开始参与雨洪管理。在过去的几年里,ECA 安装了一个 3 000 gal(11 356 L)的蓄水池来从培训中心收集雨水,并用其来冲洗马桶和小便池,以及清洗车辆。ECA 还与费城水务局合作了两个项目。一个是"雨桶计划",通过这个计划,他们向费城的居民提供免费的雨桶。EAC还为居民设立雨桶安装及维护的工作站。截至 2013 年夏天,已经有超过 3 000 个雨桶被分发出去(Goldberg, 2013b)。另一个项目是雨检项目,培训两组承包商:一组致力于开发减少住宅雨水径流的措施,另一组负责安装设施。现已确定了五种可以减少径流的"绿色工具",分别是落水管花盆箱、雨水花园、透水路面、多孔铺路石以及庭院树木。

图 10.7 新泽西州克拉克公共工程大楼的雨水槽(照片由作者提供,2014)

图 10.8 过滤径流污染物的邻近高中雨水花园(照片由作者提供, 2014)

10.6.1 城市径流量

美国,平均年降雨量为 30 in(760 mm),每平方英里的降水量为 1 600 ac·ft。保守估计,平均年径流量占降雨量的 30%,一个典型的郊区每平方英里会产生 1.56 亿 gal 的雨水径流。若人均每日用水需求为 100 gal,那么这一径流量相当于每年约 4 285 人的用水需求。对于一个典型的 0.5 ac 土地的郊区社区来说,这一径流几乎是该社区室外用水需求的 2.5 倍。如下计算式所示,这一数据是根据包括街道、人行道和露天场所在内的以每 0.25 ac 公共土地为单位,平均每户四口人,每人每天 50 gal 的室外用水需求估算的。

单位面积土地数＝640/(0.5＋0.25)＝853

每户年室外用水量＝4×50×365＝73 000 gal

每平方米年室外需水量＝73 000×853＝62.3×10⁶ gal

以国际单位计算,平均占地面积为 2 000 m² 的独栋住宅小区每 1 km² 的径流量和室外用水量计算如下:

降雨量＝1 000 000 m²×0.76 m＝760 000 m³

径流量＝760 000×0.3＝228 000 m³

单位面积土地数＝1 000 000 m²/(2 000＋2 000×0.5)＝333

平均每日室外用水量≈190 L/d/人

每年每户室外用水量＝4×190×365＝277 400 L＝277.4 m³

每平方千米年室外用水量＝277.4×333≈92 374 m³

这些数据代表了保守估算下的平均国情。在美国的许多地方，降雨量超过 30 in。植物每年的生长期不足 6 个月，因而室外用水需求远低于人均 50 gpd 的用水需求。其他一些地区，如美国西南部的几个州，降雨量明显低于全国平均水平，气候炎热干燥，植物生长季节接近一年 12 个月。这些地方，如果实施室外节水项目、种植耐旱景观以及积极收集径流将有助于满足室外用水需求。根据当地情况进行计算可确定水资源可利用量和用水需求。以作者所在的新泽西州为例，计算如下。

在新泽西州，平均年降水量为 46.6 in。美国每年每平方英里约有 2.43 亿 gal 的径流。而在先前提到的郊区，每单位土地的径流能达到 284 800 gal。按照 50 gpcd 的年平均需水量估算，一个四口之家年均室外用水量为 73 000 gal。因此，一单位土地的径流是室外需水量的近四倍，足以满足室外用水需求。以国际单位计算，如果要加以开发实施该项目，每平方千米的年平均径流量和年需水量如下：

平均年径流＝1 000 000 m²×(46.6×25.4/1 000)×0.3＝355 092 m³

单位土地面积内平均年径流＝355 092/333＝1 066 m³

人均室外需水量≈190 L/d

每户平均每年室外用水量＝365(190×4)＝277 400 L＝277.4 m³

每平方公里年室外需水量＝277.4×333＝92 374 m³

在 1989 年 9 月至 2001 年 8 月期间，根据记录，作者估计其在新泽西州西米尔福德老家的年平均室外用水量为 13 300 gal。这一数字相当于人均每天 9 gal 的用水量，比先前计算的平均室外用水量少了近 7 倍。作者没有过度灌溉草坪、景观，也从未浇灌丘陵后院 3/4 ac 的树木繁茂地区。作者目前居住在新泽西的帕拉默斯，有近 40% 的地方都是草坪和景观，室外平均每天用水 190 gal(719 L)。基于先前的计算，对于一个四口之家的独栋住宅来说，室外用水将近 200 gal。根据作者的记录，在植物生长季节，平均室外用水量约为 350 gpd。

虽然，降雨和室外用水需求因气候条件、开发类型和室外用水需求性质而异。然而，通过这些计算可知，在美国许多地区，仅靠城市径流就能满足室外用水需求。

一项关于奥斯汀市的研究表明，从非渗水区收集 30% 的径流就可以满足该市 330 天的用水需求(Hall，2005)。在加利福尼亚的洛杉矶，所实施的六个项目每英尺降雨能收集 125 万 gal 水。年降雨量为 12 in 的亚利桑那州图森市，自 2010 年 6 月 1 日起，为商业项目制定了全国首个城市雨水收集条例。图森市的官员希望能将停车场和屋顶的径流分流出来，以补充目前的市政供应(Cutright，2009)。

图 10.9　伊朗 Yezd 带有通风塔的地下蓄水池

在城市地区,雨水径流在经过盆地和池塘截留后,可以直接流向自然洼地或水库,也可以注入地下补充地下水。使用大型地下蓄水池储存地表径流在波斯和许多文明古国中是非常常见。在农村地区也有许多这样的蓄水池。其中一些建造在地下,建筑风格为圆顶形的建筑非常具有吸引力,侧面有开放式的窗户,天花板可以自然通风。图 10.9 为伊朗干旱的中央高原古城 Yezd 的一个带有四个通风塔的地下蓄水池。

美国还未实现城市径流再利用。

10.7　雨水收集

年平均降水量约 30 in(762 mm)的美国,屋顶区域每 1 000 ft^2 的降雨量为 18 700 gal,如果美国平均每天人均室外用水需求为 50 gal,这些降雨就足以满足一个四口之家超过 3 个月的室外用水需求。然而讽刺的是,在废水被广泛地处理和再利用时,如此大量又相当纯净的雨水却被浪费到了雨水渠中。当然,由于降雨的性质不同,并非所有的雨水都可以收集。然而,即便只收集部分雨水,也能贡献相当大的水供应量。

在新泽西州,年平均降雨量从西米尔福德格林伍德湖的 51.8 in(1 316 mm)到大西洋城的 40.3 in(1 024 mm)各不相同,州平均降雨量为 46.6 in (1 184 mm)。这些数据是根据美国国家海洋和大气管理局公布的新泽西连续三十年内(1961—1990年)52 个气象站每月正常降水量的数据(Owenby et al. 1992)得出的。根据该数据,在植物生长季节,即 4 月 1 日至 9 月 30 日期间,平均降雨量也各不相同,从 Long Valley 的大约 28 in(711 mm)到开普梅和大西洋城的 20 in(508 mm)。该州此期间平均降水量约为 25 in(635 mm)。

从新米尔福德、纽瓦克机场和大西洋城降水站(分别代表新泽西州北部、中部和南部)的日降水量数据可以看出,日降水量变化最小不到 0.1 in(3 mm),最大在 6 in 以上(152 mm)。据正常年份、干燥年份(1995)和潮湿年份(1996)的每日记录显示小于或等于 1 in(25 mm)的降雨量占植物生长季节(即四月一日至九月三十日)总雨量的 75%。因此,在植物生长季节从住宅楼顶收集小于或等于 1 in(25 mm)的降雨,每 1 000 ft^2 的屋顶可以提供超过 11 700 gal 的水(每 100 m^2 屋顶 47 673 L)。在全州范围内,在植物生长季节期间从住宅屋顶收集的径流可提供近 541 亿 gal(2.05 亿 m³)的水。该数据根据单位住房屋顶面积为 1 000 ft² 的 3 471 647 个住房单位计算得出(http://www.factfinder.census/servlet/ACSSAFFFacts)。考虑到新泽西州 800 万人口中有很大一部分居民居住在公寓楼和多户型住宅中,通过估计,平均室外用水需求将为 20 gpcd(76 Lpcd),而雨水完全可以满足该情况下的室外用水需求。

10.7.1　屋顶雨水收集

屋顶雨水可以储存在水箱中,水箱可以放置在地面或地下。水箱有高密度聚乙烯(HDPE)、玻璃纤维和不锈钢等不同种类。其中,玻璃纤维和 HDPE 水箱对独栋住宅来说是最经济的,除了经济性外,与不锈钢水箱相比还具有以下优点:

- 无缝设计,清洗方便,无泄漏;
- 重量轻,不到不锈钢水箱重量的一半;
- 不会凹陷,几乎无需维护。

HDPE 水箱有垂直、水平和锥形三种类型(见图 10.10)。已有几家制造商在生产这类水箱,其中包括 Plasteel, Zerxes, Highland Tank and Manufacturing 公司以及 Snyder 公司。HDPE 水箱容量最多为 500 gal(1 900 L),无论什么型号,价格一样。然而,对于更大的容量,垂直水箱比其他的更经济。例如,斯奈德垂直水箱

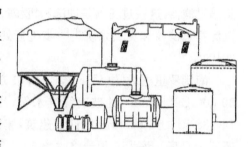

图 10.10　HDPE 水箱

的价格从 500 gal(1 900 L)400 美元到 2 000 gal(7 600 L)1 000 美元不等。该价格里包含运输和安装费用,即水箱的总成本。Zerexe 的玻璃纤维水箱是圆柱形的,尺寸从 600 gal 到 50 000 gal 不等(2.27~190 m³)。600 gal 和 1 000 gal(2.27~3.79 m³)的水箱直径为 4 ft(1.2 m),4 000 gal(15.1 m³)的水箱直径为 6 ft(1.8 m)。这些水箱的长度范围为 6 ft 11-7/8 in 到 21 ft 11-1/2 in,重量在 500~1 600 Lb(226~723 kg)之间。

水箱的大小应根据降雨的局部变化来选择。一个屋顶雨水收集水箱在新泽西州的植物生长季节可以收集 1 in(25 mm)降雨的大部分雨水。缅因州到弗吉尼亚州的所有东北部和东部各州也可以使用同样大小的水箱,因为那里的降雨分布与新泽西州相似。中西部各州也比较适合使用该水箱,包括俄亥俄州、印第安纳州、伊利诺伊州、密苏里州、堪萨斯州和爱荷华州。另外,水箱大小是根据每年 90% 降雨量的收集而设计的,新泽西州降雨量为 1.25 in。而在纽约州和马里兰州,降雨

量为 0.9~1.0 in。

对于屋顶面积 1 000 ft² 或 100 m² 的独栋住宅来说,收集 1 in(25 mm)雨量的水箱大小计算如下。

1 000×(1 in/12)×7. 48 gal/ft³=623 gal

100×25 mm/1 000=2.5 m³=2 500 L

当然,更大的降雨量选择合适的水箱可以收集更多雨水。在干旱的西南各州,降雨量小,为 0. 4 in(10 mm),在东南各州和海湾地区,降水量大,为 1. 25 in(32 mm),因而,应根据不同降雨量选择合适的水箱。表 10.3 列出了美国各地每 100 m²/1 000 ft² 的住宅屋顶面积建议的水箱大小和估计的屋顶雨水收集量。以下是美国水箱应用实例。

弗吉尼亚切萨皮克的奥斯卡史密斯中学使用 4 个容量为 65 000 gal(±246 m³)的水箱从面积为 220 000 ft²(20 437 m²)的建筑收集雨水。这些水箱适合收集 2 in 的降雨,能收集比作者建议的更多的降雨量。其中 2 个水箱供应室内用水(马桶冲洗及小便器冲洗),另 2 个水箱则供应室外用水。屋顶雨水首先会通过 9 个大容量的旋涡过滤器,这些过滤器是冲洗和机械过滤的第一步。而室内用水通过 5 pm 颗粒沉淀物过滤器和臭氧系统进一步进行处理,从而确保水质洁净,无细菌(Lawson,2010)。

南佛罗里达大学(USF)全球解决方案可持续发展学院安装了一个容量为 30 000 gal(114 m³)的玻璃纤维水箱,用于收集建筑屋顶的雨水。这个面积为 74 788 ft²(±6 948 m²)的四层建筑,建于 2010 年 9 月,而这些水会用来冲洗小便器和马桶。该大学预计将收集 50.6 万 gal(1.9×10⁶ L)的雨水,远远超过每年冲洗厕所和小便器所需的 20.7 万 gal(78 万 L)水。收集到的雨水和楼层空调系统里冷凝水将会一起通过一个 200 pm 的涡流过滤器然后进入水箱。过滤后的水会经过紫外线(UV)处理,消灭细菌。该蓄水池足以容纳倾盆大雨的降雨量,自使用以来,已经满足了城市的用水需求(Cline,2011)。

由于屋顶雨水相较而言比较干净,可以用来满足所有的室外用水需求,无需任何处理;也可用于室内马桶冲洗,只需通过放置在地下或地上水箱中的水泵就可以给抽水马桶水管供水。将主水箱放置在高地或安装在平台上,供水就可以满足所有室外用水需要,无需泵送。在植物生长季节结束时可以将水箱中的水排尽,清除水箱中的沉淀物,在寒冷季节,无需处理屋顶排水管。

使用屋顶雨水冲洗马桶可以减少四分之一的住宅室内用水需求。在商业建筑及办公大楼里使用屋顶雨水可以节约更多的水,不仅可以用来冲洗马桶、小便池,还可以洗车,清洗车道及车库地面。

表 10.3 在植物生长季节每 100 m² / 1 000 ft² 的建筑屋顶收集雨水
建议的水箱尺寸和预计的节水量

地区	水箱尺寸		年度节水量	
	L	gal	L	gal
新泽西	2 500	625	48 000	12 000
东北部	2 500	625	48 000	12 000
中部平原	2 500	625	48 000	12 000
东南部/海湾各州	3 200	780	75 000	20 000
西南部干旱区	1 000	250	20 000	5 000

除了可以节水外,从屋顶收集雨水还可减少城市排水系统的流量,还可能无需使用或减少使用雨洪管理设施,如蓄水池和池塘。在新泽西州北部的一个小镇上,作者建议市政府向业主免费提供雨水箱,缓解街道洪水。由于该镇的排水系统不发达,每逢暴雨,雨水就会泛滥。该提议的成本不仅低于更换城市排水系统,还能减轻污水处理厂的负荷,减少操作及处理费用。

市政当局可以直接从学校、城市和公共建筑收集屋顶雨水,也可以间接向业主提供补贴或实行减税激励政策对这种易得且纯净的屋顶雨水加以利用,或可以要求商业和大型住宅开发单独的排水管道,用屋顶雨水(或地表径流)来灌溉草坪和景观或用于其他室外用途。在很多住宅、商业和工业项目中进行雨水收集,所收集到的屋顶雨水量可能会远远超过室外需求,收集的雨水也可以用于除饮用水以外的其他室内需求。此外,还可通过地下蓄水-入渗池来补充地下水。

近年来,屋顶雨水的再利用已经在一些城市推行,并逐渐普及。15 年前雨桶还不为人所知,而如今已有几家制造商提供不同形状的雨桶。50 gal 容量的雨桶价格从 100 美元到 150 美元不等。图 10.11 是一个 50 gal(189 L)的雨桶,由聚乙烯、木料制成,市场上称为 Achla RB03 雨水收集器,尺寸为 32 in×23 in×16 in (81.3 cm×58.4 cm×40.6 cm)。图 10.12 是另一种雨桶,称为 Raintainer ®,由 Four Water LLC 公司设计生产。

如前所述,有一些城市已经制定了收集屋顶雨水的计划。

• 得克萨斯州奥斯汀市:该市制定计划,为居民和商业用户提供 500 美元补贴用以安装雨水收集系统。而购买和安装合格的雨桶/水箱,每加仑存储容量还可获得 0.15 美元的补贴。

• 得克萨斯州圣安东尼奥市:10 年内每节约 1 ac·ft 的水,提供 200 美元的折扣。

图 10.11　50 gal Achla 雨桶　　　　　　图 10.12　Raintainer

• 伊利诺斯州的布鲁姆镇:该镇区与另外两个地区一起,向业主提供雨水桶。库克县的居民只需花费 40 美元就能买到雨桶。自 2007 年开始供应以来,该地区在一年内售出了 1 500 个雨桶。桶的一端与水槽相连,另一端与软管相连,收集的雨水用来灌溉庭院和花园。

• 澳大利亚阿德莱德市:人口 110 万的澳大利亚南部城市阿德莱德是全国最大的雨水收集地之一,和南加州一样,南澳大利亚州也面临着水资源短缺的问题,主要是因为人口不断增长,供水有限。

• 亚利桑那州 5 个城市——格伦代尔、梅萨、菲尼克斯、斯科茨代尔和坦佩:通过与一个普通的废水处理厂进行合作,在含水层中储存剩余废水,从而平衡供需(ASCE,2004)。

• 得克萨斯州圣安东尼奥市的约翰逊夫人野花中心是第一座收集屋顶雨水的公共建筑。该中心,从屋顶和露台上收集雨水并通过屋顶过滤器排出。屋顶过滤器由一个两室的非机械过滤系统组成,可以过滤树叶和花粉,然后进入各地表蓄水池内,最后再流入地下蓄水池。在水被泵入到水箱中进行灌溉之前,会用过滤器对水进行过滤(O'Mally,2007)。根据该中心的数据,从面积为 17 000 ft²(1 579 m²)的屋顶收集雨水,每英寸降雨可收集到 10 200 gal(38 611 L)的雨水。假定年平均降雨量为 30 in(762 mm),该系统每年可收集超过 30 万 gal(1 136 m³)的雨水。

• 纽约锡拉丘兹的天命购物商场采用了一个容量为 9 万 gal(341 m³)的地下水箱收集屋顶径流。经过过滤后这些雨水被用来冲洗马桶,节约了近 50% 的商场用水量。

• 得克萨斯州奥斯汀的海霍尔姆电厂安装了一个容量为 10 000 gal(37.9 m³)的储水箱,从面积约 35 000 ft²(3 252 m²)的建筑屋顶收集径流(Buranen,2008)。该市年平均降雨量为 24 in(610 mm),降水月变化在三月为 3.8 in(96.5 mm),五月为 1.8 in(45.7 mm)。

• 位于曼哈顿中城的美国银行新大楼(2009 年开业)就是一个例子,该摩天大楼的节水效果创造了新奇迹。这座高 1 200 ft(366 m)的建筑,或许称得上世界上最环保的高层办公楼。雨水、冷却塔补给水、灰水,甚至楼板下的地下水无一不被收集和循环利用。这座超级环保摩天大楼及其开发商 Durst 组织正在为获得美国绿色建筑委员会的能源与环境设计先锋奖而努力(Engle,2007)。2010 年 6 月,该大楼获得了美国高层建筑和城市栖息地委员会颁发的 2010 年最佳高层建筑奖。该大楼从屋顶平台和另外 25 000 ft²(2 323 m²)的平台屋顶上收集降雨,雨水会排入四个叠放的水箱,每个水箱相距 10 ft(3 m),最上层水装满后水会依次泻入下层的水箱中,在重力作用下水会从水箱流入到大楼的水箱内,每层楼有 5 到 6 个水箱,进而对楼内 250～300 个公共马桶进行冲洗。除了屋顶径流,盥洗室和其他设施产生的灰水、冷却水和蒸汽冷凝水会流入到地下一个大储水箱内,经过过滤、消毒后可以循环利用。

市场上已经出现小型雨水收集系统,可以储存 100～500 gal 的水,这些水先会储存在地上的水箱中,然后通过水泵输送至洒水器。价格从容量 100 gal 180 美元到容量 500 gal 400 美元不等。更多信息请浏览 http://www.rainharvest.com。

10.7.2　雨桶问题

第一次收集雨水时,屋顶会有污染物流入雨桶;大雨期间,瓦片屋顶会带来的砂砾;石棉屋顶不适合收集雨水;同样,应避免使用含铅焊料或含铅涂料的水槽。得克萨斯州水务委员会 2010 年 1 月的一份研究报告指出,不同类型屋顶的雨水确实会含有一些超过美国环保署饮用水标准的污染物。这表明收集的雨水需要经过处理才能饮用。但如果用于灌溉及其他室外用途或冲马桶等室内用途则无需经过处理。

雨水桶里的积水会产生藻类,这也是蚊子的食物来源。藻类会在浅色或半透明的雨桶中疯长。虽然许多种类的藻类本身无害,但藻类生长会消耗水中的氧气,释放出可能对动物有害的毒素。

美国环保署对雨桶中藻类的管制建议:

• 定期清洗排水沟,并适当过滤落水管中的水,防止树叶进入其中;

• 避免桶顶打开或阳光直接照射,同时,应避免使用浅色桶;

- 将雨桶放置在阴凉处,避免阳光曝晒。

在地上和地下雨水收集系统中,应特别注意控制蚊虫。如果雨水收集系统维护不当,很有可能会成为蚊子的滋生地。蚊虫叮咬除强烈瘙痒外,还会传播病菌。美国最重要的蚊媒疾病,包括西尼罗热、圣路易斯脑炎、东马脑脊髓炎和长曲棍球脑炎就是由病毒性病原体引起的。

10.8 水资源节约和再利用宣传活动建议

作为个人,我们应该关心有限的水供应,并采取措施收集雨水并加以利用。为实现长期水资源可持续性利用,地方和州机构及学校应采取行动应对挑战,引导公众节水,对径流进行再利用(尤其是屋顶径流),主要可采取如下措施。

10.8.1 科普教育

公众普遍缺乏对水资源再利用重要性的认识,因此教育是提高公众意识的关键,在幼儿期和小学阶段对学生进行教育是最有效的。针对雨水的室内/室外用途编制简册也不失为一种科普教育的好方法。

10.8.2 特别小组

可在学校及校园成立特别小组,推广节水及循环利用措施。拥有近 3.3 万名学生和 1 万名教师的佐治亚大学在 2007 年底成立了一个节水特别小组。从 2007 年 11 月到 2008 年 2 月,仅仅 4 个月,用水量同比就下降了 21%(Dendy et al. 2008)。

10.8.3 政府合作

与市政机构和官员合作是执行和施行节水和水资源再利用措施的有效手段。如果政府官员认可一项计划,他们可以而且很可能会将其条例化为社会必须遵守的准则。

10.8.4 奖励机制

激励人们收集雨水,并对节约人类宝贵水资源,促进水资源再利用的创新理念进行奖励。为业主提供免费或便宜的雨桶和水箱,为水资源再利用提供切实可行的解决方案。正如前面提到的那样,奥斯汀和多伦多等市已经开始实施该措施。为了有效地收集屋顶雨水,应该根据表 10.3 建议的尺寸选择雨桶。

10.8.5　集体推广

作为个人,我们可以征集志愿者和街区领导组成关心市民团体,上门推广并宣传节水、收集雨水带来的环境和经济效益,并采取各种措施实现该目标。北卡罗来纳州的卡里镇已经采用该措施,主要是为了加深所在街区居民对节水的了解。

10.8.6　强制实施

强制要求商场、商业建筑、学校和大学校园实施室内/室外节水及雨水收集措施。

10.8.7　试点项目

制定示范或试点计划,对雨水收集和水资源再利用的措施和应用进行示范,这在教育推广方面十分有效,同时,让媒体参与项目,加强对节水概念的宣传,从而增加公众认识。

10.8.8　水资源再利用组织和联盟

第10.2节列出了一些节水联盟。在过去的几年里,节水和水资源再利用非营利组织和联盟已经实施了超过100个项目,而且数量还在增加。附录10A给出了部分项目和组织的列表(http://www.harvestH20.com/resources.html).

10.8.9　节约用水和水资源再利用的益处

EPA的水务办公室资助了美国国家科学院(NAS)的一项题为"评估水的再利用,作为满足未来供水需求的一种方法"的研究。该研究的主要目的是:

· 对EPAs 2004年水资源再利用指南进行修订;

· 将水回收再利用的性能、成本、能源需求和温室气体排放与海水淡化、长距离供水和从深层含水层抽水进行比较;

· 举例说明各行业如何使用回收的城市污水来替代供水。

在这项研究之后,EPA在2012年制定了一份"水再利用指南"(总结表见附录10B)。

在水资源再利用方面,本书主要是根据水资源再利用总趋势,即循环用水编写的。值得注意的是,降雨和径流远比废水丰富的多,所需的处理也较少。因此,按照常理,未来水循环方案应更注重雨水收集。

在城市中,屋顶和车道通常占总防渗面积的 50% 至 75%。因而,单单通过使用雨桶、水箱或蓄水池来收集屋顶雨水就能提供大量的供水。此外,将径流从车道导入到草坪和景观区域,也是节约淡水供应和减少城市雨水径流的有效措施。分散实施这些措施可以为雨洪管理提供可行的水资源控制解决方案,这无疑是最佳的管理方案。

水资源再利用降低了日均需水量和每日高峰需水量。日均需水量的减少会影响须开采的水量以及进口和储存这些水的设施规模。每日高峰需水量的减少会影响处理厂处理规模以及存储处理水的储水箱尺寸。泵站和配水系统的规模也会受到再生水的影响。

节水其他优点:

- 减少对湖泊、河流和含水层淡水的抽取;
- 减少化粪池的负载;
- 减少能源使用;
- 减少使用化学物质进行处理;
- 使用回收的灰水促进表层土壤硝化以及植物生长。

美国自来水厂协会(AWWA)手册 M52 中的"水资源节约计划"全面讨论了节约用水对当地社区和环境的益处(2006)。

问题

10.1　独栋住宅情况下,用新节水设备替代旧设备的四口之家的新老设备流量额定值如下。

水龙头:	2.5 gpm,旧;	1.6 gpm,新
淋浴头:	2.5 gpm,旧;	1.5 gpm,新
马桶水箱:	3.6 gpf,旧;	1.6 gpf,新

计算该户年节水量。人均日用水量估计如下。

水龙头:	5 min
淋浴头:	5 min
马桶冲水:	6 冲

10.2　在 10.1 题中,假设每 CCF(100 ft³)市政用水的费用为 6.00 美元,计算每年节约的水费。

10.3　根据以下数据,解出 10.1 题。

旧水龙头:10 Lpm;淋浴头:10 Lpm;冲洗装置:13.5 Lpf。

新水龙头:6 Lpm;淋浴头:6.0 Lpm;冲洗装置:6.0 Lpf。

10.4 当计算水费为 3.0 美元/m³ 时,计算 10.3 题中市政用水每年节约的水费。

10.5 独栋家庭的洒水系统由 12 个喷头组成,每个喷头额定功率为 2.5 gpm。该系统每周使用三次,每次 30 min。计算在植物生长期间 6 个月的总用水量。

如果使用自调节的智能控制盒取代该系统,能减少 50% 的灌溉用水,那么能节约多少水?

10.6 如果喷头水速为 9 L/min,解出 10.5 题。如果水费为每立方米 3 美元,计算每年节省的水费。

10.7 已知新泽西州年均降水量为 46.6 in,以 ft³ 和 gal 为单位计算一座屋顶面积为 40 000 ft² 的商业建筑上的年总降水量。

10.8 以 m³ 和 L 为单位计算你所在地区一座屋顶面积为 4 000 m² 的商业建筑上每年总降水量。

10.9 用水箱收集屋顶面积 1 750 ft² 住宅的径流。请选择合适的水箱尺寸,使其可以完全收集 1.25 in 的降雨。

10.10 用地下水箱收集一个屋顶面积为 5 000 m² 的商业建筑径流,已知降雨量为 30 mm。求水箱尺寸。

a. 圆柱形水箱;

b. 棱形水箱。

10.11 在问题 10.10 中,如果将水箱安装在年平均降雨量为 1 200 mm 的地方,其中 80% 的降雨等于或小于 30 mm。计算水箱收集雨水的量。

附录 10A:水资源节约和再利用计划及非盈利组织列表

10A.1 节水

Before Your Harvest—Conserve——本文列出了近 100 种节水方法,包括室内和室外。

Clean Water Act——美国治理水污染的主要联邦法律,通常简称为 CWA,确立了消除排放水中的有毒物质的目标。

Earth Works Institute——该非营利组织致力于保护整体自然环境,通过开发和推广自然系统模型来创建可持续发展、自给自足的社区。

Evaluation and Cost Benefit Analysis of Municipal Water Conservation Programs——评估各种节水设备的成本效益的报告。

Global Water Futures——该报告由战略中心和国际研究中心以及桑迪亚国家实验室于 2005 年发表,主要讲述全球当前的水状况,并就美国采取何种措施来解决这一问题提出了建议。该报告是 2005 年 CSIS-SNL 全球水资源前景会议的成果。

Lifewater International——水生命国际非营利性组织主要为伙伴组织提供设备,并与其合作,为发展中国家的社区提供安全用水、充足的卫生设施和卫生保障。

Residential Water Conservation——这是一个专门的节水网站,网站上会提供一些有用的节水信息,比如"我们为什么要节水?""日常节水""节水技巧和设备"。在技巧和设备部分还有一小块儿关于收集雨水的概述。

United Nations Report on Water——如果你想设计一个雨水收集系统,如果你需要一些灵感,那就阅读这篇关于世界水资源状况的报告吧,它会激发你的思维。该网站有很多与此相关的文章。

Water—Use it Wisely——该网站有一个审计用水量的工具,可以帮助人们确定实际用水量。

10A.2 水资源节约和再利用——非营利性组织

EPA WaterSense Program——美国环保署旗下的推广节水设备的志愿性项目。

Global Water Partnership——全球水伙伴组织致力于构建所有参与水管理者之间的伙伴关系:政府机构、公共机构、私营公司、专业组织、多边发展机构和致力于在 1992 年都柏林的水与环境问题会议上提出各项原则的其他机构。

Natural Resources Defense Council——这是美国最高效环保组织之一,致力于保护地球上的野生动物和野生环境,包括净水资源。

The Ocean Conservancy——该组织提倡保护野生生物和海洋健康。海洋保护协会的国际海岸清理工作是同类活动中规模最大、最成功的志愿活动。

Save the Rain——这个 501(c)(3)非营利组织教导缺水地区的人们收集、储存、过滤和利用雨水作为可持续的水源。

WaterAid——该国际慈善机构致力于帮助人们摆脱由于缺乏安全水源和卫生设施而导致的贫困和疾病。

WaterKeeper Alliance——这个非营利组织旨在监督公民使用水资源。每一名水资源保护者由当地的一个全职带薪推广者担任,负责保持当地水道清洁。该国家组织为水相关问题的教育、诉讼、研究、分析和审查做出了国内外贡献。

WaterReuse——该非营利组织主要是通过教育、先进的科学和技术、回收利用、循环利用、再利用和海水淡化等措施,促进水资源的有效利用。

World Water Center——该非营利组织主要作用是充当全球水项目和活动相关信息的交流中心,并提供最佳实践评级系统。

EPA/600/R-12/618 | September 2012

♻EPA
United States
Environmental Protection
Agency

2012
Guidelines for Water Reuse

USAID
FROM THE AMERICAN PEOPLE

CDM
Smith

Chapter 4 | State Regulatory Programs for Water Reuse

Table 4-4 Suggested guidelines for water reuse

Reuse Category and Description	Treatment	Reclaimed Water Quality [2]	Reclaimed Water Monitoring	Setback Distances [3]	Comments
Impoundments					
Unrestricted — The use of reclaimed water in an impoundment in which no limitations are imposed on body-contact	• Secondary [4] • Filtration [5] • Disinfection [6]	• pH = 6.0-9.0 • ≤ 10 mg/l BOD [7] • ≤ 2 NTU [8] • No detectable fecal coliform/100 ml [9,10] • 1 mg/l Cl2 residual (min.) [11]	• pH – weekly • BOD – weekly • Turbidity – continuous • Fecal coliform – daily • Cl2 residual – continuous	• 500 ft (150 m) to potable water supply wells (min.) if bottom not sealed	• Dechlorination may be necessary to protect aquatic species of flora and fauna • Reclaimed water should be non-irritating to skin and eyes. • Reclaimed water should be clear and odorless. • Nutrient removal may be necessary to avoid algae growth in impoundments. • Chemical (coagulant and/or polymer) addition prior to filtration may be necessary to meet water quality recommendations. [12] • Reclaimed water should not contain measurable levels of pathogens. [12] • Higher chlorine residual and/or a longer contact time may be necessary to assure that viruses and parasites are inactivated or destroyed. • Fish caught in impoundments can be consumed. • See Section 3.4.3 in the 2004 guidelines for recommended treatment reliability requirements.
Restricted — The use of reclaimed water in an impoundment where body-contact is restricted	• Secondary [4] • Disinfection [6]	• ≤ 30 mg/l BOD [7] • ≤ 30 mg/l TSS • ≤ 200 fecal coliform/100 ml [9,13,14] • 1 mg/l Cl2 residual (min.) [11]	• pH – weekly • TSS – daily • Fecal coliform – daily • Cl2 residual – continuous	• 500 ft (150 m) to potable water supply wells (min.) if bottom not sealed	• Nutrient removal may be necessary to avoid algae growth in impoundments. • Dechlorination may be necessary to protect aquatic species of flora and fauna. • See Section 3.4.3 in the 2004 guidelines for recommended treatment reliability requirements.
Environmental Reuse					
Environmental Reuse — The use of reclaimed water to create wetlands, enhance natural wetlands, or sustain stream flows.	• Variable. • Secondary [4] and disinfection [6] (min.)	Variable, but not to exceed: • ≤ 30 mg/l BOD [7] • ≤ 30 mg/l TSS • ≤ 200 fecal coliform/100 ml [9,13,14] • 1 mg/l Cl2 residual (min.) [11]	• BOD – weekly • SS – daily • Fecal coliform – daily • Cl2 residual – continuous		• Dechlorination may be necessary to protect aquatic species of flora and fauna. • Possible effects on groundwater should be evaluated. • Reclaimed water quality requirement may necessitate additional treatment. • Temperature of the reclaimed water should not adversely affect ecosystem. • See Section 3.4.3 in the 2004 guidelines for recommended treatment reliability requirements.
Industrial Reuse					
Once-through Cooling	• Secondary [4]	• pH = 6.0-9.0 • ≤ 30 mg/l BOD [7] • ≤ 30 mg/l TSS • 1 mg/l Cl2 residual (min.) [11]	• pH – weekly • BOD – weekly • TSS – weekly • Fecal coliform – daily • Cl2 residual – continuous	• 300 ft (90 m) to areas accessible to the public.	• Windblown spray should not reach areas accessible to workers or the public.
Recirculating Cooling Towers	• Secondary [4] • Disinfection [6] (chemical coagulation and filtration [5] may be needed)	Variable, depends on recirculation ratio	• Depends on treatment and use	• 300 ft (90 m) to areas accessible to the public. May be reduced if high level of disinfection is provided.	• Windblown spray should not reach areas accessible to workers or the public. • Additional treatment by user is usually provided to prevent scaling, corrosion, biological growths, fouling and foaming • See Section 3.4.3 in the 2004 guidelines for recommended treatment reliability requirements.

Other industrial uses – e.g. boiler feed, equipment washdown, processing, power generation, and in the oil and natural gas production market (including hydraulic fracturing) have requirements that depends on site specific end use and use (See Chapter 3)

Reuse Category and Description	Treatment	Reclaimed Water Quality [2]	Reclaimed Water Monitoring	Setback Distances [3]	Comments
Groundwater Recharge – Nonpotable Reuse					
The use of reclaimed water to recharge aquifers which are not used as a potable drinking water source	• Site specific and use dependent • Primary [min.] for spreading • Secondary [4] (min.) for injection	• Site specific and use dependent	• Depends on treatment and use	• Site specific	• Facility should be designed to ensure that no reclaimed water reaches potable water supply aquifers. • See Chapter 3 of this document and Section 2.5 of the 2004 guidelines for more information. • For injection projects, filtration and disinfection may be needed to prevent clogging. • For spreading projects, secondary treatment may be needed to prevent clogging. • See Section 3.4.3 in the 2004 guidelines for recommended treatment reliability requirements.

Table 4-4 Suggested guidelines for water reuse

Reuse Category and Description	Treatment	Reclaimed Water Quality [2]	Reclaimed Water Monitoring	Setback Distances [2]	Comments

Indirect Potable Reuse

Groundwater Recharge by Spreading into Potable Aquifers

- Treatment: Secondary [4]; Filtration [5]; Disinfection [6]; Soil aquifer treatment
- Reclaimed Water Quality: Includes, but not limited to, the following:
  - No detectable total coliform/100 ml [9,10]
  - 1 mg/l Cl_2 residual (min.) [11]
  - pH = 6.5 - 8.5
  - ≤2 NTU [8]
  - ≤2 mg/l TOC of wastewater origin
  - Meet drinking water standards after percolation through vadose zone
- Reclaimed Water Monitoring: Includes, but not limited to, the following:
  - pH – daily
  - Total coliform – daily
  - Cl_2 residual – continuous
  - Drinking water standards – quarterly
  - Other [10] – depends on constituent
  - TOC – weekly
  - Turbidity – continuous
  - Monitoring is not required for viruses and parasites; their removal rates are precluded by treatment requirements
- Setback Distances: Distance to nearest potable water extraction well that provides a minimum of 2 months retention time in the underground
- Comments:
  - Depth to groundwater (i.e., thickness to the vadose zone) should be at least 6 feet (2m) at the maximum groundwater mounding point
  - The reclaimed water should be retained underground for at least 2 months prior to withdrawal
  - Recommended treatment is site-specific and depends on factors such as type of soil, percolation rate, thickness of vadose zone, native groundwater quality, and dilution
  - Monitoring wells is necessary to detect the influence of the recharge operation on the groundwater
  - Reclaimed water should not contain measurable levels of pathogens after percolation through the vadose zone [13]
  - See Section 3.4.3 in the 2004 Guidelines for recommended treatment reliability requirements
  - Recommended log-reductions of viruses, Giardia, and Cryptosporidium can be based on challenge tests or the sum of log-removal credits allowed for individual treatment processes. Monitoring for these pathogens is not required
  - Dilution of reclaimed water with waters of non-wastewater origin can be used to help meet the suggested TOC limit

Groundwater Recharge by Injection into Potable Aquifers

- Treatment: Secondary [4]; Filtration [5]; Disinfection [6]; Advanced wastewater treatment [16]
- Reclaimed Water Quality: Includes, but not limited to, the following:
  - No detectable total coliform/100 ml [9,10]
  - 1 mg/l Cl_2 residual (min.) [11]
  - pH = 6.5 - 8.5
  - ≤2 NTU [8]
  - ≤2 mg/l TOC of wastewater origin
  - Meet drinking water standards
- Reclaimed Water Monitoring: Includes, but not limited to, the following:
  - pH – daily
  - Turbidity – continuous
  - Total coliform – daily
  - Cl_2 residual – continuous
  - TOC – weekly
  - Drinking water standards – quarterly
  - Other [10] – depends on constituent
  - Monitoring is not required for viruses and parasites; their removal rates are prescribed by treatment requirements
- Setback Distances: Distance to nearest potable water extraction well that provides a minimum of 2 months retention time in the underground
- Comments:
  - The reclaimed water should be retained underground for at least 2 months prior to withdrawal
  - Monitoring wells is necessary to detect the influence of the recharge operation on the groundwater
  - Recommended quality limit should be met at the point of injection
  - The reclaimed water should not contain measurable levels of pathogens at the point of injection
  - Higher chlorine residual and/or a longer contact time may be necessary to assure virus inactivation
  - See Section 3.4.3 in the 2004 Guidelines for recommended treatment reliability requirements
  - Recommended log-reductions of viruses, Giardia, and Cryptosporidium can be based on challenge tests or the sum of log-removal credits allowed for individual treatment processes. Monitoring for these pathogens is not required
  - Dilution of reclaimed water with waters of non-wastewater origin can be used to help meet the suggested TOC limit

Augmentation of Surface Water Supply Reservoirs

- Treatment: Secondary [4]; Filtration [5]; Disinfection [6]; Advanced wastewater treatment [16]
- Reclaimed Water Quality: Includes, but not limited to, the following:
  - No detectable total coliform/100 ml [9,10]
  - 1 mg/l Cl_2 residual (min.) [11]
  - pH = 6.5 - 8.5
  - ≤2 NTU [8]
  - ≤2 mg/l TOC of wastewater origin
  - Meet drinking water standards
- Reclaimed Water Monitoring:
  - pH – daily
  - Turbidity – continuous
  - Total coliform – daily
  - Cl_2 residual – continuous
  - TOC – weekly
  - Drinking water standards – quarterly
  - Other [10] – depends on constituent
  - Monitoring is not required for viruses and parasites; their removal rates are prescribed by treatment requirements
- Setback Distances: Site specific – based on providing 2 months retention time between introduction of reclaimed water into a raw water supply reservoir and the intake to a potable water treatment plant.
- Comments:
  - The reclaimed water should not contain measurable levels of pathogens [14]
  - Recommended level of treatment is site-specific and depends on factors such as receiving water quality, time and distance to point of withdrawal, dilution and subsequent treatment prior to distribution for potable uses.
  - Higher chlorine residual and/or a longer contact time may be necessary to assure virus and protozoa inactivation
  - See Section 3.4.3 in the 2004 Guidelines for recommended treatment reliability requirements
  - Recommended log-reductions of viruses, Giardia, and Cryptosporidium can be based on challenge tests or the sum of log-removal credits allowed for individual treatment processes. Monitoring for these pathogens is not required
  - Dilution of reclaimed water with water of non-wastewater origin can be used to help meet the suggested TOC limit

Footnotes:

(1) These guidelines are based on water reclamation and reuse practices in the U.S., and are specifically directed at states that have not developed their own regulations or guidelines. While the guidelines should be useful in may areas outside the U.S., local conditions may limit the applicability of the guidelines in some countries (see Chapter 3). It is explicitly stated that the direct application of these suggested guidelines will not be used by USAID as strict criteria for funding.

(2) Unless otherwise noted, recommended quality limits apply to the reclaimed water at the point of discharge from the treatment facility.

(3) Setback distances are recommended to protect potable water supply sources from contamination and to protect humans from unreasonable health risks due to exposure to reclaimed water.

(4) Secondary treatment processes include activated sludge processes, trickling filters, rotating biological contractors, and may stabilization pond systems. Secondary treatment should produce effluent in which both the BOD and SS do not exceed 30 mg/l.

(5) Filtration means: the passing of wastewater through natural undisturbed soils or litter media such as sand and/or anthracite; or the passing of wastewater through microfilters or other membrane processes.

(6) Disinfection means the destruction, inactivation, or removal of pathogenic microorganisms by chemical, physical, or biological means. Disinfection may be accomplished by chlorination, ozonation, other chemical disinfectants, UV, membrane processes, or other processes.

(7) As determined from the 5-day BOD test.

(8) The recommended turbidity should be met prior to disinfection. The average turbidity should be based on a 24-hour time period. The turbidity should not exceed 5 NTU at any time. If SS is used in lieu of turbidity, the average SS should not exceed 5 mg/l. If membranes are used as the filtration process, the turbidity should not exceed 0.2 NTU and the average SS should not exceed 0.5 mg/l.

(9) Unless otherwise noted, recommended coliform limits are median values determined from the bacteriological results of the last 7 days for which analyses have been completed. Either the membrane filter or fermentation tube technique may be used.

(10) The number of total or fecal coliform organisms should not exceed 14 NTU/ml in any sample.

(11) This recommendation applies only when chlorine is used as the primary disinfectant. The total chlorine residual should be met after a minimum actual modal contact time of at least 90 minutes unless a lesser contact time has been demonstrated to provide indicator organism and pathogen reduction equivalent to those suggested in these guidelines. In no case should the actual contact time be less than 30 minutes.

(12) It is advisable to fully characterize the microbiological quality of the reclaimed water prior to implementation of a reuse program.

(13) The number of fecal coliform organisms should not exceed 800/100 ml in any sample.

(14) Some stabilization pond systems may be able to meet this coliform limit without disinfection.

(15) Commercially processed food crops are those that, prior to sale to the public or others, have undergone chemical or physical processing sufficient to destroy pathogens.

(16) Advanced wastewater treatment processes include chemical clarification, carbon adsorption, reverse osmosis and other membrane processes, advanced oxidation, air stripping, ultrafiltration, and ion exchange.

(17) Monitoring should include inorganic and organic compounds, or classes of compounds, that are known or suspected to be toxic, carcinogenic, teratogenic, or mutagenic and are not included in the drinking water standards.

(18) See Section 4.3.7 for additional precautions that can be taken when a setback distance of 100 ft (30 m) to potable water supply wells in porous media is not feasible.

参考文献

［1］ ASCE, 2002, Civil engineering news, Civil Engineering Magazine, May, p. 28.

［2］ ——2004, Arizona Cities Move Forward with Groundwater Recharge Plan, civil engineering news, water resources, Civil Engineering Magazine, January, pp. 20-21.

［3］ ——2006, Rainfall challenges to communities to treat, store, reuse and recharge, Special advertising section, civil engineering, Civil Engineering Magazine, August, pp. 73-79.

［4］ AWWA, 2006, Water conservation programs, a planning manual, manual 52.

［5］ BCC Research, 2006, Water recycling and reuse technologies and materials, report code, report no. RGB-331.

［6］ Brzozowski, C., 2008, Lessons in efficiency, Water Efficiency, March.

［7］ ——2009, EPA promotional partner of the year—Seattle, Water Efficiency, March, pp. 28-31.

［8］ ——2012, Double impact, utilities and water-intensive companies have begun to take another look at water reclamation and reuse, Water Efficiency, January/February, pp. 22-31.

［9］ ——2013, Alternative Water Sources, Water Efficiency, November/December, pp. 29-37.

［10］ Buranen, M., 2008, Rain catcher's delight, Water Efficiency, September/October, pp. 40-44.

［11］ Chavez, A., 2012, Recycled water saves big, Water and Wastes Digest, September, pp. 30-32.

［12］ Clary, J., O'Brien, B., and Calomino, K., 2006, Working together to promote landscape water conservation, Water Efficiency, September/October, pp. 30-37.

［13］ Cline, K., 2011, On campus reuse, Stormwater Solutions, July/August, pp. 10-11.

［14］ Corum, L., 2008, A waterwise future, Water Efficiency, March, pp. 18-22.

［15］ ——2011, Irrigation technology, smart water application technology comes of age, Water Efficiency, May/June, pp. 34-41.

［16］ Cutright, E., 2009, A first for rainwater harvesting, editorial, Water Efficiency, July.

[17] Dendy, L. and Freeland, S., 2008, Water task force, Water Efficiency, November/December, pp. 46-49.

[18] Duffy, D. P., 2008, The ultimate recycling program, Water Efficiency, May/June, pp. 24-25.

[19] Engle, D., 2007, Green from top to bottom, Water Efficiency, March/April, pp. 10-15.

[20] EPA (Environmental Protection Agency), 2002, Cases in water conservation, Office of Water (4204M), publication EPA832-B-02-003, July.

[21] ——2012, Guidelines for Water Reuse, EPA/600/R - 12/616, Sept., http://www.waterreuseguidelines.org.

[22] Falcon Waterfree Technologies, 4729 Division Ave., Suite C, Wayland, MI 49348, Ph. 866 - 975 - 0174 (http://www.falconwaterfree.com); International Headquarters: 2255 Barry Ave., Los Angeles, CA 90064, Ph. 310-209-7250 (info@falconwaterfree.com).

[23] Fuller, F., Gregg, T., and Curry, L., 1995, Austin's Xeriscape It! replaces thirsty landscapes, Opflow, December, p. 3.

[24] Glist, D., 2010, Pond on a pond water harvesting system meets aesthetic functional objectives, Urban Water Management, February, pp. 8-9.

[25] Godman, R. R., and Kuyk, D. D., 1997, A dual water system for Cape Coral, AWWA Journal 89 (7): 45-53.

[26] Goldberg, S., March/April 2013a, Rainwater harvesting, part 1. A growing industry with some challenges ahead, Stormwater, June, pp. 10-17.

[27] ——2013b, Rainwater harvesting, part 2, meeting specific challenges, Stormwater, May, pp. 40-45.

[28] Grumbles, B. H., 2012, Rethink and reuse, Water and Wastes Digest, March, p. 12.

[29] Hall, P. C., 2005, Municipal use of stormwater runoff, Stormwater, May/June, pp. 74-89.

[30] Hildebrandt, P., 2006, Getting to the roots of water efficiency, Water Efficiency, September/October, pp. 44-48.

[31] ——2007, Reclaiming water in Cary, NC, Water Efficiency, January/February, pp. 26-30.

[32] ——2008, Communities in water conservation and efficiency share their secrets, Water Efficiency, January/February, pp. 14-19.

[33] Johnstone, C. , 2008, Waterwise for life kiosk, AWWA Journal, May, pp. 53-58.

[34] Landers, J. , 2014, What will it take? Civil Engineering Magazine, May, pp. 70-75, 79.

[35] Lawson, S. , 2010, Making the most of rain, a Virginia school harvests and treats storm water for indoor/outdoor reuse, Stormwater Solutions, January/February, pp. 28-30.

[36] Lovely, L. , 2012, H2O, redux, Water Efficiency, May, pp. 34-41.

[37] Maddaus, M. C. , Maddaus, W. O. , Torre, M. , and Harris, R. , 2008, Innovative water conservation supports sustainable housing development, AWWA Journal, May, pp. 104-111.

[38] Mayer, P. W. et al. , 1999, Residential end uses of water, AWWA Research Foundation and AWWA, Denver.

[39] Mays, L. W. , ed. , 1996, Water reclamation and reuse, Water resources handbook, Chapter 21, McGraw-Hill, New York.

[40] McCarthy, D. , 2008, Water sustainability, a looming global challenge, AWWA Journal, September, pp. 46-47.

[41] Means, E. G. , III, West, N. , and Patrick, R. , 2005, Population growth and climatic change will pose tough challenges for water utilities, AWWA Journal, August, pp. 40-46.

[42] Niagara Conservation, Ph. 800 - 831 - 8383, ext. 141, http://www. NiagaraConservation. com.

[43] NJ Department of Environmental Protection, Division of Water Quality, 2005, Reclaimed water for beneficial reuse, appendix A.

[44] Obmascik, M. , 1993, A consumer guide to water conservation, 1st ed. , AWWA, Denver, CO.

[45] O'Mally, P. G. , 2007, Stormwater harvesting: A project summary, Water Efficiency, March/April, pp. 51-56.

[46] Owenby, J. R. and Enzell, D. S. , 1992, Monthly station normals of temperature, precipitation and heating and cooling degree days, 1961-1990, New Jersey, Climatography of the United States, no. 81, US Department of Commerce, National Oceanic and Atmospheric Administration, January.

[47] Pazwash, H. and Boswell, S. T. , 1997, Management of roof runoff, conservation and reuse, Proceedings of the ASCE 24th Annual Water

Resources Planning and Management Conference, Houston, TX, April 6-9, pp. 784-789.

[48] ——1999, Conservation of water, reuse of roof runoff, Proceedings of 1999 International Water Resources Engineering Conference, Seattle, WA, August 8-12.

[49] ——2002, Water conservation and reuse: an overview, Proceedings of AWWA Water Sources Conference, Las Vegas, NV, January 27-30.

[50] Pazwash, H. and Tuvel, H. N., 1994, Conservation measures in urban stormwater management, Proceedings of the 21st Annual Conference of the ASCE Water Resources Planning and Management, Denver, CO, May 23-26, pp. 408-411.

[51] Poremba, S. M., 2009, Target irrigation water waste, Water Efficiency, July/August, p. 23.

[52] Ramos, A. R., 2006, Wild about water conservation, Water Efficiency, November/December, pp. 46-49.

[53] ——2007, Grass isn't always greener, Water Efficiency, May/June, pp. 46-49.

[54] Sloan Valve Company, headquarters: 10500 Seymore Ave., Franklin Park, IL 60131, Ph. 847 - 671 - 4300/800 - 9VALVE9 (customer. service @ sloanvalve. com); (international. 411@sloanvalve. com).

[55] Solley, W. B., Pierce, R. R., and Perlman, H. A., 1998, Estimated use of water in the United States in 1995, US Geological Survey Circular 1200, US Dept. of the Interior, USGS, Reston, VA.

[56] Tchobanoglous, G. et al., 2003, Wastewater engineering: Treatment and reuse, McGraw-Hill, New York.

[57] Texas Water Development Board, 2005, The Texas manual on rainwater harvesting, 3rd ed.

[58] US Census Bureau, 2014, http://www. census. gov/servlet/SAFFPopulation.

[59] USGS (US Geological Survey), 2008, Irrigation water use, water science for schools, November, http://ga. water. usgs. gov/edu/wuïr. html.

[60] Vickers, A., 2001, Handbook of water use and conservation, 1st ed., Water Plow Press, Amherst, MA.

[61] Von Minden, L., 2013, Real-world watering, Water Efficiency, March/April, pp. 41-47.

[62] Weinstein, G., 1999, Xeriscape handbook, Fulcrum Publishing, Golden, CO.

词汇表

降水损失：降雨总量中不产生直接径流的部分，包括植被截留、填洼和入渗的水量。

逆坡：管道或渠道中，下游坡面朝向上游方向。

藻类：含有叶绿素的水生生物，聚合成群体或相互交织缠绕。

休止角：颗粒材料在运动临界平衡条件下形成的边坡倾角。

前期含水量：降雨开始前，储存在土壤中的水量。

面积高程曲线：面积与高程的关系曲线。

干旱气候：年降水量小于 10 in(25 cm)的气候。

人工回灌：通过注入或渗透等方式人为地向含水层加水。

大气压：空气对单位表面面积的作用力。

钻孔测试：测量水力传导率的现场试验。

回水曲线：水深沿河道分布的曲线。

细菌：通过分裂或孢子繁殖的单细胞微生物。

满槽流：充满河槽并达到岸顶的水流。

基流：由于土壤湿度或地下水而在河道或溪流中存在的水流。

最佳管理实践(BMP)：临时贮存和处理暴雨径流以避免洪水、减少污染，并提供其他便利设施的结构或非结构性措施。

生物需氧量(BOD)：细菌为氧化可溶性有机物而摄取的氧气。

蓝草：类似于肯塔基蓝草的各种清爽季节的草坪草。

缓冲区：天然河流或湿地两侧的植被地带。

容积密度：干燥后的样品质量与原体积之比。

旁通流：在坡度作用下，绕过当前入流口，经由输水通道进入下一个入流口的水流。

毛细上升高度：在毛细管作用下水上升至的高度。

毛细力：地下水位以上土壤中的负水压力。

毛细水：由于毛细力作用，保持在地下水位以上土壤中的水分。

集水池嵌件：进水口处的过滤构件，用以拦截漂浮物、粗颗粒和悬浮固体，一些嵌入构件还能吸附油脂。

节制坝：在沟渠或洼地上建造的用来降低流速的小坝(堤)。

蓄水箱：储存雨水的容器或箱子。

集中布局：一种发展设计技术，将建筑物集中在场地的一部分，使剩余的土地用于农业、娱乐、公共休憩空间和保护环境敏感特征。

组合进水口：一种既带有路缘开口又带有格栅的进口。

合流下水道：一种既能输送生活污水又能输送暴雨径流的管道。

夯实：在施工过程中通过重型设备减小或封闭土颗粒的孔隙。

浓度：单位体积溶液中物质的量。

沟渠：任何用于输水的通道/管道。

汇流点：两段水流汇聚的位置。

常水头渗透仪：测量恒定水头下的水导电率的实验室装置。

人工湿地：为特定用途而设计和建造的人工淡水湿地。

连续性方程：基于质量守恒的方程，横截面与流速的乘积。

等高线：高程相等的相邻各点所连成的闭合曲线。

控制段：具有控制结构(桥、自由泄水孔或堰)的水道横截面。

输水量：渠道内的流量，由曼宁公式定义，与 n、A 和 P 有关。

关联系数：一种表示土壤特性、土地覆盖、水文条件和土壤湿润条件综合效应的系数。

峰：水文曲线的峰值或大坝、溢洪道的顶端。

临界深度：比能最小的水深。

临界流：明渠中具有最小比能的水流；弗劳德数＝1.0 时具有最小比能的水流。

临界坡度：达到临界均匀流的河道坡度。

临界流速：气流从超临界状态流变为亚临界状态的流速，反之亦然。

横向坡度：道路高程沿垂直于通行方向的变化率。

顶高：管道的内顶标高。

涵洞：主要用于在公路和铁路路堤下输水的管道。

累积雨量曲线：累积雨量与时间的关系图。

路缘侧进水口：在路缘上开口的进水口。

曲线数：在 SCS(土壤保护服务，现行的 NCRS)方法中，与土壤特征、土地覆盖和先前土壤湿度条件相关的指数。

常用单位(CU)：英尺磅制的单位，也称为英制单位。

水坝：为特定目的拦水的构筑物。

基准面：基于某个高程基准的参考地形高程；基准高程包括 NGVD,1929,NAVD,1988 或基地高程基准。

死水位：在水库或蓄水池内主出口标高以下的水位。

密度：每单位体积的物质质量。

注蓄量：低洼地带储存降雨或径流的量。

水流深度：河道底部到水面的垂直距离。

设计流量：与选定的重现期相关联的水流量。

设计暴雨：在设计中考虑的假定暴雨。

蓄滞洪区：在暴雨时截留径流，暴雨过后通过出口结构释放水流的干旱区域或其他构筑物。

滞留池：暂时储存雨水并以可控流速泄流的盆地。

滞留时间：设计流量中从滞留池排出的时间。

物理关系模型：基于物理关系的水文模型。

开发：任何因建造构筑物，采矿、挖掘、堆填或淤积而造成的土地用途改变，不包括重建。

开发密度：单位土地面积上的家庭、个人、住宅或住户数目。

露点温度：空气中气态水达到饱和而凝结成液态水所需降至的温度。

无量纲水文曲线：通常以流量和时间表示水文曲线，无量纲水文曲线的纵坐标为流量与峰值流量的比值，横坐标为时间与峰值时间的比值。

直接径流：除去损耗部分的径流总量。

直接径流水文曲线：直接径流（降雨损失）与时间的曲线图。

直连不透水区域：直接排入排水系统的不透水区域。

灭菌：去除或灭活病原体的过程。

分水器：改变管道或通道中的水流方向；改变水流方向到另一个区域的构筑物，使水流绕过某一海拔以上的水道或管道。

生产生活用水：住宅或工业楼宇的室内外用水总量。

排水区域：由地形决定的区域，该区域的水将汇聚到一点。

河网密度：流域内河流的集中程度，由河流总长度与流域面积之比来衡量。

流域分界线：决定降雨进入不同流域的地形边界。

滴灌：一种以低压向植物输送水并通过穿孔管道以水滴灌溉的系统。

干旱：长期无雨或少雨的时期。

有效过流面积：横截面积中有水流流过的部分。

有效降水量：降雨期间减去蒸发和渗透的降雨总量。

尾水：处理厂排出的废水。

路堤：人工利用土壤、岩石或其他材料建造的防水构筑物。

非常溢洪道：一种控制蓄水池或水库释放超过设计流量的水量的构筑物。

能量梯度线：表示压力、速度和高度水头的总和的曲线。

工程织物/过滤织物：在石基下放置以防止管流并允许自然渗流的可渗透织物。

侵蚀：水、风、冰或重力作用下土壤或岩石碎片的分离、磨损或移动，可以是片状、细沟或沟壑侵蚀。

侵蚀控制毯（ECB）：一种可降解的被用来减少土壤侵蚀，帮助生长和建立植被的材料。

侵蚀速率：能够侵蚀陆地表面的水流速度。

蒸发：水从液体变成蒸气的过程。

土壤水分蒸发蒸腾损失总量：土壤蒸发和植物蒸腾造成的水分损失。

事件：单次暴雨模拟。

开挖：挖掘、采掘、移动或迁移土壤或岩石的行为。

延时滞留池：在暴雨发生后保持并缓慢释放暴雨径流的滞留池。

降水头渗透率仪：利用水头下降现象来测量渗透系数的实验装置。

水龙头起泡器：安装在水龙头上类似滤网的装置，用以减小水龙头流量。

田间持水量：排出重力水后土壤中的水量。

填充物：人工沉积的土壤、岩石或其他物质。

过滤层：石基下放置一层或多层分级非黏性材料，以防止土壤管流和自然渗流。

过滤介质：装有过滤沙、土或其他物质的装置。

滤土带（草带）：阻止径流的永久性植被带。

过滤：通过多孔介质从雨水（废水）中过滤悬浮固体的过程。

洪水风险区：在一定概率内被淹没的区域。这些区域通常显示在联邦应急管理局或州洪水地图上。

河漫滩：在河流沿岸，可能被洪水淹没的土地。

流迹：流体粒子的共同路径。

压力干管：带有压力的管道。

超高：从设计水面标高到河道顶部的垂直距离。

频率：随机变量的出现间隔。

淡水湿地：被地表水或地下水淹没或浸润的地区。

摩擦坡降：等效于开放河道总能量坡降。

弗劳德系数：表示惯性力与重力之比的无量纲参数，用以表征明渠中的水流流态。

石笼：填满石头的长方形金属丝网。

石笼垫：一种用来铺衬沟渠的薄石笼，通常 6～9 in 厚。

地理信息系统（GIS）：显示多种类型的空间数据（如土地用途、土壤类型或地形），并将这些数据与地图连接起来的计算机应用程序。

场地平整：利用剥离、切割、填充或其任何组合方法使建设区的土地变得平整。

渐变流：适用于一维分析的逐渐变化的明渠水流。

栅式进水口：具有横杆的进水口结构。

砂砾：粒径 1/4～3 in 的石料组成的混合物。

重力水：在重力作用下从土壤中流失的水。

灰水(gray water)：英国和澳大利亚常将淋浴及洗涤槽(包括厨房洗涤槽)的水称为灰水。

绿色开发：生态与房地产相结合的开发方式。

绿色产业：与景观、灌溉或径流非常规管理有关的行业或利益相关者。

灰水(grey water)：淋浴及洗涤槽的水(厨房洗涤槽水除外)。

地下水：地表以下的水。

地下水补给：通过自然渗透或人工注入补充地下水源。

地下水位：非承压含水层中地下水的上表面高度。

冲沟：由集中径流冲刷出的水道。

水头：位于参考平面以上的水面高度。在水力学中，水头可以是势量(压力和高程)，也可以是动力学量(速度)。

产污区：土地使用或活动产生高污染径流的地区。

渗透系数：流速与水力梯度之比，表示多孔介质的渗透性能。

水力坡降线：显示压力水头和高程水头之和的线。

水跃现象：从超临界流向亚临界流的突然转变。

水力半径：水流的横截面积与湿周之比。

水力连通不透水区：直接流入排水系统的不透水区域。

水文曲线：显示流量随时间变化的图表。

水循环：控制水的分布和运动的物理过程。

水文计算：利用连续性方程和蓄量方程，对蓄水库的流入和流出进行的计算。

水文土壤分类(HSG)：一种 SCS 土壤分类。

液体静压力：在水面下某深度的静压。

雨量图：降雨强度与时间的关系图。

吸湿水：在非饱和区被土壤颗粒表面吸收的水分。

渗透：水从土壤表面进入土壤的运动。

渗滤池：蓄积并从池底逐渐渗出雨水的蓄水池。

入渗能力：地面积水进入土壤的能力。

入渗速率：水通过土壤表面的速率。

初始损失：降雨中不产生径流的部分。

降水强度：单位时间的降雨量。

降水强度-持续时间-频率曲线(IDF)：降雨强度、持续时间和重现期组成的图形。

　　底标高：通道或管道的底部高程。

　　灌溉：用水灌溉土壤以满足植物、庄稼、草坪、花园或野生动物的用水需求，以补充降雨不足。

　　喀斯特地形：存在石灰岩沉陷和溶洞等特征的碳酸盐岩地貌。

　　滞时：自降雨中心至洪峰出现的时距。在 Pazwash 开发的通用方法中，滞时被定义为降雨开始到径流开始的时间。

　　土地覆盖/土地利用：覆盖在地表的覆盖物类型，如屋顶、路面、草地或树木。

　　土地扰动：任何涉及清理、切割、挖掘、分级或填筑土地而导致土地受到侵蚀的活动。

　　园林景观：草皮、植物和覆盖物的组合，也可以包括自然的未受干扰的地区。

　　组合衬砌：在给定截面上的由不同材料组合成的衬砌（例如，在低流速通道的石基和植被覆盖的边坡）。

　　柔性衬砌：能适应沉降的衬砌，通常由可渗透的多孔材料构成。

　　刚性衬砌：不适应沉降的衬砌，如混凝土或砖石衬砌。

　　临时衬砌：临时的衬砌（如施工期的）。

　　纵向坡度：高度随移动或流动方向距离的变化速率。

　　低流量水龙头：提供不超过 2.5 gpm（低于 80 lb/in² 压力）流量的水龙头。

　　低流量淋浴头：提供不超过 2.5 gpm 流量的淋浴头。

　　节水便池：每次冲水不超过 1 gal 水的便池。

　　低影响开发（LID）：最小限度影响水文和水质的开发。

　　低流量厕所：每次冲水不超过 1.6 gal 的厕所。

　　主河道：将各支流的来水汇集后并输送到流域出口（如湖泊或河川）的大河道。

　　降水累积曲线：降水量随时间累积形成的曲线。

　　中位数：按升序或降序排列的一组值中的中间值。

　　微灌：可向地上或地下输送少量的水的带有小型喷头或发射器的灌溉系统。

　　微池：设计用于汇入更大雨水塘的较小永久水池。

　　缓坡：亚临界均匀流情况下的河道坡度。

　　混合用途开发：开发土地使其具有多种用途，如住宅、办公室、制造业、零售、公共或娱乐场所。

　　护根：在植物周围放置树皮、树叶或稻草，以减少蒸发和杂草生长。

　　多户住宅单元：任何包含两个或两个以上居住单元的建筑。

　　本土植物：本地种植的植物，只需要很少或不需要额外浇水。

　　自然排水：在未受人为影响时根据地表现状形成的沟渠。

自然地表：未受任何土地扰动的地表现状。

非点源污染物：产生于扩散区域而非局部点的污染物。

非结构化最佳管理办法：采用自然措施减少径流量并降低污染水平的雨水处理技术。

非均匀流：随通过水道距离变化的水流。

均匀深度：均匀渠道流的深度。

百年一遇的暴雨：在统计平均的概念上，每 100 年发生一次的暴雨。

明渠：有开放水面的天然或人造水道。

明渠流：通过明渠的水流。

开放编织纺织品（OWT）：一种临时可降解的侵蚀控制毯，由编织成基体的天然或聚合物纱线制成。OWT 用于侵蚀控制和植被恢复。

最佳航道截面：所需过流面积最小的截面。

孔口：水在压力下通过的开口。

孔口方程：将通过孔板的流量、面积和孔板中心以上水深联系起来的方程。

孔口出流：由于压力而流入淹没的开口的水流量。

排水口：从水管、排水管或蓄水池排出水流的位置。

坡面流：在地面上沿坡度方向流动的水流。

氧化：分子或离子失去电子给氧化剂的化学过程。

病原体：致病微生物（细菌、真菌、病毒）。

人均用水量：一个人在一段特定的时间内所使用的水量，通常是 24 小时。

渗透：水通过土壤向下流动。

渗透率：土壤或多孔介质输送水的能力；土壤中水向下流动的速度。

容许剪切应力：促使槽床或衬里材料运动所需要的力。

容许速度：水通过沟渠或排水口排出而不引起冲刷的最高平均流速。

透水多孔路面：任何允许渗透的路面，如多孔沥青、透水混凝土和铺路材料路面。

小型水池：依靠地下水维持的用于小排水区（小于 5 ac）的永久雨水池塘。

灰水源：排放废水或任何灰水的地方。

污染物：任何浓度达到足以对公众健康构成危险或危害的水环境污染物。

池塘：在春季或常年存在的比湖泊小的水体。

人口密度：单位土地面积（不包括水体）中的居民总数。

多孔度：孔隙体积与土壤样品总体积之比。

多孔介质：透水的地质材料。

饮用水：适宜于饮用的水。

潜在蒸散：有足够的水时，蒸发和蒸腾损失的水量。

冰雹：以雨、雪、冰雹或雨夹雪形式落在地上的水。

有压流：由压力引起的在无开放水面的封闭管道中的水流。

预处理：在雨水进入系统前去除粗泥沙的技术。

概率：经过大量试验后某一事件发生的相对次数。

雨量传感器：用于在下雨时关闭灌溉系统的传感器。

降雨径流量：除去最初的渗流和损失的总降雨量。

急变流：变化迅速的水道水流。

水位流量关系曲线：反映水位和流量关系的图表或方程。

推理计算方法：一个简单的、线性的、用于估计峰值流量的降雨-径流关系方法。

退水曲线：水文曲线的一部分，其对应的径流由基流提供。

补给：通过降水或人工渗透向地下水中补充水。

记录：被视为文件单元的一串或一组字符（字段）。

重现期（Recurrence interval）：发生一次事件的平均时间间隔。

循环水：在封闭系统中重复利用水，也指再生水。

再开发：根据实际情况对先前改造过的建筑或土地进行拆除或再利用。

相对湿度：在相同温度下，水蒸气压与饱和蒸汽压之比。

水库：用于防洪或供水的人工蓄水设施。

住宅用水：家庭室内外用水。

阻滞分类：各种植被对水流阻力的定性分类。

滞留：蓄水库或池塘保留径流或洪水，阻止其向下游排放。

滞留设施：控制径流量和流速的设施。

贮水池：在开发地上保留雨水径流的设施。

改型：改变、调整水管装置、设备、器具以减少用水。

重现期（Return period）：发生一次事件的平均时间间隔。

再利用：再利用已使用过的水。

抛石：为防止侵蚀而放置在边坡或沟底的碎石、鹅卵石或大圆石。

溢流口：在池塘/蓄水池上用作流量控制装置的垂直管道或结构。

路边沟：收集道路和街道径流的稳定排水道。

卷状侵蚀控制物（RECP）：一种制成卷筒的可降解或不可降解的材料。RECP用于减少土壤侵蚀，保护植被。

根区：植被的根系在土壤中吸收水分的深度。

路由：通过滞留系统排放入水系统的路径。

径流：由降水（雨或雪）和灌溉产生的未被土壤吸收或保留在凹坑的地表水。

径流系数：径流量与降水量之比。

径流曲线数：SCS方法中用于说明土壤类型和土地覆盖的参数。

咸水：含盐量小于35 g/L的水。（微盐水1～3 g/L,中盐水3～10 g/L,高盐水10～35 g/L。）

咸度：水中盐份的浓度。

砂滤器：一种安装在排水系统前通过砂床过滤径流的水质装置结构。

饱和层：土壤压大于大气压的含水层区域。

SCS土壤图：由美国农业部自然保护资源服务处（前土壤保持局）编写的一本书,介绍了一个县的地图和土壤特征。

二次处理：一次处理后去除废水和灰水中各类溶解态的有机物的生物过程。

沉淀：被水携带并沉积到河流、湖泊、水库和蓄水池/池塘中的土壤和其他颗粒状物质。

淤沙地：用来截留水中沉淀物的蓄水池、水池或其他建筑物。

下水道：从水源收集和输送灰水、雨水径流到处理厂的集水管道。

浅集中流：集中在小溪或小沟壑中的水流。

剪切应力：每单位渠道浸湿面积的流量所施加的力,由于水流的动力作用,水道底部产生应力。

片流：地表径流的浅层运动。

边坡坡度：河道两侧的斜率,定义为单位距离的河道边坡上升的高度。

场地：一个大片、小块或毗连的土地及其组合。

花管：管道沿纵轴开口且横杆间隔成槽的部分。

段塞测试：通过在井中加入或排除一定量水并观察水位升降的渗透率测量试验。

精明增长：实现环境、社区和经济增长的城市规划。

土壤改良剂：改善土壤质地、保水能力、入渗性和养分的有机和无机添加剂。

土壤储水量：土壤中的水量。

土壤质地：根据砂土、淤泥和黏土的百分比对土壤进行分类。

比能：在河床横截面上高程水头和速度水头的总和。

城市蔓延：一种发展模式,其特点是土地使用或公共设施或服务之间的结合效率低下,而且缺乏功能性的开放空间。城市蔓延是典型的交通依赖、资源消耗、不连续、低密度的发展模式。

延展：从路到水沟或河道水流边界的横向距离。

洒水装置：一种通过软管喷嘴输水的装置,通常是旋转或摆动的。

滞洪蓄排关系：蓄滞洪盆地/水库蓄水量与水位的变化关系。

稳定流：按时间保持恒定的水流。

陡坡：均匀流为超临界流的河道坡度。

蓄排关系：蓄水与排水的关系。

调洪演算：仅涉及排水量与蓄水量的洪水验算。

雨水渠（雨灰水渠）：从进口接收径流并将其输送到下游的管道。

雨水排水系统：收集、输送和排放雨水的管道、入口和检修孔组成的系统。

雨洪管理：控制和管理暴雨径流以尽量减少其对水量和水质的有害影响。

雨洪湿地：处理雨水的人造浅水池塘，可以生长湿地特有的植物。

河川径流：在河流或沟渠的某一段流动的水流。

流线：表示水流运动方向的线。

剥离：清除和挖掘等任何有严重干扰的植被或其他土壤表面的活动。

子流域：流域中具有相对同质性的部分。

亚临界流（缓流）：以低于临界速度流动的水流，弗劳德数小于 1.0。

土地划分：把大块、成片的土地分为两块或更多块。

地面灌溉：应用于土壤表层以下的水，一般采用滴灌系统。

超临界流（湍流）：流速大于临界流速的水流，弗劳德数大于 1.0。

超高：河槽弯道外侧水面的局部增加。

补充灌溉：在草地或景观地区增加水分以补充降雨。

超载：雨水排放系统水位高于入口或检修孔边缘格栅的情况。

可持续发展：在不损害后代需要的情况下满足当前需要的发展。

综合设计暴雨：用统计方法得到雨量过程。

综合单位线：基于理论或经验方法的单位线。

国际单位制（SI）：由 m、kg、N 和 s 作为基本尺寸组成。

尾水：管线下游的水位。

20 号技术发行版（TR-20）：土壤保持局（现 NRCS）的一种流域水文学计算机模型，用以模拟计算河川与池塘的暴雨径流。

55 号技术发行版（TR-55）：土壤保持局的一种计算模型，用以径流计算。

时基：水文曲线下直接径流的总持续时间。

汇流时间：整个流域的径流到达出口所需要的时间。

达峰时间：降雨中心到达到峰值流量的时间。

总溶解固体（TDS）：水中溶解物质的量，通常用 mg/L 或 g/L 表示。

总动力水头：静态水头、速度水头和水头损失的总和。

总能：压力、高程和速度水头的总和。

悬浮固体总量（TSS）：水中悬浮物质的量，以 mg/L 或 g/L 表示。

驱动力：水道截面上由剪切应力产生的力。

不稳定流：随时间变化的水流。

蒸腾作用：植物把水蒸气转化为空气的自然过程。通过这个过程，叶子和花保持凉爽，在太阳的热量下生存。

拦污栅：安装在管道出入口用以阻止大碎片进入结构的格栅或其他装置。

浊度：悬浮在水中使光线变暗的微粒稳定所需的时间。

草皮/草坪草：叶片和根密集生长的杂交草。

草皮加筋垫（TRM）：一种由合成纤维或丝网的三维基体制成的不可降解的侵蚀控制产品（RECP）。

均匀流：在水道上具有恒定深度和速度的水流状态。

单位线：给定暴雨过程中单位降雨（1 cm 或 1 in）产生的径流与时间的关系曲线。

单位洪峰流量：单位面积最大流量，单位为 $m^3/s/km^2$ 或 cfs/mi^2。

非稳定流：随时间变化的水流。

包气带：地表与地下水位之间的含有空气的区域，包括毛细水带。

蒸汽压：水蒸发产生的分压。

非均匀流：流量和深度沿水道变化的水流。

速度水头：由于水流速度而产生的能量。

平均流速：流量与水流面积之比。

许用流速：不造成河道侵蚀的流速。

废水：住宅、商业及工业楼宇/土地的已使用水。

节水减污：减少水的使用、损失或浪费。

节约用水措施：为减少水的使用、损失和浪费而采取的行动、行为改进，设备、设计改进、技术改进等过程。

节水景观：减少对水的需求的景观。也指应用了节水技术的花园。

径流蓄集：捕捉和利用降雨或径流。

水质净化下水口：带有内置过滤器清除径流中的泥沙、油和油脂以及可浮物的下水口。

废水回收：回收并处理废水，以达到再利用的目的，通常不再将处理过的水作为饮用水。

污水利用：将使用过的水用于特殊目的。

流域：根据地形划分的独立区域，区域内的径流汇集到一个水道或河川最终从一个出口流到区域外。

分水岭：定义流域边界的线。

水面线：河道沿线的水深曲线。

地下水位：非承压含水层中饱水带的上表面；饱水土体的上表面，水压力与大气压力相同。

水资源利用：将水用于特定用途或用户（如住宅或农业用户）。

水文年：从 10 月 1 日起至次年 9 月 30 日止的连续 12 个月，以其结束的年份命名。

杂草：任何无用或产生麻烦的植物。

堰流：通过水平障碍物如堰、道路或桥梁的重力流。

井：土壤中垂直穿透含水层的空洞。

湿地池塘：有永久水池的池塘。

湿周：水流与管道或水道之间的接触长度。

凋萎点：因低于某水分含量植物无法吸取水分、存活的点。

翼墙：管道/涵洞的侧壁用于防止渠道或河岸坍塌的构件。

取水：从地表水或地下水中输送或提取水。

节水型园艺：涉及低耗水植物、草皮、灌木和树木的选择、布置和维护园林绿化的一种商标术语。

附录 A：国际计量单位制(SI)

量纲描述物理量,单位表示其数量。但是,单位的表示从一个单位系统到另一个单位系统不同。常用的单位系统是公制、英制和 SI。单位的公制和英制系统已经使用了很长时间(例如,自 1872 年以来使用的公制系统)。1960 年,欧洲提出了一个国际单位制。在该系统中(缩写为 SI),质量、长度、时间、温度、电流、发光强度和物质的量被选择作为基本量纲。任何物理量都可以用这些量纲来描述。这些量纲的单位及其符号如下表所示。对于温度,摄氏度(℃)在工程实践中比开尔文更常用。在美国,人们普遍不熟悉国际单位。图 A.1 就是一个例子。

国际单位制量纲和单位

量纲	单位	符号
长度	米	m
质量	千克	kg
时间	秒	s
温度	开尔文	K
电流	安培	A
发光强度	坎德拉	Cd
物质的量	摩尔	mol

在国际单位制单位中,还有两个补充单位如下。

弧度(rad),表示平面角度;

球面度(sr),表示立体角(用于三维空间)。

在水利工程和雨洪管理实践中,一般使用三个基本尺寸:长度,质量和时间。然后,每个水利量可以用这三个基本尺寸表示,分别缩写为 L,M 和 T。例如,加速度的关系

$$a = \Delta V / \Delta t$$

表明加速度 a 的量纲为

$$a = (L/T)/T = LT^{-2}$$

牛顿定律将力与质量联系起来

$$F = ma$$

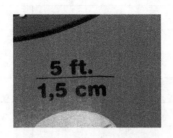

图 A.1　在纸板箱上的标志
不正确的转换表明需要更熟悉国际单位。标志应为"1.5 m"，而不是"1.5 cm"。

根据 M，L 和 T 可建立 F 的量纲，结果如下：

$$F = MLT^{-2}$$

在水力学中，我们需要处理流体性质，例如密度 ρ，容重 γ，比重 $S_g = \gamma/\gamma_w$，黏度 μ（也称为动态黏度），运动黏度 $v = \mu/\rho$ 和表面张力 σ。在静止和运动的水中遇到的压力 $p = F/A$。此外，在流水中涉及例如流量 Q，功($W = FL$)，功率($P = W/t$)，角速度，动量和比能等量。以上量的量纲可以从物理定律或力学定律中获得。

如上所述，上述量的单位取决于所用单位的系统。在 SI 单位中，水利工程中常用的量纲列于下表中。

单位量(符号)	量纲	单位
长度(l)	L	Meter(m)
质量	M	Kilogram(kg)
时间(s)	T	Second(s)
速度(V)	LT^{-1}	(m/s)
加速度(a)	LT^{-2}	(m/s²)
密度(ρ)	ML^{-3}	(kg/m³)
力(重力)(F)	MLT^{-2}	Newton(N) = kg weight×9.81
压力(p)	$ML^{-1}T^{-2} = FL^{-2}$	Pascal(Pa)(N/m²)

单位量(符号)	量纲	单位
流量(Q)	L^3T^{-1}	m^3/s
比重(γ)	$ML^{-2}T^2$	N/m^3
黏度(μ)	$ML^{-1}T^2(FL^{-2}T)$	$kg/m \cdot s = N \cdot s/m^2$
运动黏度(ν)	L^2T^{-1}	m^2/s
功,能量,热量(W)	$ML^2T^{-2}=(FL)$	$N \cdot m$
表面张力(σ)	$MT^{-2}=FL^{-1}$	N/m
功率(P)	$ML^2T^{-3}=(FLT^{-1})$	Watts(W), $N \cdot m/s$
动量(mv)=M	MLT^{-1}	$kg \cdot m/s = N \cdot s$
频率(f)	T^{-1}	Hertz(Hz)

在该系统中,借助于前缀来描述小量或大量,采用的 10 的倍数因子。最常见的前缀如下。

前缀	符号	(因子)
万亿	T	10^{12}
千兆	G	10^9
兆	M	10^6
千	k	10^3
百	h	10^2
十	da	10^1
厘	d	10^{-1}
分	c	10^{-2}
毫	m	10^{-3}
微	μ	10^{-6}
钠	n	10^{-9}
皮	p	10^{-12}

在这些符号的基础上,例如,10^5 帕斯卡可以表示为 100 kPa。

将一些最常用的单位从英制(也称为常规单位)转换为 SI,如下表所示。

从英制到 SI 单位的转换因子

单位量	英制单位	国际单位	转换因子
长度	inch(in)	mm	25.4 e[a]
	foot(ft)	m	0.304 8 e
	yard(yd)	m	0.914 4 e
	mile	km	1.609
面积	in²	cm²	6.452
	ft²	m²	0.092 9
	yd²	m²	0.836 1
	acre	m²	4 047
	acre	hm²	0.404 7
	mi²	km²	2.590
体积	in³	cm³	16.387
	ft³	m³	0.028 3
	yd³	m³	0.764 6
	ounce	cm³	29.57
	quart	L	0.946 4
	gallon	L	3.785 4
	ac·ft	m³	1 233
质量	poud(lb)mass	kg	0.453 6
	kip(1 000 lb)	t	0.453 6
	ton(2000 lb)	t	0.907 2
质量密度	lb/ft³	kg/m³	16.018
力	lb	N	4.448
压力	lb/ft²	Pa(N/m²)	47.880 3
	lb/in²	Pa	0.332 5
黏度	lb·s/ft²	N·s/m²	47.88
运动黏度	ft²/s	m²/s	0.092 9
功率	ft-lb/s	W	1.355 8
	hp(马力)	W	745.70
	Btu/h	W	0.293 1

单位量	英制单位	国际单位	转换因子
能量	1 000 Btu	kWh	0.293 1
速度	ft/s	m/s	0.304 8 e
	mi/h	km/h	1.609
	knot(海船速度)	km/h	1.852

ᵃ e 反映了实际的转换因子。

常见常数

1. 水的性质

a. 在标准条件下(4℃ 和 760 mg 汞柱大气压)

比重：9 806 N/m³($\sim$1 000 kg/m³) $\approx$ 62.4 lb/ft³

密度：1 000 kg/m³$\approx$1.94 slug/ft³

黏性：1.57×10^{-3} N·s/m²$\approx$$3.28\times10^{-5}$ lb·s/ft²

运动黏度：1.57×10^{-6} m²/s$\approx$$1.69\times10^{-5}$ ft²/s

b. 在常温下(20℃ 和 760 mm 汞柱大气压)

比重：9 789 N/m³$\approx$ 62.3 lb/ft³

密度：998.2 kg/m³$\approx$1.94 slug/ft³

黏度：1.0×10^{-3} N·s/m²$\approx$ 2.09×10^{-5} lb·s/ft²

运动黏度：1.0×10^{-6} m²/s $\approx$$1.08\times10^{-5}$ ft²/s

标准大气压：101.4 kN/m²$\approx$14.71 lb/in²

引力常数：9.81 m/s²$=$32.2 ft/s²

c. 在海平面的冰/沸点温度

冰点：0℃$=$32℉

沸点：100℃$=$212℉

参考文献

[1] Pazwash, H., 2007, Fluid mechanics and hydraulic engineering, Tehran University Press, Tehran, Iran.

附录 B：统一土壤分类系统和砂石粗细的标称尺寸

自然情况下土壤很少作为单一组分存在，例如沙子和砾石。它们以混合物的形式出现；每种成分都对土壤的特性有影响。在统一土壤分类系统（USCS）中，土壤分为三大类：粗粒，细粒和高度有机质。USCS进一步将土壤划分为五个主要的土壤类别，分别如下。

G：砾石

S：砂石

M：淤泥

C：黏土

O：有机质

在该系统中，大多数未固结的土壤由两个字母的符号表示。第一个字母是前五个符号之一。第二个字母是任意相同符号（泥炭除外）或以下描述土壤的字母之一。

字母	定义
P	低分级度（基本为同一尺寸）
W	高分级度（具有由粗到细尺寸）
H	高可塑性
L	低可塑性

以下是各类土壤名称的清单。

符号	土壤种类
GW	高分级度的砾石
GP	低分级度的砾石
GM	粉砂砾
GC	黏土砾石
SW	高分级度的砂土
SP	低分级度的砂土
SM	粉砂土
SC	黏土砂土
ML	低可塑性的淤泥
MH	高可塑性的淤泥
CL	低可塑性的黏土
CH	高可塑性的黏土
OL	低可塑性的有机质
OH	高可塑性的有机质(有机淤泥/黏土)
PT	泥炭

有关 USCS 的进一步描述,可参考美国陆军土壤工程场地手册(1997)5-410 (http://www.adtdl.army.mil/cgi-bin/atdl.dll/fm/5-410/toc.htm) 或者维基百科(http://en.wikipedia.org/wiki/Unified_Soil_Classification_System)。

粗粒土壤定义为至少有一半材料在 200 号筛(0.075 mm)上的土壤。美国粗砂石的尺寸由 AASH TO M43 定义。表 B.1 和表 B.2 分别表示国际单位和英制单位的粗砂石大小,细砂石是基于筛孔尺寸允许通过的颗粒定义的。表 B.3 显示了 ASTM E1 1 和 AASHTO M92 标准规定的美国标准筛(网)数。根据该表,具有0.003 in 的开口的 200 号筛可以区分粗砂石和细砂石。有关 AASHTO M43 的更多信息可以通过搜索"703 Aggregate"和"AASHTO M43"以及相关网址找到(例如 http://www.odotnet.net/spec/703.htm)。

表 B.1 粗砂石粒度大小 (AASHTO M43) (mm)

比每个实验室筛子(方形开口)更细,按重量百分比计算

尺寸数量	标准尺寸 方形开口 a	100	90	75	63	50	37.5	25	19	12.5	9.5	4.75	2.36	1.18	300 pm	150 pm
1	90 至 37.5	100	90 至 100		25 至 60		0 至 15		0 至 5							
2	63 至 37.5			100	90 至 100	35 至 70	0 至 15		0 至 5							
24	63 至 19.0			100	90 至 100		25 至 60		0 至 10	0 至 5						
3	50 至 25.0				100	90 至 100	35 至 70	0 至 15	0 至 5	0 至 5						
357	50 至 4.75				100	95 至 100	35 至 70	35 至 70		10 至 30		0 至 5				
4	37.5 至 19.0					100	90 至 100	20 至 55	0 至 15		0 至 5					
467	37.5 至 4.75					100	95 至 100		35 至 70		10 至 30	0 至 5				
5	25.0 至 12.5						100	90 至 100	20 至 55	0 至 10	0 至 5					
56	25.0 至 9.5						100	90 至 100	40 至 75	15 至 35	0 至 15	0 至 5				
57	25.0 至 4.75						100	95 至 100		25 至 60		0 至 10	0 至 5			

比每个实验室筛子(方形开口)更细,按重量百分比计算

尺寸数量	标准尺寸方形开口ᵃ	100	90	75	63	50	37.5	25	19	12.5	9.5	4.75	2.36	1.18	300 μm	150 μm
6	19.0至9.5							100	90至100	20至55	0至15	0至5				
67	19.0至4.75							100	90至100		20至55	0至10	0至5			
68	19.0至2.36							100	90至100		30至65	5至25	0至10	0至5		
7	12.5至2.36								100	90至100	40至70	0至15	0至5			
78	9.5至2.36								100	90至100	40至75	5至25	0至10	0至5		
8	9.5至1.18									100	85至100	10至30	0至10	0至5		
89	4.75至1.18									100	90至100	20至55	5至30	0至10	0至5	
9	4.75至1.18										100	85至100	10至40	0至10	0至5	
10	4.75至0ᵇ										100	85至100				10至30

注意:若规定粗砂石标准尺寸为两位数或三位数,可通过组合适当的单位数,获得指定等级。

ᵃ 除非另有说明,均应以 mm 为单位。

ᵇ 筛选过的物质。

表 B.2 粗砂石粒度大小（AASHTO M43）(in)

比每个实验室筛至筛子（方形开口）更细，按重量百分比计算

尺寸数量	标准尺寸方形开口ª	4	3-1/2	3	2-1/2	2	1-1/2	1	3/4	1/2	3/8	No.4	No.8	No.16	No.50	No.100
1	3-1/2至1-1/2	100	90至100		25至60		0至15		0至5							
2	2-1/2至1-1/2			100	90至100	35至70	0至15		0至5							
24	2-1/2至3/4			100	90至100		25至60		0至10		0至5					
3	2至1				100	90至100	35至70	0至15		0至5						
357	2至no.4				100	95至100		35至70		10至30		0至5				
4	1-1/2至3/4					100	90至100	20至55	0至15		0至5					
467	1-1/2至no.4					100	95至100		35至70		10至30	0至5				
5	1至1/2						100	90至100	20至55	0至10	0至5					
56	1至3/8						100	90至100	40至75	15至35	0至15	0至5				
57	1至no.4						100	95至100		25至60		0至10	0至5			

比每个实验室筛子(方形开口)更细,按重量百分比计算

尺寸数量	标准尺寸方形开口[a]	4	3-1/2	3	2-1/2	2	1-1/2	1	3/4	1/2	3/8	No.4	No.8	No.16	No.50	No.100
6	3/4 至 3/8							100	90至100	20至55	0至15	0至5				
67	3/4 至 no.4							100	90至100		20至55	0至10	0至5			
68	3/4 至 no.8							100	90至100		30至65	5至25	0至10	0至5		
7	1/2 至 no.4								100	90至100	40至70	0至15	0至5			
78	1/2 至 no.8								100	90至100	40至75	5至25	0至10	0至5		
8	3/8 至 no.8									100	85至100	10至30	0至10	0至5		
89	3/8 至 no.16									100	90至100	20至55	5至30	0至10	0至5	
9	no.4 至 no.16										100	85至100	10至40	0至10	0至5	
10	no.4 至 0[b]										100	85至100				10至30

注意:若规定粗砂石标准尺寸为两位数或三位数,则可通过适当的比例装置将适当的单位数标准尺寸砂石组合在一起,该装置为每种组合的粗砂石甚独单的隔室。应按照实验室的指示进行混合。

[a] 除非另有说明,均应以 in 为单位。编号筛为美国标准筛系列。

[b] 筛选过的物质。

表 B.3　美国标准筛尺寸

替换号	标准开口（in）	标准（mm/μm）
4 in	4	100 mm
3-1/2 in	3.5	90 mm
3 in	3	75 mm
2-1/2 in	2.5	63 mm
2.12 in	2.12	53 mm
2 in	0	50 mm
1-3/4 in	1.75	45 mm
1-1/2 in	1.5	37.5 mm
1-1/4 in	1.25	31.5 mm
1.06 in	1.06	26.5 mm
1 in	1	25.0 mm
7/8 in	0.875	22.4 mm
3/4 in	0.75	19.0 mm
5/8 in	0.625	16.0 mm
0.530 in	0.53	13.2 mm
1/2 in	0.5	12.5 mm
7/16 in	0.434	11.2 mm
3/8 in	0.375	9.50 mm
5/16 in	0.312	8.00 mm
0.265 in	0.265	6.70 mm
1/4 in	0.25	6.30 mm
1/8 in	0.125	3.17 mm
No. 3-1/2	0.233	5.66 mm
No. 4	0.187	4.75 mm
No. 5	0.157	4.00 mm
No. 6	0.132	3.35 mm
No. 7	0.111	2.80 mm
No. 8	0.0937	2.36 mm
No. 10	0.0787	2.00 mm

替换号	标准开口（in）	标准（mm/μm）
No. 12	0.066 1	1.70 mm
No. 14	0.055 5	1.40 mm
No. 16	0.046 9	1.18 mm
No. 18	0.039 4	1.00 mm
No. 20	0.033 1	850 μm
No. 25	0.027 8	710 μm
No. 30	0.023 4	600 μm
No. 35	0.019 7	500 μm
No. 40	0.016 5	425 μm
No. 45	0.013 9	355 μm
No. 50	0.011 7	300 μm
No. 60	0.009 8	250
No. 70	0.008 3	212
No. 80	0.007 0	180
No. 100	0.005 9	150
No. 120	0.004 9	125
No. 140	0.004 1	106
No. 170	0.003 5	90
No. 180	0.003 3	80
No. 200	0.002 9	75
No. 230	0.002 5	63
No. 270	0.002 1	53
No. 325	0.001 7	45
No. 400	0.001 5	38
No. 450	0.001 2	32
No. 500	0.001 0	25
No. 635	0.000 8	20
No. 850	0.000 4	10